世界と日本の
激甚災害
事典

住民からみた
100事例と
東日本大震災

北嶋秀明 著

丸善出版

序―人と災害

　人と災害は不可分である。人が居住する環境には常に様々な災害のリスクが含まれている。これらのリスクを生む原因も自然的要因から人為的要因まで多種多様である。複雑多岐にわたるすべての災害リスクを，住民や各分野の専門家が的確に捉え効果的に対応することは容易でない。

　居住環境に包含される多様なリスクが引き起こす災害の拡大要因として，二つのギャップがあげられる。一つは，自然が保持する巨大エネルギーや膨大な時空間スケールと人間が持つヒューマンスケールとの間にある桁違いの相違である。もう一つは，科学・技術の専門家と非専門家である住民との間の災害に関する情報量や認識度の差異である。さらに，両者の間のコミュニケーション不足が，災害を拡大させ新たな想定外の災害を生んでいる。

　本書では，これらの多様な災害を気象災害，雪氷災害，土砂災害，風害，地震災害，火山災害，および人為災害の6災害種に大別した。原則として1901年から今日までの大災害の中から死亡者数や特異な事例を指標に100事例の「激甚災害」を抽出し，人間居住の視点から詳説した。

　筆者は1980年代から今日まで国内を初めアジア，アフリカ，中南米，東欧，およびCISの国々まで，災害関連の調査研究などで数多くの被災地を訪れている。現地での調査期間は1週間から1年間程度で，その立場も官側から民側まで，その時期も発災直後の被害調査から被災後10年，20年を経た復興期の調査まで様々である。

　当初，調査対象となった災害種は地震災害と土砂災害が中心であったが，現地では気象災害や人為災害など多様な災害の連鎖を見聞する機会が多かった。1990年代初めのメキシコ国立防災センター（耐震構造部門）への長期派遣を

機に，災害に関する学際領域である技術者教育や安全対策の行政システムなどを含む地域環境計画分野での調査研究に従事するようになった．建築防災分野で始まった筆者の関心と調査研究の対象が，災害種やハード，ソフトの領域の枠を越え，住民の視座で幅広く災害を考察するに至ったのは必然と考える．

2010 年 12 月

多摩丘陵の麓で
北 嶋 秀 明

2011年3月11日，日本は東北地方の太平洋沖で発生した未曾有の大地震により東日本を中心に津波災害から原子力災害に至るまでの大規模で多様な複合災害に見舞われた。筆者はいま，不幸にして100事例を超えてしまった新たな「激甚災害」の事例である「東日本大震災」の現実を，東北地方の復興支援事業の現場でリアルに体感しながら考察している。

2015年3月

三陸の港町で

　思えば，この本の出版の話が始まってから随分と長い時間が経ってしまった。2010年の年末に一時中断したのは，翌年の3.11に対する何らかの予兆だった気もする。この長い期間お付合いいただいた丸善出版の中村俊司氏にはお礼の言葉もない。初めから編集の大変さを知っていたら，あるいは二の足を踏んでいたかも知れない。また，国立国会図書館はじめ日本建築学会，土木学会，JICAの各図書館および和光大学と明治大学生田の図書館，さらにいくつかの市立図書館にも感謝したい。ほとんどの図書館が意外なほどオープンで，夜半までの長時間利用で大いに助けられた。

　最後に，北嶋・中林・矢崎ファミリーとその仲間達にも感謝したい。いつものことながら根が明るいのは天佑だと感じている。災害と向き合うのに明るさが必要というのは不思議な気もするが，めげないために大事な要素なのだろう。

2015年5月

風薫るフクシマで
北　嶋　秀　明

目　次

第Ⅰ編　総　論

Ⅰ.01　居住と災害 ………………………………………………………………… 3
Ⅰ.02　災害の種類と分類 ………………………………………………………… 6
Ⅰ.03　世界の居住環境 …………………………………………………………… 11
Ⅰ.04　災害の規模と被害の評価尺度 …………………………………………… 16
Ⅰ.05　循環する災害 ……………………………………………………………… 18
Ⅰ.06　災害リスクと許容リスク ………………………………………………… 20
Ⅰ.07　現代の100事例 …………………………………………………………… 22
Ⅰ.08　グローバルな技術とバナキュラーな技術 ……………………………… 26
Ⅰ.09　住民と専門家 ……………………………………………………………… 28
Ⅰ.10　効果的な災害対策 ………………………………………………………… 32

第Ⅱ編　各　論

東日本大震災（「東北」で起きた大震災） …………………………………… 37

1章　気象災害 …………………………………………………………………… 59

ダストボウル（天災と人災の複合災害） ……………………………………… 62
サイクロン（ST-1942-009-IND）（デルタ地帯のサイクロン災害） ……… 64
揚子江大洪水（揚子江の最高水位を記録） …………………………………… 66
伊勢湾台風（高度経済成長期のインフラの課題） …………………………… 70
連続サイクロン（1963-1991）（繰り返されるサイクロンの悲劇） ……… 76
サイクロン（ST-1965-0028-BGD）（土地の生成と消滅） ………………… 82
サイクロン・ボーラ（20世紀最大の自然災害） ……………………………… 84

干ばつ（サヘル地域）（すべてを破壊するほこり） ……………………… 88
　サイクロン・アンドラブラデシュ（インドを襲った最悪のサイクロン） ……… 94
　干ばつ（サヘル地域，チャド，スーダン，エチオピア，ジブチ）
　　（じわじわと進行する災害） ………………………………………… 96
　サイクロン(ST-1985-0063-BGD)（サイクロンによる6mの高潮） …… 102
　洪水(FL-1987-0132-BGD)（ガンジスデルタの功罪） ……………… 104
　洪水(FL-1988-0242-BGD)（ガンジス川河口の国の雨季） ………… 107
　サイクロン・ゴルキー（過去最大級のサイクロン） ………………………… 110
　レイテ島台風25号（セルマ）（大洪水で消えた街） ……………………… 114
　　台風1330号（ハイエン）（循環する災害の典型） …………………… 120
　長江大洪水（世界第3位の長江の洪水） …………………………………… 122
　ハリケーン・ミッチ（200年に一度の超大型ハリケーン） ………………… 126
　サイクロン・オリッサ（沿岸部に限定される被害） ……………………… 128
　高温・熱波（ヨーロッパ）（最悪の熱波の襲来） ………………………… 130
　ハリケーン・カトリーナ（米国自然災害史上最悪の経済被害） …………… 136
　サイクロン・シドル（過去最大級のサイクロンの再来） ………………… 142
　サイクロン・ナルギス（軍事政権下の巨大サイクロン） ………………… 146

2章　雪氷災害 ……………………………………………………………… 153

　雪崩（インド40年ぶりの大雪） …………………………………………… 156

3章　土砂災害 ……………………………………………………………… 159

　ワスカラン雪崩（西半球史上最大の地すべり） …………………………… 162
　ネパール中南部地域土砂災害（ネパール史上最大の降水量と土砂災害） …… 166
　バルガス州土砂災害（カリブ海に流れたベネズエラ最大の土石流） ……… 172
　地すべり災害（災害のるつぼ；ラテンアメリカ） ………………………… 178
　レイテ島地すべり（複合災害の島） ……………………………………… 180

4章　風害 …………………………………………………………………… 185

　タコマ（タコマ・ナローズ）橋崩落（風とヒューマンエラー） …………… 188

5章　地震災害　191

カングラ地震（英領インド帝国時代の大地震） 194
サンフランシスコ地震・大火（20世紀の入口での都市災害） 196
海原（ハイユエン）地震（黄土高原の地すべり） 202
関東大震災（地震による大規模な火災被害） 205
古浪（グーラン）地震（黄土高原の巨大地震） 212
昌馬（チャンマ）地震（中国最大の活発な地震帯） 214
インド・ネパール（ビハール）地震（ヒマラヤの麓の地震国） 216
クエッタ地震（地震の空白域） 222
エルジンジャン地震（西行する断層の始まり） 224
アシハバード地震（旧ソ連の耐震設計基準） 228
チリ沖地震（観測史上最大のマグニチュード） 230
スコピエ地震（丹下健三の再建・都市計画） 236
邢台（シンタイ）地震（毛沢東が指示した地震予知） 240
バルト地震（半世紀後も変わらない建築物） 242
通海（トンハイ）地震（"専群結合"と技術コミュニケーション） 244
アンカシュ地震（西半球史上最大の地すべり） 246
マナグア地震（支配者による災害の拡大） 252
海城（ハイチェン）地震（世界初の地震予知の大成功） 254
リジェ地震（地域による建物構造の相違） 258
グアテマラ地震（マヤ文明の悲劇） 260
唐山（タンシャン）地震（文革中に起きた20世紀最大の震災） 266
ミンダナオ島地震（フィリピン最大の震災） 274
チャルドラン地震（地上に現れる断層） 278
ルーマニア地震（東欧の地震域の北限の震災） 282
エルアスナム地震（マレブの山間都市の大地震） 288
イタリア南部地震（地中海をまたぐ山脈連鎖） 294
メキシコ地震（メガシティを襲った大地震） 300
ネパール・インド地震（建物被害率と人的被害） 307
　ネパール地震（2015年）（インドとヒマラヤの狭間の災害） 310
スピタク地震（旧ソ連の広大さが引き起こした震災） 312
ルードバール地震（20世紀イラン最大の震災犠牲者） 318
フィリピン地震（ピナツボ火山噴火のトリガー？） 320

フローレス島地震（17,500の島国の地震と津波）……………………… 324
マハラシュトラ地震（低ハザード地域の多数の犠牲者）……………… 330
阪神・淡路大震災（先進国の大都市直下型地震）……………………… 332
ネフチェゴルスク地震（フルシチョフ時代のPC造建物の被害）…… 340
ガエン地震（活かされた20年前の教訓）………………………………… 342
キンディオ地震（浅発の直下型地震）…………………………………… 346
コジャエリ(イズミット)地震（国際的な地震予知の実験場）………… 352
集集(チーチー)地震（地表に現れた100 kmの断層）………………… 358
グジャラート地震（歴史的建造物の地震大被害）……………………… 364
ブーメルデス地震(ゼンムリ地震)（紛争国の首都圏を襲った震災）… 370
バム地震（アドベレンガ造の城塞遺跡の崩壊）………………………… 376
スマトラ沖地震・インド洋津波（インド洋沿岸13ヵ国の広域災害）… 380
パキスタン・カシミール地震（巨大地震多発のチベット地域）……… 386
ジャワ島中部地震（コミュニティーが支えた住宅復興）……………… 390
汶川(ウェンチュアン)地震（四川地震）（経済成長と地域格差の災害）… 396
ハイチ地震（未曾有の人的被害と対策の不手際）……………………… 402

6章　火山災害 ……………………………………………………… 405

クラカタウ火山（噴火で生じた史上最大級の津波）…………………… 408
サンタマリア火山（1902年の三火山の大噴火）………………………… 410
スフリエール火山（世界初の"熱雲"の目撃）…………………………… 412
プレー火山(モンプレー)（20世紀最大の死亡者数の噴火）…………… 414
クルー(ケルート)火山（インドネシアで最大の火山災害）…………… 420
メラピ(ムラピ)火山（遺跡寺院群を襲う噴火）………………………… 424
ラミントン火山（死火山と信じられていた山）………………………… 428
タール火山（世界最小の火山）…………………………………………… 432
アグン火山（祈禱師が祈る島の噴火）…………………………………… 434
セントヘレンズ火山（ハザードマップと噴火予知の成功）…………… 440
エルチチョン火山（成層圏へ昇った噴煙）……………………………… 442
ネバド・デル・ルイス火山（活かされなかった火山ハザードマップ）… 448
ピナツボ火山（無名火山の20世紀最大の噴火）………………………… 454
普賢岳（噴火予知の成功例）……………………………………………… 460
ニオス湖（湖底に蓄積されるガス）……………………………………… 462

7章　人為災害 … 469

- 感染症（無意識の大殺戮） … 472
- 東京大空襲（空襲による大規模な火災被害） … 474
- 広島原爆災害（人類が経験した初めての原爆災害） … 480
- 長崎原爆災害（雲の切れ間の悲運） … 486
- ホロコースト（20世紀最大の惨劇） … 491
- ポル・ポト（微笑みの国のキリングフィールド） … 498
- ボパール農薬漏えい事故（世界最大の化学事故） … 504
- チェルノブイリ原発事故（史上最悪の原発事故） … 510
- 世界貿易センタービル火災（テロによる超高層ビル火災） … 516

災害年表（1900〜2015） … 523

索引 … 531

凡　例

1. 本書に採録した災害事例
　20世紀の災害の中で，主として行方不明を含む死亡者数を指標として採録した。また，死亡者・行方不明者はそれほど多くないが，災害史上特異な事例も取り上げ，合わせて100事例を収載した。

2. 災害事例の配列
　災害を気象災害，雪氷災害，土砂災害，風害，地震災害，火山災害，および人為災害の6災害種に分けて，災害種ごとに年代順に配列した。

3. 災害関連データ
　1人当たりGNI（gross national income，国民総所得）は世界銀行のデータ，人口，国土面積は国連のデータを使用した。
　発生年月日，最大風速，最低気圧，震央，マグニチュード，死亡者数，行方不明者数，負傷者数，倒壊家屋などの災害関連データは，原則として各事例に掲げた参考文献によった。

4. 地名の表記
　原則として各事例に掲げた参考文献によった。

第Ⅰ編 総論

コラム　"建築家"と"構造家"

　暑さが残る九月初めの夕刻，「構造家K・Tさんを偲ぶ会」に立ち寄った。戦後の日本の建築界で，数多くの著名な建築家達の作品の構造を担った大家である。彼の作品の一つでもある麻布の会館で行われた会は盛況だった。会場には建築家達の賞賛の言葉と1950年代から1990年代までのWORKのビデオが繰り返し流されていた。

　建築家達の賛辞に反し一般の人々の間では，この"構造家"の名を知る人は少ない。地震や建築物の安全に大きく貢献しているはずの構造家は，まさに縁の下の力持ちで，文化勲章を受章し世界的に知られた某建築家などに比べると雲泥の差である。施主→建築家→構造・設備という日本的契約システムの影響が大きい。

　一般的な職能の呼称で，画家，作家，音楽家，"建築家"などの「芸術家」の認知度に比べ"構造家"は認知されていない。建築の世界に建築家（Architect），構造士（Structural Engineer），設備士（Mechanical/Electrical Engineer）はいるが"設備家"という名称も聞かない。施主や発注者に近い「芸術家」と縁の下のエンジニアの違いである。

　延々と流されるビデオの中に，突然，1枚の写真が目に入った。大学のキャンパスで学生達が笑っているだけの写真だが，背景の建物に見覚えがあった。1枚の写真を待って，繰り返し流されるWORKの画面を見つめていた。遠い昔，アフリカの地で丹下健三・木村俊彦の作品に関わっていた頃を懐かしく思い出した。

I.01　居住と災害

　災害は時代とともに進化している．寺田寅彦は昭和の初めにすでに"文明が進めば進むほど天然の暴威による災害がその激烈の度を増す"と記している．人が岩穴や掘立小屋に居住していた時代と，超高層ビルが建ち並び高架鉄道や地下鉄が縦横に走る大都市や巨大ダム，高速道路などのインフラで国中が整備された21世紀では，生じ得る災禍の規模と種類は桁違いである．人々は日常的に世界中の空や海を超高速で頻繁に往来するなど，災害を巨大化させるエネルギーを自ら蓄積させている．

　寺田はまた，人間の集合である国や国民などの有機的結合が進むと"有機系のある一部の損害が系全体に対してはなはだしく有害な影響を及ぼす可能性が多くなる"とテロや大事故，大災害が多発する現代のグローバル社会の脆弱性を看破している．

ヒューマンスケールとカタストロフィー

　地震・火山や台風などがもつ自然エネルギーは巨大で，大きな自然災害を発生させる外力（誘因）になっている．図1.1, 図1.2に示すように，自然の空間的・時間的スケールと居住する人々がもつヒューマンスケールとの間には大きな隔たりがある．

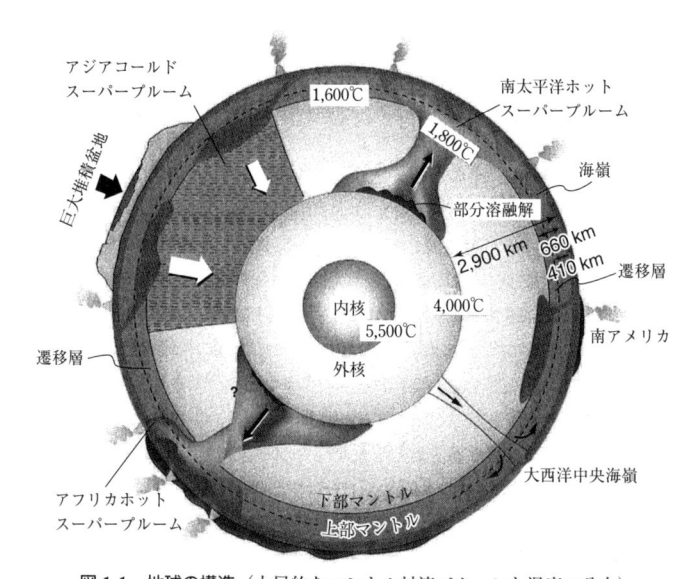

図1.1　地球の構造（大局的なマントル対流パターンと温度の分布）
［出典：熊澤峰夫，伊藤孝士，吉田茂生 編，『全地球史解読』，p.20，東京大学出版会（2002）］

図1.3の気象災害の例にみるように，人間が日常的なスケールで遭遇する災害である台風や集中豪雨と，数十年から数百年の時間スケールと数万kmの空間スケールで起きるエルニーニョ現象や気候変動・地球温暖化の影響については，別次元で考察する必要がある。

一方，事故や戦争などの人為災害のトリガー（引金）の多くは，人や社会の不完全さに原因を求めることができる。可能な限りの完璧さが求められる物理実験学の分野でも3種類のエラーがあり，"過失誤差"，"系統誤差"は排除できても"偶発誤差"が残るとしている。そこでは，"偶発誤差"をとらえて排除する手法として"確率"の概念を導入している。

近年，災害の分野でも大地震の発生確率，毎日の降水確率や台風の進路予測など，確率を用いた表現が一般化しているが，住民（非専門家）の感覚的な理解との間にはギャップがある。I.06でみるように，リスクRは発生確率Pと損失Cの積で表されているが，確率論は確定論に馴染んでいる一般住民の理解を必ずしも得られていない。

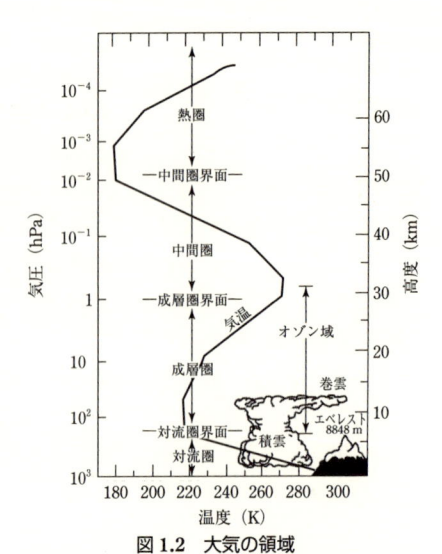

図1.2 大気の領域
[出典：日本地球化学会 監修，河村公隆，野崎義行 編，『地球化学講座6 大気・水圏の地球化学』，p.4, 培風館（2005）]

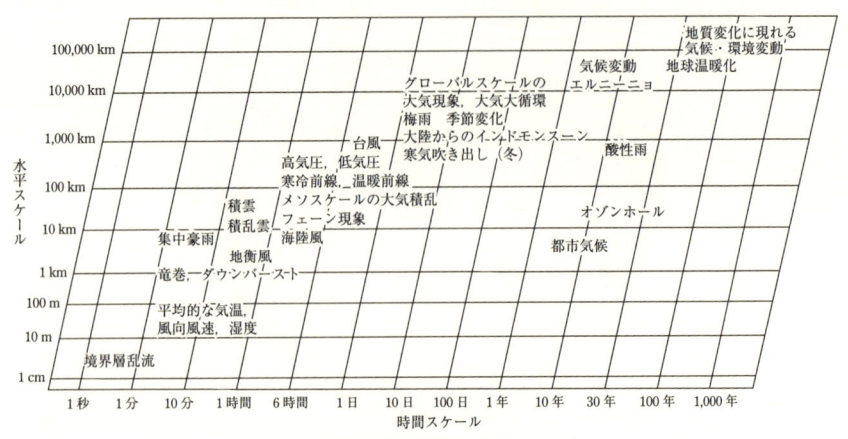

図1.3 気象災害の時間・空間スケール
[出典：内藤玄一，前田直樹，『地球科学入門』，p.16，米田出版（2002）]

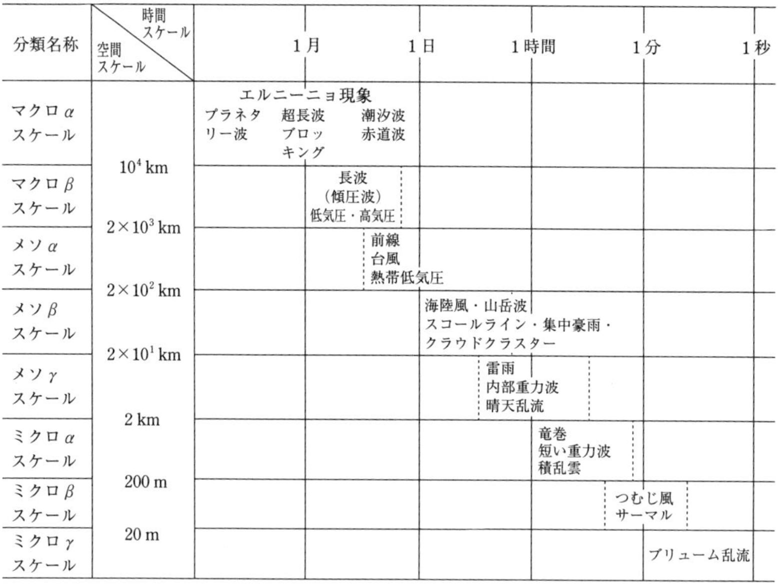

分類名称	空間スケール \ 時間スケール	1月	1日	1時間	1分	1秒
マクロα スケール	10^4 km	エルニーニョ現象 プラネタリー波　超長波　潮汐波 　　　　ブロッキング　赤道波				
マクロβ スケール	$2×10^3$ km		長波 （傾圧波） 低気圧・高気圧			
メソα スケール	$2×10^2$ km		前線 台風 熱帯低気圧			
メソβ スケール	$2×10^1$ km			海陸風・山岳波 スコールライン・集中豪雨・ クラウドクラスター		
メソγ スケール	2 km			雷雨 内部重力波 晴天乱流		
ミクロα スケール	200 m				竜巻 短い重力波 積乱雲	
ミクロβ スケール	20 m				つむじ風 サーマル	
ミクロγ スケール						プリューム乱流

図 1.4　オランスキーに基づく循環システム（気象擾乱）のスケール分類
[I. Orlanski, "A rational subdivision of scales for atmospheric processes", *Bull. Am. Meteorol. Soc.*, **56**(5), 528 (1975)]

居住者から見る災害

　大江健三郎は世界 P. E. N. フォーラム "災害と文化" の講演の中で，ヒロシマから個人的体験までをすべて災害であると論じている。災害の概念は多種多様で，国や地域あるいは個々人により大きく異なっている。したがって，その対応も，防ぐ，減らす，取り除く，許容するなど様々である。効果的な対策には，循環する災害を人間の生活を脅かす，あるいは居住環境を損なう事象と捉え，居住者の視点から考察することが重要である。

参 考 文 献

1) 寺田虎彦,「天災と国防」,『寺田虎彦全集』第 7 巻, 岩波書店 (2010) (初出は「経済往来」昭和 9 年 11 月).
2) 日本地球化学会 監修, 河村公隆, 野崎義行 編,『地球化学講座 6 大気・水圏の地球化学』, 培風館 (2005).
3) 北嶋秀明,「居住から考える「自然」災害に対するリスクに関する研究 (その 1. 激甚災害の分析と許容リスクに関する考察)」日本建築学会大会学術講演梗概集 (中国) (2008).

I.02　災害の種類と分類

　事物に名前をつけることが分類・分析の第一歩である。I.10 の図10.1 に示すように，様々な誘因や素因とその組合せにより，人に及ぼす災禍は千差万別である。同じ人命を奪う洪水でも，高潮によるものや津波に伴うものであったり，その原因が異常気象や地震・火山噴火であったりもする。近年は，過去に例をみない想定外の現象や規模の災害が頻発しており，すべての災害を厳密かつ合理的に分類するのは困難である。

　分類学の基となった生物学の分野では，歴史的にみると，"分類学の父"といわれる 18 世紀のリンネから"進化学の父"とされる 19 世紀のダーウィンらにより，様々な基準で生物を分類する試みがなされてきた。災害の分野でも，後述する GLIDE のようにコンピュータで膨大なデータを処理するのに適したマニュアル・フォーマット化された手法が一般的になっている。

災害種の分類

　過去に世界中で発生した災害に関する情報は多くの災害・防災機関などで収集・公開されているが，必ずしも正確で統一されたデータベース化はなされていない。ベルギーのルーベン・カソリック大学災害疫病学研究センター（The Centre for Research on the Epidemiology of Disasters：CRED）は，1900 年以降の主要な自然災害・人為災害に関する約 17,000 件の統計データーを整理・公開している。国連人道問題調整事務所（Office for the Coordination of Humanitarian Affairs：OCHA）の国連災害情報事務所 Relief Web も同様な情報発信を行っている。一般に非公開の情報では，ミュンヘン再保険会社（Munich Re）の NatCat が西暦 79 年以降の自然災害を 15,000 件以上，スイス再保険会社（Swiss Re）の Sigma が 1970 年以降の自然災害・人為災害を 7,000 件以上登録している。しかし，たとえば Munich Re が公開した世界の都市の災害リスク評価では東京・横浜を世界一危険な都市としているが，首都圏の住民の実感との間には大きなギャップがある。

世界災害共通番号 GLIDE

　1998 年に世界の災害関連機関が有する情報を共有する目的で，米国国務省を中心に世界防災情報専門家会議（Global Disaster Information Network：GDIN）が結成された。2001 年 3 月の第 4 回 GDIN において，にアジア防災センター（Asia Disaster Reduction Center：ADRC），CRED，OCHA の共同プロジェクトとして世界災害共通番号（GLobal unique disaster IDEntifier number：GLIDE）が提唱された。翌 2002 年

9月から活動を開始し，現在，関連各機関で実施されている．他の GLIDE 利用・支持機関は，日本では宇宙航空研究開発機構（JAXA），防災科学技術研究所（NIED）など，国際機関では国連開発計画（UNDP），国際防災戦略（ISDR）事務局，国連食糧農業機関（FAO），世界気象機関（WMO）などである．

GLIDE では災害種を，干ばつ・地震・疫病・異常気象・虫害・洪水・地すべり・火山・津波-高潮・山火事・台風・複合災害・人為災害の 13 種類（現在はさらに細分化）に分類している．

基本的な GLIDE の構成は，災害タイプ（2桁）-西暦（4桁）-年毎連番（当初は4桁で，現在は6桁）-国コード（3桁）の4要素である．図 2.1 の例の VO-2000-0515-JPN は，西暦 2000 年に日本で発生した火山噴火（三宅島）で，その年の世界で 515 番目のおもな災害であることを示している．

例：**VO-2000-0515-JPN**

災害タイプ — VO
西暦 — 2000
年毎連番 — 0515
国コード — JPN

災害タイプ（2文字）

災害種類	Disaster Type	Code
干ばつ	Drought	DR
地震	Earthquake	EQ
疫病	Epidemic	EP
異常気温	Extreme Temperature	ET
虫害	Insect Intestation	IN
洪水	Flood	FL
地すべり	Slide	SL
火山	Volcano	VO
津波高潮	Wave/Surge	WV
山火事	Wild Fire	WF
台風	Wind Storm	ST
複合災害	Complex Emergency	CE
人為災害	Technological	AC

西暦：4桁（例 2002）
年毎連番：4桁（例 0012）
国コード：3文字（例：JPN）

図 2.1　GLIDE の構成
［出典：荒木田 勝，村田昌彦，「世界災害共通番号（GLIDE）の概念と運用」］

分類の事例

現時点では，多くの国が各々独自の分類と対策の手法を開発し活用しているのが実状で，世界中の関連機関が正確で統一的な情報を共有するまでにはいまだしばらく時間が必要である．

筆者が2007年3月の現地調査に参加したカザフスタンの例では，災害を＜地震，洪水，土石流，雪崩，地すべり，危険な気象現象，森林などの自然発生の火災，疫病，家畜伝染病，沿岸部の氾濫＞の10種類に分類している。さらに，表2.1に示すように全国14州の州ごとに被災しやすい災害の種類を5～9種類あげ，より重点をおくべき災害を①～⑩，重点災害を1～10で示している。この結果，図2.2にみるように国

表2.1 カザフスタンにおける災害の分類

災害の種類＼州番号	1	2	3	4	5	6	7	8	9	10	11	12	13	14
地　震		1				①	①					1		1
洪　水	②	2	②	②	②		②	2	②	②	②	2	②	2
土石流		③				③	③					③		③
雪　崩		4					④					4		4
地すべり		5					⑤					5		5
危険な気象現象	⑥	6	⑥	⑥	⑥	⑥	⑥	6	⑥	⑥	⑥	6	⑥	6
森林火災	⑦	7	⑦	⑦	⑦	⑦	⑦	7	⑦	⑦	⑦	7	⑦	7
疫　病	⑧	8	⑧	⑧	⑧	⑧	⑧	8	⑧	⑧	⑧	8	8	⑧
家畜伝染病	9	9	⑨	⑨	⑨		⑨	9	⑨	⑨	⑨	9	⑨	9
カスピ海沿岸部の氾濫				⑩		⑩								

［出典：北嶋秀明，「途上国における「自然」災害の人為による拡大に関する研究（その2．災害の循環と効果的な対応に関する考察）」，日本建築学会大会学術講演梗概集（九州），p.646（2007）］

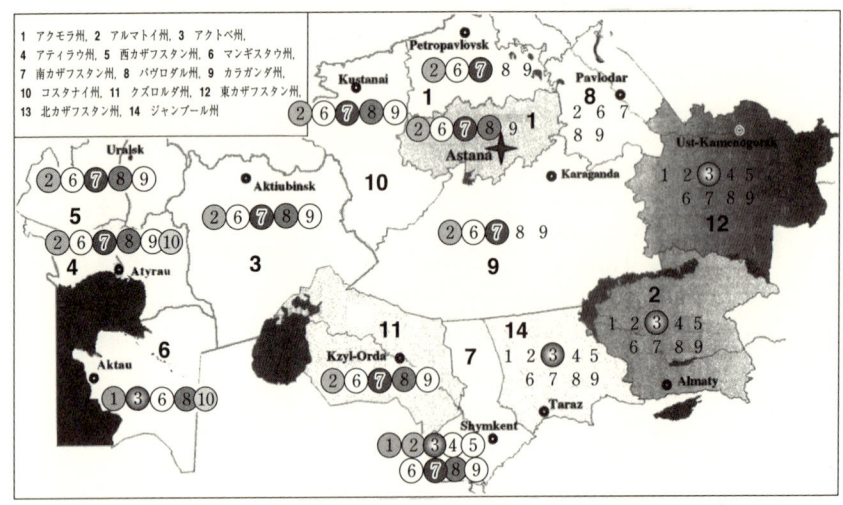

図2.2 カザフスタン各州に自然災害が及ぼす影響

①地震，②洪水，③土石流，④雪崩，⑤地すべり，⑥危険な気象現象，⑦森林火災，⑧疫病，⑨家畜伝染病，⑩カスピ海沿岸部の氾濫

［出典：国際協力事業団（JICA），「カザフスタン国アルマティ市地震防災対策計画調査ファイナルレポート」（2009）］

I.02 災害の種類と分類　　9

表 2.2　建築設計書からみた想定外災害の発生要因

項　目		出来事	災　害	災害例	対策例
自然	雨	想定を超える降水量	都市洪水・浸水	博多駅水没，東海豪雨	出入口に止水板設置
		排水能力超過による漏水	オーバーフローの建物内流入		配水管サイズアップ，オーバーフロー対策
		豪雨による堤防決壊	洪水・浸水		重要諸室の上階設置
	雪	想定を超える積雪	屋根損傷	某ドーム 1 膜屋根損傷	雪下ろしの確実な実施
		想定と異なる滑雪	屋根損傷	某ドーム 2 膜屋根損傷	滑雪経路を特定しない屋根納まり
		想定と異なる堆雪	軒損傷	某ドーム 3 膜屋根軒損傷	堆雪量・形状を考慮した屋根・軒計画
	風	想定を超える強風	建物損傷	屋上看板倒壊・窓ガラス損傷	風洞実験による外力検討
		竜　巻	施設倒壊・損傷	北海道佐呂間町（2006 年）	
		当時未知の風影響（例カルマン流）	施設倒壊	タコマ橋落下	風洞実験による形状・外力検討
	波	堤防を超える，破壊する高波	建物倒壊・浸水	富山県入善町（2008 年）	
		津　波	建物倒壊	北海道南西沖地震	建物のピロティ化，高台移住
	地震	想定を超える地震	建物損傷・倒壊	（阪神・淡路大震災）	大地震を想定した設計
		長周期地震動に共振	建物損傷・倒壊	（話題になり始めた災害）	
火災	火災	長周期地震動にともなうスロッシング	石油タンク火災	苫小牧市石油タンク火災	
		隅角部での噴出火災	急激な上階延焼	広島市基町火災	
		大量可燃物の陳列	大規模火災	さいたま市内量販店火災	
		放火・いたずら	火　災	さいたま市内，高田馬場量販店火災	
事故	事故	防火シャッターの挟まれ事故	挟まれ事故	某小学校など	
		回転ドアの挟まれ事故	挟まれ事故	某オフィスビルなど	
		長周期地震動によるエレベータの損傷	運転停止	某オフィスビルなど	
	群集	歩道橋などでの群集災害	受傷・致死	明石市花火大会事故など	
	衝突	飛行機の衝突	建物崩壊	WTC テロ	
犯罪	爆破	爆弾テロ	建物損傷	三菱重工ビル爆破	
	爆発	温泉ガス爆発	建物崩壊	都内温浴施設爆発	専用換気設備，専用ガス検知器設置
	侵入	想定していない人物の侵入	傷害・殺人	池田小学校事件	校門施錠
多重連鎖	多重連鎖	同一建物内，複数同時	火災拡大	（話題になり始めた災害）	
		地震直後に火災発生	火災拡大	（話題になり始めた災害）	
		地震により堤防が決壊，津波来襲	内陸での津波浸水	（話題になり始めた災害）	堤防の耐震化促進

［出典：八木真爾，第 19 回安全計画シンポジウム「建築物の想定外災害に対応した安全計画のあり方—地震・火災に対する人命安全を中心として」，日本建築学会（2008）］

や各州で対応すべき災害の種類を明確に想定でき，より詳細な分析による災害の階級化と効果的な対策を可能にしている．

八木眞爾は，建築設計者の視点から想定外の災害の発生要因として自然（雨・雪・風・波・地震），火災，事故（事故・群集・衝突），犯罪（爆破・爆発・侵入）および多重連鎖に分類している（表2.2）．

一般的に災害を大きく気象災害と地震・火山災害に分ける場合は，一次的(二次的)自然現象を次のように分類している。前者を雨(河川洪水・内水氾濫・斜面崩壊・土石流・地すべり)，雪（雪崩・積雪・風雪・雹・霜），風（強風・竜巻・高潮・波浪・海岸浸食)，雷（落雷・森林火災），気候（干ばつ・冷夏），後者を地震（地盤振動・液状化・津波・斜面崩壊・岩屑流・地震火災），噴火（降灰・噴石・溶岩流・火砕流・山体崩壊・泥流・津波）に分けている．

本書では，災害のタイプを自然的災害と人為的災害に大別し，さらに前者を1. 気象災害，2. 雪氷災害，3. 土砂災害，4. 風害，5. 地震災害，6. 火山災害，後者を7. 人為災害に7分類した．

参 考 文 献

1) 北嶋秀明，「途上国における「自然」災害の人為による拡大に関する研究（その2. 災害の循環と効果的な対応に関する考察）」，日本建築学会大会学術講演梗概集（九州），(2007).
2) 第19回安全計画シンポジウム「建築物の想定外災害に対応した安全計画のあり方―地震・火災に対する人命安全を中心として」，日本建築学会（2008）．
3) 池田清彦，『分類という思想』，新潮選書（1998）．

I.03　世界の居住環境

　災害が発生した地域の自然環境や社会環境によって，災禍が拡大するか終焉を迎えるかが決まる。近年，繰り返し大災害に見舞われ膨大な数の犠牲者や避難民を出す国々は，世界のいくつかの地域に限られている。その多くは，巨大な人口を抱える大都市や河川に近い地域の開発途上国などである。いずれの地域も社会的，経済的に貧しい階層の住民が大多数を占めており，脆弱な建築物やインフラなどの住居や施設と不衛生な環境に居住している。地域の居住環境が災害の拡大要因になるケースでは，国や地域とそこに住む人々の所得に強い相関がみられる。

経済指標による分類

　世界銀行（World Bank：WB）加盟国の185ヵ国を含む登録213の国や地域は，経済指標の国民総所得（Gross National Income：GNI）の国民1人あたりの金額により，低所得国，低位中所得国，上位中所得国，高所得国の4グループに分けられている（表3.1）。2013年度の場合，低所得国≦1,045 USドル，1,046＜低位中所得国≦4,125 USドル，4,126＜上位中所得国≦12,745 USドル，12,746 USドル≦高所得国に分類される。

　本書では，災害が発生した国や地域の最新の世界銀行のGNI分類によるグループを各事例のデータ欄に示した。

居住環境と災害

　被災の定義にもよるが，死亡者数の減少と被災者数の増加という世界的な傾向は1980年代から続いている。この傾向はあらゆる災害種のデータに反映されており，1980年代と比較すると1990年代は約40%も減少している。逆に，被災者の数は1980年代の約17億人から1990年代の20億人に膨れ上がっている。これには数々の要因があげられるが，恒常的な大規模被災地の災害後の減災策が向上したこともその一つである。たとえば1970年代にはサイクロンによる犠牲者が世界の1/4にあたる約50万人だったバングラデシュでは，シェルターなどのハードの整備と避難システムなどのソフトの両面での援助が功を奏している。

　被災者数の増加の要因として，彼らの居住環境の悪化が指摘されている。急激な都市部への人口流入がスラム地区の拡大を招き，それに伴い以前は人が住まなかった河川流域の低地や急斜面の崖地などの災害に脆弱な土地にまで住民が増えている。さらに，政治体制，家族やコミュニティーの崩壊が多くの避難民を生み出している。

表3.1 1人あたりGDI国別順位，2013年（単位：USドル）

	国　名	1人当たりGDI	表注		国　名	1人当たりGDI	表注
	高所得国グループ			65	バルバドス	*15,080*	a
1	モナコ	—	a	65	チリ	15,230	
2	リヒテンシュタイン	—	a	67	ウルグアイ	15,180	
3	バミューダ	*104,610*	a	68	リトアニア	14,900	
4	ノルウェー	102,700		70	赤道ギアナ	14,320	
5	スイス	90,680		71	セントクリストファー・ネイビス	13,890	
6	カタール	86,790		72	ロシア	13,850	
7	マン島	—		73	クロアチア	13,420	
8	ルクセンブルク	69,880		74	ハンガリー	13,260	
9	オーストラリア	65,400		75	ポーランド	13,240	
10	マカオ	*64,050*	a	76	セイシェル	13,210	
11	スウェーデン	61,710		78	アンティグア・バーブーダ	13,050	
12	デンマーク	61,670			上位中所得国グループ		
13	チャンネル諸島	—	a	80	ベネズエラ	12,550	
14	サンマリノ	—	a	81	ブラジル	11,690	
15	ケイマン諸島	—	a	82	カザフスタン	11,550	
16	シンガポール	54,040		83	パラオ	10,970	
17	米国	53,470		83	トルコ	10,970	
18	フェロー諸島	—	a	86	パナマ	10,700	
19	クウェート	*45,130*	a	87	ガボン	10,650	
20	カナダ	52,210		88	マレーシア	10,430	
21	オランダ	51,060		89	メキシコ	9,940	
22	オーストリア	50,390		90	レバノン	9,870	
23	フィンランド	48,820		91	モーリシャス	9,570	
24	ドイツ	47,250		92	コスタリカ	9,550	
25	ベルギー	46,340		93	スリナム	9,370	
26	日本	46,330		94	ルーマニア	9,050	
27	アイスランド	46,290		95	ボツワナ	7,770	
30	フランス	43,520		96	コロンビア	7,590	
31	アイルランド	43,090		97	グレナダ	7,490	
32	英国	41,680		98	南アフリカ	7,410	
35	アラブ首長国連邦	*38,360*	a	99	ブルガリア	7,360	
36	香港	38,420		100	アゼルバイジャン	7,350	
38	ニュージーランド	*35,760*	a	101	モンテネグロ	7,250	
39	イタリア	35,620		102	セントルシア	7,060	
40	イスラエル	33,930		103	ドミニカ	6,930	
41	スペイン	29,940		104	トルクメニスタン	6,880	
44	サウジアラビア	26,260		105	ベラルーシ	6,730	
45	韓国	25,920		106	イラク	6,720	
46	オマーン	*25,150*	a	107	中国	6,560	
47	キプロス	25,210	b	108	セントビンセント・グレナディーン	6,460	
50	スロベニア	23,220		109	キューバ	*5,890*	a
51	ギリシャ	22,690		110	ペルー	6,270	
53	バハマ	21,570		111	セルビア	6,050	
56	ポルトガル	21,270		112	ナミビア	5,870	
57	マルタ	20,980		113	ツバル	5,840	
58	バーレーン	*19,700*	a	114	イラン	5,780	
59	プエルトリコ	19,210		115	ドミニカ共和国	5,770	
60	チェコ	18,970		116	エクアドル	5,760	
61	スロバキア	17,810		117	モルディブ	5,600	
62	エストニア	17,780		118	タイ	5,340	
63	トリニダード・トバゴ	15,760		119	アルジェリア	5,330	
64	ラトビア	15,290		120	ジャマイカ	5,220	

表 3.1 （つづき）

	国 名	1人当たり GDI	表注		国 名	1人当たり GDI	表注
121	アンゴラ	5,170		175	イエメン	1,330	
122	ヨルダン	4,950		176	カメルーン	1,290	
123	マケドニア	4,870		177	キルギス	1,210	
124	ボスニア・ヘルツェゴビナ	4,780		178	ケニア	1,160	
125	アルバニア	4,510		179	モーリタニア	1,060	
125	ベリーズ	4,510		180	セネガル	1,050	
127	トンガ	4,490			低所得国グループ		
128	フィジー	4,370		181	チャド	1,030	
129	マーシャル諸島	4,310		182	バングラデシュ	1,010	
130	チュニジア	4,200		184	タジキスタン	990	
	低位中所得国グループ			185	カンボジア	950	
131	パラグアイ	4,010		185	南スーダン	950	
132	東チモール	3,940	a	187	タンザニア	860	h
133	サモア	3,970		187	ジンバブエ	860	
134	ウクライナ	3,960		189	コモロ	840	
135	コソボ	3,940		190	ハイチ	810	
136	アルメニア	3,800		191	ベナン	790	
137	モンゴル	3,770		192	ブルキナファソ	750	
138	ギアナ	3,750		193	ネパール	730	
139	エルサルバドル	3,720		194	アフガニスタン	690	
140	カーボベルデ	3,620		195	マリ	670	
141	インドネシア	3,580		196	シエラレオネ	660	
142	ジョージア（グルジア）	3,560	d	197	ルワンダ	630	
143	グアテマラ	3,340		199	モザンビーク	610	
144	ミクロネシア連邦	3,280		200	ウガンダ	600	
145	フィリピン	3,270		201	ギニアビサウ	590	
146	スリランカ	3,170		202	トーゴ	530	
147	エジプト	3,140		203	ガンビア	500	
148	バヌアツ	3,130		204	エリトリア	490	
149	パレスチナ暫定自治政府	3,070	a	205	エチオピア	470	
151	モロッコ	3,020	e	206	ギニア	460	
152	スワジランド	2,990		207	マダガスカル	440	
153	ナイジェリア	2,710		208	コンゴ民主共和国	430	
154	キリバス	2,620		209	リベリア	410	
155	コンゴ共和国	2,590		210	ニジェール	400	
156	ボリビア	2,550		211	中央アフリカ	320	
157	モルドバ	2,470	f	212	マラウイ	270	
158	ブータン	2,330		213	ブルンジ	260	
159	ホンジュラス	2,180					
160	パプアニューギニア	2,020			アメリカ領バージン諸島		j
161	ウズベキスタン	1,880			アルバ		j
162	ザンビア	1,810			アンドラ		j
163	ニカラグア	1,790			オランダ領シント・マールテン		j
164	ガーナ	1,770			グアム		j
165	ベトナム	1,740			北マリアナ諸島		j
167	ソロモン諸島	1,600			クラカオ		j
168	インド	1,570			グリーンランド		j
169	スーダン	1,550	g		タークス・カイコス諸島		j
170	レソト	1,500			ニューカレドニア		j
171	サントメ・プリンシペ	1,470			フランス領サン・マルタン		j
172	コートジボアール	1,450			フランス領ポリネシア		j
172	ラオス	1,450			ブルネイ		j
174	パキスタン	1,360			アメリカ領サモア		i

14　第Ⅰ編　総論

表 3.1　（つづき）

国　名	1人当たり GDI	表注	国　名	1人当たり GDI	表注
アルゼンチン		i	北朝鮮		k
リビア		i	ソマリア		k
ジブチ		l	ミャンマー		k
シリア		l			

注）　イタリック数値：2012年あるいは2011年のデータ，a：2013年のデータが不明で，おおよその順位，b：キプロス共和国政府の支配地域のデータ，d：アブハジアと南オセチアを除く，e：前スペイン領サハラを含む，f：トランスドニエストルを除く，g：南スーダンを除く，h：インド洋島嶼部のザンジバルを除く，i：上位中所得国グループ（4,126～12,745 USドル），j：高所得国グループ（12,745 USドル以上），k：低所得国グループ（1,045 USドル以下），l：低位中所得国グループ（1,046～4,125 USドル）
［出典：世界銀行］

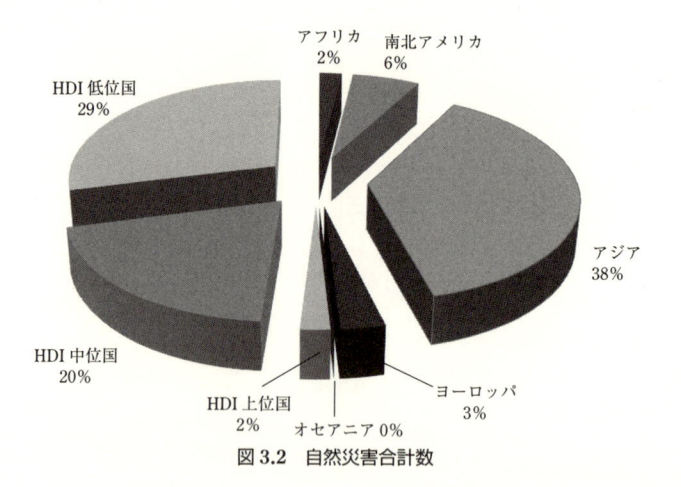

図 3.2　自然災害合計数

- アフリカ 2%
- 南北アメリカ 6%
- HDI 低位国 29%
- HDI 中位国 20%
- HDI 上位国 2%
- オセアニア 0%
- ヨーロッパ 3%
- アジア 38%

図 3.2 は 1992～2001年のアジア，アフリカなどの人間開発指数（Human Development Index：HDI）別，地域別の自然災害による死亡者の総数で，災害による死者数の半数以上は最貧国の住民である。

参 考 文 献

1) 北嶋秀明，「開発途上国への建築分野の技術協力における発展要因の構成要素に関する研究」，日本建築学会計画系論文集，No.550（2001）．
2) 北嶋秀明，「防災分野における開発援助の評価と技術環境に関する研究」，日本建築学会大会学術講演梗概集（東北）（2000）．
3) 世界災害情報，「テーマ：リスクの軽減」，国際赤十字・赤新月社（2002）．

コラム　バグマティ川の谷の火

　谷間から上る白煙を見て「火が入ったから見に行こう！」と調査団の団長が叫んだ。カトマンズ市の東部を流れるバグマティ川の対岸の丘陵で待機していた数人の団員が，真夏の陽の中，団長を先頭に走り始めた。私は，疲労を理由に同行を断って一人，寺院の入口にある1坪程のよしず張りの茶屋に入りマサラティーを頼んだ。

　南アジア地方では，川の際につくられたレンガの台座に木組みをした上で亡骸を荼毘に付すのが一般的である。ガンジス川のバラナシやカトマンズのパシュパティナート寺院などが広く知られており，テレビなどで実際の火葬の映像を目にすることがある。地方の一般国道と交差する小川の際にも1基の台座があり，日常的な火葬の横を通り過ぎることも珍しくない。

　ネパールでの調査もすでに4度目の私には，独特な習俗としての関心も都市・建築的な興味ももてなかった。日本人には縁の薄いヒンドゥー教徒のセレモニーとはいえ，他人の不祝儀の席を覗き見るような後ろめたさがあった。1時間ほどして帰ってきた彼らは茶屋の中で，今見てきた光景を声高に話していた。

　世界中どこでも，宗教行事や冠婚葬祭に係るセレモニーの形態は多様で，地域の自然や習俗と深い関係があることを再認識させられる。調査の前年に脳梗塞で倒れ，口をきけないまま病の床に臥していた母が亡くなったのは，同じ年の暮れだった。火葬場に向かう霊柩車の助手席で運転手に見られながら泣いた。

パシュパティナート寺院

I.04　災害の規模と被害の評価尺度

　災害の規模は，誘因となる地震・台風や事故がもつ自然エネルギーなどの物理量で表す場合と，素因などの影響を受けて生じる物的・人的被害を損害額や死傷者数で表す場合に分けることができる。

　災害で失われるもののうち，住民にとってもっとも掛け替えのないものは人命である。被害の評価尺度として死亡者数を指標に用いることは，時代や地域を越えて行われている。災害による死亡者数は，負傷者数や家屋倒壊数などとともに，多くの歴史的な災害データの蓄積があり，将来的にも指標として適している。

　本書では，I.03 にみるように各種災害の規模を評価する指標として死亡者数を用い，死亡者数 1,000 人以上を激甚災害と考え，必要に応じて負傷者数，倒壊家屋数のデータを示した。

激甚災害の定義

　日本における激甚災害とは，1961 年制定の「災害対策基本法」を受けて 1962 年に定められた「激甚災害法」(激甚災害に対処するための特別の財政援助等に関する法律)に従い，国の中央防災会議の審議を経て政令で指定された災害を指すことが多い。その指定基準は激甚災害と局地激甚災害の 2 基準が定められているが，いずれも地方公共団体への財政援助を行うものである。同法の指定の評価尺度は被害の負担金額や被害建物の割合から決められており，人命に関する規定はない。

　赤十字社では，死亡者数 10 人以上，被災者数 100 人以上を国際支援要請・緊急事態宣言の基準としている。

被害の評価指標

　被害の程度をはかる尺度として，比較的，定量的把握が容易な金銭による評価指標として被害額が用いられることが多い。この場合，倒壊した構造物などのほか，人命の損失や被災者の心理的苦痛，教育や医療活動の中断による損失までを金銭に換算している。しかし，1995 年の阪神・淡路大震災の例では人的被害が 6,000 億円程度と見積もられており，経済被害額の 10〜15 兆円と比較して少ないと感じられる。

　ほかに，人間開発指数 (HDI：Human Development Index) などの社会指標や建築物全壊数あるいは全体を包括した指標を被害の評価尺度に用いる例がみられる。

　表 4.1 に，1901 年から 2006 年までの間に世界で発生した気象 (冷害・干ばつ・低温を除く)・地震・火山・地すべり-崩壊・雪氷災害・風害の 6 種類の災害における

I.04 災害の規模と被害の評価尺度

表 4.1 災害種別の死亡者数と発生件数

	気象災害	地震災害	火山災害	地すべり・崩壊	雪氷災害	風　害
1,000人以上	50	63	8	9	1	3
5,000人以上	21	43	4	2	1	0
10,000人以上	11	21	3	3	0	0
災害種別合計	82	127	15	14	2	3

［出典：北嶋秀明，居住から考える「自然」災害に対するリスクに関する研究（その1. 激甚災害の分析と許容リスクに関する考察），日本建築学会大会学術講演梗概集（中国），p.291（2008）］

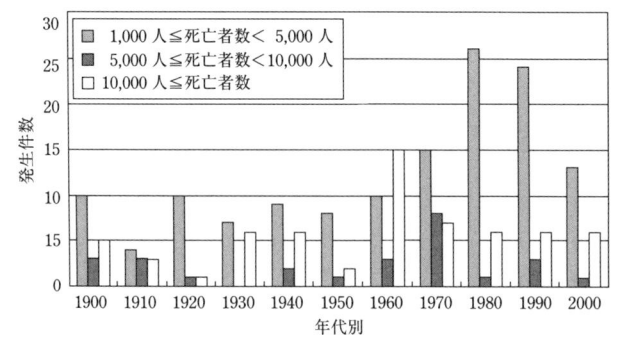

図 4.1　大規模災害の死亡者別発生件数

死亡者数と発生件数をまとめた。

いずれの場合も地震災害が最も多く，次いで気象災害の順になっている。気象災害に比べて，地震は発生頻度は低いが突発的で大被害をもたらすことが多い。火山の頻度はさらに低いが，地震と似た状況にある。大規模な雪氷災害，風害の発生件数は少ないが，発生頻度は高く累積すると死亡者数も多い。

図 4.1 は，1901 年から 2006 年までに発生した大規模災害の件数を 10 年ごとに集計し，1,000 人 ≦ 死亡者数 < 5,000 人，5,000 人 ≦ 死亡者数 < 10,000 人，10,000 人 ≦ 死亡者数をグループ別に示している。

参 考 文 献

1) 赤倉康寛，鈴木基行，「死亡者数を指標とした地震災害に対する許容リスクの設定に関する考察」土木学会論文集，No.654/I-52, pp.317-334（2000）.
2) 北嶋秀明，「居住から考える「自然」災害に対するリスクに関する研究（その1. 激甚災害の分析と許容リスクに関する考察）」日本建築学会大会学術講演梗概集（中国）(2008).
3) 松沢　勲　監修，『自然災害科学事典』，築地書館（1988）.

I.05　循環する災害

　地域の住民にとって居住環境の安全を確保することは，最も重要な生活条件の一つである。事実，紛争や自然災害の発生は，あらゆる階層の人々に大きな影響を与え，日常生活の中断，中止などをはじめ社会活動の効果的・効率的な実施の妨げとなっている。とくに開発途上国を中心に，地震や地すべりなどによる数万人規模の死亡者を出す"自然"災害が毎年のように集中的に起きている。途上国の"自然"災害を減らすことは，すべての分野において国際援助の実効を挙げ，世界規模の安全の確保のためにも基本的かつ急務の課題である。

災害の循環モデル

　繰り返される災害に対し地域社会は，被災した災害の復旧・復興の段階から，次の災害に備えてハード，ソフト両面での事前準備に従事しなければならない。地震や台風など，想定する災害の種類により発生の頻度や時間経過のスケールが異なり，対応の段階も異なる。

　災害の一般的な循環図は，図5.1のような〈円環構造〉として表される。基本的には，発災前のリスクマネジメントと発災後のクライシスマネジメントで構成される。ここでは，発災後の緊急対応→復旧・復興→社会的減災（ミティゲーション：回避，緩和，軽減，修復）→物理的減災を経て，次の事前準備に向かうという平面的な円状の循環経過をたどる。

　先進国では，構造物の耐震化などによるハードウェアの物理的減災，ソフトウェアとしての災害情報の伝達手段の充実などを含む事前準備，発災後の緊急対応，復旧・

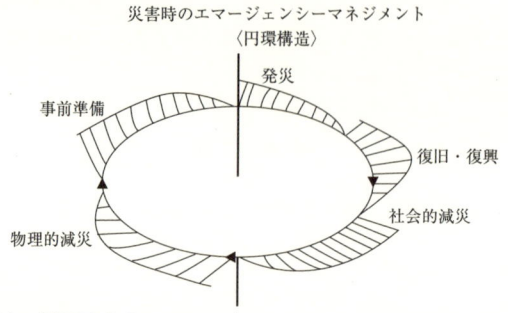

図5.1　災害の循環図（原図：FEMA（Federal Emergency Management Agency））
［出典：北嶋秀明，「途上国における「自然」災害の人為による拡大に関する研究（その2．災害の循環と効果的な対応に関する考察）」日本建築学会大会学術講演梗概集（九州），p. 645（2007）］

復興とコミュニティーの再建などによる社会的ミティゲーションにより社会の防災力は上昇するという図5.2のようなスパイラル状の構造が提示されている。

途上国の災害

世界の大多数の途上国では，図5.3に示すような脆弱な物理的条件（第1周）と不十分な事前準備の状況下で被災し，被災後の復旧・復興が進まないうちに次の災害に遭遇するという事例が多い。回復しない都市環境と再建できないコミュニティーからなる途上国社会の防災力の状況は，時間経過とともに下降するというデフレスパイラル構造で示される。

スパイラル状の循環構造は，先進国タイプの上昇スパイラル型と途上国タイプのデフレスパイラル型に二分できる。世界規模の減災活動において最も重要な課題は，途上国におけるデフレスパイラルの下降を止め現状を回復させるか，上昇型に変えるための施策を早急に確立することにある。

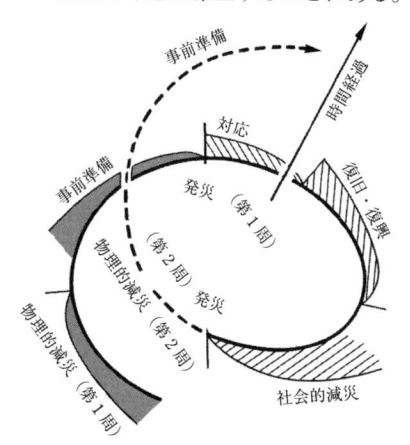

図5.2 先進国タイプ（原図：FEMA）
［出典：北嶋秀明,「途上国における「自然」災害の人為による拡大に関する研究（その2．災害の循環と効果的な対応に関する考察）」日本建築学会大会学術講演梗概集（九州），p.645（2007）］

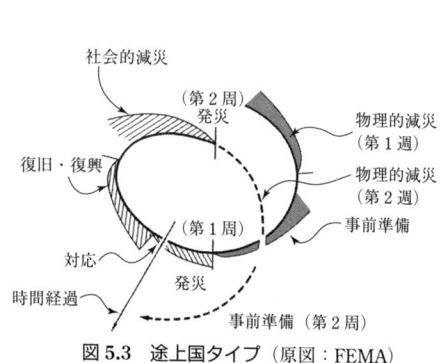

図5.3 途上国タイプ（原図：FEMA）
［出典：北嶋秀明,「途上国における「自然」災害の人為による拡大に関する研究（その2．災害の循環と効果的な対応に関する考察）」，日本建築学会大会学術講演梗概集（九州），p.645（2007）］

参 考 文 献

1) 北嶋秀明,「途上国における「自然」災害の人為による拡大に関する研究（その1．災害の循環と居住問題に関する考察）」日本建築学会大会学術講演梗概集（関東）（2006）.
2) 北嶋秀明,「途上国における「自然」災害の人為による拡大に関する研究（その2．災害の循環と効果的な対応に関する考察）」日本建築学会大会学術講演梗概集（九州）（2007）.

I.06　災害リスクと許容リスク

　社会的リスクを受け入るか否かの判断には大きな個人差があるが，登山やドライブのような自発的な行為では，一般的に当事者は日常とは桁違いのリスクを許容している。

リスクマネジメント
　図 6.1 にリスクマネジメントの概念図を示す。現状のリスク R は，横軸の被害の発生確率 P と縦軸の災害に伴う損失 C を掛けた形で表される。P と C の組合せは無限で，リスクはあらゆる位置に存在し得る。
　リスクマネジメントの目的は，リスクを低減する方策を求めることである。低減の一般的な対策は，予防（←）あるいは軽減（↓）とその組合せである。リスクの予防には，損失 C を小さくするための資材・人材の確保・補強，システム機能を確保するなどの方法がある。リスクの軽減には，発生確率 P を小さくするためのシステムのハード面での補強などがある。
　現状のリスク R が保有領域にある場合は，P の大小にかかわらず C の発生が小さいので事前の対策は行わず，事後の修復のための積立などに当てる。転嫁領域にある場合は P が低頻度で C が大きいので，保険・証券化など対応が可能である。大頻度・

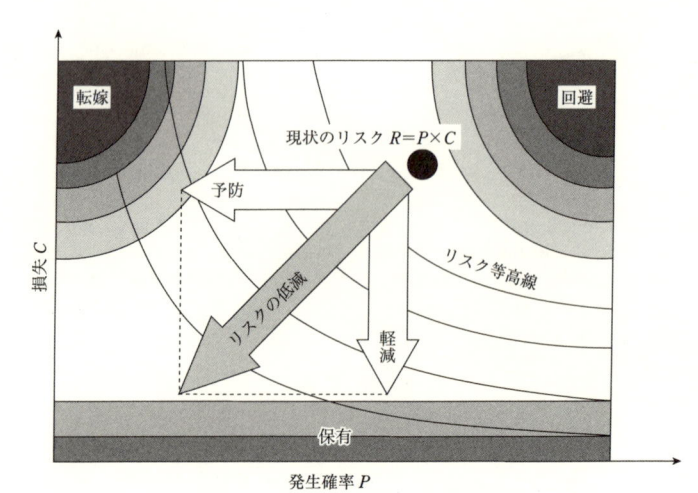

図 6.1　リスクマネジメントの概念図
［出典：星谷　勝，山本欣弥，「演習で学ぶ地震リスクマネジメント」，p.23，鹿島出版会（2009）］

大損失の本来避けるべき回避領域にある場合は，対策の放棄・断念を意味する。

許容リスクの概念

社会が許容せざるを得ない確率的破壊の設定に関する研究は，米国の原子力分野で始まった。スタールやラスムッセンらは原子力発電所の設計に際し，他の各種事故・自然災害による年平均死亡確率と比較することで，壊滅的な事故発生の可能性をもつ施設を建設し得る概念を示した。これらは科学・技術の専門家には明快な論理で様々な分野で適用されているが，地域住民の理解を得るには至っていない。I.01で述べたように，専門家と非専門家との間のギャップを埋めて社会的に許容可能なリスクを設定するための手法はいまだ示されていない。

図6.2に許容リスクの設定のためのフローを示す。設定には，指標を用いたリスクの分析・評価と，リスクの管理範囲と限界の決定が必要である。I.03で述べたように，死亡者数を指標として災害を分析・評価し，やむをえない被害者数を設定する手法を開発する必要がある。日本でも許容リスクに対する国民のコンセンサスが得られないまま，すでに，大規模災害発生時の想定死亡者数が一人歩きしている。

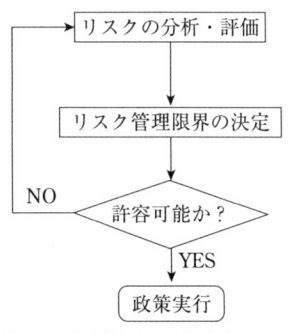

図6.2 許容リスクの認定のフロー

参 考 文 献

1) 北嶋秀明,「居住から考える建築技術と災害リスクに関する研究（その3. 災害種の特性と危険性の評価に関する考察）」日本建築学会大会学術講演梗概集（北陸）(2010).
2) 北嶋秀明,「居住から考える「自然」災害に対するリスクに関する研究（激甚災害の分析と許容リスクに関する考察）」日本建築学会大会学術講演梗概集（中国）(2008).
3) 星谷 勝，山本欣弥,『演習で学ぶ地震リスクマネジメント』, 鹿島出版会 (2009).
4) C. Starr, "Social Benefit versus Technological Risk" *Science*, **165**, 1232-1238 (1969).
5) 「建物のトータルリスク管理に向けて」, 日本建築学会大会（北陸）パネルディスカッション資料 (2010).

I.07　現代の100事例

I.02で述べたように，世界中で発生する災害に番号を付けて情報を管理・共有しようとする試みはまだ緒に着いたばかりである。本書が対象とする1901年から今日までの100年あまりの間に世界で起きた災害の情報は必ずしも統一されていない。とくに20世紀前半の第二次世界大戦以前の災害情報や，旧共産圏内の国々および独裁や軍事政権下にある国の災害データは少ない。

激甚災害の発生頻度

図7.1にみるように，激甚災害の発生数では地震災害と気象災害が桁違いに多い。これは近年の都市などの密集地域への急激な人口の流入が，二つの災害に複合的な影響を与えている可能性が高い。

20世紀後半から5,000人以上の死亡者を出す災害の件数は減少しているが，1,000人以上を含む全災害件数は増加している。また，自然災害による死亡者数の年代別の総数では，1970年代の200万人近くから1990年代は80万人程度まで減少している。しかし，被災者の総数は増加を続けている。

気象災害で特徴的なのは，1970年代半ばまで最大であった干ばつ・飢饉による死亡者の数が急激に減少し，代わって1970年代後半からは洪水による死傷者の数が最大になっていることである。

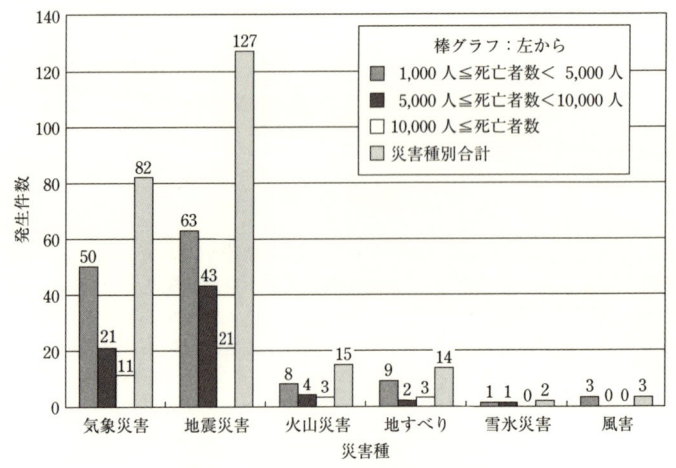

図7.1　激甚災害の災害種別発生件数

死亡者数 5,000 人以上を出した大震災

図 7.2 にみるように，紀元前 2000 年〜1979 年の間に被害の大きかった"歴史地震(壊滅的とされるものは 137 件，津波を伴ったものは 105 件)"の大部分は環太平洋地域で発生しており，残りは中緯度に集中している。

このうち，死亡者数が 5,000 人以上の大震災の分布が図 7.3 である。この分布もほぼ 0°〜北緯 40° の中緯度の文明の進んだ地域に多くみられる。

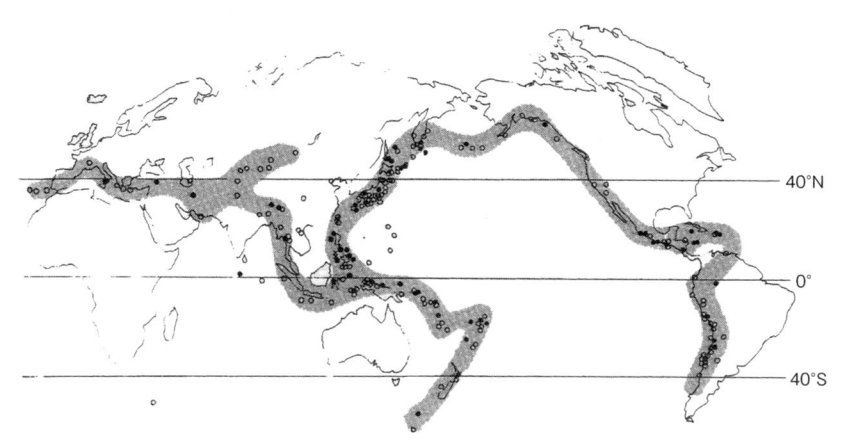

図 7.2 紀元前 2000 年〜1979 年の間に発生した大地震 ($M \geq 7.9$) の分布
[出典：金子史朗，『地球大災害』，p. 282，古今書院 (1991)]

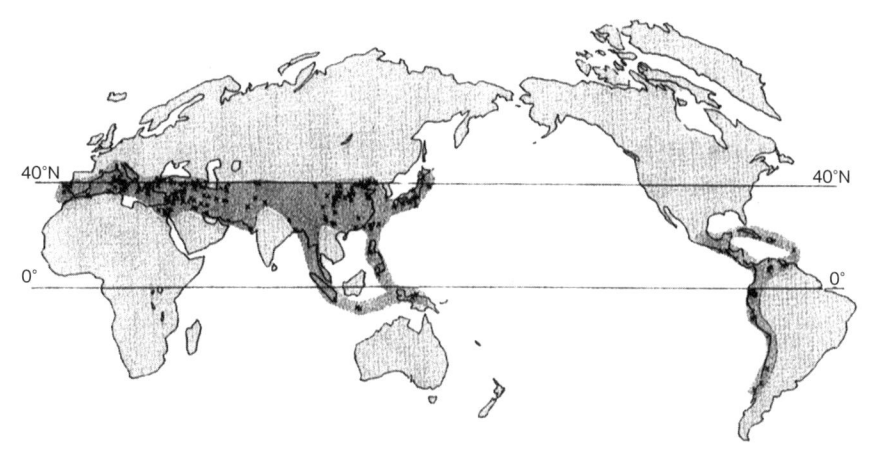

図 7.3 図 7.2 の地震のうち死亡者数 5,000 の大震災の分布
[出典：金子史朗，『地球大災害』，p. 285，古今書院 (1991)]

100 事例の選択

巻末の現代のおもな災害年表（1900〜2015）に示した"死亡者数100人以上および特異な災害"のデータを元に，死亡者数・行方不明者を指標に抽出した。また，20世紀における死亡者数・行方不明者数5,000人以上の災害の発生割合は図7.4にみるように，気象29%・地震61%・火山6%・地すべり―崩壊3%・雪氷1%・風害0%である。

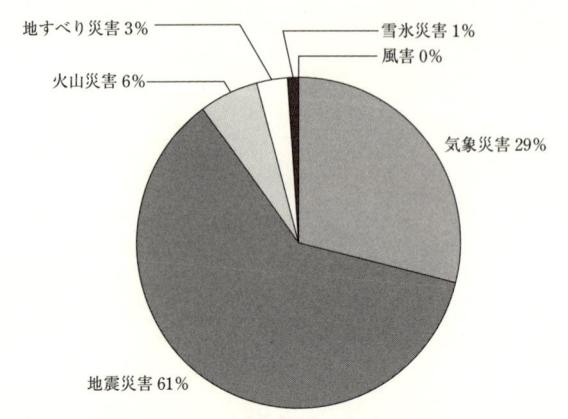

図7.4　災害種別の発生件数（死亡者・行方不明者数5,000人以上）

本書では，この割合を参考に気象災害22例，地震災害47例，火山災害15例，地すべり・崩壊5例，雪氷災害1例，風害1例の各自然災害種および人為災害9例を加えた合計100の事例を選択し解説した。

詳述する事例は，各災害種とも基本的に死傷者数の大きい順に巻末の災害年表から抽出している。

選択した100事例には，日本国内で発生した大災害，筆者が現地調査などに参加したもの，死傷者数が少なくとも特異な事例などが含まれている。

また，序文で加筆したように，2011年3月11日の「東日本大震災」については，特例として100事例の前において詳説した。

参 考 文 献

1) 岡田義光 編，『自然災害の事典』，朝倉書店（2007）．
2) 北嶋秀明，「居住から考える「自然」災害に対するリスクに関する研究（その1．激甚災害の分析と許容リスクに関する考察）」日本建築学会大会学術講演梗概集（中国）(2008)．
3) 金子史朗，『地球大災害』，古今書院（1991）．

コラム　ハッピーアワーの楽しみ

　いつものようにバーのカウンターで飲んでいる私に，アメリカの東部から来たという白人の夫婦が話しかけてきた。プノンペン市東部のメコン川とトレンサップ川が交わる河岸に近い五つ星ホテルの1階である。夕方の6時前で外は未だ明るい。夫妻は，エイズ撲滅支援で長期滞在中の息子の陣中見舞いに来ている，と自慢げに語った。

　滞在中のホテルはシンガポール資本で，二代目と思しき若社長が我物顔で闊歩しているのによく出会った。ホテルの長期滞在者の楽しみは，業務から開放されたアフターファイブの過し方にかかっている。このホテルでは，夕方の5時から7時までの2時間をハッピーアワーと称してバーの飲物を半額にしていたので毎夕立ち寄っていた。

　インドシナ半島では，シンガポールとタイが最初に経済成長をなし遂げ離陸した。その後をマレーシア，ヴェトナムとつづいたが，間に挟まれたカンボジアとラオスは取り残されていた。離陸済みの"中進国"からは，華僑を中心とする資本が急激に流れ込んできてホテルや銀行など，この国の経済の中枢を占有し始めていた。

　老夫婦との会話は楽しく弾んで1時間余りが過ぎた。別れ際，稚拙な英語を褒められた後に"お互い後進国の遅れた人々を助けよう"と笑顔でいわれた。別のアメリカ人にも"ここも発展してしまった。開発が遅れているラオスのほうがよい"と親しげにいわれたのを思い出した。"名誉白人"という言葉が浮かんで，ハッピーアワーのほろ酔い気分が急に色あせた。

I.08　グローバルな技術とバナキュラーな技術

　日本などの先進国がもつ様々な減災のための技術やノウハウを地球的な規模で普及させることが，世界の平和や安定の基礎づくりに資することになるといわれている。世界の200を超える国や地域には，技術の受け皿としての各地の固有の"現地の状況"がある。したがって，先進国から途上国への技術の伝播には図8.1にみるような地域の技術環境の的確な把握を前提としなければならない。循環のメカニズムが開始された後も，多数の伝播サイクルが繰り返されるうちに，"現地の状況"に応じて移転される技術も変貌していく。効果的な技術の移転には，世界的なグローバル化が可能な地域とバナキュラー（土着，風土に根差した）な技術が残る地域を見極めることが重要である。

途上国の技術環境

　図8.1に，途上国への技術移転を試みる場合の考慮すべき受け入れ側の技術的環境（建築）を示す。現地のバックグラウンドの技術者教育の状況，国や行政による関連法基準の整備のうえに初めて，新技術の導入が可能になる。

　基本的には，現地の条件−入手可能な材料−現地の技術水準にとって適切な技術の導入が重要である。現況は，先進国を模倣して形だけつくられて遵守されていない諸々

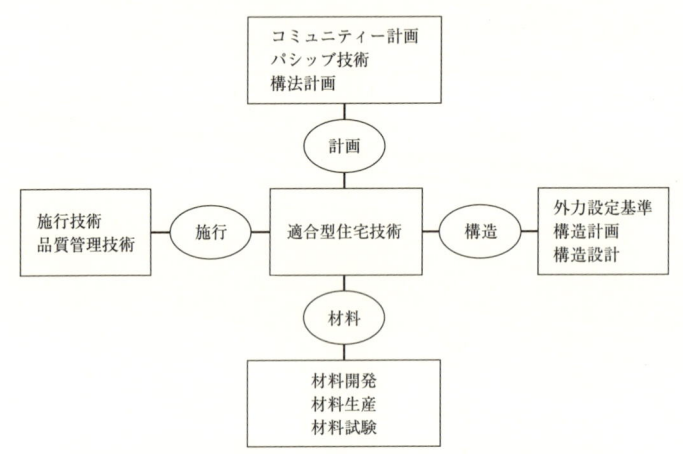

図8.1　技術移転で考慮すべき受け入れる側の技術的環境（建築）
［出典：北嶋秀明，「建築におけるグローバルな技術とバナキュラーな技術」日本建築学会建築雑誌，**123**(1583)，35(2008)］

効果的な技術移転

図 8.2 に技術移転の循環メカニズムを示す。先進国から途上国への技術移転は，国際間の送り手から受け手への移転過程と受入国内の伝播過程に分けられる。国際間の移転過程では，送り手と受け手の技術レベルの差が問題となる。研究者間などの場合は，普及のための伝播サイクルが少なくてすむ。しかし，地域の技術者への高度な技術の移転の場合は，一般的に移転手段①の段階から両者の技術レベル差が大きい。途上国での新技術の普及段階までには多くのサイクルが必要で，効果的な技術の移転は容易ではなく，長期的な展望が必要である。

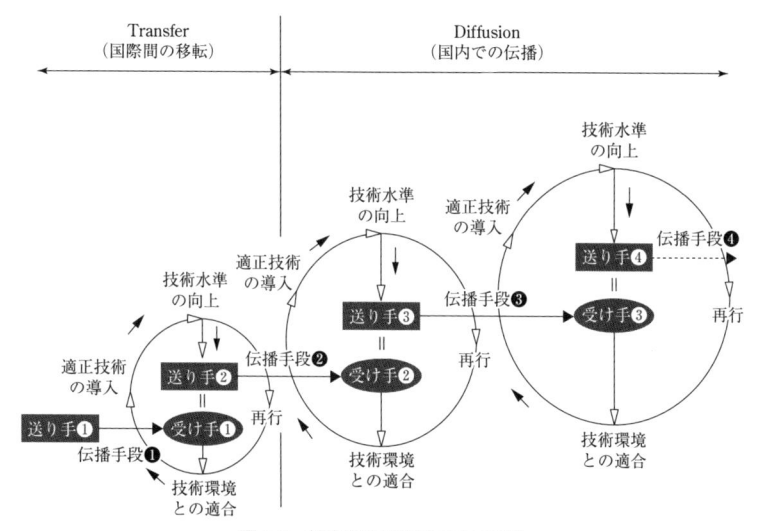

図 8.2 技術移転の循環メカニズム

［出典：北嶋秀明，「建築におけるグローバルな技術とバナキュラーな技術」日本建築学会建築雑誌，**123**(1583), 36(2008)］

参 考 文 献

1) 北嶋秀明，「建築におけるグローバルな技術とバナキュラーな技術」日本建築学会建築雑誌，**123**(1583), 34-37(2008).
2) 北嶋秀明，「防災における効果的な技術移転に関する研究」日本建築学会大会学術講演梗概集（関東）(1997).

I.09　住民と専門家

　地域住民と科学・技術の専門家の間には，災害や安全に対する認識に大きなギャップがある。災害・防災分野の専門家である研究者や技術者が想定し意図したとおりに，非専門家である住民が理解し行動するとは限らない。人々の生活は多種多様で，つくられたシナリオやパターンの想定内に収まることは必ずしも多くない。

　一般的に，専門家のおもな関心は先端技術やディテールにあるが，多くの住民の関心の第一義は日常生活にある。両者の間で防災に関する効果的なコミュニケーションがとられる機会は少ない。このようなコミュニケーション不足が，想定外の災害を生じ被害の思わぬ拡大をみる要因の一つになっている。

　近年の科学・技術の急激な進歩と細分化は，住民の理解を超えるばかりでなく，専門家間にも大きな溝を生んでいる。これらのギャップを埋める"技術コミュニケーション"のための有用な手法の開発が求められている。

　図9.1に居住者からみる全災害の誘因と素因の相関，関連分野の科学・技術の専門性の高低および住民と専門家の距離感を示す。災害発生のトリガー（引金）となる誘因は，地震や台風などの自然的要因と火災やテロなどの人為的要因に大別できる。もたらされる災禍は，地形や海などの自然素因と稠密な都市や貧困などの社会素因により拡大したり二次災害を招いたりする。このような災害の連鎖は，最終的に最も脆弱な人の命や財産を奪っている。

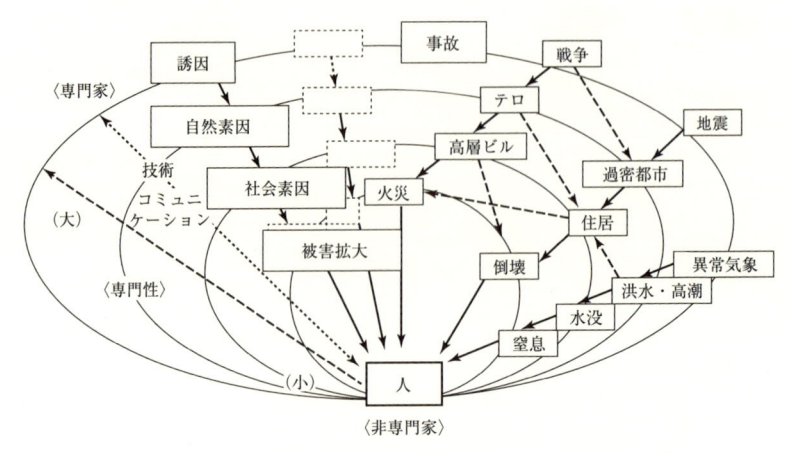

図9.1　居住者からみる災害の誘因と素因の相関，住民と専門家の距離感

リスクコミュニケーション

図9.2は，心理学の分野で用いられているジョハリ（Johari）の窓を，住民と専門家間のリスクコミュニケーションに応用した試みである。この手法は，自分がもっている知識・情報と他者からの知識・情報を4象限に分け，自己についての認識を分析・考察するものである。各象限は，住民と専門家のおのおのが〔知っている〕・〔知らない〕知識・情報を〈Ⅰ：公開〉・〈Ⅱ：盲点〉・〈Ⅲ：隠蔽〉・〈Ⅳ：未知〉の4領域に分割したものである。

両者間の認識のギャップを埋めるには，専門家からの情報公開だけでなく，住民からの情報提供が重要である。従前，専門家が軽視しがちだった非専門家からの要望や情報を活かそうとする試みは始まっている。一方，原子力などの高度に専門化した分野では，地域住民への説明にインターフェースとして働く手法などを研究・開発している。

このようなリスクコミュニケーションによる公開領域の拡大が，社会全体のリスクを減らす可能性を高める。しかし，いまだ専門家による情報公開が恣意的にコントロールされ，住民の情報提供への無関心な現状が多くの国や地域で残されている。

| | 専門家（科学・技術者） ||
	〔知っている〕	〔知らない〕
非専門家（住民）〔知っている〕	〈Ⅰ：公開領域〉 〈専門家も非専門家も知っている〉 （専門家が意図・想定） （住民の理解・行動）	〈Ⅱ：盲点領域〉 〈専門家は気がついていない〉 〈非専門家は気がついている〉 （専門家は意図・想定しない） （利用者・住民は気がついている）
非専門家（住民）〔知らない〕	〈Ⅲ：隠蔽領域〉 〈専門家は知っている〉 〈非専門家は知らない〉 （専門家は意図・想定） （住民は知らない）	〈Ⅳ：未知領域〉 〈専門家も非専門家も気がついていない〉 （専門家が意図・想定しない） （住民も知らない）

（専門家の情報公開 ／ 住民からの情報提供）

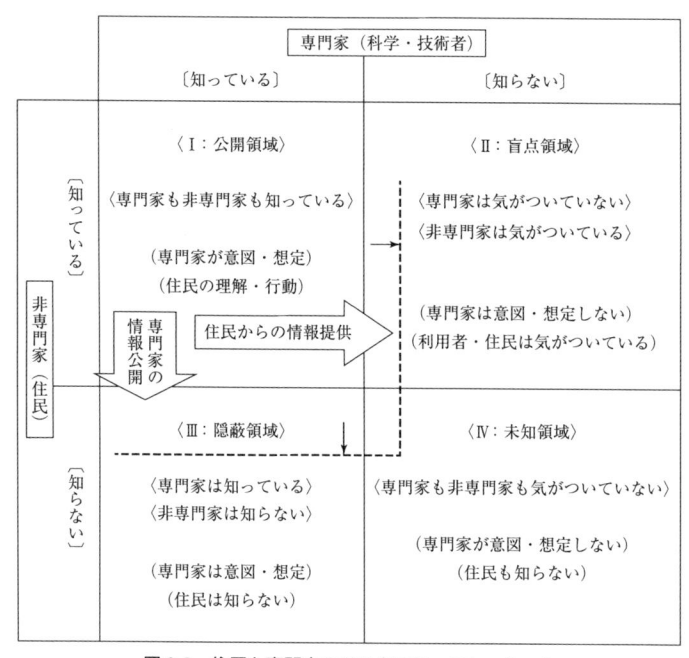

図9.2　住民と専門家のリスクコミュニケーション

ハザードマップ

近年，住民が居住する地域の災害リスクを直観的に認識できる手法としてハザードマップが普及している．日本の国土庁の防災マップは，「地震・津波対応型」，「水害対応型」，「土砂災害対応型」，「林野火災対応型」，「その他」の誘因型に分類されている．しかし，多くの被災地での現地調査などによれば，発生する被害の状況はコミュニティーなどの小単位の地区ごとで大きく異なっている．

したがって，住民に効果的な防災情報を提供するには，現行の誘因型のマップに各地域固有の素因を加味した小コミュニティー単位の詳細な「素因型ハザードマップ」が重要である．

図9.3 は，現行のハザードマップに加える災害種ごとのレーダーチャートの試みである．一般的な地図情報に各災害の特性情報を加えることで，地域ごとの災害リスクを視覚化する試みである．ここでは，災害の特性を〈予知可能性〉〈制御可能性〉〈危険接近速度〉〈潜在的人的被害〉〈危険度限定度〉＞の5要素・3段階で表している．

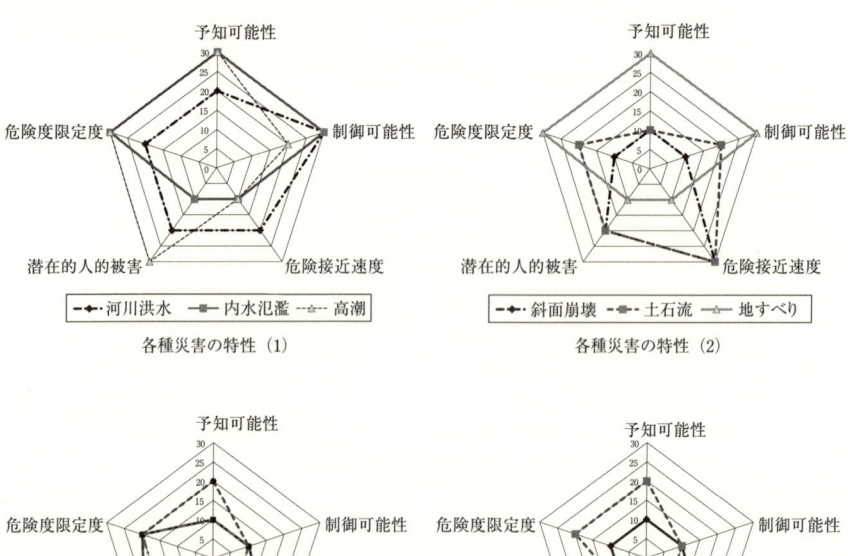

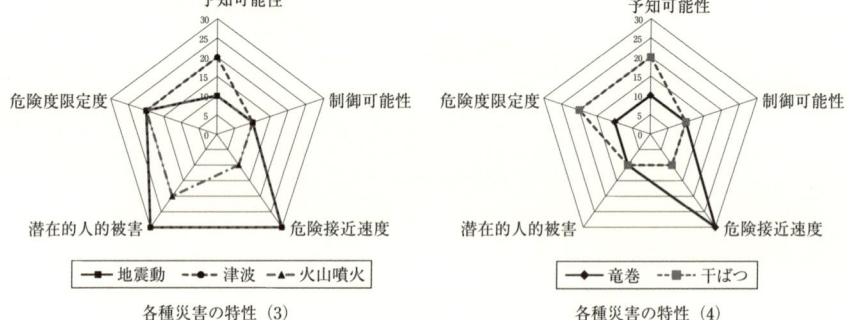

各種災害の特性 (1)

各種災害の特性 (2)

各種災害の特性 (3)

各種災害の特性 (4)

図9.3 災害種ごとのレーダーチャート

[出典：北嶋秀明，「居住から考える建築技術と災害リスクに関する研究（その3．災害主の特性と危険性の評価に関する考察）」日本建築学会大会学術講演梗概集（北陸）p. 914（2010）]

参 考 文 献

1) 北嶋秀明,「居住から考える建築技術と災害リスクに関する研究（その3. 災害主の特性と危険性の評価に関する考察）」日本建築学会大会学術講演梗概集（北陸）(2010).
2) 北嶋秀明,「人間の居住から考える建築物の安全計画」第19回安全計画シンポジウム, 日本建築学会安全計画小委員会 (2008).

コラム　技術援助とプライド

　相手の建築家は，いまにも殴りかかりそうな勢いで怒っているが，気が付かないわれわれのチーフは得々と日本案を説明しつづけている。相手国のリーダーが，心配そうな顔をして私のほうを見た。経済指標では中進国だが，長い歴史をもつ東欧の某国の代表的な設計事務所の一室である。チーフの提案はすでに進行中の彼らの実施案に"待った"をかけているのだ。

　ミーティングの終了後，相手国リーダーのまじめな若手准教授から，「"指導"は工程管理や経済的側面などに限って技術的なことには触れてくれるな」と頼まれ応諾した。技術援助の成否は相手次第の要素が大きい。その目的を少人数の研究者のレベルアップに絞るのが一番容易で，対象を実務の世界に広げた途端，一触即発の事態が待っているのが現実である。

　地震国の日本は，耐震技術の研究が進んでいて世界でも最先端を行っていると研究者や技術者達は自負している。これらの技術を，世界の他の地震国にODAにより指導・普及させると使命感に燃えている関係者が多い。しかし，いくつもの類似プロジェクトに繰返し参加してみると，いつも日本側の独り善がりに終わっていることに気付かされてしまう。

　近年は，テレビ会議が普及していて途上国でも珍しくなくなっている。帰国後，プロジェクトの会議によばれてある都心のビルに出かけた。画面の中では，ゼネコン技研から派遣された後任の男が"前任者が技術的な指導をしなかったのが問題である"と私の名をあげて非難している。その隣に沈黙している相手国リーダーの顔が映った。

I.10 効果的な災害対策

災害対策の基本は，前述したさまざまなギャップを埋める方向のものでなければならない。最も重要かつ実現の可能性が高いのは，住民と専門家間のコミュニケーションを深める手法を開発し，両者間のギャップを縮小することである。

災害対策を効果的で実現可能なものにするには，対象となる国や地域固有の状況に適合させることが重要である。世界の200を超える国や地域は，それぞれ現地固有の状況を抱えている。先進国と開発途上国では，経済・社会から歴史・文化まで多くの分野で大きな相違点があり，とくに対策の実施に影響を与える政治・教育および科学・技術レベルに大きな差異がある。

居住環境の改善

世界の災害による死亡者数の半数以上を占める開発途上国の居住環境の改善は，地球規模の減災対策であり急務である。とくに耐震化などによる住居の改良は，大震災が発生し多数の死傷者がでるたびに声高に提唱され続けている課題である。しかし，繰り返される災害と繰り返される同様な提言にもかかわらず改善の兆しはない。

建築は本来，風土と深く結びついた土着的（バナキュラー）な技術である。その計画・意匠・構造・材料から施工まで，地域の社会・政治・経済から歴史・文化・教育までの諸々の要因が反映している。したがって，長谷見は"既存の工法に部分的な欠点があったとしても，それに代わり得る別の工法の普及の見通しがなければ安易に否定すべきではない"と，指摘している。現地の状況から帰納して得られた条件に沿って，"既存の技術の枠組みの中で欠点の克服を試みるべき"である。

災害対策の策定者の意図と実際の住民の行動との間には大きなギャップがある。ハザードマップが整備されていたネバド・デル・ルイス火山（コロンビア）（➡ p. 448）の場合，危険地域の避難勧告が出されても住民は避難せずに多数の死亡者を出した。同様のマップが整備されていたピナツボ火山（フィリピン）（➡ p. 454）の場合，地域の米軍の協力もあって避難が実施されたためわずかな被害ですんでいる。日本の場合，避難勧告に従ってすぐに避難する住民の割合はわずか10％程度で，多くの人々は近隣住民が動き始めると同調して動くと報告されている。

人的被害・物的被害の低減

物的被害の大きさはほぼ外力強度によって決まるが，危険回避ができる人について

I.10 効果的な災害対策   33

の被害の発生には種々の人間的・社会的・自然的要因が関係する。したがって，物的被害の規模は，外力の強さに対応するハード面の物理的な対応にかかっている。一方，人的被害の軽減対策は，様々なソフト面「計画」での対応が可能といえる。

　たとえば，高度経済成長以前の共産中国では，"専群結合" の名の下に，1975年の海城地震（➡ p. 254）の予知に成功したと報じられている。人海戦術による非専門家の大衆と専門家が組むことで両者のコミュニケーションがはかられて成功したと評価されている。

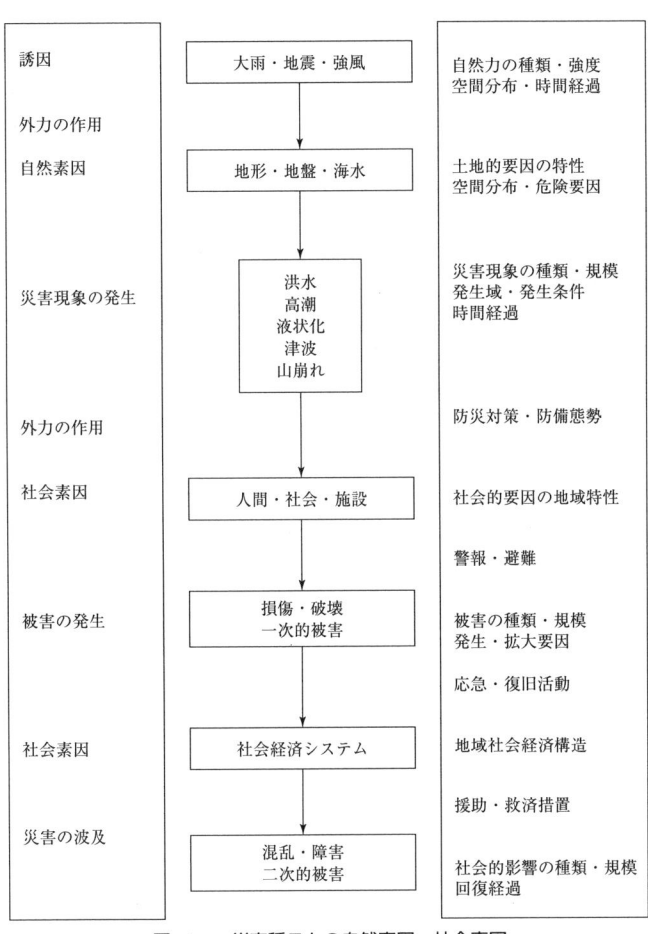

誘因	大雨・地震・強風	自然力の種類・強度 空間分布・時間経過
外力の作用 自然素因	地形・地盤・海水	土地的要因の特性 空間分布・危険要因
災害現象の発生	洪水 高潮 液状化 津波 山崩れ	災害現象の種類・規模 発生域・発生条件 時間経過
外力の作用 社会素因	人間・社会・施設	防災対策・防備態勢 社会的要因の地域特性 警報・避難
被害の発生	損傷・破壊 一次的被害	被害の種類・規模 発生・拡大要因 応急・復旧活動
社会素因	社会経済システム	地域社会経済構造 援助・救済措置
災害の波及	混乱・障害 二次的被害	社会的影響の種類・規模 回復経過

図 10.1　災害種ごとの自然素因，社会素因
［出典：水谷武司，『自然災害調査の基礎』，p. 8，古今書院（1993）］

効果的な災害対策には，図10.1の災害種ごとに発生の連鎖の状況を確認し，各段階で自然素因あるいは社会素因の地域的な特性を抽出して対応することが求められる。

参 考 文 献

1) 長谷見雄二，『災害は忘れた所にやってくる 安全論ノート―事故・災害の読み方』，工学図書（2002）．
2) 水谷武司，『自然災害調査の基礎』，古今書院（1993）．
3) 二宮洸三，『気象と地球の環境科学 改訂3版』，オーム社（2012）．

コラム　廃藩置県から廃村置市へ

　学生時代，福井県出身の知人がいた。巷間いわれる山陰の鳥取・島根の位置関係ほどではないが，北陸の福井・石川も馴染みが薄い者にはあやふやである。"蟹族になって日本中を旅した"と豪語していた私も，金沢に行ったことがなかった。その知人に"福井県の○○君"というと即座に"若狭の○○です！"と直された。"越前と一緒にされたくない！"といわれて驚いた。

　明治維新で廃藩置県が実施された頃の旧藩の数は，およそ250～300余である。現在の都道府県数の5～6倍もあった。居住者の地縁や歴史を基にした行政単位の多くは，現在の数分の一の規模だったことになる。戦後，村から町・市・広域都市へと行政による管理を強める方向に進み，すでに数千の農山村の集落が消滅した。

　インド平原からつづくタライ平原は，国境を越えても変わらない風景が広がる。開発途上国の地方の経済的な豊かさは，首都からの距離に反比例して落ちて行く。調査して歩いた国境近くの村や町の多くは，最貧国の中でも最も貧しい集落にみえた。案内の地方役人に"ここは皆，同じカーストなので幸福な地域だ"と説明されて驚いた。

　新潟中越地震の震源地で甚大な被害を受けた山古志村はもうない。翌年（2005年）の平成の大合併で長岡市の一部になった。数年後，災害調査の案内役だった地元の先生から"大学を辞め山古志に住まいを移して調査をつづける"との年賀状が届いた。"むら"は，単なる行政単位の集落ではなく人間が居住する集合形態の基盤なのである。

第Ⅱ編 各 論

コラム　東北のマドンナ

　2011年4月初めの首都圏の朝日新聞日曜版で"寅さんの伝言"と題するコラムが始まった。多くの日本人に受入れられた香具師の寅さんがカバン一つで全国各地を巡り，毎回，現地のマドンナと絡んで最後には振られるという落ちが付く。50本近くもつくられた映画の人気シリーズで，筆者も飛行機内のビデオなどで何本か見た記憶がある。

　紙面には日本地図が描かれ，北は北海道の網走，釧路から南は九州の奄美大島や沖縄までと海外1ヵ所の全部で34ヵ所の都市名とマドンナ役の女優の名前が記されている。地図上にプロットされた〇印の分布から，文字通り全国津々浦々の大小の町や都市が映画の舞台になっているのが一目でわかる。製作者は日本的な原風景と思われる土地とコミュニティーの中に役者たちを置き，練り上げた脚本で日本人の心の機微に触れるストーリーにすることに腐心したのが感じられる。

　しかし，この地図をよくみると日本列島の本州の一部が完全にブランクになっているのに気づかされる。地図上の東北地方6県には〇印が一つも置かれておらず地名も女優名も描かれていない。東北地方が，わずか3週間余り前に発生した大震災でクローズアップされている時期に，このブランクの不自然さは際立って見えた。

　この人気シリーズですべての脚本と監督を務めた山田洋次監督に何らかの意図があって東北地方を避けたのか，あるいは単なる偶然なのか興味がわいた。山田監督が関西出身と聞いて，一昔前の関西財閥の大物だったウイスキー会社のトップの「東北などはクマソばかりで文化レベルも低い」的な蔑視発言でおきた不買い騒動を思い出した。旧満州からの引揚者でもあるという監督が，芭蕉や西行が創り上げた高邁な"秘境"みちのくを旅する寅さんをイメージできなかったのか。

　山田監督の次回作は「東京物語」のリメイクだった。

東日本大震災

平成 23 年（2011 年）東北地方太平洋沖地震
（気象庁が命名）

一本松（陸前高田）

【付記】平成 27 年 3 月 1 日消防庁発表
　死亡者　　19,225 人
　行方不明　 2,614 人
　負傷者　　 6,219 人

発生日時：平成 23 年 3 月 11 日（金）14 時 46 分
震源および規模（推定）
　震源：三陸沖（北緯 38.1°，東経 142.9°，牡鹿
　　　　半島の東南東 130 km 付近）深さ 24 km
　モーメントマグニチュード：M_w 9.0
各地の震度
　震度 7　　宮城県北部
　震度 6 強　宮城県南部・中部，福島県中通
　　　　　　り・浜通り，茨城県北部・南部，
　　　　　　栃木県北部・南部
　震度 6 弱　岩手県沿岸南部・内陸北部・内陸
　　　　　　南部，福島県会津，群馬県南部，
　　　　　　埼玉県南部，千葉県北西部
　震度 5 強　青森県三八上北・下北，岩手県沿
　　　　　　岸北部，秋田県沿岸南部・内陸南
　　　　　　部，山形県村山・置賜，群馬県北
　　　　　　部，埼玉県北部，千葉県北東部・
　　　　　　南部，東京都 23 区・多摩東部，
　　　　　　新島，神奈川県東部・西部，山梨
　　　　　　県中・西部，山梨県東部・富士五
　　　　　　湖
被害状況など
　人的被害　　死亡者　　15,884 人
　　　　　　　行方不明　 2,633 人
　　　　　　　負傷者　　 6,148 人
　建築物被害　全壊　　 127,302 戸
　　　　　　　半壊　　 272,849 戸
　　　　　　　一部破損　748,777 戸
（内閣府緊急災害対策本部，気象庁（平成 26 年
3 月 11 日）による）

「東北」で起きた大震災

災害には地域性がある。被災した地方の地形、地理や地質、地盤などの自然的要件はもとより、地域の歴史、経済や民族、文化などの社会的要因に至るまでが、災害の拡大要因にも抑制要因にもなり得る。

地球規模で自然災害をみれば、地震や火山活動が頻発する地域はほぼプレートの境界に沿って分布しており、台風や干ばつの発生地域や進路もほぼ限られているために同様の災害が繰り返されているのがわかる。しかし、様々な災害種の誘因により発生する同様な自然現象でも、もたらす災害の規模や社会的な影響などは途上国地域と先進国地域で大きく異なっている。

「循環する災害」(➡ p.18) で述べたように、災害に対する一般的な対策は、(事前準備)→(発災)→(救援・援助)→(復旧・復興)の各段階を経て新たな(事前準備)に入り、次の災害に備えるというサイクルを構成する。とくに復旧・復興から新たな(事前準備)の段階で、世界的な南北の経済格差、政治体制や社会の安定度の相違などにより地域性が顕著になる。

一方、自然災害に比べるとテロや大事故などを含む人為的災害は、不確定な要素・要因が多数かつ多様で、発生する地域や時期の特定および効果的な対策は困難といわれる。

日本国内においても災害の地域性は顕著である。「歴史的・文化的な背景」で述べるように1923年9月の関東大震災や1995年1月の阪神・淡路大震災においても、発生した時代や地域により明らかに異なった被災の様相を呈している。今回の東日本大震災は、まさに2011年3月に東北地方の太平洋沖で発生した大地震が「東北」にもたらした大震災である。

複合災害と呼ばれる今回の大震災は、図1に示すように一つの大きな地震動が誘因となって陸・海・空のすべての自然素因に影響を及ぼし、多様な災害現象を引き起こしている。なかでも人的被害の大部分を占める津波災害、山間部における土砂災害、市街地における液状化などにより多大な被害が発生している。

さらに、これらの多様な災害種は各々関わり合って"災害の連鎖"を形づくり、「東北」の人々の居住環境を破壊し、長期間にわたる多大な社会的損失を与えつづけている。

特筆すべきは、津波災害が素因となって引き起こされた原子力発電所の事故による災害である。今後、被災地域に与える物理的・精神的な影響は数十年に及ぶとされており、新たな課題

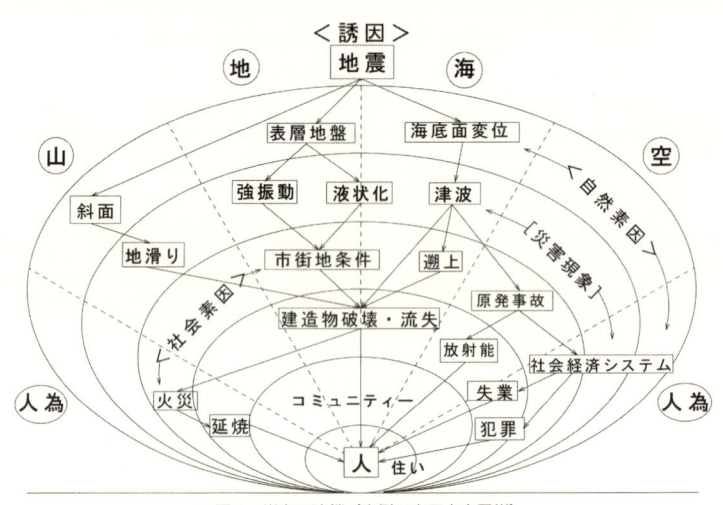

図1 災害の連鎖(事例:東日本大震災)

東日本大震災　39

となっている。

歴史的・文化的な背景

　図2および図3は，地震調査研究推進本部の地震調査委員会が2010年1月1日現在の予測として発表していた日本の"主な海溝型地震の評価結果"と"主要活断層帯の評価結果"である。同本部は阪神・淡路大震災（1995）の後，地震の調査研究と成果の国民への伝達の一元化を目的に，内閣府（現在は文部科学省）に設置された政府の機関である。この時点での評価結果によれば，「宮城県沖」の今後30年間の発生確率は99％と国内で最も高い値を示していた。同様に，その北側の「三陸沖北部」で90％程度，南側の「茨城県沖」で90％程度以上という高い発生確率が発表されていた。

　しかし，阪神・淡路大震災の後，多くの国民

根室沖
M7.9程度　40％程度
十勝沖と同時発生の場合
M8.3程度

択捉島沖
M8.1前後　60％程度
（Mw8.5前後）

色丹島沖
M7.8前後　50％程度
（Mw8.2前後）

十勝沖
M8.1前後
0.2％～2％
根室沖と同時発生の場合
M8.3程度

三陸沖北部
固有地震
M8.0前後　0.3％～10％
固有地震以外
M7.1～M7.6　90％程度

日向灘のプレート間地震
M7.6前後　10％程度

宮城県沖地震
M7.5前後　99％
三陸沖南部海溝寄りの領域と同時発生の場合
M8.0前後

福島県沖
M7.4前後
7％程度以下

三陸沖から房総沖の海溝寄り
津波地震
Mt8.2前後※　20％程度
（特定海域では6％程度）
正断層型
M8.2前後　4％～7％
（特定海域では1％～2％）

東南海地震
M8.1前後
60％～70％
南海地震と同時発生の場合
M8.5前後

想定東海地震
（参考値）
M8.0程度87％

茨城県沖
M6.7～M7.2
90％程度以上

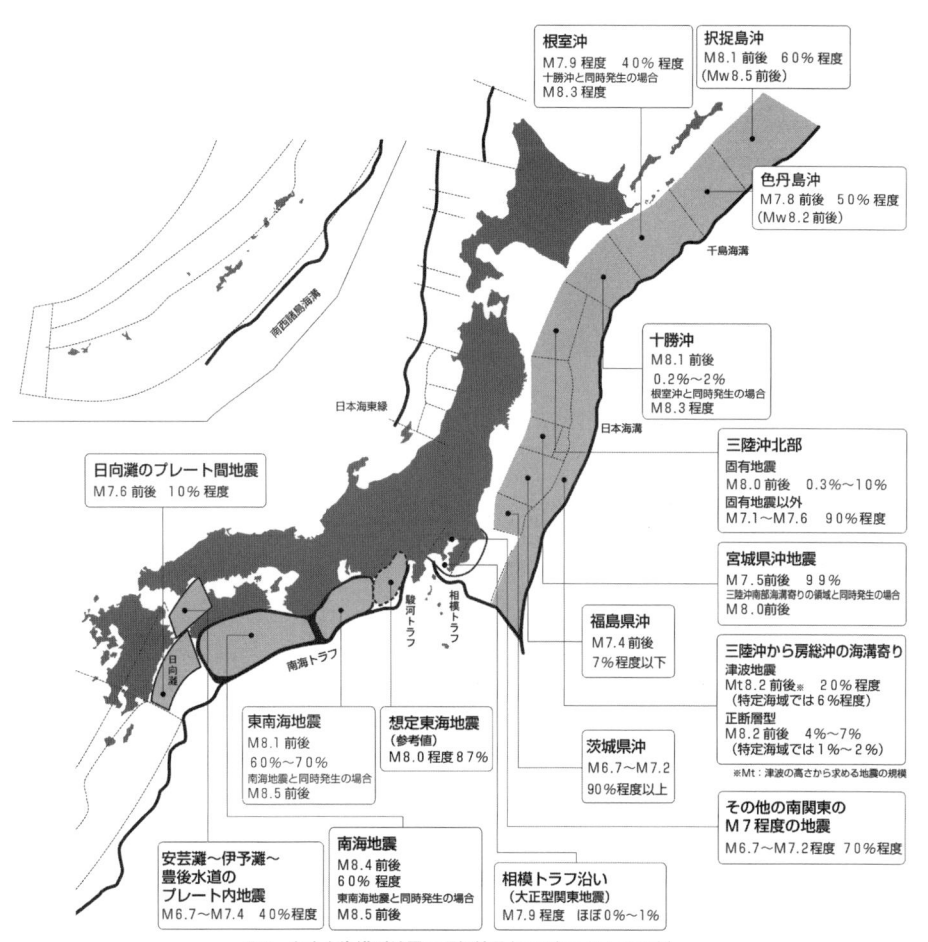

その他の南関東の M7程度の地震
M6.7～M7.2程度　70％程度

安芸灘～伊予灘～豊後水道のプレート内地震
M6.7～M7.4　40％程度

南海地震
M8.4前後
60％程度
東海地震と同時発生の場合
M8.5前後

相模トラフ沿い
（大正型関東地震）
M7.9程度　ほぼ0％～1％

※Mt：津波の高さから求める地震の規模

図2　おもな海溝型地震の評価結果（2010年1月1日現在）
図中％は30年以内に地震が起こる確率
十勝沖地震（2003年）は地震調査研究推進本部が想定して実際に発生した最初のケース

［出典：地震調査研究推進本部，「わが国の地震の将来予測　全国地震動予測地図」，文部科学省研究開発局地震・防災研究課（2010）］

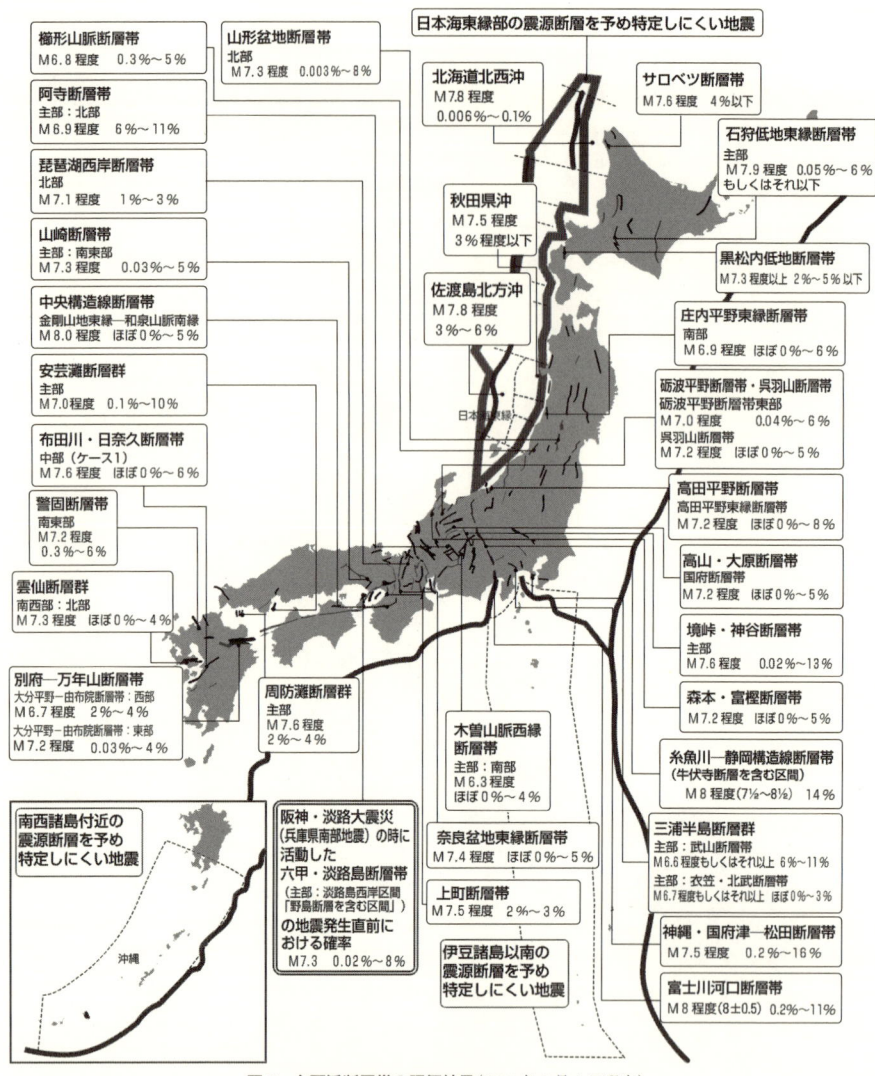

図3 主要活断層帯の評価結果(2010年1月1日現在)
図中％は30年以内に地震が起こる確率

［出典：地震調査研究推進本部,「わが国の地震の将来予測 全国地震動予測地図」, 文部科学省研究開発局地震・防災研究課(2010)］

や研究者，報道機関などの大地震に関する関心は首都直下地震や南海トラフ巨大地震の「（想定）東海地震」，「東南海地震」および「南海地震」などに向けられており，度々，大々的に報じられていた。この時点での同推進本部による今後30年間の南海トラフ方面における3地震の発生確率の評価結果は，各々87％程度，60～70％および60％程度とされている。

現在の科学・技術のレベルでは，未だ大地震の正確な長期予測は困難あるいは不可能とされているが，東北地方におけるこれらの90%を超える高い発生確率が一般に報道されたのは3.11以降である．歴史的に見ても東北地方では，平安時代の貞観地震や三陸沖巨大地震があり近年にも何度か津波被害が繰り返されてきたが，専門家を除き人々の関心は三陸方面に向かわず，首都圏や東海以南のような特別な注意が払われていなかった．

図4に2010年1月1日現在のおもな海溝型地震と主要活断層帯の今後30年以内の地震の発生確率を比較して示す．海溝型地震に比べると活断層帯の地震の発生確率はけた違いに低く評価されているが，東日本大震災以降，全国的に変化し評価が高まった箇所も多い．

2015年現在では，評価手法が変更されたため比較は困難だが，三陸沖では0%などと低いものの南海トラフ全域では70%程度としている．同推進本部では，図2および図3で示したような特定の地震の想定から，評価対象領域で発生しうる多様な震源パターンを想定する手法に変更して，対象領域を南海トラフ全域としている（図5）．

三大震災の特性比較

今回と過去の関東大震災および阪神・淡路大震災との人的被害の比較から，震災ごとの特徴が明確に示される．それぞれの大震災での人的被害の分類方法が異なるため単純な比較はむずかしいが，各々で異なる死因が圧倒的な割合を占めている．

関東大震災（1923） 事例（→ p. 205）で詳述したように，東京の人口密集地を中心に発生した火災が多数の焼死者を出した．火災による人的被害の割合は87.1%で，家屋などの倒壊による直接的な圧死者の割合は10.5%と比較的少ない（図6）．

阪神・淡路大震災（1995） 事例（→ p. 332）で詳述したように，現代的な大都市を襲った初めての大地震による最も多かった死亡者は建物倒壊などによる圧死で83.3%である．倒壊建物などの多くは，1981年の新耐震基準より前に建てられた古い家屋などの建築物であったことが原因とされる（図7）．

東日本大震災（2011） 「被災地域の状況」で後述するように，今回の大震災では津波災害で溺死した割合が圧倒的である．溺死者は92.4%で，圧死などが4.4%と少ないのは倒壊家屋の割合が少ないことに対応している（図8）．

自　然　環　境

東北地方は広大な面積を有しており，四国，九州，沖縄地方を合わせた面積よりも広い．各県の面積も北海道以外で日本一の岩手県をはじめ福島県，秋田県，青森県，山形県の順にいずれも10位以内の広さである．宮城県は唯一14位であるが，仙台平野が広がり仙台市を中心とする一大経済圏をつくっている．

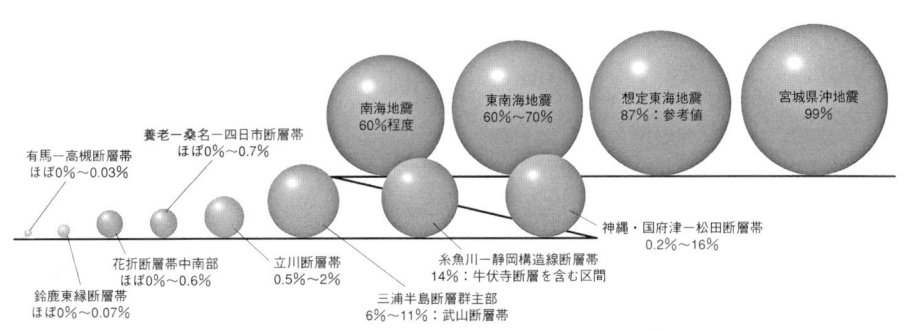

図4　海溝型と活断層帯の評価結果（2010年1月1日現在）

［出典：地震調査研究推進本部，「わが国の地震の将来予測　全国地震動予測地図」，文部科学省研究開発局地震・防災研究課（2010）］

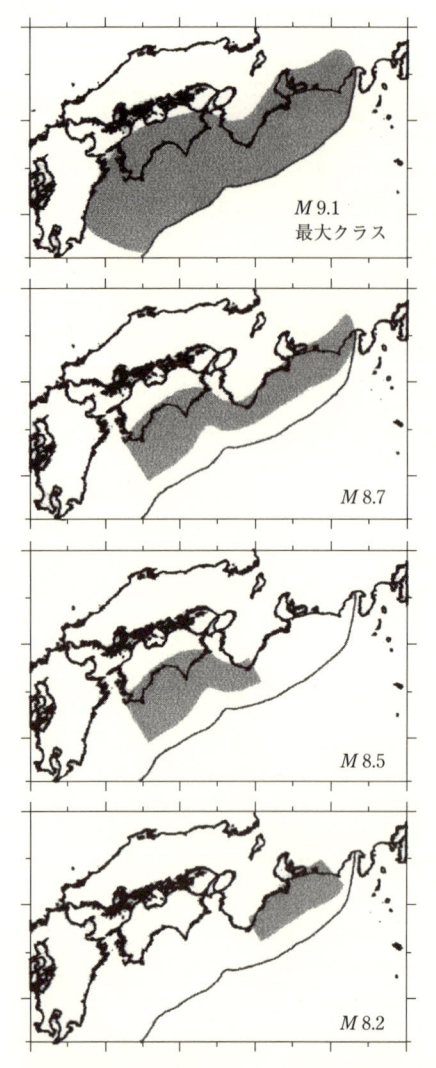

図5 南海トラフの想定パターン（2013年5月現在）
［出典：地震調査研究本部事務局，「南海トラフの地震活動の長期評価(第二版)概要資料」, p.24(2013)］

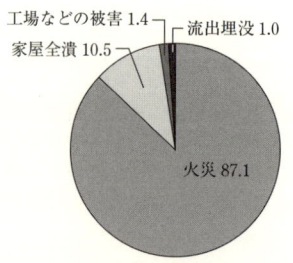

図6 関東大震災による死因
工場などの被害 1.4／流出埋没 1.0／家屋全潰 10.5／火災 87.1
［国土交通省国土技術政策総合研究所，独立行政法人建築研究所，「平成23年(2011年)東北地方太平洋沖地震被害調査報告」国土技術政策総合研究所資料，No.674(2012)；建築研究資料，No.136(2012)］

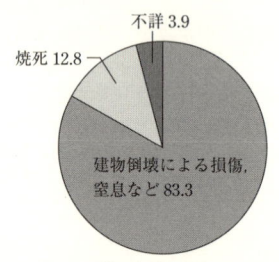

図7 阪神・淡路大震災による死因
不詳 3.9／焼死 12.8／建物倒壊による損傷，窒息など 83.3
［国土交通省国土技術政策総合研究所，独立行政法人建築研究所，「平成23年(2011年)東北地方太平洋沖地震被害調査報告」国土技術政策総合研究所資料，No.674(2012)；建築研究資料，No.136(2012)］

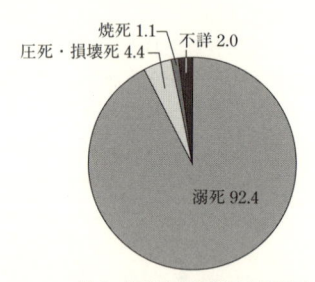

図8 東日本大震災による死因
焼死 1.1／不詳 2.0／圧死・損壊死 4.4／溺死 92.4
［国土交通省国土技術政策総合研究所，独立行政法人建築研究所，「平成23年(2011年)東北地方太平洋沖地震被害調査報告」国土技術政策総合研究所資料，No.674(2012)；建築研究資料，No.136(2012)］

しかし，東北地方のほぼ中央には奥羽山脈が脊梁山脈となって南北の全長500km余にわたって位置しており，小平野や盆地が点在する中央部と日本海側および太平洋側の沿岸地域に分断されている。

地理・地形の特徴

地形の特徴は，ほぼ南北方向に奥羽山脈，出羽山地および北上高地から阿武隈高地までの3本の峻烈な山脈・山地が並列に走っている

(図9)．このため地域が小さく分断されており，点在する各都市間の距離は全国平均の約 1.4 倍になっている．

東北地方は豊かな自然環境には恵まれているが高規格道路の普及率も低く，さらにその約 8 割が豪雪地帯に指定されているため，冬季は積雪などにより国道が不通になり，都市間の連携や経済的流通の妨げになっている．

このような背景から，東北地方の新幹線などの高速鉄道網や高速道路網は，おもに中央部の背骨部分に沿って縦断しており，両沿岸部へは各主要都市から肋骨部分をローカル線や幹線道路が横断して達している．

歴史的にみると日本海側の沿岸部は，古くから水運が開けており，江戸時代には北前船により畿内に至るなど，寄港地を中心に物的・人的な交流が盛んだった．一方，太平洋側の沿岸部は三陸を中心に開発が遅れ，今回の地震での救援・援助および復旧・復興の妨げに繋がっている．

地盤・地質の概観

今回の津波によるおもな被災地は，三陸地方の"リアス海岸部"と宮城県以南の"平滑海岸部"の異なる海岸タイプ別に分けられる．表1にタイプ別の被害を，また，図10にこのうちの岩手県内の地質の概観を示す．

浸水域の人口，面積，世帯数などのデータのいずれもが，小さいリアス海岸部の人的被害率が平滑海岸部のほぼ2倍である．

東北地方は日本海溝へ沈み込むプレートの上に位置し，岩手県は太平洋側の非火山性外弧(北上山地)と日本海側の火山弧(奥羽山脈)に跨っており間に北上低地帯がある．宮城県の南部北上山地にはアンモナイトの化石などを含む地層が分布し，岩手県では海洋プレートがもたらした堆積物などを含む地質体が広く分布している．これは，この地方が古生代から何億年にもわたる地殻の隆起と沈降を繰り返してリアス海岸を形作ってきたことを物語っている．

三陸海岸の全域に津波の巨大なエネルギーにより陸上に運ばれたと考えられる"津波石"という巨岩が残されている．今回の津波でも宮古市田老町摂待地区では河口から約 500 m 内陸にまで巨岩が移動している．

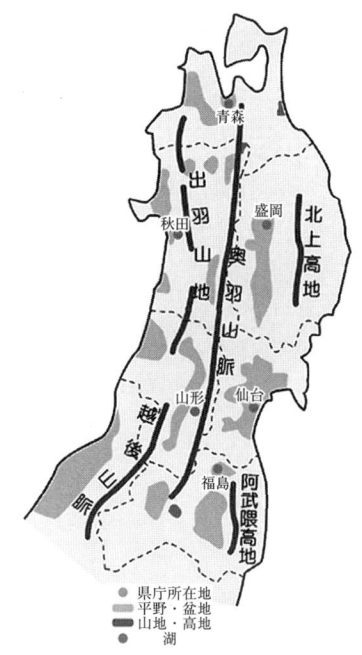

図9 東北地方の地理的な特徴
[出典：国土交通省，農林水産省，「地方ブロックの社会資本の重点整備方針」，p.1(2004)]

表1 海岸タイプ別の被害

	リアス海岸 久慈〜女川	平滑海岸 石巻〜南相馬
死亡者・行方不明者	10,023	9,587
住家全壊	35,526	61,370
浸水域面積 (km^2)	88	375
浸水域人口	167,568	297,613
浸水域世帯数	60,245	103,450
人的被害率 (％)	6.0	3.2
住家全壊率 (％)	59	59
市街地浸水比率 (％)	24	26
津波の高さ (m)	20〜35	10〜20

[出典：水谷武司，「2011年東北地方太平洋沖地震の津波による人的被害と避難対応」防災科学技術研究所主要災害調査，第 48 号，p.94(2012)]

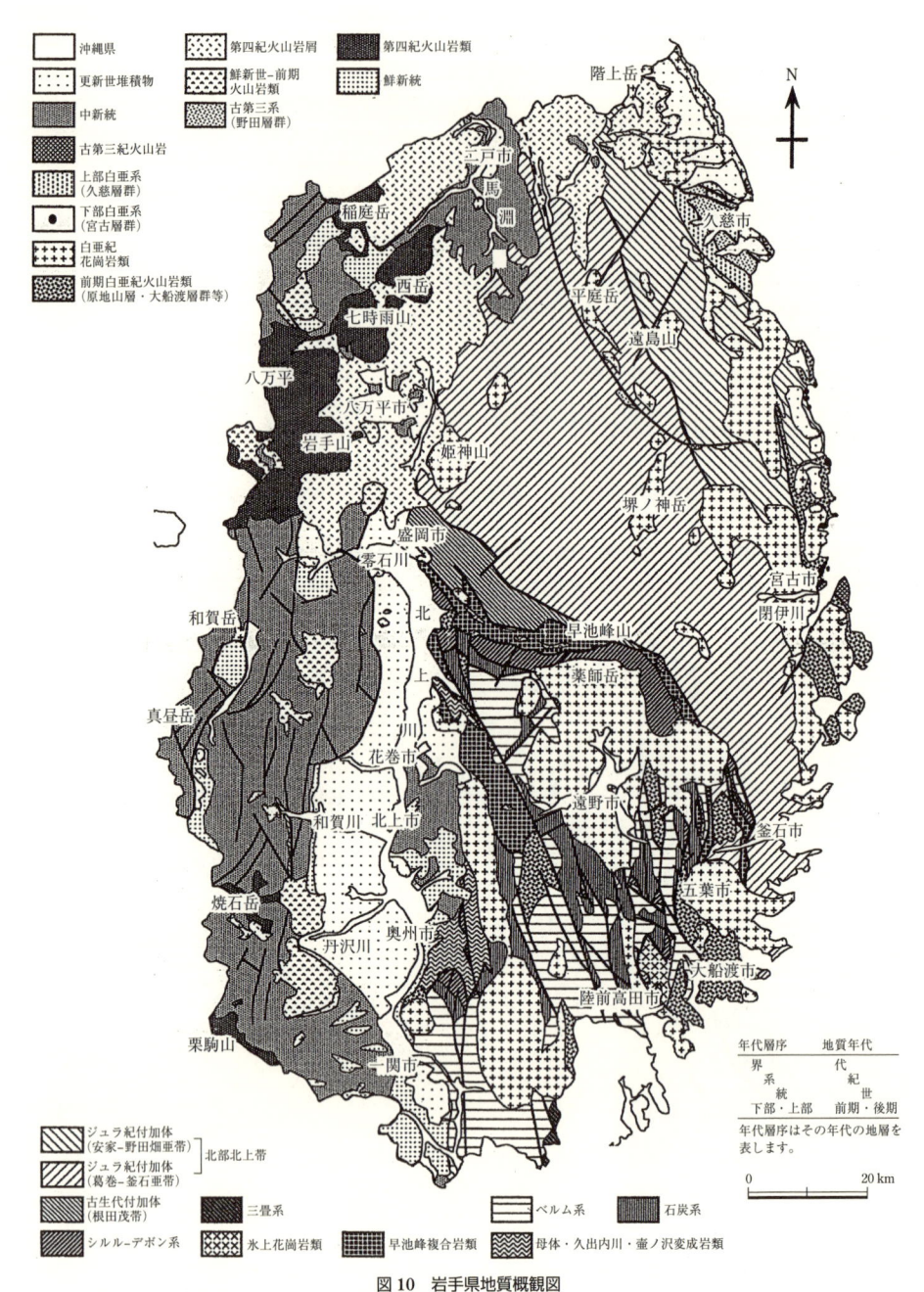

図10　岩手県地質概観図
［出典：大石雅之，「三陸海岸の成り立ちと地質的特徴」日本教育会岩手県支部セミナー資料，2015.2.3］

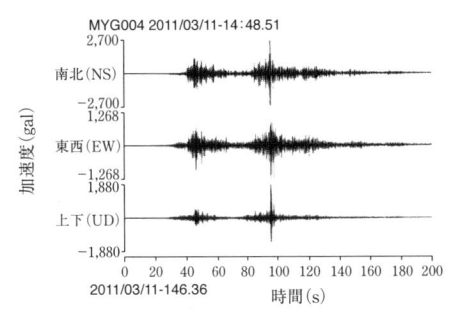

東日本大震災　　45

図11　地震波形
[出典：功刀 卓，青井 真，鈴木 亘，中村洋光，森川信之，藤原広行，「2011年東北地方太平洋沖地震の強震動」防災科学技術研究所主要災害調査，第48号，p.63(2012)]

図11は震源に近い宮城県栗原市築館で観測されたK-NET（MYG004）の2011年3月11日14：46：36の加速度記録である。観測された強震動記録で最大値は2,933 galであった。

今回の地動の継続時間は非常に長く約160秒で，兵庫県南部地震の約30秒の5倍以上になっている。

震源域の状況

今回の震源域は南北約500 km 東西約200 kmの四角形の範囲で，北は岩手県沖から南は茨城県沖にまで達する広大な範囲に及んでいる。図12に東日本の太平洋沖における海溝型地震の発生領域区分を示す。

図13に震央が★印で示されているが，M 9.0の巨大エネルギーがこの1点で放出されたのではなく，ここは岩盤のずれが始まった破壊の出発点である。

過去の大地震の記録

以下に，この地域で過去200年間に発生した6回の大地震のマグニチュードを示す。それ以前には，平安時代の貞観（869年）に三陸沖巨大地震（M 8.3）が起き，津波により多賀城下で1,000名以上が死亡している。

1793年　　　　M 8.2　→　（42年間隔）
1835年　　　　M 7.3　→　（26年間隔）
1861年　　　　M 7.4　→　（36年間隔）

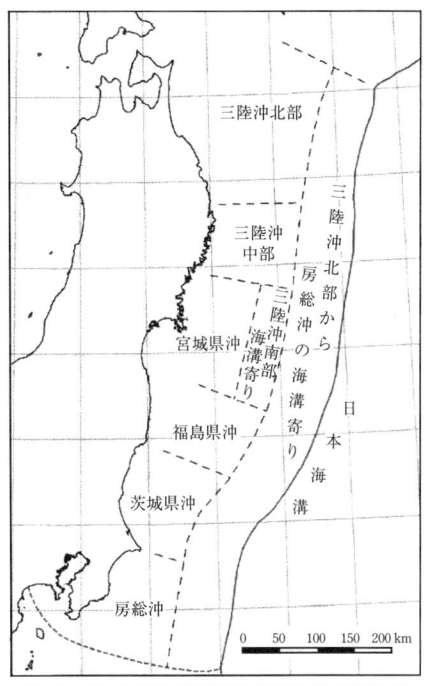

図12　東日本太平洋沖の海溝型地震の発生領域区分
[出典：地震調査研究推進本部，「三陸沖から房総沖にかけての地震活動の長期評価（第二版）」(2011)]

1897年　　　　　　M 7.4　→　（39年間隔）
1936年11月3日　　M 7.4　→　（42年間隔）
1978年6月12日　　M 7.4　→　（33年目）

前震と本震

図13に示す○印は，1936年と1978年の地震の後，この地域で発生した近年の地震の震央をプロットしたものである。

2003年5月26日 M 7.1および2003年7月26日 M 6.4と続き，2005年8月16日に，M 7.2の地震が発生した。しかし，予想されたM 7.5に達していなかったため未だ警戒が必要であると評価された。

今回の地震が発生する2日前の2011年3月9日の昼近く，M 7.3の地震が宮城県のはるか沖の図12に示す「三陸沖南部海溝寄り」で発生した。この時点で過去の「宮城県沖」の平均37.1年間隔で発生する地震と考えられ，連動型

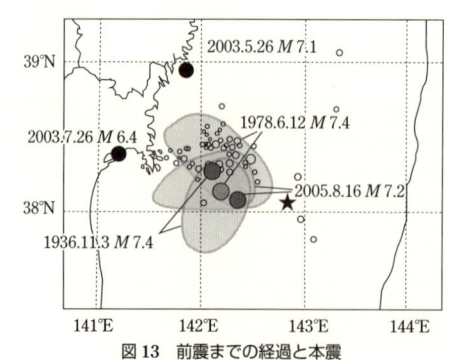

図13 前震までの経過と本震

[出典：建築研究所，「平成23年(2011年)東北地方太平洋沖地震被害調査報告書(速報)」建築研究資料, No. 132 (2011)]

のM8級の大地震の危険性は薄らいだと判断された。しかし，結果的には，これが前震となり3月11日にM9.0の本震が発生する。

地震発生のメカニズム

前記の2日前の前震から本震発生までの時間的経過と，その後のM7以上の余震の震央位置および震源深さを表2に示す。

図14に三陸沖の本震①と続く岩手県沖②，および茨城県沖③の平面的な震央を示す。また，図15に①～⑥の断面的な位置とずれの方向を示す。

3月11日の本震①と震源域の北端の②と南端の③はプレート境界の低角逆断層型である

が，日本海溝の東側で発生した④は正断層型で，海溝外側の伸張力が働いたアウターライズ地震と考えられている。4月7日に宮城県沖で発生した地震⑤は，④とは逆に圧縮力による逆断層型と考えられる。4月11日に福島県沖で発生

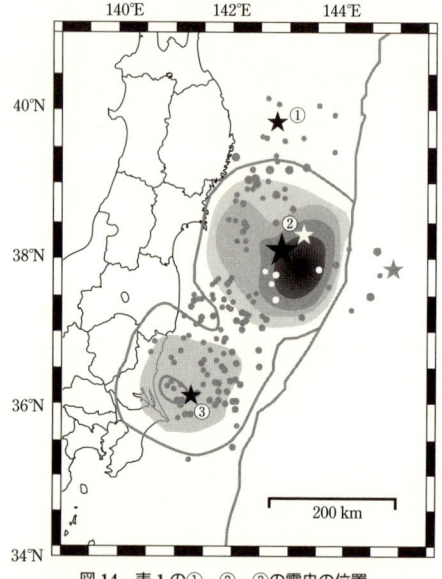

図14 表1の①，②，③の震央の位置

[出典：建築研究所，「平成23年(2011年)東北地方太平洋沖地震被害調査報告書(速報)」建築研究資料, No. 132 (2011)]

表2 前震から本震までの経過

	日　時	震央（北緯N，東経E）	深さ	M
前震	3月9日11時45分12.9秒	三陸沖（38°19.7′N，143°16.7′E）	8 km	M_j7.3
本震	3月11日14時46分18.1秒	三陸沖（38°06.2′N，142°51.6′E）	24 km ①	M_w9.0
余震	3月11日15時08分53.5秒	岩手県沖（39°50.3′N，142°46.8′E）	32 km ②	M_j7.4
	3月11日15時15分34.4秒	茨城県沖（36°06.5′N，141°15.9′E）	43 km ③	M_j7.7
	3月11日15時25分44.4秒	三陸沖（37°50.2′N，144°53.6′E）	34 km ④	M_j7.5
	4月7日23時32分43.4秒	宮城県沖（38°12.2′N，141°55.2′E）	66 km ⑤	M_j7.1
	4月11日17時16分12秒	福島県浜通（36°56.7′N，140°40.3′E）	6 km ⑥	M_j7.0

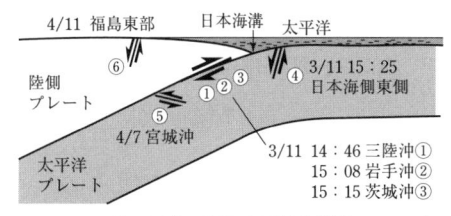

図15 表1の①〜⑥の発生機構
[出典：岡田義光,「2011年東北地方太平洋沖地震の概要」,
防災科学技術研究所主要災害調査, 第48号, p.10(2012)]

した余震⑥は正断層型地震である。

　震源で始まった岩盤のずれは3〜4km/秒のスピードで周囲に伝播し，3分程度の継続時間で南北約500km，東西約200kmの範囲で今回の地震に関与した。岩盤のずれは約40〜50mとみられ，日本海溝に沈込む太平洋プレートに引きずり込まれた陸側プレートが跳ね返る典型的な海溝型大地震のメカニズムによる地震と考えられる。

　図15に①本震およびM7以上の五つの余震の発生機構を示す。数字①〜⑥は表1の①〜⑥に対応しており，詳細な震央の位置（北緯，東経）と深さを示している。

その後の余震など

　今回のような巨大地震は，日本列島に様々な大きな影響を与えており，下記の地殻変動の他にもいくつかの誘発現象が懸念されている。

　これまでに発生した余震は，最大震度6強が2回，最大震度6弱が2回，最大震度5強が15回，最大震度5弱が46回および最大震度4が253回である。余震活動は次第に少なくなっているが，沿岸領域を中心に活発な状況は当分の間継続すると考えられる（気象庁；平成26年3月11日14：00現在）。

地殻変動

　図16に今回の大地震が日本列島に与えた地殻変動に関する水平および上下方向の状態を示す。日本列島の太平洋側は全体的に東南東方向に数m移動し，日本海側の移動量は1m程度である。

　水平変動の最大値は，宮城県石巻市牡鹿で530

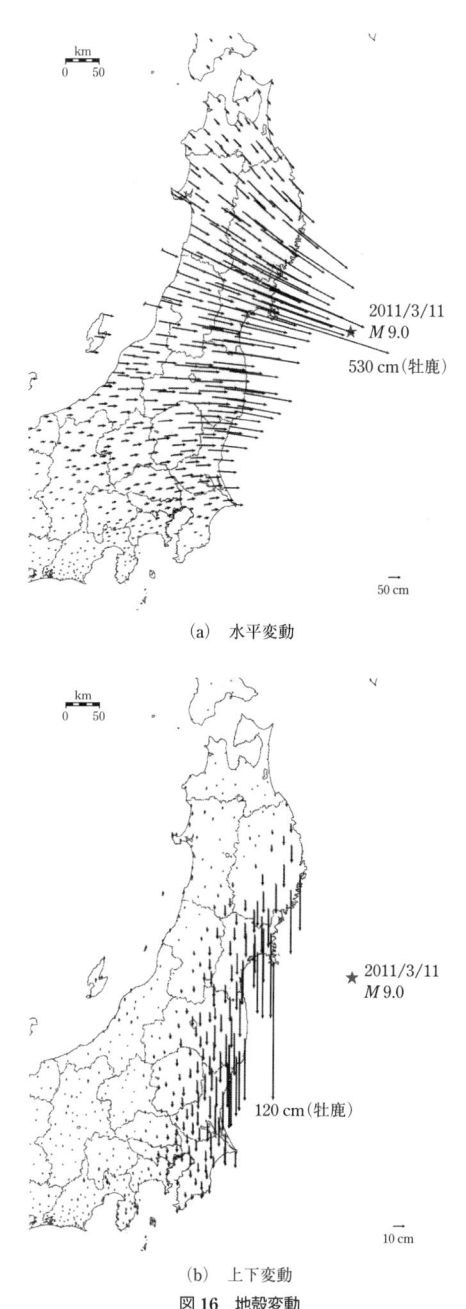

(a) 水平変動

(b) 上下変動

図16 地殻変動
[出典：岡田義光,「2011年東北地方太平洋沖地震の概要」,
防災科学技術研究所主要災害調査, 第48号, p.5(2012)]

cm，上下方向には同じく牡鹿で最大 120 cm の沈降が観察された。

海溝型巨大地震

1854 年の安政の東海地震（$M 8.4$）の事例のように，今回の大地震の断層面の延長部で連鎖的に起こる危険性が指摘されている。今回の場合，北隣の「三陸沖北部」ではすでに十勝沖地震（1968，$M 7.9$）や三陸はるか沖地震（1994，$M 7.5$）が発生している。しかし，南隣の「房総沖」では長い間大きな地震が発生していない空白域があるので注意が必要である。

その他，アウターライズ地震や内陸地震あるいは火山噴火の誘発などが考えられるため，今後とも諸活動を注視する必要がある。

図17　被害の概要

［出典：水谷武司，「2011年東北地方太平洋沖地震の津波による人的被害と避難対応」防災科学技術研究所主要災害調査，第48号，p.92（2012）］

被災地域の状況

今回の大地震のおもな被災地となった東北地方の太平洋沿岸部の地形は，三陸地方の"リアス海岸部"と宮城県以南の"平滑海岸部"に二分できる。国土地理院などの資料では，リアス海岸部は岩手県久慈市から宮城県女川町まで，平滑海岸は宮城県石巻市から福島県南相馬市までに分けられている。図17に被災地域の概要を示す。

被災区域の概要

津波災害　前述した図8でみたように，今回の大震災を特徴づける人的被害の津波による死亡率は全死因の92.4%（行方不明者数を含む）で，津波の被災地区は青森県，岩手県，宮城県，福島県，茨城県および千葉県の太平洋沿岸の6県にわたる（図18）。

各地の検潮所およびGPSによる津波の最大波を表3に示す。なお，津波警報（大津波）は3月11日14時49分発表され，3月13日17時58分に津波注意報もすべて解除された（図19）。

表3　津波の観測値

地　域		時刻	遡上高
（検潮所）			
えりも町庶野	最大波	15:44	3.5 m
宮古	最大波	15:26	8.5 m 以上
大船渡	最大波	15:18	8.0 m 以上
釜石	最大波	15:21	420 cm 以上
石巻市鮎川	最大波	15:26	8.6 m 以上
相馬	最大波	15:51	9.3 m 以上
大洗	最大波	16:52	4.0 m
（GPS）			
釜石沖	最大波	15:12	661 cm 以上
宮古沖	最大波	15:13	623 cm 以上
気仙沼広田湾沖	最大波	15:15	563 cm 以上

注）　津波の最大遡上高：岩手県宮古市重茂姉吉 40.5 m
　　明治三陸地震（1896）の際の津波痕跡高：大船渡市三陸町綾里 38.2 m

過去の大津波の記録

表4に三陸を襲った明治以降の四大津波の地区ごとの建築物・人的被害を示す。

東日本大震災　　49

表4　三陸の四大津波

	明治三陸津波		昭和三陸津波		チリ地震津波		3.11津波	
	流失全壊	死亡者	流失全壊	死亡者	流失全壊	死亡者	全壊	死亡者
久慈市	180 23.0	494 4.7	117 13.2	27 0.7	1	0	65	4
野田村	80 19.5	260 10.0	62 31.0	8 2.5	9	0	309 19.5	38 0.8
普代村	76 23.0	302 14.8	79 24.8	137 9.5			0	1
田野畑村	53 11.4	232 7.7	131 43.1	83 4.7			225 17.2	33 0.9
岩泉町	132 34.2	364 17.4	97 33.4	156 9.8			177 4.1	7 0.07
宮古市	832 23.4	3,010 15.5	589 11.0	1,127 3.5	99	0	3,669 16.3	544 1.0
山田町	814 46.3	2,124 23.9	551 40.1	20 0.2	133	0	2,789 42.2	853 4.6
大槌町	684 57.4	600 9.2	483 55.5	61 0.5	30	0	3,677* 57.8	1,449 10.6
釜石市	1,192 54.0	6,487 51.9	686 16.2	728 5.2	28	0	3,188 19.8	1,180 3.1
大船渡市	806 40.3	3,174 21.8	694 32.9	423 3.8	384 7.2	53 0.2	3,629* 22.0	449 1.1
陸前高田市	245 10.3	818 5.4	242 28.7	106 1.7	148 9.3	8 0.1	3,159 40.5	2,115 8.6
気仙沼市	486 29.9	1,887 15.5	407 28.1	79 0.8			8,533 33.3	1,414 1.9
南三陸町	475 44.8	1,234 17.3	187 12.2	85 0.9	601 19.1	38 0.2	3,167 59.8	987 5.7
女川町	10 2.4	1 0.04	56 5.6	1 0.02	192	0	2,939 75.1	949 9.2
	6,065	20,987	4,381	3,041	1,625	99	35,526	10,023

注）　上段は数，下段は率（%）
　　　3.11津波の被害は2011年8月11日現在．死亡者には行方不明も含む．　＊：半壊を含む．
［出典：水谷武司，「2011年東北地方太平洋沖地震の津波による人的被害と避難対応」防災科学技術研究所主要災害調査，第48号，p.95（2012）］

図18　2011年3月の閉伊川（岩手県宮古市）
［出典：東日本大震災3周年シンポジウム資料，2014年3月11日〜12日，日本建築学会（2014）］

図19　2015年3月の閉伊川（岩手県宮古市）

図20　津波遺産（岩手県宮古市田老地区）

図21　2011年3月の田老地区

被害の概要

人的・社会的被害

冒頭のデータおよび表5参照。

人的被害（死傷者）が報告されているのは，全国20都県で東北を中心に，北海道，関東，甲信越，東海から四国にまで及んでいる。住宅などの被害の多くも人的被害の地域に重なるが，関東地方での被害が多数報告されている。

物的・経済的被害

今回の物的・経済的被害の特徴として，次の2点があげられる。① 図1に示したように，複合災害であり被害の種類も多様で，原発災害のように数十年先でなければ的確な評価が困難

表5　東日本大震災の全体被害（2012年1月）

都道府県名	人的被害（人）			住宅等の被害（戸）						火災発生件数*
	死亡者	行方不明	負傷者	全・半壊		火災被害		一部破損	非住家被害	
				全壊	半壊	全焼	半焼			
北海道	1		3		4			7	469	
青森県	3	1	61	311	852			832	1,194	5
岩手県	4,667	1,354	188	20,184	4,555	15		7,316	4,220	34
宮城県	9,507	1,794	4,132	83,861	138,220	135		215,099	33,809	135
秋田県			12					3	3	1
山形県	2		29	37	80					
福島県	1,605	216	182	19,982	63,187	77	3	143,614	1,116	11
茨城県	24	1	707	3,064	23,839	31		172,749	14,406	31
栃木県	4		132	265	2,070			68,648	295	
群馬県	1		38		7			17,051	0	2
埼玉県			42	22	193	1	1	1,800	33	12
千葉県	20	2	251	799	9,810	15		43,510	660	16
東京都	7		90		11	3		257	20	33
神奈川県	4		132		38			407	13	6
新潟県			3					9	7	
山梨県			2					4		
長野県			1							
静岡県			4					4		
三重県			1						9	
高知県			1							
合計	15,845	3,368	6,011	242,866		281		671,310	56,254	286

*　住宅等以外の火災を含む。

［出典：建築研究所，「平成23年（2011年）東北地方太平洋沖地震被害調査報告書」建築研究資料, No.136, p.3.1-1（2012）］

なものも含まれている。② 建築物の非構造材の被害で，新耐震基準以降に建設された建物の大規模天井などの被害が，半数近くあったとの報告がある。

建築物被害の特徴　「歴史的・文化的な背景」の項で取り上げた"三大震災の特性比較"では，関東大震災は火災，阪神・淡路大震災は建物倒壊，今回の東日本大震災は津波による人的被害の割合が圧倒的であったと述べた。今回は，津波による被害が桁違いに大きかったため建物被害への関心が相対的に低かったといわれている。しかし，震度6弱から7にかけての地震は，冒頭に掲げた数値に見るように全壊約127,302戸(111,941棟)，半壊272,849戸(144,274棟)，一部破損約75万戸と甚大な建物被害を出している。(　)内の数字は阪神・淡路大震災の際の建物被害の数字である。

ここでは，建築構造の専門家の報告による建物被害の事例を元に構造種別ごとの被害状況と提言をまとめた。

地盤・基礎の被害　図22は4本杭の基礎のうち外側の2本が圧潰している。内側の2本の状態は不明。

図23は昭和58年建設の杭基礎のRC造建物で2度傾斜している。外観上ひび割れなどの被害は見られない。

鉄筋コンクリート造建物の被害　図24は昭和45年ごろ建設のRC造3階建てで，1階の隅柱がせん断破壊している。

図22　杭頭部の破損
[出典：日本建築構造技術者協会東北支部，「2011年東北地方太平洋沖地震被害調査報告書」，日本建築構造技術者協会(2012)]

図24　鉄筋コンクリート造建物の被害
[出典：日本建築構造技術者協会東北支部，「2011年東北地方太平洋沖地震被害調査報告書」，日本建築構造技術者協会(2012)]

図23　2度傾いた建築物
[出典：日本建築構造技術者協会東北支部，「2011年東北地方太平洋沖地震被害調査報告書」，日本建築構造技術者協会(2012)]

図25　鉄筋コンクリート造建物の倒壊
[出典：仙台市，「東日本大震災仙台市震災記録誌―発災から1年間の活動記録」，仙台市復興事業局震災復興課，平成25年3月11日]

図25は仙台市の事例で，1階柱がせん断破壊して全壊している。

図26は昭和40年代の建物で，前の2件と同様に1階柱がせん断破壊している。

図27はRC造3階建て建物で，2階部分で層破壊している。

図28は建物南構面の鉛直ブレースのうち2ヵ所で破断している。屋根面のブレースの多くも座屈している。

図29は平成2年の2階建ての倉庫で，2階部分の柱の全体の20%程度が継手部で破断している。

図26 鉄筋コンクリート造建物1階部分の被害
［出典：日本建築構造技術者協会東北支部，「2011年東北地方太平洋沖地震被害調査報告書」，日本建築構造技術者協会(2012)］

図27 鉄筋コンクリート造建物2階部分の被害
［出典：日本建築構造技術者協会東北支部，「2011年東北地方太平洋沖地震被害調査報告書」，日本建築構造技術者協会(2012)］

図28 鉛直ブレースの被害
［出典：日本建築構造技術者協会東北支部，「2011年東北地方太平洋沖地震被害調査報告書」，日本建築構造技術者協会(2012)］

図29 柱の被害
［出典：日本建築構造技術者協会東北支部，「2011年東北地方太平洋沖地震被害調査報告書」，日本建築構造技術者協会(2012)］

鉄骨造構造物の被害
免震・制振建物の被害　図30はスラブ下端のコンクリートが過剰な応力で剥落したことでダンパーが元に戻らず損傷した。

図31は免震建物の変位を記録する罫書き板で，これによれば片側で最大変位23cmである。最終的にほぼ竣工時の位置に戻っている。

図30 鉛ダンパーの被害
［出典：日本建築構造技術者協会東北支部，「2011年東北地方太平洋沖地震被害調査報告書」，日本建築構造技術者協会(2012)］

図31 罫書き板の立位記録
[出典：日本建築構造技術者協会東北支部，「2011 年東北地方太平洋沖地震被害調査報告書」，日本建築構造技術者協会(2012)]

非構造材の被害　図 32 は地震の揺れで天井が外側の壁に衝突して破損落下している。

非構造材の被害は，新耐震基準（昭和 56 年）以降に建設された建物にも数多くみられ，新たな課題となっている。

図32 廊下の被害
[出典：日本建築構造技術者協会東北支部，「2011 年東北地方太平洋沖地震被害調査報告書」，日本建築構造技術者協会(2012)]

原子力災害

人為災害のうち原子力災害の事例は，1945 年 8 月の広島（➡ p. 480），長崎の原子爆弾（➡ p. 486）による戦災と 1986 年 4 月のチェルノブイリ原発事故（➡ p. 510）をとり上げた。

この災害が他の災害種と異なるのは，加害状態が長期間に及ぶ点にある。

今回の東京電力福島第一原子力発電所事故で大量に放出されたセシウムの半減期は，Cs-134 で 2.065 年，Cs-137 で 30.167 年であり，水によく溶け土壌に吸着，蓄積されるため影響が大きい。ヨウ素の I-131 の半減期は 8.02 日で影響は少ないとされる。

今回の事故では，2011 年 3 月 12 日に福島第一原子力発電所で発災後放出されたセシウムなどは大気で拡散されたが，その後の雪や雨で降下して各地に沈着している。

国のガイドラインでは，除染の目安を空間線量率 0.23μSv/ 時（追加被曝線量 1 mSv/ 年未満）としているが，達成が困難な場所も多い。

原発事故の経緯

発災翌日の 3 月 12 日午前 5 時 44 分に原発から半径 10 km 圏内の住民に避難指示が発令され，午前 10 時 17 分に 1 号機でベントが開始された。同日午後 3 時 36 分に 1 号機原子炉建屋で水素爆発があり，午後 6 時 25 分に半径 20 km 圏内にも避難指示がでた。

3 月 15 日午前 0 時 2 分に 2 号機でベントを開始した。その後の「調査報告書」では詳細は不明としながらも，放射性物質の主要な放出源は 2 号機であると断定している。

同日午前 6 時 12 分に 4 号機建屋で爆発音があがり，午前 9 時 38 分には火災が発生した。

3 月 16 日午前 5 時 45 分に 4 号機建屋の 3 階で火災が発生し，午前 8 時 30 分過ぎに 3 号機からも白煙が噴出した。

3 月 17 日の午前 9 時 48 分に 3 号機へのヘリコプターによる散水，午後 7 時 5 分に 3 号機への高圧放水者による放水，午後 7 時 35 分に 3 号機への消防車両からの放水が開始され，22 日に外部電源が復旧するまでつづけられた。

住民の避難

過去の原子力災害において，いずれの場合も特徴的なのは被災後の放射能に汚染される地域の分布である。汚染地域は被災地の地形や被災時の天候によって大きく異なるため，汚染源から同心円状にはほとんど分布していない。

今回は，政府が指示した同心円的な圏域避難は現実にそぐわないため，いたずらに住民を汚染地域の方角へ導くケースも出た。

図 33 に 2011 年 4 月 29 日現在の被災地のセシウム 134 とセシウム 137 の合計の蓄積量を示す。

54　第Ⅱ編　各論

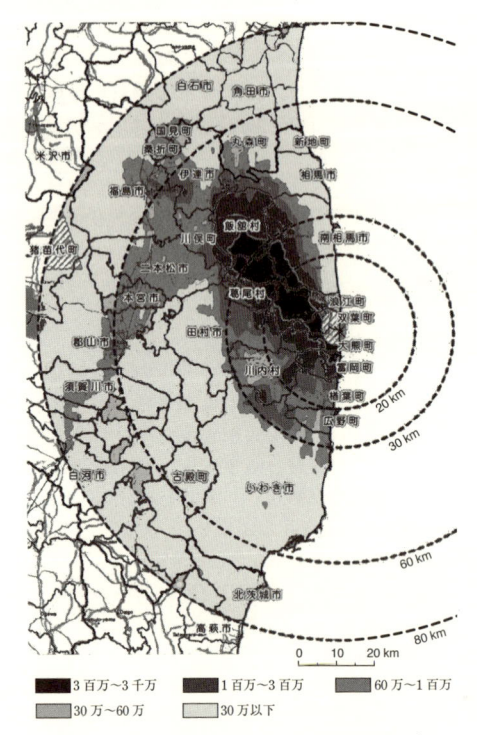

図33　Cs-134およびCs-137の蓄積量（Bq/m²）

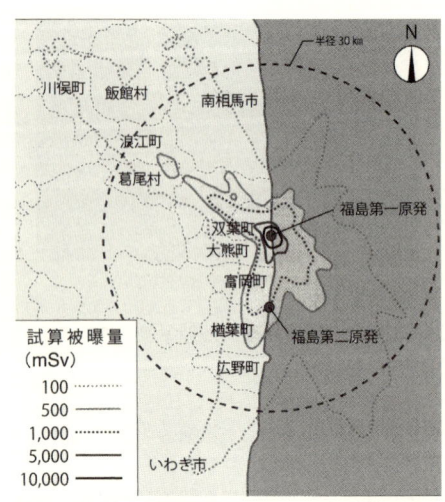

凡例：
- 3百万～3千万
- 1百万～3百万
- 60万～1百万
- 30万～60万
- 30万以下

図34　甲状腺の内部被曝量（SPEEDIによる試算）（mSv）
2011年3月12日午前6時～3月24日午前0時までの積算値

試算被曝量（mSv）
- 100
- 500
- 1,000
- 5,000
- 10,000

図34には，2011年3月12日～3月24日までの甲状腺の内部被曝量の積算値をSPEEDIが試算した結果を示す。

住民の健康影響

図35に資源エネルギー庁作成の「放射線被曝早見図」で日常生活での放射線の被曝量を示した。100 mSv/年を越えなければがんの過剰発生がみられないとしている。

図36に放射線による健康影響について，確定論的影響と確率論的影響に分けて示す。確定論的影響は，急性の割合はっきりした健康影響（100 mSv以上）で用い，確率論的影響は，

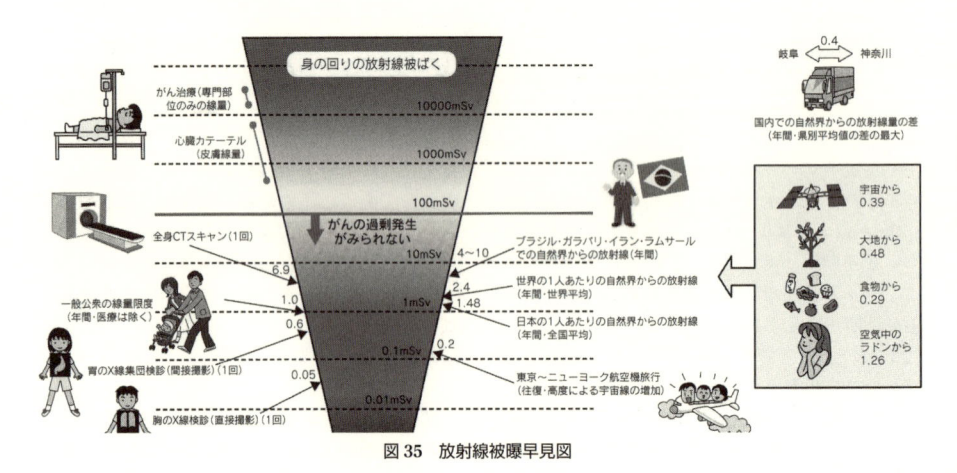

図35　放射線被曝早見図

図37 放射線量計（高速道路パーキングエリア）

100 mSv/年の被曝でがん死亡率が0.5%増加する，といった用い方をしている。

その他の災害

土砂災害

今回の地震では，山間部や人工地盤地域などで多数の土砂災害による被害が発生している。

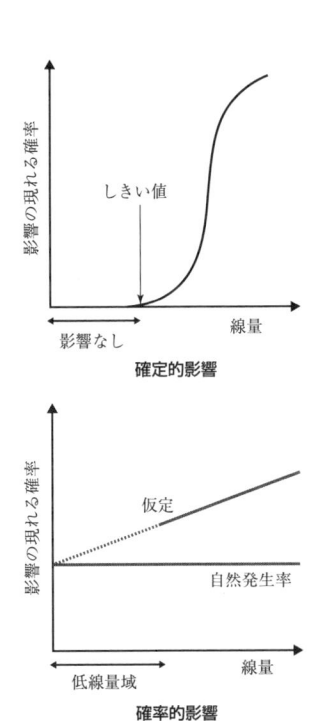

図36 健康影響への確定論と確率論

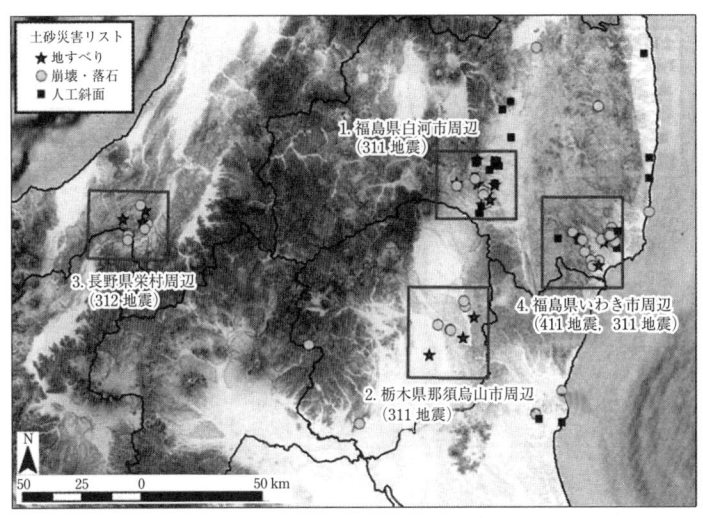

図38 3.11以後に発生した土砂災害
［出典：土志田正二，内山庄一郎，「2011年東北地方太平洋沖地震による土砂災害の分布と特徴について」防災科学技術研究所主要災害調査第48号，p.111(2012)］

しかし，地震の規模に比べると大規模土砂災害は少なく，発生地域も太平洋沿岸部ではなく内陸部に多い。図38に見るように 1. 福島県白河市，2. 栃木県那須烏山市，3. 長野県栄村（逆断層型直下型），4. 福島県いわき市（同正断層型）の周辺に多い。これら4ヵ所はそれぞれ異なるタイプの地震で，土砂災害の発生場所についても差異がある。

雪氷災害

2011年3月12日午前3時49分に長野県北部地震（M 6.7）が発生し，長野県栄村で震度6強，新潟県十日町市で震度6弱を記録し，多くの雪崩や積雪の崩壊があった。この時期の積雪は平成18年以来の豪雪で2m以上の積雪があり広域的な雪崩が誘発された。

火　災

消防庁被害報によれば，火災被害の発生状況は，表6にみるように青森県から茨城県にかけての太平洋に面した県および首都圏にわたる広範囲に分布している。火災が多く分布している地域は，① 津波浸水被害のあった地域，② 東京都区部およびその周辺，千葉市，横浜市などの都市部の地域，③ 上記以外では概ね震度5以上の地域となっている。

表7と図39に示すように，震度が大きいほど出火率が高い傾向にあること，震度6弱以上と5強以下では出火率に大きな差があることが特徴的である。この傾向は新潟県中越地震と同様であり，全火災に対する出火率の値も同程度である。

この事例の概要と特徴

冒頭でも触れたように災害には地域性がある。今回の事例は明らかに「東北」の太平洋岸

表6　都道府県別火災件数

都道府県	火災件数	都道府県	火災件数
青森県	5	埼玉県	13
岩手県	26	千葉県	14
宮城県	194	東京都	35
秋田県	1	神奈川県	6
福島県	11	静岡県	1
茨城県	37		
群馬県	2	計	345

［出典：建築研究所，「平成23年（2011年）東北地方太平洋沖地震被害調査報告書（速報）」建築研究資料, No. 132, p. 7-1 (2011)］

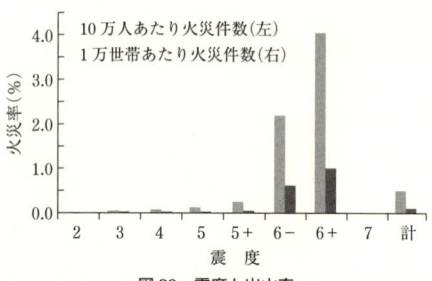

図39　震度と出火率

表7　震度と火災件数，火災率

震度	人口	世帯数	火災件数	10万人あたり火災件数	1万世帯あたり火災件数
2	45,055	15,424	0	0.000	0.000
3	2,146,822	787,168	1	0.047	0.013
4	11,156,088	4,225,871	12	0.108	0.028
5 −	19,042,953	8,292,245	31	0.163	0.037
5 +	20,092,544	8,381,820	56	0.279	0.067
6 −	4,254,959	1,543,580	94	2.209	0.609
6 +	3,115,586	1,213,129	126	4.044	1.309
7	74,938	23,441	0	0.000	0.000
計	59,928,945	24,482,678	320	0.534	0.131

［出典：建築研究所，「平成23年（2011年）東北地方太平洋沖地震被害調査報告書（速報）」建築研究資料, No. 132, p. 7-2 (2011)］

を中心に起きた大震災である．したがって，この事例の概観から復旧・復興へとつなげるには，「東北」の地域ごとの特性を的確に抽出することが求められる．

復旧期といえる発災から3年が過ぎた時点ですでに，首都圏以西での人々の「東北」への関心は薄れている．多額の国の復興予算の多くはインフラ整備に注がれ，所得税2.1%の復興税の存続が被災地の存在を人々に思い起こさせる．

「東北」は，大きく三陸のリアス海岸部，宮城県の平野部および福島県の海岸部に分けられ各々の課題も異なる．

津波災害の岩手県のリアス海岸地方は，長い間，陸の孤島あるいは限界集落などとよばれてきた背景がある．図40にみるような海を隔てるかさ上げされた防潮堤や山を切り崩す高台移転などの復興計画が実施されている．過去に大津波を繰り返し経験してきた地元は概ね肯定的であるとされる．

東北一の仙台経済圏は，復興関連工事などの"特需"で相対的に早く復興が進んでいるといわれる．しかし，県南の海岸部は福島県の原発事故の影響もあって回復に遅れが生じている．

福島県の最大の課題は明らかに原子力災害への対応である．合同調査報告[16]では，課題を「復旧なき復興」すなわち災害前の状態に復旧することはない地域があること，他の災害種に比べ何倍もの超長期的な「時間軸」を考慮に入れた復興期間が求められること，46都道府県に約4.8万人の県民が避難しており，県域を越えた広域「空間」での支援が必要なことをあげている．国宝白水阿弥陀堂（図41）や温泉などの多くの観光地を有する県南のいわき市には，原発事故にあった13市町村のうち双葉郡町村の仮設の5町役場，学校や住宅が建設され，住民が仮の生活を強いられている．

「総論」で概観したように，自然と人間との間のギャップは決して埋まることがない．対応が可能な規模の災害に対しては物理的な対応能力を高めることが重要だが，その限界を知ることも必要である．

今後，さらに多様化，複雑化しハード対策の限界を超えるであろう「激甚災害」に対して有用な対応は「計画」である．「計画」の対象は，科学・技術などの"「人為によって何ほどかは制御可能な」危険を意味する"リスク[23]である．巨大地震や富士山の噴火を制御できる可能性はゼロといえるが，何万人もの死者を出すリスクを「計画」によって半減させる可能性は大である．

図40 土地区画整理事業完成予想図
（岩手県宮古市田老地区）

図41 国宝白水阿弥陀堂（福島県いわき市）

参 考 文 献

1) 岡田義光，「2011年東北地方太平洋沖地震の概要」防災科学技術研究所主要災害調査，第48号，pp.1-14（2012）．

2) 水谷武司，「2011年東北地方太平洋沖地震の津波による人的被害と避難対応」防災科学技術研究所主要災害調査，第48号，pp.91-104（2012）．

3) 建築研究所，「平成23年（2011年）東北

地方太平洋沖地震被害調査報告書（速報）」建築研究資料，No. 132（2011）．
4) 建築研究所，「平成 23 年（2011 年）東北地方太平洋沖地震被害調査報告書」建築研究資料，No. 136（2012）．
5) 地震調査研究推進本部，「わが国の地震の将来予測　全国地震動予測地図」，文部科学省研究開発局地震・防災研究課（2010）．
6) 北嶋秀明，「居住から考える「災害」と「計画」に関する研究（その 1．災害の連鎖と避難の連続性に関する考察）」日本建築学会シンポジウム「東日本大震災からの教訓，これからの新しい国つくり」，pp.519-512，2012 年 3 月 1-2 日．
7) 北嶋秀明，「居住から考える津波避難と新たな漁村のかたち」日本建築学会大会（東海）農村計画部門研究協議会資料「新たな漁村のかたち　東日本大震災からの復興」，pp. 63-66（2012）．
8) 山崎正幸，北嶋秀明，「被災から三年を経た応急仮設住宅の居住環境に関する考察－旧コミュニティーを維持した"グリーンピア三陸みやこ"」日本建築学会大会（関西），建築社会システム部門研究協議会寄稿論文（2014）．
9) 北嶋秀明，「居住から考える「災害」と「計画」に関する研究（その 4．津波避難施設の整備要件と住民意識に関する考察）」日本建築学会大会学術講演梗概集（関西）（2014）．
10) 北嶋秀明，「計画系若手研究者は災害研究にどう向き合うか－次世代の災害復旧・復興・減災プロセスの構築に向けて」寄稿論文，大会（関西）特別研究 PD（2014）．
11) 岩手県宮古市，『東日本大震災の「記録」―岩手県宮古市― 2011.3.11～2013.3.10』（2015）．

12) 仙台市，「東日本大震災仙台市震災記録誌―発災から 1 年間の活動記録」，仙台市復興事業局震災復興課，平成 25 年 3 月 11 日．
13) プロジェクトチーム，「いわき市・東日本大震災の証言と記録」，いわき市行政営業部広報広聴課，平成 25 年 3 月 25 日．
14) 東日本大震災 3 周年シンポジウム資料，2014 年 3 月 11 日～12 日，日本建築学会（2014）．
15) 赤坂憲雄，『東北学/もうひとつの東北』，講談社学術文庫（2014）．
16) 日本都市計画学会，「東日本大震災合同調査報告　都市計画編」，東日本大震災合同調査報告書編集委員会（2015）．
17) 日本建築学会，「2011 年東北地方太平洋沖地震被害調査速報」2011 年 7 月．
18) 日本建築構造技術者協会東北支部，「2011 年東北地方太平洋沖地震被害調査報告書」，日本建築構造技術者協会（2012）．
19) 地震調査研究推進本部，「南海トラフの地震活動の長期評価（第二版）」，文部科学省（2013）．
20) 斎藤博之，「放射線の基礎知識と本県の状況」放射線セミナー資料，2014 年 12 月 24 日．
21) 東北地方整備局(国土交通省，農林水産省)，「東北ブロックの社会資本の重点整備方針」（2004）．
22) 大石雅之，「三陸海岸の成り立ちと地質的特徴」日本教育会岩手県支部セミナー資料，2015 年 2 月 3 日．
23) 村上陽一郎，「安全学の現在」建築雑誌(特集：防災の現状と課題―災害・事故はなぜ繰り返されるのか)，**120**（1528），8-11（2005）．
24) 田中礼治，源栄正人，多田毅，「日本建築学会東北支部初動調査被害速報」，日本建築学会（2011）．

1章　気象災害

　気象災害の65％以上は暴風雨や洪水によるものといわれる。日本では全自然災害件数のうちの90％以上を風水害が占めている。気象災害を生み出す地球規模の気候システムは，複雑かつ制御不能である。現時点で人間にできることは可能な限り予測して防災対策をたてるだけである。気象災害の多くは，突発的に起こる地震や火山活動などと異なり，ほぼ毎年繰り返される自然現象で，対策が奏功して犠牲者数が著しく減少した事例もみられる（Ⅰ-05「循環する災害」参照）。

　一方，この気象システムに大きな影響を及ぼしている地球温暖化に対する長期的な取組みも急務である。温暖化による気候変動の地球環境への影響に対する評価はさまざまだが，近年，巨大な暴風雨や大洪水などの異常気象が世界中で頻発している事実は注視されなければならない。

　図1.1に台風による災害の発生連鎖を示す。台風などに伴う大雨は河川洪水，斜面崩壊，土石流などを引き起こし，強風は建物破壊や高潮・高波などの風害を引き起こ

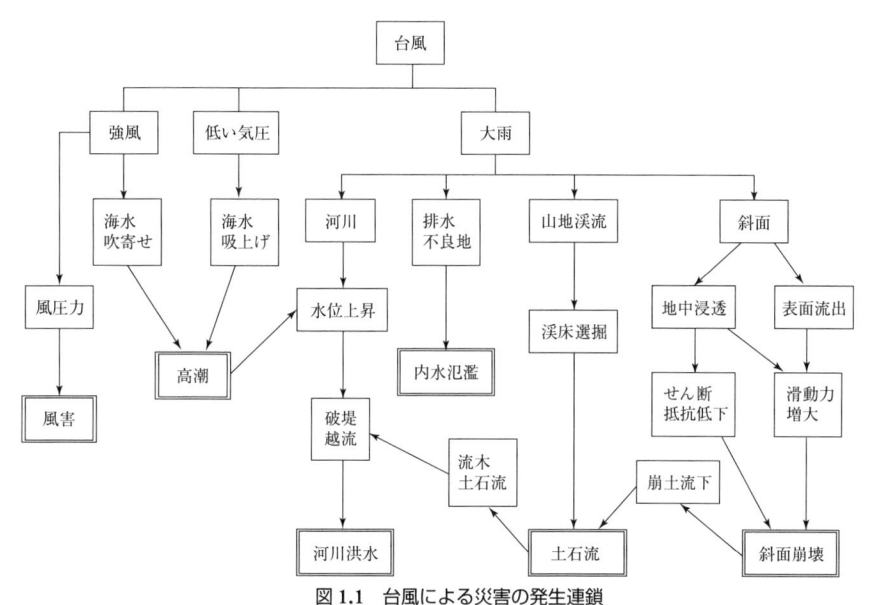

図1.1　台風による災害の発生連鎖
［出典：水谷武司，『自然災害調査の基礎』，p.40, 古今書院 (1993)］

す。土砂災害は，地震によるものよりも大雨によるもののほうが頻繁に発生している。

熱帯低気圧

　世界各地で発生する熱帯低気圧は，地域ごとにさまざまな呼名が付いている。おもなものは台風・サイクロン・ハリケーンで，以下のように分類される。一般的に，熱帯低気圧の規模や強さは最低中心気圧（hPa；ヘクトパスカル），最大風速（kt；ノットまたは m/s），大雨降水量や暴風の範囲などで表される。

　このうち，モンスーンアジアとよばれるインド，パキスタンから東南アジアを経て日本を含む東アジアまでの一帯の年降水量および流出量はきわめて多い。この地域の可降水量は北半球全体の 1/4 近いと推定されている。

・台　風

　日本を含む北西太平洋・アジア地域でよばれる気象現象である。日本の気象庁は，最大風速で 4 階級（台風・強い台風・非常に強い台風・猛烈な台風）に分類している。

・サイクロン

　インド洋北部，インド洋南部，太平洋南部を含み，台風，ハリケーン以外の地域でよばれる現象である。

・ハリケーン

　おもに米国を含む北中米地域でよばれる現象で，表 1.1 に示すような 5 階級のカテゴリーに分類されている（比較のため，台風の日本での風速による分類を示した。熱帯低気圧 17 m/s 以下）。

表 1.1　ハリケーンの強さによる分類

分　類	風速 (kt)	風速 (m/s)	日本 (m/s)
—	—	—	台風　　　：18～32
カテゴリー 1	64～82	33～42	強い　　　：33～43
カテゴリー 2	83～95	43～49	非常に強い：44～53
カテゴリー 3	96～113	50～58	猛烈な　　：54 以上
カテゴリー 4	114～135	59～69	—
カテゴリー 5	136 以上	70 以上	—

エルニーニョ現象・ラニーニャ現象

　エルニーニョ現象あるいはラニーニャ現象は，平年と異なる大気と海洋との相互作用がもたらす異常気象の一例である。

　エルニーニョ現象は，太平洋の赤道海域での海洋と大気が起こす現象である。平年は，太平洋の赤道海域の大気下層で東風が吹いてペルー近海の冷水が湧昇して西に広がる。この状況での太平洋の東西の海面の高低差は約 40 cm で，積雲活動はインド

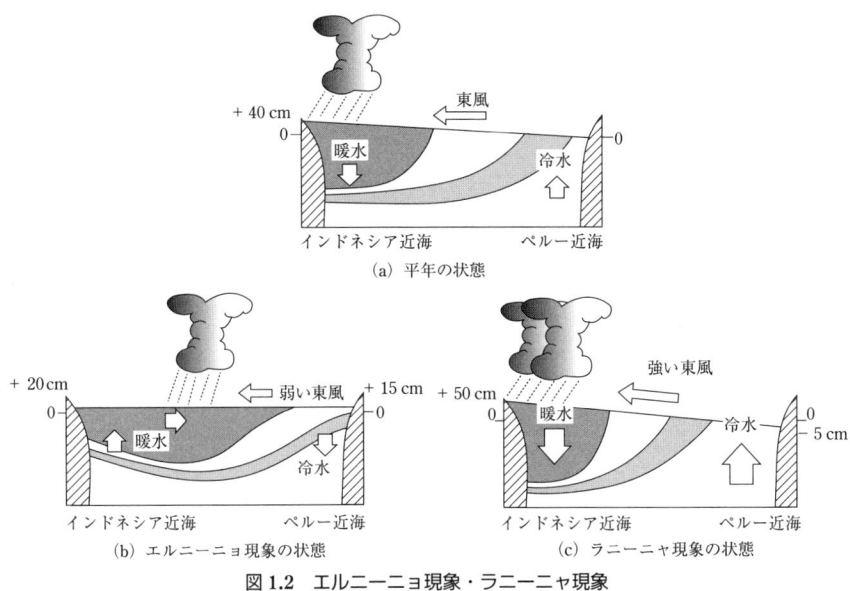

図 1.2 エルニーニョ現象・ラニーニャ現象
［© 気象庁ホームページ］

ネシア近海が最も活発である［図 1.2 (a)］。

・エルニーニョ現象

この東風が相対的に弱まると暖水域が東に広がり，赤道海域の高水温域は拡大する。同時に，積雲活動の活発な領域も相対的に移る［図 1.2 (b)］。

・ラニーニャ現象

反対に東風が強まると冷水の湧昇も強まり暖水域は西側に押されて東太平洋の赤道域は低温域になり，活発な積雲活動の領域もインドネシア近くに移る［図 1.2 (c)］。

参 考 文 献

1) 饒村 曜,『気象災害の予測と対策』, オーム社（2002）.
2) 二宮洸三,『気象と地球の環境科学 改訂 3 版』, オーム社（2012）.
3) 日本地球化学会 監修, 河村公隆, 野崎義行 編,『地球化学講座 6 大気・水圏の地球化学』, 培風館（2005）.
4) M. マスリン 著, 三上岳彦 監修,『異常気象―地球温暖化と暴風雨のメカニズム』, 緑書房（2006）.
5) 水谷武司,『自然災害調査の基礎』, 古今書院（1993）.

ダストボウル

天災と人災の複合災害

発生地域：米国，グレートプレーンズ

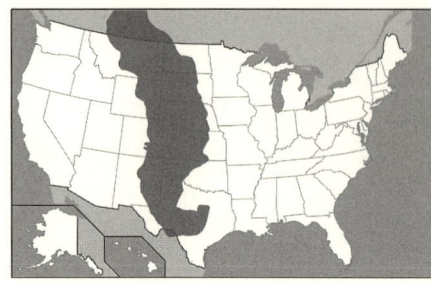

グレートプレーンズの位置
[出典：Swid(2006), Wikipedia]

国民1人あたりのGNI（世界銀行2013）高所得国グループ

発生年月日：1930年代
・1933年11月11日
・1934年5月11日
・1935年4月14日

人口（2010）：312,247,000人
国土の総面積（2012）：9,629,091 km^2
死亡者数：不明
被災者数：約50万人

【大砂塵】

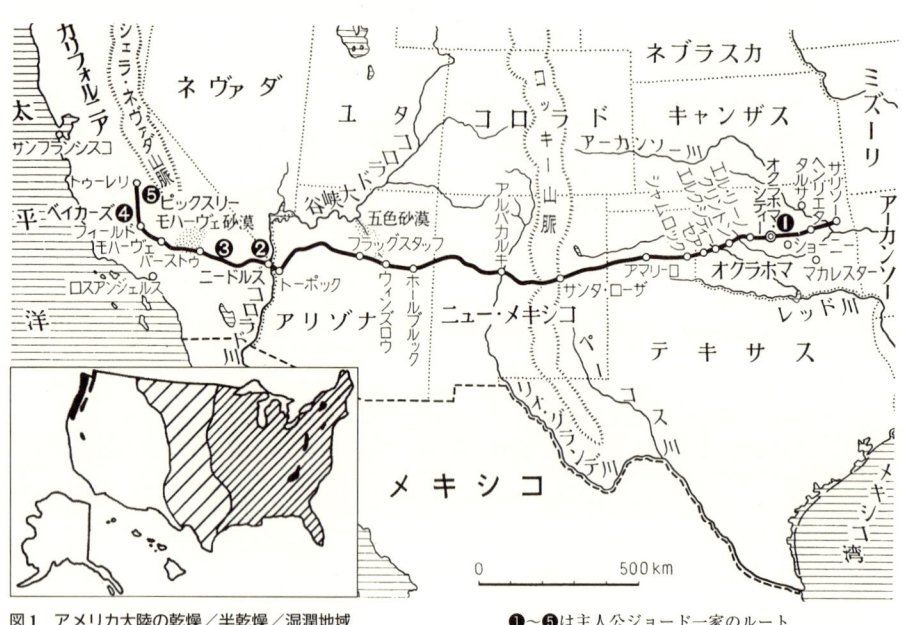

図1 アメリカ大陸の乾燥／半乾燥／湿潤地域
[出典：G.F.ホワイト，J.E.ハース 著，中野尊正，安倍北夫 訳，『自然災害への挑戦―研究の現状と展望』, p.207, プレーン出版(1980)]

❶〜❺は主人公ジョード一家のルート
図2 "怒りのぶどう"の人々の西への移動
[出典：J.スタインベック 著，石 一郎 訳，『世界文学全集 Ⅱ-19 怒りのぶどう』, 巻頭地図, 河出書房新社(1973)]

図3 大砂塵に見舞われる農場(テキサス)
[出典:M.マスリン 著,三上岳彦 監修,『異常気象—地球温暖化と暴風雨のメカニズム』, p.133, 緑書房(2006)]

図4 砂塵に埋もれた耕作地(テキサス)
[出典:M.マスリン 著,三上岳彦 監修,『異常気象—地球温暖化と暴風雨のメカニズム』, p.134, 緑書房(2006)]

この事例の概要と特徴

被災地域はアメリカ大陸西部のロッキー山脈の東麓に沿って南北に広がる大平原(グレートプレーンズ,Great Planes)で,およそ130万 km^2 の面積を擁する。この地域に含まれる米国の各州は,テキサス,オクラホマ,ニューメキシコ,コロラド,カンザス,ネブラスカ,ワイオミング,モンタナ,サウスダコタ,ノースダコタ州の全域とミネソタ,アイオワ州の一部で,カナダのアルバータ,サスカチュワン,マニトバ州にまで及んでいる(冒頭の図)。

今回のような"農業干ばつ"の作物被害は,降水に対する依存度により災害の規模が異なる。当時の諸州の年平均作物被害額は,7億ドル程度と推定される。アメリカ大陸の気象の特性は,西から乾燥,半乾燥,湿潤地帯に大別される(図1)。最も被害を受けやすいのは,冒頭の図にみるように,南西部とグレートプレーンズを中心とする内陸部である。グレートプレーンズの降水量は周期的に大きく変動し,およそ20年に1度の割合で大規模な干ばつに見舞われている。この地域における初期の農業は,湿潤環境に適した農業を採用することで大きな被害を招いた。

今回の大干ばつで,連邦政府による関連機関・制度の整備や貸付制度などの経済的環境の整備,灌漑施設の拡充・農業経営の多角化,規模の拡大,品種,土壌や肥料の研究が進んだ。その後,1950年代初めの干ばつでの影響は大きく緩和されたが,1980年代には中東部で1万人以上の死亡者を出す干ばつが発生している。

作家スタインベックは1939年に出版された"怒りのぶどう"で1930年代の移住労働者達の悲惨な生活と米国中西部の過酷な自然環境を自らの体験として描いている。

参 考 文 献

1) J.スタインベック 著,石 一郎 訳,『世界文学全集 Ⅱ-19 怒りのぶどう』,河出書房新社(1962).
2) ナショナルジオグラフィック協会 編,近藤純夫訳,『荒ぶる地球—自然災害のすべて』,岩波書店(1992).
3) M.マスリン 著,三上岳彦 訳,『異常気象地球—温暖化と暴風雨のメカニズム』,緑書房(2006).
4) G.F.ホワイト,J.E.ハース 著,中野尊正,安倍北夫 訳,『自然災害への挑戦—研究の現状と展望』,ブレーン出版(1980).

サイクロン（ST-1942-0009-IND）

デルタ地帯のサイクロン災害

発生地域：インド，西ベンガル州，オリッサ州

ラトナギリ遺跡第1僧院門
[出典：森 雅秀，「オリッサ州カタック地区の密教美術」国立民族学博物館研究報告，**23**(2)，457(1998)]

国民1人あたりのGNI（世界銀行2013）低位中所得国グループ
上陸：1942年10月14日
最大風速：63 m/s
人口（2010）：1,205,625人
国土の総面積（2012）：3,287,263 km^2
死亡・行方不明者数：約4万人

【サイクロン】

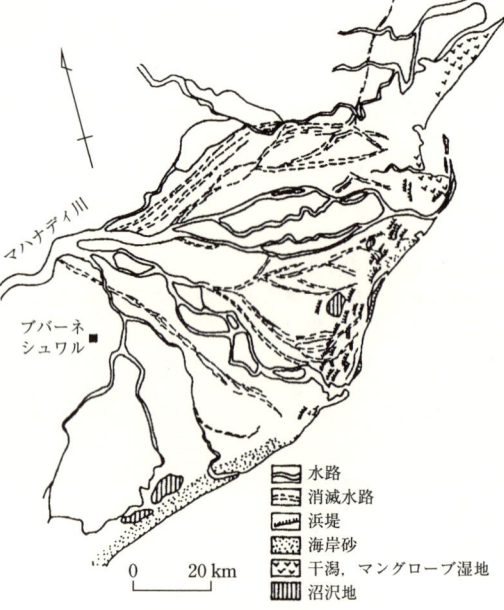

図1　オリッサ州

図2　マハナディデルタ

水路
消滅水路
浜堤
海岸砂
干潟，マングローブ湿地
沼沢地

[出典：前島 渉，「インド東部オリッサ州ベンガル湾岸のマハナディ・デルタ」日本地質学会学術大会講演要旨，p.157(1995)]

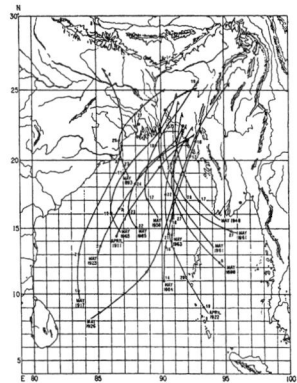

[Source：S. A. Husain, "Tropical Cyclones of the Bay of Bengal. Affecting Pakistan", Report on Bay of Bengal Cyclone Conference, ECAFE/WHO (1966)]

図3 プレモンスーンのコース

[出典：M. Uwagawa, "Water Development and its adverse impact on the envilonment in the tropics", 駒澤大學文學部研究紀要, **49**, 54(1991)]

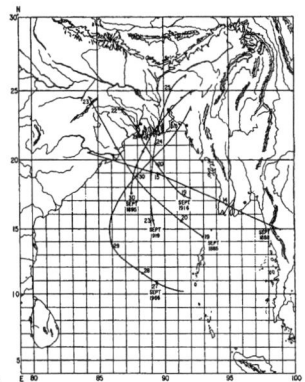

[Source：S. A. Husain, "Tropical Cyclones of the Bay of Bengal. Affecting Pakistan", Report on Bay of Bengal Cyclone Conference, ECAFE/WHO (1966)]

図4 モンスーン後半期のコース

[出典：M. Uwagawa, "Water Development and its adverse impact on the envilonment in the tropics", 駒澤大學文學部研究紀要, **49**, 55(1991)]

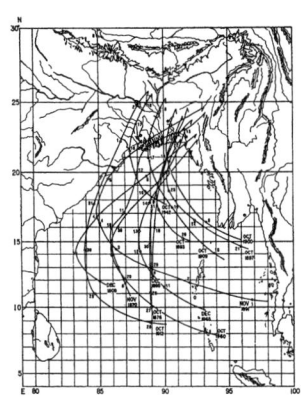

[Source：S. A. Husain, "Tropical Cyclones of the Bay of Bengal. Affecting Pakistan", Report on Bay of Bengal Cyclone Conference, ECAFE/WHO (1966)]

図5 ポストモンスーンのコース

[出典：M. Uwagawa, "Water Development and its adverse impact on the envilonment in the tropics", 駒澤大學文學部研究紀要, **49**, 56(1991)]

この事例の概要と特徴

今回のサイクロンは，インドとバングラデシュの国境近くを襲い西ベンガル州とオリッサ州で約4万人の犠牲者を出した。オリッサ州には，マハナディ川沿いの旧都カタック近郊のラトナギリ遺跡をはじめとする仏教遺跡が数多く存在する。全長約 800 km のマハナディ川は，図2に示すように河口に最大幅 140 km，広さ約 9,000 km^2 のマハナディデルタを形成している。ここには活動的な四つの分岐チャネルシステムがあり，それぞれ蛇行，分流，合流して流れている。

海岸に沿う幅 10～20 km の弧状地帯には，潮汐低地やマングローブ低湿地が形成されている。南西部は海岸砂丘が，中央部では多くの浜堤列が，北東部は潮汐低地やマングローブ低湿地が特徴的である。

この地域のサイクロンの経路は，今回のように，とくにポストモンスーン期の 10～11 月に上陸する場合が多い（図5）。

参 考 文 献

1) 渡部弘之, 鈴木弘二, 矢代晴美,「インドサイクロンに対するリスクスワップの基礎的な検討」地域安全学会梗概集, **19**（2006）.

2) 渡部弘之, 鈴木弘二, 矢代晴美, 福島誠一郎,「インドにおけるサイクロンハザードモデルの基礎研究」日本建築学会大会学術講演梗概集（九州）(2007).

3) 中村和夫,「インド・オリッサ州における後期仏教遺跡について（ラトナギリ）」日本建築学会大会学術講演梗概集（関東）(1984).

4) M. Uwagawa, "Water Development and its Adverse Impact on the Envilonment in the Tropics", 駒澤大學文學部研究紀要, **49**, 43 (1991).

5) 前島 渉,「インド東部オリッサ州ベンガル湾岸のマハナディ・デルタ」日本地質学会学術大会講演要旨（1995）.

揚子江大洪水

揚子江の最高水位を記録

発生地域：中国，長江全流域

盧溝橋の彫像

国民1人あたりの GNI（世界銀行 2013）上位中所得国グループ
発生年月日：1954 年夏
発生時間：（現地時間）
最高水位：8月18日午後3時（漢口）29.73 m
人口（2010）：1,359,821,000 人
国土の総面積（2012）：9,598,095 km^2（香港，マカオ，台湾を含む）
死亡者数：33,169 人
被災者数：18,884,000 人
被害建物：4,270,000 棟

【洪水】

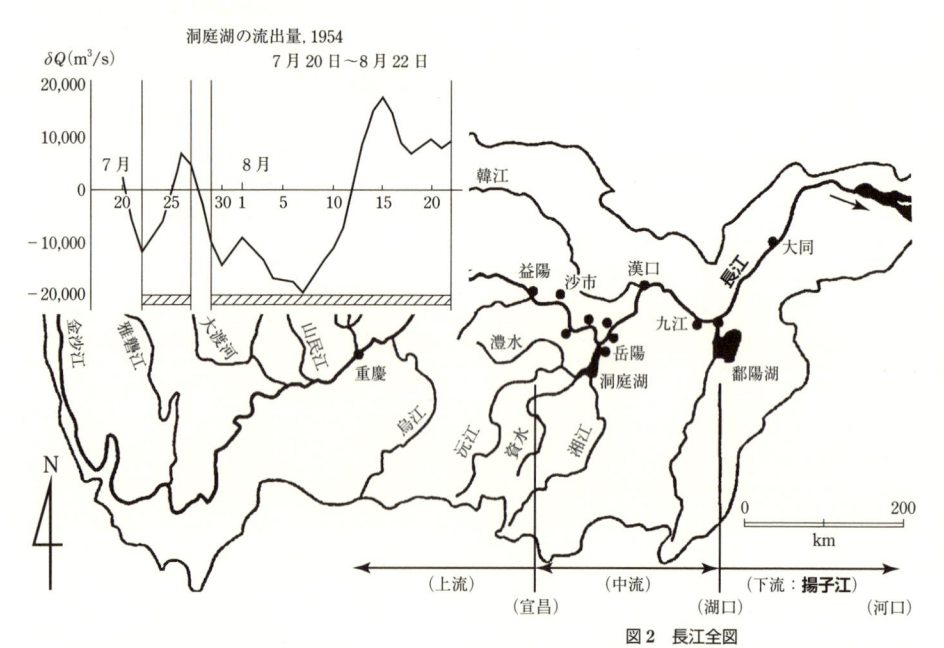

図1 洞庭湖の流出量の変化，7〜8月
［出典：速水頌一郎，「1954 年の揚子江大洪水について」京都大学防災研究所年報，1号，p.85(1957)］

図2 長江全図
［出典：中川 一，玉井信行，沖 大幹，吉村 佐，中山 修，「1998 年中国長江の洪水災害について」京都大学防災研究所年報，第42号(B-2)，p.274(1990)］

被災地の状況

 図1は今回の7月20日から8月22日までの洞庭湖の流出量の変化，図2は長江流域の概要と洪水氾濫区域を示したものである．南宋時代から左岸の万城堤が整備，強化されてきたため，右岸の土砂が堆積し洪水氾濫を頻発してきた．この地域には約700万人が暮らしており，長江本堤の決壊は人的・物的な甚大な被害を意味している．

被害の状況

 今回の洪水では，8月18日午後3時に漢口の水位が呉淞基準面（ほぼ上海の最低低潮面）上，29.73 m に達し1931年の28.23 m の記録を破った．
 図3に宜昌，城陵磯，漢口，九江，安慶における揚子江の1954年1〜12月までの毎日の水位記録を示す．図4に鄱陽湖，図5に洞庭湖の1954年の1年間の水位の変化を示す．

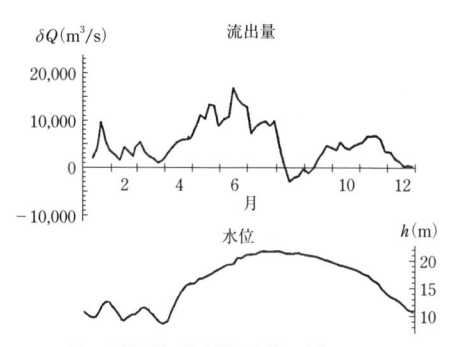

図4 鄱陽湖の流出量と水位の変化，1954
［出典：速水頌一郎，「1954年の揚子江大洪水について」京都大学防災研究所年報，1号，p. 84 (1957)］

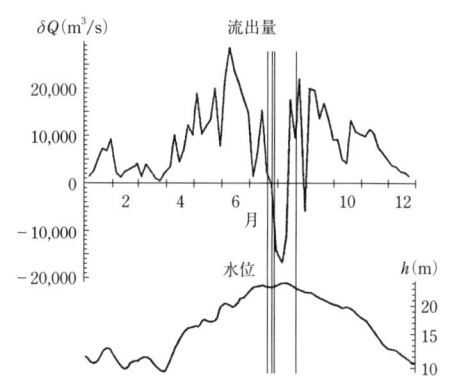

図5 洞庭湖の流出量と水位の変化，1954
［出典：速水頌一郎，「1954年の揚子江大洪水について」京都大学防災研究所年報，1号，p. 84 (1957)］

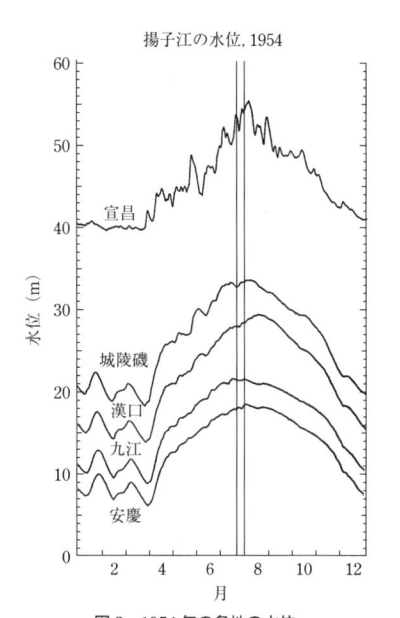

図3 1954年の各地の水位
［出典：速水頌一郎，「1954年の揚子江大洪水について」京都大学防災研究所年報，1号，p. 81 (1957)］

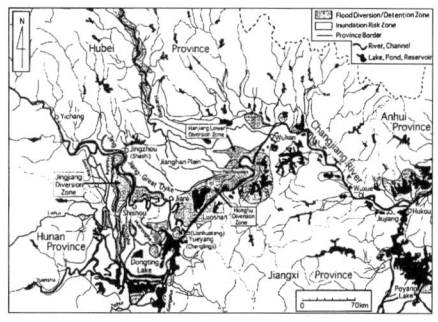

図6 揚子江の中流地域
［出典：中川 一，玉井信行，沖 大幹，吉村 佐，中山 修，「1998年中国長江の洪水災害について」京都大学防災研究所年報，第42号 (B-2), p. 275 (1990)］

表1 過去の大洪水の被害比較（1998年は参考）

発生年	冠水域 (km²)	被災者 ×10³	死亡者 (人)	被害建物 ×10³
1931	130,000	28,870	145,400	1,780
1935	89,000	10,000	142,000	406
1954	30,000	18,884	33,169	4,270
1998	2,300	2,300	1,320	—

[出典：中川 一，玉井信行，沖 大幹，吉村 佐，中山 修，「1998年中国長江の洪水災害について」京都大学防災研究所年報，第42号(B-2)，p.280(1990)]

表2 過去の洪水時のピーク量

発生年	ピーク量 (m²/s)	水量6～8月 (10⁹m³)
1931	64,900	186.9
1935	56,900	136.7
1949	58,100	202.7
1954	66,800	249.7
1981	70,800	174.9
1983	53,500	174.4
1998	63,600	133 (30日)

[出典：中川 一，玉井信行，沖 大幹，吉村 佐，中山 修，「1998年中国長江の洪水災害について」京都大学防災研究所年報，第42号(B-2)，p.275(1990)]

この事例の概要と特徴

中国では，これまでにもしばしば大洪水に見舞われている．表1にみるように今回の揚子江大洪水以前にも1930年代に2度，15万人近い死亡者を出す大洪水を記録している．その後，しばらくの間，大きな洪水は発生していなかったが，今回の後も1955年の松花江洪水，1956年の華北洪水などの大洪水がつづいている．中華人民共和国成立後，この時点で全土に約400ヵ所の気象観測所を設置して，毎日2回，全国の等雨量線が描かれ，雨域の発生や発達過程はかなり明確になっていた．

今回の大被害の原因を，過去100年間で最高の水位を記録したことから，一説に800年に1回程度の洪水と推定される降水量に求める声が強い．

参考文献

1) 速水頌一郎，「1954年の揚子江大洪水について」京都大学防災研究所年報，1号，pp.79-91 (1957).
2) 吉谷純一，栗林大輔，大西健夫，「長江洪水セミナー報告書—1954年と1998年に発生した大洪水の特性比較—」土木研究所・科学技術振興機構，土木研究所共同研究報告書，第307号 (2004).
3) 中川 一，玉井信行，沖 大幹，吉村 佐，中山 修，「1998年中国長江の洪水災害について」京都大学防災研究所年報，第42号(B-2)，pp.273-290 (1990).

コラム　山道で踊るヒル

「山道では木の上から降ってくるので特に危険だ！」といわれ，上着の襟を立てタオルで首を巻き，長袖の手首のボタンを締めて雨上がりの山道を急いでいた．突然，敵は脛をかじって足から私の体の中に入ってきた．気が付くと，体長が5〜10 cmもあるヒルが山道のいたる所でヌルヌルの体をくねらせてダンスをしていた．

私は初めての"恐怖体験"になす術もなく立っていた．一度，身体の中に入ってしまったヒルは，奥に奥にと喰い進むので大事になる前の応急処置が重要である．同行の現地政府の役人が，手近の草とタバコの火を使う現地の方法で器用にヒルを取り出してくれた．荒療治を終え暮れ始めた山道を頭上と足元に細心の注意を払いながら車のある所まで戻った．

完成式典への招待を受けた施設は，カトマンズから山間部の国道を車で数時間下り，川の中を四駆で行ける所まで数時間進んで，さらに山道を徒歩で数時間登った村にあった．雨中の式典の後，村中の歓迎を受けて延々とつづく現地流の宴会で遅くなってしまった．泊まるように勧められたが，雨も上がったので案内役の現地の役人を促して帰る途中だった．

幸い傷口は彼の適切な処置のお陰で問題はなかった．二人でカトマンズに戻る車中で，雨上がりの山道では首や手より先にズボンの先端を靴下に入れて足元を防御するのだ，と教えられた．揺れる車のシートにもたれながら，別のヒルが未だ身中に残って喰い進んでいるようなムズムズする不快感がいつまでもつづいていた．

伊勢湾台風

発生地域：日本（おもに中部地方）

高潮で打ち上げられた船（愛知県）
[出典：防災科学技術研究所，防災科学技術研究所研究報告，第75号(伊勢湾台風50年特別号)，表紙(2009)]

国民1人あたりのGNI（世界銀行2013）高所得国グループ
発生年月日：1959年9月21日発生
　　　　　　（マリアナ付近）
同23日（最大中心示度895 hPa）
同26日午後6時過ぎ上陸(潮岬付近，現地時間)
台風の強さ（上陸時）：最低気圧930 hPa
瞬間最大風速60 m/s以上
人口（2014）：127,064,000人
国土の総面積（2012）：377,960 km^2
死亡者数：5,177人
負傷者数：38,838人
被災者数：1,615804人
全壊家屋：35,125棟
半壊家屋：10,5371棟
流失家屋：4,486棟

【台風・洪水】

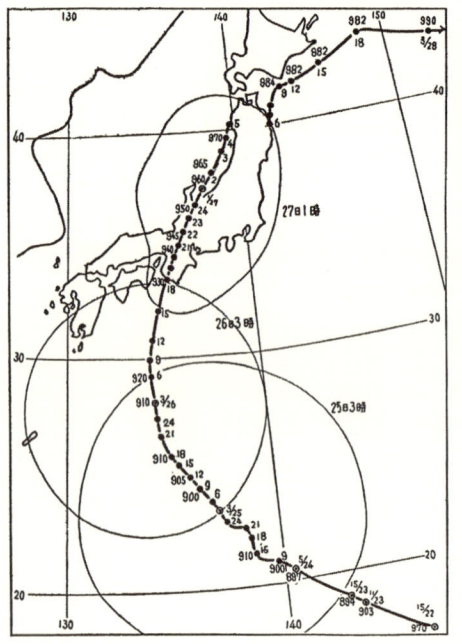

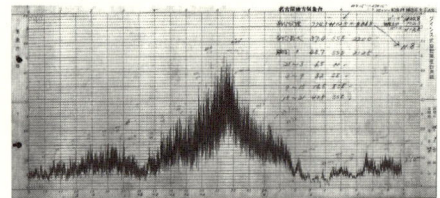

図2　9月26日の風速の記録（名古屋）
被災地：愛知県，三重県，岐阜県，福井県ほか日本全国39都道府県
[出典：防災科学技術研究所，防災科学技術研究所研究報告，第75号(伊勢湾台風50年特別号)，口絵6(2009)]

図1　9月25～27日の台風（15号）の進路
被災地：愛知県，三重県，岐阜県，福井県ほか日本全国39都道府県
[出典：名古屋市総務局調査課 編，『伊勢湾台風災害誌』，p. 11．名古屋市(1961)]

高度経済成長期のインフラの課題

　第二次世界大戦後の日本は，昭和30年代に入ると「もはや戦後ではない」といわれ，その後の昭和40年代までの目覚しい経済成長は"奇跡の復興"と称された．今回の台風は，戦前の室戸台風，終戦直後の枕崎台風と並び"昭和の三大台風"の一つとよばれ，高度経済成長期（1955～1973）の初めに起きた．

　中心示度（最低気圧）や風速でみる台風の強さでは，室戸，枕崎，伊勢湾の順であるが，死亡者・行方不明数では伊勢湾台風が最大である．これには，いくつかの要因が考えられる．大規模な風害に加え，伊勢湾沿岸に起きた高潮による被害が大きい．とくに，愛知県では前2件の台風と同規模の人命の被害を出している．これらの地域は，16世紀以降，木曽川の治水工事と同時に新田開発や干拓が長年行われてきたため，海抜以下の低地が多い．1,000ヵ所近い堤防決壊などの課題として，所管官庁や天端高・断面の違いによる接合点の差異，前回の台風の経験から計画された災害対策が効果を上げていなかったことなどがあげられる．

歴史的・文化的な背景

　日本は地理的に台風の上陸が多い国であるが，自然条件に恵まれた名古屋地方は，これまで台風や高潮の大きな被害が生じなかった．このため台風に対する防災意識は高くなかったが，河川や沿海低湿地域では伝統的な防災体制がとられていた．これらの地域は火山周辺に似て，水害の危険性はあるが農耕に適した地域でもあるため，多くの人々が居住していた．

　この地方で発達し，今日でもみられる歴史的な水害対策として「輪中」や「水屋」がある．

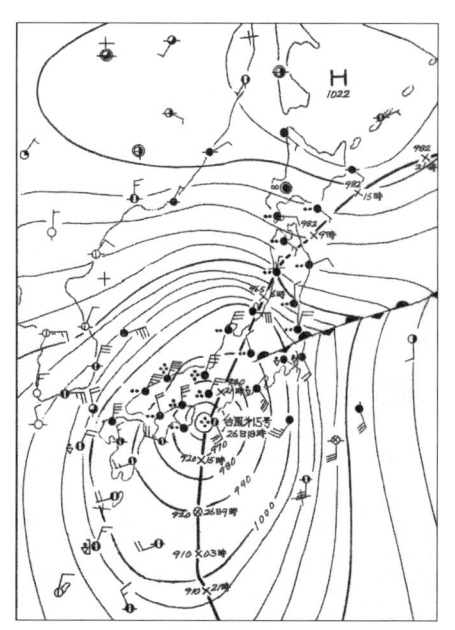

図3　9月26日午後6時の天気図
［出典：東京管区気象台技術部技術課，伊勢湾台風観測報告（台風15号）(1959)］

図4　名古屋市南区南陽通の被災状況
［出典：名古屋市総務局調査課 編，『伊勢湾台風災害誌』，口絵，名古屋市(1961)］

図5　名古屋市南区白水住宅一帯の被災状況
［出典：名古屋市総務局調査課 編，『伊勢湾台風災害誌』，口絵，名古屋市(1961)］

一つの集落を堅固な堤防で囲む「輪中」や，倉庫など建物の一部をかさ上げする避難専用の「水屋」は，オランダやベルギーの「ポルダー」と並び称される水防施設である。明治以降の公共の治水工事によって海岸線が後退したあと，旧堤は交通路や二番堤として残っている。

今回の災害でも二番堤として機能しており，旧堤内地域の死亡者数の少なさが指摘されている。明治中期には，22ヵ所，総延長 154,500 間（約 280 km）に達していた。地域の共同体としての「輪中」は道路拡幅や宅地の盛土に使われ，現在ではわずかに残るだけである。

自然環境

9月21日，マリアナ東にあった弱い熱帯低気圧が急速に発達し，22日午前9時に台風15号（後に伊勢湾台風と命名）になった。23日午後3時には硫黄島の南南東約 600 km に達し，中心気圧 895 hPa，最大風速 75 m/s の超大型台風となった。

図1に示すように，台風15号は 20〜25 km/h で北西に進み，25日午後には潮岬の南およそ 1,000 km，26日午前6時には同南南西 520 km にあって約 35 km/h で北に進んだ。最大風速は 60 m/s，半径 400 km 以内の東側と半径 300 km 以内の西側で 20 m/s の暴風雨に発達した。26日午後6時13分には潮岬で 929.5 hPa に発達し，同15分，その西方 15 km 付近に上陸した。

上陸後の進路

図6（実線：等圧線の中心の経路，破線：レーダーエコーの経路）に示すように，26日午後7時には奈良と和歌山の県境，同8時に奈良県中部，9時に亀山付近，10時には揖斐川上流に達した。この時点で，名古屋で最大瞬間風速 46 m，最大平均風速 37 m の記録的な暴風を観測した。午後11時に岐阜県白河付近，27日午前0時には富山の東を通過して高田と糸魚川の中間で日本海に抜けた。

被災地の状況

台風15号は非常に広い暴風圏をもつ強い風の台風で，上陸後に約 70 km/h の速い速度で通過したため大雨による被害は少なかった。しかし，台風が名古屋のすぐ西側 30 km のコースを通過したため，伊勢湾，知多湾，渥美湾などが危険半円（台風進路の右側）に入った。名古屋市の南部低湿地域では，台風の渦の速さに進行の速さが加わり，未曾有の高潮に襲われ甚大な被害を受けた。人的・物的被害の大半がこの地域に集中している。被害が集中した愛知県

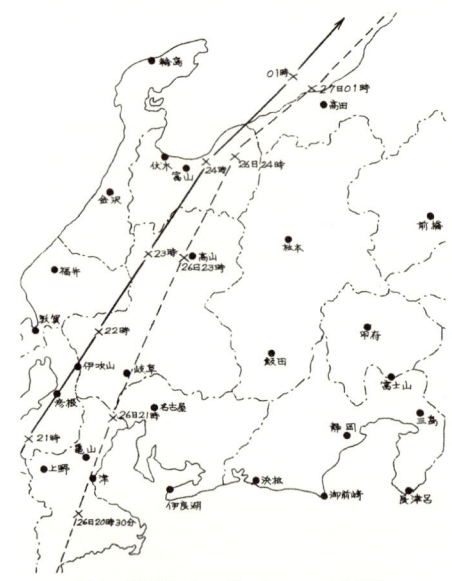

図6 等圧線とレーダーエコーの中心経路
［東京管区気象台技術部技術課，伊勢湾台風観測報告（台風15号）(1959)］

表1 昭和の三大台風の比較

	室戸台風	枕崎台風	伊勢湾台風
年　月	1934.9.13〜22	1945.9.17〜18	1959.9.26〜27
気圧 (hPa)	911.8	916.6	929.5
風速 (m/s)	65	63	60 以上
死者 (人)	3,036	4,229	5,177
全壊 (棟)	38,771	55,934	35,125

［出典：名古屋市総務局調査課 編，『伊勢湾台風災害誌』，p. 39，名古屋市(1961)を改変］

図7 愛知県の台風被害概要
[日本建築学会伊勢湾台風災害調査特別委員会 編, 『伊勢湾台風災害調査報告』, p.209 (1961)]

をはじめとする三重・岐阜の中部地方のほか, 被災者が1万人以上の府県は, 兵庫・奈良・滋賀・和歌山・京都・鳥取・群馬・山梨・長野・静岡などで, 九州を除く39都道府県に及んだ.

過去のおもな台風

表1に今回の台風と同様の規模の室戸台風, 枕崎台風による風水害被害とその特性の比較を示す. 最低気圧や風速に比べ死亡者数が最大になった理由として, 戦後の急激な人口増加により, 災害の起こりやすい地域にまで居住地が広がっていったことが指摘される.

名古屋市の状況

今回の台風で大きな被害を受けた名古屋市南部低地域は, 17世紀以降に干拓が始まり20世紀に入ってから臨港地帯が埋め立てられた所である.

今回の災害では, 避難の時期, 警報の周知など, 避難方法に関する問題が顕在化した.

市内の死傷者の9割以上が南区, 港区, 中川区, 熱田区の市南部4区に集中している. なかでも南区が死亡者の8割近くを占めている.

今回の特徴の一つに, 大量の材木の貯木場か

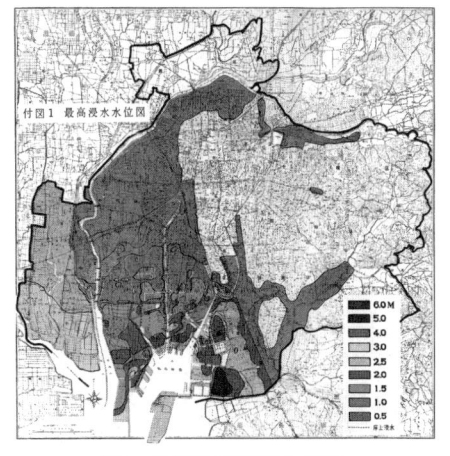

図5 名古屋市の最高浸水水位図
[出典:名古屋市総務局調査課 編, 『伊勢湾台風災害誌』, 付図1. 名古屋市 (1961)]

らの流失と流木による人命や建築物の大被害があげられる. ラワンなどの輸入材の急増により貯木場に収容しきれず, 大江川などの河川の一部が貯木場になっていたことが背景にある.

被災区域

市の臨海部は地盤面の標高がすべて海抜2m

以上と高かったため，浸水の最高水位は1.5～2.5 m程度で継続時間も26時間程度で背後地に流れた。

背後地の標高は，海抜以下～1.0 m程度であるため浸水の最高水位5～6 mを記録した地域もあり，床上冠水期間が30日以上の所もあった。また新川より西の水田地帯では，河川決壊による浸水で，床上浸水期間30～40日，冠水期間50～60日と長期にわたった。

人的・社会的被害

今回の災害による死傷者の多くは高潮・流木によるもので沿岸全体の約8割に達する。1960年1月30日現在の名古屋市内の死傷者数は，死亡1,851人，行方不明58人，重傷1,619人，軽傷38,909人である。

9月26日午後7時前後には，名古屋市内と周辺地域のほとんどが停電になったため，多くの住民はラジオやテレビからの台風情報を得られなかった。したがって，避難警報は警報員によるもの以外なかったが，その声を聞いた住民は21%にすぎなかった。警報は，知人や警報員から直接知らされた者が47%で，自己判断が32%である。

物的・経済的被害

全体の被災世帯数は350,000で，災害救助法の適用を受けた市町村は546である。愛知県，三重県の公共施設の被害額3,224億円，民間被害額1,794億円である。

インフラ・建築物被害の特徴

伊勢湾周辺のおもな海岸・河川堤防の破壊状況は，旧建設省の資料によれば破堤個所数115，破堤延長15.385 kmである。堤防の天端高は5.5～6.0 m程度で堤高が低く，天端幅の小さい個所が越波によりえぐられ，堤体土砂が吸い出されて空洞ができ，全面破壊したものと

図9 名古屋市の浸水
[出典：名古屋市総務局調査課 編，『伊勢湾台風災害誌』，口絵，名古屋市(1961)]

図11 復興住宅の屋上の避難小屋
[出典：防災科学技術研究所，防災科学技術研究所研究報告，第75号(伊勢湾台風50年特別号)，口絵21(2009)]

図10 名古屋競馬場一帯の浸水
[出典：名古屋市総務局調査課 編，『伊勢湾台風災害誌』，口絵，名古屋市(1961)]

図12 南区柴田本通の破壊家屋
[出典：名古屋市総務局調査課 編，『伊勢湾台風災害誌』，口絵，名古屋市(1961)]

図13 愛知県の住宅被害分布図
[出典：日本建築学会伊勢湾台風災害調査特別委員会 編, 『伊勢湾台風災害調査報告』, p.210(1961)]

推定されている。

旧建設省の調査によれば，強風の風向き方向に面している堤防，法線がカーブしている所や構造上の継手個所が弱く，樋門，樋管はすべて被災している。

都道府県の堤防決壊個所数は，愛知県926，三重県492をはじめ全国総数では，5,978ヵ所である。

鉄道の被害個所は，愛知県46，三重県114，岐阜県268，群馬県1,894をはじめ30都府県に及び，旧国鉄総被害額は約33億円である。

建築物の被害は，愛知県の全壊21,381棟，半壊62,995棟，流失2,135棟をはじめ，三重県，岐阜県と続き全国39都道府県に及んでいる。名古屋市では118,324戸の住宅が被害を受けている。

この事例の概要と特徴

今回の台風は，さまざまな種類の被害を与えている。被害の内容は，高潮災害，風害，土砂災害，長期の浸水災害などである。そのうち，最大の被害は高潮によるもので，死亡者・行方不明者総数の約8割に達している。台風は，大量の降雨と同時に強風を伴っていた。高潮への影響も大であるが，直接の風害も多かった。とくに岐阜県での死亡者の多くは，強風による家屋の倒壊で生じたとされる。湾岸地方の高潮による被害に加えて，各地で多くの土砂災害が生じた。なかでも奈良県では多数の山津波が発生して死亡者をだしている。台風通過後にもゼロメートル地帯では，破堤による長期間の浸水被害が生じた。

今回の台風は，事前の防災対策や避難に関してもいくつかの課題を明確にしている。この地域の住民は，歴史的に繰り返される経験からさまざまなハード，ソフト両面の対策を継承してきていた。しかし，明治から世界大戦を経て，これらの有用な民間の習俗が崩れ，防災力が低下していたといえる。

参 考 文 献

1) 東京管区気象台技術部技術課, 伊勢湾台風観測報告（台風15号）(1959).
2) 日本建築学会伊勢湾台風災害調査特別委員会 編, 『伊勢湾台風災害調査報告』(1961).
3) 名古屋市総務局調査課 編, 『伊勢湾台風災害誌』, 名古屋市 (1961).
4) 防災科学技術研究所, 防災科学技術研究所研究報告, 第75号（伊勢湾台風50年特別号）(2009).
5) 伊藤安男, 『台風と高潮災害―伊勢湾台風』, 古今書院 (2009).

連続サイクロン（1963-1991）

発生地域：バングラデシュ

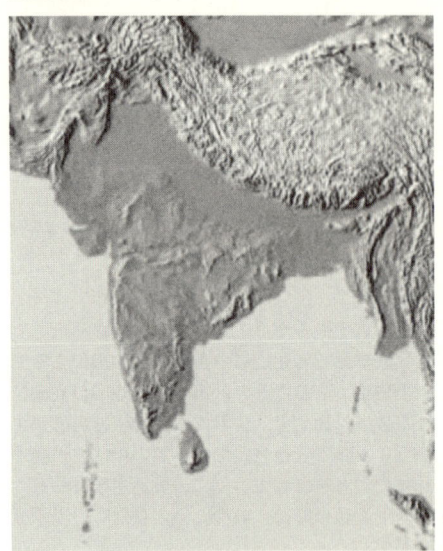

国民1人あたりの GNI（世界銀行 2013）低所得国グループ
発生年月日：1963年5月28日（現地時間）
最大風速：56 m/s
人口（2010）：151,125,000 人
国土の総面積（2012）：147,570 km^2
死亡者数：11,500 人
被災者数：約100万人

【サイクロン・洪水】

インド亜大陸の地形
［出典：Wikipedia］

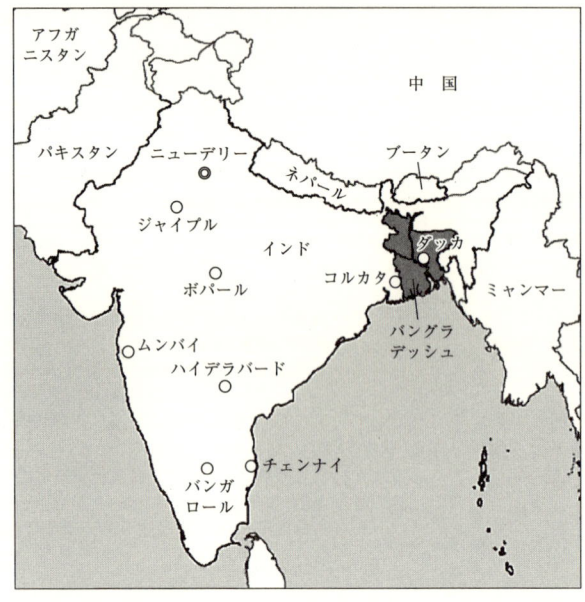

南アジアの国々
［出典：T-worldatlas］

繰り返されるサイクロンの悲劇

1970年，ベンガル地方は8月の大洪水に続いて11月12日に大型サイクロン・ボーラに襲われた。この自然災害による死亡・行方不明者数は推定約20万〜50万人で，20世紀最大の被害とされる。当時の西パキスタン中心の中央政府による援助や対応への無関心さが，翌年の東パキスタン（後のバングラデシュ）独立の一因とされている。

表1にみるように，バングラデシュで5,000人以上の死亡者をだした大型サイクロンは，1960年代以降だけでも10件以上ある。

悲劇が繰り返される原因として，次のような自然環境があげられる。ベンガル湾内で発生したサイクロンは発達しながら北東に進む。湾の奥のV字状の地形，海の水深の浅さや大きな干満差およびヒマラヤからの多量の土砂流出による継続的なデルタの成長などの要因が頻繁に大きな高潮を発生させる。

さらに，独立後も2度にわたる長期の軍事政権時代が続くなど，アジアの経済発展に乗り遅れた状態が続いている。1990年代以降は民主的な政権になったが，政党間の対立が激しく，政治，経済，社会の発展を妨げている。低い経済水準，高密度の人口などの社会条件が，自然災害の被害を拡大させる要因になっている。

歴史的・文化的な背景

ベンガル地方には2000年以上の歴史がある。インド亜大陸は，紀元前5世紀から始まる諸王朝の盛衰の後，1498年にバスコ・ダ・ガマがカリカットに来航する。以後，ポルトガル，スペイン，オランダ，イギリス，フランスなどの

表1 死亡者数からみる自然災害（1901〜2007）

No.	年	月	日	死亡者数	負傷者数	被災者数	US$（×1,000）	事例	災害種
1	1918			393,000					伝染病
2	1970	11	12	300,000		3,648,000	86,400	○	サイクロン・ボーラ
3	1991	4	30	138,866	138,849	15,000,000	1,780,000	○	サイクロン・ゴルキー
4	1942	10		61,000				○	サイクロン（インド）
5	1965	5	11	36,000	600,000	10,000,000	57,700	○	サイクロン
6	1974	7		28,700		36,000,000	579,200		洪水
7	1965	6		12,047					サイクロン
8	1963	5	28	11,500		1,000,000	46,500	○	サイクロン
9	1961	5	9	11,000			11,900		サイクロン
10	1960			10,000					洪水
11	1985	5	25	10,000		1,300,000			サイクロン
12	1960	10	30	5,149		200,000			サイクロン
13	1941	5	21	5,000					サイクロン
14	2007	11	15	4,000				○	サイクロン・シドル
15	1960	10	9	3,000					サイクロン
16	1982	9		2,696		173,460			伝染病
17	1974	8		2,500		2,970,0000			サイクロン
18	1988	8		2,379		45,000,000	2,137,000		洪水
19	1987	7	22	2,055			330,000	○	洪水
20	1955	10		1,700		63,000			サイクロン
21	1991	9		1,700		10,8000			伝染病
22	1984	5		1,200		30,000,000			洪水
23	1973	12	9	1,000					サイクロン
24	1978	4	9	1,000					サイクロン
25	1981	12	11	1,000		2,000,000			サイクロン
26	1987	6	10	1,000		3,000,000	2,000		洪水

○：事例解説あり

ヨーロッパ勢力の侵攻を経て，17〜20世紀までの長いイギリス植民地時代が続いた。

現バングラデシュの領土は，ベンガル人の住む地域が1905年の分割令によりインド（西ベンガル州）と東西に分けられたときの東半分（東ベンガル）を指す。この地域の約1億5000万人の住民のうち，90％弱がイスラム教徒で民族的，宗教的な同質性は高く，経済的低迷が続いているが発展の可能性を秘めている。

第二次世界大戦終了後，インド独立に際し統一インド案と統一ベンガル国家案などのさまざまな分割案が提案されたが，インド・パキスタン分離・独立案に決まった。1947年にインドとパキスタンが成立し，1,200万人といわれるヒンドゥー，モスレム，シーク教徒が，3ヵ月間での歴史的民族大移動を強いられた。パキスタンは，面積比（西85％，東15％），人口比（西45％，東55％）で，インドを挟み東西に1,800 km離れて独立した。さらに，東パキスタンは1971年にパキスタンから独立し，バングラデシュ人民共和国を設立した。

バングラデシュは南アジアに位置するが，ベンガル人は"色黒の黄色人種"（玄奘法師）の表現にもあるように，モンゴロイド系の身体的特徴と東洋的な性格の民族といわれる。

自然環境

ベンガル地方には数千の大小の河川がある。その定期的な氾濫により肥沃な大地を有し，インド亜大陸でも有数の穀倉地帯となっている。豊かな歴史と文化をもち，多くの人々はモンスーン型農耕生活を営んでいる。洪水により頻繁に地形が変わるため国境を正確に定めることが難しく，密入出国が容易な状況にある。

地形の特徴

バングラデシュは，南がベンガル湾に面しているだけで，一部のミャンマー国境を除き，西一北一東の三方をインドに囲まれている。国土の大部分は，ガンジス，ブラマプトラ，メグナの三大河川が合流してできた沖積平野から成り立っている。インド亜大陸北東部の平地を流れるこれらの大河は，沈泥と砂と土で重くゆっくりと動いている。土と水が半々のような状態の川は，洪水のたびに流れを変え土地を侵食するが，新たに生み出したりもしている。このため，川には生命が根付かない。

気候変動の影響

世界的な温暖化による気候変動で，河川の源であるヒマラヤの氷河が融け始め，年に数十

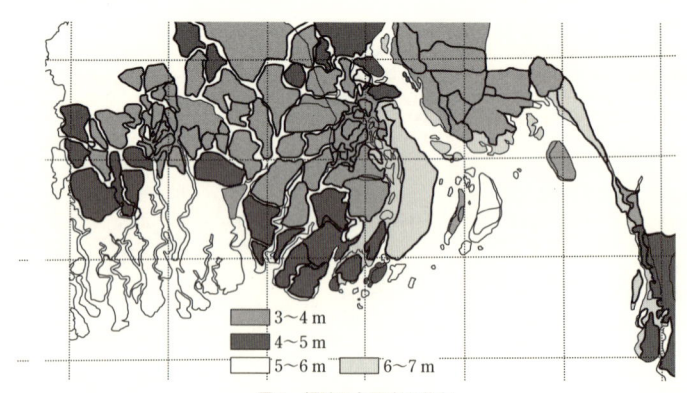

図1 堤防の必要高さ分布

［出典：国際協力機構（JICA）アジア第二部，「バングラデシュ人民共和国サイクロン災害復興支援ニーズアセスメント調査報告書」，p.32 (2008)］

mも後退している所もある．図1にみるように，国土の大部分が海抜5.5 m以下にあるバングラデシュは，洪水，海面上昇およびサイクロンによる高波などの危険につねにさらされている．季節の変わり目である4〜5月と10〜11月にサイクロンが来襲することが多い．気候変動の影響で，雨季（6〜9月）に起きていた洪水が年中に起きるようになったとの指摘もある．

被災地の状況

図2にみるように，大洪水時には浸水面積が国土の30％を超える．

発生のメカニズム

ベンガル湾のサイクロンの強さは他地域ととくに大差はない．「地形の特徴」で示した要因

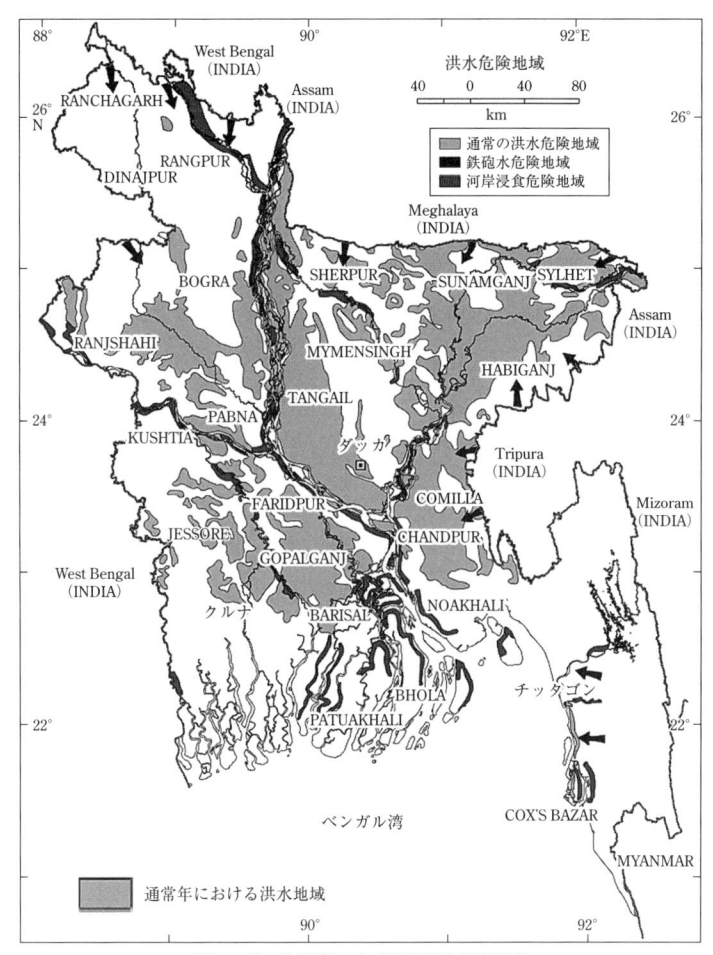

図2 バングラデシュにおける洪水危険地域
［出典：吉谷純一，竹本典道，タレク・メラブテン，「バングラデシュにおける水災害に関する要因分析」，土木研究所資料，第4052号，p.50（2007）］

が大規模な高潮を引き起こしている。大潮と重なる場合は波高5〜9 mの波が襲い，内陸部5〜8 kmまで海水が浸入する場合がある。死亡者の97%が高潮による溺死であるとされる。多くの住民が住む危険地域には，1960年代から海岸堤防の建設が進んでいる。堤防の必要高さの分布は図1に示すとおりである。

過去のおもな洪水

20世紀以降の世界のおもな地震・火山・津

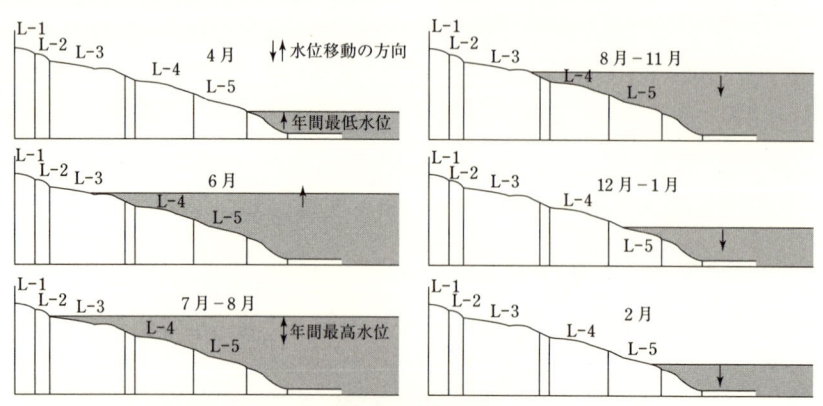

図3　年間水位の変化

[出典：吉谷純一，竹本典道，タレク・メラブテン，「バングラデシュにおける水災害に関する要因分析」土木研究所資料，第4052号，p.12(2007)]

表2　農耕期と耕地面

耕地面 農耕期	L-1	L-2	L-3	L-4	L-5
緑の革命以前の耕作形態					
第1農耕期 4月〜8月	アウス稲	アウス稲	アウス稲ジュート	散撒アマン稲	
第2農耕期 8月〜12月	移植アマン稲 蔬菜類 豆科作物 種子作物	移植アマン稲 蔬菜類 豆科作物 種子作物	移植アマン稲	散撒アマン稲	
第3農耕期 12月〜4月	蔬菜類	蔬菜類 豆科作物	豆科作物 種子作物	サトウキビ	ボロ稲
緑の革命以降の耕作形態					
第1農耕期 4月〜8月	アウス稲	アウス稲	アウス稲ジュート	散撒アマン稲	
第2農耕期 8月〜12月	移植アマン稲 蔬菜類 豆科作物 種子作物	移植アマン稲 蔬菜類 豆科作物 種子作物	移植アマン稲	散撒アマン稲	
第3農耕期 12月〜4月	蔬菜類	蔬菜類 豆科作物	ボロ稲（灌漑） 豆科作物 種子作物	ボロ稲(灌漑) サトウキビ	ボロ稲

[出典：吉谷純一，竹本典道，タレク・メラブテン，「バングラデシュにおける水災害に関する要因分析」土木研究所資料，第4052号，p.12(2007)]

波などの自然災害で，死亡者・行方不明者数5,000人以上の事例のうち，バングラデシュのサイクロン災害が5件を占めている。表1に20世紀後半のバングラデシュで発生したおもなサイクロン災害を示した。

年間水位の変化

バングラデシュの農民は伝統的に，毎年のように繰り返される洪水の水位の増減に対応した根付けや収穫を行ってきた。図3に年間の水位面の変化と耕地面（L1～L5）の関係を，4月の年間最低水位から7月～8月期の年間最高水位まで，6期に分けて示した。

農耕期と耕地面

表2に米やジュートの第1農耕期，第2農耕期，第3農耕期と耕地面との関係を，'70年代からの緑の革命以前と以降で示した。従来，最低位地（L5）のみでつくられていたボロ稲が，灌漑事業により低位地（L3）や中位地（L4）にも進出し，乾季にも緑の大地が実現した。

この事例の概要と特徴

「バングラデシュ」は，ベンガリ語で「ベンガルの国」の意味である。イスラム教という宗教のみで結び付いていた東西パキスタンは，民族・言語・文化・風俗習慣での共通性はなかった。バングラデシュ独立の理由は，東西分離国家，宗教のみの統一などの無理があったことがあげられている。西パキスタンが中央政府を独立させ軍隊から経済までを支配するなど，東パキスタンを植民地同様に扱ったことがもととなった。ベンガル人としての民族の問題と生活の問題が宗教的な結びつきを越えたといわれる。

日本の援助には独立以前から東パキスタンに重点が置かれていたため，バングラデシュとの関係は深い。

参 考 文 献

1) 国際協力機構（JICA）アジア第二部，「バングラデシュ人民共和国サイクロン災害復興支援ニーズアセスメント調査報告書」(2008).
2) 吉谷純一，竹本典道，アディカリ・ヨガナス，チャボシアン・セイエッド・アリ，「バングラデシュ・ハティア島における1991年サイクロン災害要因に関する事例研究」土木研究所資料，第4093号（2008）.
3) 吉谷純一，竹本典道，タレク・メラブテン，「バングラデシュにおける水災害に関する要因分析」土木研究所資料，第4052号（2007）.
4) 三宅博之，『開発途上国の都市環境―バングラデシュ・ダカ　持続可能な社会の希求』，明石書店（2008）.
5) 堀口松城，『バングラデシュの歴史―二千年の歩みと明日への模索』，明石書店（2009）.

サイクロン(ST-1965-0028-BGD)

土地の生成と消滅

発生地域：バングラデシュ，バリサル地方

メグナ橋　ダッカーチッタゴン，1991 年完成
[© 国際協力機構(JICA)]

国民1人あたりのGNI（世界銀行2013）低所得国グループ
活動期間：1965 年 5 月 11 日
最大風速：45 m/s
人口（2010）：151,125,000 人
国土の総面積（2012）：147,570 km^2
死亡・行方不明者数：36,000 人
被災者数：約 1,060 万人
負傷者数：約 60 万人
被害総額：5,770 万 US ドル

【サイクロン・洪水】

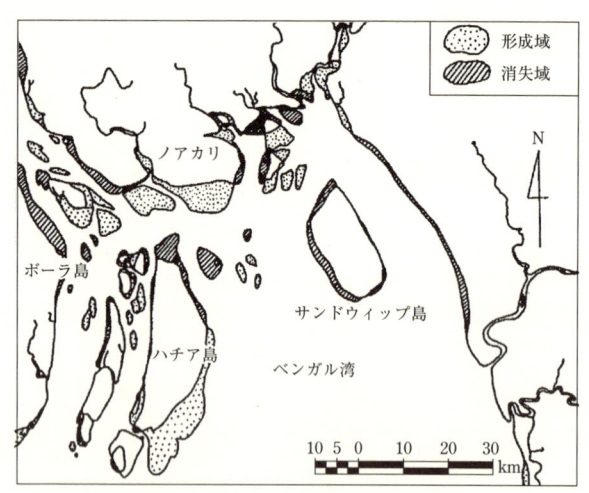

図1　ベンガル湾における土地の生成と消滅
[出典：中川　一，河田惠昭，「バングラデシュ国のサンドウィップ島とハチア島の高潮災害調査」自然災害科学，13(2)，125(1994)]

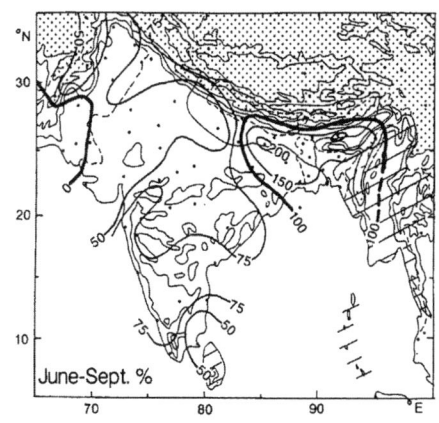

図2 南アジアの通常のモンスーン時期の降水量
［出典：村本嘉雄,「バングラデシュにおける1987年および1988年の洪水災害」京都大学防災研究所年報, 第32号A, p.24(1989)］

この事例の概要と特徴

今回のパキスタン・ベンガル・サイクロンは, 二つのサイクロンが5月11日と6月1日につづいて襲った. 両サイクロンによる総死亡者数は47,000人余とみられている.

メグナ川などの大河川の流域では, 毎年, 土地の浸食が進むので多くの住民が移転を強いられ, そのたびに財産を失っていく. 図1に示す河口周辺のサイクロン被害は深刻で, ハチア(Hatiya)島を含む島々は, 高度危険区域(HRA)に指定されている. 土地を追われた人々は, 仕事のある都市を離れられないため, 居住に適当でない地域に住み着き, スラム地域が拡大する構図になっている. 毎年, ある程度の規模で発生する洪水は肥沃な土地をつくるとともに, 小規模土地所有者から土地を奪い貧困層を増大させ, 結果として土地と富の集中を招いている.

ほとんどが海抜20m以下の国土に住む国民は, モンスーンの高潮や河川洪水による土地の消滅と生成を前提に農業などに従事している. しかし, 通常の規模を超える浸水の発生には, 国際機関などの援助によるシェルター建設などのインフラの整備など, ハード面での対応が重要になっている. この国ではとくに, 貧困問題などの社会・経済的な要因と科学・技術的な要因の解決という広範囲の対策と援助が求められている. 近年は首都ダッカと第2の都市チッタゴンを結ぶメグナ橋などの橋梁や堤防の整備が進んでいる.

参考文献

1) 村本嘉雄,「バングラデシュにおける1987年および1988年の洪水災害」京都大学防災研究所年報, 第32号A, pp.21-42 (1989).
2) 中川一, 河田惠昭,「バングラデシュ国のサンドウィップ島とハチア島の高潮災害調査」自然災害科学, 13(2), 111 (1994).
3) 「バングラデシュカントリーレポート1999, 2006」アジア防災センター(ADRC) (1999, 2006).

84　1章　気象災害

サイクロン・ボーラ

発生地域：バングラデシュ，沿岸地域

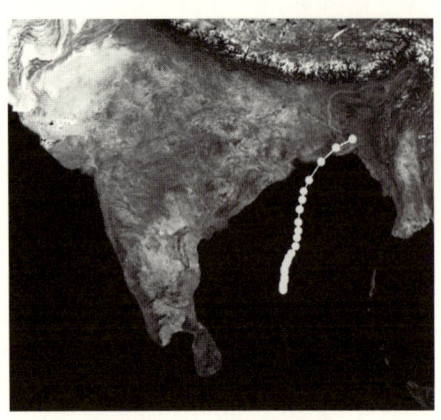

サイクロン・ボーラの経路図
[出典：Nafanion(1970), Wikipedia]

国民1人あたりのGNI（世界銀行2013）低所得国グループ
発生年月日：1970年11月8～13日
　　　　　　（現地時間）
最大風速：51 m/s
最低気圧：966 hPa
人口（2010）：151,125,000人
国土の総面積（2012）：147,570 km^2
死亡者（行方不明）数：30万～50万人
被災者数：約365万人

【サイクロン・洪水】

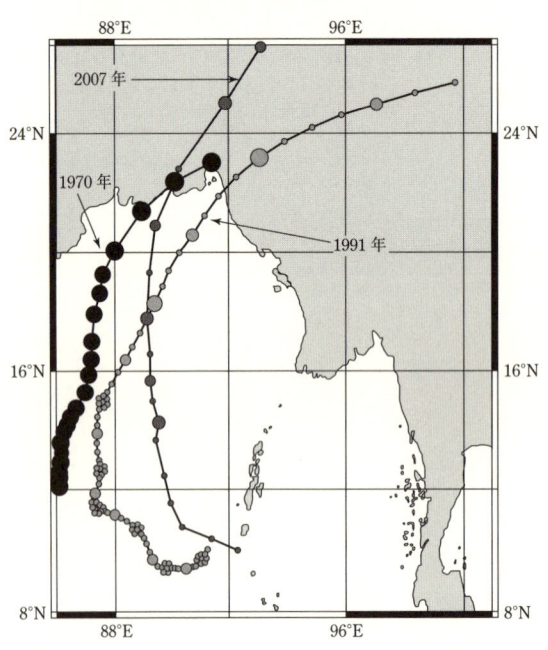

図1　被災地の位置とサイクロンの進路
1970・1991・2007年の3サイクロンのコース
[出典：北本朝展（国立情報学研究所），デジタル台風：ベンガル湾のサイクロン，http://agora.ex.nii.ac.jp/digital-typhoon/world/bob/]

20世紀最大の自然災害

1970年の今回のサイクロン・ボーラ（Bhola）による死亡者数は30万〜50万人といわれているが，いまだ確定できていない。1976年の中国の唐山地震（約25万人）および2004年のインド洋津波（約23万人）とともに，死亡者数において近代で最悪の自然災害といわれる。サイクロンの規模が最強でないにもかかわらず最大規模の死亡者を出した背景には，インフラなどの物理的な脆弱性に加え，貧困などの社会的な脆弱性が被害の拡大要因になったと考えられる。

社会的要因の特徴

今回の災害が発生したのは1969年に成立した2度目の軍事政権下で，"東パキスタン"の時代である。1970年には総選挙が予定されていたが，8月の洪水で12月末に延期されていた。11月中旬，サイクロン・ボーラによる高潮で大きな被害を出したが，選挙は実施された。"西パキスタン"中心の中央政府による救援対策が十分でなかったことなどから混乱がつづき，翌年3月の全州ゼネストなどを経て4月10日にバングラデシュ人民共和国の独立宣言がなされた。

被災地の状況

被災地域はおもに南東部から南部のベンガル湾沿岸一帯で，大きな被害を受けた都市はチッタゴンからクルナまでと広範にわたる。

サイクロンの上陸地点は，チッタゴンの西100 km近くで，後の1991年および2007年のサイクロンと似たコースをとっている。このうち勢力が最も強かったのは，最大風速72 m/s，最低気圧898 hPaの1991年のサイクロンである（図1）。

人的・社会的被害

デルタ地帯の河口部では，多くの洲や島が土砂の堆積による形成と洪水や高潮による消滅を繰り返している（図2）。モンスーン前と後の年2回の農繁期には，これらの新しい土地の高危険地に，地方からの多数の季節労働者が争っ

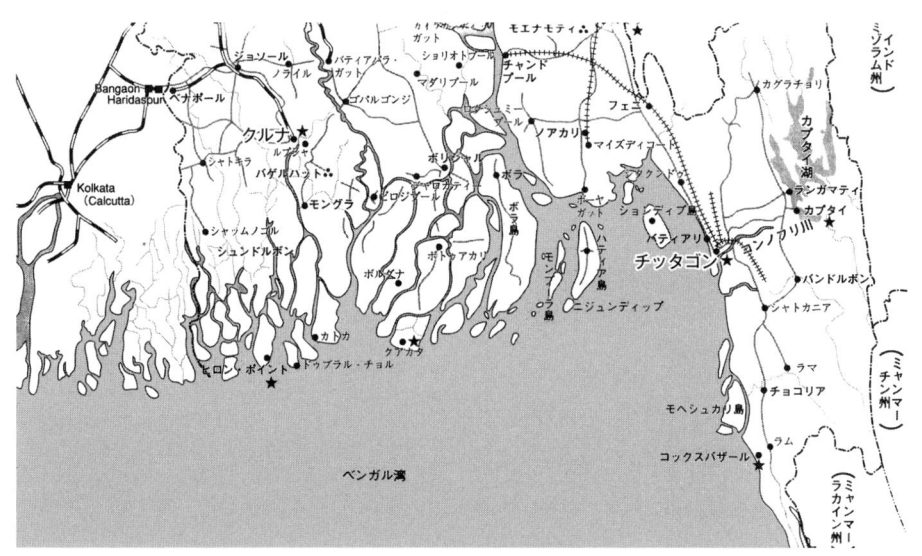

図2 ベンガル湾沿岸のデルタ地帯

て不法に住み着き，粗末な仮小屋に居住している。この時期がサイクロンの来襲時期にあたり，毎年，甚大な被害を出し，死亡者・行方不明者数の特定を困難にしている。

最悪の死亡者数の背景

今回の死亡者の大部分は，高潮による圧迫死・溺死などの直接死と考えられている。

表1に1960年から今回までの死亡者数1,000人以上のサイクロンと犠牲者数を示した。今回の死亡者数が際立って大きいことがわかる。ほかに今回の死亡者数を50万人規模とする資料もある。

約400 kmに及ぶベンガル湾沿岸は，ガンジス川とブラマプトラ川が合流する河口に世界最大の運搬土砂で形成された広大なデルタ地帯である。デルタの海抜1〜10 mの危険地域に毎年，数多くの不法居住者が住み着き，多くの犠牲者を出すサイクルが繰り返されている。

表1　1960年以降の1,000人以上の死亡者数較

発生年月日	名　称	死亡者数（人）
1960年10月9日	—	3,000
1960年10月30日	—	5,149
1961年5月9日	—	11,000
1963年5月28日	—	22,000
1965年5月11日	—	36,000
1965年6月	—	12,047
1970年11月12日	ボーラ	300,000

この事例の概要と特徴

世界的にみても熱帯低気圧による死者30万人規模の災害は，18〜19世紀の間に3回あるが，そのうちの1位，2位がベンガル湾のサイクロンによるものである。バングラデシュでは，この後の1991年にも14万人規模のサイクロン災害（➡ p. 110）を経験している。これらの災害を機に，諸外国からの援助で図3にみるよう

図3　高床式のサイクロン・シェルター
［出典：B. Bids, Multipurpose Cyclone Shelter Programme, Final Report, Executive Summary, GOB・UNDP・WB, p. 18, July (1993)］

なサイクロンシェルターとよばれる鉄筋コンクリート造の高床式避難施設が，図2の沿岸地域に約2,000棟設置された。

この結果，2007年のサイクロン災害（➡ p. 142）では死亡者・行方不明者数を大幅に減少させている。これは，2008年にシェルター施設の整備が進んでいないミャンマーを襲ったサイクロン・ナルギス（➡ p. 146）による8万人規模の犠牲者数と比べても明らかである。物理的な対策が劇的に効を奏した事例として注目に値する。

参 考 文 献

1) 国際協力機構（JICA）アジア第二部，「バングラデシュ人民共和国サイクロン災害復興支援ニーズアセスメント調査報告書」(2008)．
2) 吉谷純一，竹本典道，アディカリ・ヨガナス，チャボシアン・セイエッド・アリ，「バングラデシュ・ハティア島における1991年サイクロン災害要因に関する事例研究」土木研究所資料，第4093号 (2008)．
3) 吉谷純一，竹本典道，タレク・メラブテン，「バングラデシュにおける水災害に関する要因分析」土木研究所資料，第4052号 (2007)．
4) 大橋正明，村山真弓 編著，『バングラデシュを知るための60章 第2版』，明石書店 (2009)．

コラム　シルククロードの墓

　8月初めの盛夏に知人の父親が亡くなった。現地の新潟を訪ねてローカル風の長い葬儀に付き合った。映画のような納棺の儀から結婚式のようなお礼の席まで，都会の簡素化されたセレモニーに慣れた身には新鮮な経験だった。畳の上で静かに進められる儀式はゆったりとして親しみが感じられ，日本人の本来の葬送の姿なのかと思えた。

　生前，故人と親しく話す機会はなかったが「シベリア抑留」(モンゴル，中央アジアなど)の経験がある，と聞いていた。多くの抑留経験者と同様に，彼もその頃の話はしなかったが，時々，簡単なロシア語を口にしていたらしい。2009年にロシアで抑留者76万人分の公文書が発見され，新潟や日本海地方の出身者が多かったと報じられた。

　数年前，旧ソ連圏内の某国の調査で，シルクロードの天山山脈北路に位置する街にしばらく滞在した。3月初めの春に向かう頃で，いまだ山々は一面雪に覆われ道は1日中凍っていた。会議のために訪れた地震研究所で案内の所員が，"この石造りの建物の基礎は，終戦後，日本人捕虜がつくったので丈夫だ"，と半ば冗談のようにいった。

　街外れに日本人墓地があるはずだと教えられ，週末に皆で花を手向けに行った。マイクロバスは貧しげな街並みに入り，狭いぬかるんだ道を迷いながら進んだ。やっと探し当てた小さな墓地の奥の一角に押し込められるようにして，その墓地はあった。畳の上で死ねなかった40万人とも伝えられる死者の無念の声が聞こえてくるようだった。

88   1章 気象災害

干ばつ

発生地域：サヘル地域：エチオピア・ソマリア

ダルフールのスーダン人

国民1人あたりの GNI（世界銀行 2013）低位中所得国および低所得国グループ
発生年月日：1970〜1973年
〈エチオピア〉
人口（2010）：87,095,000 人
国土の総面積（2012）：1,104,300 km^2
〈ソマリア〉
人口（2010）：9,636,000 人
国土の総面積（2012）：637,657 km^2
死亡者数：12万人

【干ばつ・飢餓】

図1　サヘル地域（図中央部東西帯状の地域）
〈サヘル地域の国名〉
低位中所得国グループ
1　ナイジェリア
2　スーダン
3　ジブチ
4　セネガル
5　モーリタニア
低所得国グループ
6　マリ
7　ブルキナファソ
8　ニジェール
9　チャド
場合により，スーダンやアフリカの角の諸地域を含む。
[© GNU Free Documentation License, Wikipedia]

すべてを破壊するほこり

1960年代以降，世界の"干ばつ・飢餓"による被災者の数が急激な増加傾向に入る。この傾向は1970年代もつづき，1980年代に急激に増加する"洪水"による被災者数に1980年代後半で逆転されるまでつづく。いずれも地球規模で進む"気候変動"の影響によるものと考えられている。

とくにアフリカ大陸のサヘル（Sahel）地域における"干ばつ・飢餓"災害は甚大で，1968年からの大干ばつでは100万人の死亡者と5,000万人の被災者を生んだ。サハラ砂漠の南，サブサハラの北端に位置するこの一帯では，現在でも深刻な"砂漠化"が進んでいる。このような乾燥・半乾燥地域では，干ばつが"砂漠化"をいっそう促進するという悪循環が起こっている（図1）。

今回の干ばつのサヘル地域の犠牲者数は，1970〜1973年が約12万人，1973年12月が約10万人で，後の1983年4〜5月が最大で約45万3,000人とつづいている。

歴史的・文化的な背景

16世紀初めから19世紀中頃までつづいた長い奴隷貿易時代を経て，19世紀後半からヨーロッパ列強によるアフリカ大陸の分割・支配が始まる。20世紀初頭のアフリカは，独立国のリベリアとエチオピアを除きイギリス，フランス，ドイツ，イタリア，スペイン，ポルトガル，ベルギーなどの植民地で，図3にみるような姿になっている。

とくに，アフリカ大陸を北から縦方向に占領していくイギリス（図中の白色部）と西から横方向に占領してインド洋に向かうフランス（図中の斜線部）が1898年にスーダンで衝突する。この事件を契機に英仏両国は20世紀初頭に協定を結んで事実上，アフリカ大陸を二分割することになる。

その後，半世紀以上を経て"アフリカの年"とよばれた1960年以降，カメルーンを筆頭に

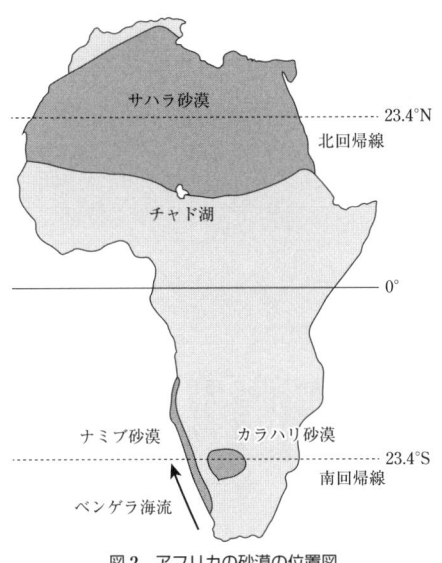

図2　アフリカの砂漠の位置図
［出典：日本沙漠学会 編，『沙漠の事典』，p.7, 丸善(2009)］

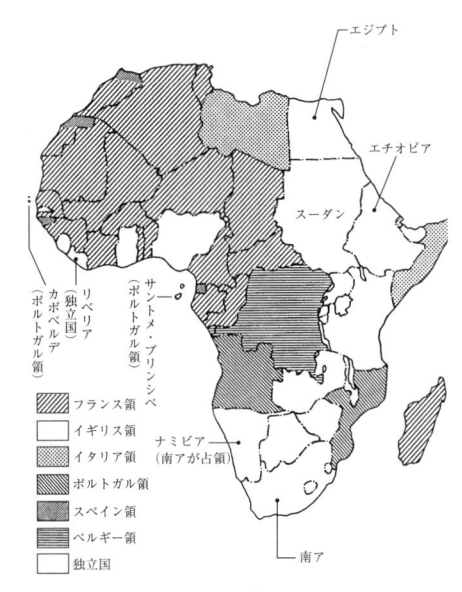

図3　ヨーロッパ列強による支配

アフリカ諸国の宗主国からの独立がつづいた。
　サヘル地域のチャド，ナイジェリア，マリ，セネガル，ブルキナファソ（旧国名オートボルタ），ニジェールなどやソマリアも1960年に独立を果たしている。

自然環境

　アフリカの乾燥・半乾燥地域における悪循環は，温暖化による蒸発散の増大 → 干ばつ → 土壌から大気への水蒸気量の減少 → 強風による砂丘の移動・堆積 → 強雨による表土流失 → 土地の荒廃 → 環境の悪化へと進んでいる。図1にみるように，サヘル地域の国々の大部分は，このような乾燥・半乾燥地域の中に位置しており，"砂漠化"危険度が高い地域とされている。

地域の特徴

　砂漠化対処条約(1994)で"砂漠化"は「乾燥・半乾燥，亜湿潤地域における気候上の変動や人間活動を含むさまざまな要素に起因する土地の劣化」と定義されている。すなわち，"砂漠化"の危険度は，劣悪な気候や土壌といった自然的要因だけでなく，人口密度などの人為的要因との組合せで決まる。

気候変動の影響

　20世紀以降，世界の平均気温の上昇傾向はつづいており，地球の温暖化問題は深刻化している（図4）。

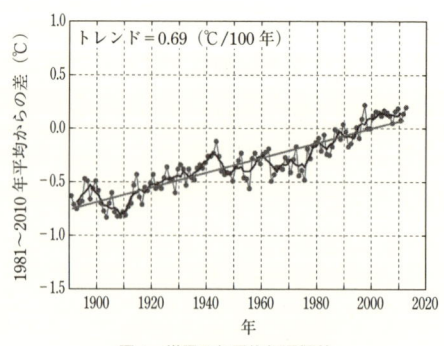

図4　世界の年平均気温偏差
[出典：気象庁ホームページ]

　図5にみるように，サヘル地域の干ばつが激しさを増し始める1970年代以降の降水量の偏差値の経年変化と，エルニーニョ・ラニーニャの発生年の相関が指摘されている。とくに，今回の1972～73年と1983～84年（➡p.96）の激しい干ばつの年との大きな相関は注目されている。
　その後も1997～98年のエルニーニョとソマリア・ケニアの大雨・大洪水，1999～2000年のラニーニャと東部アフリカの激しい乾燥などが記録されている。

被災地の状況

　アフリカ大陸には53ヵ国に約11億人の人々が居住しているが，少なくとも数百万人が国境を越えて難民化している。その理由は，干ばつ・

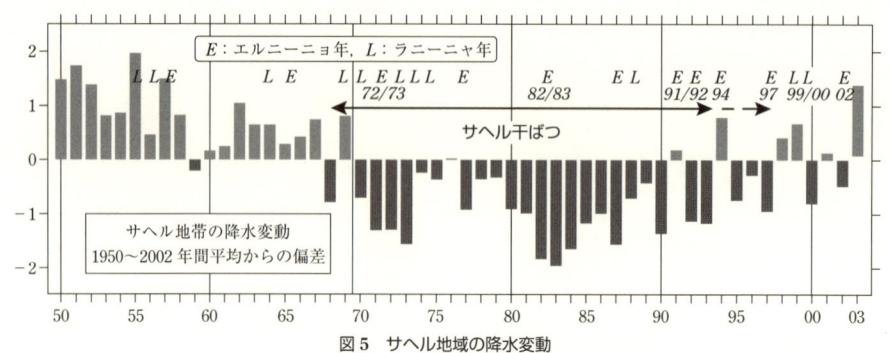

図5　サヘル地域の降水変動
[出典：水野一晴，『アフリカ自然学』，p.62，古今書院(2005)]

飢饉などの自然的な要因からだけでなく，後でみるように内戦・紛争，貧困などの政治・経済・社会的な問題によるものまで多様である。アフリカ大陸全体でみると，食料の生産は干ばつなどによる年別の落込みはあるが，必ずしも不足していない。食料不足の国と過剰気味の国に分けられるが，社会的あるいは物理的に困難な条件が流通を妨げているといえる（図6）。

農法と食料生産

多くの途上国では，食料の増産と生産の安定化のために大規模な灌漑事業の導入が試みられている。現地政府や外国の援助による強力な推進政策にもかかわらず，多くのサブ・サハラでの灌漑農業導入は効果をあげられていない。その理由にあげられるのが，対象地域の在来農法の特質の無視，投入資材・労働力に見合う経済的効果の困難さ，地域の制度・慣行・価値観との不適合性などである。

さらに，農業発展に欠かせない農業普及事業および教育事業のためのさまざまなプログラムが実施されている。1970年代以降，世界銀行（WB）は農業普及事業の重要性を認め，アフリカ各国で独自のT＆V方式（Training and Visit，研修によって情報を備えた普及員が村落の中核農家を定期的に訪問する方式）による事業を実施して一定の成果をあげている。一方，国連食糧農業機関（FAO）は，農民参加を重視するファーマーフィールドスクール（FFS）方

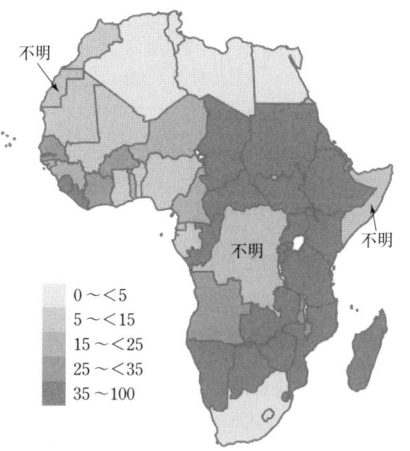

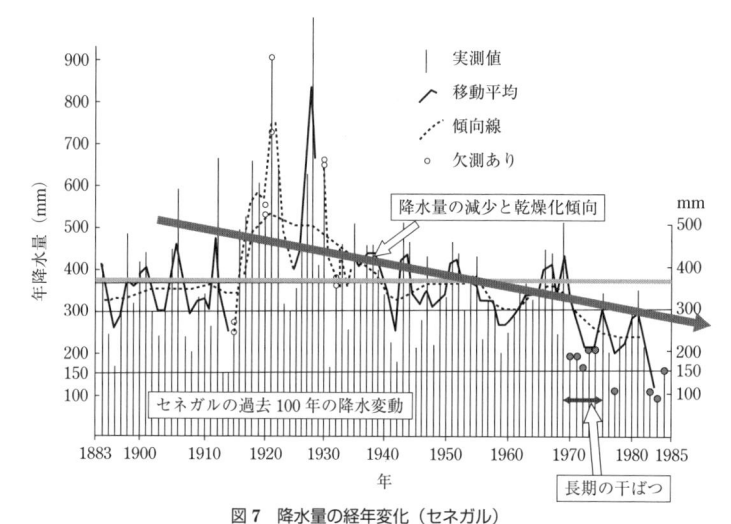

図6 アフリカ諸国の食料不足（2011～2013）（%）
［出典：FAO Statistical Yearbook 2014 Africa Food and Agriculture］

図7 降水量の経年変化（セネガル）
［出典：I. J. ジャクソン 著，内嶋善兵衛 監訳，『熱帯を知る /21世紀の地球環境—気候変動と食糧生産』，丸善(1991)］

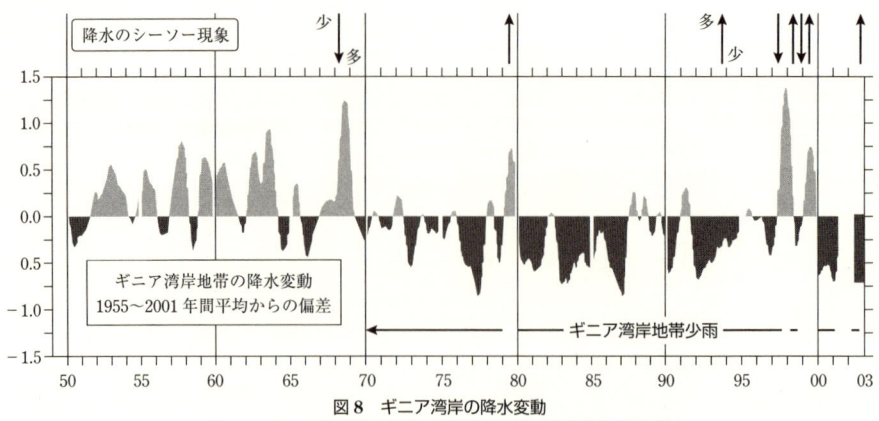

図8 ギニア湾岸の降水変動
[出典：水野一晴,『アフリカ自然学』, p.62, 古今書院(2005)]

図9 サハラの土漠地域

式による普及事業などを実施している。

難民移動の状況

1960年代の独立後の各国の政治形態はさまざまである。各国内に住む多数の部族の対立を懸念して，多くは一党制を採用したが，やがて独裁制へと移行して地域紛争が増加した。冷戦後の1990年代以降は，民主化が進み多党制を採る国がほとんどである。

独立を維持してきたエチオピアでも，今回の

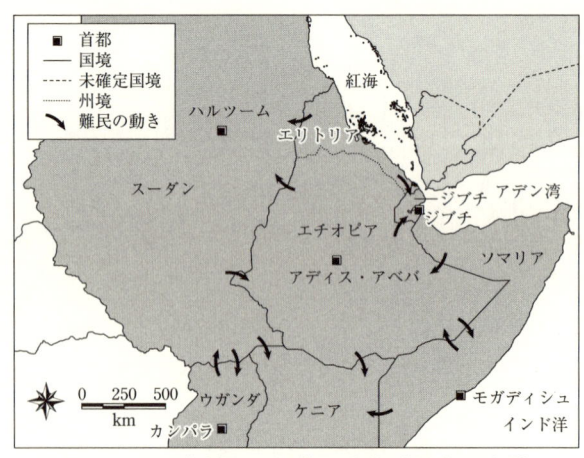

図10 アフリカ北東部における難民の移動の状況（1980年代）
[出典：UNHCR(国連難民高等弁務官事務所)編,『世界難民白書 2000』, p.107, 時事通信社(2001)]

干ばつ後の 1974 年,革命により王政が廃止され社会主義体制になっている。翌年,農地の国有化が始まる。

難民の移動は国際間の緊張を増し,紛争の原因の一つにもなっている(図10)。

この事例の概要と特徴

今日のアフリカが抱える諸問題の多くは,半世紀前の植民地解放闘争に始まっているといわれる。その根は 19 世紀からのヨーロッパ列強による植民地にあり,さらに欧米の近代化のための 16 世紀からの奴隷貿易時代にまで遡る。

植民地支配者には,"アフリカには歴史がなく自分たちがつくっていく"との思い込みがあった。しかし,被支配者にとっては,恣意的に引かれた国境と欧米的な制度が,自らのアフリカ的な習俗と相容れないまま近代化を強いられたことになる。独立後も長くつづく現在の政治的・社会的な混乱は,当然の帰結といえる。

加えて,アフリカ大陸の地理的な条件が地球規模で進む温暖化の影響を著しく受けて,激甚な自然災害が繰り返し発生している。繰り返される干ばつが地域の砂漠化をさらに促進する要因になり,悪循環に陥っている。

外部からのシステムを受け入れることが困難な環境では,"現地の状況"の調査などから帰納して得られるものの中に解決の可能性があるといえる。

参 考 文 献

1) I. J. ジャクソン 著,内嶋善兵衛 監訳,『熱帯を知る/21世紀の地球環境―気候変動と食糧生産』,丸善(1991).
2) ナショナルジオグラフィック協会 編,近藤純夫 訳,『荒ぶる地球―自然災害のすべて』,岩波書店(1992).
3) 水野一晴 編,『アフリカ自然学』,古今書院(2005).
4) M. マスリン 著,三上岳彦 監修,『異常気象―地球温暖化と暴風雨のメカニズム』,緑書房(2006).
5) 稲泉博己,アフリカにおける農業普及教育活性化の動向―ガーナ・エチオピアにおける SAFE プログラムを中心として,東京農業大学農学集報,**50**(3),53-63(2005).

図 11 砂漠のバラ

サイクロン・アンドラプラデシュ

インドを襲った最悪のサイクロン
発生地域：インド，アンドラプラデシュ州

マハーバリプラムの海岸寺院

国民1人あたりのGNI（世界銀行2013）低位中所得国グループ
発生年月日：1977年11月14日〜11月20日
最大風速：57 m/s
最低気圧：930 hPa
上陸：1977年11月12日
人口（2010）：1,205,625,000人
国土の総面積（2012）：3,287,263 km^2
死亡者・行方不明者数：14,204人
被災者数：約900万人
被害総額（1977）：8,230万USドル
被害総額（2010）：29,550万USドル
【サイクロン】

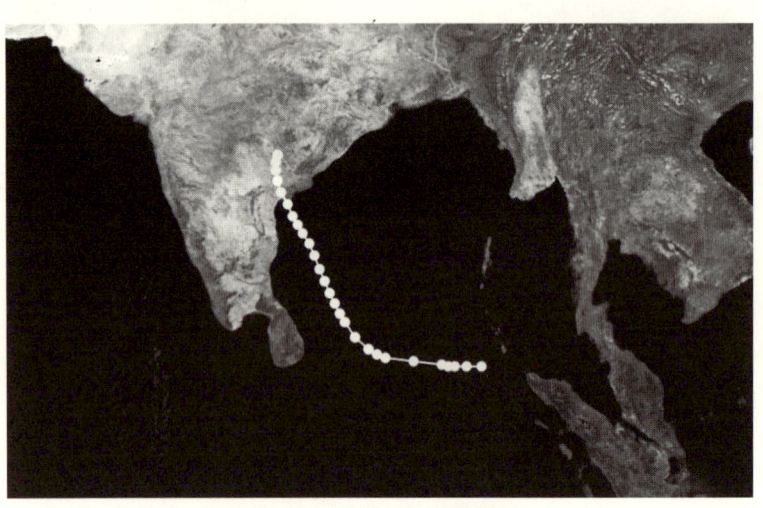

図1 アンドラプラデシュの経路図
［出典：北本朝展（国立情報学研究所），デジタル台風：ベンガル湾のサイクロン
http://agora.ex.nii.ac.jp/digital-typhoon/world/bob/］

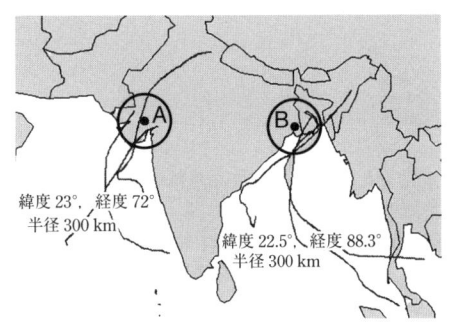

図2 設定した円と通過サイクロン数
[出典：渡部弘之，鈴木弘仁，矢代晴実，「インドサイクロンに対するリスクスワップの基礎的な検討」地域安全学会梗概集，19，62（2006）]

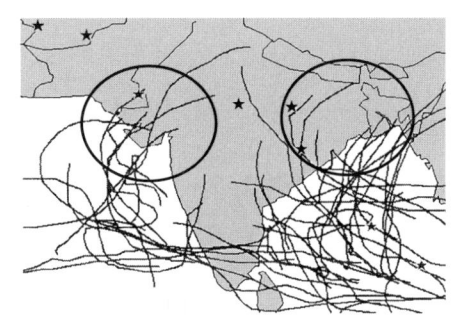

図3 熱帯低気圧を含む進路経路の例
[出典：渡部弘之，鈴木弘仁，矢代晴実，「インドサイクロンに対するリスクスワップの基礎的な検討」地域安全学会梗概集，19，62（2006）]

この事例の概要と特徴

インドにおける過去のサイクロン被害は，古くは1847年にベンガル州で75,000人あまりの死傷者を出している。おもな被災地域は，東海岸側のベンガル湾沿岸および西海岸側のアラビア海沿岸である。両海で発生する熱帯低気圧（TS）のうち，サイクロンにまで発達するのは，年平均，東で3個，西で2個程度と比較的少ない。したがって，インドのサイクロン災害は，低頻度で高損害の災害といえる。

総論I.06（図6.1）で示したように，このような低頻度・高損害の事象のリスクマネジメントに，リスクスワップ（転嫁）によるリスクの平準化という手法がある。参考文献1）の防災予算の平準化をはかるためにサイクロンリスクの影響を大きく受ける自治体間でリスク交換を行うケースなどである。図2に示すように，東西の都市の自治体A，Bが，スワップ契約して被害が発生した相手側に，一定額の補填をする仕組みである。

図3にみるように，統計（1977～2004）によれば，この28年間で東100個，西41個のTSが発生し，東8個，西9個が設定円を通過している。このうちサイクロンは，2自治体ともに3個が設定円内を通過しており，年間平均通過個数は0.3個/年となりわずかである。A，B両自治体の距離は十分に離れており同時被災が想定しにくいので，少なくともインドでは効果的に機能する相互扶助システムと考えられる。

インドでは，サイクロン対策として沿岸の植樹や避難所の建設などが行われてきた。その後，1900～1993年の間，アンドラプラデシュ地方では，サイクロ復旧プロジェクトが実施され，住宅，公共施設，上下水道などが整備されている。同時に道路，通信ネットワークの整備なども行われた。

参 考 文 献

1) 渡部弘之，鈴木弘仁，矢代晴実，「インドサイクロンに対するリスクスワップの基礎的な検討」地域安全学会梗概集，19，61-64（2006）．
2) 「インド カントリーレポート1999」アジア防災センター（ADRC）（1999）．

干ばつ

発生地域：サヘル地域・チャド・スーダン・エチオピア・ジブチ

国民1人あたりのGNI（世界銀行2013）低所得国グループ

発生年月日：1981～1984年モンスーン時期：6～9月（通常年）

〈エチオピア〉
人口（2010）：87,095,000人
国土の総面積（2012）：1,104,300 km^2
死亡者（行方不明）数：453,000人
被災者数：約1億5,000万人
被災国数：約30ヵ国

【干ばつ・飢餓】

サヘル地域の砂漠化が進行したトウジンビエの畑
[© 伊ヶ崎健大氏（京都大学土壌学研究室）（当時）]

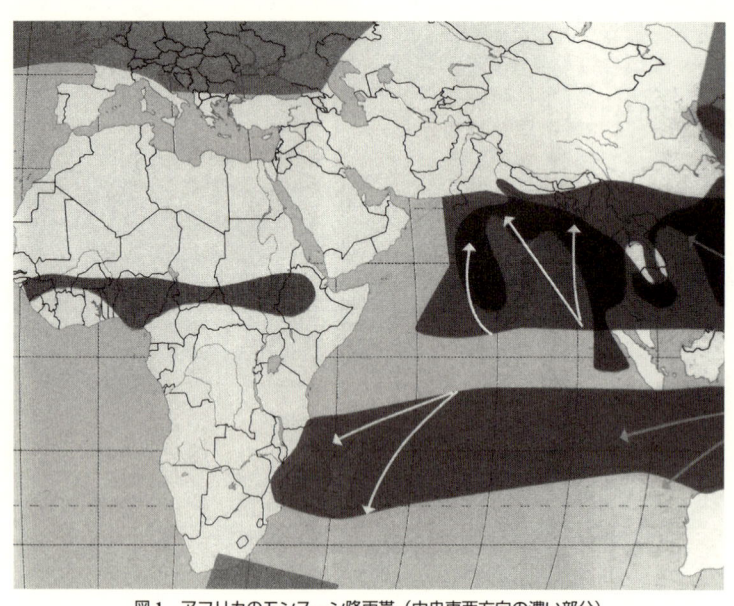

図1 アフリカのモンスーン降雨帯（中央東西方向の濃い部分）
サヘル地域：サハラ砂漠と赤道の間の茨や藪のステップ平原地帯
[出典：毎日新聞外信部、『アフリカ 飢えの構図』、p.10, 三一書房(1985)]

じわじわと進行する災害

干ばつは，何年にもわたってスローモーションのようにゆっくりと進行する災害である。食料となる田畑や野山の生物をじわじわと死滅させ，その結果として膨大な人命を奪っていく。瞬時に人や町を破壊する地震などの自然災害と異なり，救援活動が後手にまわる場合が多い。

アジア，アフリカの赤道に近い熱帯地方では，モンスーン（季節風）の恩恵を受けてきた。モンスーンは，時折，遅れて来たり，早く来たり，消滅してしまうこともある。その影響は作物の収穫高に及び，地域の人々の生死に直接関わってくる。これらの地方の国々で干ばつは，即，飢餓を意味している（図1）。

世界が今回のエチオピアの危機的な状況に気が付いたのは，雨期に雨が降らなくなってから3年目の1984年の終わりごろである。その後は，空前の規模で700万人以上の被災者への国際的な救助活動が行われた。

同時期，エチオピアの西側に位置するスーダンやチャドなどの国々でも，飢餓に苦しんでいた。干ばつはさらに広がり，サヘル西部のセネガル，モーリタニアから南アフリカを含むアフリカ諸国のおよそ30ヵ国，約1億5,000万人に影響を及ぼした。

1985年にモンスーンが発達してアフリカ全土に雨が降った。降水量は平年以下だったが，今回の干ばつに終止符が打たれた。

歴史的・文化的な背景

歴史上，干ばつによって滅びたと考えられている文明は，世界中で多くみられる。中央アメリカに1000年以上つづいたマヤ文明，インダス文明の都市ハラッパとモヘンジョダロ，西アフリカのマリ帝国などがあげられる。

中国では，1877年にモンスーンの迂回により1,000万～1,300万人と推定される死亡者を出した。インドでは，1770年，1788年と1899年に数百万人の人命を奪う広範な干ばつが起きている。19世紀最初の飢餓の記録は，長期間，干ばつに見舞われたエチオピアである。

エチオピアは1960年代に隣国のエリトリア（1991年に独立）を併合し，ソマリアやスーダンとの間に紛争が勃発している。1974年のエチオピア革命以降は，17年間にわたる内戦状態がつづいていた。

自然環境

干ばつそのものの原因は雨が降らないことであり，降雨があれば干ばつは終了する。しかし，干ばつによる飢餓などの災禍は，降雨による水の供給面とともに，地域内に居住する人々の需要面の要因が大きく影響している。

降雨と需要の関係は，蒸発要求量および大気・土壌・植物からなる水システムの状況により複雑に変化する。さらに，地域の土地の利用と管理の状況が，干ばつの発生や規模に影響を与えている。干ばつの被害は，被災地域の広さ，農業の規模，居住者の活動状況などで大きく変化する。

地形の特徴

図2にみるように，アフリカ地域の気象は東方のインド洋と西方の大西洋の影響を強く受けている。エルニーニョ現象時には，インド洋が暖水で覆われる傾向となり，陸と海の温度差が縮まる。このため大陸に吹き込むモンスーンが弱まり，内陸部の水蒸気量が限られ干ばつを招きやすくなる。逆に沿岸部では，暖水域で発生する熱帯低気圧が到来し豪雨に襲われやすくなる。

気候変動の影響

上記のように，近年，アフリカ全土では干ばつ傾向と局地的豪雨の両者が共存している。ラニーニャ現象時には両者とも減少傾向にあるが，エルニーニョ現象時には干ばつが激しくなり，局地的豪雨の件数も倍増する気象災害が起きやすくなっている。

サヘル地域の降水量は1968年以降ずっと平年を下まわっており，とくに1983年と1984年は20世紀で最も乾燥した年になった。

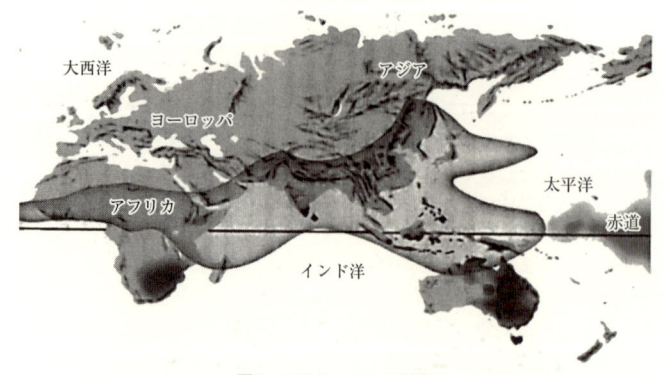

図2 エルニーニョの影響
[出典:ナショナルジオグラフィック協会 編, 近藤純夫 訳,『荒ぶる地球―自然災害のすべて』, p.92, 岩波書店(1992)]

被災地の状況

サハラ砂漠の周辺地域で発生する干ばつの状況は大規模で厳しい。同時に, 取り巻く社会・経済・政治的要因などの諸状況が複雑で, 多くの問題点を含んでいる。

被災地における干ばつの期間と広がりの空間を厳密に特定するのは困難である。また, アフリカ各国政府や国際機関でも正確な死亡者数を把握できていない。

さらに, 水の不足量の程度を判定するのも難しい。水不足がいつ開始していつ終了したかは正確に特定できない。実際には, 単年の大きな水不足より乾燥年が連続する方が深刻である。年間降水量には極端な地域性があり, 西アフリカの1968~1975年の干ばつ期間でもブルキナファソでは1970~1977年を通じて平年値以上の降水量が観測されている。

発生のメカニズム

現在では, インド洋と太平洋の海面温度が高くなる現象をエルニーニョ, 逆をラニーニャとよんでいる。エルニーニョ時には, 海に降る雨量が多くモンスーンによる陸地の降水量が少なくなると考えられている。また, ユーラシア大陸の広い地域を覆う雪がモンスーンを弱める傾向にあるとの報告もある。

表1 過去のおもな干ばつ

年代	おもな期間	おもな被災地域
1930年代	今回同様	
1940年代	長期間	北部ナイジェリア
1960年代	1968~1973	サハラ砂漠周辺
1970年代	1968~1975	西アフリカ11ヵ国
1980年代	1977~1980	西アフリカ全体

干ばつと食糧危機

20世紀にサヘル-スーダン地域で降水量が年平均から30~50%低かった干ばつの時期が3回はあった。ほとんど天水依存のエチオピア農業では干ばつは食糧危機に直結している。国連世界食糧計画(WFP)の報告では, 干ばつが発生した年と被害者数(単位:百万人)は表2のとおりで, ほぼ2.4年に1回の割合で被害が繰り返されている。

とくに深刻な食糧危機は, 1964~1965年,

表2 干ばつ発生年と被害者数 (単位:百万人)

年	1965	69	73	77	78	79	83	84
数	1.5	1.7	3.0	0.3	1.4	0.2	2.0	5.0
年	85	87	89	90	91	92	2000	
数	7.8	7.0	2.3	6.5	6.2	0.5	100	

[出典:国際農林業協力・交流協会,「エチオピアの農林業:現状と開発の課題(2006年版)」, p.7 (2006) (ⓒ WFP)]

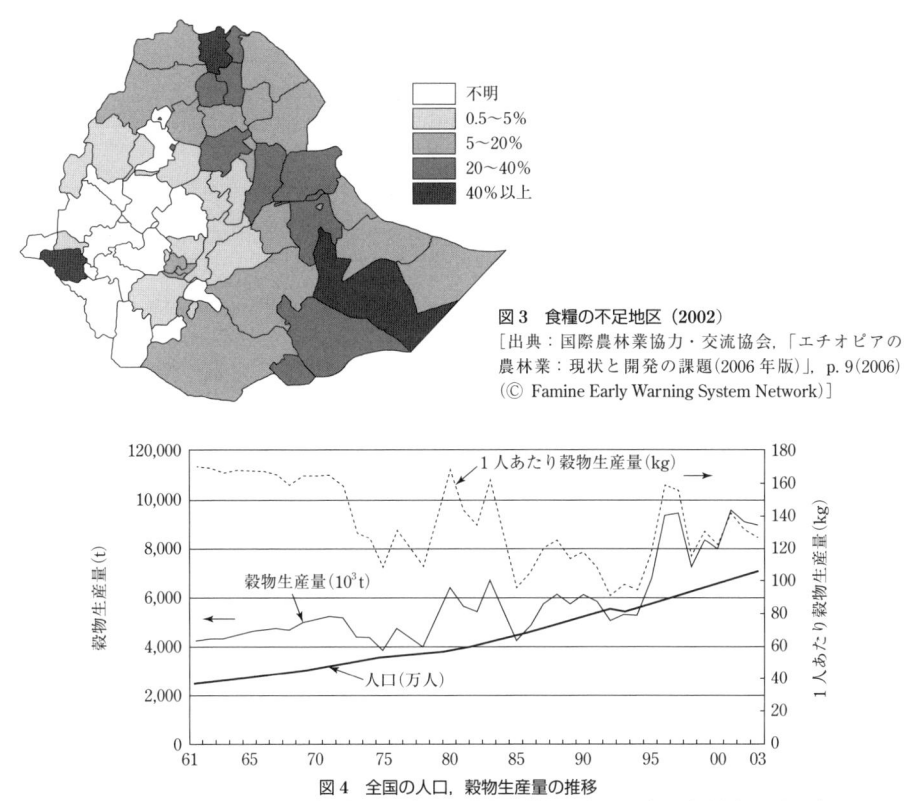

図3 食糧の不足地区（2002）
[出典：国際農林業協力・交流協会,「エチオピアの農林業：現状と開発の課題(2006年版)」, p.9(2006)
(© Famine Early Warning System Network)]

図4 全国の人口，穀物生産量の推移
[出典：国際農林業協力・交流協会,「エチオピアの農林業：現状と開発の課題(2006年版)」, p.8(2006)
(© FAO, FAOSTA)]

1973～1974年，1984～1985年，1994年，2000年，2002～2003年であったとの報告もある。被害が深刻な地域は北部と東部で，恒常的な飢餓状態になっている（図3）。

地域による食糧の過不足

図4にみるように，エチオピアの穀物生産量は増加傾向にあるが，人口増加により1人あたりでは増加していない。高い人口増加率や農業生産性の低さが，干ばつに対する脆弱性の一因になっている。1984～1985年の大干ばつ時には穀物生産量の急激な落込みがみられるが，ほかの干ばつ時には必ずしも一致していない。これは，干ばつの被害が地域的であったため，と考えられる。

図3と図5にみるように，同一年でも地域により食糧の余剰生産地と不足地があることがわかる。余剰食糧を不足地に分配できれば，食糧危機を回避できる可能性がある。しかし，内乱時代の政治的な思惑や道路などのインフラの未整備，自給農民が多く市場原理がはたらかないことなどが，分配を妨げる要因としてあげられている。繰り返す干ばつと貧困の悪循環による農民の購買力の低さも一因とされる。

国際機関の報告では，2001年の場合，全国の余剰穀物量は536,561 tであったが，実質的な国内流通量は50％以下の236,374 tに過ぎなかった。

100   1章 気象災害

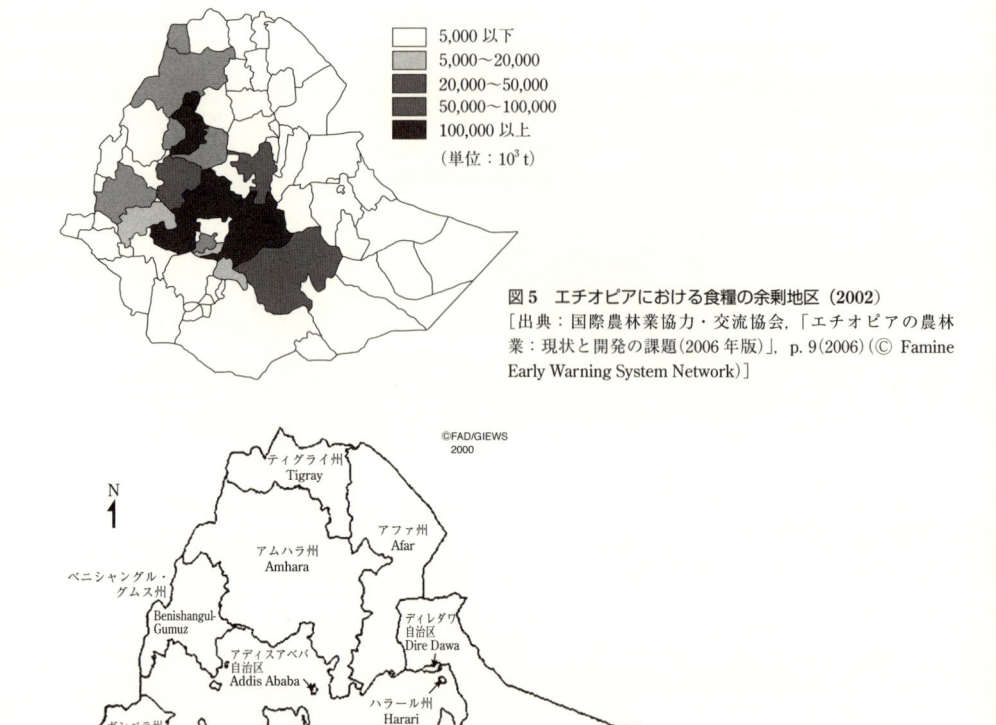

図5 エチオピアにおける食糧の余剰地区 (2002)
[出典:国際農林業協力・交流協会,「エチオピアの農林業:現状と開発の課題(2006年版)」, p. 9(2006)(© Famine Early Warning System Network)]

図6 エチオピアの全国行政区分
[出典:国際農林業協力・交流協会,「エチオピアの農林業:現状と開発の課題(2006年版)」, 巻頭地図(2006)(© FAO/GIEWS)]

インフラの状況

エチオピアでは,全人口の約85%が農村部に居住している。食糧危機に直面している貧困層の割合は,農村部で47%,都市部で33%(1995～1996)である。地域別には,北部のティグライ州,アムハラ州,南部諸民族州で貧困者比率が50%を超えている。反対に,肥沃な土地のオロミヤ州では34%,首都アディスアベバでは30%と低くなっている(図6)。

各国際機関およびエチオピア政府は,天水依存の農業の生産性を上げるための灌漑水路の建設,余剰生産物の不足地への流通の整備のための道路などの建設,遊牧民の定住のための灌漑システムの建設などを試みている。

国家開発計画(第一次1996～2000,第二次2000～2005),貧困削減戦略(2002～2005～2010)などが策定,施行されている。

この事例の概要と特徴

エチオピアは，1964年の東京オリンピックのマラソンで金メダルを取ったアベベ選手の印象が強い。当時は，彼の仕えたハイレ・セラシエⅠ世による王政だった。その10年後の1974年の革命で王政が廃止され，社会主義体制に移行した。その後，1991年までの17年間，エチオピアは内乱状態と近隣諸国との紛争がつづいた。

今回の大干ばつは，上記のような政治・経済的混乱の中で起きている。干ばつによる飢餓がさらに社会・経済を極度に疲弊させる悪循環に陥った。地球規模の気象状況の変化（エルニーニョ現象など）による自然的要因と人為的要因が悪循環を加速させた。

マザー・テレサも参加した難民キャンプなどの事後の救助活動は重要である。しかし，長期にわたりじわじわと畑や役畜と人命を奪う干ばつには，人材育成やインフラの整備など，恒常的，広域的な視座からの対策が求められる。

参 考 文 献

1) 国際農林業協力・交流協会，「エチオピアの農林業：現状と開発の課題（2006年版）」(2006).
2) ナショナルジオグラフィック協会 編，近藤純夫 訳，『荒ぶる地球—自然災害のすべて』，岩波書店（1992）.
3) E. ル＝ロワ＝ラデュリ 著，稲垣文雄 訳，『気候と人間の歴史・入門—中世から現代まで』，藤原書店（2009）.
4) NHK「気候大変異」取材班, 江守正多 編著,『気候大異変—地球シミュレータの警告』, NHK出版（2006）.
5) 毎日新聞外信部，『アフリカ 飢えの構図』，三一書房（1985）.
6) M. マスリン 著，三上岳彦 監修，『異常気象—地球温暖化と暴風雨のメカニズム』，緑書房（2006）.

サイクロン(ST-1985-0063-BGD)

サイクロンによる6mの高潮

発生地域：バングラデシュ，メグナ川デルタ

チッタゴン県チャカリア郡のふだんは小学校として活用されているサイクロンシェルター
[© 島根大学生物資源科学部・吉村哲彦教授]

国民1人あたりのGNI（世界銀行2013）低所得国グループ
活動期間：1985年5月25日
最大風速：45 m/s
人口（2010）：151,125,000人
国土の総面積（2012）：147,570 km^2
死亡・行方不明者数：10,000人
被災者数：約181万人

【サイクロン・洪水】

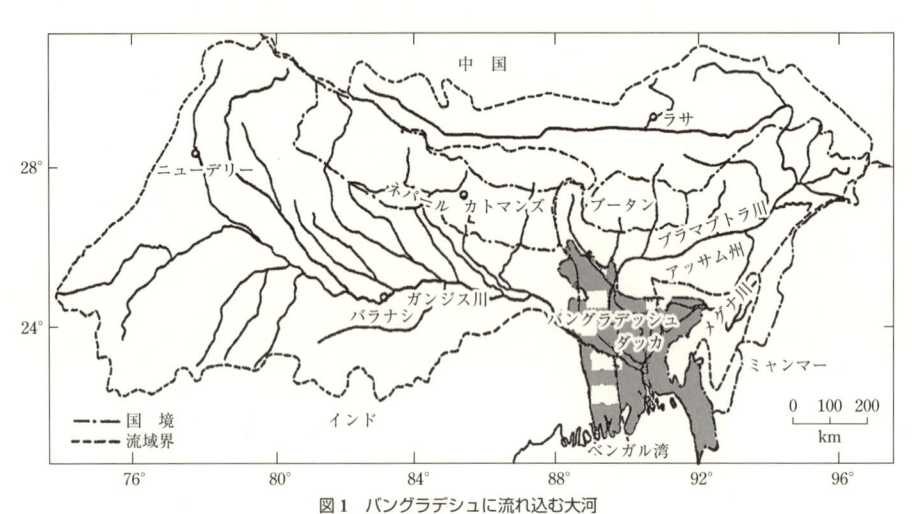

図1　バングラデシュに流れ込む大河

[出典：村本嘉雄,「バングラデシュにおける1987年および1988年の洪水災害」京都大学防災研究所年報，第32号A, p.22（1989）]

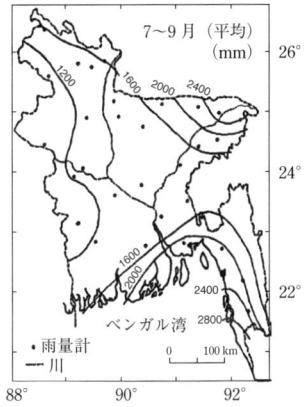

図2 例年の降雨状況
[出典：村本嘉雄,「バングラデシュにおける1987年および1988年の洪水災害」京都大学防災研究所年報, 第32号A, p.25(1989)]

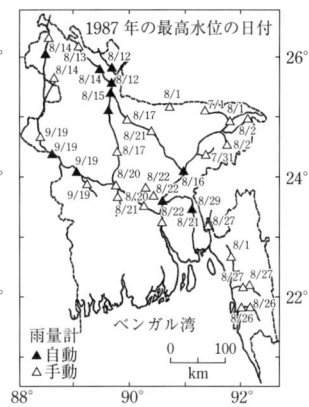

図3 各河川の水位観測点での最高水位(1987)
[出典：村本嘉雄,「バングラデシュにおける1987年および1988年の洪水災害」京都大学防災研究所年報, 第32号A, p.33(1989)]

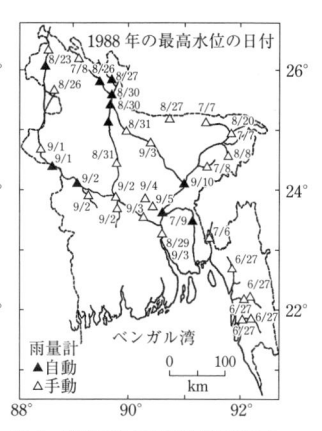

図4 各河川の水位観測点での最高水位(1988)
[出典：村本嘉雄,「バングラデシュにおける1987年および1988年の洪水災害」京都大学防災研究所年報, 第32号A, p.33(1989)]

この事例の概要と特徴

20世紀の世界の熱帯低気圧による災害で1位(→サイクロン・ボーラ, p.84)と2位(→サイクロン・ゴルキー, p.110)の記録はバングラデシュのサイクロン被害で, それぞれの死亡者数が約30万人と14万人と報告されている。

国際機関などの援助によるサイクロンシェルターの計画・建設はつづいており, 建設年代や援助機関によりさまざまなタイプがある。1970年代にIDA (国際開発協会) の補助で建てられた単一用途型のPWDタイプは現在では老朽化が激しく, 住民や近くの学校の生徒は危惧して避難しなくなっている。1980年代後半に赤新月社の補助で建てられた多目的型のBDRCSタイプは, 普段はコミュニティーセンターとして利用されている。1991年のサイクロン・ゴルキーの大惨事の後は, FDタイプ, LGEBタイプ, BRACタイプ, グラミン銀行タイプなどの教育, 文化, 医療施設などにも使われる多目的型が提案され多数建設されている。

図3, 図4の1987年, 1988年の水位観測点の最高水位の時系列変化から例にみるように, 洪水氾濫の経過が, ある程度把握できる。人的・物的被害が集中している地域は, 大部分がブラマプトラ川沿いで, ほかにパドマ川とメグナ川の合流点付近にも多く, 流路変動と河岸浸食に起因しているものと考えられている。

参 考 文 献

1) 村本嘉雄,「バングラデシュにおける1987年および1988年の洪水災害」京都大学防災研究所年報, 第32号A, pp.21-42(1989).
2) 中川 一, 河田惠昭,「バングラデシュ国のサンドウィップ島とハチア島の高潮災害調査」自然災害科学 J. JSNDS, 13(2), 111-128 (1994).
3) 「バングラデシュカントリーレポート1999, 2006」アジア防災センター (ADRC) (1999, 2006).

洪水（FL-1987-0132-BGD）

ガンジスデルタの功罪

発生地域：バングラデシュ，50地方

バングラデシュ国会議事堂，ルイス・カーン
[出典：J. Brockie（2006），Wikipedia]

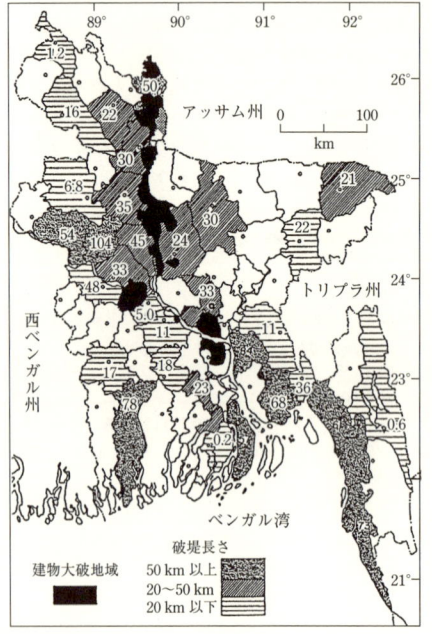

国民1人あたりのGNI（世界銀行2013）低所得国グループ
活動期間：1987年7月22日
人口（2010）：151,125,000人
国土の総面積（2012）：147,570 km^2
死亡・行方不明者数：2,005人
被災者数：約2,970万人
被害総額：3億3,000万USドル

【洪水】

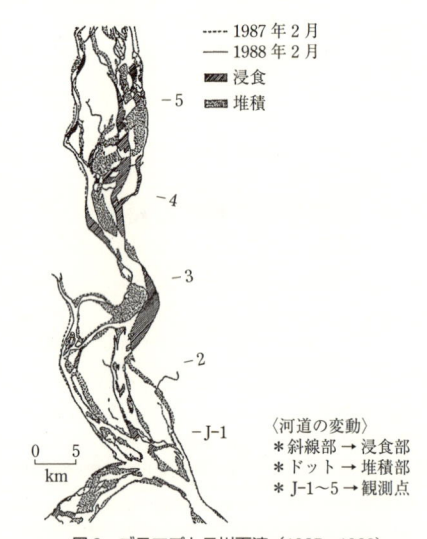

図2　ブラマプトラ川下流（1987～1988）
[出典：村本嘉雄，「バングラデシュにおける1987年および1988年の洪水災害」，京都大学防災研究所年報，第32号A，p.35（1989）]

図1　建物大破地域および破堤長さ（1987）
[出典：村本嘉雄，「バングラデシュにおける1987年および1988年の洪水災害」，京都大学防災研究所年報，第32号A，p.38（1989）]

洪水(FL-1987-0132-BGD)　　105

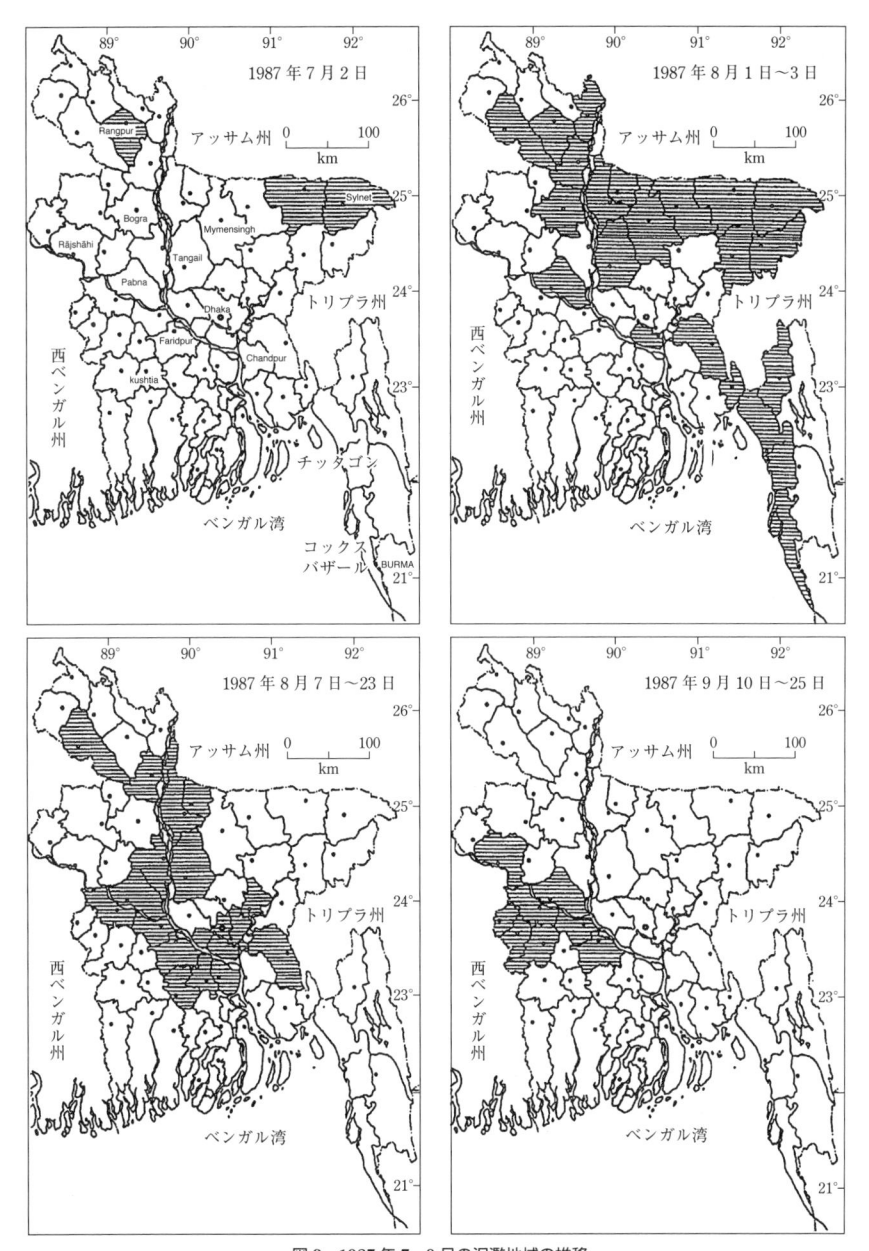

図3　1987年7〜9月の氾濫地域の推移
横線部：被災地域

[出典：村本嘉雄，「バングラデシュにおける1987年および1988年の洪水災害」，京都大学防災研究所年報，第32号A，p.31(1989)]

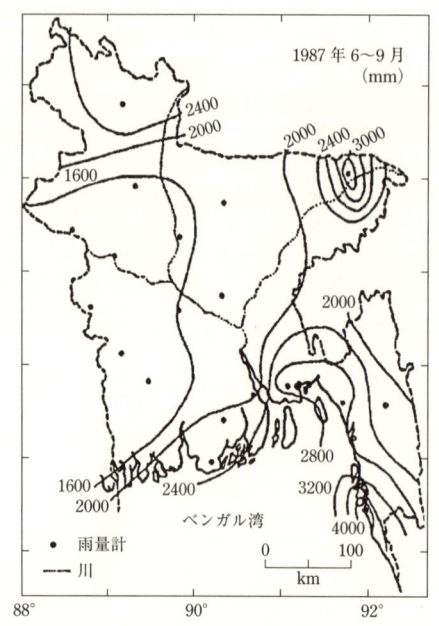

図4 6〜9月の総降水量
[出典：村本嘉雄,「バングラデシュにおける1987年および1988年の洪水災害」, 京都大学防災研究所年報, 第32号A, p.25(1989)]

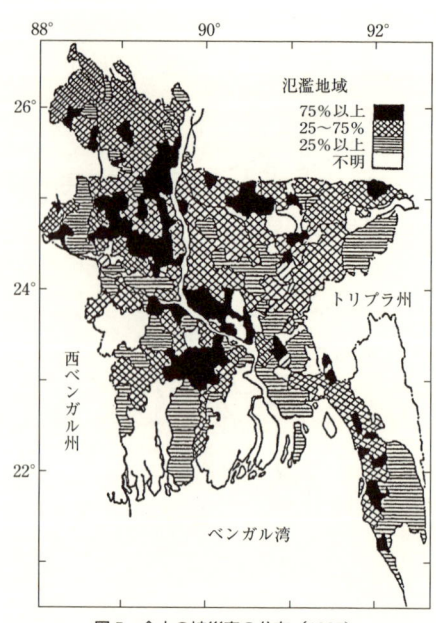

図5 全土の被災率の分布(1987)
[出典：村本嘉雄,「バングラデシュにおける1987年および1988年の洪水災害」, 京都大学防災研究所年報, 第32号A, p.34(1989)]

この事例の概要と特徴

バングラデシュは連続サイクロン災害(➡ p.76)に示したようにサイクロン被害が頻発する国であるが，同時に洪水・高潮災害も頻発することでも世界的に知られている．とくに，1987年と1988年には，連続して大水害に見舞われた．1987年7〜10月にかけては，浸水面積が国土の約40％に及び北西部で65年ぶりの洪水災害になっている．

三大河川の河口に広がるガンジスデルタは約6万km^2の面積があり，国土の約半分が平均海面上8m以下の低平地である．国内の平年の年間降水量は，1,270mm（西部）〜5,600mm（北東部），全国平均2,320mmで，その80％が6〜9月に集中している．1987年には，平年の1.5倍，局地的には20倍を超える降水量があった（図4）．洪水氾濫の推移は，7月初め，7月末〜8月初め，8月中旬，9月中旬〜下旬の4段階に大別される（図3）．家屋被害の大部分はブラマプトマ川沿いに分布しており，破堤原因にはねずみの穴からの漏水なども含まれている（図1）．

参 考 文 献

1) 村本嘉雄,「バングラデシュにおける1987年および1988年の洪水災害」, 京都大学防災研究所年報, 第32号A, pp.21-42 (1989).
2) 「バングラデシュ カントリーレポート 1999, 2006」, アジア防災センター (ADRC) (1999, 2006).
3) 大橋正明, 村山真弓 編著,『バングラデシュを知るための60章 第2版』, 明石書店 (2009).

洪水 (FL-1988-0242-BGD)

ガンジス川河口の国の雨季

発生地域：バングラデシュ，53 地方

バングラデシュ国会議事堂，ルイス・カーン
[出典：J. Brockie (2006), Wikipedia]

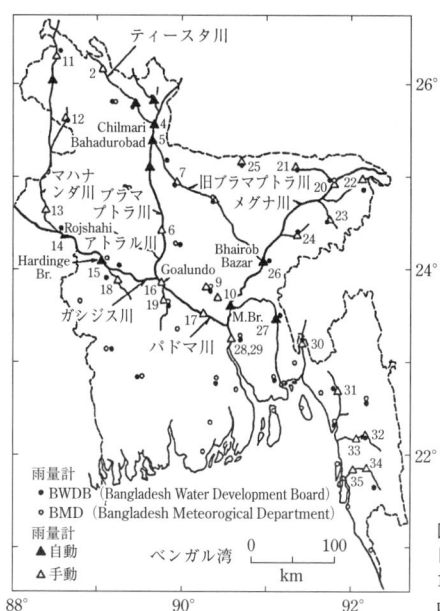

国民 1 人あたりの GNI (世界銀行 2013) 低所得国グループ
活動期間：1988 年 8 月
上陸：1988 年 8 月 11 日
人口 (2010)：151,125,000 人
国土の総面積 (2012)：147,570 km^2
死亡・行方不明者数：2,379 人
被災者数：7,300 万人
被害総額：21 億 3,700 万 US ドル

【洪水】

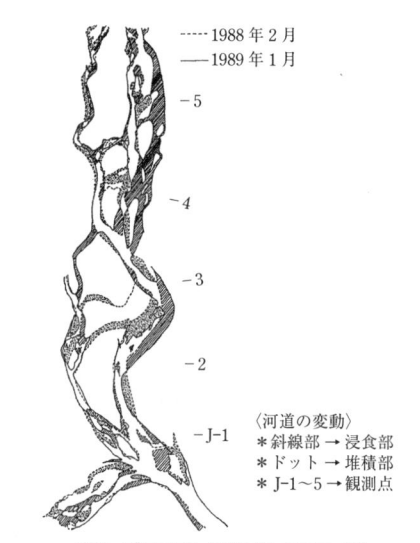

図2　ブラマプトラ川下流 (1987〜89)
[出典：村本嘉雄，「バングラデシュにおける 1987 年および 1988 年の洪水災害」，京都大学防災研究所年報，第 32 号 A，p. 35 (1989)]

図1　三大河川の水文観測点
[出典：村本嘉雄，「バングラデシュにおける 1987 年および 1988 年の洪水災害」，京都大学防災研究所年報，第 32 号 A，p. 38 (1989)]

108　1章　気象災害

図3　1988年7～9月の氾濫地域の推移
横線部：被災地，格子線部：激甚被災地，右下図：1988年中の死亡者数
［出典：村本嘉雄，「バングラデシュにおける1987年および1988年の洪水災害」，京都大学防災研究所年報，第32号A，p.32(1989)］

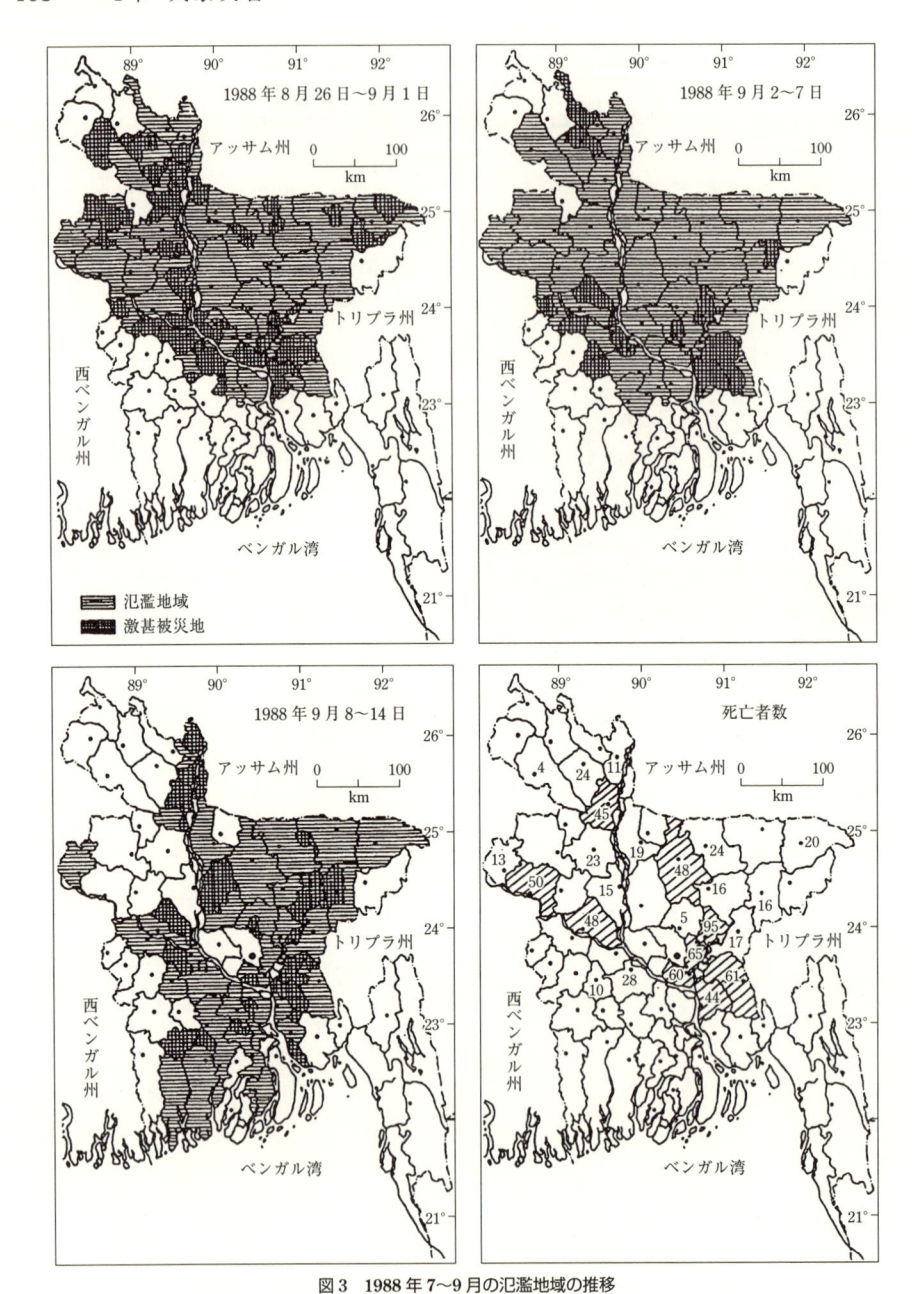

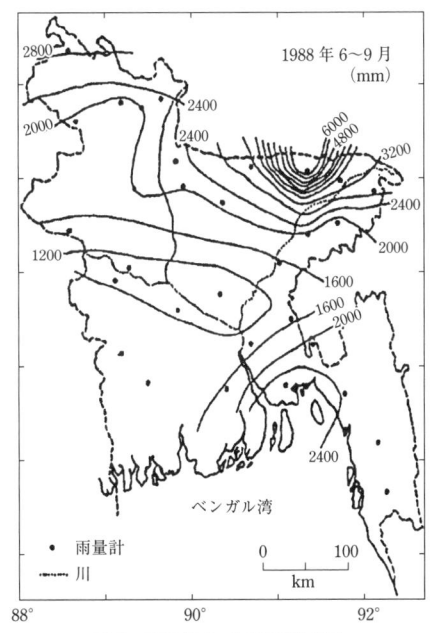

図4 1988年6〜9月の総降水量
［出典：村本嘉雄,「バングラデシュにおける1987年および1988年の洪水災害」,京都大学防災研究所年報,第32号A, p.25(1989)］

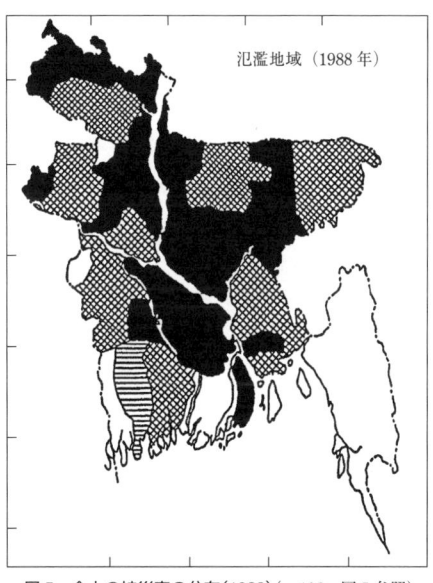

図5 全土の被災率の分布(1988)（p.106,図5参照）
［出典：村本嘉雄,「バングラデシュにおける1987年および1988年の洪水災害」,京都大学防災研究所年報,第32号A, p.34(1989)］

この事例の概要と特徴

今回の洪水では8月下旬〜9月初旬の間に国土の84％が冠水し,全人口の約半分が被災するバングラデシュの20世紀最大の洪水災害になった。前年の1987年の降水量は全域的に平年を上回っていたのに対し,1988年は北緯24°より北部に限られており,中央部から南東部にかけては平年並か,それ以下である。インドのアッサム地方に近い北東部では平年の2〜3倍の降水量で,ブラマプトラ川およびメグナ川上流域で豪雨が発生したと推測される（図4）。

今回の洪水による氾濫域の拡大は,8/26〜9/1, 9/2〜9/7, 9/8〜9/14の1週間ごとの3分割（図3の上段と下段左図）にみるように急速で,最初の1週間で北部から中央部までの全土の半分の県が被災している。とくに激甚被災地は,河川の沿岸部に集中している。最後の週には,北西部の浸水は軽減したが南部に拡大しベンガル湾沿岸の県にまで及んでいる。図3の下段右図にみるように,犠牲者数の多い地域は,いずれも河川沿いでとくにメグナ川合流点周辺の被害が大である。

参 考 文 献

1) 村本嘉雄,「バングラデシュにおける1987年および1988年の洪水災害」,京都大学防災研究所年報,第32号A, pp.21-41 (1989).
2) 「バングラデシュカントリーレポート1999, 2006」,アジア防災センター（ADRC）(1999, 2006).
3) 大橋正明,村山真弓 編著,『バングラデシュを知るための60章 第2版』,明石書店（2009）.

サイクロン・ゴルキー

過去最大級のサイクロン

発生地域：バングラデシュ，高度危険区域

4月29日の最盛期に近いゴルキー
[© NOAA]

国民1人あたりのGNI（世界銀行2013）低所得国グループ
発生年月日：1991年4月29～30日（現地時間）
最大風速：72 m/s
最低気圧：898 hPa
暴風の範囲（最盛期）：東西 1,600 km
　　　　　　　　　　　南北 1,200 km
人口 (2010)：151,125,000 人
国土の総面積 (2012)：147,570 km^2
死亡者数：138,866 人
行方不明者数：1,195 人，10 万人以上との報道もある
被災者数：約 1,500 万人
全壊家屋数：約 78 万棟
半壊家屋数：約 85 万棟

【サイクロン・洪水】

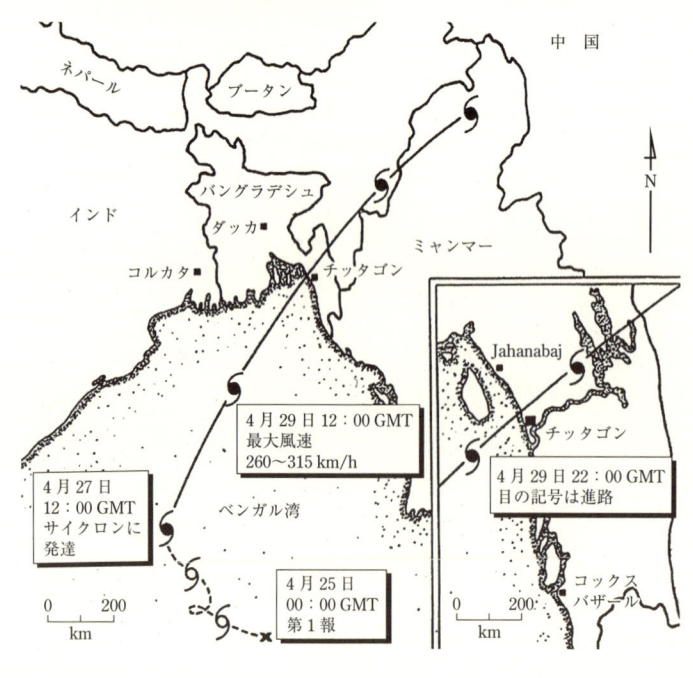

図1　サイクロンの進路と被災地
［出典：吉谷純一，竹本典道，タレク・メラブテン，「バングラデシュにおける水災害に関する要因分析」，土木研究所資料，第4052号，p.40 (2007)］

災害の特徴

図1にみるように，今回のサイクロン・ゴルキー（Gorky）の経路と上陸地は，大きな被害を出した1970年のサイクロン・ボーラ（➡ p. 84）とよく似ている。今回の上陸地点は，図1の東部沿岸地域（チッタゴン近傍）でサイクロンの中心部の上陸時間は4月29日の深夜10時（GMT）である。上陸後，サイクロンは北東に進みインドからミャンマー方面に抜けている。

社会的要因の特徴

バングラデシュでは，労働者が雇用の機会を求めて国内を移動する"季節労働"が盛んである。肥沃な土壌をもつ沿岸地域は農業が盛んで，農作物の作付け・収穫期には多くの労働者が集まる。例年，サイクロンの襲来時期（4～5月，10～11月）と作付け・収穫期が重なっている。沿岸地域の人口が増加する時期にサイクロンが多数襲来しており，人的被害を拡大する一つの要因になっている。

自然的要因の特徴

図2にみるような地形と国の位置が災害を拡大する自然的要因になっている。

今回のサイクロンの最大風速は1分間平均で72 m/s（260 km/h，瞬間最大風速315 km/h），最低気圧898 hPa で，1970年のサイクロン・ボーラの最大風速51 m/s（184 km/h），最低気圧966 hPa よりも強力な規模である。記録では，6 m 以上の高潮が29日深夜から30日早朝まで継続し，最大高さ8 m に達している。

被災地の状況

被災地域の南東部沿岸で大きな被害を受けたおもな都市は，コックスバザール，チッタゴン，ポトゥアカリ，ノアカリ，ボラ，ボルグナなどである。図3に被災地域を，災害影響地域（被害大），災害影響地域，災害影響地域（被害小）に区分して示す。サイクロンは沿岸地域東部を通過したが，大規模被害地域は沿岸地域中央部にまで広がっている。

人的・社会的被害

死亡者数約14万人の死因のほとんどは，高潮による圧迫死・溺死などの直接死と考えられている。また，過去最大の風速を記録していることから，強風によって飛散した物体による死亡者も多かった可能性が高い。被災後の5月中旬には，一般感染症や壊疽，下痢，呼吸器疾患

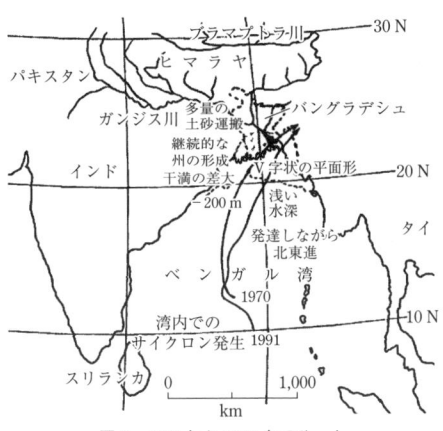

図2　1970年と1991年のルート

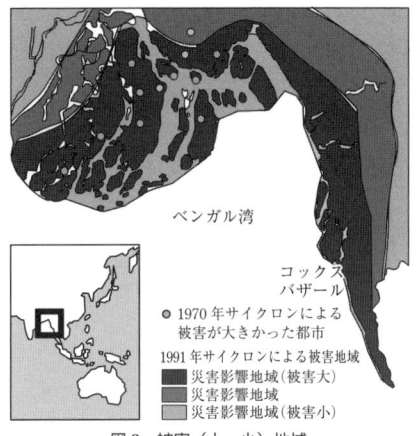

図3　被害（大，小）地域

［出典：吉谷純一，竹本典道，タレク・メラブテン，「バングラデシュにおける水災害に関する要因分析」，土木研究所資料，第4052号，p. 41（2007）］

などが蔓延し，下痢によるだけでも6,500人が死亡している．

物的・経済的被害

今回の被災地域にはチッタゴンなどの大都市，港湾，空港などがあったため，電力，通信，鉄道，空港，港湾などに関して，全国的な影響を及ぼし，被害が拡大した．被害を受けた行政区域は県14，郡75，市8で，道路損壊は1,224 km，橋梁全壊496ヵ所，堤防被害は全壊・部分壊約1,120 km，教育施設は全半壊約9,400施設である．政府試算による被害総額は，およそ76億USドルと見込まれている．

沿岸地域の特徴

バングラデシュの沿岸地域は，西からa）シュンドルボン森林地帯，b）メグナ湾，c）トリプラ丘陵・チッタゴン丘陵の3地域に区分される．南西部のa）地域は，密なマングローブの森林が分布し，東部のc）地域は，おおむね標高が高く100～500 m程度である．サイクロンに対し最も脆弱性が高い沿岸地域は中間部のb）地域で，標高は北部が40～50 m，南部が2～3 mである．3地域内の高度危険地域の人口密度は，b）およびc）地域に比べて森林が広がるa）地域は低くなっている．

社会階層と住居の関係

参考文献2）によれば，調査地域の社会階層は，以下のように分類できる．社会階層と死者の分布にも，ある程度の相関が考えられている．
① 富裕層（上）〈5%〉
② 富裕層（下）〈15%〉
③ 中間階層（上）〈15%〉
④ 中間階層（下）〈20%〉
⑤ 貧困層（上）〈20%〉
⑥ 貧困層（最貧層，スラム）〈25%〉

彼らの住居の構造にも，社会階層①～⑥により明らかな差異がみられる．
① 屋根；トタン，コンクリート，壁；コンクリート：ビルディングなど
② 屋根；トタン，壁；トタン：柱，他あり

図4　ゴミ捨場の上のスラム，ダッカ
[ⓒ 特定非営利活動法人　シャプラニール=市民による海外協力の会]

図5　洪水の街中のリキシャ
[ⓒ 特定非営利活動法人　シャプラニール=市民による海外協力の会]

図6　カルタラブ・カーンのモスク
[ⓒ E. Haque, "Islamic Art Heritage of Bangladesh", Bangladesh National Museum, Dhaka (1983)]

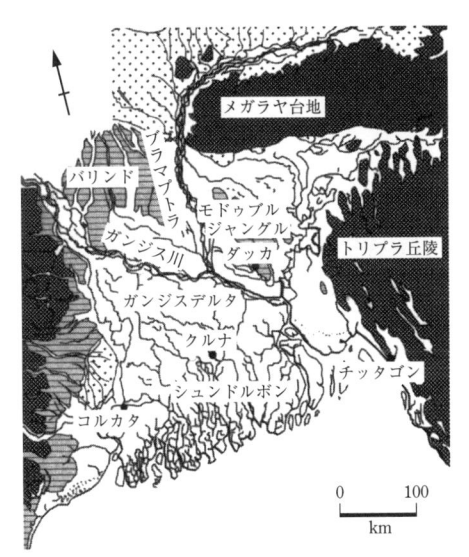

図7 沿岸地域の地形概観
[© 海津正倫教授(名古屋大学)(当時)]

③ 屋根；トタン，壁；トタン，竹：柱梁なし
④ 屋根；トタン，草，壁；竹：柱梁なし
⑤ 屋根；わら，草，壁；竹：柱梁なし
⑥ 屋根；わら，壁；わら：柱梁なし

この事例の概要と特徴

今回の災害による犠牲者のほとんどは，高潮による圧迫死か溺死と考えられている。他にも

バングラデシュでは，毎年，"洪水"に見舞われており10年に1度は大規模な洪水で大きな被害を出している。過去40年間（1954～1993年）の統計では，毎年，国土の27％（10年に1度は37％）が水に浸かっている。20世紀最大といわれる1988年の洪水（➡ p.107）では，国土の60％が水に浸かるという"洪水常襲地帯"である。

しかし，地震による"津波"や熱帯低気圧による"高潮"と異なり，農村の人々にとって"洪水"には，被害をもたらすもの（ボンナ）と恵みをもたらすもの（ボルシャ）の2面がある。資源としての水は，漁場を提供し，11月になって雨季が明けると水面下の耕地が豊饒の沃野となって現れ，稲作や菜の花の栽培を可能にする。

参考文献

1) 国際協力機構（JICA）アジア第二部，「バングラデシュ人民共和国サイクロン復興支援ニーズアセスメント調査報告書」(2008).
2) 吉谷純一，竹本典道，アディカリ・ヨガナス，チャボシアン・セイエッド・アリ，「バングラデシュ・ハティア島における1991年サイクロン災害要因に関する事例研究」土木研究所資料，第4093号（2008）.
3) 吉谷純一，竹本典道，タレク・メラブテン，「バングラデシュにおける水災害に関する要因分析」，土木研究所資料，第4052号（2007）.
4) 大橋正明，村山真弓 編著，『バングラデシュを知るための60章 第2版』，明石書店（2009）.
5) 国際協力推進協会（APIC），「平成18年度 ODA民間モニター報告書バングラデシュ」(2006).

レイテ島台風 25 号（セルマ）

発生地域：フィリピン，レイテ島

レイテ島を襲った台風 30 号（ハイエン，2013 年 11 月）による被害
［出典：国際協力研究会ホームページ］

国民 1 人あたりの GNI（世界銀行 2013）低位中所得国グループ
発生年月日：1991 年 11 月 4 日
　上陸：1991 年 11 月 5 日
最低気圧（上陸時）：992 hPa
瞬間最大風速：24 m/s 以上
人口（2010）：93,444,000 人
国土の総面積（2012）：300,000 km^2
　　　　　　　　　（島の数：7,109）

死亡者数：4,922 人
行方不明者数：3,000 人余

【台風・洪水】

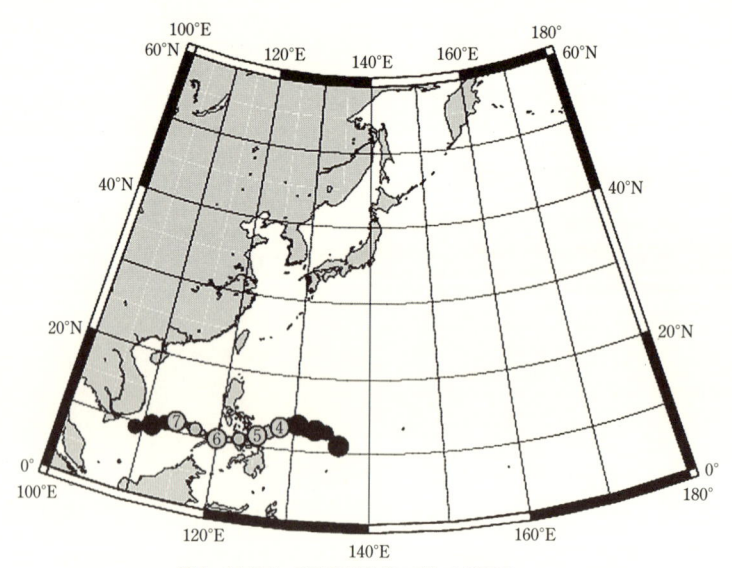

図1　11 月 4～7 日の台風（25 号）の経路図
［出典：北本朝展（国立情報学研究所），デジタル台風：台風 199125 号（THELMA），http://agora.ex.nii.ac.jp/digital-typhoon/world/bob/］

大洪水で消えた街

　災害は，誘因が素因に作用して生じる．今回の誘因となった台風25号（セルマ Thelma，フィリピン名ウリン Uring）は，日本の気象庁の台風分類による大きさ・強さからみても小さめの台風である．寿命もわずか3日6時間で短い継続期間である．それにもかかわらず8,000人あまりの犠牲者を出したのは，素因である地形や地盤などの自然環境の関与が大きい．さらに，被害を拡大させたのが稠密な人口や施設，経済などの社会素因であることを明確に示した事例である．

　図1の経路図にみるように，台風25号は11月5日にレイテ島の北部を通過している．図2に示す中心気圧の時系列グラフでは，すでに最低気圧を記録して上昇に転じているころである．

図3　オルモック市の全景（1998）
［出典：賀来衆治，「フィリピン共和国オルモック市の風物詩」Civil Engineering Consultant, 222, p. 062（2004）］

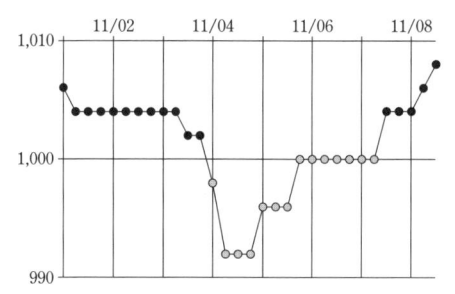

図2　気圧の変化（hPa）
［出典：北本朝展（国立情報学研究所），デジタル台風：台風199125号（THELMA），http://agora.ex.nii.ac.jp/digital-typhoon/world/bob/］

　レイテ島の中でも，被害の9割が北西部のオルモック市周辺に集中している．図3にみるように大洪水を起こした東側のマルバサグ川と西側のアニラウ川が，市の中心部を挟むようにして流れている．被害が多く出たのは，市の中心街よりも数m低い周辺のいくつかの地域に集中している．

　オルモック市の北東の州都タクロバン市は，第二次世界大戦時に"I shall return!"で有名な米軍のマッカーサー将軍が再上陸した場所である．

歴史的・文化的な背景

　フィリピンの国土は，大小7,000あまりの島々からなっている．全国は，最大面積をもつ首都のあるルソン島と周辺諸島，2番目に大きなミンダナオ島と周辺諸島および両諸島の間に点在するビサヤ諸島の三大諸島から構成されている．レイテ島はビサヤ諸島に属している．

　欧米人の来航以前は，中国と東南アジア，インドなどとの中継貿易，戦国時代の日本などとの交易が盛んだった．ヨーロッパ人による占領は，1521年のポルトガル人マゼランの来航に始まり，1571年にスペインに征服された．19世紀末からは米国に占領され，第二次世界大戦中の日本軍の占領を経て1946年に独立した．太平洋戦争中の日米両軍によるレイテ沖海戦は，海戦史上世界最大の激戦として記憶されている．

　言語の数が90以上あるフィリピンでは，スペイン統治以降にスペイン語が共通語となり，後に英語とスペイン語が公用語になっている．現在ではフィリピン（タガログ）語が国語になっているが，セブやオルモックで話されるセブアノ語圏も依然として広く残っている．

自然環境

フィリピンの気象要因のなかで特徴的なのは，台風の影響が大きい大量の降雨である。

台風の多くは，ミンダナオ島とほぼ同緯度のマリアナ諸島やキャロライン諸島付近の太平洋上で発生し北西方向に進む。その結果，フィリピン諸島は台風が常習的に通過する地帯となり，年平均19個の台風に襲われている。

大量の降雨の多くは台風の影響によるものだが，季節や地域あるいは風や山脈の状況により変化している。全国は降雨特性により，以下の4地域に分類される。
① 雨期・乾期がはっきりしている。
② 乾期，雨期最盛期がはっきりしない。
③ 乾期はあるが雨期最盛期がはっきりしない。
④ 一様に多雨である。

年平均の降水量は，①〜④の地域により 1,000〜4,100 mm と大きな幅がある。

洪水・土砂災害の特徴

フィリピンは国土の約65％が山地で，全国には 40 km² 以上の流域面積をもつ水系が約420ある。このうちの18が 1,600 km の流域面積をもつ大水系である。

上記のように台風常襲地帯に位置するため，台風による風害，大雨，河川の溢水，洪水の氾濫地域では，土砂の堆積による災害や土石流災害が頻繁に起きている。全国で約 13,000 km² の土地が洪水を受けやすい土地になっており，その 1/3 がルソン島中部に集中している（表1）。

フィリピンは，環太平洋火山帯に属しているために火山も多く，噴火後の台風による泥流などの土

表1　1990年代のおもな台風・洪水災害

年	災害	地域	死亡者(人)	全壊
1992	洪水	R3	22	1,569
	台風	R1, 2, NCR	22	1,428
1993	台風	R1〜4, CAR	75	35,069
1994	暴風雨	R1〜3	11	2,174
	台風	R3, 4, CAR	45	14,596
1995	暴風雨	R1, 3〜8, 10, NCR	133	21,852
	台風	R1〜5, 7, NCR, CAR	2,860	225,872

地域：R1：イロコス，R2：カガヤンバレー，R3：ルソン島中央部，R4：タガログ南部，R5：ビコール，R6：ビサヤス西部，R7：ビサヤス中央部，R8：ビサヤス東部，R9：ミンダナオ島南西部，R10：ミンダナオ島北部，NCR：マニラ首都圏，CAR：山岳地帯

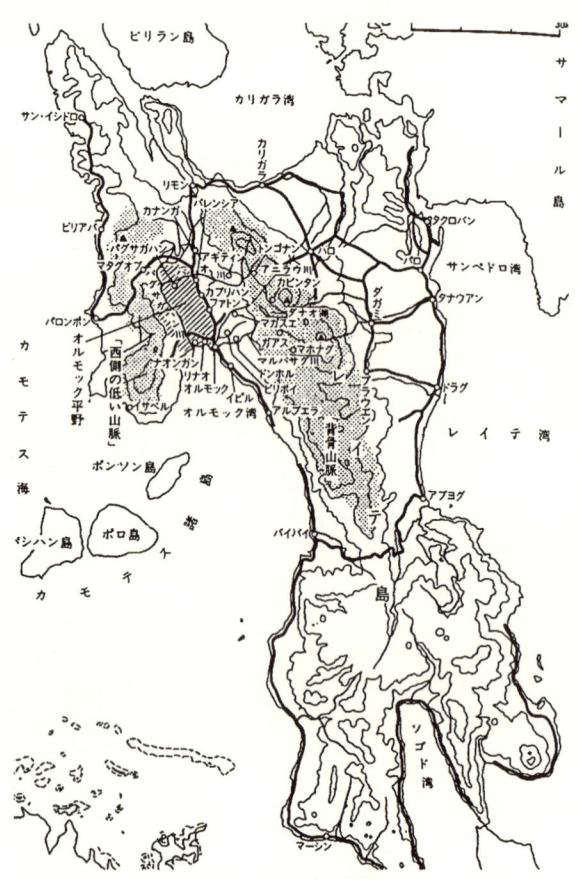

図5　レイテ島の地図

［出典：加藤薫，『大洪水で消えた街―レイテ島，死者八千人の大災害』，見返し，草思社(1998)］

砂災害なども起きている。

被災地の状況

　図5にみるように，今回の台風で被害が集中したレイテ島は，南北に細長く島の中央部を山脈が背骨のように縦に走っている。海岸からそびえ立つこの山脈は，1,100m級の活火山帯である。トグナンには世界第2位の規模の地熱発電所があり，セブ島などに電気を供給している。
　レイテ島南部の地質は，おもに超塩基性岩などからなる白亜系が基盤である。

オルモック市の状況

　オルモック市は，上記の山脈の北西側に広がる平野の南端が海に面する一角に位置している。平野の西側には低い山脈があり，オルモック平野は東西を急峻な山脈に挟まれた形になっ

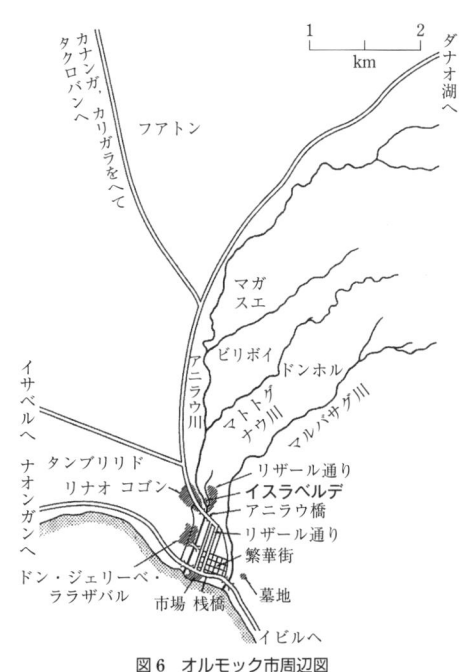

ている。
　オルモック市は人口約13万人の小さな地方都市で，市民の大部分はカトリック教徒である。同市のダウンタウンは，南のオルモック湾と東西を流れる二つの川に挟まれた河口に形成され

図7　洪水の爪痕（オルモック市コゴン地区，アニラウ川の岸辺）
［Ⓒ加藤 薫］

図8　イスラベルデ（1992）
［Ⓒ加藤 薫］

図6　オルモック市周辺図
［出典：加藤 薫，『大洪水で消えた街—レイテ島，死者八千人の大災害』，見返し，草思社（1998）］

図9　ラワンの流木の状況（オルモック市の繁華街から5kmの南の村）
［Ⓒ加藤 薫］

被災区域

被害の多く出た地域の一つが、スラム街のイスラベルデ（緑の島）地区で、住民のおよそ8割が洪水で死亡したと推測されている。同地区は、アニラウ川とその支流に挟まれた中州状の土地で、高低差が2～3 mある隣接するコゴン地区との間の絶壁の下にある。

人的・社会的被害

21世紀の途上国における大きな課題の一つである"水と貧困"の問題は、国や地域によって表裏の現象として現れている。水を手に入れるのが困難な多くの国や地域があるのに対し、一方では今回のように洪水に苦しむ地域がある。いずれの場合も都市の貧困層あるいは農村地帯の貧しい農家が災禍を被っている。

今回の犠牲者の多くは、山間部や離島からこの地方都市に出てきた貧困層である。職場に近い都心部の川の中に危険を承知で住まざるを得ない状況が、多くの犠牲者を生んだ。彼らの多くは、その後の治水対策の河川工事で居住地を追われるという二重の不利益を被ることになる。

物的・経済的被害

ルソン島で人命や財産などの洪水被害を軽減し流域住民の民生安定・福祉増進をはかることを目的に、ダム洪水予警報システム建設プロジェクトが実施され1994年に完了している。このシステムの稼働以後、多数の死亡者を出すほどの大災害がなくなったことから、一定の効果があると評価されている。ODAの事業としてレイテ島への適用が望まれている。

インフラ・建築物被害の特徴

被災後、日本のODAによる支援で洪水対策プロジェクトが実施された。第一期では、今回の洪水で被害を拡大させた山岳部からの流木を

図10 河道改修後の河口
[出典：賀来衆治，「フィリピン共和国オルモック市の風物詩」Civil Engineering Consultant, 222, p. 064 (2004)]

止めるスリットダム3基と河道拡幅に伴う四つの橋が建設された。

第二期では、内水排水のための樋門、樋管に加えてオルモック市内を流れる2河川の河道改修が総延長8 kmにわたって実施された（図10）。

多くのODA案件で問題となるのは、援助終了後の施設の維持管理である。今回、特筆されるのは、建設後の施設の清掃などの維持管理に、河川に隣接した町内会にあたる組織が参加していることである。フィリピンでは初めての住民参加型の河川維持管理が実施されている。

この事例の概要と特徴

2006年2月17日にレイテ島南部のセントバーナード市の山間部のギンサウゴン村で、大規模な地すべりが発生し多数の犠牲者を出した。図11にみるように、この地域の地質は下位から火山角礫岩、デイサイト質凝灰岩、角閃石デイサイトと推測される。角閃石デイサイトが崩壊斜面のすべり面を構成している。レイテ島の地すべりの要因に、ルソン島からつづくフィリピン断層と中位と上位の熱水変質作用を受けた岩石の存在が考えられている。この地域

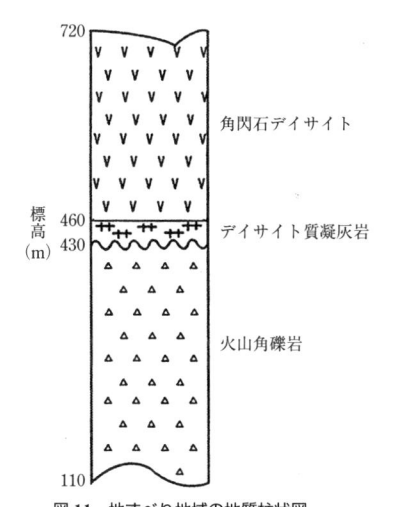

図11 地すべり地域の地質柱状図
[出典：上野宏共・地下まゆみ，「フィリピン共和国レイテ島地すべりと地質」地質ニュース，622号，p.43(2006)]

は，台風の通路であり大雨の要因と地すべりの要因が災害を繰り返す環境であることを前提に対策を立てなければならない．前述した住民参加型の維持管理体制の確立など，広範な分野の横断的な取り組みが効果を生むと期待できる．

世界的な"水と貧困"の相関が，フィリピンでは，台風，洪水や地すべりという循環で現れている．前述のように貧困層を排除したかたちでの解決策では，追いやられた先での新たな災害の原因をつくるだけである．

参 考 文 献

1) 加藤 薫，『大洪水で消えた街—レイテ島，死者八千人の大災害』，草思社 (1998).
2) 砂防学会，『砂防学講座 第10巻 世界の砂防』，山海堂 (1992).
3) 上野宏共，地下まゆみ，「フィリピン共和国レイテ島地すべりと地質」地質ニュース，622号，pp. 41-48 (2006).
4) 賀来衆治，「フィリピン共和国オルモック市の風物詩」Civil Engineering Consultant, **222**, pp. 062-065 (2004).
5) 北本朝展（国立情報学研究所），デジタル台風：台風199125号（THELMA）
http://agora.ex.nii.ac.jp/digital-typhoon/summary/wnp/s/199125.html.ja

台風1330号(ハイエン)

発生地域：フィリピン，フィリピン中部
発生日時：2013年11月4日 00:00:00 (UTC)
消滅（最新）日時：2013年11月11日 06:00:00 (UTC)
継続期間（寿命）：174（時間）/ 7.250（日）
最低気圧：895 hPa
最大風速：65 m/s
暴風域の最大半径：150 km
暴風域の最大直径：300 km
強風域の最大半径：500 km
強風域の最大直径：850 km
移動距離：5,596 km
平均速度：32.2 km/h, 771 km/d
移動幅：緯度15.4°，経度45°
死傷者数
　死亡者数：6,201人
　行方不明者数：1,785人
　負傷者数：28,626人

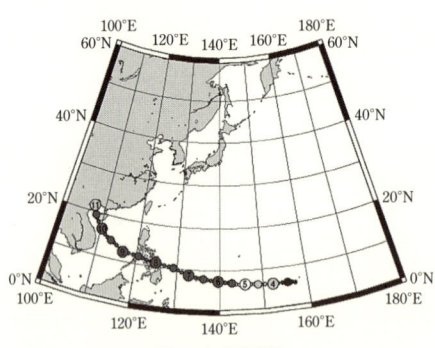

図1　台風経路図
［出典：北本朝展(国立情報学研究所), デジタル台風：台風201330号(HAIYAN)
http://agora.ex.nii.ac.jp/digital-typhoon/summary/wnp/s/201330.html.ja］

循環する災害の典型

　台風1330号（通称ハイエンHaiyan，現地名ヨランダYolanda）は，11月4日に発生後，8日にはサマール島に上陸し，フィリピン諸島南部を横断して8日夕方までにスール海に抜け11日には消滅した。このうち7日夜8時から翌朝2時までの間に最低中心気圧と最大風速を記録した（図1）。
　今回の台風の最低気圧は895 hPaで1959年に日本を襲った伊勢湾台風（→p.70）の最低気圧895 hPaに匹敵する規模である。また，最大風速も65 m/sを記録しており，フィリピンに来襲した台風のうちで最大の1970年の台風ジョアン（Joan）の76 m/sから数えて7番目の大きさである（図2）。

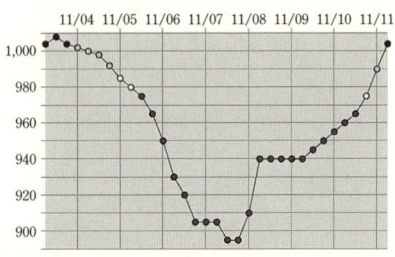

図2　気圧の変化
［出典：北本朝展(国立情報学研究所), デジタル台風：台風201330号(HAIYAN)
http://agora.ex.nii.ac.jp/digital-typhoon/summary/wnp/s/201330.html.ja］

自然環境

　2013年の台風シーズンの特徴として，8月までの台風活動と9〜10月の台風活動には明確な違いがあった。11月も赤道付近の暖水が維持されており，ハイエンの発生・強化に貢献したと考えられている。

人的被害

今回のハイエンによる被害では，1991年の台風セルマ（➡ p.114）による5,000人近い死亡者と3,000人あまりの行方不明者数に次ぐ大きな人的被害を出している。

当初，フィリピン政府は，1万人を越える死亡者が出たと推定していたが，翌年，死亡者数6,201人，行方不明者数1,785人，負傷者数28,626人と発表している。

衛星画像と緊急対応

図3に被災する前後におけるタクロバン市の海岸の状況を捉えた衛星画像を示す。左が2013年11月8日の画像で右が11月13日の被災後の状況である。画像の解析によれば，大破した建物はおよそ50％以上で，小破あるいは無被害の建物が極めてわずかに観測される。

このような高解像度画像による分析手法はすでに2009年以降，津波被害の解析などに用いられている。この種の分析が迅速な緊急対応と効率的な支援に役立っているとの評価がある。

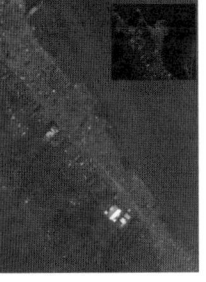

図3 衛星画像による被災状況の分析
［出典：E. Mas, B. Adriano, "Second Report of Fact-finding missions to Philippines", p.16, 2015 International Research Institute of Disaster Science (IRIDeS), Tohoku University (2015)］

この事例の概要と教訓

循環する災害の項（➡ p.18）で述べたように，多くの自然災害は繰り返し同じ地域で発生す

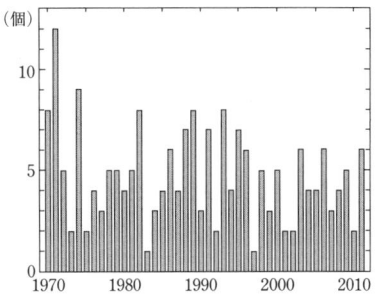

図4 フィリピンへの台風の上陸回数（2000～2011）

る。台風の場合，気象庁によれば過去30年間の平均で25.6個程度，多い年には30個以上の台風が発生している。このうち日本の300 km圏内に接近する台風が平均11個程度，上陸するのは3個程度である。図4に見るようにフィリピンへの上陸回数は桁違いに多い。この国で発生する他の災害である地震や火山とは比較にならない頻度で台風災害が繰り返されている。

発災から復旧・復興期を経て次への準備段階での対応の是非が，そのまま次の被害の規模に繋がっている。被災国への国際的な経済援助や技術協力の効果的な運用を評価する災害種としても有用といえる。

参 考 文 献

1) 加藤圭悟，呉 修一，有働恵子，真野 明，「台風1330号（Haiyan）によるフィリピン・レイテ島の人・建物被害の定量的評価」東北地域災害科学研究，51，7-12（2015）．
2) 「2013年フィリピン台風30号ハイエン復興状況報告：2014年2月時点におけるセブ島北部・サマール島バセイを対象として（復興状況，都市計画）」2014年度日本建築学会大会（近畿）学術講演会・建築デザイン発表会
3) 「フィリピン台風Haiyan災害に関する第2次現地調査報告」，国土技術政策総合研究所沿岸防災研究室，平成26年3月25日．
4) 和田章義，「台風1330号（Haiyan）における大気海洋環境場の役割」日本気象学会春季大会2014年5月24日．
5) "Second Report of Fact-finding missions to Philippines", 2015 International Research Institute of Disaster Science (IRIDeS), Tohoku University (2015).

長江大洪水

世界第3位（長さ）の長江の洪水

発生地域：中国，長江全流域

故宮内弘義閣

国民1人あたりのGNI（世界銀行2013）上位中所得国グループ

発生年月日：1998年7〜8月

人口（2010）：1,359,821,000人

国土の総面積（2012）：9,598,095 km^2（香港，マカオ，台湾を含む）

死亡者数：1,320人

被災者数：230万人

被害総額：約30億USドル

【洪水】

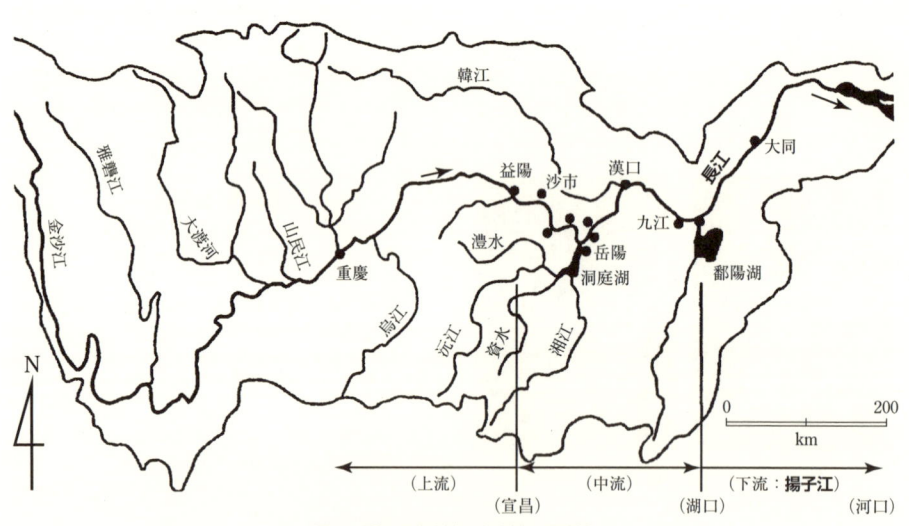

図1 長江の上流域・中流域・下流域

[出典：中川 一，玉井信行，沖 大幹，吉村 佐，中山 修，「1998年中国長江の洪水災害について」京都大学防災研究所年報，第42号(B-2), p.274(1990)]

被災地の状況

図1にみるように、長江は総延長6,300 kmの世界第3位の長さで、上流域、中流域、下流域に3区分されている。源流から宜昌までの4,500 kmが上流域、宜昌から鄱陽(ポーヤン)湖の出口の湖口までの960 kmが中流域、最後に河口までの840 kmが下流域で、全長6,300 km、ナイル川、アマゾン川に次ぐ世界第3位である。その流域面積は196万 km^{2}で世界第16位である。流域は18省にまたがり、人口の約1/3が居住している。

今回の降雨の状況は、4,5月は例年より少なかったが、ポーヤン湖などでは6月11日から24日間(図2)で600 mmを超えている。7月中旬〜下旬(図4)は500〜1,000 mmの降水量があり、6月からの3ヵ月で2,000 mmを超える地域もある。流域の約50%で、500〜2,000 mmを記録している(図6)。

被害の状況

1954年の被害(➡ p.66)と比較すると、1998年の被害ははるかに少ない。これは1954年の洪水をもとに堤防の強化などの治水整備がはかられてきた結果、氾濫が激減したものと考えられる。1954年には56ヵ所の破堤があったのに対し、今回は1ヵ所のみで、越流していない。水位は今回が若干低いようである。

人的被害も、今回の死亡者の大半は山津波によるものでとくに江西省で多発している。

物的被害の総額は、およそ30億USドルと見積もられている。

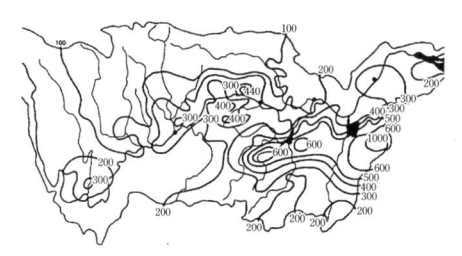

図2 降雨分布；6/11〜7/4
〔出典:中川 一、玉井信行、沖 大幹、吉村 佐、中山 修,「1998年中国長江の洪水災害について」京都大学防災研究所年報, 第42号(B-2), p.278(1990)〕

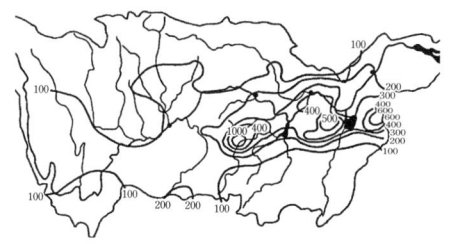

図4 降雨分布；7/16〜8/1
〔出典:中川 一、玉井信行、沖 大幹、吉村 佐、中山 修,「1998年中国長江の洪水災害について」京都大学防災研究所年報, 第42号(B-2), p.278(1990)〕

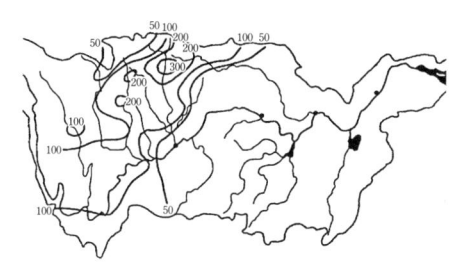

図3 降雨分布；7/4〜7/16
〔出典:中川 一、玉井信行、沖 大幹、吉村 佐、中山 修,「1998年中国長江の洪水災害について」京都大学防災研究所年報, 第42号(B-2), p.278(1990)〕

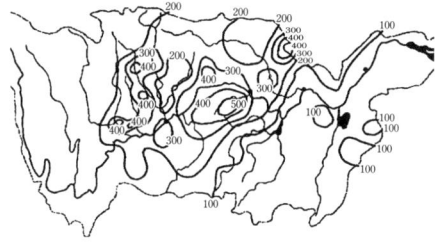

図5 降雨分布；8/1〜8/30
〔出典:中川 一、玉井信行、沖 大幹、吉村 佐、中山 修,「1998年中国長江の洪水災害について」京都大学防災研究所年報, 第42号(B-2), p.279(1990)〕

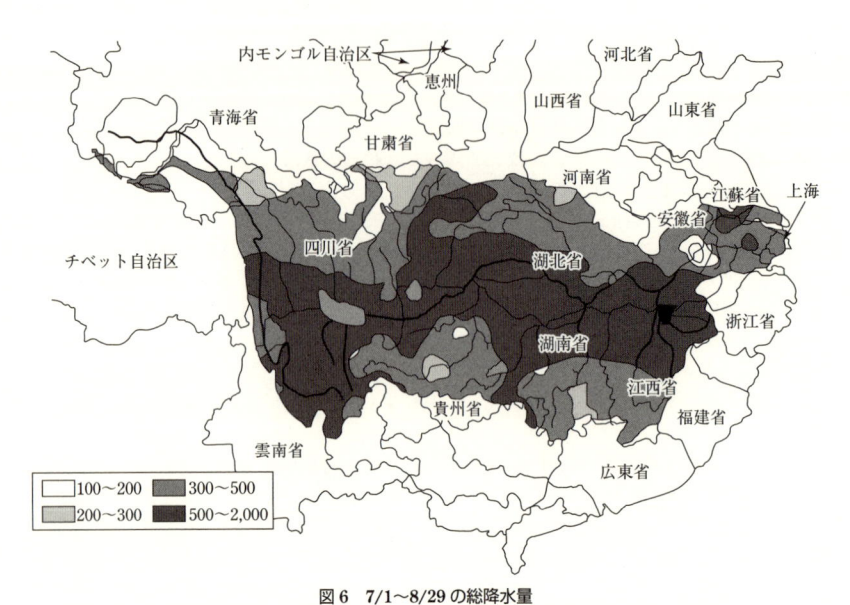

124　1章　気象災害

図6　7/1〜8/29の総降水量
[出典：中川　一，玉井信行，沖　大幹，吉村　佐，中山　修，「1998年中国長江の洪水災害について」京都大学防災研究所年報，第42号(B-2)，p.279(1990)]

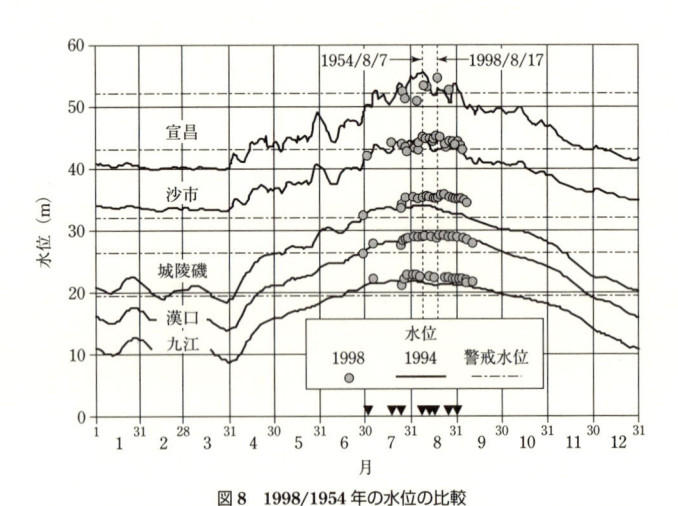

図8　1998/1954年の水位の比較
[出典：中川　一，玉井信行，沖　大幹，吉村　佐，中山　修，「1998年中国長江の洪水災害について」京都大学防災研究所年報，第42号(B-2)，p.281(1990)]

この事例の概要と特徴

　今回の洪水による物的・人的被害は，1954年の洪水（➡ p.66）に比べてはるかに小さい。これは，1954年の甚大な被害の経験を基に，堤防の強化などの治水整備がはかられてきた結果，越流氾濫や破堤氾濫が激減したためとみられる。前回のこの地域での破堤個所は，56ヵ所だったが，今回は九江市の1ヵ所だけで越流していない。今回の死亡者の大多数は，多発した山津波によるもので，江西省の被害が大きかった。経済の成長と反比例した日本の例と比較される激減の状況である。

参 考 文 献

1) 中川 一，玉井信行，沖 大幹，吉村 佐，中山 修，「1998年中国長江の洪水災害について」京都大学防災研究所年報，第42号（B-2），pp.273-290（1990）．

2) 吉谷純一，栗林大輔，大西健夫，「長江洪水セミナー報告書—1954年と1998年に発生した大洪水の特性比較—」土木研究所・科学技術振興機構，土木研究所共同研究報告書，第307号（2004）．

3) 柴田哲雄，「1998年長江洪水と中国政府の対応」中国研究月報，614号（1999）．

ハリケーン・ミッチ

200年に一度の超大型ハリケーン

発生地域：中米カリブ海諸国

ハリケーン・ミッチで倒壊した学校
（サンタ・ロサ・デ・アグアン）
[出典：AYUCA（中米緊急援助協議会）ホームページ]

国民1人あたりのGNI（世界銀行2013）低位中所得国グループ
活動期間：1998年10月22日～11月9日
最大風速：79 m/s
最低気圧：906 hPa（ホンジュラス）
上陸：1998年10月29日（ホンジュラス）
位置：北緯16.3°，西経86.0°
〈ホンジュラス〉
人口（2010）：7,621,000人
国土の総面積（2012）：112,492 km^2
死亡・行方不明者数：2万人以上
被災者数：200万人

【ハリケーン】

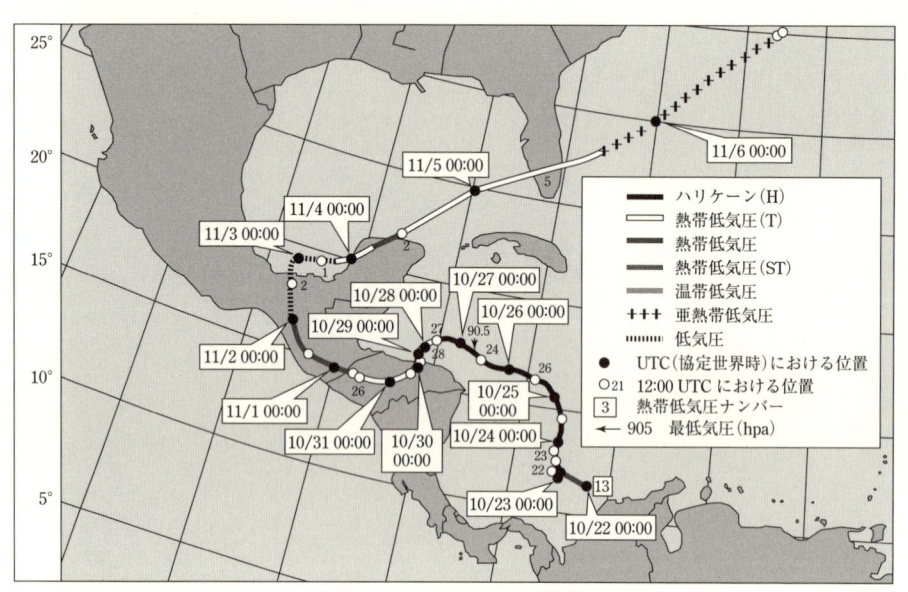

図1　ハリケーン・ミッチの経路図

[出典：吉谷純一，竹本典道，『海外における洪水被害軽減体制の強化支援に関する事例研究』重点プロジェクト研究，土木研究所，平成19年度，p.2]

図2 ホンジュラスの首都テグシガルパの被害状況
[出典：M.マスリン 著, 三上岳彦 監修,『異常気象—地球温暖化と暴風雨のメカニズム』, p.62, 緑書房(2006)]

図3 テグシガルパの被害状況
[出典：M.マスリン 著, 三上岳彦 監修,『異常気象—地球温暖化と暴風雨のメカニズム』, p.63, 緑書房(2006)]

この事例の概要と特徴

　北大西洋のハリケーンは，通常，9〜10月に多発しカリブ海を北上する経路をとる。今回は，10月下旬に発生し北上せずに進路を西にとり中央アメリカに上陸したのが特徴的である。これは太平洋のエルニーニョ・南方振動の影響で西に引き寄せられた可能性が考えられる。

　10月22日に南米コロンビア付近で発生した熱帯低気圧は，発達しながらカリブ海西部を北上し25日にはハリケーンとなって29日ホンジュラスに上陸した。その後，ホンジュラスを縦断し，グアテマラ，メキシコ・ユカタン半島を経てメキシコ湾に抜けたが，11月5日に米国・フロリダ半島に再上陸した（図1）。

　ハリケーン・ミッチは降水量600mm/日，風速80m/s近い記録的なエネルギーで，中米の広範な地域に破壊と洪水をもたらした。ホンジュラス，ニカラグア，エルサルバドル，グアテマラの各国に甚大な被害を及ぼす歴史的な災害となった。とくに，ホンジュラスでは，10月26日〜11月3日の間，中央高地，南部地域に激しい雨を降らし，各地の河川や湖の水位が上昇して大規模な氾濫が起きた。総降水量は1,905mmといわれ，同国だけでも死亡者・行方不明者1万人以上とされている。

　首都のテグシガルパでは，持続する暴風の被害がひどく多くのビルが破壊された。さらに，1日あたり600mmもの降雨で大規模な土砂崩れが発生して被害が拡大した（図2，図3）。

参 考 文 献

1) M.マスリン 著, 三上岳彦 監修,『異常気象—地球温暖化と暴風雨のメカニズム』, 緑書房, (2006).
2) 吉谷純一, 竹本典道,『海外における洪水被害軽減体制の強化支援に関する事例研究」重点プロジェクト研究, 土木研究所, 平成19年度
3) 「世界防災白書—LivingwithRisk」, アジア防災センター（ADRC）(2002).

サイクロン・オリッサ

沿岸部に限定される被害

発生地域：インド，オリッサ州

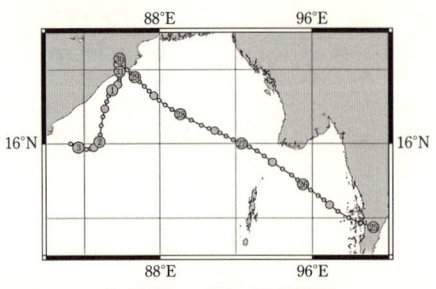

サイクロン・オリッサの経路図
［出典：北本朝展（国立情報学研究所），デジタル台風：ベンガル湾のサイクロン，http://agora.ex.nii.ac.jp/digital-typhoon/world/bob/］

国民1人あたりの GNI（世界銀行 2013）低位中所得国グループ
活動期間：1999 年 10 月 25 日～11 月 3 日
最大風速：72 m/s
最低気圧：912 hPa
上陸：1999 年 10 月 29 日
位置：北緯 32°45′41″，東経 130°17′56″
人口（2010）：1,215,625,000 人
国土の総面積（2012）：3,887,263 km^2
死亡・行方不明者数：9,885 人
被災者数：1,950 万人
被害総額（1999）：45 億 US ドル
被害総額（2010）：59 億 US ドル

【サイクロン】

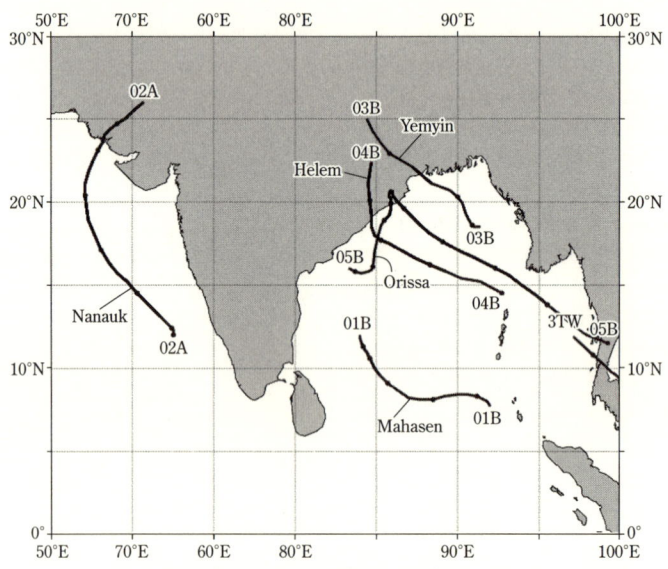

図1　全サイクロンの経路図，1999 年-インド
［出典：北本朝展（国立情報学研究所），デジタル台風：ベンガル湾のサイクロン，http://agora.ex.nii.ac.jp/digital-typhoon/world/bob/］

表1 各地域の被害状況

No	地域	被害村数	死者数	被災者数	被災農地 (ha)	被災家屋
1	Balsore	1,748	49	1,228,000	2,191,35	96,830
2	Bhadrak	1,356	98	1,347,000	183,183	116,880
3	Jajpur	NA	188	1,550,000	187,775	249,893
4	Kendrapara	1,567	469	1,400,000	162,832	279,091
5	Jagatsinghpur	1,308	8,119	1,200,000	100,505	284,337
6	Khurda	1,167	91	1,311,000	74,307	95,540
7	Puri	1,714	301	1,500,000	152,820	134,841
8	Cuttack	1,977	471	2,367,000	196,883	433,000
9	Nayagarh	1,700	3	150,000	79,212	11,190
10	Keonihar	546	31	250,000	106,740	55,200
11	Dhenkanal	766	55	70,000	125,422	62,230
12	Mayurbhang	341	10	198,000	221,277	9,500
合計		14,190	9,885	1,257,1000	1,810,091	1,828,532

「インドカントリーレポート1999」アジア防災センター (ADRC) (1999). http://www.adrc.asia/countryreport/IND/IND99/CR99-India.htm

この事例の概要と特徴

10月25日に発生した熱帯低気圧は, 26日にはハリケーン"オリッサ (Orissa)"に発達した. 29日には南西部のインドへ上陸し, オリッサの海岸から最大20kmまで内陸に進み, 17,110 km^2 に及ぶ作物に甚大な被害をもたらした.

インドの海岸線は総延長8,000 kmあまりで, 東のベンガル湾と西のアラビア海に面している. これらの地域では, 1991年までの100年間にベンガル湾で442個, アラビア海で117個, 平均して年に5~6個のサイクロンが発生している. このうちの2~3個が大型である. サイクロンの来襲時期には, モンスーンの前 (5~6月) と後の (10~11月) の二つのサイクルがある. サイクロンの被害を受けるのはおもに海岸地方で, 死傷者の多くが高潮や高波による沿岸部の浸水で被害をこうむっている.

1999年12月2日の時点での公式発表では, 表1に示す物的・人的被害のほかに漁船被害9,085, 漁網被害22,143, 家畜被害444,000頭などが報告されている. 崩壊した建物が275,000棟, 167万人が家を失い1,950万人がサイクロンによる何らかの影響を受けた. 死亡者数は15,000人とする説もある. 負傷者数は3,312人で, パドマプールの住人5,700人の36%にあたる2,043人が亡くなっている.

参 考 文 献

1) 渡部弘之, 鈴木弘仁, 矢代晴実, 「インドサイクロンに対するリスクスワップの基礎的な検討」地域安全学会梗概集, **19**, 61-64 (2006).
2) 「インド カントリーレポート1999」アジア防災センター (ADRC) (1999). http://www.adrc.asia/countryreport/IND/IND99/CR99-India.htm

高温・熱波

発生地域：ヨーロッパ，各国

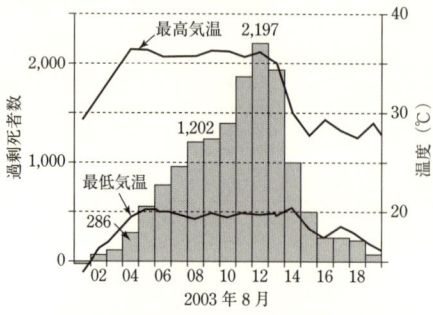

2003年8月のフランスにおける過剰死者数
[出典：P. Pirard, et al., "Summary of the Mortality Impact Assessment of the 2003 Heat Wave in France" *Eurosurveillance*, **10**(7)(2005)]

国民1人あたりの GNI（世界銀行 2013）高所得国グループ
発生年月日：2003年6～8月
〈欧州連合（EU）〉
人口（2010）：499,794,855 人（クロアチアを含まず）
国土の総面積（2012）：4,381,376 km^2
死亡・行方不明者数：71,050 人

【熱波】

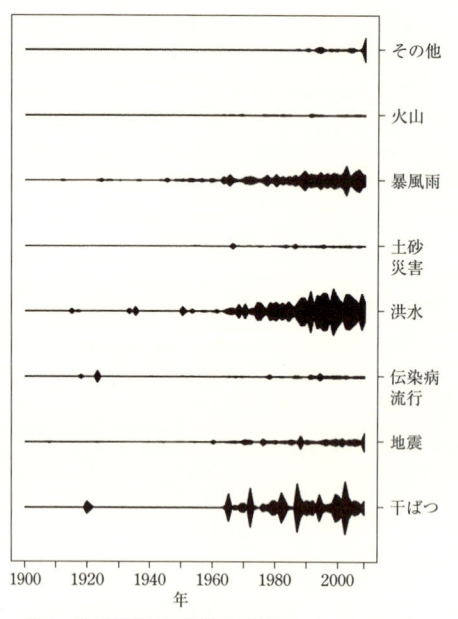

図1　災害種別の被災者数の経年変動（1900～2008）
[© The Office of U.S. Foreign Disaster Assistance (OFDA), 2009]

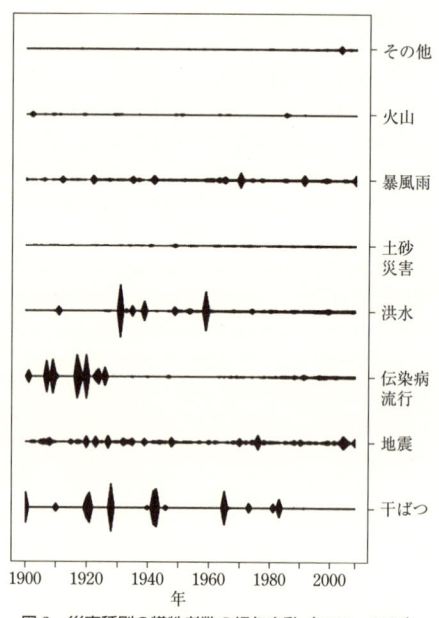

図2　災害種別の犠牲者数の経年変動（1900～2008）
[© The Office of U.S. Foreign Disaster Assistance (OFDA), 2009]

最悪の熱波の襲来

ヨーロッパは，他の地域に比べ自然災害の発生件数や死亡者数が少ないとの印象が強い。しかし，今回の熱波以前の1992～2001年の大陸別災害データによれば，アフリカ・南北アメリカ・アジア・オセアニア・ヨーロッパ大陸における現象タイプ"寒波・熱波"による災害発生件数は51件で，ヨーロッパが第1位である。さらに，同タイプの死亡者数では52,440人のアジアに次いで20,998人で第2位である。

図1，図2に示すように，世界の災害種別の犠牲者数や被災者数には経年変動がみられる。とくに，1960年代以前から最大の被災者数だった干ばつによる渇水・飢饉の被災者数が，1970年代に急激に増大し1億数千万人になったが，1980年代に入り大きく減少した。一方，第2位だった洪水の被災者数が，1980年代に急激に増大し後半には逆転して現在も増加傾向にある。他の自然災害の割合は小さく，大きな変動はみられない。

歴史的・文化的な背景

18世紀末，世界中で革命や反乱が多発している。日本でも1783年の出雲，上野，陸奥のほか，1786年の備後，1787年の出羽など各地で一揆が発生した。ヨーロッパでは，1789年7月14日のバスチーユ襲撃に始まるフランス革命を筆頭に，1780～1783年のイギリスでの一揆，1783～1787年のオランダでの民主化闘争，1787～1790年の現ベルギーにおける民主化闘争などがあげられる。

これらの原因として，政治的・思想的背景のほかに，異常気象による農村における小麦や米の凶作・都市のパン不足・値上がりを遠因とする説がある。

図4に示すように，北半球では1400年頃までは温暖期で年平均気温は15℃を超えていた。その後，寒冷化が始まり1850年頃まで小氷期（b）とよばれる15℃以下の気温がつづいた。その原因に，太陽の活動状況などが考えられるが，噴火の記録などから火山活動の影響が大きかったと推察される。革命前夜の1783～

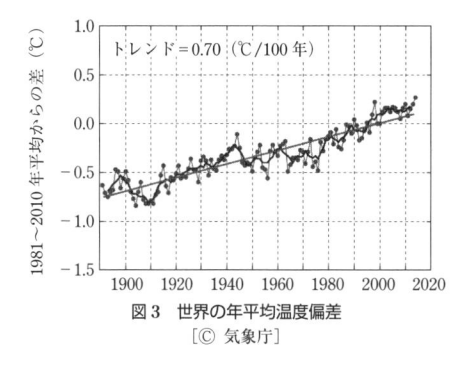

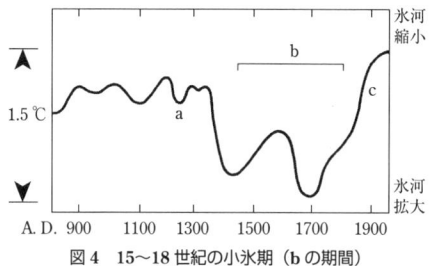

図4 15～18世紀の小氷期（bの期間）

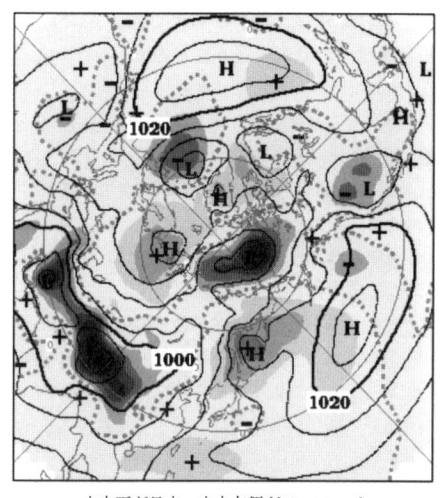

図3 世界の年平均温度偏差
［©気象庁］

中央下が日本，中央左側がヨーロッパ
図5 2003年7月の北半球の気圧配置図
［©気象庁］

1785年は最も寒冷な時期で,平年を0.1～2.8℃下回っていた。

自然環境

近年の洪水による被災者数の急激な増大（図1）の原因として,地球規模の気候変動の影響に加え,世界的な人口増加などにより人々が危険地域に集中的に居住せざるを得ない状況があげられる。

今回の2003年は,世界各地で大規模な気象災害が発生した年である。日本では長梅雨の後,7月の異常低温による多雨・冷夏に見舞われた。反対にヨーロッパでは,記録的な熱波に襲われ干ばつ,森林火災などが頻発した。

気候変動のメカニズム

一般的に"異常気象"は,冷害・干ばつ・洪水などの気象災害をもたらすものなどと広義に定義される。日本の気象庁では,30年に1度発生するか否かという現象と定義している。

図6と図7に2003年と平年のヨーロッパにおける8月の高気圧の配置図を示した。平年は地中海にある高気圧が2003年には,ヨーロッパ全域に及んでいるのがわかる。

冬季にヨーロッパから極東にかけてシベリア上空を越えた大気の相互作用のEUパターンなどのテレコネクション（遠隔結合）があること

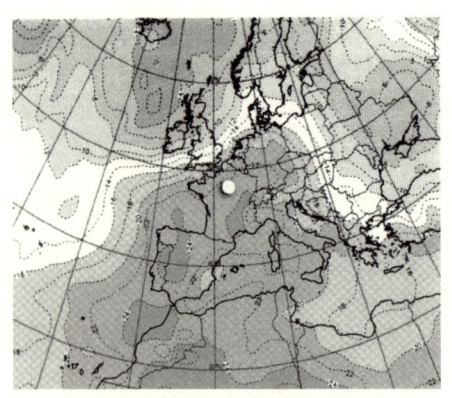

図7 2003年8月の高気圧の位置
[© Météo-France]

は知られている。図7にみるように,近年,春季から夏季にかけての影響が指摘されていた。

過去の気候変動

1812年の異常気象

ヨーロッパでは,1812～1817年は1783～1785年に次いで"夏のない年"と称される冷夏がつづいた。この頃,アルプスの氷河は大きく前進しシャモニー渓谷の人々は村を捨てて避難している。

ナポレオンのモスクワ撤退

1812年5月26日,42万人以上の兵力のナポレオン軍がロシア遠征を開始し,総勢15万人のロシア軍を相手に大きな抵抗も受けずにロシア領内を進軍した。7月初めの豪雨や8月の酷暑の下,スモレンスクを占領し9月にはモスクワ入城を果たした。放火などの抵抗を受け,10月19日23万人に激減した兵力は撤退を始めた。11月23日ベレジナ川に到着できたのは約3万人で,失われた約40万人の多くは退却時の厳冬によるものといわれる。

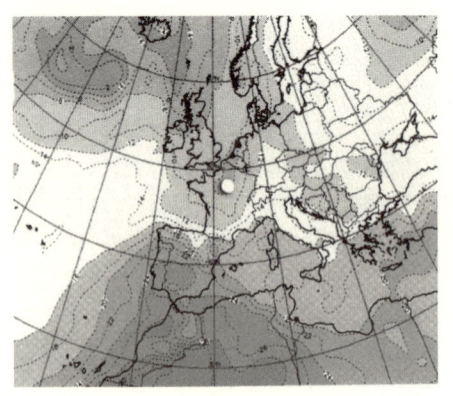

図6 平年の夏の高気圧の位置
[© Météo-France]

被災の状況

1812年の異常低温

平年のロシアは，厳冬期のヨーロッパロシアの平野でも月平均-18℃以下になることはない。モスクワでは-10～-13℃で-12.4～-22.4℃になるのは11月下旬～3月上旬，-22.5～-33℃の最低気温を記録するのは12月中旬～2月中旬までである。

平年のモスクワの10月の平均気温は4.5℃なのに，1812年はナポレオンが入城した10月13日に初雪が降り気温が急降下している。

2003年夏の異常高温

今回の記録的な高温は，6月にはスイス，イタリアを中心に，7月には地中海周辺およびスカンディナビア半島，8月にはフランスなどを襲った。

ヨーロッパの各都市では，6月のチューリッヒ（スイス）が平均気温22.5℃で平年より6.9℃高く，8月のブルージュ（フランス）の平均気温は25.2℃で平年より5.9℃高く，8月12日には平年の日最高気温平均23.8℃のパリで40℃を記録している。

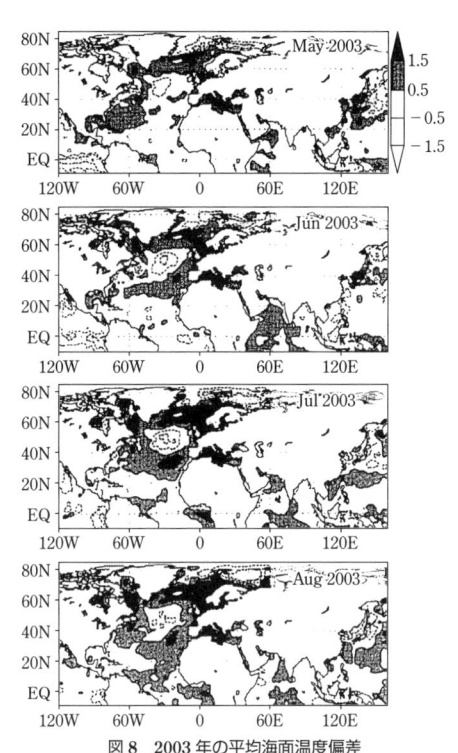

図8 2003年の平均海面温度偏差
[出典：木本昌秀，「欧州熱波と日本の冷夏2003」天気，52(8)，608(2005)]

表1 2003年のヨーロッパ各国の熱波被害

2003年発生月	国名	地域名	災害の種類・要因	死亡・行方不明者数 (人)	被災者数 (人)
5月	ボスニア・ヘルツェゴビナ	ネレトバ川流域	干ばつ	—	62,527
7月	イギリス		高温・熱波	301	
↑	ルクセンブルク		高温・熱波	170	
↑	スイス		高温・熱波	1,039	
↑	チェコ		高温・熱波	418	
↑	クロアチア		高温・熱波	788	
7～8月	オーストリア		高温・熱波	345	
↑	スロベニア		高温・熱波	289	
↑	イタリア	ミラノ，ほか	高温・熱波	20,089	
↑	オランダ		高温・熱波	965	
8月	ポルトガル		高温・熱波	2,696	
↑	ドイツ		高温・熱波	9,355	
↑	フランス	パリ	高温・熱波	19,490	
↑	スペイン	アンダルシア	高温・熱波	15,090	
8月	ベルギー		高温・熱波	1,175	
	2003年のヨーロッパ各国の総計			71,050	

人的・社会的被害

表1にみるように,被災国数15ヵ国以上,死亡者総数71,000人以上である。

物的・経済的被害

図8に示すように,2003年のヨーロッパは,春先から暖かい状態がつづいていた。一方,極東の日本は冷夏で,とくにオホーツク海高気圧が強かった7月は著しかった。

異常気象は,自然災害だけでなく,衣類・食料品・飲料の売上げや観光などに大きく影響し,景気を左右する重要な要因となっている。

表2 世界各国の異常気象

国	月	死亡者数(人)	災害
インド・ネパール・バングラデシュ	〜1月 5〜6月	1,900以上 1,500以上	寒波熱波
モンゴル	1月	4人	雪害
スリランカ	4〜5月	250人	洪水
米国	5月	40人以上	竜巻
中国東北部	4〜6月	300万人	干ばつ
中国南部	5月 6月〜	60人以上—	大雨干ばつ

気候変動の影響

図4にみるように,北半球は1300年頃に始まった小氷期が1900年頃には終わり,20世紀は再温暖化の時期に入っていた。

難民の移動

図10に示すイタリアのランペドゥーザ島は,北アフリカ・チュニジア近くの地中海に位置するヨーロッパ最南端の島の一つで,オオウミガメの産卵地として知られている。産卵地は現代文明から孤立していることが重要で,開発に取り残された同島は最適地だった。しかし,近年,気候変動に伴い,島にはアフリカからの不法移民が集中し,頻繁にその名が報じられている。

2007年の統計では,ほぼ2万人の移民希望者がアフリカからイタリアに来ている。その多くがこの島に着いているが,途中の海で死亡あるいは行方不明になる者も多い。

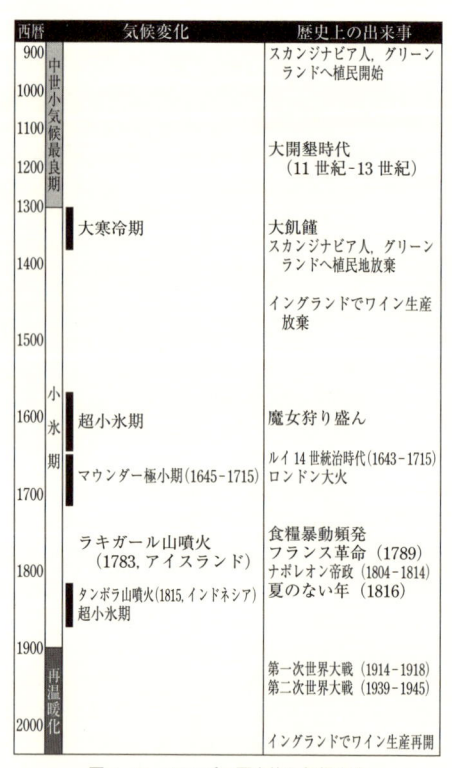

西暦	気候変化	歴史上の出来事
900	中世小気候最良期	スカンジナビア人,グリーンランドへ植民開始
1000		
1100		大開墾時代(11世紀-13世紀)
1200		
1300	大寒冷期	大飢饉 スカンジナビア人,グリーンランドへ植民地放棄
1400		
1500		イングランドでワイン生産放棄
1600	小氷期 超小氷期	魔女狩り盛ん
1700	マウンダー極小期(1645-1715)	ルイ14世統治時代(1643-1715) ロンドン大火
1800	ラキガール山噴火(1783,アイスランド) タンボラ山噴火(1815,インドネシア) 超小氷期	食糧暴動頻発 フランス革命(1789) ナポレオン帝政(1804-1814) 夏のない年(1816)
1900	再温暖化	第一次世界大戦(1914-1918) 第二次世界大戦(1939-1945)
2000		イングランドでワイン生産再開

図9 ヨーロッパの歴史的な気候変化

[出典:E.ル=ロワ=ラデュリ 著,稲垣文雄 訳,『気候と人間の歴史・入門—中世から現代まで』,p.14,藤原書店(2009)]

図10 ランペドゥーザ島

[出典:S.ファリス 著,藤田真利子 訳,『壊れゆく地球—気候変動がもたらす崩壊の連鎖』,p.215,講談社(2009)]

移民希望者は，紛争からの避難民より気候変動による環境悪化から逃れてくる者の方が多い．この現象は，南北アメリカ大陸においても同様で，南から北への大量移民問題として国家的論争の的になっている．

イギリス，フランス，ドイツおよびオーストラリアでも，気候変動などの環境問題と大量の移民問題が関連づけられて論じられている．さらに，環境保護主義とナショナリズムが結びつけられて，先進国に反移民の排他主義を生んでいる．

この事例の概要と特徴

21世紀最初の10年は，世界的に大きな気象災害が頻発し，人々が初めて地球規模の気候変動に目を向けたときとなった．今回のヨーロッパ熱波をはじめ，大型のハリケーンやサイクロンがアジア，アメリカを襲い，アフリカや中南米では大雨に見舞われるなど，世界各地で"異常気象"がつづいている．

地球上の気温は，今日，20世紀初めに比べおよそ0.7℃暖かくなっており，今世紀末にはさらに1〜5℃上昇するとみられる．地球上の温室効果ガスが"適温"を超え"温暖化"が進む ことは，ある地域の気温が上昇し別の地域の気温が低下して世界の気象のバランスが崩れることを意味している．昨今の激しさを増す"異常気象"は，単なる自然災害にとどまらず，地域間の紛争や人口移動，生態系の破壊へと波及していく．地球温暖化が人間の居住住環境に与える影響に関するシナリオは無数に書かれている．

参 考 文 献

1) 木本昌秀，「欧州熱波と日本の冷夏2003」天気，**52**(8)，608-612 (2005).
2) S. ファリス 著，藤田真利子 訳，『壊れゆく地球—気候変動がもたらす崩壊の連鎖』，講談社 (2009).
3) E. ル＝ロワ＝ラデュリ 著，稲垣文雄 訳，『気候と人間の歴史・入門—中世から現代まで』，藤原書店 (2009).
4) NHK「気候大異変」取材班，江守正多 編著，『気候大異変—地球シミュレータの警告』，NHK出版 (2006).
5) 国際赤十字・赤新月社連盟，『世界災害報告2002年版』(2003).
6) 山川修治（萩原幸男 監修），『日本の自然災害1995〜2009年—世界の大自然災害も収録』，日本専門図書出版 (2009).
7) ナショナルジオグラフィック協会 編，近藤純夫 訳，『荒ぶる地球—自然災害のすべて』，岩波書店 (1992).

136　1章　気象災害

ハリケーン・カトリーナ

発生地域：米国，セントルイス

8月25日のハリケーン・カトリーナ
[© J. Schmaltz(NASA/GSFC)(2005), Wikipedia]

国民1人あたりのGNI（世界銀行2013）高所得国グループ
発生年月日：2005年8月23日発生
　　　　　　（バハマ付近）
　　　　　　同29日上陸（ルイジアナ州）
　　　　　　同30日低気圧（テネシー州）
　　　　　　（現地時間）
ハリケーンの強さ：カテゴリー1～5（表1）
人口（2010）：312,247,000人
国土の総面積（2012）：9,629,091 km^2
死亡者数：2,541人
被災者数：744,293人
被害建物：292,885棟

【ハリケーン・洪水】

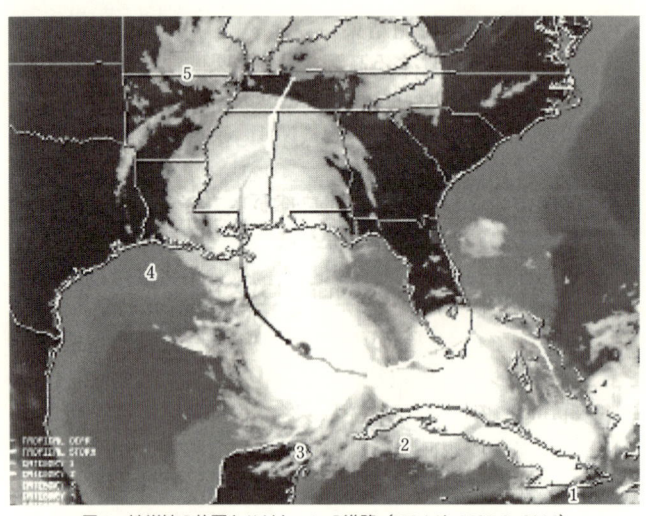

図1　被災地の位置とハリケーンの進路（NOAA's NCDC, 2006）
被災地：ルイジアナ州，ミシシッピ州，アラバマ州，フロリダ州
[出典：加藤 敦，「ハリケーン・カトリーナによる高潮と物的被害」防災科学技術研究所主要災害調査，No. 41, p. 35(2006)]

米国自然災害史上最悪の経済被害

ハリケーン・カトリーナは，米国の自然災害史上最悪の総額960億ドルといわれる経済被害を与えた。ルイジアナ，ミシシッピ，アラバマ，フロリダ州をはじめ南部全域で1,300人以上が亡くなり，数十万人の被災者が行き場を失って全米に避難した。被災前は約50万人だったルイジアナ州の人口は同年12月の時点でほぼ半数に激減している。

世界一の経済大国といわれる米国は，2006年の世帯所得の全米平均が56,644ドル，ルイジアナ州平均が44,833ドルなのに対し被災地の下町の平均は27,499ドルである。自由主義国のリーダーで民主国家である米国では，すべての国民の政治，宗教から思想・信条，職業選択，居住などの諸権利と義務は平等とされている。しかし，近年，サブプライム問題や中東の戦場で死亡する米軍兵士の人種，所得および教育レベルに大きな偏りがあることが指摘されるなど，厳しい格差社会の側面でもある。

今回のハリケーンは，米国がもつ自然災害に対する脆弱性とともに社会的不平等を顕在化させた。最も被害の大きかったルイジアナ州ニューオーリンズの中でも，とくに浸水被害が甚大であった下町の世帯所得平均が全米平均の半分以下であった点は注目に値する。

歴史的・文化的な背景

ニューオーリンズは，良好な港とミシシッピ川や運河の水運で，19世紀初頭から最も大きく成長した豊かな都市として位置付けられ栄えてきた。しかし，20世紀半ばの1960年をピークに人口が減少し，21世紀に入ると全米で5番目に衰退が著しい都市になっていた。

近年，ニューオーリンズをはじめとする歴史ある南部の港湾都市は，いずれも急速に衰退している都市群とされていた。これらの状況に加

図2 おもな被災地周辺
［出典：R. J. Daniels, et al. 編，損害保険料率算出機構訳，「リスクと災害—ハリケーン・カトリーナの教訓」，巻頭，損害保険料率算出機構(2008)］

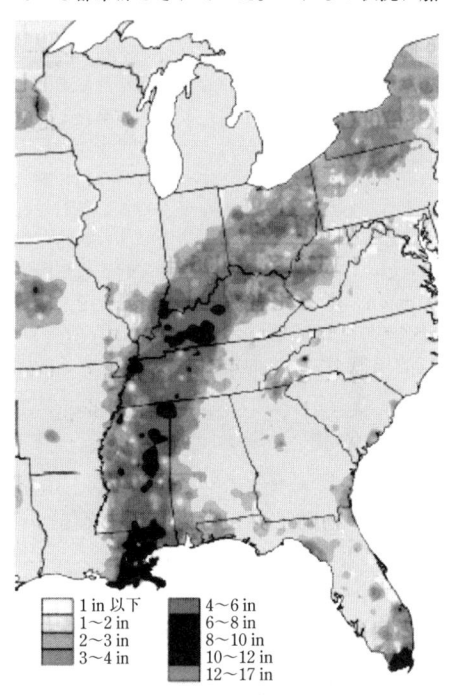

図3 1週間の総雨量の分布（NOAA's NCDC, 2006）
（1 in＝25.4 mm）
［出典：加藤 敦，「ハリケーン・カトリーナによる高潮と物的被害」，防災科学技術研究所主要災害調査，No. 41, p. 35 (2006)］

え，洪水管理→土地の喪失，排水→地盤沈下，船舶に関わる事業→侵食，石油ガス事業→侵食，海運業→新種の疫害，土砂の堆積などの影響で環境悪化が起きていた．被災前のニューオーリンズは，このような社会的・地勢的環境のもとにハザードに対する潜在的なリスクが高まっていたといえる．

米国におけるハリケーン災害の傾向は，人的被害および経済的被害の側面でみると，人的被害の大きなハリケーンのほとんどは1945年以前のものである．一方，経済的被害の大きなハリケーンは21世紀以降に集中している．近年，人的被害が減少し，物的・経済的被害増大という災害の傾向にあったのが，今回のハリケーン・カトリーナはこの傾向をまた逆転させた．

自 然 環 境

ハリケーン・カトリーナは，ルイジアナ，ミシシッピ，アラバマ，フロリダ州など米国南部の広大な地域にわたって，豪雨，強風および高潮による被害を及ぼした．とくに高潮は，被災地の中心地であるニューオーリンズの約8割を冠水させるなど，大規模な浸水被害をもたらした．ミシシッピ川河口部から沿岸部の範囲の観測点は，ほとんどの機器が不良を起こして潮位の観測ができなかった．観測できた記録のなかで高潮の最大数値は，オーシャンスプリングの4.043 mだが，壊滅的な被害のビロキシで8m以上が推定されている（図4）．

地形の特徴

ニューオーリンズは，ハリケーンによる高潮が大規模な大陸棚などの地形的特徴により増幅され，住宅の倒壊や流失などの甚大な被害を受けたと推定される．

米国のメキシコ湾岸は，浅い大陸棚が東西に広くつづいている．推定される発生機構は，ハリケーンに伴う東風により大量の海水が西側に寄せられ，集積した海水がミシシッピ川河口周辺の海岸に大きな高潮を発生させた．その後，ハリケーンの北上に伴う南風による大きな高潮がビロキシなどの海岸を襲った．

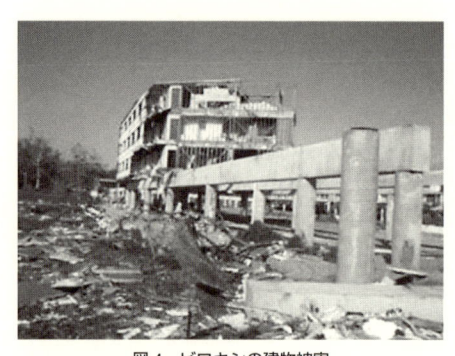

図4 ビロキシの建物被害
［出典：加藤 敦，「ハリケーン・カトリーナによる高潮と物的被害」防災科学技術研究所主要災害調査，第41号，p. 42 (2006)］

図5 ミシシッピ川河口の三角州の地形
［出典：佐藤照子，大楽浩司，中須 正，加藤 敦，水谷武司，池田三郎，坪川博彰，原口弥生，「2005年米国ハリケーン・カトリーナ災害の特徴」主要災害調査，No. 41, p. 1 (2006)］

ポンチャートレイン湖の高潮は，西側に引き寄せられた海水が湖に集積されハリケーン通過に伴ってニューオーリンズを襲ったと考えられている。

被災地の状況

今回のハリケーンのように，発生はまれだが大規模被害をもたらす災害は低頻度大規模災害（LPHC）タイプとよばれる。強い熱帯低気圧は，存在する地域によりハリケーン，台風，サイクロンと名称が異なる。ハリケーンの強さは，表1に示すように，最大風速と高潮による想定でカテゴリー1～5までの5階級に分けられている（Saffir・Simpson のスケール）。過去に最大のカテゴリー5のまま上陸したハリケーンは，レイバーデイ（1935），カミール（1969），アンドリュー（1992）である。

発生のメカニズム

カトリーナは，バハマの南東約280 km で弱い熱帯低気圧として発生した。8月24日に熱帯暴風となり名前が付けられた。その後，北西に進みフロリダ州上陸前の25日にハリケーンとなった。メキシコ湾に抜けて急速に発達しながら26日にメジャーハリケーン（カテゴリー3以上），28日にはカテゴリー5となった。ピーク時の勢力は，中心気圧902 hPa，最大風速77 m/s であった。29日にルイジアナ州に再上陸した際は，カテゴリー3の上限に近い勢力を保持していた。

過去のおもなハリケーン

表2に過去の大規模な人的被害の例を示す。

ニューオーリンズの状況

ジャズの原点とされるニューオーリンズの街でも，歴史的建築物が多く残るフレンチクオーターは比較的被害が少なかった。図7の地盤高分布にみるように，ミシシッピ川沿いに高さ約3 m の自然堤防地帯があり，この上に旧市街をはじめ都市・集落が線状に分布しているためである。ハリケーン・カトリーナで決壊した破堤箇所からの浸水域の限界と1.5 m の土地の等高線がほぼ一致している。今回の破堤箇所は，堤内地の地盤高がこれより低い所で多く発生している。

被災区域

図6に示された東ニューオーリンズの3 m（10 ft）以上の浸水地域は，1965年の大型ハリケーン襲来時には未開発地域だった海面下の土地である。開発により高潮の緩衝となる湿地帯の消失が進行しており，地盤沈下や海面上昇に伴い高潮が市外まで到達する可能性が高くなっている。湿地帯の消失に最も影響を与えている要因は，東部の人工運河 MRGO の開発と考えられている。

人的・社会的被害

被災地全体の貧困と人種の関係に関する調査では，被災者に貧困層および黒人層が多いことが示されている。さらに，貧困層と黒人層は多くの部分で重なっており10万人を超えている。人種構成でみると，黒人の比率が全米全体で12.1%，ルイジアナ州で32.3%，ニューオーリンズで66.6%，下町の調査地区で98.3%である。貧困層が多く住む地盤高の低い地区が破堤し，多くの人的被害を出している。死亡者のうち，約80%がニューオーリンズ都市圏で発生し，その多くは老人と体の弱い人たちであった。

表1 ハリケーンのカテゴリー

カテゴリー	最大風速（m/s）	高潮（m）
1	33～41	1.2～1.4
2	42～48	1.5～2.6
3	49～57	2.7～4.0
4	58～68	4.0～5.4
5	68以上	5.5以上

表2 過去の大被害のハリケーン

年 月	名 前	被災地	死亡者数（人）
1900.9	Galveston	テキサス	8,000＋
1919.9	Atlantic Gulf	フロリダ	600～900
1928.9	San Felipe	フロリダ	2,500＋
1998.10	Mitch	中南米	10,866＋
2004.0	Jeanne	フロリダ	1,500＋

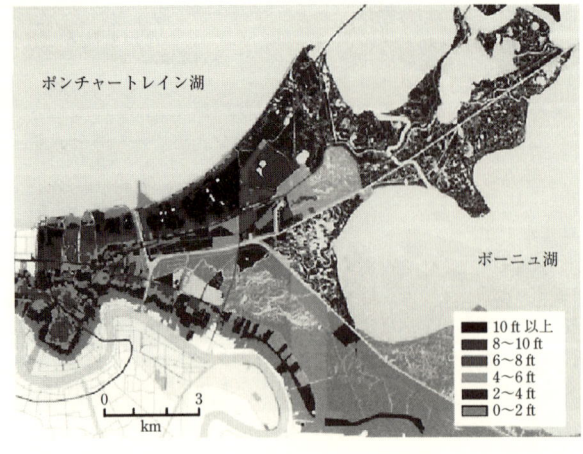

図6 ニューオリンズ市内の浸水深図
(1 ft＝30.48 cm)
［出典：佐藤照子，大楽浩司，中須 正，加藤 敦，水谷武司，池田三郎，坪川博彰，原口弥生，「2005年米国ハリケーン・カトリーナ災害の特徴」主要災害調査，No. 41, p. 13(2006)］

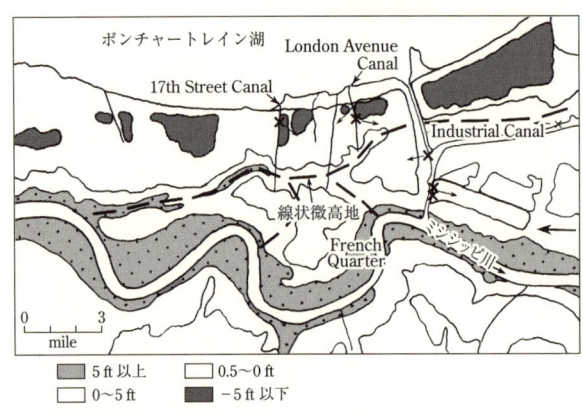

×印：破堤
図7 ニューオリンズ市内の地盤高
［出典：佐藤照子，大楽浩司，中須 正，加藤 敦，水谷武司，池田三郎，坪川博彰，原口弥生，「2005年米国ハリケーン・カトリーナ災害の特徴」主要災害調査，No. 41, p. 5(2006)］

物的・経済的被害

総額960億ドルとされる経済被害の内訳は，家屋被害670億ドル，耐久消費財被害70億ドル，事業資産被害200億ドル，公共資産被害30億ドルで，米国における自然・人為災害における最悪の記録となった。

インフラ・建築物被害の特徴

建物の倒壊や流失の被害は，高潮や破堤による氾濫水の外力によるものが多い。調査によれば，被災地の構造物には水平力に対する耐力がきわめて小さいものが多かった。これは，被災地では設計外力として地震荷重を考慮する必要がないため，日本に比べると多種の自然リスクに対して弱い構造物が目立っている。建物の構造は，木造，鉄筋コンクリート造，組積造が多くみられるが，部材断面も相対的に小さく補強されていないため大きな被害を受けたと考えられる。

ニューオーリンズの海抜ゼロメートル地帯では，大規模な冠水による被害がみられた。長大な堤防システムはあるが，数ヵ所の破堤で広域にわたる外水氾濫を引き起こした。このため後背地の都市機能が完全に破壊された。水災害に対して脆弱性の高い都市では，治水システムに破堤による冠水の拡大を阻止する視点が求められる。

地球温暖化の影響

2005年に米国を襲ったハリケーンは，今回

図8 レイクビュー地区の浸水状況
（M. Rohbok 氏提供）
[出典：佐藤照子，大楽浩司，中須 正，加藤 敦，水谷武司，池田三郎，坪川博彰，原口弥生，「2005年米国ハリケーン・カトリーナ災害の特徴」主要災害調査，No. 41, p. 15 (2006)]

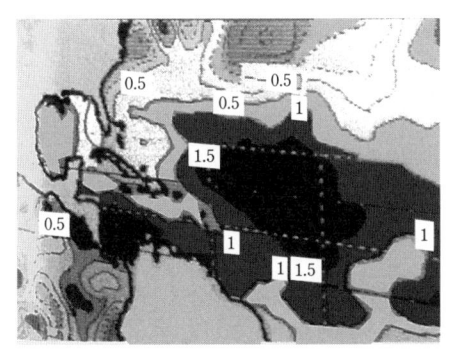

図9 北大西洋の温度上昇の状況図
[Ⓒ NCAR (National Center for Atmospheric Research)]

を含め観測史上最多の15個である。このうち，カテゴリー5に相当するハリケーンの数は3個で，それまでの記録を大きく更新している。2005年8月の北大西洋の海面温度は例年より1℃以上高く過去最高を記録していた。一方，太平洋岸はエルニーニョの影響を受けている。

この事例の概要と特徴

21世紀に入り北アメリカにおける気象災害のリスクは高まっている。ハリケーン・カトリーナ災害の翌年の2006年7月には大陸部で，1895年の記録開始以来最も熱い夏を記録した。今回の米国の干ばつ傾向は，1930年代の"ダストボウル"（➡ p. 62）と1950年代に次いで3番目に位置づけられている。その影響は，ハリケーンばかりでなく大雨，熱波，山火事およびトルネードの頻発となって現れている。

地球温暖化防止のための1997年の"京都議定書"の締結を見送った米国が，自ら大きな影響を受けている。急成長する中国とともに世界最大のCO_2排出国の動向は無視できない。

被災から3年半後の調査報告によれば，同程度の住宅被害を出した地区を比較すると，地区ごとの復興状況に大きな格差がある。地区ごとの大規模住宅被害率が，世帯数回復率と居住地選択に最も大きな影響を与えている。

同時に，貧困層に被災者が多い"災害格差"が顕著に現れた事例でもあり"民主主義のリーダー"として，この種の格差の解消策モデルを示すべきである。

参 考 文 献

1) 佐藤照子，大楽浩司，中須 正，加藤 敦，水谷武司，池田三郎，坪川博彰，原口弥生，「2005年米国ハリケーン・カトリーナ災害の特徴」主要災害調査，No. 41, pp. 1-22 (2006).
2) R. J. Daniels, et al. 編，損害保険料率算出機構 訳，「リスクと災害―ハリケーン・カトリーナの教訓」，損害保険料率算出機構 (2008).
3) M. E. ダイソン 著，藤永康政 訳，『カトリーナが洗い流せなかった貧困のアメリカ―格差社会で起きた最悪の災害』，ブルース・インターアクションズ (2008).
4) 山川修治（萩原幸男 監修），『日本の自然災害 1995-2009年―世界の大自然災害も収録』，日本専門図書出版 (2009).
5) NHK「気候大異変」取材班，江守正多 編著，『気候大異変―地球シミュレータの警告』，NHK出版 (2006).
6) 近藤民代，「米国ハリケーン・カトリーナ災害のニューオリンズ市における地区ごとの復興格差―カトリーナ災害3年目の考察」日本都市計画学会都市計画論文集，No. 44-3 (2009).
7) 加藤 敦，「ハリケーン・カトリーナによる高潮と物的被害」防災科学技術研究所主要災害調査，No. 41, pp. 33-44 (2006).

1章 気象災害

サイクロン・シドル

発生地域：バングラデシュ，シュンドルボン地方

女性が護岸づくりに参加，2002
[出典：国際赤十字・赤新月社連盟，「世界災害報告 2002年版」，p. 25(2003)]

国民1人あたりのGNI（世界銀行2013）低所得国グループ
発生年月日：2007年11月11日～16日（現地時間）
中心気圧：944 hPa
最大風速：70 m/s
暴風の範囲：半径600 km以上
人口（2010）：151,125,000人
国土の総面積（2012）：147,570 km^2
死亡者数：3,363人（報告のみ）
行方不明者数：871人
被災者数：約892万人
全壊家屋数：約56万棟
半壊家屋数：約95万棟

【サイクロン・洪水】

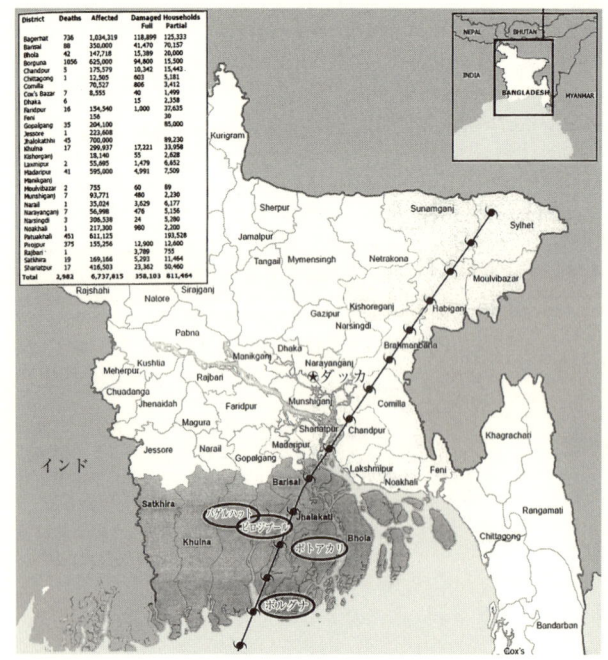

図1 サイクロン・シドルの進路
（被災地○印）
[出典：国際協力機構(JICA)アジア第二部，「バングラデシュ人民共和国サイクロン災害復興支援ニーズアセスメント調査報告書」，巻頭(2008)]

過去最大級のサイクロンの再来

11月15日深夜にバングラデシュ西部に上陸したサイクロン・シドル（Sidr）の最大風速70 m/s，最低気圧944 hPaは過去最大級で，1877年以来2番目の規模である。

社会的要因の特徴

バングラデシュの人口の約77％は農民で，貧困層の約90％は農村地域に居住し，その半数以上は小作農である。農村部から都市部への人口の流出は激しく，2010年の推計では約120万人が失業者である。男女間格差は依然大きいが，近年，農村女性支援活動などへの参加者は増加している。

自然的要因の特徴

国土の大部分は標高10 m以下で，今回，被害の大きかった南西部地域は標高3 m程度である。全国を水分区域として，北西などの6区域と河川・河口区域に分けている。チャール（大河川の砂州）地域は，洪水の影響で消長が激しく不安定だが，多くの住民が農業生活を営んでいる。ハオール（中央盆地，海抜3～6 m）地域は，世界一の多雨地帯で流域からの膨大な流出水の一時的貯留湖となる（図2）。

被災地の状況

今回の被災地域の中心は，シドルの上陸地域の南西部シュンドルボン地方である。とくに6 mの高波に襲われた沿岸地域のポトアカリ，ボルグナ，バゲルハットおよびピロジプールの4県で大きな被害を出している（図1）。

被災地にはトタン屋根の住宅が多く，死傷の原因にもなっている。住宅建築構法の改善は，収容人員不足だったシェルターの増設とともに重要かつ緊急の課題である（図3）。

人的・社会的被害

1991年のサイクロン・ゴルキー（→ p.110）の14万人に比べ今回の死者が大幅に減少した理由に，サイクロンの襲来時期が乾季の低潮時で上陸場所が農村部であったこと，予報・警報やシェルターなどの避難施設が機能してきたことなどがあげられる（図3）。

住民への予報・警報は伝達されたが，漁に出ている者へは情報が伝わらず，多くの犠牲者を出した。また，男性は情報を得ていたが女性には伝えられなかった例などがあり，いまだに防災にジェンダー問題が絡んでいる。

物的・経済的被害

サイクロン・シドルは，図4～図6にみるように，橋（1,687カ所），道路（全半壊約8,000カ所），堤防（1,875 km），学校（全

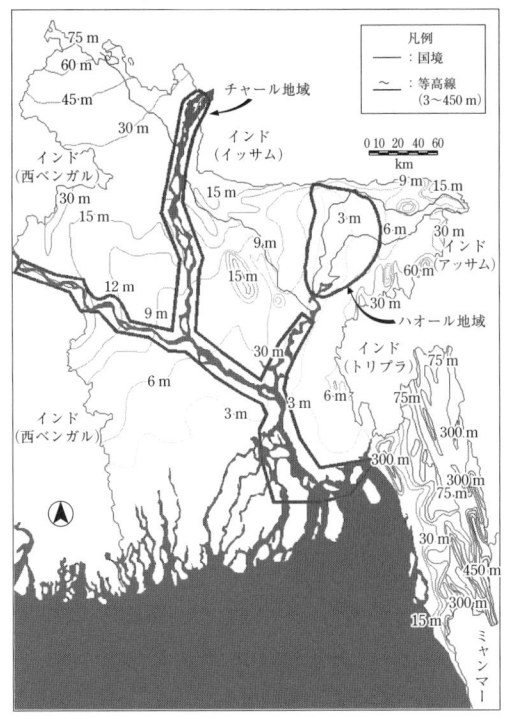

図2　チャール地域とハオール地域

［出典：吉谷純一，竹本典道，タレク・メラブテン，「バングラデシュにおける水災害に関する要因分析」土木研究所資料，第4052号，p.9（2007）］

図3　老朽化したサイクロンシェルター
[出典：国際協力機構(JICA)アジア第二部,「バングラデシュ人民共和国サイクロン災害復興支援ニーズアセスメント調査報告書」, p.29(2008)]

図5　川沿道路のレンガ被覆被害
[出典：国際協力機構(JICA)アジア第二部,「バングラデシュ人民共和国サイクロン災害復興支援ニーズアセスメント調査報告書」, p.39(2008)]

図4　家屋被害, 1階が大破
[出典：国際協力機構(JICA)アジア第二部,「バングラデシュ人民共和国サイクロン災害復興支援ニーズアセスメント調査報告書」, p.31(2008)]

図6　ハイスクールの被害状況
[出典：国際協力機構(JICA)アジア第二部,「バングラデシュ人民共和国サイクロン災害復興支援ニーズアセスメント調査報告書」, p.28(2008)]

半壊約17,000施設), 家屋（全半壊約152万戸）などの建築物とインフラに大きな被害をもたらした。同時に, 高潮により農耕地やマングローブ林などの自然環境の破壊を招いた。被害総額は31億USドル余, 復旧・復興に必要なコストは16億〜18億USドルと見積もられている。

サイクロンのコース

図7に北インド洋周辺で1945〜2007年に発生したサイクロンの進行経路を示す。ベンガル湾で発生したサイクロンの多くは, 海岸線をほぼ直角に進行するか西へ向かう。プレモンスーン季の3〜5月とポストモンスーン季の10〜12月で発生数や進路に大きな違いがある。

過去114年間（1877〜1990年）の統計では,

ベンガル湾で発生したサイクロンのうちの約1/6の70がバングラデシュを襲っている。また, 1960年からの32年間の統計では, 風速40 m/s以上のサイクロンが9, そのうちの最大瞬間風速が55 m/sを超えたものが5あった。1960〜1997年の38年間で死亡者を出したサイクロンは延べ18で, その総犠牲者数は70万人を超えていると推測される。

この事例の概要と特徴

21世紀に入り, バングラデシュは大きく変貌している。年平均実質GDPでみると, 2013年で6.2%の成長率を確保し, 毎年, 経済成長

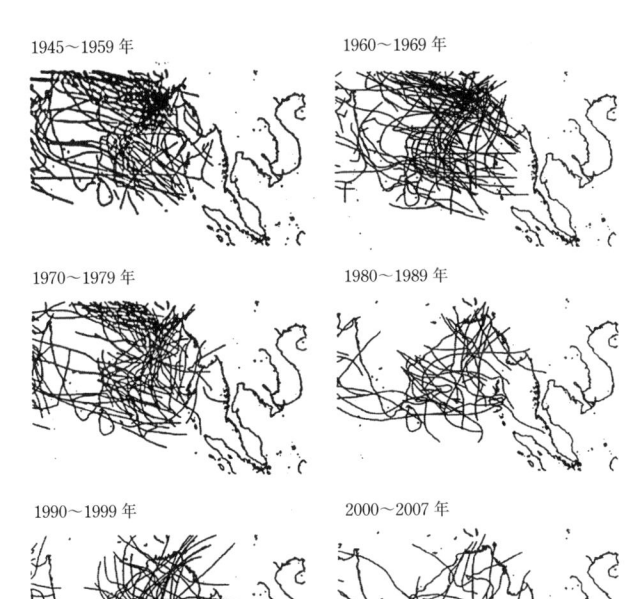

図7 北インド洋周辺のサイクロンの
コース 1945〜2007
[出典：柴山知也，高木泰士，Ngun Hnu，「2008年サイクロンNargisの被災状況調査報告」自然災害科学，27(3)，337(2008)]

をづづけ中間層の数が飛躍的に増えている。2006年には，無担保・小額資金融資のグラミン（村落）銀行のユヌス総裁がノーベル平和賞を受賞し，2008年には，公正な総選挙が実施され高投票率の結果，アワミ連盟が圧倒的勝利を遂げた。2014年の総選挙でもアワミ連盟が圧勝したが，野党18連合は選挙をボイコットした。

近年，サイクロン救援などのNGOや縫製業などの日系企業の進出も盛んで，日本との関係も強化されている。今日の経済の成長は海外資金に依存しており，製造業は伸び悩んでいる。1日あたりの1人のカロリー摂取量から求める"貧困線"以下の人口比率は，1973年の全国平均82.2％から1996年は47.5％，2005年は27％まで低下している。しかし，常に災害の犠牲者となっている農村の貧困問題は，いまだ解決されていないなど，残された課題は多い。

参 考 文 献

1) 国際協力機構（JICA）アジア第二部，「バングラデシュ人民共和国サイクロン復興支援ニーズアセスメント調査報告書」(2008).
2) 吉谷純一，竹本典道，アディカリ・ヨガナス，チャボシアン・セイエッド・アリ，「バングラデシュ・ハティア島における1991年サイクロン災害要因に関する事例研究」土木研究所資料，第4093号 (2008).
3) 吉谷純一，竹本典道，タレク・メラブテン，「バングラデシュにおける水災害に関する要因分析」土木研究所資料，第4052号 (2007).
4) 柴山知也，高木泰士，Ngun Hnu，「2008年サイクロンNargisの被災状況調査報告」自然災害科学，27(3)，331-338 (2008).
5) 大橋正明，村山真弓 編著，『バングラデシュを知るための60章 第2版』，明石書店 (2009).

サイクロン・ナルギス

発生地域：ミャンマー，南西部

サガインヒルから望むエーヤワディー川
［ケイト・エライン氏 提供］

国民1人あたりのGNI（世界銀行2013）低所得国グループ
上陸：2008年5月2日（現地時間）
最大（瞬間）風速：59(72)m/s
最低気圧：962 hPa
暴風の範囲：1,600(EW)，1,200(NS) km
人口（2010）：51,931,000人
国土の総面積（2012）：676,578 km^2
死亡者数：84,537人
行方不明者数：53,836人
被災者数：約122～192万人
全壊家屋数：45万棟

【サイクロン・洪水】

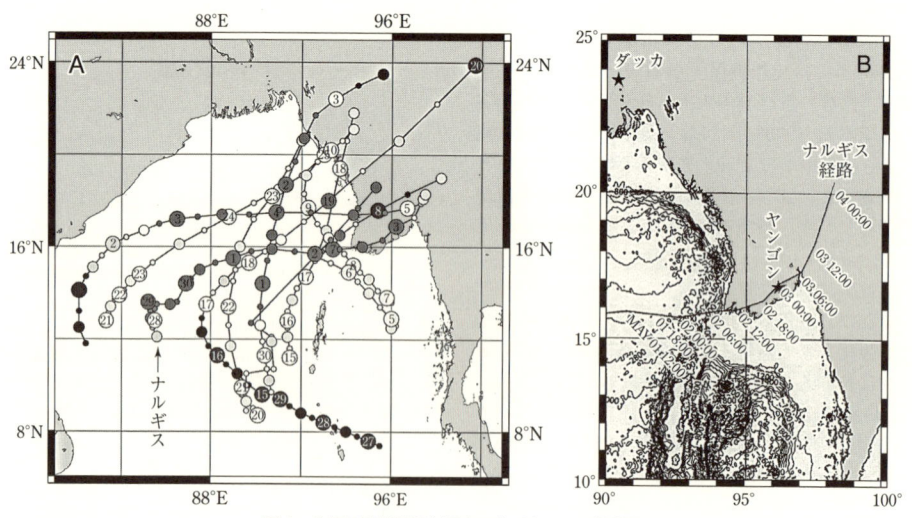

図1　今回の進行経路と過去のサイクロンの経路図

［出典A：北本朝展（国立情報学研究所），デジタル台風：ベンガル湾のサイクロン，http://agora.ex.nii.ac.jp/digital-typhoon/world/bob/
出典B：柴山知也，高木泰士，Ngun Hun，「2008年サイクロンNargisの被災状況調査報告」自然災害科学，27(3), 336(2008)］

軍事政権下の巨大サイクロン

 4月末、ベンガル湾の南部で発生したサイクロン・ナルギス（Nargis）は、西風に乗ってほぼ東に向かった。北上してバングラデシュに向かうという通常のコースを外れ、数年に1度という珍しいコースをとった（図1）。
 5月2日にミャンマーのエーヤワディ川のデルタ地帯に上陸したナルギスは、海岸に沿って東進した。秒速40mを超える南風が吹き込んで、通常より3mも高い高潮が押し寄せ海岸から100km先の内陸まで浸水した（図2）。

図3 水没した耕作地
[© 防災システム研究所ホームページ]

るを得ない状況がつづいている（図3）。

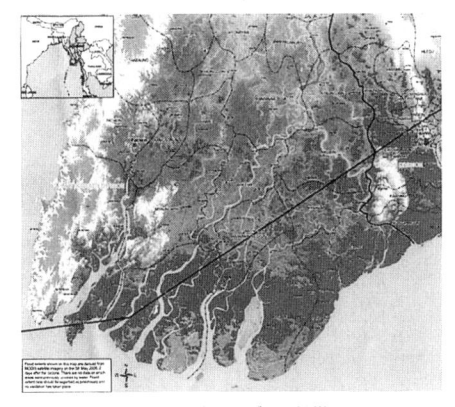

図2 浸水したデルタ地帯
[出典：特定非営利活動法人災害人道医療支援会、「ミャンマー・サイクロンナルギス被害初動調査報告」HuMA News Letter, 号外(2008)]

 甚大な被害にもかかわらず、軍事政権は一部の友好国以外からの人的援助を拒否した。全面受入れを表明したのは約3週間後で、その間に被害が拡大したと国際的な非難を浴びた。
 被災後、1年を過ぎても軍事政権は復興に主導的な役割を果たさず、被災者の多くは水や食料まで国際的な援助に頼っている。被災者の数は、国連推計で120万〜190万人以上である。
 サイクロンによる高潮で海水に長期間浸かった農地では、米の収穫は例年の半分程度で、デルタ地帯全体の米の収穫量も半減している。稲作のための種も残っていないため援助に頼らざ

歴史的・文化的な背景

 ビルマ地方は、古くからいくつかの文化が栄えたが、ビルマ族が現れるのは10世紀以後である。その後、周辺の大国の中国やタイの支配を受けながら18世紀にビルマ族により再統一された。
 1886年にイギリス領インドに併合されて、その1州となり、1937年、インドから独立してイギリス連邦の一員となった。第二次世界大戦中、日本軍とともにイギリス軍を駆逐しビルマ国を建国した。戦後、再びイギリス領となったが、1948年にイギリス連邦から離脱して独立した。
 独立後、共産党や国民党などの武力闘争がつづき、やがて国軍が勢力をもつようになり、1962〜1988年まで軍事独裁政権がつづいた。1990年に総選挙が実施されアウンサンスーチー率いる国民民主同盟（NDL）が圧勝したが、国軍が政権移譲をせず2011年まで軍事政権がつづいた。2011年に総選挙が行われて元中将のテインセインが大統領に選出され、民政移管となった。2012年には補欠選挙が行われNDLが圧勝した。2006年に首都がヤンゴンからネピドーへ遷都し、全国は7管区（おもにビルマ族）7州（おもに他の少数民族）の行政区画に分けられている（図4）。
 隣国バングラデシュとの関係は、内政不干渉の立場で実利的な経済中心の外交を維持し、両

148   1章 気象災害

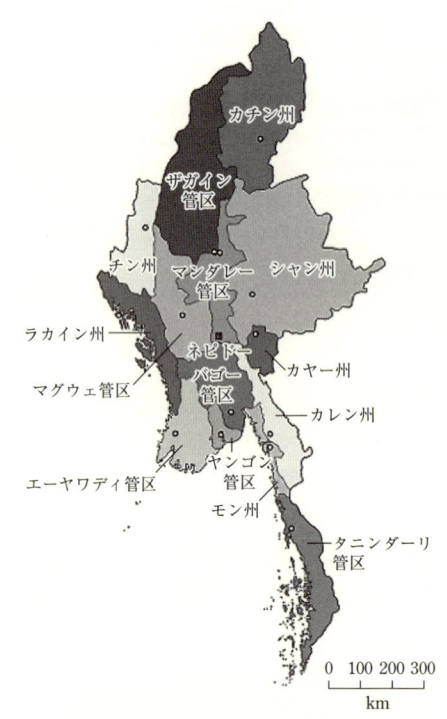

図4 ミャンマーの全国の7管区7州
[© 旅行のとも, Zen Tech ホームページ]

ミャンマー北部の山地のカチン州にはカチン族（人口約100万人），東北部のシャン州にはシャン族（約300万人），南東部のモン州およびカレン州にはパオ族（約100万人）などの少数民族が住んでいる（図4）。

地形の特徴

ミャンマーの国土は南北に長く延びており，中央をエーヤワディ川が縦断している。このため気候や植生は多様で，河口付近にはヤンゴンなどがある広大なデルタ地帯が形成されている。北部の中国，インド国境のカカボラジ峰は5,881 mで，雲南省との国境には5,000 m級の山々が連なっている。

被災地の状況

今回の災害は，死亡者・行方不明者が約14万人，家を失った被災者が約80万人で，ミャンマーでは過去最大の自然災害と考えられている。1945〜2007年の間，サイクロンの進行経路は，アンダマン海を東から西に抜けるか海岸線をほぼ直角に北へ進行するパターンが多く，ナルギスの経路は非常にまれな事例である。

発生・経路のメカニズム

ミャンマーの南岸部はアンダマン海に面しており，周辺海域の海底地形は陸棚が非常に発達しており，バングラデシュが面するベンガル湾と同一の特徴をもっている。ナルギスは，海岸線とほぼ平行に進んでヤンゴン市付近を強い勢力のまま通過した。

国首都間の道路建設などに合意している。

日本人にとってビルマは，映画「ビルマの竪琴」や「戦場にかける橋」などからの印象が強いが，ミャンマー国民の多くは敬虔な仏教徒で親日的といえる。日本も1988年のクーデター後，軍事政権を早期に承認し二国間援助をするなどしてきた。2003〜2011年は人道的あるいは緊急時を除き停止していたが，2012年以降幅広い援助を実施している。

自然環境

ミャンマー南部には，エーヤワディ川が運んできた泥が堆積してできた広大なデルタ地帯がある。今回のサイクロンによる高潮で家屋や田圃に壊滅的な被害を受けた標高の低い沿岸部の地域である。エーヤワディ川流域平原には，ビルマ族が多く住んでいる。

表1 過去のおもな上陸サイクロン

サイクロン名	上陸日	死亡者数（人）	被災者数
Cyclone 96510	1965.10.23	100	500,000
Cyclone 96702	1967.5.16	100	130,200
Cyclone 96712	1967.10.23	178	—
Cyclone 96801	1968.5.10	1,070	90,000
Cyclone 97503	1975.5.7		
Cyclone 98201	1982.5.4		
Cyclone 99201	1992.5.19		
Cyclone 99402	1994.5.2		
Cyclone MALA	2006.4.29	22	

サイクロン・ナルギス　149

ナルギスの来襲は5月2日の夕方から3日の早朝にかけての時刻だったので，多くの人々は屋内にとどまっていた。南からの強い風に吹き寄せられ，高潮がエーヤワディ川河口からヤンゴン川河口にかけて押し寄せた。さらに高潮は河口から河道を遡上し各地で氾濫した。本流での高潮の最高水位はおよそ3～4mと推測され，とくに地盤の低い地域で甚大な被害を被っている。

被災区域

最も被害の大きかったヤンゴン管区では，樹齢50年以上の大木が根から倒されるなど，大量の倒木が残された。倒木により電柱が倒されるなどして停電がつづいた（図5，図7）。

5月初旬は夏の収穫期で中旬には次の植付け時期が迫っていた。農村部の被災地では田圃が海水下に沈んだため，国全体の2008年の米の生産量は，例年のおおよそ20％と推測される。主食の米の価格は，来襲直後から始まり60％以上高騰した。

人的・社会的被害

サイクロンの接近は，ラジオなどを通じてヤンゴンやデルタ地帯の住民にも伝わっていたと考えられる。しかし，この地域では過去数十年にわたって高潮災害に見舞われたことがなく，具体的な対応をしていなかった。河口から約

図5　通過直後のヤンゴン市内
[出典：特定非営利活動法人災害人道医療支援会，「ミャンマー・サイクロン被災者支援」HuMA Newsletter, No. 10, 号外1頁目 (2009)]

図7　倒された巨木（ヤンゴン市内）
[出典：特定非営利活動法人災害人道医療支援会，「ミャンマー・サイクロン被災者支援」HuMA Newsletter, No. 10, 号外1頁目 (2009)]

図6　高潮流下後のバゴー川左岸
[出典：柴山知也，高木泰士，Ngun Hun，「2008年サイクロンNargisの被災状況調査報告」自然災害科学，27(3), 333 (2008)]

図8　水田地帯のLatkegon村の状況
[出典：柴山知也，高木泰士，Ngun Hun，「2008年サイクロンNargisの被災状況調査報告」自然災害科学，27(3), 335 (2008)]

図9 倒壊された家屋（エーヤワディ川）
［出典：特定非営利活動法人災害人道医療支援会，「ミャンマー・サイクロン被災者支援」HuMA Newsletter, No. 10, 号外2頁目(2009)］

図10 被災したヘルス・センター（Kcep村）
［出典：特定非営利活動法人災害人道医療支援会，「ミャンマー・サイクロン被災者支援」HuMA Newsletter, No. 10, 号外2頁目(2009)］

50 km上流に位置するヤンゴン市の船着場では，護岸を1.2 m越える高潮が押し寄せた。ほかの河川でも越波はおおむね1～2 mで，ヤンゴン川本流の半分程度である。

物的・経済的被害

川を遡上した高潮は，本流，支流，農業用水路などを伝わって各地で氾濫した。周辺住民は雨季の洪水の経験はあったが，高潮は未経験な者が多く対応に差があった。雨季の6 mもの潮位の変動に日常的に慣れている者は，避難しなかった例が多い。

ミャンマーにおける過去のサイクロンの接近は，バングラデシュに比べると非常に少なく，平均して10年に2回程度である。過去50年以上，今回と同規模の高潮被害は経験していなかった。

インフラ・建築物被害の特徴

海岸部の地形的特性が似ているバングラデシュでは，頻繁にサイクロンが上陸している。バングラデシュでは，1991年以降，国際機関や諸外国からの支援で急速にサイクロンシェルターが整備されており，ミャンマーとは対照的に住民の高潮災害に対する意識も高い。このため近年，バングラデシュでは高潮災害による人命の損失が最低限に抑えられるようになってきた。

当時のミャンマーの軍事政権は，外国からの支援を制限しており，ハード，ソフト両面での高潮対策が十分になされない状況であった。わずかに人道的支援の名のもとに医療分野などで施設づくりなどが行われているだけであった。

地球的な規模での異常気象は今後のサイクロンの進行経路にも影響を及ぼし，ミャンマーへ上陸する頻度が高くなる可能性も否定できない。

この事例の概要と特徴

近年，世界的にみて災害種の違いによる被災者数の変化も顕著である。1970年代から1980年代中頃までは，"渇水・飢餓"による被災者が群を抜いて多かった。しかし，1980年代後半から"洪水"による被災者が急激に増えて，現在でも増加の傾向にある。逆に"渇水・飢餓"の被災者の数は大幅に減少している。

この理由として，世界的な気候変動の影響と地球人口の増加による危険地域での居住があげられている。集中豪雨の発生間隔の短縮などの異常気象は，日本においても実感できる。しかし，今回の事例にみるように，自然的要因に加

え軍事政権や独裁政権などの政治・経済体制が災害を拡大しているという人為的要因にも注視しなければならない．少なくとも，拡大要因としての人為的要因の存在は排除する必要がある．

参 考 文 献

1) 柴山知也，高木泰士，Ngun Hun,「2008年サイクロン Nargis の被災状況調査報告」自然災害科学, **27**(3), 331-338 (2008).
2) 北本朝展（国立情報学研究所），デジタル台風：ベンガル湾のサイクロン
http://agora.ex.nii.ac.jp/digital-typhoon/world/bob/
3) 特定非営利活動法人災害人道医療支援会,「ミャンマー・サイクロン被災者支援」HuMA News Letter, No. 10(2009).
4) 特定非営利活動法人災害人道医療支援会,「ミャンマー・サイクロン被災者のための復興支援報告」HuMA News Letter, No. 14(2010).
5) 特定非営利活動法人災害人道医療支援会,「ミャンマー・サイクロンナルギス被害初動調査報告」HuMA News Letter, 号外(2008).

コラム　ラマダン明けは血の臭い

　いつものように業務を終えて帰路に着いた。宿舎になっている団地の入口で車を降り，自宅のある棟に向かって歩いていた。ラマダン（断食月）が明けた祭り日の夕暮れで，煌々と灯のついた家々からは音楽や話し声が聞こえてくる。ラマダン中も飲食が許される夜中の間は，子供たちまでが元気に騒いでいたが今日は少し様子が違っている。

　地中海に面する郊外の団地には，20層のスキップフロアーを持つ瀟洒なコンクリートの建物が十数棟建っている。フランス統治時代の"遺産"で外観は悪くないが，今では停電と断水が日常的である。メンテナンスを絶たれたエレベーターは，故障で止まったまま錆付いてしまっているので，毎日20階まで階段で上り下りしている。

　1950年代の独立戦争に勝利したアルジェリアの砂漠の民は，大挙して海岸地方に押し寄せ白人を追い出し都市を占拠してしまった。その多くはイスラム教徒で，ラマダンは彼らの重要な年中行事の一つである。断食は案外守られているので，夜明けから日没まで飲まず食わずの彼らは，職場には来るがほとんど仕事にならない。

　現在でも彼らは，ライフスタイルを変えず高層アパートの浴室で羊を飼うのも珍しくない。一方，旧宗主国の習慣も根付いていてフランスパンを求める老若男女でパン屋は毎日あふれている。家路を急いで建物の角を曲がると，各戸のバルコニーに並んで吊るされ，血が滴り落ちている羊の生首が，強烈な臭いとともに明かりの中に浮かび上がった。

2章　雪氷災害

I.04（➡ p. 17）でみたように，現代では一次的な雪氷災害で死者数が 1,000 人を超すような激甚災害は見当たらない。その多くは，豪雪・吹雪・雪崩などによる事故や交通障害による社会活動での二次的な災害である。

地球的な規模の雪氷災害として，気象災害の項でみたように温暖化が雪氷圏に及ぼす影響があげられる。近年，高緯度や標高の高い地域における永久凍土や氷河の融解が問題視されている。これらの氷河の後退，グリーンランドや南極などの氷床の縮小，北極の氷冠の減少は急激で，海面水位の上昇が報告されている。

広範囲にわたる永久凍土などの縮小は，温暖化の進行のほかにも侵食・水循環の変化・雪崩崩壊・建造物破壊などさまざまな災害を地域にもたらすと考えられている。

参考文献 4）で 2011 年 3 月 12 日に発生した長野県北部地震と大雪の複合災害の例が報告されている。2010～2011 年冬期は 2006 年以来の豪雪だったところに地震により多くの雪崩が発生した。

参 考 文 献

1) 二宮洸三,『気象と地球の環境科学 改訂第 3 版』, オーム社（2012）.
2) 日本地球化学会 監修, 河村公隆, 野崎義行 編,『地球化学講座 6 大気・水圏の地球化学』, 培風館（2005）.
3) M. マスリン 著, 三上岳彦 監修,『異常気象―地球温暖化と暴風雨のメカニズム』, 緑書房（2006）.
4) 上石 勲, 本吉弘岐, 石坂雅昭,「2011 年 3 月 12 日に発生した長野県北部地震と大雪の複合災害―地震によって誘発された雪崩発生状況」主要災害調査, 第 48 号（東日本大震災調査報告）, pp. 121-134, 防災科学技術研究所（2012）.

図 2.1 世界の気候区分

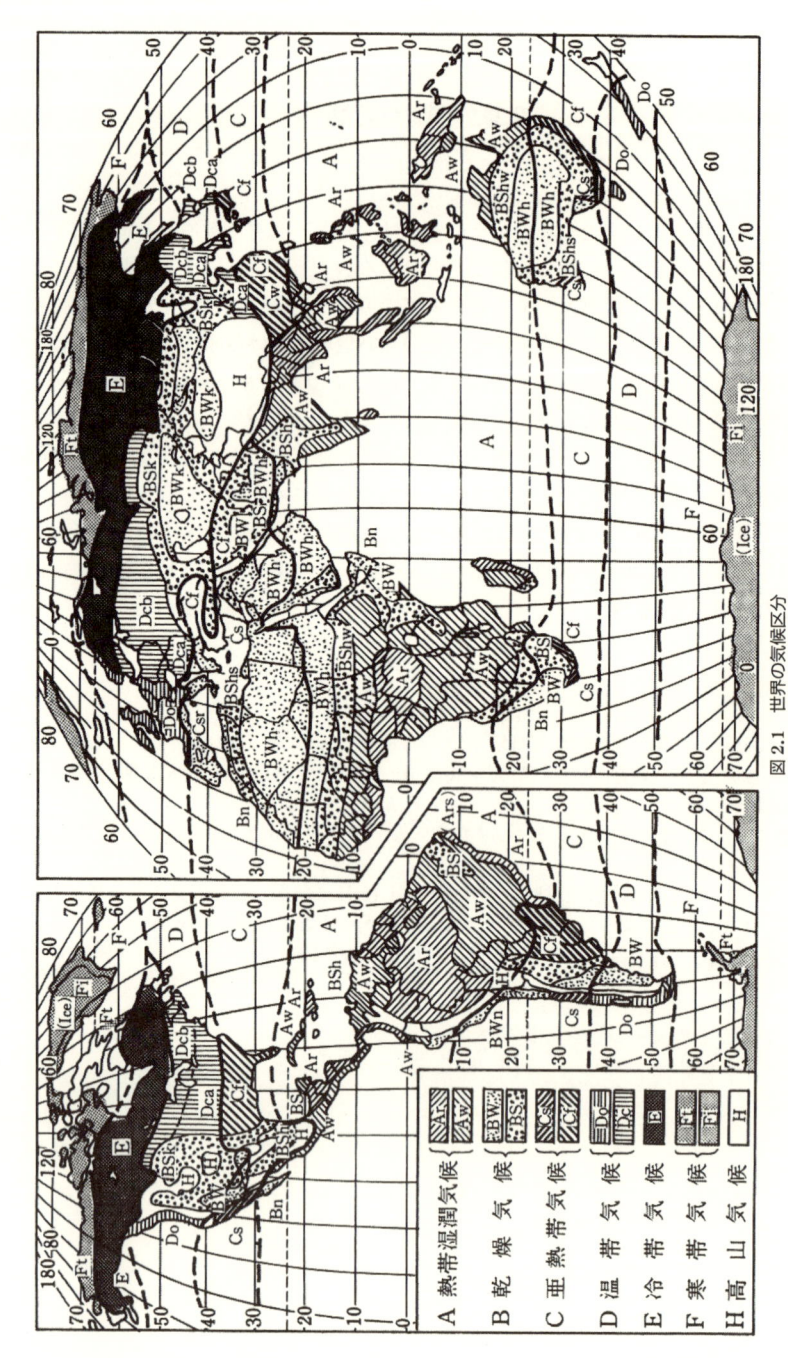

[出典：G. T. Trewartha, L. H. Horn, "An Introduction of Climate", McGraw-Hill (1980)]

コラム　エベレストと富士山

　暗い湖面に小さな灯りが揺れている。対岸の温泉街からボートがこちらに向って来た。慌てて焚火を消し草むらに隠れて息を潜めた。近づくボートの中で男達が話す声が聞こえた。接岸しないままボートは私達の目の前を通り過ぎて行った。話声が消えて暗い静寂が戻った。振り返ると夜空に霊峰富士のシルエットが薄っすらと浮かんでいた。

　高校最初の夏休み，仲間3人で富士山を目指し河口湖畔の干潟でキャンプをしていた。翌朝，五合目に向うバスの中で旅行中のイギリス人と知合った。眼鏡をかけたインテリ風の青年は，中東からアジアを一人でまわっていると話した。外国人といえばアメリカ人を指した時代に，未だ希少だった富士登山をイギリス人と一緒にできて自慢だった。

　カトマンズの東にエベレストを眺めるのに絶好のポイントとされるナガルコットがある。遠望したエベレストは，周囲を高峰に囲まれていて物足りなかった。休日にエベレスト周遊飛行に参加した。コックピットから眺めた頂上は，やはり連峰の中の一つの峰に過ぎなかった。裾野から頂上まで延びる富士山の秀麗なスカイラインには及ばなかった。

　最近，退職したグループと一緒にバスツアーに参加して2度目の富士登山をした。真夏の富士山は登山者が延々と列をなしていた。暴風雨のために八合目に1泊して引き返した。快晴の下山道も混雑していたが，アジアや欧米からの賑やかなグループがいくつも見られた。2度の登山の間に富士山もすっかりインターナショナルな観光地に変わっていた。

雪　崩

インド 40 年ぶりの大雪

発生地域：インド，カシミール地方

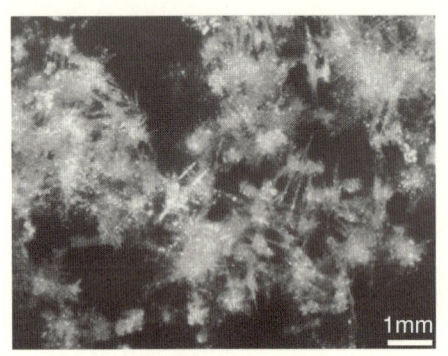

降雪粒子の立体視，長岡
[© 防災科学技術研究所雪氷防災研究センターカタログ]

国民1人あたりの GNI（世界銀行 2013）低位中所得国グループ
発生年月日：2005 年 2 月 18 日
人口（2010）：1,205,625,000 人
国土の総面積（2012）：3,287,263 km^2
死亡・行方不明者数：475 人

【大雪・雪崩】

図2　新潟県南魚沼市の雪崩
[© 防災科学技術研究所雪氷防災研究センターカタログ]

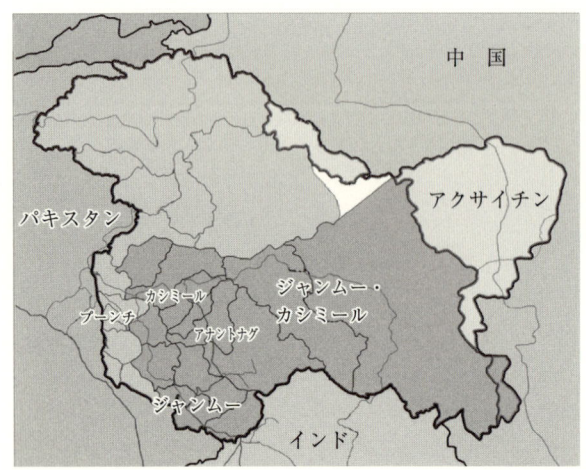

図1　カシミール地方
[© Wikipedia]

図3 地球温暖化と氷河の後退
〈左 1992.8, 中 1997.8, 右 2002.8〉
［出典：水野一晴,『アフリカ自然学』, 巻頭3ページ目, 古今書院(2005)］

この事例の概要と特徴

2005年2月, インドで40年ぶりの大雪が降り, 過去15年間で最大の雪崩が発生した。おもな被災地は, ジャム・カシミール地方のインドが支配する地域で, アナントナグ, プーンチなどである。犠牲者の数は500人近いとされており, ペルー・ワスカラン山の地震による氷河雪崩（➡ p.162）の死傷者数を除くと, 近年, 最大のものである。一般的に雪氷災害による人的被害は, 地理的な条件などから1,000人を超える事例はほとんどないが, 大雪がもたらす都市災害による経済的・社会的な損失が大きい。

近年の地球温暖化に伴う世界各地の氷河の後退, 北極や南極の氷の減少などが地球全体の熱収支を狂わせており, 人々の生活への影響が現れている。

アフリカ大陸の赤道直下に位置するケニア山のチンダル氷河は, 1992～97年の5年間は年平均3m後退していたが, 1997～2002年の5年間の年平均では毎年10m後退している（図3）。

ヨーロッパアルプスでも1999年2月の大規模な暴風雨により各地で雪崩が発生して死者70人以上を出している。同時に何万人もの旅行者が, 中央アルプスや西アルプスのスキー場に取り残された。その原因を地球温暖化による積雪パターンの変化に求める声もある。

今日, 氷河の後退は, アルプスやアイスランドでも顕著にみられる。

参 考 文 献

1) 若濱五郎,『雪と氷の世界―雪は天からの恵み』, 東海大学出版会 (1995).
2) G. F. ホワイト, J. E. ハース 著, 中野尊正, 安倍北夫 監訳,『自然災害への挑戦―研究の現状と展望』, ブレーン出版 (1980).
3) M. マスリン 著, 三上岳彦 監訳,『異常気象地―球温暖化と暴風雨のメカニズム』, 緑書房 (2006).
4) 水野一晴,『アフリカ自然学』, 古今書院 (2005).

コラム　ネス湖のドライブ

　駅前で借りた車はイングリッシュフォードの小型車だった。ローカル列車でスコッチの故郷をゆっくりと堪能していたので，インバネスに着いたのは午後の遅い時間になっていった。職業欄に"アーキテクト"と書くとレンタカー会社の女性が，オフィスは閉めるが車を戻してキーをポストに入れておいてくれればよい，と言った。

　1週間の夏の休暇をバーミンガムのB.B.（Bed & Breakfast）で過ごした後，最終日にスコットランドを回ってみようと思い立った。ガイドブックを持たない私が"スコットランド"で思い浮かべたのは，シェイクスピアの『マクベス』ではなくウィスキーとネス湖（Loch Ness）だけだった。

　湖に向かうドライブの途中，ヒッチハイクの若いフランス人の学生カップルを乗せてあげた。普段，フランス語で苦労していた私は，二人の拙い英語に軽い優越感を抱いた。スコッチの言葉も英語とは大分違う。B.B.の主人との会話で，私が困惑する場面が何度もあった。不思議なことに，夫人が何か一言いうと急に主人の"英語"が耳に入ってきた。

　ネス湖一周のドライブは快適で，観光スポットの砦から対岸の林の中の小道まで一人で楽しんだ。恐竜には遭遇できなかったが，出ても不思議ではない雰囲気があった。その日の夜汽車でロンドンに戻った。同じ年の暮れ，忘れていた数千円分のレンタカーのデポジットが日本に届いた。イギリス人のユーモアと律儀さを身近に感じた。

3章　土砂災害

　土砂災害は，地震によるものより大雨によるもののほうが頻繁に発生する。地震が誘因となった激甚災害による最大被害は，ワスカラン雪崩（ペルー）があげられる。この例ではさらに氷河の崩壊による雪崩で多数の死者を出しており，雪氷災害に分類される場合もある。

　図5.1の地震災害および図1.1の台風災害の連鎖図で，地震による場合と大雨による場合の土砂災害の発生過程を比較すると，後者のほうが複雑で多様なことがわかる。前者が突発的で大規模被害の場合が多いのに対し，後者の誘因となる風水害の多くは季節性があり，比較的対策が講じやすい。図3.1に示すように，日本の気象庁では土砂災害の危険度を知る目安として，先行降雨（通常，特定時刻より1日以上前の降水量）や土壌雨量指数（土中に蓄えられた降水量）を用いている。2000年以降は，土壌雨量指数や気象状況から総合的に判断して，「過去数年間で最も土砂災害の危険性が高まっている」あるいは「平成0年台風0号以来で最も……」などの警報を出している。

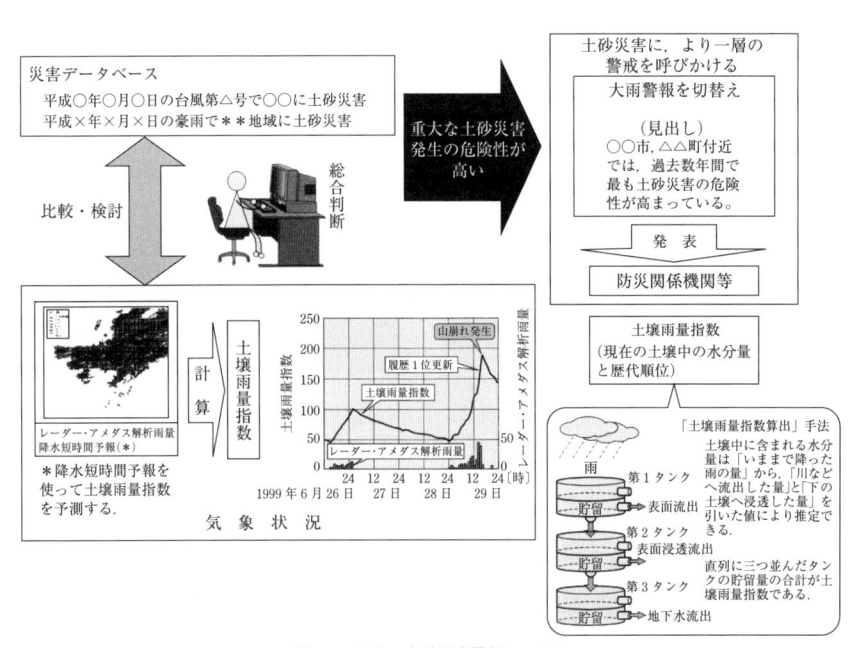

図3.1　日本の土砂災害警報システム
［Ⓒ気象庁ホームページ］

日本の歴史的土砂災害としては，1707年（宝永4年）10月の宝永地震により崩落した身延山地の"大谷崩れ"，1858年（安政5年）4月の飛越地震により発生した立山連峰の"鳶山崩れ"，および1911年8月8日に起こった長野県小谷村の"稗田山崩れ"が"日本三大崩れ"といわれ著名である。

図 3.2 稗田山崩れ
正面奥が稗田山。土砂が浦川を埋め尽くしている。
[© 稗田山崩れ100年事業実行委員会（国土交通省北陸地方整備局松本砂防事務所）]

図 3.4 大谷崩れ
1707年10月の宝永地震（$M\,8.4$）により崩落
[© 国土交通省中部地方整備局静岡河川事務所]

図 3.3 稗田山崩れによる来馬集落の惨状
写真中央は千国街道。来馬は街道時代には重要な宿駅で，諸荷物の継立場・盆市・暮市・馬市などで賑わった。
[© 稗田山崩れ100年事業実行委員会（国土交通省北陸地方整備局松本砂防事務所）]

図 3.5 鳶山崩れの跡
立山連峰鳶山の大鳶山と小鳶山の二つのピークが山体崩壊により消滅。かつては中央部に山があった。
[© Wikipedia]

参 考 文 献

1) 饒村 曜，『気象災害の予測と対策』，オーム社（2002）．
2) 二宮洸三，『気象と地球の環境科学 改訂3版』，オーム社（2012）．
3) 水谷武司，『自然災害調査の基礎』，古今書院（1993）．

コラム　ジェームズ・ボンドのフニクラ

　突然，霧状の雲が晴れて，眼下には延々と続く深い緑の谷が見えた。世界最長を誇るロープウェイの次の支柱が，はるか先の小山の上に小さく見えている。ゆっくりと音もなく進む大型のゴンドラは，文字通り空中を浮遊しているかのようだ。雲の中を何も見えずに進んできた往路と違って，帰路はまったく別の表情を見せてくれた。

　アビラ山の頂上には，映画「007シリーズ」の舞台になった元大統領の豪華な別邸があった。広い応接室には暖炉の炎が揺れ，雨が降る悪天候の中，沢山の観光客で賑わっていた。途上国のイメージが強い中南米だが，ベネズエラはOPEC加盟の世界有数の石油産出国で，中南米ではトップクラスの金持国である。しかし，途上国の例に漏れず，超がつくほどの金持ちクラスと極がつくほどの貧しいクラスに明確に階層が別れている。

　標高2,000 m超級の山並みが続くバラガス山脈が，カリブ海とカラカス首都圏を分けている。山脈の北側斜面は海岸近くまで，南側斜面は市街地に迫っている。15本以上の大きな渓流が，山側からカラカス市街まで並行して流れ込んでいる。このため集中豪雨による大規模な地すべりが，山脈の両斜面で頻繁に発生し大きな被害を出している。

　長い時間をかけてゴンドラは，やっと街の外周にあるマイルロード（標高1,600m）近くの終着駅に近づいた。前方のカラカスの美しい街並みの中心部には，幾重にも続く高層ビル群が見える。手前の山麓には広大な敷地をもつ邸宅街が広がっている。山側を振返ると，渓流に沿って密集するスラム街が幾条もの茶色の帯のように見えた。

3章 土砂災害

ワスカラン雪崩

西半球史上最大の地すべり

発生地域：ペルー，チンボテ地方

ユンガイ　ランライルカ
リオ・サンタ川

地震直後のユンガイ市上空
［出典：石山祐二,「建築・住宅分野における開発途上国技術協力プロジェクト紹介シリーズ(5)日本・ペルー地震防災センタープロジェクト」住宅, 10月号, p. 62(2005)］

国民1人あたりのGNI（世界銀行2013）上位中所得国グループ
発生年月日：1970年5月31日
発生時間：午後3時23分（現地時間）
アンカシュ地震（1970）（➡ p. 246）
震央：南緯9.2°，西経78.8°
震央深さ：43 km
マグニチュード：7.8
人口（2010）：29,263,000人
国土の総面積（2012）：1,285,216 km^2
死亡・不明者数：約70,000人
負傷数：約50,000人
倒壊建物：約200,000棟
被災者数：約80,000人

【地すべり・氷河崩壊】

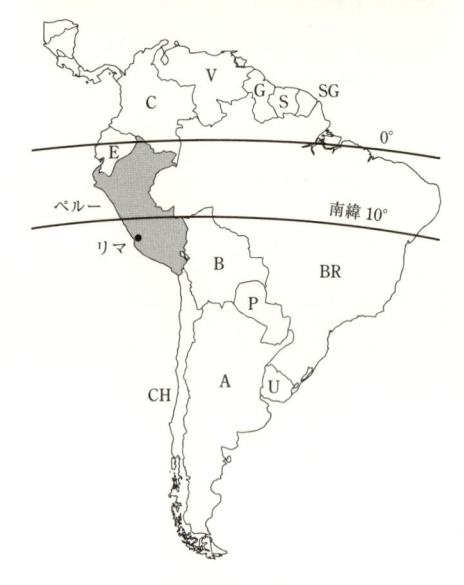

図1　ペルーの位置
［出典：石山祐二,「建築・住宅分野における開発途上国技術協力プロジェクト紹介シリーズ(5)日本・ペルー地震防災センタープロジェクト」住宅, 10月号, p. 61(2005)］

自 然 環 境

南米大陸の西岸には，スペイン語でコルディラ（紐）山系とよばれる長大な紐状のアンデス山脈が走っている。沖合の深海のペルー・チリ海溝と並行して，大陸の脊梁としては西岸の縁に偏って位置している。

図1にみるように，山系は北のベネズエラ(V)，コロンビア(C)に始まりエクアドル(E)，ペルー，ボリビア(B)を経て南端のチリ(CH)のホーン岬にまで及んでいる。赤道を挟んで北緯10度から南緯51度にまでまたがる全長約9,000 kmの世界最長山系である。

ペルーのコルディラ山系は，海抜4,000 m級の海岸山脈のコルディラ・ネグロと，おもに海抜5,500 m以上の万年雪と氷河に覆われたコルディラ・ブランカの山脈に分けられる。

図3に示すように，今回の氷塊と岩雪崩は，⇒の方向に流下し薄墨部分を覆った。登録番号第511号氷河の下端から下では，クェブラダ・アルマパンパの谷へとつづき，リオ・シャクシャ川の谷と合流し，北流するリオ・サンタ川の谷へとT字状に合流する。

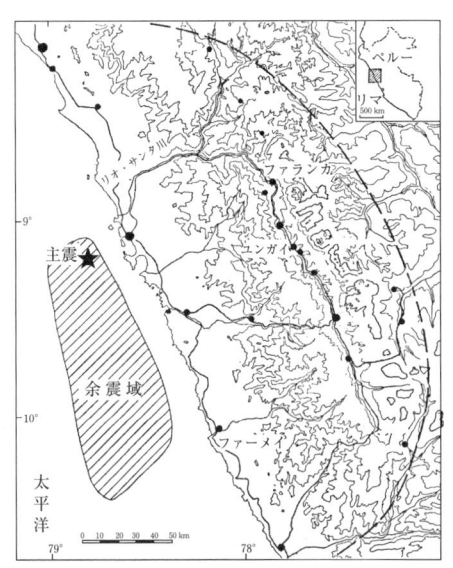

震源域の状況

雪氷雪崩は，ワスカラン北峰6,655 m（南峰6,768 m）の急傾斜の西斜面，海抜5,500～6,400 mの間で発生した。滑落した岩と氷塊からなるマスの垂直落差が約1 kmで，長さ約2.4 kmの斜面上を時速250～335 km（瞬間速度450 km）といわれる驚異的な速度ですべり落ちた。地震発生直後にワスカラン北峰で起きた雪崩は，リオ・サンタ川までのおよそ16 kmをわずか2, 3分で流下したことになる。

コルディラ・ブランカの上部斜面は，傾斜45～90度でそそり立っている。そのため氷河雪崩の発生は，正式なものだけでも2,3ヵ月あるいは2,3年ごとに報告されており，北峰は最も不安定なものと注視されていた。

冒頭の写真は，地震直後にユンガイ市上空から撮影されたものである。上方の白い部分がワスカラン山で，その左の縦に細長い黒い部分が地震で崩れた個所である。中央の白い三角の部分が崩れた土石や氷河で埋もれた部分，その左の斜めに細長い白い部分が埋もれたユンガイ市である。

被災地の状況

今回の雪崩で最も大きな被害を受けたのは，ユンガイとランライルカの町である。

ユンガイは人口17,000人余とされる地方の中心都市で，リオ・シャクシャ川右岸のやや高所の山裾に位置していた。融けた氷塊で流動性を増した雪崩が，町の上手の高い山脚を乗り越えて高所にまで達したと考えられる。

ランライルカの町は，リオ・シャクシャ川の末端の左岸に位置している。当日，市が開かれており，多くの犠牲者を出した。この町では，1962年1月にも雪崩により4,000人の死者を出している。このときの雪崩は，地震誘発によるものではなかった。

図2 震災地域
破線：地すべり，陥没，崩壊範囲，等高線：1,000 mごと
[出典：G. Plafker, G. E. Ericksen, J. F. Concha, "Geological Aspects of the May 31, 1970, Peru Earthquake", *Bull. Seismol. Soc. Am.*, **61**(3), 546(1971)]

164 3章 土砂災害

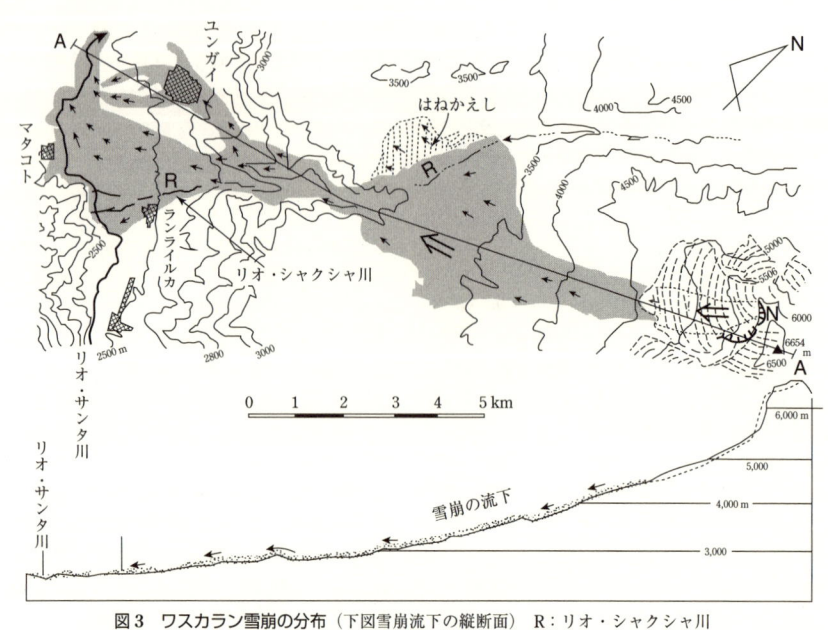

図3 ワスカラン雪崩の分布（下図雪崩流下の縦断面） R：リオ・シャクシャ川
［G. Plafker, G. E. Ericksen, J. F. Concha, "Geological Aspects of the May 31, 1970, Peru Earthquake", *Bull. Seismol. Soc. Am.*, **61**(3), 551 (1971)］

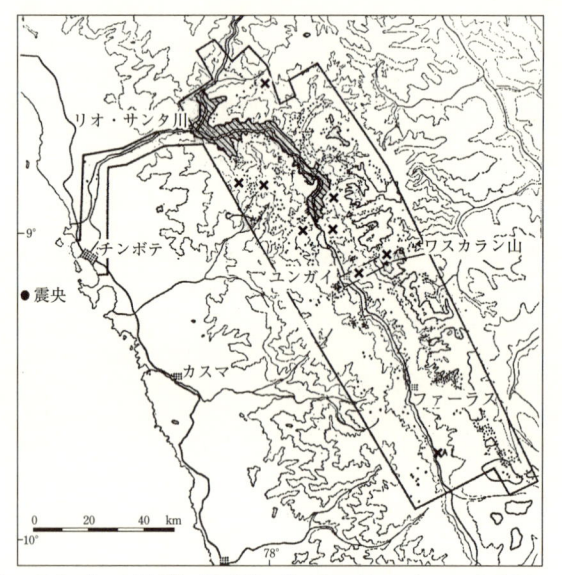

図4 リオ・サンタ川流域の岩石崩壊　岩雪崩の分布（・），×；大型地すべり
［出典：G. Plafker, G. E. Ericksen, J. F. Concha, "Geological Aspects of the May 31, 1970, Peru Earthquake", *Bull. Seismol. Soc. Am.*, **61**(3), 549 (1971)］

二つの町を含むこの地区では，18,000人あまりが死亡したと推測されている。

リオ・サンタ川沿いでは，流速の落ちた雪崩が泥流となって下流の町を水没させた。流域では，大小規模の岩石の崩壊・滑落・地すべり，堰止湖などが数多く発生した（図4）。

人的・社会的被害

今回の災害の当日は日曜日で，ユンガイの町の中心部では市が開かれ，周辺の村々からも人々が集まっていた。雪崩は，町の中心部を横切り，町並みのすべてを粉砕して埋没させてしまった（図5）。

物的・経済的被害

図6にみるような推定700トンの巨石が残されているが，雪崩の後の土砂・巨岩塊の厚さは2，3cm〜1m位である。ランライルカの町の末端で堆積物は，所により20m以上あったと推測される。ユンガイの町の広場では，残った棕櫚の木の傷痕や付着した泥の高さから約5mの厚さがあったと考えられる。

雪崩が運んだ物質は，おもに泥と礫である。末端近くでは水分が多くなって，礫36％，砂45％，シルト17％，粘土3％の組合せの灰色の礫質砂という分析がある。

1969〜1970年の雨季は雨が多く，今回の地震発生前には大雨が2週間つづいていた。このため地すべりが起きやすい条件がつくられており，大型の岩石崩壊が多数発生した（図4）。

この事例の概要と特徴

比較的新しく隆起したコルディラの山は，河食・氷食により急傾斜の谷壁斜面が数多く発達している。内陸の山地では雨季になると地すべり，山腹の崩壊は日常的に起きている。山地の崩落は谷川を堰き止め災害ポテンシャルを高めている。

被災後の集落の再建に際しては，岩石の崩落，地すべり，雪崩，上流の湖水の決壊などから十分に安全な場所が選ばれるべきである。潜在的な危険性に対しできる限り対応する必要がある。

途上国の山間部での街づくりでは，耐震性の高い建物の建設などのハード面での対応は困難な場合が多い。安全な場所の選択といった計画面での対応は，経済的に貧しい地域でも可能と考えられる。

図4 ワスカラン山と旧ユンガイ市中央広場跡（1986年）
災害後15年あまり，まだ災害の生々しさが残る頃の写真。
［Ⓒ Eiji Matsumoto，Googleマップ］

図6 ランライルカの町を襲った巨石
［出典：G. Plafker, G. E. Ericksen, J. F. Concha, "Geological Aspects of the May 31, 1970, Peru Earthquake", *Bull. Seismol. Soc. Am.*, **61**(3), 558(1971)］

参 考 文 献

1) 石山祐二，「建築・住宅分野における開発途上国技術協力プロジェクト紹介シリーズ（5）日本・ペルー地震防災センタープロジェクト」住宅，10月号，pp. 61-66（2005）．
2) 海外技術協力事業団（JICA），「ペルー国チンボテ地域サイスミック・マイクロゾーニング報告書」，海外技術協力事業団（1971）．
3) B. A. ボルト 著，金沢敏彦 訳，『地震（SAライブラリー 19）』，東京化学同人（1997）．
4) 金子史朗，『世界災害物語Ⅱ—自然のカタストロフィ』，胡桃書房（1985）．

166   3章　土砂災害

ネパール中南部地域土砂災害

発生地域：ネパール，マクワンプール郡

スワヤンブナート寺院（カトマンズ）

国民1人あたりのGNI（世界銀行2013）低所得国グループ
発生年月日：1993年7月19～23日
発生時間（現地時間）：19日午前8時45分～20日午前8時45分
最大時間雨量：75 mm（19日午後9～10時）
降水量：540 mm（日雨量）
人口（2010）：26,846,000人
国土の総面積（2012）：147,181 km^2
死亡者数：約1,336人
被災者数：553,000人
被害建物：家屋39,694棟
公共建物633棟

【地すべり・土石流・洪水】

図1　カトマンズと南東部の被災地の郡の位置
［出典：国際協力事業団(JICA)，「ネパール国中南部地域激甚被災地区防災計画事前調査報告書」(1995)］

ネパール史上最大の降水量と土砂災害

ネパールは，世界最高峰のエベレスト 8,848 m をはじめとするヒマラヤ山脈を有することから山国のイメージが強い。国土の 8 割近くは山地だが，インドと国境を接する南部の海抜 60 m のテライ平原にはジャングル地帯があり野生の象や虎が生息している。インドプレートがアジアプレートに衝突して押し上げたヒマラヤ山塊とテライ平原との間には，実に 8,000 m 以上もの高度差がある。このようなネパール固有の地理的条件が誘因となって，数多くの地震と大雨による土砂災害をもたらすことになる (図 2)。

ネパールは国土の大部分が亜熱帯モンスーン地帯に属しており，年間の平均降水量は 1,500～5,000 mm に達している。降水量の約 80％は，雨期の 6 月中旬～9 月中旬の 3 ヵ月間に集中している。モンスーンによる短時間集中型の大雨が，活発な削剝・浸食過程にあるヒマラヤ地域で，山崩れ，地すべり，洪水，土石流などの土

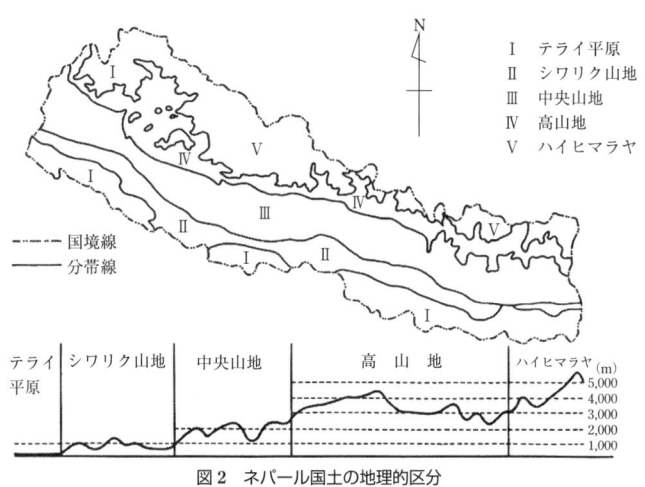

図2 ネパール国土の地理的区分
［出典：砂防学会 監修，『砂防学講座 第 10 巻 世界の砂防』，p.157, 山海堂(1992)］

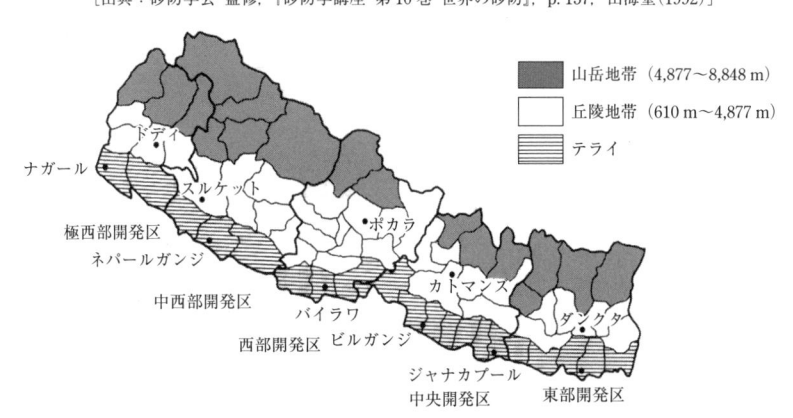

図3 山岳・丘陵・テライの高度差
［出典：国際協力事業団(JICA)，「ネパール国中南部地域激甚被災地区防災計画事前調査報告書」(1995)］

砂災害を引き起こしている。
　モンスーンの機構は，ヒマラヤ山脈からチベット高原が衝立となって亜熱帯ジェット気流とよばれる偏西風が南北に分けている。このため常にベンガル湾トラフとよばれる気圧の谷が形成され，湾からの湿った空気が流れ込む。隣接するインドのアッサム地方は，世界的にも有数の多雨地帯になっている。ネパールにおける年間最大雨量は，ポカラ周辺のルムレ (1,642 m) で 1971 年に 5,946 mm を記録している。

歴史的・文化的な背景

　ネパールの生活・文化圏は，地域の高度により三つに分けられる。高度 200～300 m の南部テライ平原は，ガンジス平原のつづきでインド的，ヒンドゥー教的色彩が強い。高度 2,500 m 以上の山岳部はチベット文化圏である。中間の山地・丘陵部が最もネパール的で，その低部にヒンドゥー教徒が，高部にチベット・ビルマ語系の諸民族が住んできた（図 2，図 3）。
　東西方向およそ 900 km にわたりインドと国境を接しているネパールは，歴史的・文化的にインドの大きな影響を受けている。カースト制度があり，階級はバフン（ブラフマン，司祭），チェトリ（武士），カミ（鍛冶屋），サルキ（皮職人），ダマイ（仕立屋），ガイネ（音楽師）などがある。
　19 世紀半ばから全国統一的なカーストの枠組みで統治が行われてきた。1962～1990 年までが国王を中心とする国民統合の時期とされている。しかし，1990 年の民主化で，多民族性，多言語性が憲法で認められ，多様な文化的主張がなされるようになった。

自 然 環 境

　図 4 に示すように，テライ平原はガンジス平原の一部をなす海抜数百メートル以下の高度で，第四紀の砂礫・砂・泥層が扇状地・沖積平野をなしている。
　シワリク丘陵は海抜 1,000～1,500 m の丘陵性山地で，新第三紀から第四紀の泥岩・砂岩・礫岩などからなっている。
　中央山地は海抜 2,000～3,000 m のマハバラート山脈と 1,000 m 内外のポカラ，カトマンズ盆地を含む地域である。
　高山地は海抜 2,000～4,000 m の山地帯で，千枚岩・片麻岩・結晶片岩などからなる地域である。
　ハイヒマラヤ地域は海抜 4,000 m 以上の氷河と急峻な山地で，巨大な力が作用し激しい造山

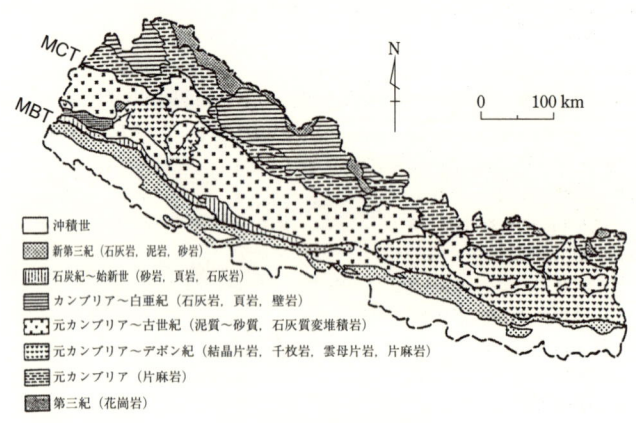

図4　ネパール国土の地質
MCT：main central thrust, MBT：main boundary thrust
[出典：国際協力事業団 (JICA)，「ネパール国中南部地域激甚被災地区防災計画事前調査報告書」, p. 26 (1995)]

運動が繰り返された地形がみられる。

地形・地質の特徴

図4にみるように，ネパールの地形は東西の帯状構造をなしており，主境界断層（MBT），主中央衝上断層（MCT）の大規模な構造線が地形・地質帯の境界になっている。

被害の状況

図6にみるように，ネパールの地形的な特徴から年降水量は150～5,550 mmまで非常に大きな地域差がある。マハバラート山脈とシワリク山地地域の南面が多く，モンスーンの影響をほとんど受けないハイヒマラヤの北側では1,000 mm以下である。

メカニズム

ネパールの山地では常に急峻な地形・脆弱な地質・山地の荒廃などにより通常の降雨でも山腹の土壌浸食が発生する危険性がある。今回の豪雨では，大規模な地すべり・山腹崩壊・土石流が発生し，山の斜面や谷底の集落・農地が潰された（図7）。

過去のおもな土砂災害

ネパールにおける過去のおもな土砂災害には以下のものがある．1968年9月ブリガンダキ川のロックスライドに起因するアルガトバザールの洪水，1981年のスンコシ川上流部のボテコシ，1985年のダウコシにおける氷河湖決壊，1988年西部ネパールの地すべりなどで大きな被害を出している。

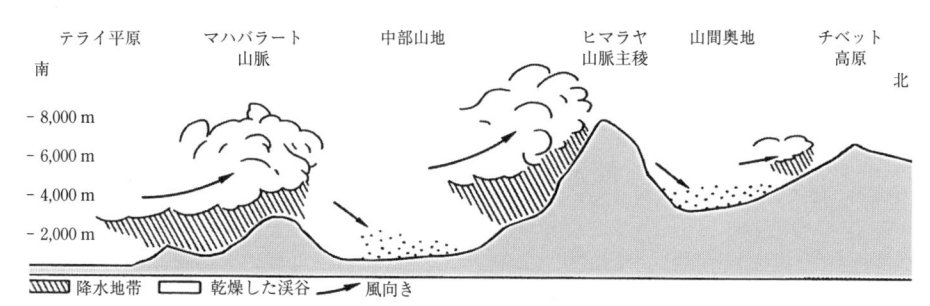

図5 主要降水地帯の南北断面
[出典：砂防学会 監修，『砂防学講座 第10巻 世界の砂防』，p.159，山海堂(1992)]

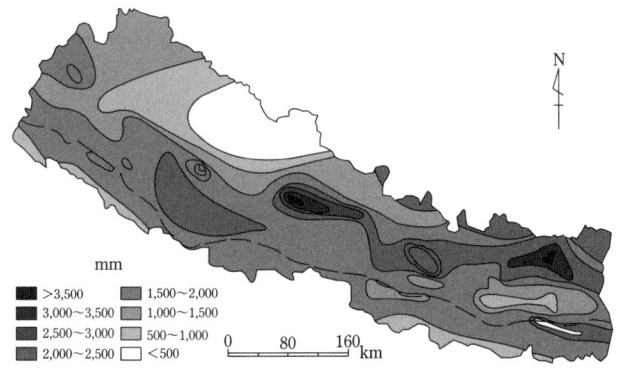

図6 ネパールの年間降水量分布
[出典：国際協力事業団(JICA)，「ネパール国中南部地域激甚被災地区防災計画事前調査報告書」，p.27(1995)]

170   3章 土砂災害

図7 マクワンプール郡バルン村フェディガオン地区の被災地
[出典：国際協力事業団(JICA)、「ネパール国中南部地域激甚被災地区防災計画事前調査報告書」、巻頭3ページ(1995)]

被災区域の状況

急峻なヒマラヤ山脈にみられる起伏に富んだ地形が、ネパールの地勢上の重要な要因の一つになっている。傾斜の多い土地は、農耕地として制限があり生産効率を低めてきた。また、起伏に富んだ地形は運輸上の大きな障害になり、山地からテライに南流する河川が国土を分断して東西の交通を困難にしている。このため市場形成が妨げられ地域間に著しい格差が生じ、現在までつづいている。

被災区域

図1にみるように、今回のおもな被災区域は、タプレジュン、パンチタル、マクワンプール、シンズリ、サルラヒ、ラウタハト、シラハ、チトワン、カブレ・パランチョークなどの各郡で、広範囲にわたっている。

人的・社会的被害

前項にみるように、被災地域は山地からテライ平原の郡に多い。これは、1950年代までのテライは森林に覆われて人口も少なかったので、山地の大雨が流れ込んでも問題がなかったためである。20世紀後半の50年間で多くの森林が伐採され、広大な農地が開発され集落ができ居住者が増えている。

一方、河川の堤防や護岸の砂防対策はほとんど進んでいないため、頻繁に洪水などで被害を受けている。

ネパールで20世紀中に100人以上の死亡者を出したおもな土砂災害は、地すべり5件；死亡者数合計636人、洪水14件；死亡者数合計4,924人で合わせて5,560人である。

物的・経済的被害

被害総額は20万USドルと見積もられている。人や建物以外では、農作物55,945 ha、家畜25,388頭などが被害を被っている。

インフラ建築物の被害

被害を受けたおもな建造物・インフラは、家屋39,694棟、公共建物633棟、道路367 km、橋277ヵ所、灌漑施設67ヵ所などである。地域ごとに異なる土砂の動態や社会的条件に合わせて砂防対策も異なる必要がある。

図8はラプティ川上流の発電施設を保護するための床固工群、図9は中央山地のガリ侵食防止用の簡便な谷止工と家畜侵入防止のための植樹、図10は中央山地のジリーラモサング道路でスイスの援助で建設された道路防災用練石積である。

首都カトマンズなどの大都市を除くと、ほとんどの人家は山頂、山腹、渓間扇状地などに点在している。砂防対策にあたっては、家畜とともに居住するこれらの生活形態が考慮されなければならない。

図8 床固工群
[出典：砂防学会 監修、『砂防学講座 第10巻 世界の砂防』、p.166、山海堂(1992)]

ネパール中南部地域土砂災害　171

図9　谷止工と植樹
［出典：砂防学会　監修,『砂防学講座　第10巻　世界の砂防』, p.166, 山海堂(1992)］

図10　道路防災用練石積
［出典：砂防学会　監修,『砂防学講座　第10巻　世界の砂防』, p.166, 山海堂(1992)］

この事例の概要と特徴

　21世紀に入ってネパールの国民1人あたりのGNPは1,000ドルを超し，識字率は伸びて15歳以上の半数近くの人々が文字が読めるといわれる。世界的には依然最貧国の一つで，国の開発予算の大部分を外国からの援助に頼っている。
　カースト制度は実質上存在しているが，住民へのヒアリングでは"同一カースト内での生活には何の支障もない"と答えている。しかし，防災計画の策定などに際しては，外部の者からは窺い知れない要因が厳然として存在していることを忘れてはならない。
　近年，歴史的に古代からつづいた王制が廃止され，マオイストが主流となりネパールの政治・経済の状況は大きく変わりつつある。紛争は一段落しているが，貧困問題の解決はこの国が直面している最も大きな課題として残っている。災害が貧困を生み，貧困が災害を繰り返す，最貧国固有の負の連鎖が断ち切れない典型的な事例の一つといえる。技術協力以前に，減災の実効があがる支援形態の構築が先決である。

参 考 文 献

1) 国際協力事業団（JICA），「ネパール国中南部地域激甚被災地区防災計画事前調査報告書」(1995).
2) 国際協力事業団（JICA），「ネパール王国カトマンズ盆地地震防災計画事前調査報告書」(2000).
3) 国際協力事業団（JICA），「ネパール国別援助研究会　報告書」(1993).
4) 国際協力事業団（JICA），ネパール国別援助研究会報告書――貧困と紛争を越えて」(2003).
5) 砂防学会　監修,『砂防学講座　第10巻　世界の砂防』, 山海堂（1992）.

バルガス州土砂災害

発生地域：ベネズエラ・ボリバル共和国，バルガス州

シモン・ボリバルの肖像画
[© Ricardo Acevedo Bernal (1867-1930), Wikipedia]

国民1人あたりの GNI（世界銀行 2013）上位中所得国グループ
発生年月日：1999年12月15日
発生時間：12月14〜16日（現地時間）
最大雨量：410.4 mm（12月16日）
降水量：911.1 mm（3日間）
人口（2010）：29,043,000人
国土の総面積（2012）：912,050 km^2
死亡者数：3〜5万人
被災者数：50万人以上

【大雨・洪水・土石流】

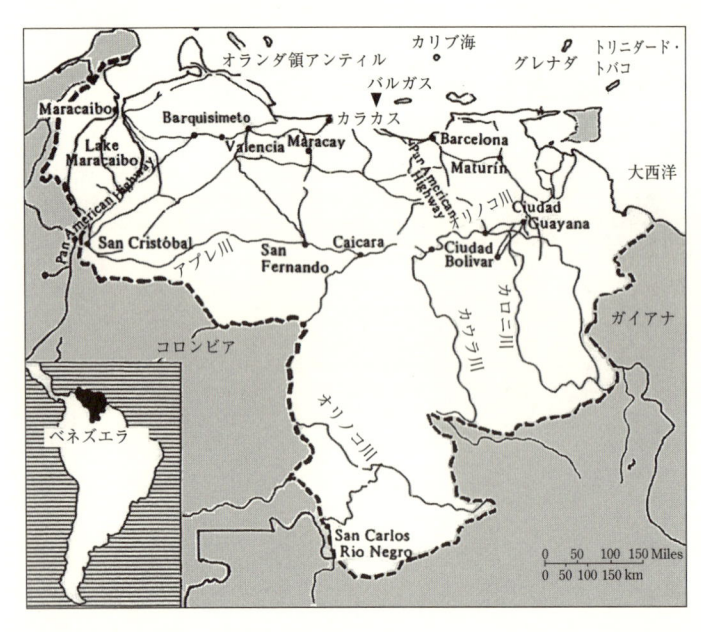

図1 被災地域の位置▼
［出典：国際協力事業団（JICA），「ヴェネズエラ国カラカス首都圏防災基本計画事業事前調査報告書」，p. 17（2002）］

カリブ海に流れたベネズエラ最大の土石流

1999年12月，乾期に入ったベネズエラでカリブ海に停滞した寒冷前線により3日間で911.1 mm（14, 15, 16日，最大雨量は16日の410.4 mm；マイケティア空港）という平均年降水量523 mmを超える豪雨が発生した。このような豪雨は，日雨量でみると1000年以上の超過確率降雨に相当するものであった。

この集中豪雨でカリブ海に面したバルガス州では，大規模な土砂災害が発生し数万人の人命が失われた。ホテルなどの建築物も壊滅的な被害を受けたため，観光地としての機能が完全に破壊された。同時に，州南部のアビラ山地を挟んで南側に位置するカラカス首都圏でも4渓流で土砂災害が発生し数百名が死亡している（図2）。

今回のおもな災害状況は，山地崩壊により土石流が発生し数mの巨礫が急勾配の渓流から下流へ流出したものである。

歴史的・文化的な背景

ベネズエラの正式な国名であるベネズエラ・ボリバル共和国のボリバルは，19世紀前半にスペインからラテンアメリカを解放したシモン・ボリバルの名からきている。

世界第4位（2000年実績）の石油輸出国であるベネズエラは，1988年まで国民1人あたりのGNPで南米第1位を誇ってきた。しかし，石油のみに依存してきた経済は1990年代の金融危機や石油価格暴落の影響から不振に陥り，失業率が増加した。2000年の貧困者率は18.7％にまで増大した。

図3にみるように，首都圏では貧困者層が住む密集地区と超高層ビルや高級住宅街のある地区が峻別されている。貧困者層が住む地区は約20本の渓流とその暗渠の流域に集中しており，豪雨による土砂災害を受ける危険性が最も高い地域になっている（図4）。

図3 密集地区と高層ビル群；カラカス市内

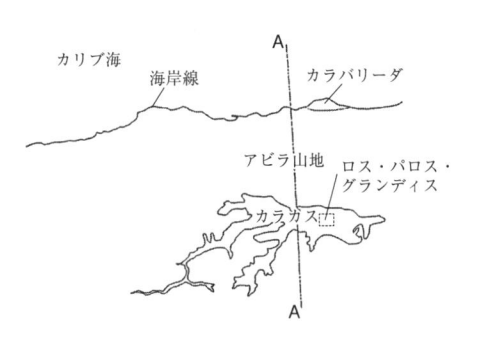

図2 カリブ海とカラカス首都圏
［出典：国際協力事業団(JICA)，「ヴェネズエラ国カラカス首都圏防災基本計画事前調査報告書」，p. 17(2002)］

図4 渓流に沿った密集地区；カラカス市内

自然環境

バルガス州は、北側を東西に長い海岸線でカリブ海に面し、南側のアビラ山地を挟んでカラカス首都圏に接している。周辺は熱帯性気候に属し、5～11月までが雨期で12～4月までが乾期に分かれているが、地形や標高により気候が異なる。

地形・地質の特性

海岸線に並行して東西に走るアビラ山地（標高1,600～2,750 m）の最高峰はナイグアタ山（2,765 m）で、カリブ海に面する北側斜面は急傾斜でV字谷に深く刻まれている。

図5にみるように、バルガス州は北側斜面とナイグアタ川とカムリ・グランデ川の扇状地にあり海岸線からアビラ山地までは直線距離で5～9 kmしかないため、河川の延長は短く急流をなしている。

この地域は、主として中生代白亜紀からジュラ紀の変成岩や火成岩類から構成されており、アビラ山地の山体は中生代ジュラ紀の片麻岩からなっている。

被害の状況

過去にベネズエラで発生した大規模な自然災害は、ハリケーン、地震、地盤の液状化、洪水、土石流、地すべり、津波などである。

過去のおもな土砂災害

- 1100年，1500年ごろ：カラカス盆地で発生、詳細は不明。
- 1740年：沿岸地方中央部で土石流災害が発生、詳細は不明。
- 1798年2月：沿岸地方中央部で、1951年の災害より破壊力の大きい土石流が発生。
- 1930～1940年代：沿岸地方中央部で、1798年2月の土石流よりさらに大規模な災害が少なくとも3回発生。
- 1951年2月15日，16日：沿岸地方全域を襲った大災害。災害前に2週間連続の降雨があった。記録的集中豪雨。
- 1985年：カラカス盆地アナウコ渓流で被害が発生。
- 1987年：マラカイ北のリモン流域で土石流が発生。アビラ山地―沿岸地方中央部では11流域で土石流による被害を受けた。

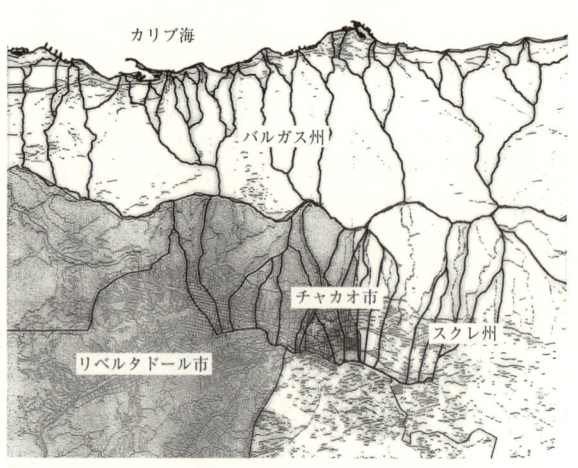

図5　バルガス州（上半部），カラカス首都（下半部）〈縦線は河川と渓谷〉
［出典：国際協力事業団（JICA），「ヴェネズエラ国カラカス首都圏防災基本計画事前調査報告書」，p. IV（2002）］

被災地域の状況

今回は，カリブ海域で発生したラニーニャ現象の影響により北カリブ海に大型の低気圧が停滞した。このため，アビラ山地頂上付近から北側斜面部にかけて上昇気流に伴う大量の降雨をもたらした。

最も被害の大きかったのはアビラ山地北斜面からバルガス州の海に面する約40kmの範囲である。大雨によりアビラ山地の急勾配の山腹斜面で崩壊が発生し，土石流がこの扇状地に流下した。土石流は，河道に堆積していた土砂を侵食しながら肥大化し扇状地で氾濫した。

被災区域
・カラカス首都圏の被害状況
Tocome 渓流：泥水による洪水浸水，橋破壊。
Anauco 渓流：土石流流下，死傷者あり。
Catuche 渓流：土石流流下，200棟全半壊。
ブランディング，ウラモベン地区：死者多数。

人的・社会的被害
5m以上の転石を含む土石流が，扇状地では3m以上の厚さで堆積し，この地域の集落に壊滅的な被害をもたらした。国の発表によれば，こうした土石流はアビラ山地南斜面を含む50以上の渓流で発生し，死亡者・行方不明者数は1万人とも5万人ともいわれている。この地域の住民は推定およそ40万人とされており，約1割強の人々が犠牲になった（図6〜図11）。

物的・経済的被害
被災地は近年，ビーチ，マリーナなどの観光開発が盛んで，林立していた大規模なホテル

表1 リベルタドール市内の被害統計（人）

災害種別		倒壊家屋	被災家屋	犠牲者（死亡者）
地すべり	洪水・土石流			
110	41	1,842	2,261	59

図6 バルガス州の被災地（アビラ山地北斜面）

図8 バルガス州の被災地（土石流の跡）

図7 バルガス州の被災地

図9 バルガス州の被災地（海岸近く）

やリゾートマンションが大きな被害を受けた（図12～図14）。また，カラカス市東方の高さ60 m，容量1.4億 m^3 のアースダムが一部決壊している。

インフラ・建築物被害の特徴

豪雨災害に対する建築およびインフラ構造物の物理的な対策には限界がある。地震対策と同様に，過去のデータから最大降雨を想定し計画降雨を設定するが，大雨の発生状況は時期により大きく異なっている。再現期間への信頼性は高くない。ちなみに，今回のような6時間で180 mmという豪雨の再現期間は400年になる。

したがって，人命の保護の視点からみると，物理的ハードな対策以上に計画的ソフト面での対策が重要かつ効果的な防災対策といえる。下

図10 バルガス州のカリブ海沿岸

図13 バルガス州の被災建物

図11 カラカスの密集建物

図12 バルガス州の被災地

図14 バルガス州の被災建物

流市街地での土砂の氾濫回避に重点を置くべきである。土石流は直進する性質が強いので，堆積しやすい緩床勾配2〜12度の区域を警戒して市街地の地域計画を立てる必要がある。

濫，降雨と土石流のメカニズムである。

当面の土石流の対策については，砂防工事の推進と土石流危険地域・渓流の住民への周知徹底，避難体制の確立，危険区域からの住宅の移転・建築制限，防災教育などが有効と考えられる。

この事例の概要と特徴

今回の大規模な土砂災害の後，数年を経てもバルガス州沿岸のカリブ海の水の色は土色に濁ったままで元の青い海は戻っていなかった。観光地としての損失は大きく，繰り返される災害に経済的な復興の目途がたっていない。

山地崩壊については，①急斜面の岩盤上の表土層の崩壊，②比較的緩斜面における土砂の表層崩壊，土石流の発生，下流市街地の土砂の氾

参 考 文 献

1) 国際協力事業団（JICA），「ヴェネズエラ国洪水災害に関する国際緊急援助隊専門家チーム調査報告書」(1987).
2) 国際協力事業団（JICA），「ヴェネズエラ国カラカス首都圏防災基本計画事前調査報告書」(2002).
3) 土木学会・水理委員会，「ベネズエラにおける洪水・土砂災害に関する調査研究—1999年12月災害」(2001).

地すべり災害

災害のるつぼ；ラテンアメリカ

発生地域：ラテンアメリカ（おもに中央アメリカ・カリブ海地域）

国民1人あたりのGNI（世界銀行2013）低位中所得国グループ（エルサルバドル，グアテマラ），上位中所得国グループ（メキシコ）

発生年月日：2001，2005年

人口（2010）：3ヵ国合計 138,446,000人

国土の総面積（2012）：3ヵ国合計 2,094,305 km^2

死亡・行方不明者数
　エルサルバドル：約1,400人（2村）
　グアテマラ：1,625人

被災者数
　メキシコ：約10万人
　エルサルバドル：約3万7千人
　グアテマラ：約5万4千人

【豪雨・地すべり】

シラ・コリーナ・デ・サンタ・クララ（エルサルバドル）
[Ⓒ Lopez-El Diario de Hoy]

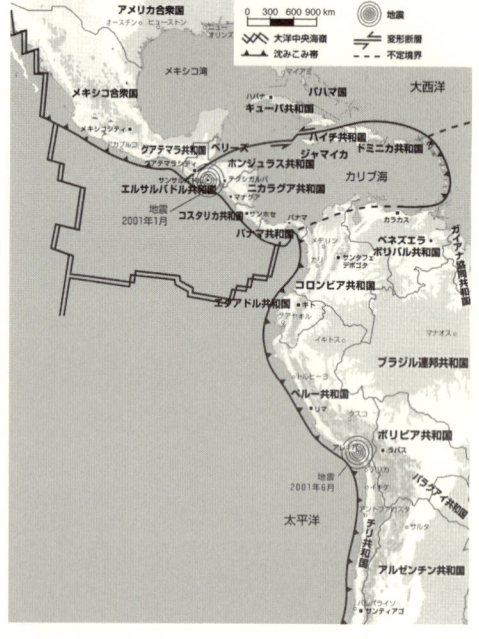

図2　ハリケーンの経路
［出典：国際赤十字・赤新月社連盟，『世界災害報告 2002年版』，p.42(2003)］

図1　ラテンアメリカのプレート境界・断層・海嶺など
エルサルバドル地震2001年の震央
［出典：国際赤十字・赤新月社連盟，『世界災害報告 2002年版』，p.42(2003)］

図3 渓谷沿いのスプロール（ベネズエラ）

図4 泥に埋まった村（グアテマラ）
［© Daniel Aguilar］

この事例の概要と特徴

中央アメリカ，カリブ海地域，南アメリカ諸国を含むラテンアメリカ地域は，地殻変動から気象災害までが頻発する"災害のるつぼ"とよばれている。1960〜1988年までの間だけでも，中央アメリカの7ヵ国で64件の大規模な自然災害が記録されている。その災害種は，ハリケーン，山火事，干ばつ，地震や火山などさまざまある。とくに，毎年繰り返されるハリケーンと頻発する地震による災害は甚大である。エルサルバドルの首都サンサルバドルは，過去3世紀の間に14回の大きな被害地震が発生しており，ニカラグアやグアテマラなどの周辺諸国も大差がない。現在では世界的に確認されているエルニーニョ現象もこの地域が最初の発生とされ，その被害も甚大である（図1）。

さらに，地域の地形や地質から地震や豪雨に起因する地すべり災害も頻発しており，膨大な損害を出している。2005年のハリケーン・スタンに伴う500 mmを超える豪雨は各地で巨大な地すべりを起こしている。図4にみるように，グアテマラのソアラ県では斜面に居住する小さな貧村をいくつも泥で埋めてしまった。

図1に示したエルサルバドルでは，2001年の地震による丘陵部の地すべりで合計844人が死亡している。無秩序な都市の乱開発と不動産投機が，貧困層を居住に適さない峡谷や沿岸地帯のリスクの高い地域に追いやっているとの指摘がある。

参 考 文 献

1) 鈴木南日子 訳, 「タイム」編集部 編, 『地球温暖化―自然災害の恐怖 第3巻 地すべり・山火事・砂嵐』, ゆまに書房 (2009).
2) 国際赤十字・赤新月社連盟, 『世界災害報告 2002年版』 (2003).

レイテ島地すべり

複合災害の島

発生地域：フィリピン，レイテ島

国民1人あたりのGNI（世界銀行2013）低位中所得国グループ
発生年月日：2006年2月7日
発生時間：午前10時30分頃（現地時間）
土砂総量：（推定）1,500万 m^3
人口（2010）：93,444,000人
国土の総面積（2012）：300,000 km^2
　　　　　　　　　　　（島の数：7,109）

死亡者数：154人
行方不明者：972人

【地すべり】

被災地に立てられた十字架
［出典：矢守克也，横松宗太，奥村与志弘，阪本真由美，河田惠昭，「2006年2月フィリピン・レイテ島地滑り災害からの生活再建と地域復興——第2次現地調査の結果に基づいて」京都大学防災研究所年報，第50号A，p.155(2007)］

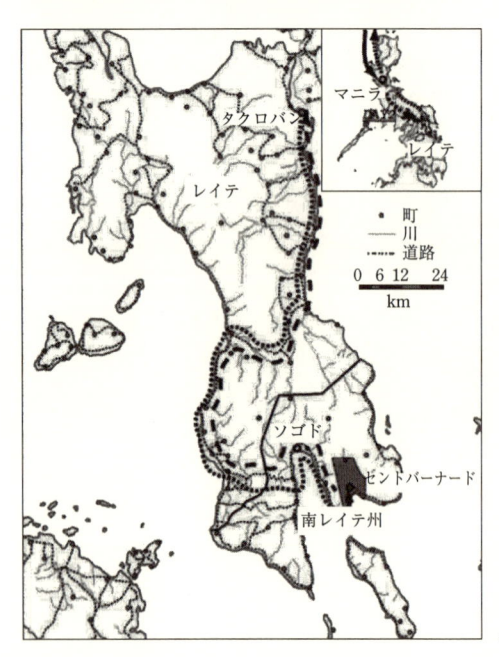

図1　被災地の位置
［出典：矢守克也，横松宗太，奥村与志弘，阪本真由美，河田惠昭，「2006年2月フィリピン・レイテ島地滑り災害における社会的対応の特徴」自然災害科学 J. JSNDS, 25(1), 100(2006)］

被災地の状況

今回のおもな被災地は，レイテ島南部の海抜36 m に位置する南レイテ州セントバーナード町の山村部のギンサウゴン・バランガイ地区である．フィリピンの地方自治は，中央政府−地域−州−市・町−バランガイの5層構造で，バランガイ（Barangay；brgy）は，最小の行政単位である．

図3 にみるように，セントバーナード町には30 のバランガイがあり，ギンサウゴン地区の人口は約1,860 人である．

今回の地すべりは，ギンサウゴン地区の後背部を南北に走る尾根（最高峰カンアバグ山；標高805 m, $10°20.13'$ N, $125°04.83'$ E）の標高720 m を冠頂とする東斜面で発生した．崩落斜面の地質は新第三紀中新世の火山性複合岩体から構成されており，下層から火山角礫岩，デイサイト質凝灰岩，角閃石デイサイトが確認できる（図2）．

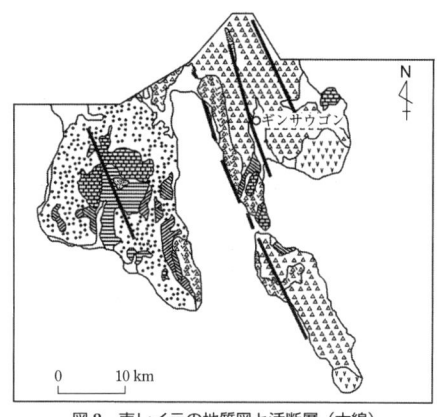

図2 南レイテの地質図と活断層（太線）
［出典：上野宏共，地下まゆみ，「フィリピン共和国レイテ島地すべりと地質」地質ニュース，622 号, p.42(2006)］

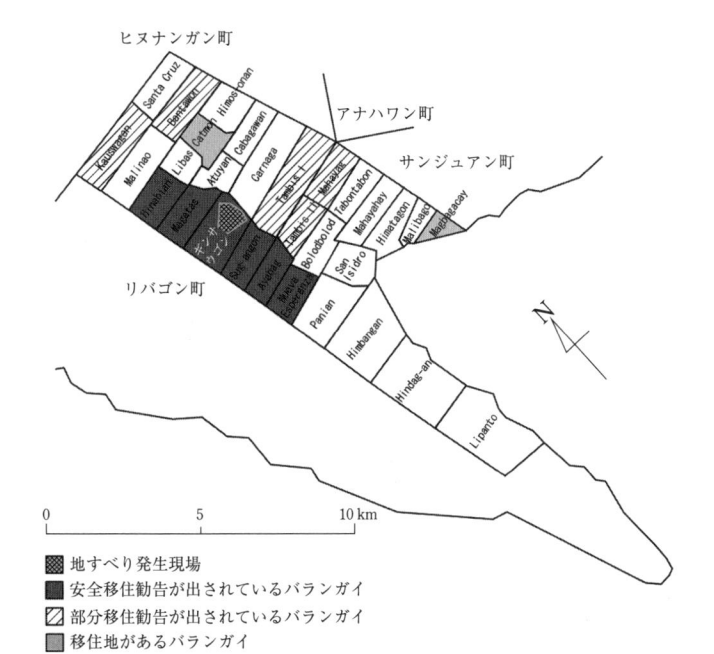

図3 セントバーナード町の30 のバランガイ
［出典：矢守克也，横松宗太，奥村与志弘，阪本真由美，河田惠昭，「2006年2月フィリピン・レイテ島地滑り災害における社会的対応の特徴」自然災害科学 J. JSNDS, 25(1), 104(2006)］

3章 土砂災害

図4 避難所の仮設住宅
［出典：矢守克也，横松宗太，奥村与志弘，阪本真由美，河田惠昭，「2006年2月フィリピン・レイテ島地滑り災害からの生活再建と地域復興―第2次現地調査の結果に基づいて」京都大学防災研究所年報，第50号A, p. 156 (2007)］

図6 建設前の移住予定地
［出典：矢守克也，横松宗太，奥村与志弘，阪本真由美，河田惠昭，「2006年2月フィリピン・レイテ島地滑り災害からの生活再建と地域復興―第2次現地調査の結果に基づいて」京都大学防災研究所年報，第50号A, p. 157 (2007)］

図7 建設された移住者のための新住宅
［出典：矢守克也，横松宗太，奥村与志弘，阪本真由美，河田惠昭，「2006年2月フィリピン・レイテ島地滑り災害からの生活再建と地域復興―第2次現地調査の結果に基づいて」京都大学防災研究所年報，第50号A, p. 157 (2007)］

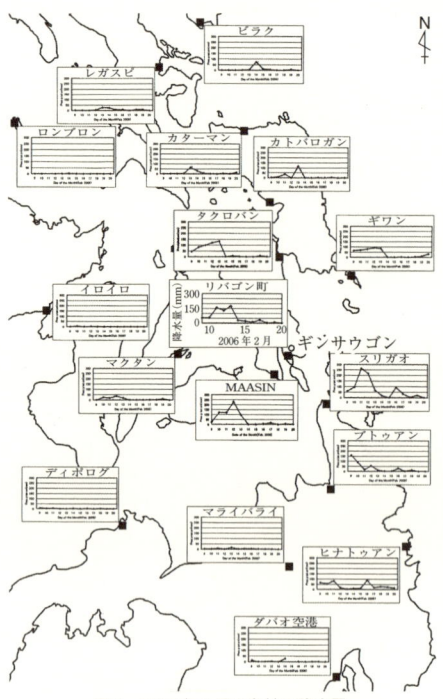

図5 2006年2月の各地の降水量
［出典：上野宏共，地下まゆみ，「フィリピン共和国レイテ島地すべりと地質」，地質ニュース，622号，p. 46 (2006)］

図8 建設された移住地の新病院
［出典：矢守克也，横松宗太，奥村与志弘，阪本真由美，河田惠昭，「2006年2月フィリピン・レイテ島地滑り災害からの生活再建と地域復興―第2次現地調査の結果に基づいて」京都大学防災研究所年報，第50号A, p. 156 (2007)］

被災地に近いリバゴン・オチコンの観測点の記録によれば，2月8日からの総降水量は787 mmで平年の272 mmの約3倍に達している（図5）。この地すべりにより，約300 haのギンサウゴン集落のほぼ全域は最深30 mの土砂で覆われた。

人的・社会的被害

今回の地すべりの発生は非常に突発的かつ最大100 km/hに達する速度だったため，多くの住民は避難できず犠牲になったとみられる。この地域では以前から，洪水や地震などに見舞われた経験があり行政の避難勧告も出されていたが，強制的ではなかったため多く住民が応じなかった。

物的・経済的被害

被災地では，多くの人的被害に加え農地などの生活基盤が奪われたため，集団移住を余儀なくされた住民が多い。元の農地に近い移住地では，昼間は農耕作業に通い夜間は移住地に戻る生活をする者が多い。

被災地の降水量

この地域では，例年，晩秋から初春にかけて東からの貿易風により局所的な大雨が降り大きな被害を出している。1991年には北部のオルモック市で約5,000人もの犠牲者を出す大洪水が発生している（➡ p.114）。

図5にフィリピン中南部の2006年2月の降水量を示した。同図から，この時期東側のサマール島，レイテ島，ミンダナオ島北部で降水量が多く，西側地域では少なかったことがわかる。

被災者の移住地

図3の■印が地すべり発生地区，濃いアミで示された地区が完全移住，斜線部が部分移住を勧告されたバランガイである。

移住地は市が近隣の土地を買い上げ，恒久住宅を建設して被災者に提供しているが，一部の移住地は洪水の危険地域に位置している。

この事例の概要と特徴

今回の被災地の具体的な行政機構は，フィリピン国政府-東ビサヤ地方（第8地域）-南レイテ州-セントバーナード町-ギンサウゴン・バランガイとなる。最小の行政単位のバランガイは一つのコミュニティーを形づくっており，避難所も同じバランガイの住民が収容される配慮がなされている。2006年3月の調査時も，今回の被災地はほぼ土砂に埋もれたままで立ち入ることはできない。調査報告によれば，援助物資の停止後，農地へのアクセスなどを理由に，避難所の住民の約半数が移住勧告に従わず旧村での生活を維持している。

今回の被災地のように，地震，洪水や地すべりなど，いくつもの異なる災害が発生する地域では，各種の災害リスクを調査してハザードマップにまとめることが求められる。さらに，その結果を各段階の行政にばかりではなく，バランガイレベルの住民に周知させるための広報・普及活動が重要で，住民参加型の組織づくりなどを進める必要がある。

参 考 文 献

1) 矢守克也，横松宗太，奥村与志弘，阪本真由美，河田惠昭，「2006年2月フィリピン・レイテ島地滑り災害からの生活再建と地域復興—第2次現地調査の結果に基づいて」京都大学防災研究所年報，第50号A，pp.153-160 (2007)．
2) 矢守克也，横松宗太，奥村与志弘，阪本真由美，河田惠昭，「2006年2月フィリピン・レイテ島地滑り災害における社会的対応の特徴」自然災害科学 J. JSNDS, 25(1), 99-111 (2006).
3) 上野宏共，地下まゆみ，「フィリピン共和国レイテ島すべりと地質」地質ニュース，622号，pp.41-48 (2006).

コラム　無色の画家

　書斎の戸棚の奥に何枚かのエスキースがある。30年以上も前に，父が描いた建物のスケッチを棄てられずにいる。丸太小屋風なものからモダンなものまで，何棟かの別荘が流麗なタッチで1枚1枚に描かれている。その後，これらの内の数棟は，父の設計・監理で那須の別荘地に実際に建てられている。

　若い頃，絵描きになりたかった父は，"絵描きでは食えないが，建築なら生活ができて絵も描ける"と両親に説得された。音楽も好きだった父は，戦前，有名な歌手のバックバンドで日比谷公会堂に出演したときのモノクロ写真を自慢げに見せた。上着のサイドベンツを手直しして銀座を闊歩していた父は，本気の"大正モボ"だった。

　メキシコシティーの建物の外観は，カラフルで魅力的なものが多い。躯体工事の段階から見続けていると，有り得ないフィニシングに驚かされる。市内の幾つかの公園は，週末になると絵画バザールとなって沢山の観光客で賑わう。欧米でもアジアでも都市の公園は，いつも絵を描く人で溢れているが，まだ"絵描き"に会ったことがない。

　30歳の誕生日を迎えたばかりの私は，一人病院に呼ばれ父の末期がんの宣告を受けた。那須の工事が進んでおり，完成した別荘に父母で泊り込んで監理することを勧めた。その後，遠縁の医者のいる東北地方の病院に入ることにして那須を切り上げた。車で父母を送る日，泊っていた別荘を見廻ると，用意してあげたイーゼルが手もつけられずに残っていた。

4章 風　害

I.04（➡ p. 17）でみたように，風害による直接的な犠牲者が1,000人を超える激甚災害は見当たらない。図1.1（➡ p. 59）の台風災害の発生連鎖図に示したように，台風などによる強風がさまざまな風害を起こす現象や，竜巻・暴風などによる海難事故や建造物破壊を引き起こす事例が多い。

図4.1に示す大気中で発生するさまざまな乱れのうち，中規模（メソスケール）の気象擾乱に竜巻（トルネード）や豪雨がある。竜巻による死亡者が最も多いのは米国で，毎年5月，平均5日に1回の割合で報告されている。表4.1のフジタスケールはF-スケールともよばれ，竜巻の推定速度からF_0を加えた7段階で強度を分類している。

図4.2に示す竜巻のメカニズムは，夏の激しい暑さで暖められた湿気を帯びた空気が上昇し，上空で冷やされ積乱雲を形成する。上昇気流が異なる方向からの風と混じりコリオリの力（地球の回転による力）で渦状になる。成層圏に達した先端がジェット気流でさらに回転を加えられカナトコ雲をつくる。冷やされた空気が下降気流になり暴風雨となって底まで突き抜ける。

表4.1　竜巻の規模を表す指標

フジタ・スケール			
F_1	小規模の竜巻，たいてい（いつもというわけではないが）無害。		
F_2	車は道路から押し出され，屋根を引きはがすことがある。		
F_3	木造家屋に深刻な被害を与え，車は道路から飛ばされる。		
F_4	レンガの建物は倒壊し，車は持ち上げられ，2 km以上運ばれる。		
F_5	恐ろしい強さの風，たいていはほんの数秒しか持続しない。		
F_6	理論上は可能だが，観測されたことはない。		
ピアソン・スケールは竜巻経路の長さ（Pl_0〜Pl_5）と幅（Pw_0〜Pw_5）を観測する。			
Pl_0	0.5〜1.5 km	Pw_0	5.5〜15.5 m
Pl_1	1.5〜5 km	Pw_1	15.5〜50 m
Pl_2	5〜16 km	Pw_2	50〜160 m
Pl_3	16〜50 km	Pw_3	160〜500 m
Pl_4	50〜160 km	Pw_4	500〜1,500 m
Pl_5	160 km以上	Pw_5	1,500〜5,000 m

［出典：M. マスリン 著，三上岳彦 監修，『異常気象―地球温暖化と暴風雨のメカニズム』，p. 31, 緑書房（2006）］

図 4.1　大気のさまざまな乱れ
［出典：二宮洸三，『気象と地球の環境科学 改訂 3 版』，p. 40，オーム社（2012）］

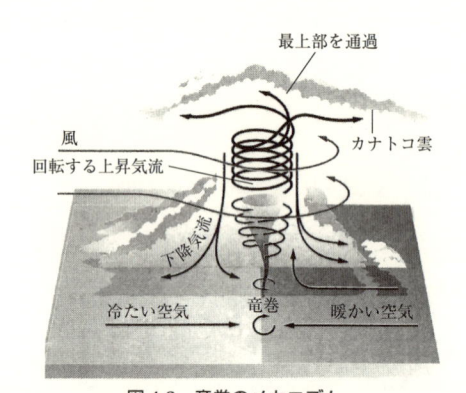

図 4.2　竜巻のメカニズム
［出典：M. マスリン 著，三上岳彦 監修，『異常気象—地球温暖化と暴風雨のメカニズム』，p. 31，緑書房（2006）］

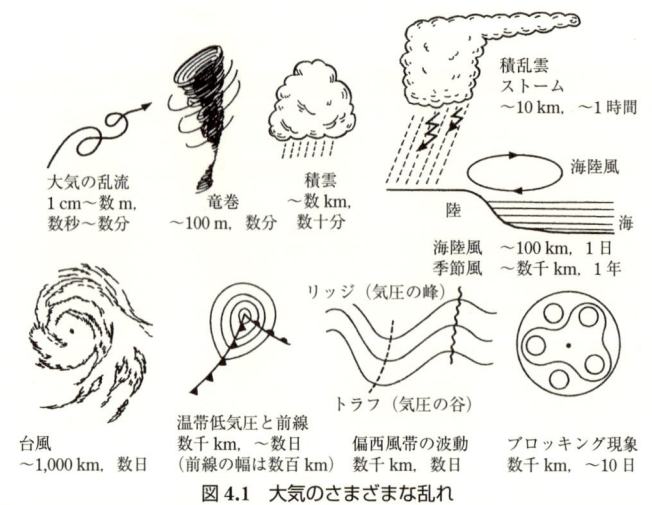

参　考　文　献

1) 二宮洸三，『気象と地球の環境科学 改訂 3 版』，オーム社（2012）．
2) 日本地球化学会 監修，河村公隆，野崎義行 編，『地球化学講座 6 大気・水圏の地球化学』，培風館（2005）．
3) M. マスリン 著，三上岳彦 監修，『異常気象—地球温暖化と暴風雨のメカニズム』，緑書房（2006）．

コラム　2001年9月11日

　1993年の初夏，昼下がりのニューヨーク・ケネディ国際空港は，いつものように混雑していた。世界各地から到着した乗客達は皆，ボーディングブリッジを渡りイミグレーションへと急いでいた。その中で，私と同じアエロ・メヒコ便の乗客だけが別方向に誘導され，大きな部屋の中で強制的に一列に並ばされた。

　入口付近では，ビデオカメラを担いだ警察官が一人一人の顔を真近で撮影し，奥では警察犬が一人一人の身体をしつこく嗅いでいた。人権に敏感なはずのアメリカの表玄関で，日本人には信じられない入国審査が行われていた。活発化している麻薬関連犯罪の対策で，メキシコからのフライトでは当り前だ，との説明を受けた。

　アメリカでは，その年の2月に起きたワールドトレードセンター地下室爆破テロの後，急激に警戒体制が強化された。爆破テロは，1995年春のオクラホマ，1998年夏のケニア・タンザニアとつづき，出入国審査は厳しくなる一方だった。9.11以降は，靴を脱がされノートパソコンを開いて立ち上げ，土産の高価なワインなどの"液体"を取り上げられた。

　数年後，南米から日本への帰途に立ち寄ったメキシコシティーの空港で，緊張する何重もの警戒網をパスしてボーディングブリッジ前の待合室まで辿り着いた。私の名前をよぶアナウンスに気付いてカウンターに名乗ると，ブリッジ横のドアから地上に降ろされた。ジャンボ機の車輪の横に私のラゲージだけがぽつんと残されていた。

タコマ(タコマ・ナローズ)橋崩落

風とヒューマンエラー

発生地域：米国，ワシントン州

国民1人あたりのGNI（世界銀行2013）高所得国グループ
発生年月日：1940年11月7日
全長：1,524 m，スパン853 m
人口（2010）：312,247,000人
国土の総面積（2012）：9,629,091 km^2

【風害】

タコマ橋のスケッチ
[出典：斎藤公男，『空間 構造 物語―ストラクチュラル・デザインのゆくえ』, p.90, 彰国社(2003)]

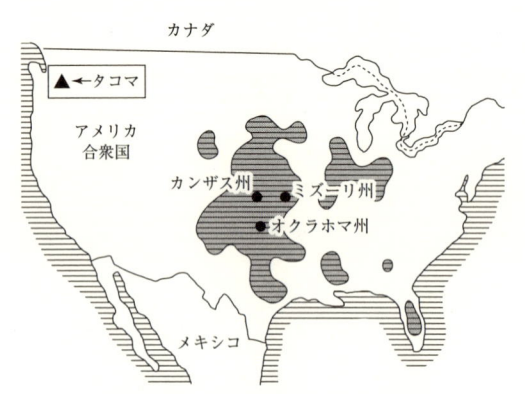

ツイストするタコマ橋
[出典：斎藤公男，『空間 構造 物語―ストラクチュラル・デザインのゆくえ』, p.22, 彰国社(2003)]

図1 トルネード多発地域とタコマの位置
[出典：J. シャロナー 著，平沼洋司 監修，『ビジュアル博物館 第81巻 台風と竜巻』, 同朋舎(2000)]

図2 ねじれ振動モードのタコマ橋
[© 2006-2015 Golden Gate Bridge, Highway and Transportation District]

図3 崩壊するタコマ橋
[© Wikipedia]

この事例の概要と特徴

"風害"には素因が暴風・雷雨・トルネード・台風によるものなどさまざまな形態があるが、そのエネルギーの源はみな太陽である。太陽は異常気象の大本であり、地球上の大気の運動、降水や雲の分布、エルニーニョなどの海水温の変化、雪の分布などに影響を与えている。

19世紀末から20世紀にかけてニューヨーク・イーストリバーのブルックリン橋（全長1,834 m, スパン486 m, 1883年）の吊り橋の成功から、ニューヨーク・ハドソン川のジョージ・ワシントン橋（全長1,067 m, スパン1,067 m, 1931年）サンフランシスコのゴールデンゲートブリッジ（全長2,737 m, スパン1,280 m, 1937年）などの長大な吊り橋の建設がつづいた。技術者たちは、これらの成功例をモデルに吊り橋の構造を延長していった。一方、風害により損傷・破壊した吊り橋も、ホウィーリング橋（スパン308 m, 1854年崩壊）、ナイアガラ・ルイストン橋（317 m, 1864年）、ナイアガラ・クリフトン橋（384 m, 1889年）とつづいていた。

シアトルの本土とキトサップ半島との間の海峡を結ぶタコマ橋（全長1,524 m, スパン853 m, 1940年）は、そのような風潮の中で設計・建設された。建設中も竣工後も揺れつづけていた橋は、完成からわずか3ヵ月後の11月に"わずか"風速19 m/sの風で大きな振動、ねじれを起こして崩落した。落橋前に通行規制がしかれたため、死傷者は出なかった。調査中のワシントン大学グループによりさまざまな媒体で記録されていた今回の事例は、エル・セントロ地震で初めて記録された地震波のように、その後のインフラや建築物の設計に役立ったことで記憶されている。

参 考 文 献

1) H. ペトロスキー 著, 中島秀人, 綾野博之 訳, 『橋はなぜ落ちたのか―設計の失敗学』, 朝日選書 (2001).
2) 斎藤公男, 『空間 構造 物語―ストラクチュラル・デザインのゆくえ』, 彰国社 (2003).
3) J. シャロナー 著, 平沼洋司 監修, 『ビジュアル博物館 第81巻 台風と竜巻』, 同朋舎 (2000).

コラム　ワシントンハイツの旋風

　エントランスを抜けて見上げると，3〜40 m も上の円弧状の天井からフロアーいっぱいに陽光が差込んでいる。126 m の支柱間を結ぶ2本のワイヤーが押し広げられ，巨大な楕円状の天窓を形づくっている。大改修を終えたばかりの代々木競技場を数十年ぶりに訪れた。この辺りは東京オリンピックで大きく変貌した，かつてのワシントンハイツの跡地である。

　中学生になったばかりの私は，姉についてハイツの中に住むアメリカ人の家に英会話を習いに通った。ゲートの受付簿には，いつも訪問先を"チャペル"と書いた。駐留米軍の軍属の家と書くより教会のほうが通りがよかったようだ。ゲートの中は，緑の芝生も白い家も，出される紅茶もクッキーも，未だ見ぬ"アメリカ"の匂いがした。

　そのファミリーが溜池近くのホテルで開いたパーティーに招かれた。まだ米軍が接収中だった山王ホテルの中は，人も物も空気もすべてが"アメリカ"だった。ラウンジの一角で開かれていたパーティーに，通りすがりの見知らぬ人が勝手に参加するのに驚かされた。当時のアメリカ人が持っていた無垢のオープンさとフランクさが新鮮だった。

　同じ頃，この周辺で新聞配達をしていた作家が，同名の小説を書いている。ここには，終戦まで旧日本陸軍の練兵場があった。白い馬に乗った昭和天皇が未舗装の表参道を行く姿を垣間見た，と父に聞かされていた。その父が，戦前の雪の日に赤坂で遭遇した二・二六事件の首謀者は，山王ホテルを占拠し，降伏後，練兵場内に収監され処刑されている。

5章　地震災害

　大規模な地震災害の特色は，発生が突発的で頻度は小さいが人的・物的被害が相対的に大きいことである．日本などでは，大規模な地震災害は社会的関心度が最も高い自然災害の一つだが，非日常的な現象のため事前および事後の対応が十分とはいえない．図5.1にみるように，地震災害は地震動による直接的な被害のほか，火災や津波，地すべりなどの災害を伴う場合も多い．

プレートテクトニクス

　図5.2にみるように，地球の表面は十数枚のプレートに分かれており，各々矢印の方向に動いている．図5.4に示すように，世界の地震の浅い$M 4$以上の震央はほぼ地殻を構成するプレートの破壊現象の多発帯である境界沿いに分布している．これらは地震や火山活動をプレート間の相互作用であるとするプレートテクトニクスの考え方

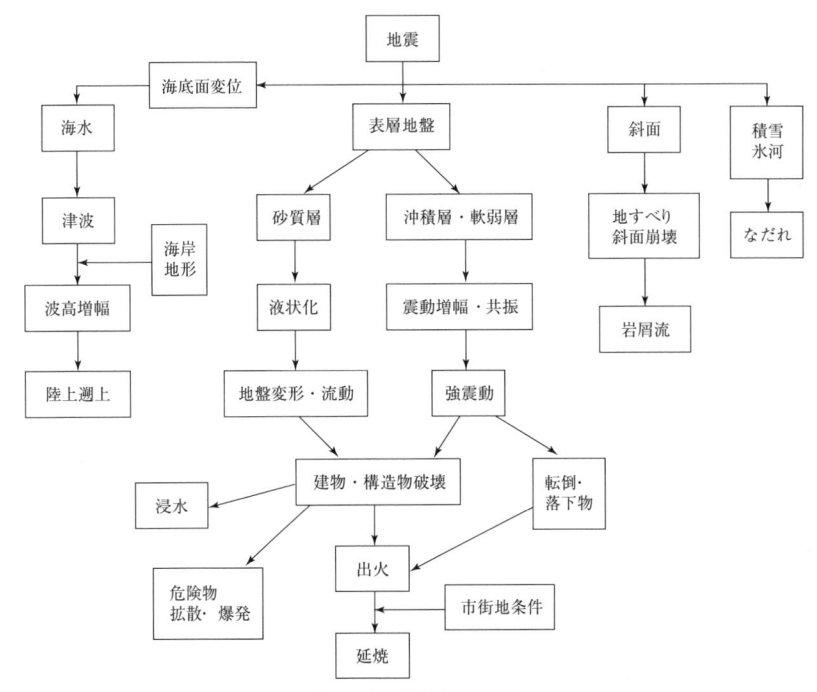

図5.1　地震災害の発生連鎖
［出典：水谷武司，『自然災害調査の基礎』，p.81，古今書院(1993)］

を的確に説明している。海溝型地震は発生場所により，プレート境界型地震，プレートスラブ内地震，上盤側（内陸）プレート内地震に大別される。

震度階とマグニチュード

震度階やマグニチュードの定義は世界的に統一されていない。震度階は改正メルカリ震度（Ⅰ～Ⅻ階級）が多く使われているが，日本では気象庁震度(0～7, 10段階 (0,

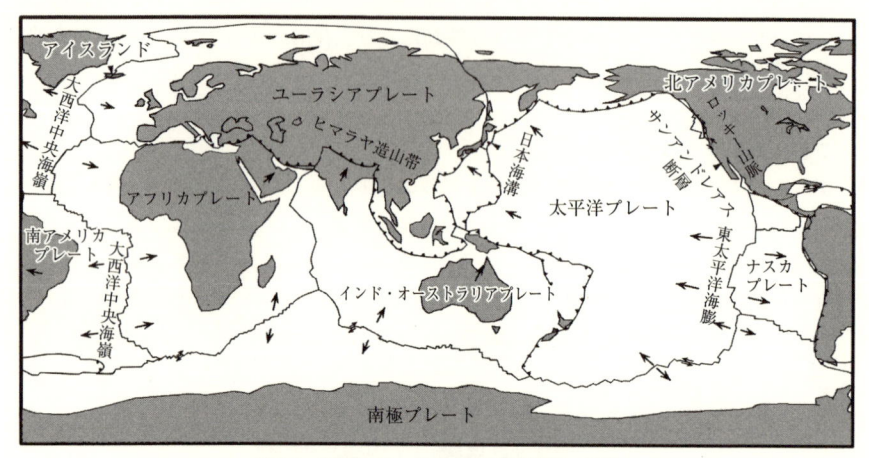

図5.2　世界のプレート境界線と移動方向・矢印
［出典：木庭元晴 編，『宇宙・地球・地震と火山(増補版)』，p.79, 古今書院(2007)］

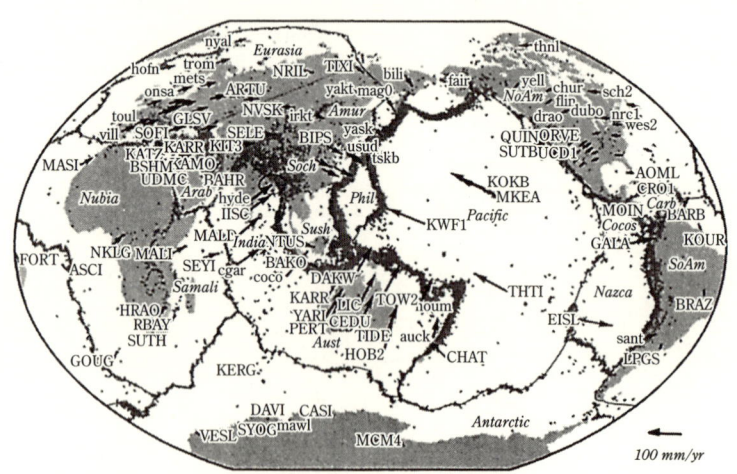

図5.3　宇宙測地技術で得られた移動の速度ベクトル・矢印（Prawirodirjo‐Bock のモデル）
［出典：L.Prawirodirdjo, Y.Bock, Instantaneous global plate motion model from 12 years of continuous GPS observations. *J. Geophys. Res.*, **109**, B08405 (2004)］

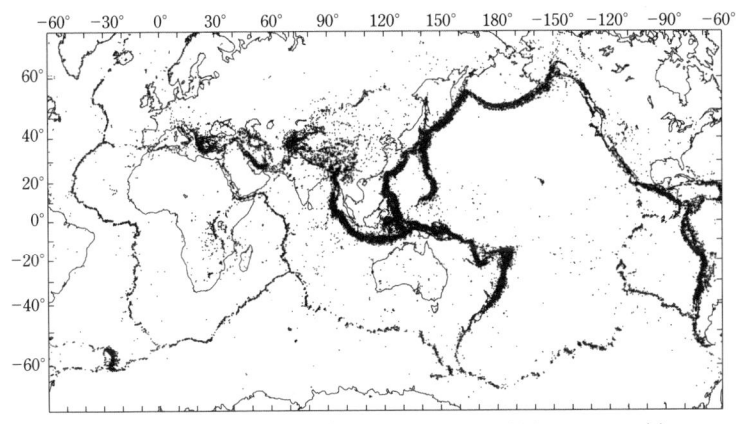

図 5.4 世界の浅い地震の分布図（$M \geqq 4.0$，深さ 100 km 以下，1991〜2010 年）
［出典：国際地震センター ISC の資料による］

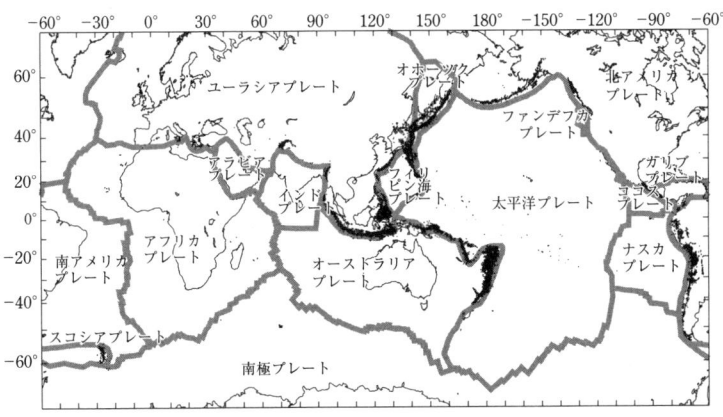

図 5.5 世界のプレート境界と深い地震の分布図（$M \geqq 4.0$，深さ 100 km 以上，1991〜2010 年）
［出典：国際地震センター ISC の資料による］

1，2，3，4，5弱，5強，6弱，6強，7，1996改訂）が用いられている。マグニチュードは，長年，リヒタースケールが用いられてきたが，気象庁では2003年以降，モーメントマグニチュードとの対応がよく，小規模から大規模までの地震に一貫した値を示す気象庁マグニチュードに改訂した。

参 考 文 献

1) 木庭元晴 編著，『宇宙・地球・地震と火山』，古今書院（2007）．
2) 水谷武司，『自然災害調査の基礎』，古今書院（1993）．
3) 瀬野徹三，「世界のプレート運動」地学雑誌，114(3)，350-366（2005）．

カングラ地震

英領インド帝国時代の大地震

発生地域：インド，ジャンムー・カシミール州

ティリチミール氷河
[© kakitaro.exblog.jp]

国民1人あたりのGNI（世界銀行2013）低位中所得国グループ
発生年月日：1905年4月5日
発生時間：午前0時50分
震央：北緯33.0°，東経76.0°
マグニチュード：7.0～8.0
人口（2010）：1,205,625,000人
国土の総面積（2012）：3,287,263 km^2
死亡・行方不明者数：約20,000人
被害総額：約2,900,000 USドル

【地震】

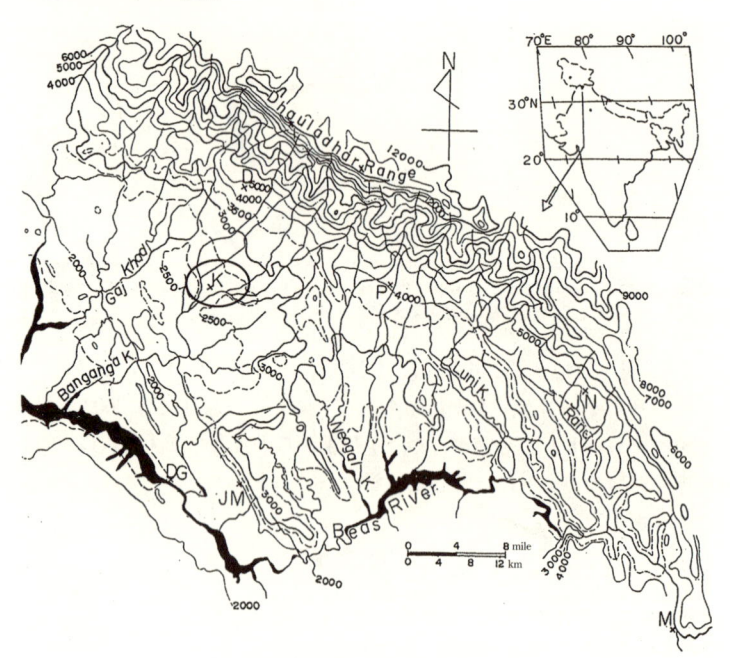

図1　カングラの位置（○印 K：カングラ）
［出典：林 正久，「ヒマラヤ山麓の地形と中ヒマラヤの氷河地形」地理科学，22, 27(1975)］

図2　カシミール地方の渓谷の急斜面
[出典：Ö. Aydan "Geological and Seismological Aspects of Kashmir Earthquake of October 8, 2005 and A Geotechnical Evaluation of Induced Failures of Natural and Cut Slopes". *J. School Marine Sci. Technol.*, 4(1), 36(2006)]

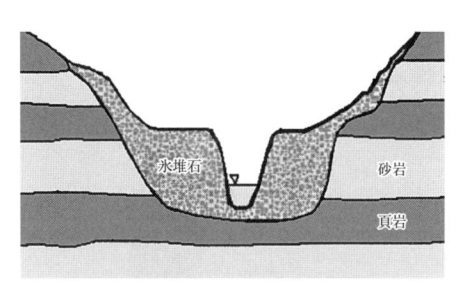

図3　カシミール地方の渓谷の断面図
[出典：Ö. Aydan "Geological and Seismological Aspects of Kashmir Earthquake of October 8, 2005 and A Geotechnical Evaluation of Induced Failures of Natural and Cut Slopes". *J. School Marine Sci. Technol.*, 4(1), 36(2006)]

この事例の概要と特徴

現在のインド・パキスタン国境のカシミール地方カングラの北方約 15 km のダラムサラは，ダライラマ 14 世らチベット人の亡命先として知られる町である。カングラ渓谷を見下ろす丘陵に位置するこの地方は，第二次世界大戦以降長年，中・印紛争，印・パ紛争の影響を受けている。

今回の地震が発生した 20 世紀初頭はまだイギリス領インド帝国の時代で，ヒンドゥー，イスラム教徒の分断政策が採られていた。イギリスの直轄領の主要 8 州など以外は藩王国で，カシミール地方はジャンムー・カシミール藩王国が支配していた。第二次世界大戦後，同国のインドあるいはパキスタンへの帰属を巡り上記の紛争がつづいた。

今回の地震の規模はマグニチュード（M 7.5～8.5），死亡者数（1万～2万人）などと推測される値に大きな幅がある。現在では見直されていて，モーメントマグニチュード（M_w = 7.8），死者数約 20,000 人程度と考えられている。

参 考 文 献

1) 林 正久，「ヒマラヤ山麓の地形と中ヒマラヤの氷河地形」地理科学，**22**，25-42 (1975).
2) Ö. Aydan "Geological and Seismological Aspects of Kashmir Earthquake of October 8, 2005 and A Geotechnical Evaluation of Induced Failures of Natural and Cut Slopes", *J. School Marine Sci. Technol.*, **4**(1), 25-44 (2006).
3) 河合利修，「赤十字のパキスタン地震被災者救援事業に参加して」日本赤十字豊田看護大学紀要，**2**(1) (2006).
4) 松本征夫，「西パキスタン・ティリチ・ミール周辺の地形と地質」長崎大学教養部紀要，自然科学，1971-12，pp. 59-105 (1971).

サンフランシスコ地震・大火

発生地域:米国,カリフォルニア州

崩壊したサンフランシスコ市庁舎
[出典:W. Curran, Wikipedia]

国民1人あたりのGNI(世界銀行2013)高所得国グループ
発生年月日:1906年4月18日
発生時間:午前5時12分(現地時間)
震央:北緯37.75°,西経122.55°
マグニチュード:7.6
人口(2010):312,247,000人
国土の総面積(2012):9,629,091 km^2
死亡者数:約500人(後年の研究3,000人以上)
全壊・焼失家屋:28,188棟
被災者数:225,000人

【地震・火災】

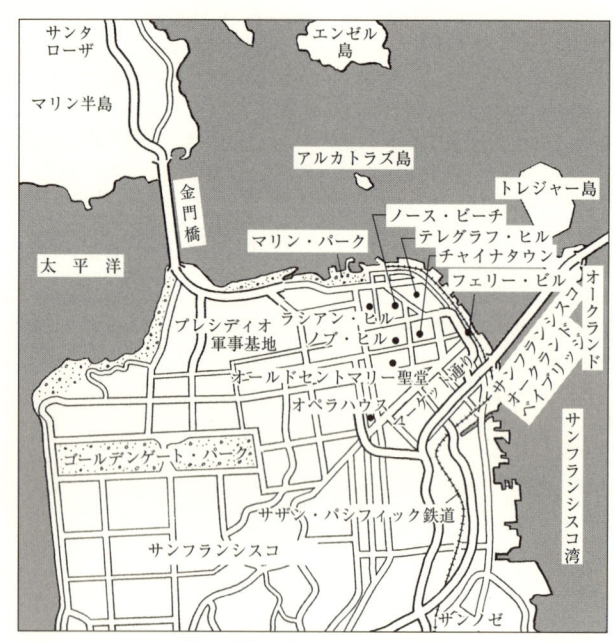

図1 現在のサンフランシスコ市街

[出典:G. トーマス,M. モーガンウィッツ 著,広井脩 監訳,『大地震―サンフランシスコの崩壊』,巻頭地図1,時事通信社(1982).]

20世紀の入口での都市災害

巨大な都市全体が大災害に見舞われる例は決して多くない。しかし，歴史的にみると災害に巻き込まれて大都市の社会全体が破壊される出来事は何度も起きている。

古くは，14世紀のヨーロッパの黒死病（ペスト），17世紀のロンドン大火，20世紀では第二次世界大戦中の原爆による広島・長崎，空爆による東京，ベルリン・ドレスデンの破壊。その他，火山爆発ではサントリーニ島，ポンペイ，ヘルクラネウム，フランス領マルティニーク島のサンピエールの壊滅，さらに，巨大地震によるリスボン，唐山などの都市などがあげられる。近年のテロによる災害でも，ニューヨークなどの大都市の比較的狭い地域に限られている。

20世紀の入口で起きたサンフランシスコの地震・大火では，地震の揺れが収まった直後から市の低地側の20～30ヵ所（小さいもの含めると50ヵ所）から火の手があがった。地震動で市の高台にある水道本管が破壊され消防は無力になっていた。いくつもの火災が合流して大きくなり，加熱された空気が火の渦を巻いてマーケット通りの南側に2.4 kmの炎の壁ができた。その後，火災は3日間も猛威を振るいつづけ煙は上空3,000 mに達した。

歴史的・文化的な背景

今回の地震は，図2に示すようにサンアンドレアス断層に沿ったサンフランシスコに近いマッセルロックが震央である。この断層上では，その後もロマプリータ地震，ノースリッジ地震など，多くの大規模な地震が今日まで発生しつづけている。この地震災害は，"サンフランシスコ地震" あるいは "サンフランシスコ大火" と称されることが多い。実際，地震の後，火災は3日間つづき市の中心部の大半を焼き尽くしたので，"大火" とよばれるのも無理はない。

この名称は，発展段階にある西海岸の拠点都市が危険な自然環境にあるというイメージを定着させないために，鉄道会社が意図的に "大火" に誘導したともいわれる。公式発表の死亡者数も約500人と少なめに見積もられているが，その後の研究で現在では3,000人以上が妥当と考えられている。

図3に示すように，多数の被災状況の写真記録が残されるようになる初めての大災害でもある。当時，すでに写真が趣味として普及し始め

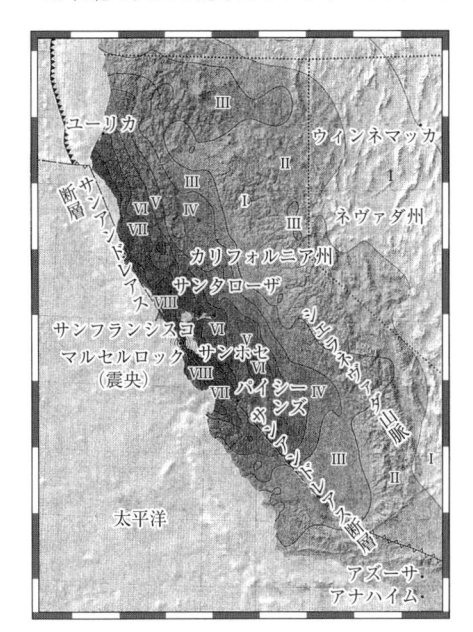

図2 震央と震度
I～Ⅷ：計器震度
[出典：S. Winchester, "A Crack in the Edge of the World: America and the Great California Earthquake of 1906", Harper Collins (2005)]

図3 サクラメント通りから火災を眺める人々
[出典：A. Genthe, Wikipedia]

ており，プロ・アマ問わず何千枚もの写真が残されている。それまで，文献では伝えきれなかった火災の状況や人々の様子が明確に捉えられており貴重な資料になっている。火事の最初の日の朝に撮影された図3からは，人々が落ち着いて見物している様と炎が西風に流されて東の湾の方へ向かっている様子が伝わる。しかし，一方で火災は西の方角にも向かい，午後の遅い時間になるとこのサクラメント通りの丘の中腹にまで到達している。

自然環境

今回の震源となったサンアンドレアス断層（SAF）は，トルコの北アナトリア断層と並んで，世界の地質学者が断層の諸性状の研究対象として常時観測をつづけている場所である。この同一線上にあるサンフランシスコの南の低地を1774年に発見したスペイン人が，"サンアンドレアスの谷"と名づけたところから断層に同じ名前が付けられた（図4）。

地形・地質の特徴

サンアンドレアス断層は，約1,200 kmの長大な長さでカリフォルニア州を縦断している。断層は同州北部のフンボルト郡の断崖で地表に現れ，太平洋岸を南下してメキシコとの国境の野原で地中に潜り込んでいる。

今回の地震時に貯水湖が南側の断層線上の谷にあったためと，水道本管のひび割れなどで，消火のための街中の給水栓への供給が止まったことも原因となって火災を広げた。

震源域の状況

図5.2（→ p. 192）にみるようにサンフランシスコは，太平洋プレートと北アメリカプレートの境界に位置する長大な断層が地表に現れた地域にある。

今回の震央はマッセルロックという小島の北西数百m沖で，島と本土の間の海峡をサンアンドレアス断層が走っている。島は太平洋プレート，本土は北アメリカプレートに乗っている。

地震発生のメカニズム

太平洋プレートは，サンフランシスコの北のメンドシノ岬の沖で年に約4 cm，島で約3.5 cmずつの"高速"で横ずれして北へ移動している。断層破壊で生じた急激な揺れの速度は，秒速3 km以上と推定され，南北方向に伝播した地震波が近隣の町を上下にうねらせた。

過去の大地震の記録

1857年1月9日のサンアンドレアス断層南部のフォートテフォン地震は，カリフォルニア州で起きた歴史地震では最大級の規模でM 8.25と推定されている。1872年にも内陸部でM 8クラスの地震が起きている。

全米では，1811年の中部のニューマドリッド地震M 8.5，1886年の東海岸のチャールストン地震M 7.0などが代表的である。

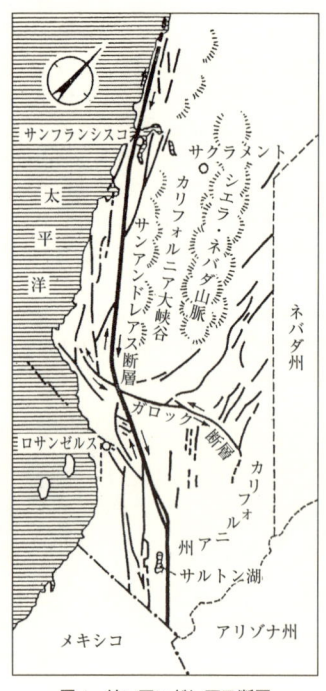

図4　サンアンドレアス断層
［出典：『世界大百科事典』，平凡社］

被災地域の状況

今回の地震の半世紀あまり前, "1848年にサッターズミルで金が発見され, サンフランシスコは疫病に見舞われた場所のようになった" と年代記に書かれている。急激に拡大する町は, 1850年代に入ると粗末な建物と強い風でしばしば火事に悩まされるようになる。1863年には市内人口は11,5000人を数え, 1873年にはケーブルカーが運行を始めた。繁栄する19世紀末の町には汚職や賄賂が横行していた。20世紀に入り, 地震が襲う直前のサンフランシスコには, パリやニューヨークに劣らないホテル, レストラン, 鉄骨造10～16階建ての高層ビル, オペラハウス, 高級店などが建ち並んでいた。

被災区域

マーケット通りとミッション通りの南は工場街で, 製造工場や鋳物工場が硫黄分の多い煙を排出していた。船, 機関車や家庭の暖房にも石炭が使われており, 町全体が黄灰色の空気で包まれていた。基本的に下水施設のない町は不潔で悪臭に満ちていた。ノブヒルや金門海峡沿いの高級住宅以外は, 急造のバラック小屋でレンガと木材で周辺を囲んでいた (図5)。

人的・社会的被害

被災時, 人口40万人に膨らんでいたサンフランシスコで, 1857年の被害地震を記憶している人はまれだった。死者600人との発表は投資家達の思惑だったとする見方がある。

物的・経済的被害

資産損失の総額は, 当時の金額でおよそ5億ドル相当と見積もられている。連邦政府の推定では, サンフランシスコが被った損害のうち, 地震が直接の原因となるのは3～10%で, ほとんどは, その後の副次的な影響によるとされる。火災の面積は10 km以上で490ブロックが破壊された。

冒頭の写真の倒壊したサンフランシスコ市庁舎は, 26年の月日と600万ドルを費やして建設された西部一の壮麗な外観をもつ建物だった。残った中央の塔もレンガ壁は完全に剥がれ落ちてしまい取り巻く建物はすべて崩壊している。米国地質調査所の調査報告書によれば, 上部が重い巨大な建築装飾と間の大きなアーチなどが崩壊の原因, とされている。また, 不適切な設計に加え粗悪な建材と不完全な施工が指摘され欠陥建築の象徴となった。ほかにも, 構造欠陥をもつ建物は町のいたる所で露呈していた。オフィスビル, 裁判所, 劇場, 郵便局などが大きな損傷を受けた。

インフラ・建築物被害の特徴

震災後の調査で, 地震と火災に対して最も強いのはコンクリート造であることが明らかにされた。当時, レンガ職人組合の懐疑的な目もあって, サンフランシスコには最新技術のコンクリート造の建築はまだ非常に珍しかった。鉄筋で補強されたコンクリート造が普及するのはさらに後のことである。それ以外では, 金属部材による補強がなされた構造物が残ったが, 内

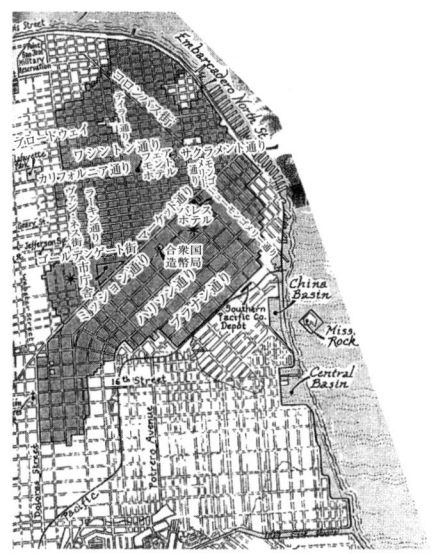

図5 火災被害地域 (アミ掛け)
[出典: S. Winchester, "A Crack in the Edge of the World: America and the Great California Earthquake of 1906", Harper Collins (2005)]

5章 地震災害

図7 ノブヒルから撮影された市街地，1878年撮影，30年後にはほとんど壊滅
[出典：S. Winchester, "A Crack in the Edge of the World: America and the Great California Earthquake of 1906", Harper Collins (2005)]

図6 地震で被害を受けた木造建築
[出典：Wikipedia]

部は破壊された。

　数多くの安普請の木造建築，補強されていないレンガ造，小川や水路を埋め立てた地盤の悪い地域に広がった造成地の建物などが倒壊した。市内の住宅や施設の95％のレンガ造の煙突が倒壊したといわれる。

この事例の概要と特徴

　欠陥工事や汚職，賄賂による弊害が大災害によって露呈する図式は，近年の中国や発展途上国などの例でもしばしば報じられている。日本も例外ではなく，阪神・淡路大震災でも指摘されている。まったく類似するストーリーが，時代も体制も異なる1世紀前の米国の災害時に語られていた点に注視すべきである。これは，減災に対する明確な阻害要因として，時代や国を超えて連綿とつづいている普遍的な課題の一つといえる。

　1870年代，サンフランシスコには，すでに45,000人もの中国人がゲットーをつくって居住していた。他民族と決して交わろうとしない中国人は，ユダヤ人と同様にみられ長い間差別を受けていた。災害でチャイナタウンはほぼ全滅した。これを機に市当局は排華移民法の強化や郊外に追い払おうとしたが，中国人は以前の場所に再建し今日に至っている。

　"災害と人種差別"も普遍的な課題で，1923年の日本（関東大震災 ➡ p.205）でも露呈する。

参 考 文 献

1) S. Winchester, "A Crack in the Edge of the World: America and the Great California Earthquake of 1906", Harper Collins (2005).
2) G. トーマス，M. モーガンウィッツ 著，広井脩 監訳，『大地震―サンフランシスコの崩壊』，時事通信社（1982）.
3) B. A. ボルト 著，金沢敏彦 訳，『SAライブラリー 19 地震』，東京化学同人（1997）.
4) 金子敏彦 著，『地震災害物語Ⅲ 自然のカタストロフィ』，胡桃書房（1983）.

コラム　幻のフランク・ロイド・ライト

　30代初め"青年"は日本を棄てようとしていた。建築家 F. L. ライトが築いたアリゾナのタリアセンウェストに憧れていた。すべてを棄てなけなしの金を叩いてエアチケットを買った"青年"は，出発を目前にして交通事故を起こしてしまった。対向のオートバイの若者が脚を骨折した。数ヵ月間，日本を動けずにいるうちにアメリカ行きは消えてしまった。

　その頃すでにタリアセンウェストにライトはいなかった。イタリア人のパオロ・ソレリが，町からさらに離れた荒野でアルコサンティの建設を始めていた。彼の書いた"生態建築論"は，流行の生態学と建築を融合した難解というより独りよがりの世界が魅力的な本だった。同感する若者が世界中から集まってアリゾナの岩山に自ら街をつくっている姿に惹かれた。

　天才の人生に興味をもって関連資料に当たるうち，ライトのヨーロッパ逃避行の話に行き当たった。当時，42歳の彼は不倫相手のママー・ボースウィック・チェニーと一緒だった。40代に入ったライトが，自分を受け入れない祖国アメリカを捨てたエピソードが"青年"を救った。

　後年訪れたライトのニューヨーク・グッゲンハイム美術館は，思ったより小粒な印象だった。セントラルパークに面した高級マンションの高層ビル群に埋もれてしまっている感じがした。らせん状のスロープが形づくる内部の大空間は，さすがにユニークだったが，パリのルーブルやオルセーのように展示物を引き立てる効果は薄い気がした。

　30代後半"青年"は北アフリカの砂漠にいた。広大な地中海を望むマグレブの街で日本人建築家がデザインした大学都市建設のために働いた。

海原（ハイユエン）地震

黄土高原の地すべり

発生地域：中国，寧夏回族自治区

寧夏回族自治区（銀川）南関清真寺

国民1人あたりのGNI（世界銀行2013）上位中所得国グループ

発生年月日：1920年12月16日
発生時間：午後7時36分（北京時間）
震央：北緯36.70°，東経104.90°
震央深さ：12 km
マグニチュード：8.5（8.6の記録もある）
人口（2010）：1,359,821,000人
国土の総面積（2012）：9,598,095 km^2
　　　　　　　　（香港，マカオ，台湾を含む）
死亡者数：234,117人

【地震】

図1　寧夏回族自治区の位置

[出典：尾池和夫,『NHKブックス 中国の地震予知』,巻頭地図,日本放送出版協会(1978)]

被災地の状況

今回の地震における死亡者の数は23万人あまりで，20世紀で最大級の唐山地震（→ p.266）に次ぐ大震災になった。20世紀に世界で3回記録されたマグニチュード8.5級の巨大地震のうち，今回の寧夏回族自治区の海原地震とチベット自治区（1950）の察隅地震の2回が中国で発生している。

今回の地震は多くの地すべりを伴い，死亡者の半数は地すべりによる被災者であると報告されている。

被災区域の特徴

図2にみるように，寧夏地区は大陸内部の地体構造の交界部位にあたり，地塊間の大規模な構造運動が現在でも活発である。引張応力場にあるとみられる北部には地変の種類は少ないが，圧縮あるいは単純せん断を受けているとみられる南部は変化に富み，さまざまな地変が観測されている。

今回の地震で誘発された石碑原地すべり（図3），夏家大路地すべりおよび降雨が誘因の二道岔地すべり，廟湾地すべりなどがみられる。震度XI～XIIの李俊堡県では蒿文里地すべりが発生し，震度Xの固原県西北部では石碑原地すべりが最大である（図4）。

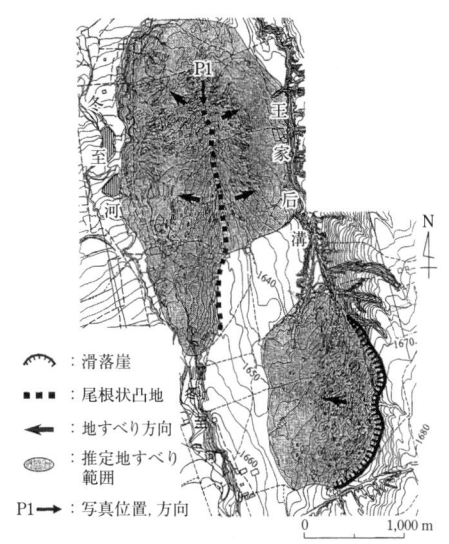

図3　石碑原地すべりの平面図
［出典：孫 保平, 宜保清一, 佐々木慶三, 趙 廷寧, 中村真也, 「中国・寧夏南部の黄土地すべりの特徴とすべり面の位置による分類」自然災害科学, *J. JSNDS*, **23**(1), 83(2004)］

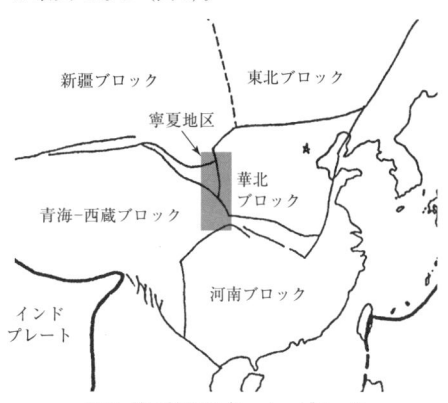

図2　寧夏地区のプレート・ブロック
［出典：竹内 章,「中国寧夏地区の地震地質」日本地質学会学術大会講演要旨, **89**, 547(1982)］

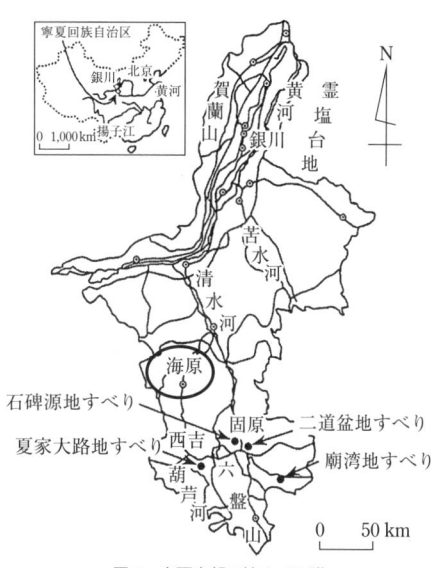

図4　寧夏南部の地すべり群
［出典：孫 保平, 宜保清一, 佐々木慶三, 趙 廷寧, 中村真也, 「中国・寧夏南部の黄土地すべりの特徴とすべり面の位置による分類」自然災害科学, *J. JSNDS*, **23**(1), 82(2004)］

この事例の概要と特徴

寧夏回族自治区は，元来，イスラム教徒の回族が中心の土地だったが，近年は漢族との融合が進んでいる。南部を甘粛省，東部の一部を峡西省に接しており，今回の地震域を甘粛省とする表記もみられる。

図5に，1920年の今回の地震（M 8.5，死者約20万人）と1927年の古浪地震（M 8，死者約4万1,000人）および2001年の青海省西部山岳地帯の地震（M 8.1）のM 8級の3件の巨大地震の震源分布を示した。1920年代の2例と異なり2001年は死傷者が報告されていない。地震の規模と人間の居住状況による被害の違いを端的に示している。

図2にみるように，インドプレートがユーラシアプレートに衝突し，南から圧縮されたチベット高原側は東西方向に押し出されつづけている。このため，中国の過去の震源分布をみると，M 6以上の地震の多くは人口密度の低い国土の西側で起きている。

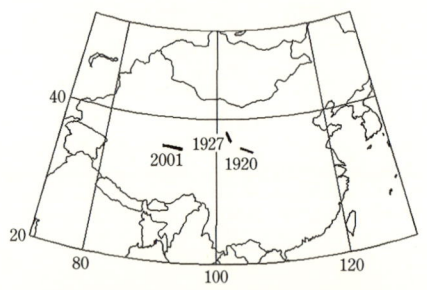

図5 1920，1927，2001年地震の震央位置
［出典：http://www007.upp.so-net.ne.jp/catfish/china-naifuru.html］

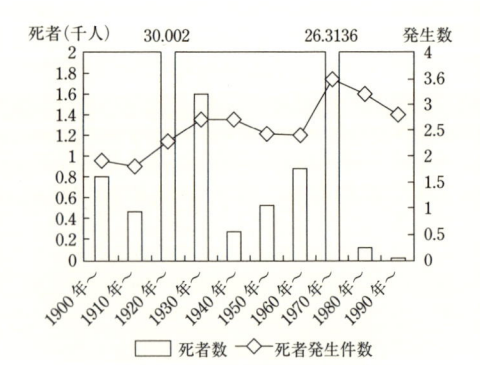

図6 年平均の死亡者数と発生件数
［出典：稲永善行，大西一嘉，袁 曉宇，「中国の地震防災関連法制度」日本建築学会大会(関東)学術講演梗概集，F-1, p. 453（2001）］

図6に示すように，1970年代と1920年代の死亡者数が突出しているのは，前者には20世紀最大の地震による死亡者を出した1976年の河北省唐山地震（➡ p. 266）が，後者には今回の地震と1927年の古浪地震（➡ p. 212）による犠牲者が含まれているためである。

参 考 文 献

1) 孫 保平，宜保清一，佐々木慶三，趙 廷寧，中村真也，「中国・寧夏南部の黄土地すべりの特徴とすべり面の位置による分類」自然災害科学，J. JSNDS，**23**(1)，79-92（2004）．
2) 竹内 章，「中国寧夏地区の地震地質」日本地質学会学術大会講演要旨，**89**，547（1982）．
3) 中村浩之，「中国甘粛省の土砂災害の現状」防災科学技術，No. 58, p. 18（1987）．
4) 稲永善行，大西一嘉，袁 曉宇，「中国の地震防災関連法制度」日本建築学会大会（関東）学術講演梗概集，F-1, p. 453（2001）．
5) 尾池和夫，『NHKブックス 中国の地震予知』，日本放送出版協会（1978）．

関東大震災

発生地域：日本，関東地方

復興記念館（都立横網町公園・東京都墨田区）

国民1人あたりのGNI（世界銀行2013）高所得国グループ
発生年月日：1923年（大正12年）9月1日
発生時間：午前11時58分44秒（現地時間）
震央：北緯35.1°，東経139.5°
　　　（相模湾北西沖80 km）
マグニチュード：7.9
人口（2014）：127,064,000人
国土の総面積（2012）：377,960 km^2
死亡者数：99,331人
行方不明者数：43,476人
負傷数：103,724人
全壊家屋：128,266棟
焼失家屋：447,128棟

【地震・火災】

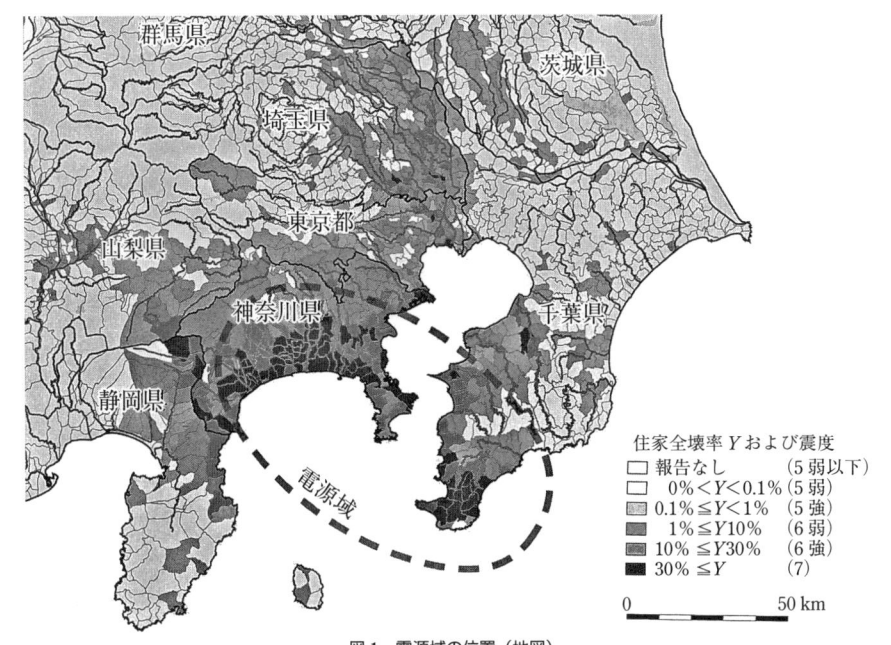

住家全壊率 Y および震度
- □ 報告なし　　（5弱以下）
- □ 0%＜Y＜0.1%（5弱）
- ▨ 0.1%≦Y＜1%　（5強）
- ▨ 1%≦Y10%　（6弱）
- ▨ 10%≦Y30%　（6強）
- ■ 30%≦Y　　（7）

図1　震源域の位置（地図）
［出典：国立歴史民俗博物館，『ドキュメント災害史1703-2003』，p.47（2003）］

地震による大規模な火災被害

東京・両国の「震災記念堂」は，当初，1923年（大正12年）の関東大震災で最も遭難者の多かった元陸軍被服廠跡に，遺骨を納める霊堂として1930年（昭和5年）に建設された。戦後，1945年（昭和20年）の東京大空襲（→p.472）などの戦災遭難者の遺骨も納められたので，1951年（昭和26年）に「東京都慰霊堂」と改称された（図2）。

図2　東京都慰霊堂（都立横綱町公園・東京都墨田区）

慰霊堂の中には，祭壇正面の右側に関東大震災遭難者（約58,000人），左側に都内戦災遭難者（約105,000人）の位牌が並べられている。誘因の異なる二つの災害における被害が大きかった火災域を比較すると，墨田，江東，台東区を中心とする下町地区が重なってくる。

二つの災害に対する人々の記憶には，最初の一撃となった地震や空襲より，延々と燃えつづけ周辺の人や街や建物を焼き尽くした火災の方が鮮明に残されている。

東京の大規模な市街地火災の歴史は江戸時代からつづくもので，その危険性は今日でも低減されていない。関東大震災は，何世紀にもわたり繰り返されている悪循環が生んだ地域災害の一つにすぎない。

被災者にとって重要なのは，災害種が自然か人為かの相違ではなく，衣・食・住の安全に関わるか否かの問題である。

歴史的・文化的な背景

"火事と喧嘩は江戸の華"といわれたほど東京地方は江戸時代から大火が繰り返されてきた。死者数万人を出したとされる1657年（明暦3年）の江戸大火をはじめ1682年（天和2年），1703年（元禄16年），

〈地震1時間後〉　〈3時間後〉

〈6時間後〉　〈12時間後〉

図3　隅田川流域の火災延焼

［出典：震災豫防調査會，「震災豫防調査會報告」，第百號（戊），pp.102-104(1925)］

1772年（明和9年），1806年（文化3年）と大火がつづき，幕末の1855年（安政2年）には大地震による大火を経験している。

大規模な市街地火災のおもな原因は，被災地の建築物のほとんどが木造家屋であったためとされる。明治時代に入り欧米から輸入されたレ

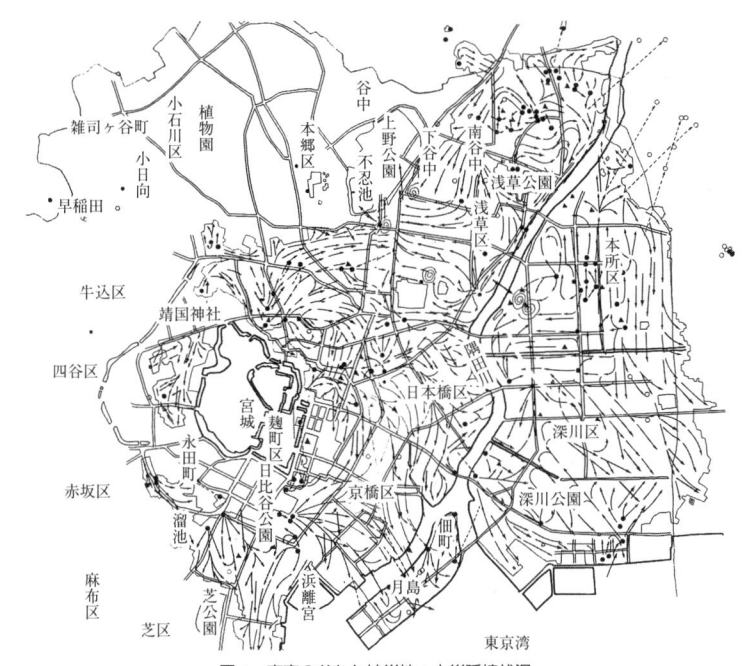

図4 東京のおもな被災地；火災延焼状況
［出典：小川益生 編，『東京消失 関東大震災の秘録』，pp. 146-147，廣済堂出版(1973)］

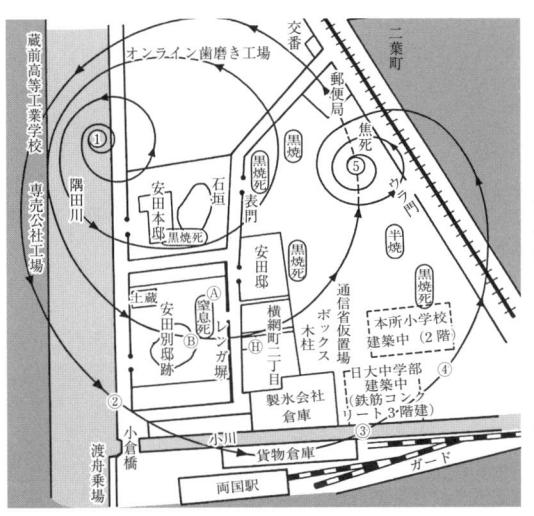

図5 両国；被服廠竜巻発生状況
焼死者数 約38,000人
松本市外浅間の原田茂佐登氏の証言
① 旋風発生地点(ボートの宙天―蔵前高等工業学校・須田教官の実話), ② 旋風の境界線，火災竜巻の状態でつづく(平尾化粧品部主の実話，両国橋より大和田理髪店主直視), ③, ④ 水たまり—旋風に吸い上げられた隅田川の水(死体の下から奇跡的にズブ濡れになった生存者を発見)(平野メリヤス工場の職長の実話)
Ⓗ 原田氏の住居，Ⓐ 一次避難場所，Ⓑ 4時頃の避難場所
［出典：小川益生 編，『東京消失 関東大震災の秘録』，p. 145，廣済堂出版(1973)］

ンガ組積造など，木造以外の新工法による不燃建築物も数多く建設されていた。

"震災"の後，多くの木造建築物で再建された東京は，第二次世界大戦末期の空襲による火災で，再度，全面焼け野原になった。"震災"から"戦災"までの間に不燃建築の工法が普及しなかったのは，"震災"でレンガ組積造建築の被害が大きかったことが一因とされる。レンガ造は地震に弱く，日本には不向きという風潮ができてしまった。"戦災"後，半世紀あまりを経た今日でも，日本の家屋の不燃化は遅々として進まず，1995年（平成7年）1月17日の神戸で同様の被害がまた繰り返されることになる。

東京の二つの災害は，過去の災害の経験が生かされなかった事例として明確に認識されなければならない。

関東大震災では，図3と図4にみるように，東京の市域の43％にあたる33.5 km²が焼失した。地震時に同時多発火災が発生し，関東地方を通過中の熱帯性低気圧による強風にあおられ，ほとんど出火しなかった地区も含めて東京の下町全体が壊滅した。

とくに江東方面の火災では，正午過ぎから避難した約4万人の人と荷物で埋まった陸軍被服廠跡の空地（約6.6 ha）で約38,000人の焼死者を出した。同所では午後4時から5時にかけて3回，図5にみるような火災旋風（竜巻）が発生して大惨事となった。

自然環境

9月1日は，暦の上で二百十日にあたり台風シーズンが始まる時期になっていた。当日は台風の余波の強風が吹いて火災を大きくした。

過去の三大地震（表1）のおもな被災地域の分布と震度分布図はほぼ一致する。これらの地域の多くは500年前に江戸の町がつくられた頃の湿地や沼，入江などで，後に埋め立てられた場所にほぼ対応している。

地形の特徴

山の手台にあたる地区での震度は，ほとんど5強以下であった。しかし，下町低地の隅田川

表1　過去の大地震

地震名	西暦年	M	備考（死者数）
①元禄地震	1703	7.9〜8.2	(1万人以上)
②安政江戸地震	1855	6.9	(7,000人以上)
③明治東京地震	1894	7	震源深く被害少
④関東大震災	1923	7.9	

［出典：国立歴史民族博物館，『ドキュメント災害史 1703-2003』，p.54の表を抜粋(2003)］

の東側では震度6強〜7，一方，隅田川の西側では震度6弱以下であった，と推定される。

地盤・地質の特性

関東平野は表面が厚い堆積層に覆われているため，確認されている活断層は立川断層や荒川断層など，数は多くない。多くの未発見の活断層が存在する可能性が指摘されている。

震源域の状況

震源域は，図6に示すように震央から湘南地方，伊豆半島を経て甲府盆地と，逆に房総半島から内陸の館林，熊谷などを経て甲府盆地を結ぶ線の関東平野中央・南部の広い地域である。

震央は，東京から約80 km西方，伊豆大島に近い相模湾の西北部の海底で，マグニチュード7.9，最大振幅88.6 mm，比較的ゆるやかな振動であったと記録されている。

地震発生のメカニズム

関東地方を襲う可能性のある地震には，「海溝型」と「直下型」の二つのタイプがある。

関東大震災は，フィリピン海プレートのもぐりこみに伴い相模トラフ上に発生したプレート境界型地震である。同じトラフ上の地震としては元禄地震（1703）があげられる。

過去の大地震の記録

表1は江戸時代以降に発生して大きな被害を出した地震で，①，④はプレート型地震，②，③は直下型地震である。①〜③が江戸・東京を襲った三大地震とされている。

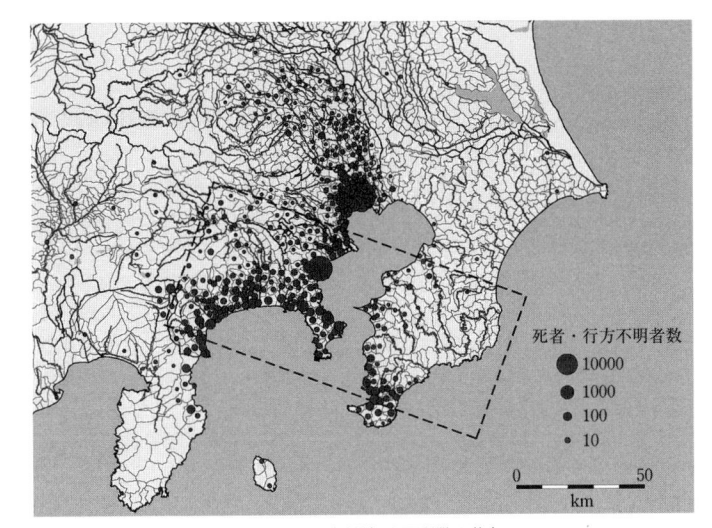

図6 震源域（破線）と死者数の分布
[出典：諸井孝文，武村雅之，「関東地震(1923年9月1日)による被害要因別死者数の推定」，日本地震工学会論文集，4(4), 24(2004)]

被災地域の状況

東京は震源地から80 kmも離れていたので地震による地盤の亀裂や建築物の倒壊は比較的少なかった。直接の被害としては，震源に近い横浜，鎌倉，小田原などの神奈川県下と千葉県下の被害が大きかった（表2，図6）。

被災区域

被災地域は，東京府，神奈川県，静岡県，千葉県，埼玉県，茨城県，山梨県の1府6県に及んでいる。これらを合わせると，10万人以上の生命が失われ，当時の概算で60億円の家屋などの損失が見積もられた。ちなみに当時の国家予算は約15億円であった。

人的・社会的被害

表3に原因別・府県別の死者・行方不明者数を示す。合計で約10万5,000人にのぼる死者・行方不明者数のうち約87％が火災で亡くなっている。火災による犠牲者数は，人口を考慮した死亡率でみても江戸時代に比べて桁違いに多く，市街地大火としても地震としても史上最大

表2 東京以外の地域の被害
（9月3～7日の各方面からの公報）

	家屋などの状況	死亡者数
小田原	全町倒壊	
藤 沢	八分通り倒壊	2,845人
秦 野	全町壊滅消失	
鎌 倉	六分通り消失	死傷者1,000人以上
横 浜	全部焼失	3万～4万人
熱 海	津波あり	死者20・行方不明100人

表3 関東大震災の原因別・府県別の死者・行方不明者数

	住家の全壊	火災	流失埋没	工場などの被害	合計
神奈川県	5,795	25,201	836	1,006	32,838
東京府	3,546	66,521	6	314	70,387
千葉県	1,255	59	0	32	1,346
埼玉県	315	0	0	28	343
山梨県	20	0	0	2	22
静岡県	150	0	171	123	444
茨城県	5	0	0	0	5
合計	11,086	91,781	1,013	1,505	105,385

[出典：諸井孝文，武村雅之，「関東地震(1923年9月1日)による被害要因別死者数の推定」，日本地震工学会論文集，4(4), 34(2004)]

級で，焼失面積は史上最大である。

物的・経済的被害

物的損害は55億円あまりで，建物，家財，工場，商品，在庫品などが52億円弱，地震によるインフラの損害は1億円強にすぎない。

建築物被害の特徴

表5にみるように，文明開化に始まり日露戦争（1904〜1905）後期の建築ブームで拡大したレンガ製造高は，震災による需要の減退から激減する。震災による直接的な被害ばかりでなく，建築材料として不向きという認識が流布され，とくに関東地方での製造高は1/2程度にまで落ち込んでしまった。レンガ製造業は，震災の打撃から立ち直る間もなく，金融恐慌，昭和恐慌に巻き込まれて衰退していった。

日本人は，箱庭的な環境を心地よいと感じて過密な街や都市を形づくり，木の触覚を好んで木造家屋を繰り返し建設し，地震に対する脆弱生を残している。

表5 全国のレンガ製造高

西暦年	製造高(1,000個)	備　考
1905（明治38）	265,519	
1909	418,644	
1912（大正元）	456,695	
1920	473,484	ピーク時
1923	372,220	震災時
1926（昭和元）	223,410	
1930	165,401	

この事例の概要と特徴

関東大震災の本質を考えるには，それ以前の長い江戸時代の災害から，その後の太平洋戦争の大空襲による火災までを対象とする必要がある。悪循環を繰り返す災害とその類似性を知るとき，人々の居住スタイルが何百年もの間あまり変化していないことに気付かされる。過密な人口が狭い国土の限られた都市に集中している。日本人がもつスケール感，他人との距離感覚などは数世紀では変わらない。

市街地大火の対策として街の区画整理や建物の不燃化を声高に促す前に，江戸の人たちが残した詳細な調査記録の分析と木造住宅で再建を繰り返す日本人のDNAに染み込んでいるスケール感と皮膚感覚をもう一度洗い直す必要がある。

参 考 文 献

1) 東京都教育委員会，「平成26年度版 地震と安全」，東京都教育庁指導部指導企画課（2014）．
2) 小川益生 編，『東京消失 関東大震災の秘録』，廣済堂出版（1973）．
3) 吉村 昭，『関東大震災』，文春文庫（1977）．
4) 東京市政調査会市政専門図書館，「関東大震災に関する文献目録」（2005）．
5) 日本消防設備安全センター，「関東大震災と昭和の大空襲を体験して」月刊フェスク，No. 203, 9月号，pp.4-16（1998）．
6) 国立歴史民族博物館，『ドキュメント災害史1703-2003』（2003）．
7) 原田勝正，塩崎文雄 編，『東京・関東大震災前後』，日本経済評論社（1997）．
8) 諸井孝文，武村雅之，「関東地震（1923年9月1日）による被害要因別死者数の推定」日本地震工学会論文集，4(4), 21-45（2004）．
9) 震災豫防調査會，「震災豫防調査會報告」，第百號（戊）（1925）．

コラム　大使と演歌師

　"これを機に外交官の職を辞したい"と老齢の大使は挨拶した。在留邦人会が催した盛大な送別会の席である。毎年，正月に招かれる大使公邸での新年祝賀会への返礼の意味もあった。後任には，前任地に引きつづいて大使の娘婿が決まっていると聞かされた。外交官の世界はいまだに古色蒼然，旧態依然の代名詞のようなものだと思った。

　"これからは「流し」をやってみたい。新宿の裏町で見かけたら声をかけてほしい"と大使はつづけた。彼一流のジョークだとして会場は大受けだったが，私には"案外本音"に聞こえた。外交は人柄である。いろいろな立場で大使や外交官に会う機会があったが，まったく別け隔てのない人から，厳然と分け隔てる人種まで様々だった。

　大使の前任国は旧宗主国がスペインだった影響で，フラメンコ風のギターが盛んである。大使の腕前は披露されなかったが，秘かな自慢だったのかもしれない。子供の頃，大人に連れられて行った渋谷川沿いの屋台には，よく「流し」が顔を出していた。今は演歌界の大御所として鎮座している歌手も，その頃あの辺りを流していたらしい。

　ある年の暮，忘年会の流れで夜更けに一人新宿の裏町を彷徨っていた。狭い裏通りで珍しくギターを抱いた「流し」が行くのを見かけた。"まさか"と思ったが，戯れに声をかけてみた。振向いたのは中年の男で，昔からこの辺りを流していたロシア名の演歌師の弟子だと名乗った。"1,000円で3曲"は昔のままだった。大使のその後は知らない。

古浪(グーラン)地震

黄土高原の巨大地震

発生地域:中国, 甘粛省武威

三門峡ダム
[© 周长武(2007), Wikipedia]

国民 1 人あたりの GNI (世界銀行 2013) 上位中所得国グループ

発生年月日:1927 年 5 月 23 日

発生時間:午後 7 時 36 分 (北京時間)

震央:北緯 37° 6′, 東経 102° 6′

震央深さ:12 km

マグニチュード:8.0

人口 (2010):1,359,821,000 人

国土の総面積 (2012):9,598,095 km^2
　　　　　　　　(香港, マカオ, 台湾を含む)

死亡者数:41,000 人以上

【地震】

図1　黄土高原
[© 認定特定非営利活動法人 緑の地球ネットワークホームページ]

図2　甘粛省古浪の位置 (矢印)

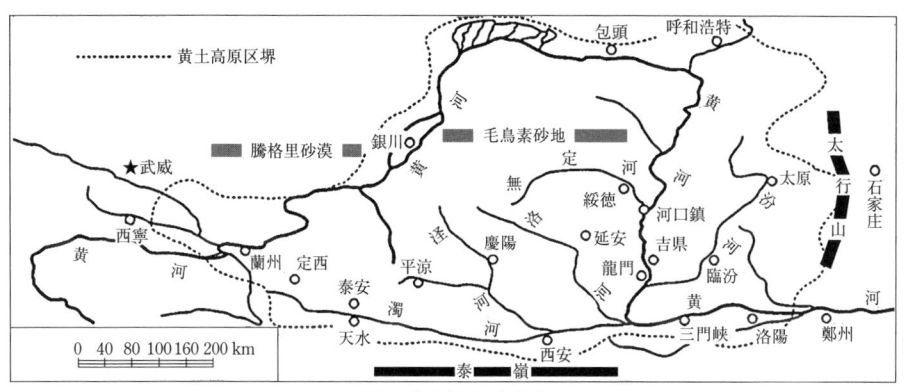

図3 黄土高原の水系図

この事例の概要と特徴

黄河の流出土砂の90％は黄土高原から供給されており，その半分は地すべり・崩落などに由来するといわれる。黄土地すべりは，地震や降雨が誘因となり高速で滑動するのが特徴である。今回の地震も，1920年の海原地震（➡p.202）と同様に多数の地すべりを随伴している。寧夏南部などの黄土の地すべりは，誘因別に①地震性地すべり，②降雨性地すべり，③冬季に発生する誘因不明な地すべりの3種類に分けられる。

甘粛省は面積が約45万 km^2 で，黄土高原，内蒙古高原，青蔵高原などの山地・高原が交錯している。主要山脈が北西から北東に並んでいるため，山地・高原と盆地が交互に並んだ地形になっている。地質は脆弱で集中豪雨や頻繁に発生する地震などにより，中国で最も地すべり，土石流活動が活発な地域になっており，小さな土石流は無数に発生している。

1950年代以降，甘粛省では全国に先駆け土石流の研究に積極的に取り組んでいる。蘭州大学，公的研究機関および省政府設立の地質・自然災害研究調整センターなどで多くの研究成果をあげている。

参考文献

1) 孫保平，宜保清一，佐々木慶三，趙廷寧，中村真也，「中国・寧夏南部の黄土地すべりの特徴とすべり面の位置による分類」自然災害科学，J. JSNDS, **23**(1), 72-92 (2004).
2) 崔維雲，「武威県の橋坡農業有限公司を訪ねて」アジア経済旬報，No.1312, pp.1-7 (1984).
3) 中村浩之，「中国甘粛省の土砂災害の現状」防災科学技術，No.58, p.18 (1987).
4) 柴彦威，「中国都市住民の日常生活における活動空間―蘭州市を例として」地理科学，**49**(1), 1-24 (1994).

昌馬(チャンマ)地震

中国最大の活発な地震帯

発生地域：中国，甘粛省酒泉

西漢酒泉勝跡（酒泉）
[© 2014 ryojin-sha]

国民1人あたりのGNI（世界銀行2013）上位中所得国グループ
発生年月日：1932年12月25日
発生時間：午後10時4分（現地時間）
震央：北緯39° 7′，東経96° 7′
震央深さ：15 km
マグニチュード：7.6
人口（2010）：1,359,821,000人
国土の総面積（2012）：9,598,095 km^2
　　　　　　（香港，マカオ，台湾を含む）
死亡者数：70,000人

【地震】

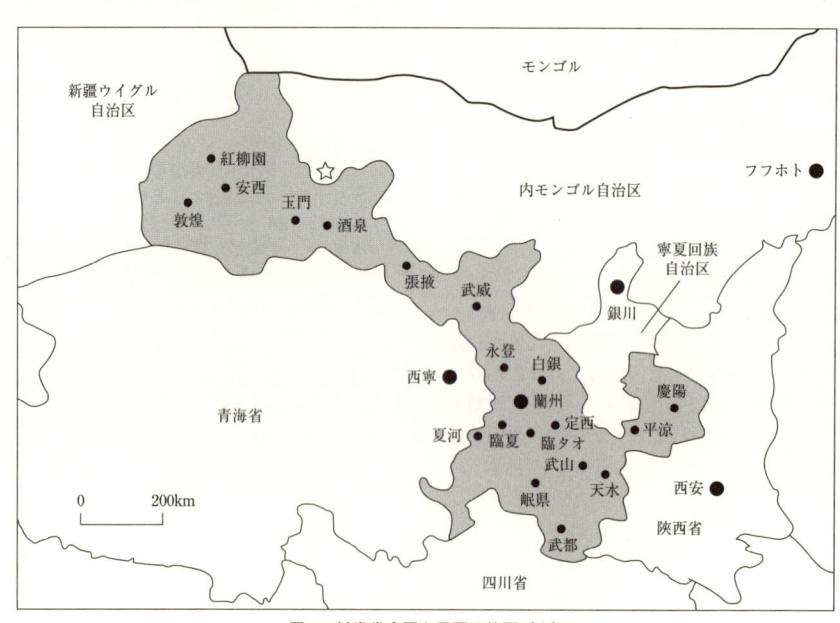

図1　甘粛省全図と昌馬の位置（☆）
[出典：© 2005-2010 Beijinging]

図2 黄河と黄土高原：☆昌馬

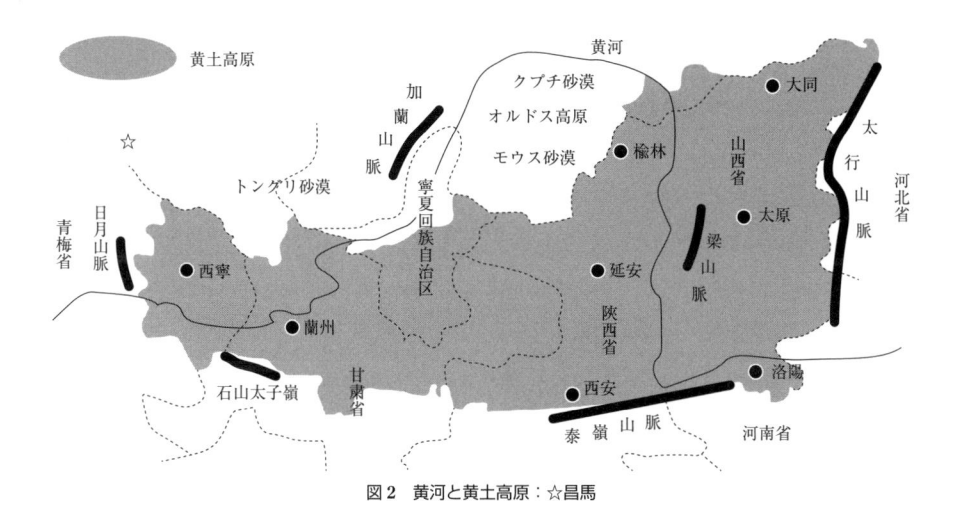

この事例の概要と特徴

寧夏北部の賀蘭山から泰嶺，甘粛省の文県を越え四川盆地の西部沿いに雲南省の東部に至る地域は，中国最大の活発な地震帯といわれる。

中国の地震活動の特徴として以下の4点があげられる。

① 多発性；中国では，M 8.0 以上の巨大地震が 10～15 年に 1 回，M 7.0～7.9 の大地震が 1～2 年に 1 回，M 6.0～6.9 の地震が年 2 回の割合で発生している。1970 年代から M 5.0～5.9 級の地震の発生数が急増している。

② 大規模性；20 世紀に起こった 3 回の M 8.5 級の巨大地震，海原地震（1920, M 8.6），チベット自治区地震（1950, M 8.6），チリ南部地震（1960, M 8.5）のうちの 2 回が中国である。

③ 広域性；中国の全省，自治区，直轄市の広範な地域で M 5.0 以上の地震が発生している。国土の 41％，都市の 50％，人口 100 万人以上の大中都市で震度 7（中国震度階）以上の地震が発生している。

④ 直下型；西南部のチベット，雲南省，中朝露国境地帯の吉林省，黒竜江省などでは地下 400～500 km を震源とするプレート型地震が発生しているが，それ以外の地域では深さ 10～20 km 程度の地殻内の直下型地震である。

参考文献

1) 孫 保平，宜保清一，佐々木慶三，趙 廷寧，中村真也，「中国・寧夏南部の黄土地すべりの特徴とすべり面の位置による分類」自然災害科学，J. JSNDS, **23**(1), 72-92 (2004).
2) 木下武雄，「中国における洪水防御のスタディツアー」防災科学技術, No. 42, pp. 17-20 (1981).
3) 中村浩之，「中国甘粛省の土砂災害の現状」防災科学技術, No. 58, p. 18 (1987).
4) 稲永善行，大西一義，袁 曉宇，「中国の地震防災関連法制度」日本建築学会大会学術講演梗概集（関東），F-1, p. 453 (2001).

インド・ネパール(ビハール)地震

発生地域：ネパール，インド・ネパール東部国境

ボタナートから見るカトマンズ盆地

国民1人あたりの GNI（世界銀行 2013）低所得国グループ
発生年月日：1934 年 1 月 15 日
発生時間：午後 2 時 22 分（現地時間）
震央：北緯 26.50°，東経 86.50°
マグニチュード：8.3
人口（2010）（ネパール）：26,846,000 人
国土の総面積（2012）（ネパール）：174,181 km^2
死亡者数：約 8,500 人（内ネパール；4,296 人）
倒壊建物：約 80,000 棟（内ネパール；12,397 棟）
【地震】
ネパール地震（2015）（p.310）参照

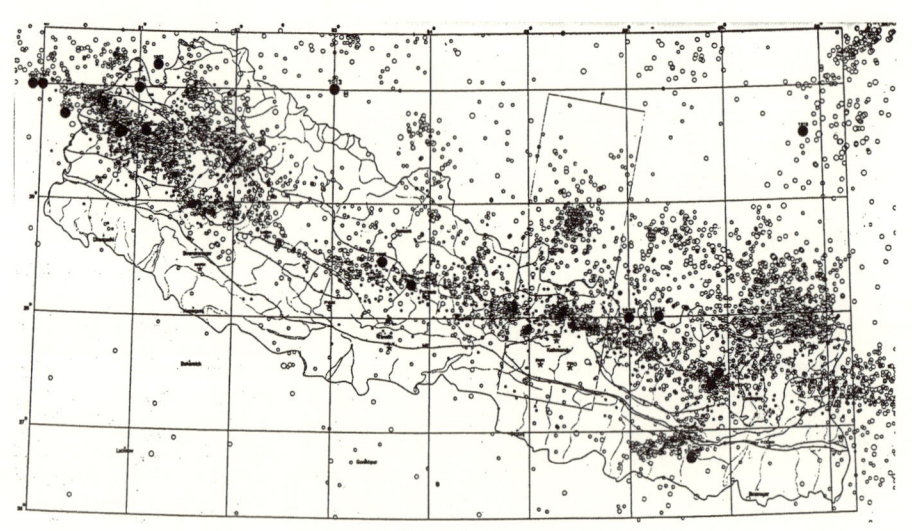

図1　震央の分布図（1994.3〜1997.12）
［出典：国際協力事業団(JICA),『ネパール王国カトマンズ盆地地震防災対策計画事事前調査報告書』, p.29(2000)］

ヒマラヤの麓の地震国

インドプレートがアジアプレートを押しつづけるヒマラヤの造山運動は，今も活発につづいている。その結果，周辺のインド，ネパール，パキスタン地方での地震活動は現在でも盛んである。図1にみるように，本格的な観測が行われ始めた1990年代半ばに発生した地震の分布は，ほぼネパール全国に広がっている。とくに東部および西部，極西部に多い。

今回の地震の震央はインド・ネパールの東部国境付近の主境界断層で，カトマンズ盆地の震度はIX～Xである。図2にみるように，カトマンズ盆地は古くは湖であったが，およそ1万年前までには干上がって現在の形になったものと推測されている。盆地内でも，粘土層が厚く堆積していて地盤条件の悪いカトマンズ市やバクタプール市での被害が大きい。

歴史的・文化的な背景

ネパールは，自然環境に加え歴史的・文化的にもさまざまな厳しい条件下におかれている。

急峻な地形，乏しい資源，内陸国などの自然条件，高い人口増加率，カースト制度や不平等な社会構造などの社会条件，マオイスト活動などの社会不安に加え，隣国の大国インドとの関係が政治的・経済的に大きな影響を及ぼしている。さらに頻発する災害は，開発を阻害し貧困との連鎖を断ち切れない要因になっている。

20世紀の間にネパールで発生したマグニチュード5以上の地震の数は，$M5～6；43$回，$M6～7；17$回，$M7～7.5；10$回，$M7.5～8；2$回，$M8$以上が1回である。$M7$以上が平均7年に1度起きている。

この間，首都があるカトマンズ盆地に大きな被害を与えた大地震は，今回の1934年インド・ネパール大地震（$M8.3$）と1988年のネパール・インド大地震（$M6.6$）の2回である。

今後，今回の地震と同規模の地震が現在のカトマンズ盆地を襲った場合のシミュレーションによれば，死者3万人，家屋被害は各市内の60%以上になると予測されている。

自 然 環 境

ネパールは，南北の幅わずか160～240 km，東西方向約885 kmの細長い国土に，標高100 mのテライ平原から8,000 m超級のヒマラヤ山脈までを擁している。急峻な山岳部と河川の多い平野部が国土を寸断している。その結果，道

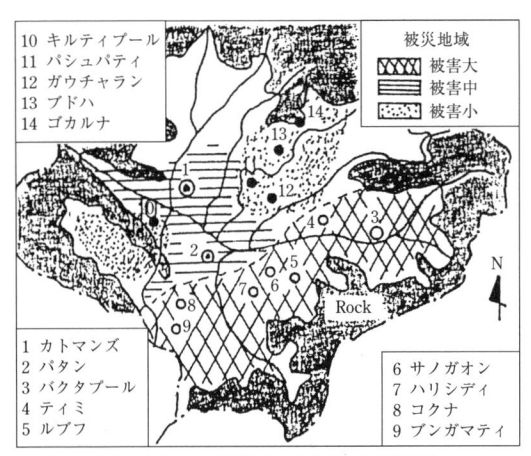

図2　カトマンズ盆地での被害分布と地盤条件
［出典：国際協力事業団(JICA)，『ネパール王国カトマンズ盆地地震防災対策計画事前調査報告書』，p.30(2000)］

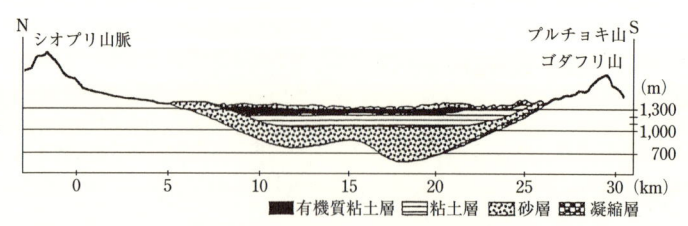

図3 カトマンズ盆地の地質と南北断面図
［出典：国際協力事業団(JICA), 『ネパール王国カトマンズ盆地地震防災対策計画事前調査報告書』, p.16(2000)］

路・空港，電気・通信などのインフラの整備は遅れており，各地方相互の連絡は著しく困難である．このような地理的条件が経済的発展を阻害する大きな要因になっている．

地形の特徴

首都のあるカトマンズ盆地の大きさは，東西約25 km，南北約20 kmの楕円状で海抜平均1,300 mの高さに位置している．図2に盆地内の地盤条件と被害状況との関連，図3に地質と断面を示した．今回，最も被害が大きかったのは，バクタプール市地域，次いでカトマンズ市周辺で，同市北部やキルティプール市地区では比較的少ない被害となっている．

震源域の状況

今回の地震の震央は，当初，インド・ビハール州北部と考えられていたが，現在では東部ネパールの主境界断層（ヒマラヤ山地とテライ平原の境界部付近の断層）の活動であったと推定されている．この断層に沿っては，毎年平均約17回の地震が発生している．

また，主中央衝上断層（ヒマラヤ山脈の総延長200 kmにわたり連続している断層）に沿っては年平均347回，ヒマラヤ前縁断層（山地とテライを区切る断層）では0.71回発生している．

過去の大地震

表1以降にヒマラヤ地区で発生したおもな地震は，Assam-1897, Kangra-1905, Srimangal-1918, Dhubri-1930, Bihar and Nepal-1934, Quetta-1935, Assam-1950, Bajhang Nepal-1980, Assam & Hindkush-1988.8.6, Udaipur Nepal-1988.8.21. で，今回が過去100年間で最大の被害地震である．

表1 19世紀末までの歴史的な地震

発生年	被害	発生年	被害
1255	1/3被害 M7.7？	1767	24時間内 21回余震
1260	不詳 中〜大	1810	バクタプール大 21回余震
1408	不詳 中〜大	1823	17回余震 中
1681	不詳 中	1833	4,214戸 M7.8

［出典：国際協力事業団(JICA), 『ネパール王国カトマンズ盆地地震防災対策計画事前調査報告書』, p.25 (2000)］

表2 カトマンズ盆地内の被害状況

地域別	死者/人	全壊/棟	半壊/棟	小破/棟	合計
KM市内	479	725	3,735	4,146	8,600
同郊外	245	2,892	4,062	4,267	11,221
LP市内	547	1,000	4,170	3,860	9,030
同郊外	1,697	3,977	9,442	1,598	15,017
BP市内	1,172	2,359	2,263	1,425	6,047
同郊外	156	1,444	1,986	2,388	5,818
盆地合計	4,296	12,397	25,658	17,684	55,739

KM：カトマンズ市，LP：ラリトプール市，BP：バクタプール市
［出典：国際協力事業団(JICA), 『ネパール王国カトマンズ盆地地震防災対策計画事前調査報告書』, p.26 (2000)］

被災地の状況

今回の地震によるインド国内での被害は，ビ

ハール州北部国境地帯でおもに地割れや陥没噴砂現象による家屋の倒壊，田畑の埋砂が報告されている．

ネパール国内の被害は，カトマンズ盆地に集中しており，テライでの死亡者数は184人と極端に少ない．

被災区域の特徴

盆地内のおもな行政区分は，カトマンズ，ラリトプール，バクタプールの3郡およびカトマンズ，キルティプール，ラリトプール，バクタプール，マディアプール-ティミの5市に分けられている．1980年代からの3郡の人口増加は進んでおり，とくにカトマンズ郡の増加は突出している（図4，図5）．

盆地内の被害は大きく，全国の死亡者数のほぼ半数，倒壊家屋数の約7割を占めている．

図4 カトマンズの中心繁華街

図5 カトマンズ市内

人的・社会的被害

今回の地震の死亡者数4,296人は，1901〜2000年の間にネパール全国で発生したすべての自然災害の中でも群を抜いて多い．

その後，1988年のネパール・インド大地震での盆地内の死亡者数は3郡の合計8人である．全国合計は721人で，多くは東部ネパール地方に集中している．

物的・経済的被害

災害が開発を妨げるというネパールにおける"災害と貧困の連鎖"が指摘され，その解決が求められている．連鎖のメカニズムは，災害の発生により救援や復旧に多額の出費が強いられるため国家経済への影響が出る．さらにインフラの復旧の遅れが生活再建を困難にし，人命や財産の損失あるいは農地などの生活手段の喪失により貧困が増大するというものである．

インフラ・建築物被害の特徴

ネパールでは，図6〜図9にみるような，レンガ組積造の建築物が多い．その多くは無筋あるいは小断面の柱・梁による枠組が付いただけの構法で，地震に対して脆弱である．

また，大都市部では多くの古い建築物の経年変化による建材の劣化が進んでいる．次の大地震では，これらの密集地に建つ古い既存の建物が倒壊し，多くの犠牲者を生むことは自明とされている．しかし，ハード面での効果的な補強法の実施や計画的なソフト対策も十分には進ん

図6 マディアプール市内

図7　キルティプール市内

図8　ラリトプール市内

図9　カトマンズ市内

図10　レトロフィット技術

でいない。
　NGOによる図10に示すようなレトロフィット技術を用いた既存建物の補強例もわずかながら出ている。
　また，建物の新築工事に耐震補強をする技術をわかりやすく伝えるためのマニュアルの普及などもはかられている（図11）。

この事例の概要と特徴

　ネパールは，国土を取り巻く自然環境から多様な災害に見舞われている。災害の種類は，1990年代の死亡者数の多い順に，洪水・地すべり，嵐・雹・雷，雪崩，地震などである。地震災害は，一度大地震が発生すると犠牲者が突出するが平均的には下位を占めている。
　一般的に，被る災害種の多い国での防災計画は，効果的な災害対策が課題である。
　ネパールに対する日本の援助では，
① 災害の発生を少なくする。
　・防災事業の推進，
　・復興を通じた防災の向上，
　・ハザードマップの作成と防災情報のGIS（geographic information system，地理情報システム）化
② 災害が発生しても被害を少なくする。
　・緊急事態背の強化，
　・被災者の生活再建支援の強化，

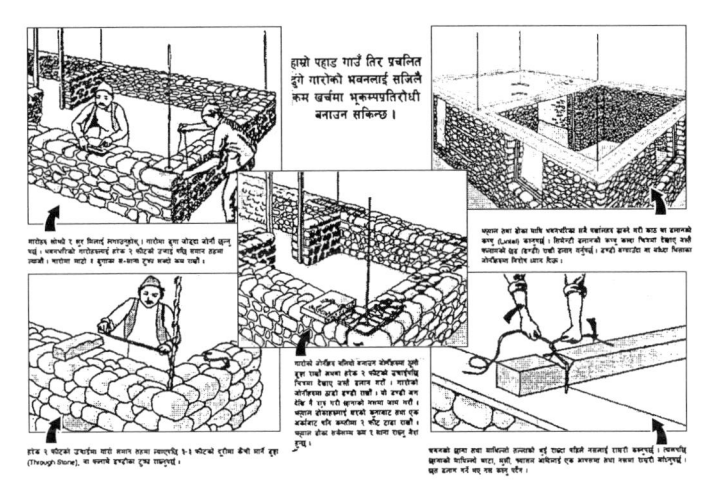

図11 補強技術マニュアル
［出典：国際協力事業団(JICA),『ネパール王国カトマンズ盆地地震防災対策計画事前調査報告書』, p.47(2000)］

・インフラの復旧促進

が提言されている。

参 考 文 献

1) 国際協力事業団（JICA），『ネパール王国カトマンズ盆地地震防災対策計画事前調査報告書』(2000)
2) 国際協力事業団（JICA），『ネパール王国別援助研究会報告書』,（1993）.
3) 国際協力事業団（JICA），『ネパール王国別援助研究会報告書―貧困と紛争を越えて』(2003).
4) 砂防学会 監修，『砂防学講座 10巻 世界の砂防』，山海堂（1992）.
5) アジア防災センター（ADRC），『ネパール20世紀災害統計』.

クエッタ地震

地震の空白域

発生地域：パキスタン，バローチスターン州

クエッタ市内
[© JICA]

国民1人あたりの GNI（世界銀行 2013）低位中所得国グループ
発生年月日：1935 年 5 月 31 日
発生時間：午前 2 時 30 分～3 時 40 分（現地時間）
震央：北緯 29.5°，東経 66.8°
人口（2010）：173,149,000 人
国土の総面積（2012）：796,095 km^2
死亡・行方不明者数：56,000 人

【地震】

図1　クエッタの位置
[© Wikipedia]

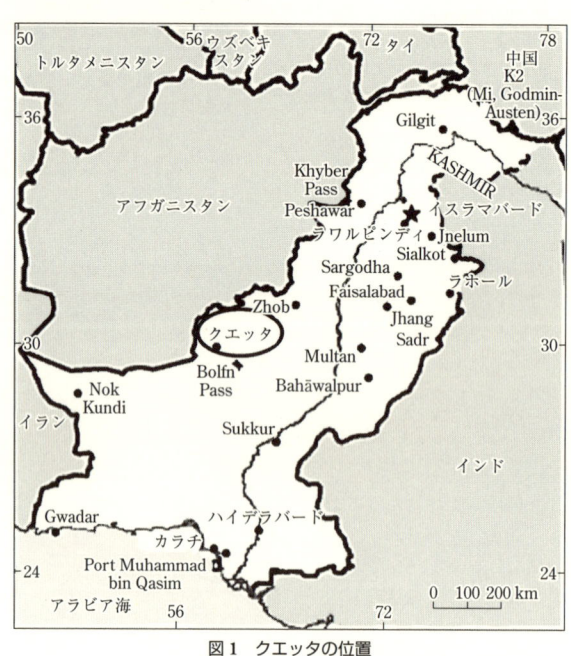

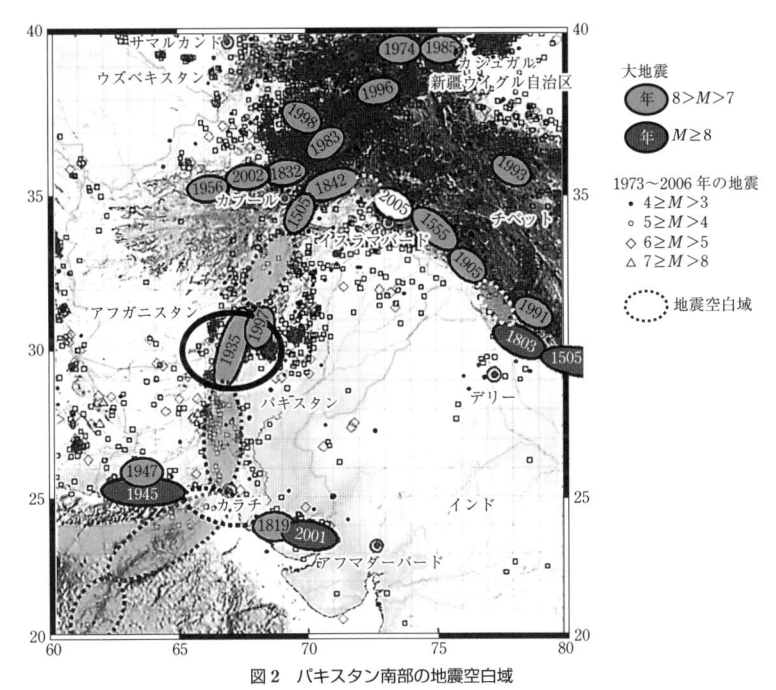

図2 パキスタン南部の地震空白域

[出典：Ö. Aydan "Geological and Seismological Aspects of Kashmir Earthquake of October 8, 2005 and A Geotechnical Evaluation of Induced Failures of Natural and Cut Slopes", *J. School Marine Sci. Technol.*, 4(1), 28(2006)]

この事例の概要と特徴

クエッタはバローチスターン州の州都で，アフガニスタンとの国境近くの標高1,676mの高地に位置し，冬季の寒さは厳しいが夏場は涼しくメロンなど果物の産地として知られている。

図2にみるように，パキスタンでは過去の履歴地震は多く，とくに北西部のカシミール地方に集中している。さらに，国土の西部のアフガニスタンとの国境および海岸に沿って大地震が発生している。今回のクエッタ近郊の地震域の北側と南側に空白域があり，今後のこれらの地域での大地震の発生が予想されている。

この地域では2008年10月29日早朝にもクエッタの北東約60kmを震源とするM6.4の地震が発生し，約170人の死者を出している。パキスタン南西部は，とくに貧困層の多い地域で地震に脆弱な建築物とカラチなどの大都市を含む人口稠密な市街地での大震災が懸念されている。その後2001年にはインドの西部でグジャラート地震（→p.364）が発生し，2万人以上の犠牲者を出している。

参考文献

1) K. Tahseenullah, 村田 守, 小澤大成, 香西 武, 西村 宏, "Prevention and Reduction of Earthquake Disasters in Asia and the Pacific Region", 鳴門教育大学学校教育研究紀要, **20**, 95-101 (2005).
2) 河合利修,「赤十字のパキスタン地震被災者救援事業に参加して」日本赤十字豊田看護大学紀要, **2**(1), 40-44 (2006).
3) Ö. Aydan "Geological and Seismological Aspects of Kashmir Earthquake of October 8, 2005 and A Geotechnical Evaluation of Induced Failures of Natural and Cut Slopes", *J. School Marine Sci. Technol.*, 4 (1), 25-44(2006).

エルジンジャン地震

西行する断層の始まり

発生地域：トルコ，東部山岳地帯

エルジンジャン
[© 首都大学東京・吉嶺充俊准教授]

国民1人あたりのGNI（世界銀行2013）上位中所得国グループ
発生年月日：1939年12月26日
発生時間：午後11時57分（現地時間）
震央：北緯39.74°，東経39.70°
震央深さ：23 km
マグニチュード：7.9
人口（2010）：72,138,000人
国土の総面積（2012）：783,562 km^2
死亡者数：32,968人
重傷者数：4,125人
倒壊建物：14,401棟
大破建物：4,043棟　　　　　　　　　　【地震】

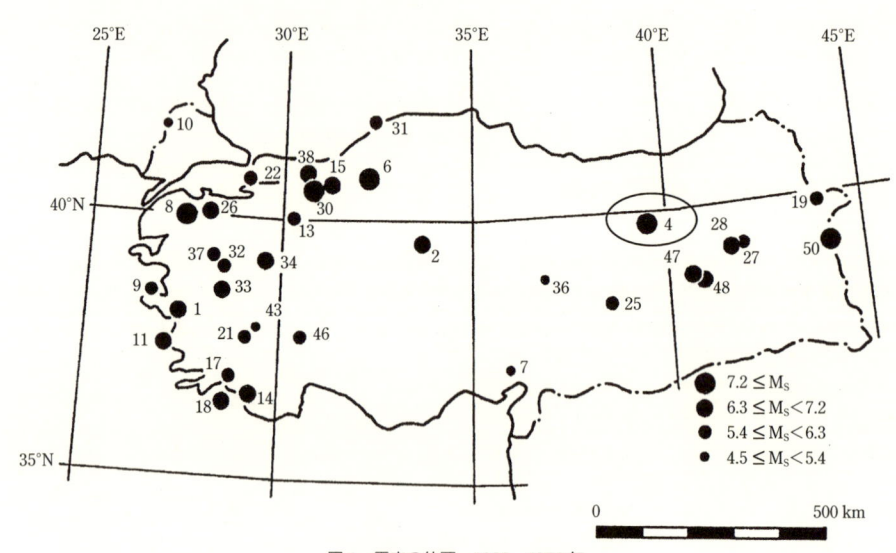

図1　震央の位置，1928〜1976年
○印：4；エルジンジャン(1939)

$7.2 \leq M_S$
$6.3 \leq M_S < 7.2$
$5.4 \leq M_S < 6.3$
$4.5 \leq M_S < 5.4$

［出典：大橋ひとみ，太田 裕,「トルコにおける地震被害の発生と減災に関する研究，2. 震度分布予測・評価式の構成」日本建築学会構造系論文報告集，第348号, pp. 19-25(1985)］

被災地の状況

図1に震央を示すように1928～1976年の間，トルコでは M 4.5 以上の地震が50回以上起きている。これらの地震群は，プレートテクトニクス的に北アナトリア断層地帯，西アナトリア・マルマラ地域，東アナトリア断層地帯に大別される。

エルジンジャンは標高 1,210 m の盆地で，北

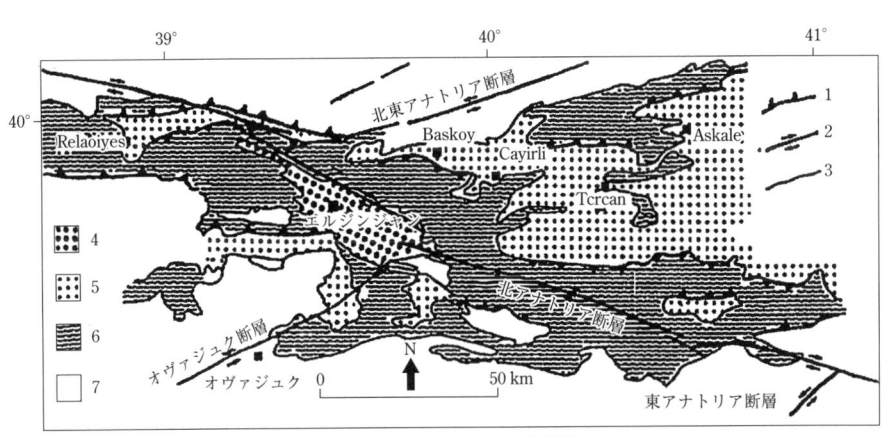

図2 エルジンジャン地域の地質図

1：衝上断層，2：横ずれ断層，3：地質の接点，4：鮮新紀-第四紀エルジンジャン堆積盆，5：中新世紀末期堆積盆，6：Anatolide/Tauride-Pontide 塩基性火成岩再凝縮縫合域，7：その他の岩盤

[出典：A. A. Barka, L. Gulen, "Complex evolution of the Erzincan Basin (eastern Turkey)" *J. Struct. Geology*, 11(3), 275-283 (1989)]

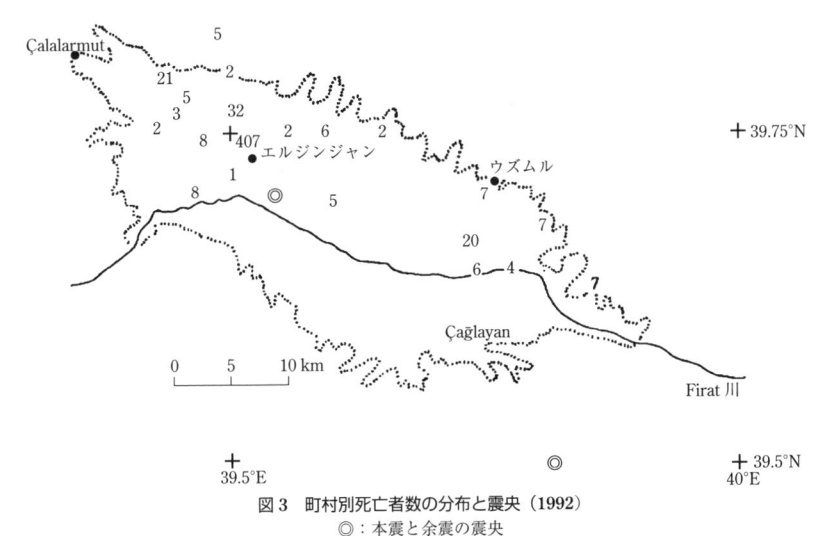

図3 町村別死亡者数の分布と震央（1992）

◎：本震と余震の震央

[出典：村上ひとみ，「1992年エルジンジャン（トルコ）地震の人的被害と緊急対策」地域安全学会論文報告集, (2), p. 105 (1992)]

226　5章　地震災害

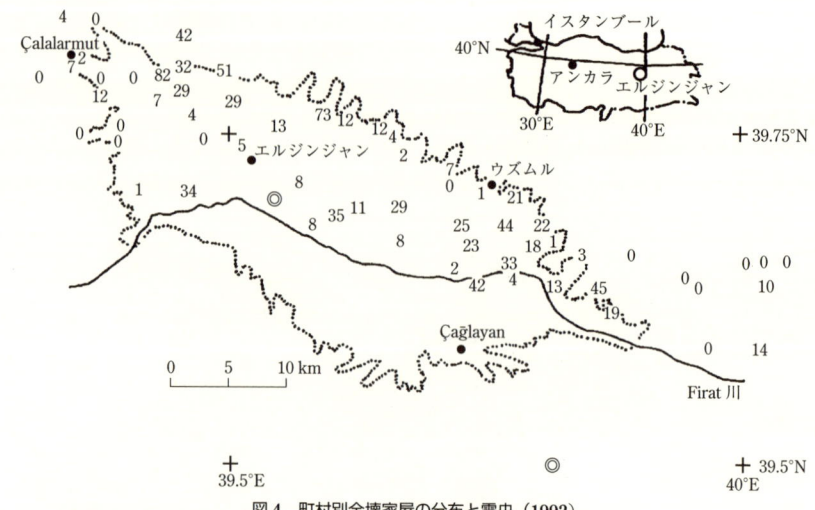

図4　町村別全壊家屋の分布と震央（1992）
◎：本震と余震の震央

［出典：村上ひとみ，「1992年エルジンジャン（トルコ）地震の人的被害と緊急対策」地域安全学会論文報告集，(2)，p.104(1992)］

端を北アナトリア断層が走っており，繰り返し大地震の被害を受けている地域である．

図2に，この地域の地質状況（図中の2：断層，4：エルジンジャン盆地）を示す．今回の地震で，盆地の東端に位置するTanyeriから西に向かって350 kmの断層が断続的に現れている．その後，1939〜1967年にかけてM7級の大地震の震源が西へ逐次移動しているのが知られている（図5）．

しかし，1992年3月13日，現地時間の午後7時18分，断層の東端のエルジンジャン市の南東約4 kmを震央にM6.9の地震が発生した．

人的被害は死亡者数554人で，図3にみるように盆地内のFirat川の北側で発生している．地震発生時は断食月の金曜日で，多くの人々は自宅かモスクにいて難を逃れている．

建物被害は，全壊が4,020棟，半壊が5,157棟，一部損壊が7,606棟と報告されている．1939年の大地震の経験から，表通りに面しては3階までその他では2階の制限があったが，人口増加に伴い緩和されて5〜6階建てが多く問題視されていた．

この事例の概要と特徴

北アナトリア断層は，コジャエリ（イズミット）地震（➡ p.352）でみるように1,000 km以上にわたり東西に走る右横ずれ型のプレート境界断層で，カリフォルニアのサンアンドレアス断層（➡ p.198）とともに最も顕著な陸上活断層の一つである．

図5にみるように，今回の地震以降，1942, 1943, ボルーゲレデ地震（M7.3, 1944），アバント地震（M7.0, 1957），バルト地震（M6.8, 1966），ムドゥルク地震（M7.1, 1967）とM7級の地震が西に向かって発生しており，1992年には再びエルジンジャンでもM6.9級の地震が起きている．さらに，1999年には"地震の空白域"と指摘されていた西端のイズミットでM7.4のコジャエリ地震が発生する．

トルコで用いられている震度階は，1970年まではMMスケールが，それ以降はMSKス

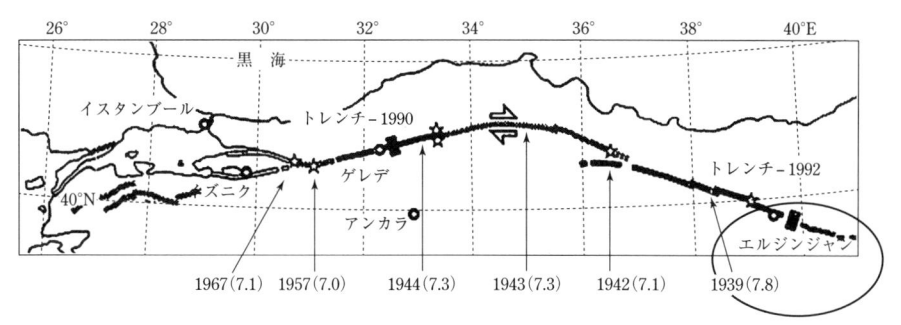

図5 北アナトリア断層と各震央の位置
☆：震央の位置
［出典：奥村晃史，吉岡敏和，İsmail kuşçu，中村俊夫・鈴木康弘，「トルコ・エルジンジャン東方における北アナトリア断層の発掘調査」名古屋大学加速器質量分析計業績報告書，V，p.33（1994）］

表1 エルジンジャン周辺の歴史地震

年	被 災 状 況
1047	地震，町が崩壊
1445	地震
1457	地震，32,000人が瓦礫の下敷き
1575	地震，深刻な被害と多数の死者
1584	地震，死者15,000人
1661	地震，死者1,500人
1782	早朝の地震，町のまわりの建物は全壊，死者10,000人
1888	地震，深刻な被害
1920	地震，Izzetpasaモスクが崩壊，州政府と自治体の庁舎に被害
1939.12.27	エルジンジャン地震，死者15,600人，重傷者4,125人，全壊建物14,401棟，建物被害4,043棟
1983.11.18	地震，死者ゼロ，被害軽微

［出典：村上ひとみ，「1992年エルジンジャン（トルコ）地震の人的被害と緊急対策」地域安全学会論文報告集，(2), p.97（1992）］

ケールである。

参 考 文 献

1) 村上ひとみ，「1992年エルジンジャン（トルコ）地震の人的被害と緊急対策」，地域安全学会論文報告集，(2), pp.95-106（1992）．
2) 奥村晃史，吉岡敏和，İsmail kuşçu，中村俊夫，鈴木康弘，「トルコ・エルジンジャン東方における北アナトリア断層の発掘調査」名古屋大学加速器質量分析計業績報告書，V，pp.32-48（1994）．
3) 大橋ひとみ，太田 裕，「トルコにおける地震被害の発生と減災に関する研究，2.震度分布予測・評価式の構成」日本建築学会構造系論文報告集，第348号，pp.19-25（1985）．

アシハバード地震

旧ソ連の耐震設計基準

発生地域：旧ソ連トルクメン共和国，南部・イラン国境

アシハバード市街（2014年）
[©夢人]

国民1人あたりの GNI（世界銀行 2013）上位中所得国グループ

発生年月日：1948年10月6日
発生時間：午後1時12分8秒（現地時間）
震央：北緯 37.70°，東経 58.70°
地震の強さ（推定）：西部市街地；震度階8級
　　　　　　　　　その他；9級以上
人口（2010）：5,042,000人（トルクメニスタン）
国土の総面積：488,100 km²（トルクメニスタン）
死亡者数：約 19,800人

【地震】

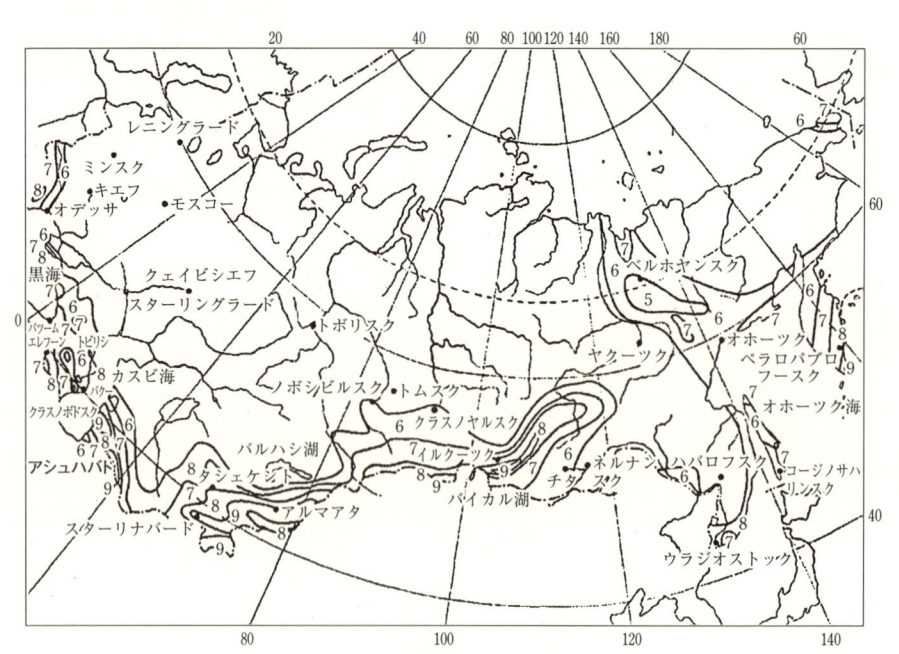

図1　旧ソ連の震度階（メルカリ震度階）
地名表記は出典どおり．

[出典：久田俊彦，中川恭次，斎藤 光，「ソ連の地震工学と耐震法規」，建築雑誌，**76**(899)，321(1961)］

アシハバード地震　　229

科学アカデミー支部
図2　倒壊したレンガ造建物
[出典：久田俊彦，中川恭次，斎藤　光，「ソ連の地震工学と耐震法規」，建築雑誌，76(899)，326(1961)]

左；ブロック造3階建て，右；レンガ造
図3　学校建物の被害
[出典：久田俊彦，中川恭次，斎藤　光，「ソ連の地震工学と耐震法規」，建築雑誌，76(899)，326(1961)]

この事例の概要と特徴

　旧ソ連では，1902年から1959年の間に14の強震が観測されている。そのうち，1948年に発生した今回の地震が最も著名である。図1にみるように，広大な旧ソ連内の地震域には全15の共和国のうちの11ヵ国が含まれており，約5千万人が居住していた。
　旧ソ連における耐震設計基準は，1940年までカザフスタン，クリミアおよびコーカサス地方を除き，全国的なものはなかった。1940年に初めて全国的な規定ができ，1943年の改正を経て1948年に詳細な建築物・構造物の設計仕様書が用いられるようになった。1951年に全国的な"地震地域における耐震建築法規"が定められ，1957年に初めて動的設計法の耐震法規が公布されている。
　現在のトルクメニスタンの首都アシハバードは，旧ソ連邦の南端のイラン・アフガニスタンとの国境の中央近くに位置している。この地域は地震の多発地域で，1893～1928年の間に80回が記録されている。そのうち，クチャン地震（1893，死者5,000人），第2クチャン地震（1895，8,000人），クラスノボドスク地震（1895，死者数不明），アトリカ地震（イラン，1929，死者3,250人）がいずれも震度階9級以上である。1893～1948年の間にアシハバード市の地震は22回で，震度階7級1回（アトリカ地震），6級1回，5級2回，4級18回である。今回の地震では，15～20秒間で市街の大部分が破壊され市の人口の3分の2が犠牲になっている。

参考文献

1) 久田俊彦，中川恭次，斎藤　光，「ソ連の地震工学と耐震法規」，建築雑誌，76(899)，321-326 (1961).
2) 日本建築センター出版部　編，『アルメニア・スピタク地震の被害に学ぶ―プレキャスト鉄筋コンクリート造等の建築物を中心として』，日本建築センター出版部（1990）.
3) 北嶋秀明，「スピタク地震10周年記念国際会議総合報告書」，国際協力機構（JICA）(1998).

チリ沖地震

発生地域：チリ

青森県八戸市の八戸火力発電所付近の津波による冠水
[出典：独立行政法人・防災科学技術研究所・自然災害情報室]

国民1人あたりのGNI（世界銀行2013）高所得国グループ
発生年月日：1960年5月22日
発生時間：午後3時11分14秒（現地時間）
震央：南緯39.5°，西経74.5°
震央深さ：33 km
マグニチュード：9.5
人口（2010）：17,151,000人
国土の総面積（2012）：756,102 km^2
死亡者数：5,833人
被災住家：約40万戸

【地震・津波】

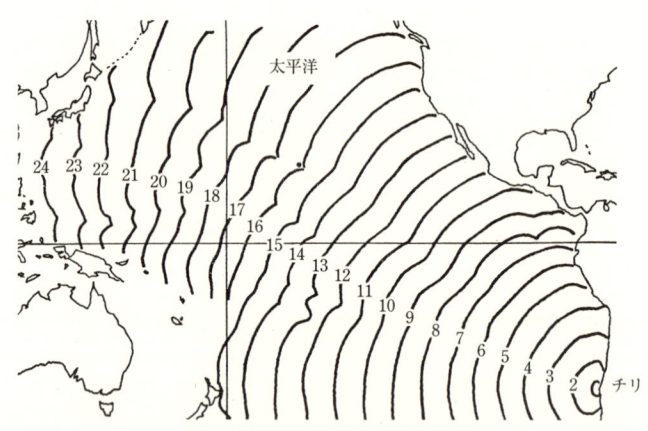

図1　地震津波の波及図（数字；時間）
[出典：金子史朗，『世界災害物語Ⅱ　自然のカタストロフィ』，p.60，胡桃書房(1985)]

観測史上最大のマグニチュード

今回の地震のモーメントマグニチュードは，観測史上最大の $M9.5$ が記録されている。歴史地震や沿岸の地層・植生などの調査から，チリの中南部沿岸では，ほぼ平均 300 年の再来間隔で $M9$ 程度の巨大地震が起きている。

被災地域では過去 426 年間に 47 回の地震を経験しており，うち 7 回は今回とほぼ同程度の規模で，少なくとも 8 回は津波を伴っている。このため，チリの地震といえば津波の来襲が想起されるほどである。図 1 にみるように，今回の地震に伴う津波はおよそ 24 時間後に震源地から 17,000 km も離れた日本にまで到達し，142 人もの犠牲者を出している。

さらに，科学的な解明はされていないが，地震と火山との結びつきの可能性も指摘されている。今回の地震とともにチリ中部のパイエフェ火山が噴火活動を始め，500×100 m の割れ目噴火が認められている。また，1835 年のコンセプシオン地震でも同様な火山活動が報告されており，両者の関連性を指摘する声がある（図 2）。

大地震はいつも，地域ごとに比較的類似したパターンをもっている。チリの場合，インディオの時代から，火山噴火・巨大地震・津波・大洪水は関連づけて記憶されている。これらの経験・記憶を明確にして対応することが，次回の災害の予測と軽減につながるといえる。

歴史的・文化的な背景

チャールズ・ダーウィンは，1835 年 2 月 20 日にチリで遭遇した巨大地震の的確な記録を残している。ダーウィンは，1831 年 12 月にプリマスを出航したイギリス海軍の調査船"ビーグル号"に乗船していた。まだ歴史的なガラパゴス諸島を訪れる前の段階で，南米の太平洋沿岸を北上しながら各地で調査にあたっていた。

当日，ダーウィンは，今回の震源域でもあるヴァルディヴィア（Valdivia）の海岸の森で 2 分間の激しい地盤の揺れを体験した。また 3 月 5 日に入ったコンセプシオンにおける破壊された町の様子を"海岸では 1,000 隻の船が難破したように木材や家具が散乱し，陸は 2〜3 フィート隆起しているようだ"などと詳しく記述している（図 2 は同号の副長・ウィッカムのスケッチ）。

その鋭い洞察力は，巨大地震，津波と海底で起きたであろう大変動や噴火したいくつかの火山との関連性にまで言及している。

このような地震の経験が，彼の進化論の基の"地球が広範囲に及ぶ変化をしてきたのであれば，生物もかなりの変化をしてきたと仮定できる"とする考えに影響を与えたといわれている。

自 然 環 境

海溝沿いで繰り返し発生するプレート間地震は，通常，100 年程度の再来間隔であるが，まれに，数百〜数千年に 1 度の間隔で長大な震源域をもつ巨大地震が起きている。日本の千島海溝沿いでは，およそ 50〜100 年の間隔で十勝沖地震程度の地震が発生しているが，約 500 年間隔で内陸 2〜3 km まで浸水する巨大津波の痕跡が確認されている。

地形の特徴

図 3 にみられる南北に走る何本もの直線（7）は，断層を表している。同時に，南北方向に分布する多数の第四紀火山（8）が，これらの断

図 2 コンセプシオンの廃墟（1835）
［出典：金子史朗，『世界災害物語Ⅱ 自然のカタストロフィ』，p.9, 胡桃書房(1985)］

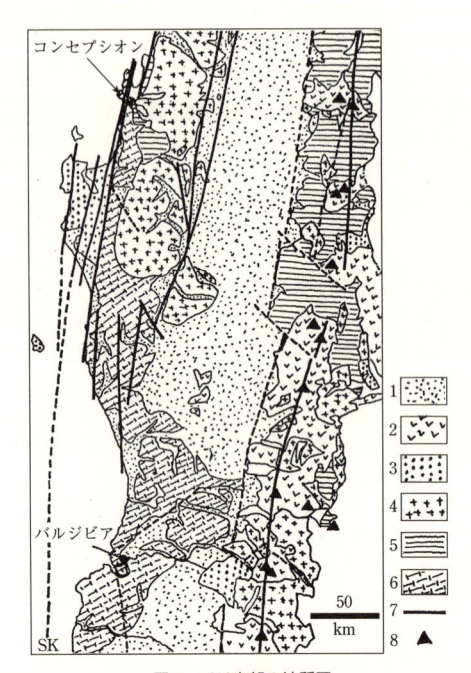

図3 チリ南部の地質図
[出典：金子史朗，『世界災害物語Ⅱ 自然のカタストロフィ』，p.36, 胡桃書房(1985)]

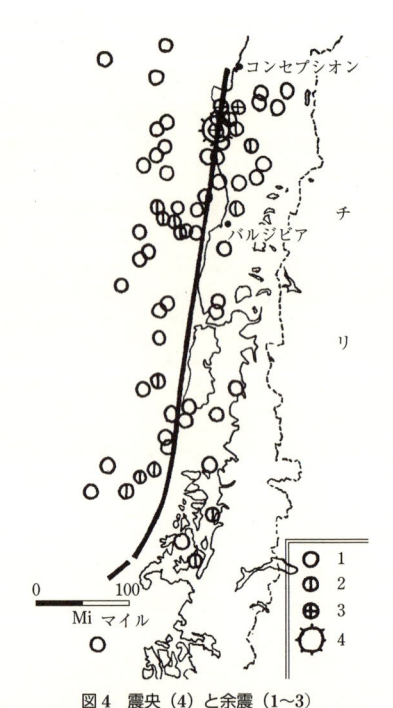

図4 震央 (4) と余震 (1～3)
[出典：P. Saint-Amand, "Los Terremotos de Mayo-Chile, 1960", U.S. Naval Ordnance Test Station (1961)]

層上に位置している．このため地震と火山の関係が指摘されているが，十分な解明はいまだなされていない．1914年の桜島大噴火では関連がみられたが，1964年のアリューシャン地震では火山活動に異常はみられなかった．図中の1；沖積層，2；第四紀火山岩，3；第三紀層，4；中生代花崗岩，5；中生代層，6；先カンブリア紀変成岩，7；断層，8；第四紀火山である．

震源域の状況

図4，図5に示すように，本震の震央はコンセプシオンの南112 kmの海溝沿いで，少なくとも前震12個，余震50個が記録されている．図4の1～4は，M 5級の地震エネルギーの，1；1～10個分，2；10～100個分，3；100個分以上，4が主震で（M 8.4の場合）525個分に相当する．1977年に今回の地震のモーメントマグニチュード M 9.5 との研究発表がなされている．

地震発生のメカニズム

中部沿岸地域のチリ海溝沿いでは，ナスカプレートが年間8.4 cmの速度で南アメリカプレートに沈み込んでいる．今回の破壊領域は，図4に実線で示された範囲で，長さが南北約1,000 kmに及んでいる．プレート境界が一度に20～30 mすべったと報告されている．

過去の大地震

16世紀のスペインの占領以降のみでも，1575年，1737年，1835年（コンセプシオン地震）とおよそ100～150年おきに大地震が記録されている（図5地震域1960）．

被災地の状況

今回の地震の被災地は，南緯およそ35°～43°の間，南北約800 km以上にわたる広大な地域

チリ沖地震　233

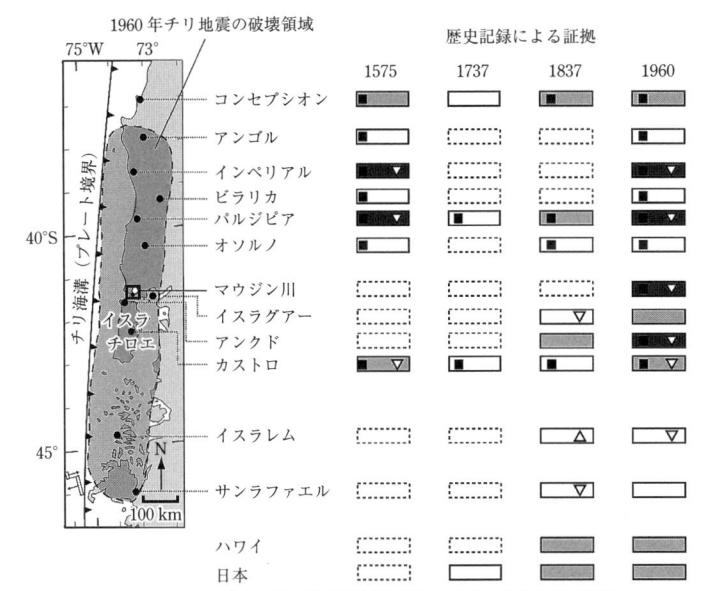

図5　1960年チリ地震の破壊領域内における各地の歴史地震の記録
■ 大きい津波の記録，▭ 小さい津波の記録，■ 揺れの記録，△ 海岸隆起の記録，
▽ 海岸沈降の記録，▭ 地震・津波の記録のみ，▭ 記録がほとんどない

［出典：M. Cisternas, B. Atwater, 宍倉正典, 鎌滝孝信, 澤井祐樹，「1960年チリ地震震源域でくり返し生じた過去の巨大地震」歴史地震，第21号，pp. 88（2006）］

である．
　震度の大きかった2地域の一つは，プエルトサアベドラからチロエ島までの海岸地帯で，改正メルカリ震度階（Ⅰ～Ⅻ）による震度Ⅷ～Ⅸ，所により震度Ⅹである（図6）．もう一つは，北部では海岸から約100kmの内陸部，南部では海岸地帯に続く湖水地方などで震度Ⅵ～Ⅷである．
　南部地方は雨季の最盛期に近く，地すべりが多発し被害を大きくした．これらの悪条件に加え，同時に洪水も発生した．とくに河川下流の地盤の沈降と津波が海底の砂を河口まで押し流したことが原因となった．北部地方のアラウコ半島付近の海岸部で1.5m，モカ島で2.5mの土地の隆起が認められた（図7）．
　地震動は長周期のもので，これが多くの場所で土壌の液状化を招いた原因と思われる．
　震央から離れた南部の内陸湖沼地帯やチロエ島などでの被害が震央に近い北部と変わらなかったのは，強い余震が南部でも多数発生したからである．

人的・社会的被害
　調査によれば，地震の間かく乱されていた海水が海岸から沖へ引き始め，海底が露出した時点で津波警報が出され，人々が高台へ避難を始めた．10～30分後，海面が立ち上がり高さ6m以上で岸辺を襲った．退潮に対する警戒を怠ったバルジビアの北のクエルでは，約500人の行方不明者を出した．南部のチロエ島では，地震被害は少なかったが10～15mと思われる津波で死者4人，行方不明者500人以上，と報告されている．

物的・経済的被害
　1960年8月に報告された被害総額は，4億1,700万USドルである．津波により多数の港湾施設が破壊され，無数の漁船が沈められた．

234   5章 地震災害

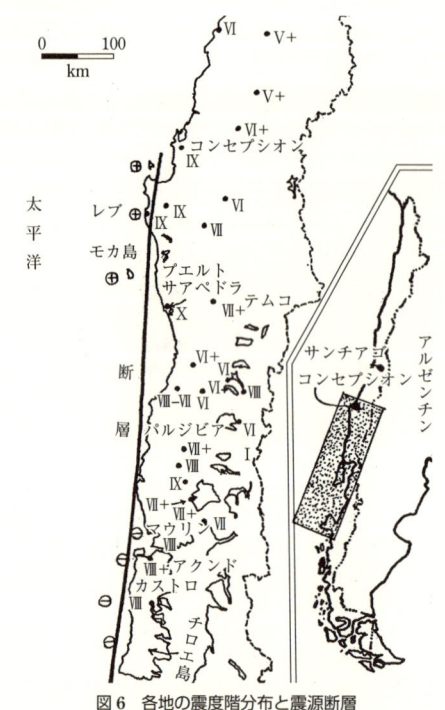

[図6 各地の震度階分布と震源断層]

[出典：P. Saint-Amand, "Los Terremotos de Mayo-Chile, 1960", U.S. Naval Ordnance Test Station (1961)]

モカ島では3,000トンの船が浜に乗り上げた.

インフラ・建築物被害の特徴

　今回の地震で図8に示す中部の人口8万人の町, バルジビア(ダーウィンの訪れたヴァルディヴィア)では, 約半数の家が損傷を受けた. 調査結果で特徴的なのは, 建造物被害が地盤の挙動に大きく左右された傾向が顕著な点である. 地盤のよい地域では, レンガ造の建物が損壊しているのに対し木造住宅は傷んでいない. 一方, 低地の沖積地などでは, 木造が倒壊してレンガ造がもちこたえている傾向があった. これは1923年の関東大震災で, 下町では土蔵が耐えたのに木造住宅が倒壊したが, 山手では反対に土蔵が崩れて木造住宅が倒れなかった傾向に似ている.
　バルジビアと南部プエルトモントでは, 地すべり, 地盤の液状化と沈降, 流土が多発して国

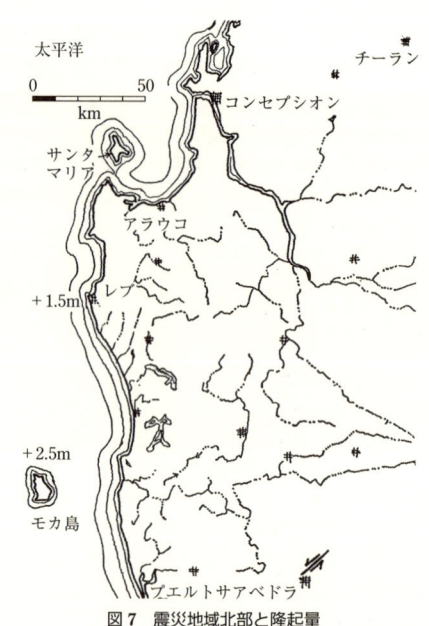

[図7 震災地域北部と隆起量]

[出典：金子史朗, 『世界災害物語II 自然のカタストロフィ』, p.15, 胡桃書房(1985)]

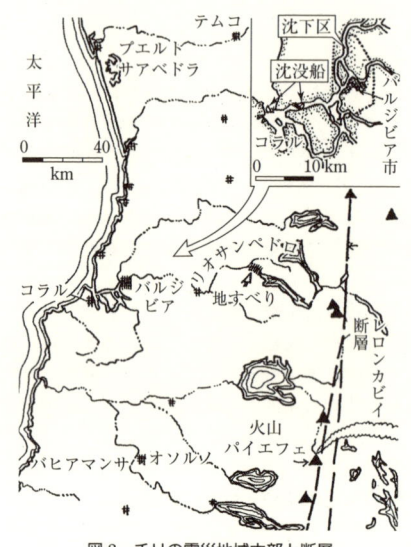

[図8 チリの震災地域中部と断層]
▲：活火山

[出典：金子史朗, 『世界災害物語II 自然のカタストロフィ』, p.17, 胡桃書房(1985)]

図9 プエルトモントの液状化被害
[© NOAA]

図10 プエルトモントの港湾地区の被害
[© Pierre Saint-Amand]

土を縦貫する国道や鉄道，港湾などのインフラが大きな被害を受けた（図9，図10）。

この事例の概要と特徴

今回の地震が起きた1960年の時点で，チリのインディオの一部族は洪水を鎮めるために1835年のときと同様に7歳の少年を生贄として海に捧げたといわれる。長くつづく余震や通信インフラの破壊などが，孤立した住民の不安をあおり流言などが避けられない状態が予想される。正確な情報の伝達手段の確保は，重要な災害対策の一つである。

同年の11月，12月になっても，$M7$クラスの余震が起きている。参考文献1）では，チリ地震の"余効変動"とよばれる地殻変動に注目している。地震後に地面が徐々に隆起または沈降する現象である。今回のような$M9$クラスの巨大地震では，とくに顕著に表れ数十年経っても影響がつづくこともある。調査は住民へのヒアリングや地質調査を通じて行うが，半世紀前の状況を的確に捉えるのは困難なようである。現在は，GPSを用いて精密な観測が可能になり注目されている。

参 考 文 献

1) 力武常次，竹田 厚 監修，『日本の自然災害』，国会資料編纂会（1998）．
2) 金子史朗，『世界災害物語Ⅱ 自然のカタストロフィ』，胡桃書房（1985）．
3) C.ダーウィン 著，島地威雄 訳，『ビーグル号航海記（上，中，下）』岩波文庫（1959）．
4) M. Cisternas, B. Atwater, 宍倉正典，鎌滝孝信，澤井祐樹，「1960年チリ地震震源域でくり返し生じた過去の巨大地震」歴史地震，第21号，pp. 87-91（2006）．

スコピエ地震

丹下健三の再建・都市計画

発生地域：旧ユーゴスラビア・マケドニア
首都・スコピエ

アドリア海の港町

国民1人あたりの GNI（世界銀行 2013）上位中所得国グループ
発生年月日：1963年7月26日
発生時間：午前5時17分（現地時間）
震央：北緯 42.1°，東経 21.5°
震央深さ：約 33 km
マグニチュード：5.2〜6.7
人口（2010）：2,102,000 人
国土の総面積（2012）：25,713 km^2
死亡者数：1,070 人
負傷者数：約 4,000 人
被害建物：約 51,000 棟

【地震】

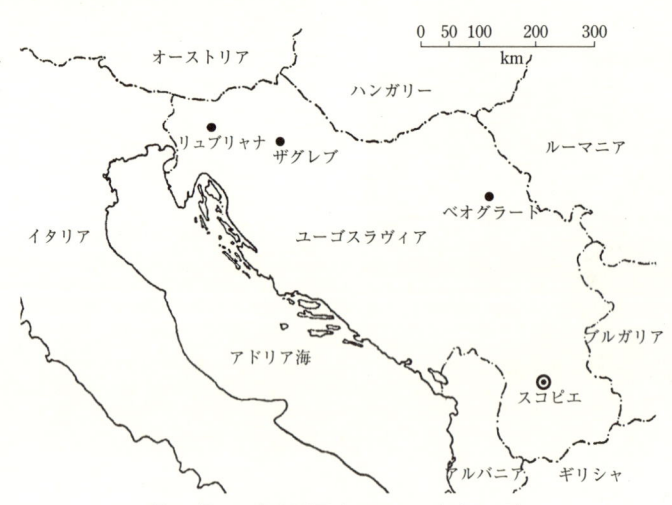

図1　旧ユーゴスラビア（1929〜2003）とスコピエ

[出典：武藤 清，岡本舜三，久田俊彦，「その再建・移転ならびにユーゴスラヴィアにおける地震工学の諸問題（スコピエ市震災 1963.7.26 ユーゴスラヴィア地震工学使節団報告）」建築雑誌, 79(938), 225(1964)]

被災地の状況

今回の地震発生時スコピエは，旧ユーゴスラビア・マケドニアの首都であったが，現在はマケドニア共和国の首都になっている（図1）。

スコピエには，過去にも518年と1555年に大震災の記録がある。壊滅的な被害を受けた518年には，西方4.5 kmの旧市街から現在の位置に移っている。今回は，橋梁，上下水道，電気・通信施設などのインフラの多くが無被害であり，修復可能な建物も多く，現在の位置での再建が提言された。

被災区域の特徴

地震動の強さは，被害の甚大な地域のレンガ造建物の状況から改正メルカリ法でIX程度と考えられる。住民の話から，激しい上下動の後の主要水平動は東南東—西北西の方向で小振幅，短周期の振動と考えられる。調査によれば，大きな地割れ，断層の出現，地すべりはなかった。

スコピエ市は中央をヴァルダル川が西から東に流れており，北部がオスマン帝国時代からつづく旧市街，南部が新市街である。

地形的には，北部がなだらかな丘陵地で南部は急峻な山岳地が連なっている（図2）。

被害の状況

地震後，スコピエ市と周辺の600 km^{2}で地盤調査が実施された。とくに中心部の100 km^{2}では，442ヵ所でボーリングが行われた。その結

図3 1階が圧壊したレンガ造建物
[出典：武藤 清，岡本舜三，久田俊彦，「その再建・移転ならびにユーゴスラヴィアにおける地震工学の諸問題（スコピエ市震災 1963.7.26 ユーゴスラヴィア地震工学使節団報告）」建築雑誌，79(938)，226(1964)]

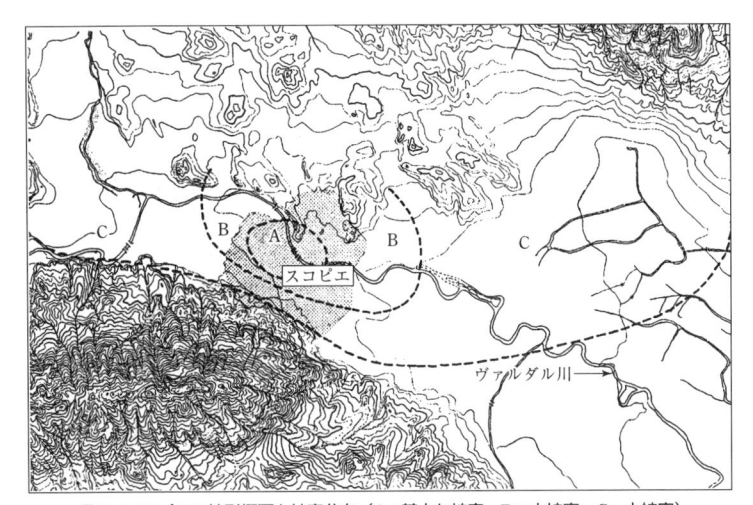

図2 スコピエの地形概要と被害分布（A：甚大な被害，B：中被害，C：小被害）
[出典：武藤 清，岡本舜三，久田俊彦，「その再建・移転ならびにユーゴスラヴィアにおける地震工学の諸問題（スコピエ市震災 1963.7.26 ユーゴスラヴィア地震工学使節団報告）」建築雑誌，79(938)，226(1964)]

表1 被害建物の調査結果

崩壊	大被害取壊し	レンガ造		鉄筋コンクリート造			その他	計
		構造部被害	構造部小被害	構造部被害	構造部小被害	同無被害二次部材被害		
5,073	18,830	14,106	8,047	1,063	1,316	314	2,706	51,504
9.8%	37%	27.5%	15.5%	21%	27%	53%	53%	100%

［出典：武藤 清，岡本舜三，久田俊彦，「その再建・移転ならびにユーゴスラヴィアにおける地震工学の諸問題（スコピエ市震災 1963.7.26 ユーゴスラヴィア地震工学使節団報告）」建築雑誌，**79**(938), 207(1964)］

図4 伝統的なグラゴリティック石の建物

図5 コンペー等案；都心部の模型
［© 村井 修，出典：SD編集部 編，《現代の建築家》丹下健三 全4巻』，1巻，p.47, 鹿島出版会(1980-1994)］

果，ヴァルダル川の北方丘陵は第三紀の軟岩で，南方の山地は硬岩であった．建物の震害調査からもスコピエ市の地盤は良好といえる．

被害状況の調査から，発表された震央の位置と異なり，震源は市内で深さもごく浅い数km以下と考えられている．

インフラ・建築物被害の特徴

表1にみるように，今回の建物被害の特徴は，レンガ造が大きな被害を受けたのに対し，鉄筋コンクリート造の被害は軽微であったことである．

旧市街に多い木骨に日干しレンガ，石，練土などの壁の形式の古い建物は，筋交入りを除き大きな被害を受けている．

今回の震害経験をもとに現行のスロベニア耐震規定を修正し，新しいマケドニアの関連法規を速やかに整備することが提言された．

再建・都市計画の特徴

日本の構造家・武藤清らの現地での震害調査と耐震法規の整備に関する協力につづき，都市計画分野でも日本が協力している．

震災の翌年の1964年末，国連の援助による復興計画の一部として，都心部の再建・都市計画の国際設計コンペが実施された．日本の建築家・丹下健三チームが一等を獲得した．1965年11月にスコピエ市が進めていた案と調整して原案の修正を行い，実施計画に移された．

さらに，ユネスコにより地震学・地震工学研究所が設立され，国際労働機関（ILO）により建設労働者の教育，治水発電計画の作成などが実施された．

震災後の9月には，すでにイギリス，スウェーデン，デンマーク，旧ソ連，ドイツなどから応

図6 コンペー等案；都心部の模型
[© 村井 修，出典：SD 編集部 編，『《現代の建築家》丹下健三 全4巻』，1巻，p.48，鹿島出版会(1980-1994)]

急仮設住宅が送られている。
　スコピエ市内外の広範な地域で実施されたボーリングデータなどをもとに市の地盤地図の作成が急務である。

この事例の概要と特徴

　今回の地震では，その後の世界各地での震災で問題となる，①震災で破壊された位置からの新市街の移転，②各種構造の被害建物の修理方法，③震災後，新しく建てられる建物の構造，④震災防止のための地震工学研究，⑤新しい耐震規定の整備，⑥地震防災分野の研修生受入な どの国際協力，などに関する課題と提言が示された。
　旧ユーゴスラビアは，七つの国境（ギリシャ，ブルガリア，ルーマニア，ハンガリー，オーストリア，イタリア，アルバニア），六つの共和国，五つの民族，四つの言語，三つの宗教，二つの文字（ラテン文字，キリル＝ロシア文字）をもつ複雑な国といわれた。
　震災後，この複雑な国家を統治していたチトー大統領（1892〜1980）が死去すると各民族の独立要求が表面化し，マケドニアは1991年に独立した。旧ソ連の崩壊を機にユーゴスラビア紛争（1991〜2000）が起こり，2001年にはマケドニア紛争が起きたが現在は安定している。

参 考 文 献

1) 武藤 清，岡本舜三，久田俊彦，「その再建・移転ならびにユーゴスラヴィアにおける地震工学の諸問題（スコピエ市震災1963.7.26ユーゴスラヴィア地震工学使節団報告）」建築雑誌，**79**(938)，225-230（1964）．
2) 武藤 清，久田俊彦，「ユーゴー・スコピエ市震災と政府派遣の復興支援協力について」建築雑誌，**79**(936)，111-112（1964）．
3) 和泉正哲，「スコピエ地震学・地震工学研究所」建築雑誌，**85**(1030)，13（1970）．
4) SD編集部 編，『《現代の建築家》丹下健三 全4巻』，鹿島出版会（1980-1994）．

邢台（シンタイ）地震

毛沢東が指示した地震予知

発生地域：中国，河北省

邢台市
[© 2007-2010 China Travel Depot.com.]

国民1人あたりのGNI（世界銀行2013）上位中所得国グループ
発生年月日：1966年3月8日
発生時間：早朝（現地時間）
震央：北緯37°04′，東経114°29′
マグニチュード：7.2
人口（2010）：1,359,821,000人
国土の総面積（2012）：9,598,095 km^2
　　　　　　（香港，マカオ，台湾を含む）
死亡者数：8,064人
負傷者数：38,000人

【地震】

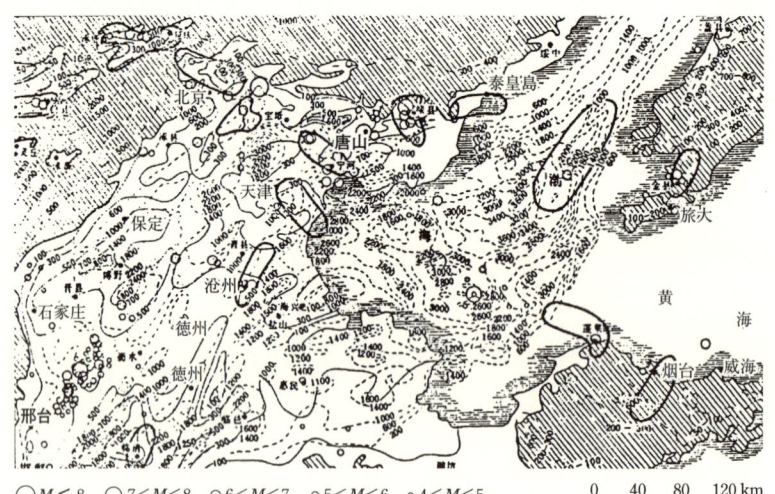

図1　華北・東北地方の地震危険度地図
楕円：地震危険区域，斜線：山地
［出典：尾池和夫，「中国の地震学と地震予報」京都大学防災研究所年報，No. 23(A), p. 6(1980)］

邢台(シンタイ)地震　　　241

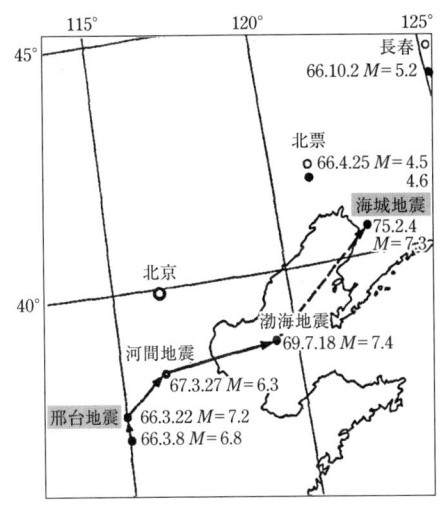

図2　邢台地震 → 海城地震
[出典：尾池和夫,『NHKブックス 333 中国の地震予知』,
p.21, 日本放送出版協会(1978)]

図3　東北地方の活断層
[出典：尾池和夫,『NHKブックス 333 中国の地震予知』,
p.20, 日本放送出版協会(1978)]

この事例の概要と特徴

　中華人民共和国は，1949年の建国以来，国家事業として地震対策に取り組んでいる。とくに今回の地震の発生直後，毛沢東主席の命を受けた周恩来総理が復興や防災対策に関するさまざまな指示を出した。中国は邢台地震以降，社会主義体制のもとで国の経済的レベルを考慮した"予防を第一とする"地震プロジェクトを本格的に実践し始める。"専門家と大衆の協力により，伝統的な手法と近代的・科学的な方法を結合した広範な地震予知・予防対策"を実施する，というのが基本的な考え方である。このような大衆を動員する観測体制は，地震予知の成功・失敗を繰り返しながら中国の社会主義体制の変貌に伴い不徹底化していく。近年，中国の観測体制は機械化され総合的な防災対策へと転換しているが，これらの"専群結合"とよばれる試みは専門家と非専門家間の技術コミュニケーションの課題として示唆に富んでいる。

　今回の地震では，邢台市隆県を中心に大きな被害を出している。首都北京などの重要都市の多い華北・東北地方は，歴史的にも大地震が多数発生する地域である。図2にみるように，この後も1967年の河間地震（M 6.3），1969年の渤海地震（M 7.4）と発生し，予知に成功する1975年の海城地震（→ p.254），歴史的な大震災となった1976年の唐山地震（→ p.266）へとつづいている。

参 考 文 献

1) 尾池和夫,『NHKブックス 333 中国の地震予知』, 日本放送出版協会（1978）.
2) 石川有三,「中国の地震と地震予知」日本地震学会広報紙「なゐふる」, No. 69, pp. 6-7（2008）.
3) 尾池和夫,「中国の地震学と地震予報」京都大学防災研究所年報, No. 23(A), pp. 1-16（1980）.
4) 稲永善行, 大西一嘉, 袁 曉宇,「中国の地震防災関連法制度」日本建築学会大会学術講演梗概集（関東）, F-1, p. 453（2001）.

バルト地震

半世紀後も変わらない建築物

発生地域：トルコ，東部山岳地帯

バルト地震後の炊き出し
[© F. Martin(ICRC(赤十字国際委員会))]

国民1人あたりのGNI（世界銀行2013）上位中所得国グループ

発生年月日：1966年8月19日
発生時間：午後2時20分（現地時間）
震央：北緯39.2°，東経41.7°
震央深さ：約26 km
マグニチュード：6.7〜7.0
人口（2010）：72,138,000人
国土の総面積（2012）：783,562 km^2
死亡者数：2,529人
全壊・大破家屋：約19,000棟

【地震】

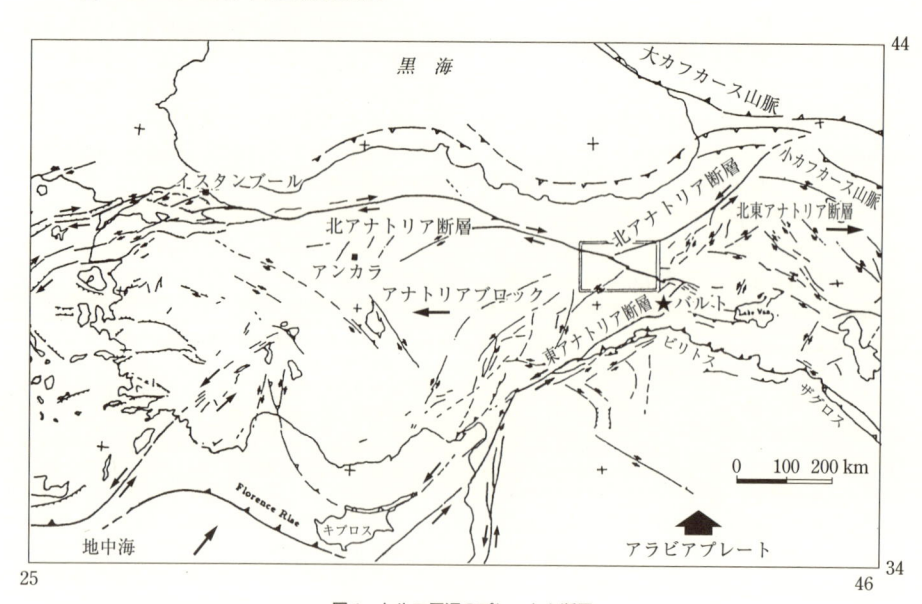

図1　トルコ周辺のプレートと断層
★印バルト

[出典：A. Barka, R. Reilinger, "Active tectonics of the Eastern Mediterranean region: deduced from GPS, neotectonic and seismicity data", *Annali di Geofisica*, XL, N. 3, 588(1997)]

表1 建物被害・被害率・死亡者数

地　区	被害数	建物総数	被害率(%)	死者
Erzurum	161	—	—	—
Hinis	7,008	8,674	81	123
Cat	456	3,186	14	2
Takman	591	6,236	9.5	10
Karliova, Cigi & Solhan	1,808	4,313	42	31
Varto, Merkez & Bulanik	8,992	14,154	64	2,363
計	19,013	—	—	2,529

この事例の概要と特徴

今回の地震の被災地はトルコ東部，エルジンジャンの東に位置する標高1,600m級の山岳地帯で，過去30年間に6回の被害地震を経験しており，1939年のエルジンジャン地震の際にも被害を受けている．今回の震度分布は，近隣に観測所がないので地震記録は得られていないが，建物被害の調査結果などからバルト付近でIX(改正メルカリ)あるいはIX弱と推定される．この時点では付近の地質調査は実施されていないが，いくつかの断層が走っていることは知られている（図1）．

1960年代の時点での調査では，建物の種類をA：ケルビッチ（アドベ（日干し））レンガまたは石積み構造，B：石灰またはセメントモルタルを目地材料に用いた石造，C：組積造の壁体に鉄筋コンクリート造の梁・スラブを載せた構造，D：鉄筋コンクリート構造の4種類に分類している．このうちの住家の大部分を占め，被害が最もひどかったAタイプの構造の課題を指摘している．建物の構造に関する問題は半世紀後の今日でもまったく変わらない状況がつづいている．

参 考 文 献

1) 大沢 胖, 金多 潔, 片山正夫,「トルコ派遣地震工学使節団報告：バルト地震による被災町村の再建・移転ならびにトルコにおける地震工学の諸問題」建築雑誌, **82**(982), 395-397 (1967).
2) 国際協力機構 (JICA),「トルコ国イスタンブール地震防災計画基本調査」(2002).
3) B.A.ボルト 著, 金沢敏彦 訳,『SAライブラリー19 地震』, 東京化学同人 (1997).

通海(トンハイ)地震

"専群結合" 技術コミュニケーション

発生地域：中国，雲南省

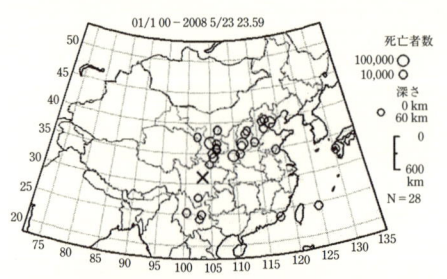

紀元後の大地震の震央分布（死者1万人以上）
[出典：石川有三,「中国の地震と地震予知」日本地震学会広報紙「なゐふる」, No.69, p.7(2008)]

国民1人あたりのGNI（世界銀行2013）上位中所得国グループ

発生年月日：**1970年1月5日**
発生時間：午前1時0分34秒（現地時間）
震央：北緯24.1°，東経102.0°
震央深さ：約10 km
マグニチュード：7.7
人口（2010）：1,359,821,000人
国土の総面積（2012）：9,598,095 km^2
　　　　　　　（香港，マカオ，台湾を含む）
死亡者数：18,320人

【地震】

図1　通海地震の震度分布
[出典：尾池和夫,『NHKブックス 333 中国の地震予知』, p.49, 日本放送出版協会(1978)]

図2　四川・雲南地方の活断層と過去の大地震の震央分布図，◯：通海地震域
[出典：尾池和夫,『NHKブックス 333 中国の地震予知』, p.83, 日本放送出版協会(1978)]

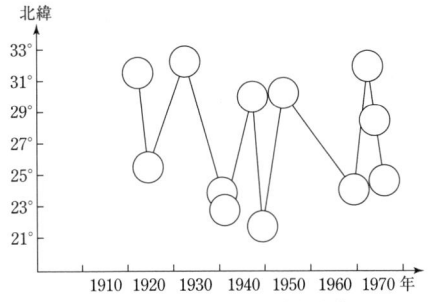

図3 *M* 7以上の大地震の南北移動
[出典:尾池和夫,『NHKブックス 333 中国の地震予知』, p. 81, 日本放送出版協会 (1978)]

この事例の概要と特徴

今回の地震と1974年5月11日の昭通(チャオトン)地震 (*M* 7.1) は，1976年5月29日に発生する竜陵(ロンリン)地震 (*M* 7.6) の予知の成功のための第一段階に貢献したといわれている。約40万 km^2 の雲南省には8地級市，8自治州，12市轄区，9県級市，79県，29自治県がある。両地震の地震域から次に起きる*M* 7クラスの地震は，歴史的にみて雲南省の西部地区の可能性が高いと考えられていた。今回の地震発生の危険性を専門家は事前に指摘していたが住民に周知されず，住民は種々の前兆現象を観測していたが，大地震の発生と結びつけられなかった。これらの反省から，"専群結合"といっ専門家と大衆のコミュニケーションの重要性の認識ができた。

1974年末の測量データや地震活動状況に関する討論から，1975年初めの全国討論会で"1～2年以内に滇西（雲南省西部）地区で*M* 7クラスの地震が発生する可能性がある"との予測がまとめられた。同時に，大衆に対する地震知識の普及教育と予防体制の整備が進み，関連出版物や大衆による簡易な観測点の数も増し，直前予報で避難警告が出され，多くの県で1人の死者も出さなかった。

一方，予知の失敗事例では，以下のようないくつかのケースがあげられる。
・漏報；予知情報が出ていない場合，
・虚報；予知情報が出ていて地震が起きない場合，
・誤報；情報伝達の過程で間違って伝わる場合，
・デマ；根拠のない社会的混乱の場合

"専群結合"の地震予知に対する手法は，その後の中国の政治・社会体制の変貌とともに変化していく。

参 考 文 献

1) 尾池和夫,『NHKブックス 333 中国の地震予知』, 日本放送出版協会 (1978).
2) 石川有三,「中国の地震と地震予知」日本地震学会広報紙「なゐふる」, No. 69, pp. 6-7 (2008).
3) 尾池和夫,「中国の地震学と地震予報」京都大学防災研究所年報, No. 23(A), pp. 1-16 (1980).
4) 稲永善行, 大西一嘉, 袁 曉宇,「中国の地震防災関連法制度」日本建築学会大会学術講演梗概集（関東）, F-1, p. 453 (2001).

アンカシュ地震

西半球史上最大の地すべり

発生地域：ペルー，チンボテ地方

マチュ・ピチュの段々畑

国民1人あたりの GNI（世界銀行 2013）上位中所得国グループ

発生年月日：1970 年 5 月 31 日
発生時間：午後 3 時 23 分（現地時間）
震央：南緯 9.2°，西経 78.8°
震央深さ：43 km
マグニチュード：7.8
人口（2010）：29,263,000 人
国土の総面積（2012）：1,285,216 km^2
死亡・不明者数：約 70,000 人
負傷数：約 50,000 人
倒壊建物：約 200,000 棟
被災者数：約 80,000 人

【地震・地すべり】
ワスカラン雪崩（p.162）も参照

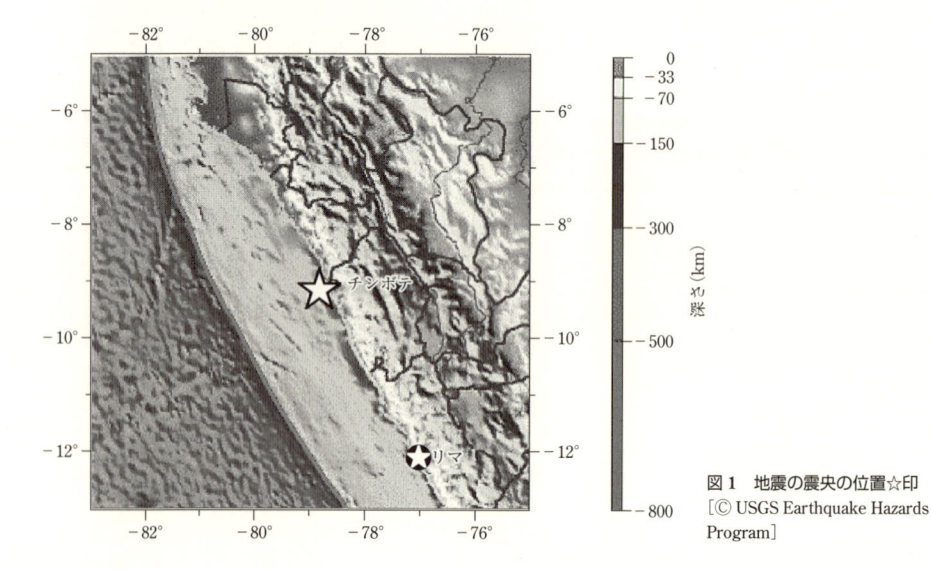

図1　地震の震央の位置☆印
[© USGS Earthquake Hazards Program]

西半球史上最大の地すべり

今回の地震災害の顕著な特徴は，多種多様な形態の被害をもたらしたことである。被災地は，地震動による直接的な被害以上に，背後の高山から滑落した氷塊と岩屑なだれにより壊滅的な被害を受けている。その岩屑なだれによる破壊力と落差および落下速度と容積などは，歴史的にみても群を抜いている。

最悪の被害を被ったのは，南米第2の標高6,768 mのワスカラン山の北峰から落下した土石流で埋められたユンガイ市である。土石流の総体積およそ5,000万 m³以上，大規模な岩石雪氷が時速300 km以上の速さで斜面を滑り落ちて15 km離れた町を襲った。最低でも18,000人の住民が生き埋めとなり，町の大部分は厚さ十数mの土石で埋め尽くされた。この場所に埋もれた遺体を残したまま，現在の町は少し高い山裾の新市街地に移っている。

道路や通信のライフラインが遮断された数週間，アンデス山中の町の様子はわからず，救援活動も妨げられた。

図2と図3は，地震が誘発したワスカラン山からの巨大な岩と雪なだれが発生する〈前〉（図2）のユンガイ市と土石流に埋まった〈後〉（図3）を示している。

図3 地震直後のユンガイ市上空
[出典：石山祐二，「建築・住宅分野における開発途上国技術協力プロジェクト紹介シリーズ(5)日本・ペルー地震防災センタープロジェクト」住宅，10月号，p.62(2005)]

歴史的・文化的な背景

現在のペルーの地には，紀元前からアンデスなどいくつかの文明が栄え，山脈の高地に多くの都市や堅固な巨石建造物の神殿などが築かれている。さらに，段々畑でトウモロコシ，トマト，カボチャ，サツマイモなどを改良，栽培し，今日でも多数の遺跡を残す大帝国がつくられていた。

12世紀頃に成立した前身のクスコ王国を経て拡大したインカ帝国は，1533年にフランシスコ・ピサロが率いるわずか180人のスペイン軍に滅ぼされた。現在のペルーの人口構成は先住民インディオが47％，白人が12％，その混

図2 〈地震前〉ワスカラン山とユンガイ市
薄いアミの部分が土石流で埋まった旧市街
[© Uwebart(2008), Wikipedia]

血のメスティソが40%、東洋系が1%である。他の南米諸国に比べ人種差別が少ないといわれており、1990年には日系のアルベルト・フジモリが大統領に選ばれている。

20世紀初めのペルーの人口は約400万人で、1950年に900万人、1975年には1,500万人に急増している。1961年のファラズ、ファリ、サンタ、ユンガイの合計人口は、397,805人である。海岸山脈と並走する内陸縦谷の海抜2,000～3,000mのカレヨン・ド・ワイラスの可耕地にはおもにインディオが居住していた。当初、不毛地と考えられていた1,000m以上の高地は気候も温和で過ごしやすく、モザイク模様の耕地が開拓されていた。

自然環境

南米大陸のベネズエラからチリ南部までの約7,000kmの地帯では、地震、山脈、火山、海溝からなるプレートの縁辺の活動が顕著にみられる。ナスカプレートが、南アメリカプレートに潜り込んでペルー・チリ海溝を形づくっている。このような地帯での地震は、今回のような大規模で破壊的なものになり得る。

近海を南から北へ流れる寒流のペルー（フンボルト）海流の影響から、気温は年間を通じて10～30℃程度で、降水量も少なく住みやすい環境である。

地形の特徴

図1にみるように、南米大陸では南アメリカプレートとナスカプレートが収束してアンデス山脈が形成されている。気候的には、ほとんど雨が降らない海岸地帯、アンデスの山岳地帯、アマゾンの密林地帯の三つの気候帯に分けられる。

雨が降らない太平洋岸地帯は砂漠だが、オアシスのように数十kmごとにアンデス山脈から流れ出している川がある。首都のリマをはじめ人々が住む集落は、これらの川沿いの緑がある地域に位置している。したがって、山々に樹木がまったく生えていない地域がほとんどである。

震源域の状況

今回は、図4に示すようにチンボテ市の西約25kmの海岸沖の海溝下で、断層破壊による大地震が発生した。海岸と並行して走る断層の地殻深所で発生したと推定されている。地下の断層の長さは延長約120km、幅約50kmで、深さは43kmと考えられている。これらの地域は、過去三世代の間、大地震を経験していない"地震の空白域"だった。主震の後、海岸に並行した長さ140km、幅25～50kmの地域で多数の余震が発生している。

表1 過去の大地震

年月日	町名	M	死亡者
1746/10/28	リマ	8.4	5,000
1940/5/24	カヤオ	8.4	249
1946/11/1	クイチエス	7.4	1,400
01947/11/1	サティボ	7.3	233

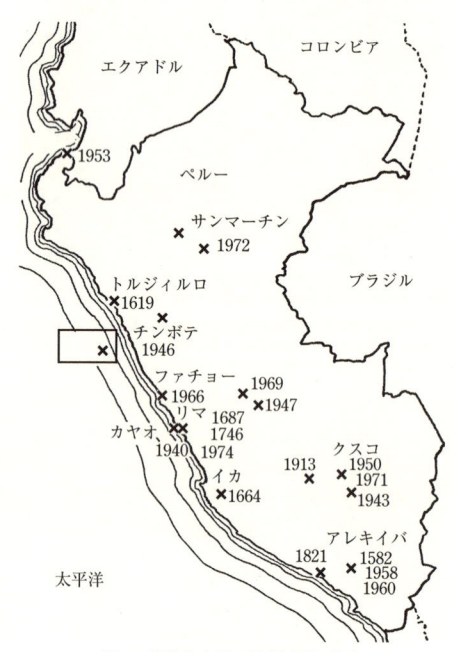

図4 過去と今回の被害地震の分布
［出典：金子史朗、『世界災害物語Ⅱ 自然のカタストロフィ』、p.91、胡桃書房(1985)］

地震発生のメカニズム

太平洋の岩盤に潜り込まれた大陸側の地殻内では，強圧変形して蓄えられた地震エネルギーが，瞬間的にひずみが解放され地震が発生するメカニズムである．直接の原因は，断層が動く形をとるが，地震を引き起こすのはこのひずみエネルギーである．

過去の大地震

図4に記録に残る1582～1974年のペルーにおける大地震の分布を示した．この間，平均18年に1度の割合で$6 \leq M \leq 8$の規模の地震が繰り返し発生している．1974年までに22回の大地震があり，うち5回が$M 8.0～8.4$級である．1746年の地震は津波，1946年は地すべりによる死者が多かった．

被災地の状況

被災地は，ペルーの西部一帯で海岸に沿った長さ320 km，内陸に向かって幅150 km以上の面積65,000 km^{2}に及ぶ地域である．ほぼ5分間の間に，4万人以上が死亡した．死者の大部分は，ユンガイ，ファラズ，ランライルカ，マンコスなどで，12の市町村が壊滅的な被害を受けた．

今回の地震では，最初の小さな揺れがほとんどなく，2, 3秒後に激しい揺れがきて約45秒間つづいた．当時，まだ被災地域には強震計が設置されていなかった．倒壊した建築物などから推定すると，改正メルカリ震度階で震央に近い海岸沿いのチンボテ，カスマなどで震度Ⅷ，内陸の谷部で震度Ⅶ～Ⅷ程度と推測されている．

地面に地割れや地すべり，崩壊などがみられた震域は，海岸部は北のトルジィロから南のパティビルカまで，内陸部は海岸から150 km位にまで達している．

リマ地震以降の200年間は，おもにカヤオ，リマ地区以南に集中していた．

人的・社会的被害

地震による負傷者の数は約5万人で，186,000

図5 ユンガイ市の国立墓地
[© Rio. Negro (2005), Wikipedia]

棟が破壊されて居住できなくなった．死傷者のうち，最低18,000人はユンガイとランライルカを通過した土石流の犠牲者で，残りはアドベ（日干し）レンガ造建物の下敷きあるいは山腹の崩壊，地すべりなどによるものと考えられている（→ p. 164 の図3）．

物的・経済的被害

世界一の漁獲量を誇るペルーの水産物の多くが，チンボテ市の魚粉工場で加工され世界中に輸出されている．また，同国唯一の国立製鉄所も同市にある．今回の地震では，多数の一般住宅や道路などのインフラに加え，これらの公共的な施設にも大きな被害が出ている．

ユンガイとランライルカに壊滅的な被害を与えた後，泥水は下流のカラス空港，国道や農地に氾濫した．さらに下流のファルランカでは，なだれが到着後，リオ・サンタ川の水位は20 mも上昇している．

インフラ・建築物被害の特徴

ほとんどのアドベ・レンガ造やタピアル造とよばれる泥構造の建物は，強い振動が始まって15秒で崩壊し多数の死者を出している．

ほとんど雨が降らない太平洋岸の砂漠地帯では，建物を支持する地盤に固有の問題が指摘されている．

"崩壊土"とよばれる塩分を多量に含んだ地盤は，乾燥している通常の状態では岩のように強度があり問題はない．しかし，建設後，芝生の散水や給排水の漏れが地盤に浸透すると塩分が水に溶けて流れ出す．塩分の流出後，地盤に空隙ができ建物が沈下し，亀裂が生じたり傾いた

5章 地震災害

図6 サンホセの鉄道の損壊個所
[出典：海外協力事業団(JICA)、「ペルー国チンボテ地域サイスミック・マイクロゾーニング報告書」、p.62(1971)]

図8 メルセドの校舎の地震被害
[出典：海外協力事業団(JICA)、「ペルー国チンボテ地域サイスミック・マイクロゾーニング報告書」、p.74(1971)]

図7 ミラフロレスの建物被害
[出典：海外協力事業団(JICA)、「ペルー国チンボテ地域サイスミック・マイクロゾーニング報告書」、p.74(1971)]

図9 サンペドロの建物被害
[出典：海外協力事業団(JICA)、「ペルー国チンボテ地域サイスミック・マイクロゾーニング報告書」、p.74(1971)]

りする。また"膨張土"とよばれる地盤は、水を含むと体積が50％以上増加し粘土状になる。これも通常の乾燥時には岩のような強度があり問題はないが、居住が始まると同様に膨張する。建物が傾斜したり床が盛り上がったりして使用できなくなる。

この事例の概要と特徴

1986年には、日本の技術協力で首都リマにあるペルー国立工科大学内に日本・ペルー地震防災センター（CISMID）が設立された。1986～1991年の間、地震防災プロジェクトが実施されたが、1991年6月に日本人の農業専門家3名がテロにより殺害され、日本人専門家全員が引き揚げことことになった。

今回の地震が発生した5月31日は、その後、ペルーの文部省令で「地震防災教育の日」と指定され市民の防災意識の啓蒙に役立っている。

同じ脆弱な構造の建物が倒壊した地域でも、避難場所のあった比較的広い街路をもつ海岸に近い都市では死傷者が少なく、狭い街路の山の町では死傷者が多かった。前者には白人が多く後者にはインディオが多かった点も象徴的である。

参 考 文 献

1) 石山祐二、「建築・住宅分野における開発途上国技術協力プロジェクト紹介シリーズ (5) 日本・ペルー地震防災センタープロジェクト」住宅、10月号、pp.61-66 (2005)。
2) 海外技術協力事業団 (JICA)、「ペルー国チンボテ地域サイスミック・マイクロゾーニング報告書」(1971)。
3) B.ボルト 著、金沢敏彦 訳、『SAライブラリー19 地震』、東京化学同人 (1997)。
4) 金子史朗、『世界災害物語Ⅱ 自然のカタストロフィ』、胡桃書房 (1985)。

コラム　ソンブラ席で闘牛を

　単身赴任者の日曜日の午後はヒマである。マンションのペントハウスにある住まいは，隣家と2戸のみで占有しているので各々50坪はあった。屋上には大型の専用パラボラアンテナを持っていて，当時では珍しい衛星TV放送が数百チャンネルも映った。ウィークデイは毎晩，アメリカの人気番組を楽しんで"David Letterman"を知った。

　赴任から数ヵ月が過ぎテレビにも飽きた頃から，休日には近場のドライブや周辺の散歩で色々な発見をした。初めての海外旅行のときから，現地のロードマップ以外，ガイドブックを持たないで歩き回る習慣がある。驚いたことに自宅から歩いて5分ほどの所に闘牛場があった。発見後は，日曜日ごとに"トレオ"を楽しんだ。

　拙いスペイン語のせいで分からなかった，チケットの細かい種類やサービスの違いは経験しながら覚えた。初めは日本人とみて当然のように売ってくれた一番高いソンブラ（SOMBRA，日陰席）で楽しんでいた。午後遅くになってから出かけたある日曜日，チケット売場の近くにいた小父さんがソル（SOL，日向席）が半額になることを教えてくれた。

　すり鉢の最上部の席に着き，"コロナ"を片手に傾きかけた陽を浴びながら周りの人達と一緒になって楽しんだ。遠く下方で行われている闘牛を見ている自分を自慢したい気分だった。下の方から小柄な東洋人の若い娘が一人，周囲のメキシコ人を楽々とかき分けながら登ってきた。彼女の手には，日本で有名なガイドブックが見えた。

マナグア地震

支配者による災害の拡大

発生地域:ニカラグア,マナグア県

チョンタレス県ニカラグア湖の湖畔

国民1人あたりのGNI(世界銀行2013)低位中所得国グループ
発生年月日:1972年12月23日
発生時間:午前12時27分(現地時間)
震央:北緯12.15°,西経86.27°
震央深さ:5km
マグニチュード:6.3
人口(2010):5,822,000人
国土の総面積(2012):130,373 km^2
死亡者数: 6,000人
負傷者数: 20,000人
被災者数:250,000人
被害総額:約10億USドル

【地震】

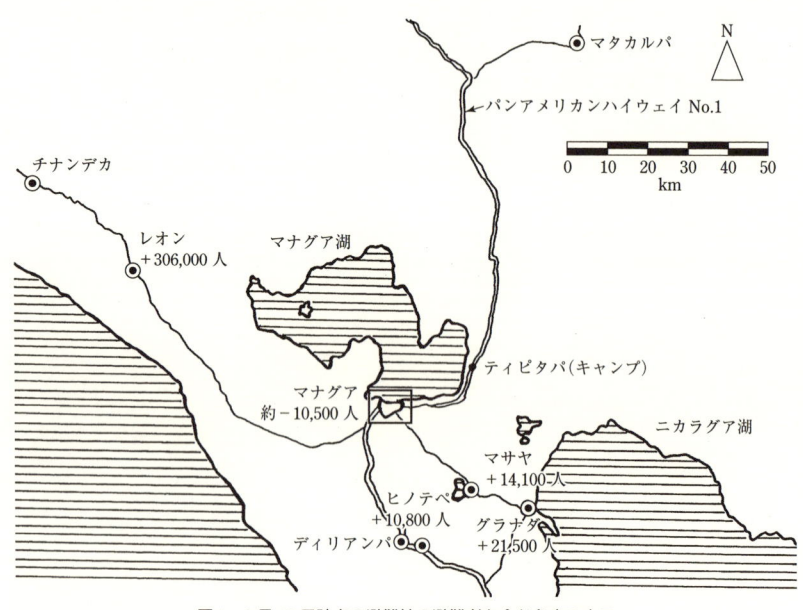

図1 2月15日時点の避難地の避難者を含む各市の人口
[出典:渡辺一郎,「マナグア地震後の住宅対策と東京への教訓」防災科学技術,No.32, p.8(1976)]

図2 既存の小学校の校舎

図3 街中のレンガ工場

この事例の概要と特徴

今回の地震が発生した1972年当時のニカラグアは,ソモサ一族による支配(1936〜1979年)がいまだつづいており,世界からの支援は彼らに着服されてしまった。これらの影響で,ニカラグアは中南米でも識字率が低い国の一つだが,昨今は日本などからの援助で学校建設や教育分野の整備が進んでいる。

今回の震央は,首都マナグア市の中心の直下わずか5 kmと推測されている。このため,マグニチュード M 6.3にもかかわらず約3万戸の住居が倒壊し,当時の市の人口45万人のうちの20万人以上の人々が家を失ったと考えられている。強制的な疎開などにより市の人口は数万人にまで減り,強奪などが横行して街の再建が著しく遅れた。

マナグア市は標高1,400 mに位置し,北側をマナグア湖に面しており,埋立てなどの開発で発展したため,地盤の悪い地域も多く建築物の被害を大きくしたといえる。当時のメインストリートは震央に近く,数kmにわたりすべてが破壊された。震災後,政府の方針でこの一帯の建築は許可されず,オープンスペースとして帯状に残されている。

参 考 文 献

1) 渡辺一郎,「マナグア地震後の住宅対策と東京への教訓」防災科学技術, No. 32, pp. 6-20 (1976).
2) 国際協力機構 (JICA),「中南米地域教育施設整備計画事前調査報告書=ニカラグア編」(2003).

254   5章　地震災害

海城(ハイチェン)地震

世界初の地震予知の大成功

発生地域：中国，遼寧省

現在の海城市
[© 1995-2011 Haicheng China(海城市人民政府)]

国民1人あたりのGNI（世界銀行2013）上位中所得国グループ
発生年月日：1975年2月4日
発生時間：午後7時36分（北京時間）
震央：北緯40°39′，東経122°48′
震央深さ：12 km
マグニチュード：7.3
人口（2010）：1,359,821,000人
国土の総面積（2012）：9,598,095 km^2
　　　　　　　　　（香港，マカオ，台湾を含む）
死亡者数：1,328人
倒壊建物：1,162,335棟

【地震】

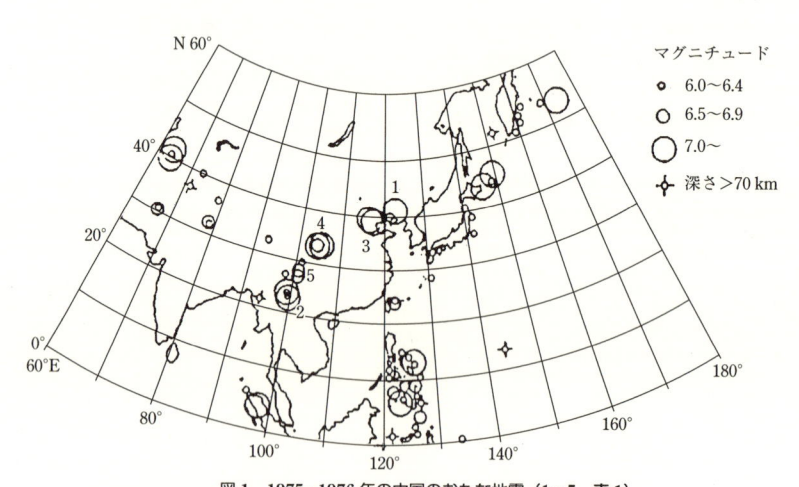

図1　1975-1976年の中国のおもな地震（1～5，表1）
[出典：尾池和夫，『NHKブックス 333 中国の地震予知』，p.19，日本放送出版協会(1978)]

被災地の状況

今回の地震では，発生前の地震予報に基づく十分な防災準備ができていた。救急活動のための要員配置や避難所の建設，老人や子どもの安全な場所への避難など，さまざまな対策が取られていた。当日は映画会が催され，住民は広場に集まっていた。2本目の上映中の夕刻7時半過ぎ，激しい揺れに襲われ家屋が倒壊し，地面が割れ，水や砂が噴き出した。

今回は，発生する場所，時刻，規模について高い精度で予報が出されていたため，人的・物的被害が大幅に抑えられ，世界初の地震予知に成功した事例として喧伝された。

被災区域の特徴

中国での地震予知の成功は，今回のみにとどまらず，翌年5月の雲南省竜陵地震，8月の四川省松地震，11月の雲南・四川省境界の塩源・寧浪地震など，つづけて精度の高い予報や警報が出され，人々は避難することができたといわれる（表1）。

地震予報

地震予報は，長期，中期，短期，および臨震（直前）の4段階に分けられる。第1段階の1970年代初めは，地震発生の可能性のある地域を絞っていった。第2段階の1974年中頃までに，省・市・県・人民公社などの各レベルで予報観測網を整備していった。1974年12月頃からの第3段階では，地震基準台の傾斜角や地下水（図2）と動物行動の異常（図3），短期の異常現象に重点が置かれた。最後は，臨震予報と避難の第4段階（1975年）で1月31日に委員会は「遼陽地区にM5または金県，蓋県地区にM6クラスの地震が近々発生する可能性がある」との意見を省に提出している。

地電流の記録が2月2日から急変化し始め（図4），3日夕方には前震群が20回/時を超えた（図5）。4日午前0時30分，省地震弁公室が「海城・

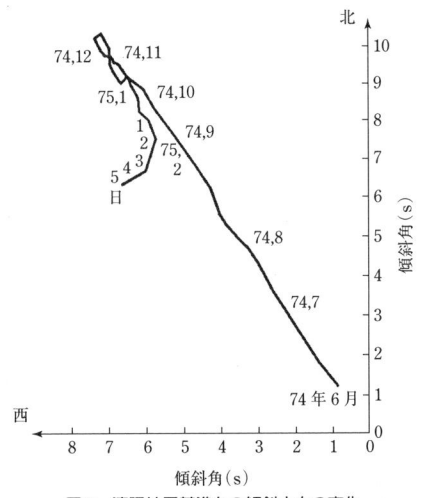

図2 瀋陽地震基準台の傾斜方向の変化
[出典：尾池和夫，『NHKブックス333 中国の地震予知』，p. 28. 日本放送出版協会(1978)]

表1 直前予報の〈成功〉・失敗例

番号	地震名	地　　域	年月日	時分	マグニチュード	直前予報
1	海城地震	遼寧省	1975. 2.4	19：36	7.3	〈成功〉
2	竜陵地震	雲南省	1976. 5.29 5.29	20：23 22：00	7.5 7.6	〈成功〉
3	唐山地震	河北省	1976. 7.28 7.28	03：42 18：45	7.8 7.1	失敗
4	松潘平武地震	四川省	1976. 8.16 8.22 8.23	22：06 05：49 11：30	7.2 6.7 7.2	〈成功〉
5	塩源・寧浪地震	雲南省・四川省境界	1976.11.7 12.13	02：04 14：36	6.9 6.8	〈成功〉

尾池和夫，『NHKブックス333 中国の地震予知』，p. 19, 日本放送出版協会（1978）

図3 動物の異常現象の報告地区
[出典：尾池和夫，『NHKブックス 333 中国の地震予知』，p.30，日本放送出版協会(1978)]

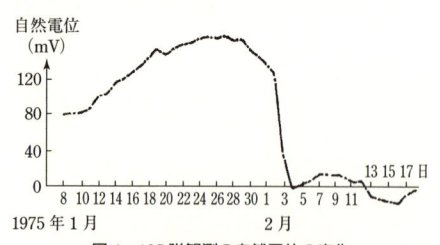

図4 102隊観測の自然電位の変化
[出典：尾池和夫，『NHKブックス 333 中国の地震予知』，p.34，日本放送出版協会(1978)]

営口地区の微震活動の後には，比較的大きな地震が発生する可能性がある」と委員会に報告している。

この事例の概要と特徴

今回の地震は，"世界初の地震予知"の成功例として知られている。国家地震局が地震動から動物の異常行動までの観測をもとに，地震予報を行い，長・中・短期から避難警告に至るまでを指導している。1,000人を超える死亡者の数が報告されているが，翌年，唐山で発生した

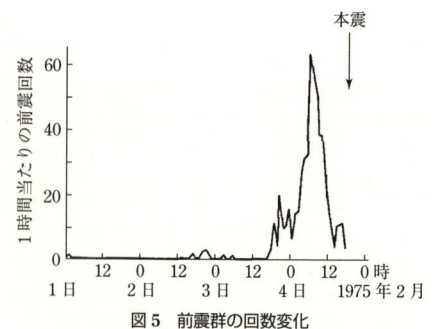

図5 前震群の回数変化
[出典：尾池和夫，『NHKブックス 333 中国の地震予知』，p.35，日本放送出版協会(1978)]

20世紀最大の地震災害による犠牲者数の陰に隠れてしまった。

今回対象となった1975～1976年当時の中国は，まだ毛沢東時代(1949～1978)の只中で，唐山地震の犠牲者数のデータをみても，資料により数十万人～数十人という大きな相違がある点に留意すべきである。表1で失敗例とされる唐山地震でも，中期予報までは出されていたが，直前予報が間に合わなかったとされる。したがって，完全な失敗ではなかったとの見方もある。

国家規模でのインフラや建築物の耐震化などのハード面の地震対策は，経済的に不可能とされる開発途上国は多い。当時，自国の経済レベルを考慮した中国の指導者たちが，ソフトな"予防を主とする"とした地震対策の事例が，現在，発展途上の多くの地震国でも検討の余地がある。

参 考 文 献

1) 池田 均，「中国における災害対策—1975年開城地震を事例に」北海学園大学開発論集，第72号，pp.133-146 (2003).
2) 尾池和夫，『NHKブックス 333 中国の地震予知』，日本放送出版協会 (1978).
3) 尾池和夫，「中国の地震学と地震予報」京都大学防災研究所年報，No.23(A), pp.1-6 (1980).
4) 稲永善行，大西一嘉，袁 曉宇，「中国の地震防災関連法制度」日本建築学会大会（関東）学術講演梗概集，F-1，p.453 (2001).

コラム　頤和園まで自転車で

　1980年代の北京の街は自転車で溢れていた。幹線道路の右端は，自転車専用の広いレーンになっていた。内陸に位置する北京市は都心部から郊外までが平坦で，交通機関としての自転車に最適な環境と思えた。休日にホテルの自転車を借りて頤和園まで遠出をした。気楽に合流した自転車レーンは，驚くほどの速い流れで懸命にペダルをこがされた。

　天安門事件で建国門外の陸橋を戦車が走るまでには，未だ数年の時間がある頃である。当時，北京市の地図は防衛上の理由から縦・横の比率や距離が意図的に変えられている，と聞かされていた。実際，日本人の間では毎日車で送迎されるホテルの友誼賓館から都心までの地図情報が実感と違う，と噂していた。

　円と元の価値の差は，レートより数桁も違う感じがした。車での送迎はもちろん，市内で評判の店を食べ尽くして"グルメ"を堪能していた。自転車での往復30 kmの小旅行は，車に乗っていては味わえない貴重な経験ができた。古い建物が多いモノトーンの街を人民服に人民帽で自転車に乗る周りの人々は，明るく健康的で力強さを感じさせた。

　1990年代後半の北京は車で溢れていた。10年後に再訪した中国は激変していて街並みも人々の服装もカラフルで日本の都市と変わらなかった。唐山方面から車でアプローチした北京の街は，車とビルで埋め尽くされ自転車の姿は見えなかった。突然，われわれが手掛けた建国門外の再開発地区に，夕日に輝く金色の高層ビルが現れた。

リジェ地震

地域による建物構造の相違

発生地域：トルコ，東部山岳地帯

地震で被害を受けた学校
[© NGDC (National Geophysical Data Center), NOAA (National Oceanic and Atmospheric Administration)]

国民1人あたりの GNI（世界銀行 2013）上位中所得国グループ
発生年月日：1975 年 9 月 6 日
発生時間：午後 12 時 20 分（現地時間）
震央：北緯 38.6°，東経 40.8°
震央深さ：15～20 km
マグニチュード：6.9
人口（2010）：72,138,000 人
国土の総面積（2012）：783,562 km^2
死亡者数：2,385 人
全壊・大破家屋：8,165 棟

【地震】

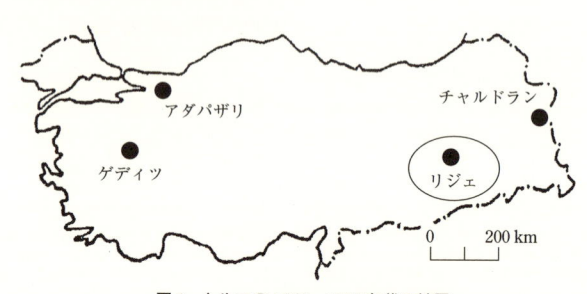

図1　トルコの 1960・1970 年代の地震
[出典：大橋ひとみ，太田 裕，「トルコにおける地震被害の発生と減災に関する研究 1. 震度分布と被害の解析，最近の4地震について」日本建築学会論文報告集，第 314 号，p. 61 (1982)]

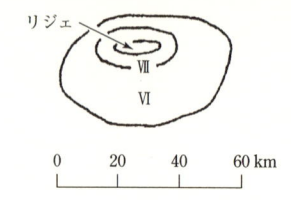

図2　リジェ周辺の震度階
[出典：大橋ひとみ，太田 裕，「トルコにおける地震被害の発生と減災に関する研究 1. 震度分布と被害の解析，最近の4地震について」日本建築学会論文報告集，第 314 号，p. 61(1982)]

リジェ地震　259

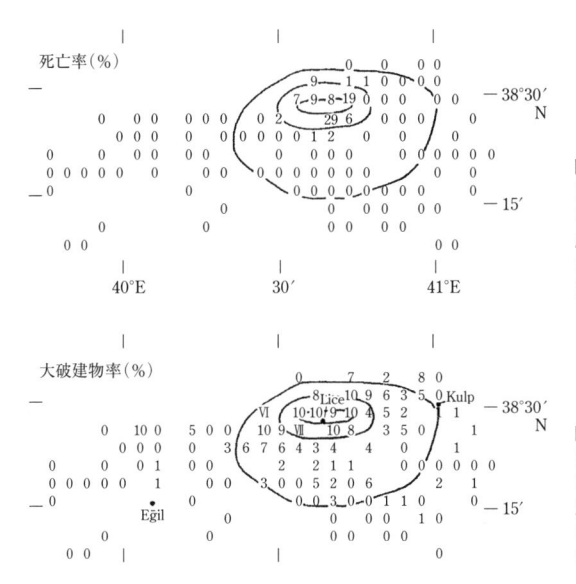

```
死亡率(%)
                    0   0   0  0
              9  1  1  0  0  0
         0 0 0  7-9-8-19  0 0 0            −38°30′
      0   0 0 0  0 2   29 6  0 0 0            N
   0   0 0 0   0 0 0 0 1 2  0 0
 0 0 0 0 0    0 0 0 0 0 0 0
 0 0 0 0       0 0 0 0 0 0 0
−0             0 0 0 0 0 0 0              −15′
       0              0     0 0
  0 0                      0 0
       |            |            |
      40°E         30′         41°E
```

図3　今回の人的被害率の分布
[出典：大橋ひとみ，太田　裕，「トルコにおける地震被害の発生と減災に関する研究 1. 震度分布と被害の解析，最近の4地震について」日本建築学会論文報告集，第314号，p.62 (1982)]

```
大破建物率(%)
                    0  7  2  8  0
              8 Lice 10 9  6  3  5  0 Kulp
         0 10 0  VI 10·10†9-10 4  5  2     1   −38°30′
      0   0 0 0  10 9  VII 10 8  3  5  0         N
   0   0 0 0   3  6  7  6  3  4  2  0
 0 0 0 0 0  1    2  2  1  1  0  0
 0 0 0 0       3 0 0 5 2 0 6     2  1
−0       Egil    0 0 3 0-0 1 1 0           −15′
       0              0     0 0
  0 0                      0 0
```

図4　今回の建物被害率の分布
[出典：大橋ひとみ，太田　裕，「トルコにおける地震被害の発生と減災に関する研究 1. 震度分布と被害の解析，最近の4地震について」日本建築学会論文報告集，第314号，p.62 (1982)]

この事例の概要と特徴

　今回の地震による死者の発生は，図2の震度階で示した震度Ⅶ以上の範囲内に限られている。リジェの町は，すぐ北側を断層が東西に走っており，その北側は中生代の岩体からなる山地で集落は少ない。地表に現れた断層に関しては報告がない。町の南側は第三紀の比較的軟らかい地層で，川が南に流れている。

　図3，図4にみるように，等震度線と被害率分布はともに東西に延びる傾向がある。両図中の0～10は，0；0～4％，1；5～14％，…，10；95～100％の平均被害率である。数値は地域を5kmメッシュに分割した平均値，無数字の地域はデータのない地域を示す。参考文献1) では，今回の地震の震度と大破建物率・死亡率・大破建物1戸あたりの死者数の関係を分析している。いずれの場合もばらつきが非常に大きいが，いくつかの傾向はみられる。大破建物率は震度Ⅴ～Ⅵの間で急速に0→1.0に達しているが，死亡率はかなり遅れて震度Ⅶ～Ⅷの間で急上昇している。これは，大破建物1戸あたりの死者数が増加するのに対応している。

　トルコでは，地域による建物構造の相違が顕著である。リジェでは，切石，レンガ，ブリケットや丸石などの組積造が多数を占めている。さらに，平屋根に粘土を載せる形式が建物強度に大きく影響していると考えられる。

参　考　文　献

1) 大橋ひとみ，太田　裕，「トルコにおける地震被害の発生と減災に関する研究 1. 震度分布と被害の解析，最近の4地震について」日本建築学会論文報告集，第314号，pp.59-70 (1982).
2) 大橋ひとみ，太田　裕，「トルコにおける地震被害の発生と減災に関する研究 2. 震度分布予測・評価式の構成」，日本建築学会論文報告集，第348号，pp.19-25 (1985).
3) 大沢　胖，金多　潔，片山正夫，「トルコ派遣地震工学使節団報告：バルト地震による被災町村の再建・移転ならびにトルコにおける地震工学の諸問題」建築雑誌，**82**(982), 395-397 (1967).

グアテマラ地震

発生地域：グアテマラ，「高地マヤ」地域

2 m 超のオルメカの巨人頭像
[© Wikipedia]

国民 1 人あたりの GNI（世界銀行 2013）低位中所得国グループ
発生年月日：1976 年 2 月 4 日
発生時間：午前 3 時 03 分（現地時間）
震央：北緯 15.32°，西経 89.10°
震央深さ：5.0 km
マグニチュード：7.5
人口（2010）：14,342,000 人
国土の総面積（2012）：108,889 km^2
死亡者数：26,000 人以上
負傷数：77,000 人以上
被災者数：100 万人以上
（人口（当時）550 万人）

【地震】

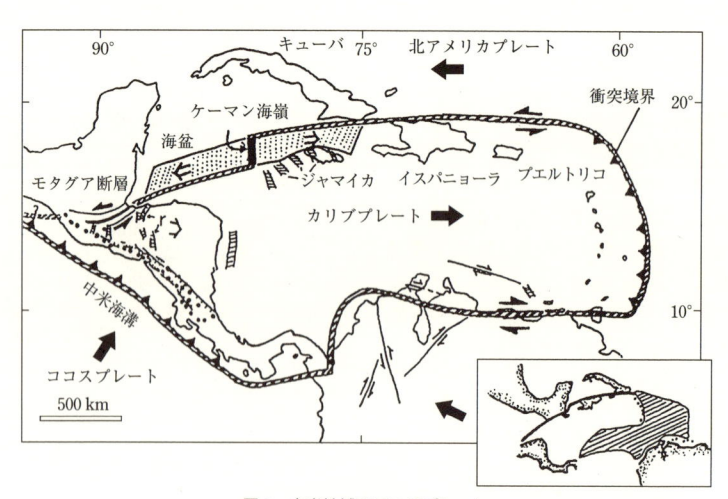

図 1　中米地域の三つのプレート
[出典：金子史朗，『火山大災害』, p. 248, 古今書院 (2000)]

マヤ文明の悲劇

グアテマラからパナマまでのすべての中米諸国は，カリブプレートの西端に乗って東方に移動している。その北端のグアテマラの国土は，北側の北アメリカプレート，西側のココスプレートおよび自ずからのカリブプレートの三つのプレートの境界に位置している。このため直下型から海溝型および火山性地震まで，複雑で高い地震リスクを内包する地域になっている。

北アメリカプレートとカリブプレートの境界には，国土を東西に横断する何本かの巨大断層の存在が知られている。今回の大地震は，モタグア川に沿って東西方向に走るモタグア断層が，おもに横（水平）にずれ動いて生じたものである。この地震における有感範囲は約10万km^2と広大で，国土のおよそ9割以上が震度V（改正メリカル震度階）以上で揺れたと思われる（図1）。

図2にみるように，等震度線は断層に沿って東西に細長く伸びており，とくに震度IX以上の地域では甚大な被害を受けている。西部高地のグアテマラ市などでは，耐震建築の建物にも被害が生じている。モタグア川の中流部では，大規模な斜面崩壊，地すべりが多数発生している。全地域のアドベ(日干し)レンガ造の建物は，ほとんど倒壊してしまった。

グアテマラは，隣接するユカタン半島を含むメキシコ南東部，ベリーズとともに，マヤ文明が栄えた地域である。この文明が9世紀頃から急激に衰退したのは，地震や火山などの天変地異によるものだった，と考えられている。

歴史的・文化的な背景

古代からマヤ文明が栄えていたグアテマラ，ベリーズおよびユカタン半島を含むメキシコ南東部のマヤ地域は，快適な気候の"高地マヤ"と対照的なジャングル地帯の"低地マヤ"に分けられる。グアテマラの首都グアテマラ市は，シェラ・マドレ山脈の標高1,500 mの高地に位置している。"低地マヤ"の大部分は，ユカタン半島が占めている。

高度な天文学や暦で知られるマヤ文明は，紀元前1300年頃まで遡れる。さらにマヤに先行してオルメカとよばれる文明がメキシコ湾岸に沿って栄えていた（冒頭写真）。

マヤ人は，いくつもの都市と階段式ピラミッドや天体観測施設および祭祀センターや大規模

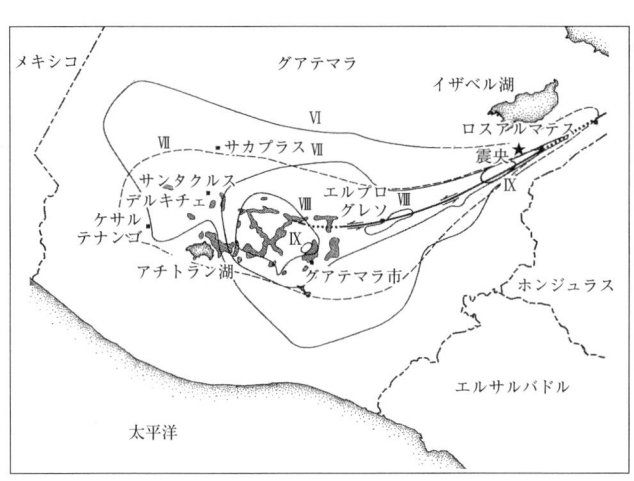

図2 地震の震央の位置★印と各地の震度
[出典：E. L. Harp, *et al*., "Landslide from the February 4, 1976, Guatemala Earthquake", *Geolog. Survey Prof. Paper*, 1204-A(1976)]

な灌漑用水跡などの遺跡を現在にまで残している。これらの地域では農業技術が進み，古代からすでにトウモロコシ，カボチャ，唐辛子や豆類などの野生種を栽培化していた。しかし，熱帯林に栄えたマヤ文明は，8世紀頃を頂点に9世紀頃から急激な凋落が始まる。伝承でいう大移動を経て16世紀のスペインの侵攻によりすべてのマヤ文明圏が消滅した。

現在のグアテマラは，1960～1996年までつづいた長い内戦やクーデターの影響で政治的・社会的に不安定な状態にある。今回の地震は，1986年まで事実上31年間つづいた軍政下に発生している。

自然環境

南北アメリカ大陸を結ぶ地峡部の中央アメリカには，グアテマラ，ベリーズ，エルサルバドル，ホンジュラス，ニカラグア，コスタリカおよびパナマの7ヵ国がある。

北端のグアテマラは，メキシコと国境を接し，中央アメリカ最大の人口を抱えている。人口の多くは，中央部の二つの山脈に挟まれた高原に集中している。住民の多くはマヤ系の先住民と混血のラディーノで，白人種は少ない。

地形の特徴

地形的には，太平洋沿岸，中部高原，北部渓谷およびユカタン半島部の四つに分けられる。中部高原をほぼ東西に走るシェラ・マドレ山脈とシェラ・ド・ノルテ・ド・チアパス山脈の二つの山系に，カリブ海側から延びる山脈が入り込んで複雑な地形になっている。この山脈に沿ってモタグア川が深い渓谷をなしてカリブ海に流れている。

二つの山系の南側のシェラ・マドレ山脈には，最高峰のタフムルコ火山（4,220 m）をはじめ多くの火山と湖がある。最大の湖は，カリブ海寄りにあるイサバル湖である（図3）。

震源域の状況

震央はグアテマラ東部のロスアマテスとグアランの間で，既知のモタグア断層が水平（横）方向に最大で340 cm，平均で108 cmほど動いた。縦（垂直）方向のずれはわずかで，最大でも水平の30％程度である。地表に現れた亀裂は，断続的に一直線上に240 kmにも及んでいる（図3）。

地震発生のメカニズム

今回ずれ動いたモタグア断層は，東方に動くカリブプレートと逆方向の北アメリカプレートとの境界の陸上部分と考えられる。同断層の北側40 kmにチーホイ・ポロチク断層，南側30 kmにヨコタン・チャメレコン断層が平行して

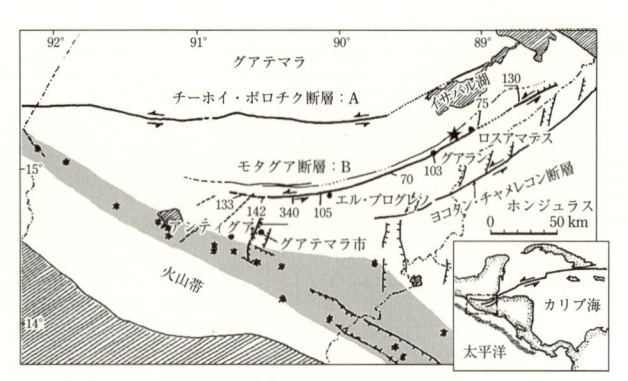

図3 東西方向のモタグア断層システム
数字：地震時のずれ(cm)，ガケ記号：正断層，アミ：火山帯，★：震央
［出典：金子史朗，『火山大災害』, p.227, 古今書院(2000)］

走っている。1528年以降の118個の被害地震のうち，少なくとも16個が両断層の活動と関連があるとみられている（図3）。

過去の大地震

16世紀のスペイン征服以降だけでも15回以上の大規模な被害を受け，遷都を繰り返した。100年以上前に歴史文書として整理，編集された，1528年以降の地震記録が存在する。

1527年にグアテマラ市が創設される。
1541年にグアテマラ市が洪水で破壊。
1773年に首都アンティグアが地震で破壊。
1778年にグアテマラ市が再建，首都に。
1816年7月23日，サンタマリア・マグレナ大地震，～$M7.6$。
1902年4月19日，$M7.5$，2,000人が死亡。
1917年12月25日，地震被害。
1918年1月2日，同上。
1942年8月6日，$M7.9$，38人が死亡。
2007年6月13日，グアテマラ沖，$M6.5$。

被災地の状況

今回の震央は東部のカリブ海に近い地域だが，大きな被害は西部のグアテマラ市などの高地マヤ地域で多く出ている。地震による斜面崩壊，地すべりは約1万ヵ所以上あった。

図4に示すように，これらの現象は長さ約230 km，幅2,3 km～800 kmのラッパ状の地域に集中している。強い地震動の継続時間は，およそ30～40秒位で，最初が垂直方向で次いで水平方向だった。

被災区域の特徴

今回の地震の発生が深夜の午前3時03分で，就寝中のために多数の被害者が出たとされる。被災地域が西方に向かってラッパ状に広がっているのは，とくに崩れやすい軽石質の火山性堆積物で厚く覆われた地質分布によるものである。

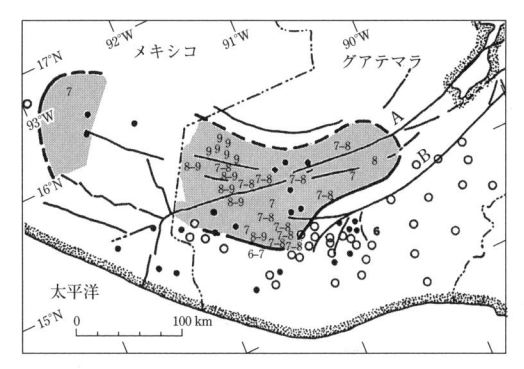

図4 1816年の地震域と震度分布
数字：改正メルカリ震度階，●：被害報告の見出せないところ，○：同前，ただし，1816年に先立つ2回の震災報告を受け，震度6と判断した場所
A：チーホイ・ポロチク断層，B：モタグア断層
［出典：金子史朗，『火山大災害』，p. 243，古今書院（2000）］

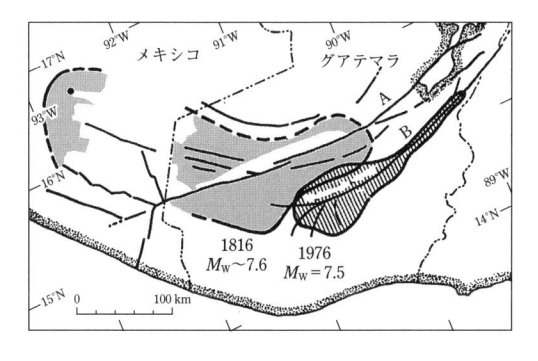

図5 1816年と今回の震災域の比較
［出典：金子史朗，『火山大災害』，p. 243，古今書院（2000）］

グアテマラ政府は，米州機構（OAS）に援助を要請し，すぐに米国地質調査所（USGS）のチームが現地に派遣され調査にあたった。斜面崩壊・地すべりの調査のために偵察機U2型機による空中写真撮影（解像度1 m）が行われた（図6，図7）。

物的・経済的被害

第二次世界大戦後の中米経済は米国が握っていたが，その後，左派と保守勢力との確執がつづき，1970年代の政治・経済は疲弊していた。今回の被害総額はおよそ11億USドルと見積もられている。

人的・社会的被害

死亡者数は，当時の人口550万人のうちの約26,000人あまり，負傷者数は約77,000人あまりに達し，約100万人の住民が住まいを失った。多発した山岳地の崩壊や滑落による死傷者は数百人と比較的少なかった。

インフラ・建築物被害の特徴

震度9以上だったと予想される地域では，アドベ造の住宅の多くは倒壊した。その被害状況は地盤の振動状況によく対応しており，モタグア断層に沿って走るモタグア川の流域における被害率は90～100％であった。耐震性が劣るアドベ造住宅の崩壊が，大被害を引き起こした一因になったと考えられる。

グアテマラ市では，良好な石造建築物でも重大な損害が生じ，耐震建築の病院，ホテルなどにも数棟の被害が出ている（図9）。

図6　OASによる断層の空中撮影
［© U. S. Department of the Interior U. S. Geological Survey］

図7　OASによる被災地の空中撮影
［© U. S. Department of the Interior U. S. Geological Survey］

図8　崩壊したRC造の柱
［出典：恒川惠市，大貫良夫，落合一泰，国本伊代，松下　洋，福嶋正德　監修，『新版 ラテン・アメリカを知る事典』，平凡社(2013)］

図9　被害を受けたホテル
［© U. S. Department of the Interior U. S. Geological Survey］

図10 被害を受けた鉄道
[© U. S. Department of the Interior U. S. Geological Survey]

地震による崩壊・地すべり個所で崩落物質が10万 m^3 以上の巨大なものは11ヵ所あったが，直接の死傷者は少なかった。しかし，いたるところで地面に割れ目や亀裂が走り，埋設されている導管などが破損した。道路や鉄道などのライフラインあるいは河川の多くが土砂で堰止められたため，救助活動や救援物資の輸送に支障をきたした（図10）。

河川沿いの未固結な堆積層からなる沖積地域では，たくさんの液状化現象がみられた。

この事例の概要と特徴

今回の地震の特色の一つは，崩壊や滑落が傾斜地のいたるところで発生したことである。その結果，道路や鉄道の不通，河川が土砂で堰止められてできる巨大な天然ダムなど，救助活動，救援物資の輸送や復興の大きな妨げになった。その後，2004年に同じ山国の日本で発生した"新潟県中越地震"では，同様な状況に見舞われた。山崩れの諸相など，参考事例として事前の学習による対策が可能だったといえる。

図4，図5に示したように，今回の地震調査の過程で1816年の"サンタマリア・マグダレナ大地震"に関する古い教会関係資料の解読・分析に着手できたことも特筆される。その震源は今回のモタグア断層の北を並走するチーホイ・ポロチク断層で，M 7.6と推定され被災域も重なっている。古地震の資料の発掘や再検討は，今後の予測や観測に重要な役割が期待できる。

参 考 文 献

1) 金子史朗，『火山大災害』，古今書院（2000）．
2) 恒川惠市，大貫良夫，落合一泰，国本伊代，松下 洋，福嶋正徳 監修，『新版 ラテン・アメリカを知る事典』，平凡社（2013）．

唐山（タンシャン）地震

発生地域：中国，唐山市

唐山抗震記念碑

国民1人あたりのGNI（世界銀行2013）上位中所得国グループ
発生年月日：1976年7月28日
発生時間：午前3時42分（現地時間）
震央：北緯39.4°，東経118.2°
震央深さ：約20 km
マグニチュード：7.8
人口（2010）：1,359,821,000 人
国土の総面積（2012）：9,598,095 km² （香港，マカオ，台湾を含む）

死亡者数：242,796 人
重傷者数：164,851 人
被害建物数住居用建物の95%以上

【地震】

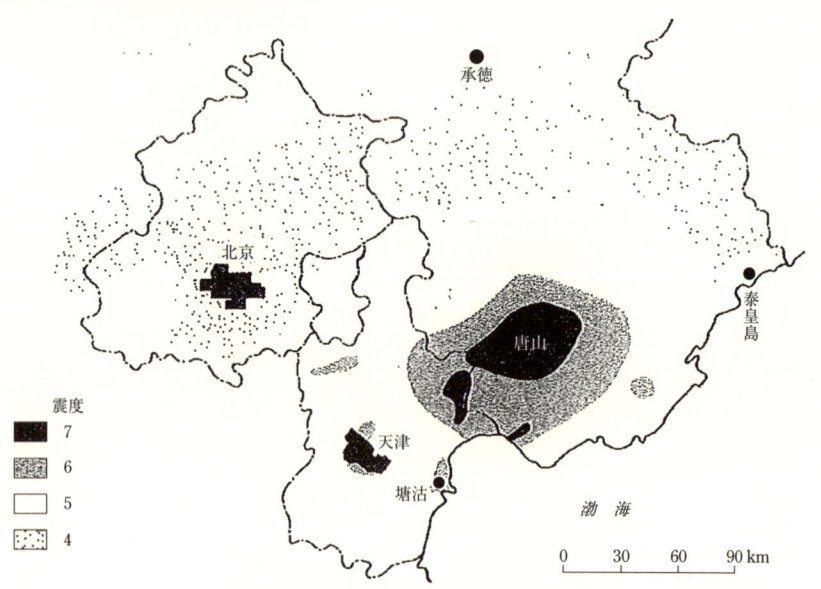

震度
- 7
- 6
- 5
- 4

図1　震源とおもな被災地（日本の気象庁震度階に概算）
［©『唐山地震』，地震出版社(1978)（中国）：力武常次］

文革中に起きた20世紀最大の震災

　唐山地震は，死亡者数が24万人あまりの20世紀最大の震災であったにもかかわらず，その実態が世界に明らかになったのは1980年代以降のことである。

　地震が発生した1970年代は，毛沢東派による文化大革命の最中で，中国政府は文革を理由に諸外国からの援助や外国人の現地への立ち入りなどを長期間拒否した。中国共産党・人民解放軍は，"抗災救災闘争"の勝利をスローガンに大衆を指導して災害対策に取り組んだ，と報じられていた。

　河北省の重工業地帯にあった百万都市・唐山を壊滅させたM7.8の巨大な地震エネルギーは，160km西方の北京市で震度分布5〜7，100km南西の天津市では7〜9で相応程度の被害を与えた。記録的な人的被害に加え，通信，電力供給などのライフラインはほぼ全滅した。道路，鉄道などの交通機関も重要な橋梁などの崩落で市は孤立し救援活動が妨げられた。

　40万人を超える死傷者を出した今回の震災は，"瓦礫と青空だけが残った"と表された。文革の粛清による犠牲者は数百万〜数千万人といわれ，より大きな社会的混乱の渦に飲み込まれて震災は矮小化されてしまった。

歴史的・文化的な背景

　1976年の中国は，1月の周恩来の死去に始まり7月の唐山地震，9月の毛沢東の死去，10月には四人組逮捕により10年あまりつづいた文革が終焉へ向かうという，激動の年であった。

　文革思想による学者や知識人の排斥運動などの影響が，外国からの援助拒否，政府による報道管制，"地震1回は共産主義教育1回"のスローガンの先行などが，地震被害の拡大と復興の遅れを招いた一因，といわれる。翌年の文革終結宣言を経て1979年以降の「経済体制改革」，「対外開放政策」を軸とする華国鋒，鄧小平らの指導による体制が確立する。

　1980年代に入り外国人の立ち入り禁止措置が解かれ，専門家の現地調査や関連分野の国際シンポジウムの開催などを通じて初めて唐山地震の被害の全貌が明らかになった。

自然環境

　中国大陸では，過去にも多くの大地震が発生しているが，おもに西南，西北，華北，渤海北部および福建省，広東省の沿岸地域などに集中している。これらの地域の面積は国全体の1/3強を占めており，人口50万人以上の都市が33市含まれている。とくに，北京，天津，太原，大同，フホホト（呼和浩特），包頭，西安，蘭州などの重要な大都市が震度8の頻発地域に入っている（図3）。

地形の特徴

　唐山市は華北地区の河北省東部に位置し，北西は燕山山脈に接し南東は渤海湾に面している。市の中心部は，南西の天津市方面から北東の皇島市方面につづく鉄道と道路に沿って発展した市街地である。

　市外部へのおもな鉄道は，唐山を通り北京―山海関を結ぶ京山鉄道である。その被害は甚大で，橋脚部の地割れ，鉄橋面のずれ，盛土部分の沈下や線路が曲がるなどして支援活動に支障

図2　マグニチュード7.8の記念碑

268   5章 地震災害

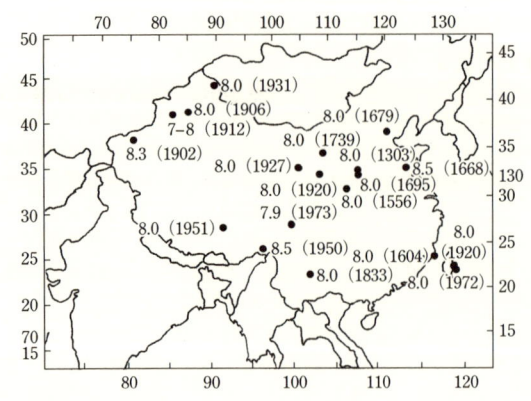

図3 過去のM8級の地震
[Ⓒ 力武常次]

をもたらした。
　主要幹線道路は，橋230余ヵ所（この地区にある橋の全延長の62％），合計10 km弱の長さで被害を受けた。なかでも重要な大中規模橋の20ヵ所，合計2 km余の長さで破壊・崩落があり，とくに運河大橋の破壊により唐山—瀋陽，唐山—天津を結ぶ二大幹線国道が遮断され街は孤立した。

地盤・地質の特性

　図4にみるように，20世紀における華北地方の地震活動の特色は，北東–南西に走向する3本の破線上で多発している。そのなかのとくに東寄りと中央の線に沿っての活動が顕著である。これらの線は，地質年代の第四紀に活動した活断層系と考えられている。
　唐山地区を取り巻く断層は，新華夏構造体系

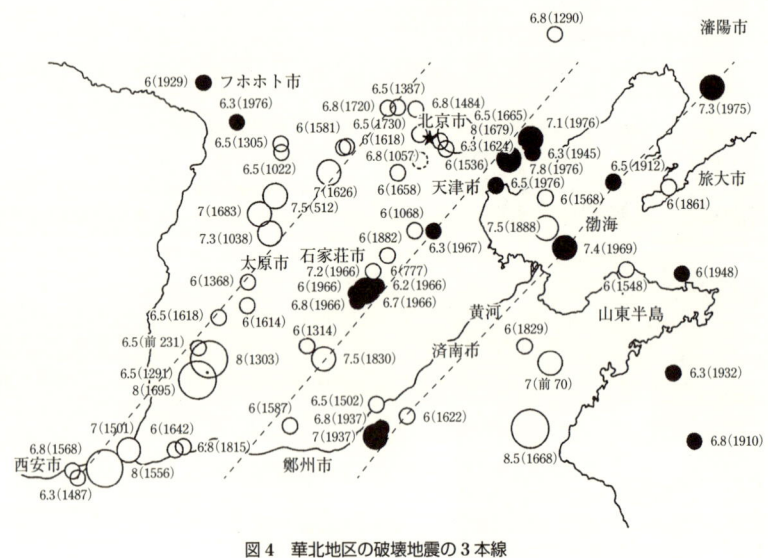

図4 華北地区の破壊地震の3本線
● ：1990年以降の地震，（　）：年代
[Ⓒ 中国科学院地球物理研究所；力武常次]

唐山(タンシャン)地震　　269

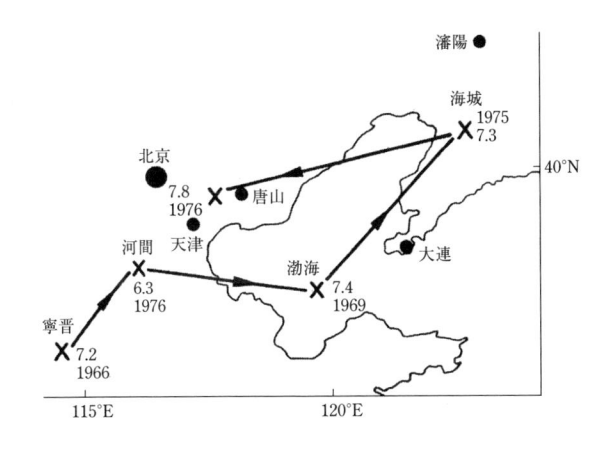

図5　河北省，遼寧省の震央の移動
[Ⓒ 中国科学院地球物理研究所；力武常次]

と東西隆起構造体と祁呂系東西反射弧の複合部位に位置している。唐山地震の後，唐山市吉祥路〜大城断層，鳳凰山〜陡河断層および両者の中間の断層の3本の構造断層が出現している。

図5に示すように，近年の大地震の震央は河北寧晋一帯地震群 → 河間地震 → 渤海地震 → 海城地震と北東に移動していたが，今回の唐山地震では後戻りの方向に発生している。このような震央移動の規則性からみて，次はさらに西方に移動する可能性が指摘されている（2008年には，西方の四川地方で大地震が発生した）。

震源域の状況

今回の震央は，唐山市の直下の深さ約20 kmである。今回のような巨大地震の震央が大都市の真下にあたる例は非常にまれである。唐山駅を中心に北東－南西の長軸11.5 km，短軸3.5〜5 kmとする楕円形状の約47 kmの面積の市街地が震度XIの地区に，その周辺が震度Xの地区にあたる（図6）。

中国の震度階は，改正メルカリ震度階とほぼ同じで，日本で用いられている気象庁震度階とは異なる。両者を比較する目安として中国の震度を2で割って1を足す概算法がある。

唐山地震の前年の1975年2月4日に発生した海城地震（M 7.3）（→ p.254）では，地震予知が成功して事前の避難が可能であった，とされているが，今回は臨震情報が出されていなかった。

地震発生のメカニズム

日本列島などのプレートの境界部分で多く発生する海溝型巨大地震に比べ，中国のような大陸内部の直下型巨大地震の発生メカニズムには未知の部分が多い。太平洋プレートの西北進とインドプレートの北進により，大陸内部の地殻が複雑な応力を受けて華北地区の断層系や四川－雲南省にまたがる断層系が生じている，と考えられている。

過去の大地震記録

図3に示すように，中国は予想外に大地震の多い地震国である。歴史上，約20件のマグニチュードM 8クラスの地震が知られている。表1に，中国の5大地震（唐山地震を除く）といわれる事例を示す。今回の唐山地震は犠牲者数でみると，1556年に起きた死亡者82万人といわれる陝西省の華県地震に次いで第2位になる。

震災域の被災状況

図7にみるように，今回の地震の有感地域は，北はハルピン，南は黄河，西は山西省全域，東は渤海に至る広大なものである。震度7以上の地域は，およそ33,300 km^{2}に及んでいる。

唐山市の被災状況は台地と低地で著しく異な

り，おもに住宅があった低地では，噴砂，噴水が各所で発生する液状化現象がみられた。

被災区域

被災区域は，図6に示す唐山市内の震度XI，X地区をはじめ，図7の等震度線図に示すように震度IX地区の面積は約1,430 km^2，震度8地区は天津市を含む約5,470 km^2，震度7地区は約26,000 km^{2}の広大な地域である。

図8，図9にみられるように市内の吉祥路断層は水平順ずれ120～150 cm，幅30 cm，高度差30～40 cm，ずれの距離約10 km，方向は北

表1 中国の5大地震

年月日	震央	緯度(N)	経度(E)	M	備考
1030. 9.17	山西省洪洞趙城一帯	36.3°	111.7°	8	
1556. 1.23	陝西省華県	34.5°	109.7°	8	死者82万人
1668. 7.25	山東省城県	35.3°	118.6°	8.5	
1679. 9. 2	河北省三河平谷	40.0°	117.0°	8	北京激震
1920.12.16	寧夏回族自治区海原	36.5°	105.7°	8.5	死者18万人

［©中国科学院地球物理研究所；力武常次］

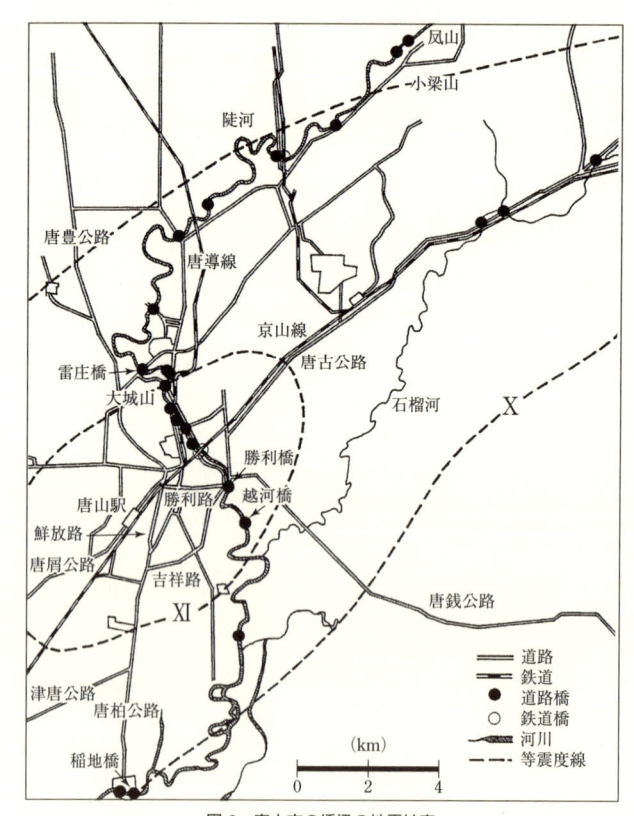

図6 唐山市の橋梁の地震被害

［出典：野中昌明，片山恒雄，「最近の中国における橋梁の地震被害」地震工学研究発表会講演梗概要，16, 209-212(1981)］

40～50°東で，断層と等震度線の長軸は方向が一致している．

人的・社会的被害

上述した人的被害に関するデータの数値は，1979年の中国当局の公式発表によるもので，地震による死亡者数としては20世紀最大の地震災害である．

その理由として，今回の地震が100年あまりの歴史をもつ工業地帯の人口密度の高い大都市の直下で発生した点と，発生時間が真夜中で人びとがまったく対応し得ない状況にあった点があげられる．

1995年の真冬の神戸でも大問題になった遺体の処理は，真夏の大地震による24万人にのぼる想像を絶する数を，行政は郊外に深い穴を

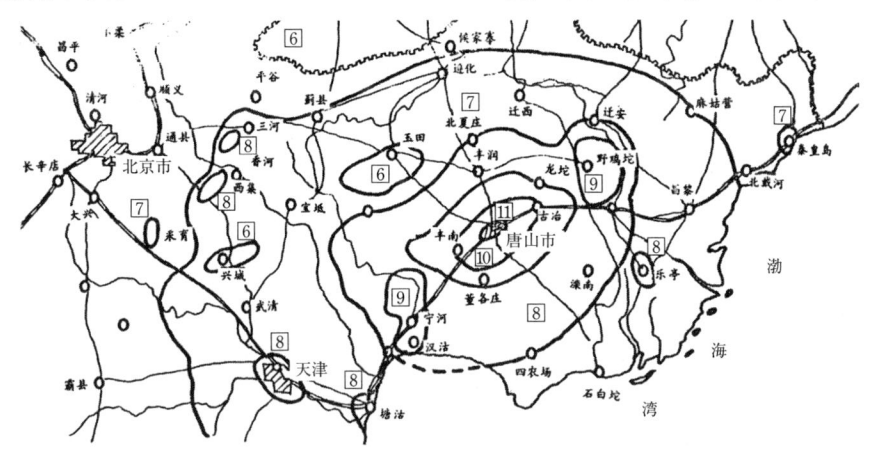

図7 唐山地震の震域

[出典：陳 寿梁，周 炳章，裴 民川 著，都司嘉宣 訳，「唐山地震家屋被害と都市地震防災」防災科学技術研究資料，56，30(1981)]

図8 横ずれ断層のためにずれた並木

図9 横ずれ断層のためにずれた配水管

物的・経済的被害

今回の地震では,人命ばかりでなく財産,施設にも大きな被害を出している。おもな原因は建造物の崩壊と破壊によるものである。激震地区内のほとんどの工場,業務用の高層ビル,一般住宅用ビルが大きな被害を受けた。農村の建物は,激震地区内では全滅,震度Ⅹ地区内で大部分が倒壊,震度Ⅷ,Ⅸ地区でも大被害を受けている。本震の後,$M 7.1$,$M 6.9$を含む$M 5$以上の余震が7回起こり,多数の建物や橋が倒壊した。

唐山は華北地方でも有数の工業都市で,中国最大の石炭基地の開灤炭鉱を中心とする"石炭の都"とよばれていた。開灤炭鉱の石炭産出量は,全中国の1/20を占め国家経済に重要な役割を果たしており,その損失ははかり知れない。

農業水利施設の破壊も甚大で,地区内の三大ダムである陡河,邱荘,洋河ダムで大堰堤の崩落,亀裂,止水壁の倒壊が発生した。とくに陡河ダムでは,縦方向の亀裂が最大1.6m,最大沈下量1.4mに達した。広範囲の噴砂と湧水のため約6,667アールの田畑が砂で覆われ,数千ヵ所のポンプ井戸が破壊された。

インフラ・建築物被害の特徴

唐山は今回まで大きな震災がない地域だったので,基本想定震度が中国耐震設計基準の防災規定より低い震度Ⅵ地区に指定されていた。このため,ほとんどすべての家屋,工場の施設や設備に耐震対策がなされていなかった。唐山市にあった住宅用建物の682,267部屋(面積10,932,272 m²)のうち,96%にあたる656,136部屋(面積10,501,056 m²)が倒壊あるいは大被害を受けた。

建築物の構造の種類は,全体の60〜70%を占める5階建て以下のレンガ組積造のほか,現場打ちあるいはプレハブの鉄筋コンクリート造がおもである。とくにレンガ組積造の建築物は,せん断破壊による被害が多く,震度Ⅺの区域の95%,Ⅹの区域の80%,Ⅸの区域の15%が完全に倒壊した。鉄筋コンクリート造の建築物は,現場打ちよりプレハブ式ラーメン構造の建物の被害が大きかった。

この事例の概要と特徴

百万都市の復旧・復興は容易でなく,震災から5年後の1981年の調査時でも唐山駅前には見渡す限り応急住宅が広がっていたと報告されている。図10は20年後の1996年の調査時の旧市街の西側に展開した新市街の復興後の様子である。

図10 復興後の唐山市の新市街

国家建設委員会は,多数の死傷者を出す直接原因となった家屋の倒壊防止対策に重点をおき建築耐震設計基準(TJ 11〜74)を改正(TJ 11〜78)して1979年から実施した。しかし,数の多いレンガ組積造の家屋などのすべてに耐震性をもたせることは不可能に近く,同時にさまざまな都市防災的な対策が講じられている。

直接損失だけでも数十億元に達するとされる唐山地震以後,中国では中央から地方までの各政府機関が地震対策を重視している。各機関が管理部門を設立し全国ネットワークを構築した。これらの地震対策事業に加え地震予知事業にも重点がおかれ,国家地震局で統一管理されている。

図11,図12の工場と大学図書館の被害建物は,その惨状を後世に残すために人民政府の通

唐山(タンシャン)地震　　273

告により〈地震遺産〉として片付けることが禁止され現在に至っている。

参 考 文 献

1) 尾池和夫,『中国と地震』,東方書店 (1979).
2) 尾池和夫,『中国の地震・日本の地震』,東方書店 (1979).
3) 陳 寿梁,周 炳章,裘 民川 著,都司嘉宣 訳,「唐山地震家屋被害と都市地震防災」防災科学技術研究資料, 56, 11-32 (1981).
4) 力武常次,「百万都市を壊滅させた直下型"中国・唐山地震"」日経アーキテクチャー, 136号, pp. 89-94 (1981).
5) 銭 鋼 著,薛 錦,林 佐平 訳,片山恒雄 監修,『唐山大地震—今世紀最大の震災』,朝日新聞社 (1988).
6) 叶 燿先,『唐山地震的工程経験和城市地震防災』(1979).

図11　地震遺跡：蒸気機関車工場

図12　地震遺跡：唐山鉱山大学図書館

ミンダナオ島地震

フィリピン最大の震災

発生地域：フィリピン，コタバト市

1階部分が倒壊したホテル（コタバト）
[出典：日本建築学会 編，『グァテマラ・北イタリア・ミンダナオ島・ルーマニア地震災害調査報告』，p. 119，日本建築学会(1979)］

国民1人あたりの GNI（世界銀行 2013）低位中所得国グループ
発生年月日：1976年8月17日
発生時間：午前0時12分（現地時間）
震央：北緯 6.3°，東経 123.4°
震央深さ：約 33 km
マグニチュード：7.8
人口（2010）：93,444,000 人
国土の総面積（2012）：300,000 km^2
死者・行方不明者数：8,000 人
負傷者数：8,256 人
損失家屋：約 18,000 棟
被災者数：約9万人

【地震】

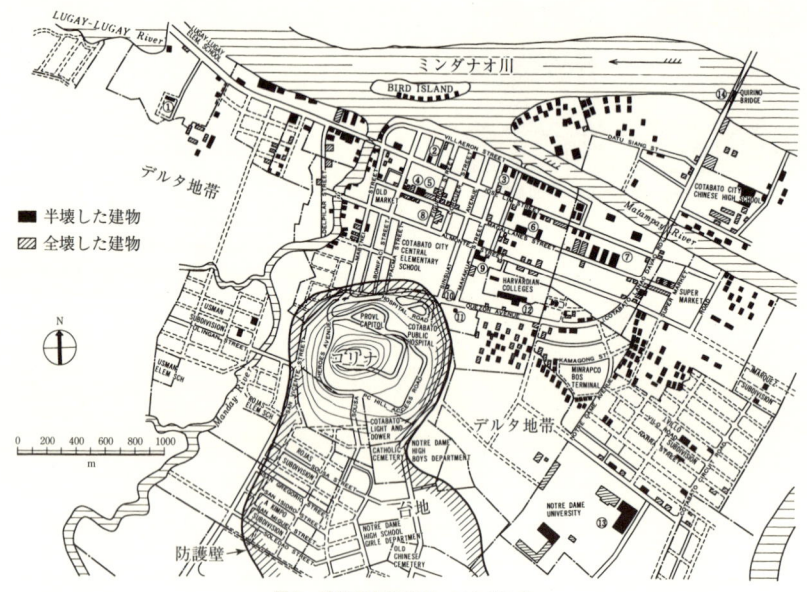

図2 建物の被害分布；コタバト市
[出典：日本建築学会 編，『グァテマラ・北イタリア・ミンダナオ島・ルーマニア地震災害調査報告』，p. 110，日本建築学会(1979)］

被災地の状況

今回の地震による被害は，死者・行方不明者約5,000人，損失家屋約18,000棟でフィリピンの地震災害史上最大となった。

この地震の犠牲者の大半は，モロ湾を襲った津波によるものである。津波の来襲は地震発生後5〜20分，最大高さ4.5m，浸水範囲は海岸線から400〜500m，平坦な低地では1km以上奥地にまで及んだと推定される（図2）。

震害が著しかったコタバト市は人口約66,000人の州都で，図1にみるようにミンダナオ川の河口のデルタ地帯と南から鼻状に突き出したコリナの丘陵地帯からなっている。

建物被害が集中しているのは軟弱粘土層の上に盛土して市街化したデルタ地帯で，良質な硬質粘土地盤の台地にはほとんど見当たらない。埋め立てられた古い街区内では建物の沈下が激しく，古い建物のなかには道路面より1m以上低いものもあり，地震後，埋立砂が液状化したところも散見される。

コタバト市とタビナ町は津波の被害は軽微だったが，斜面崩壊，建物以外の道路・橋などのインフラにも大きな被害が出ている。

この事例の概要と特徴

図3にみるように，各地の震度については，国内の16ヵ所の地震観測所と44ヵ所の測候所からのデータをフィリピン気象庁（PAGASA）がまとめたものが発表されている。同庁の発表によればRossi-Forel震度階でⅦ〜Ⅹが示されている。被害の著しかった地域の震度はⅦ〜Ⅵで，主要動の継続時間は30〜40秒，水平動がきわめて大きかった。日本の調査団報告によれば，地動の大きさを推定できるデータはないが，コンクリートブロック塀や老朽化した木造家屋で倒壊を免れているものがあることなどから，日本の気象庁震度階で震度5以下であったと推測されている。

比較的小さな震度であったにもかかわらずフィリピン震災史上最大の人的・物的被害を出したのは，地震発生直後の津波の来襲がおもな要因であるが，被害が集中した埋立地の居住環境にも問題がある。急激な都市への人口集中が，本来，居住に不適とされる地域をも住宅地に変えてしまったケースである。多くの場合，軟弱な地盤なので地震に対して脆弱で，河川に

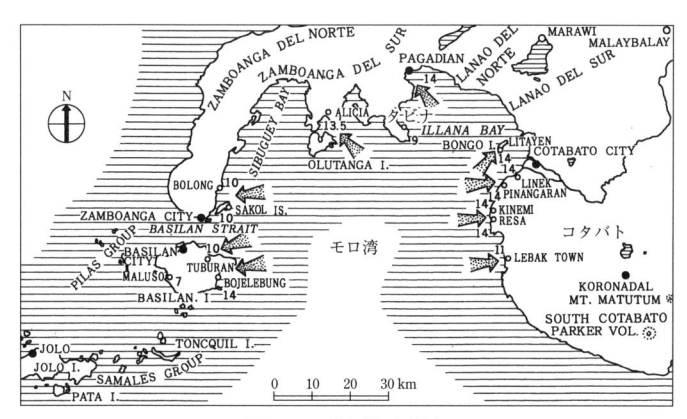

図2 モロ湾を襲った津波
［出典：日本建築学会 編，『グァテマラ・北イタリア・ミンダナオ島・ルーマニア地震災害調査報告』，p.107，日本建築学会（1979）］

276   5章 地震災害

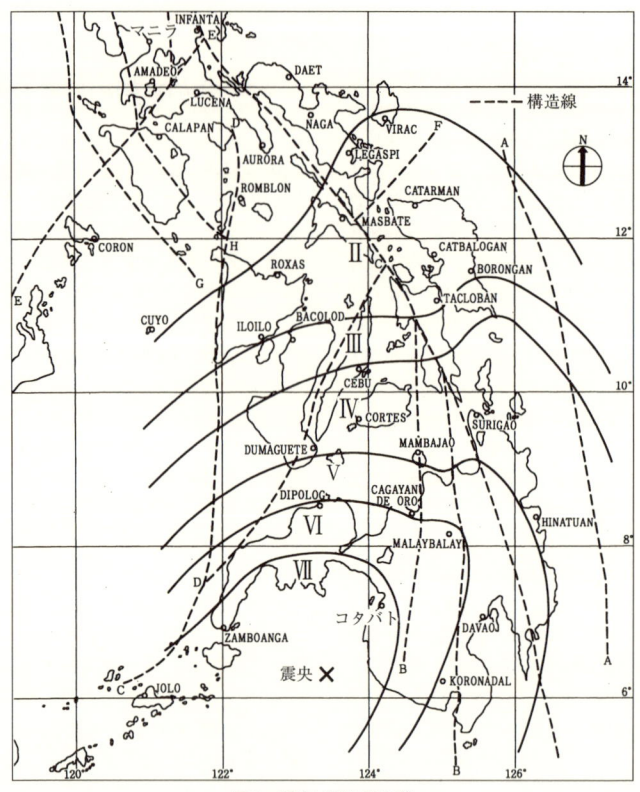

図3 震央×印と震度階
[出典：日本建築学会 編，『グァテマラ・北イタリア・ミンダナオ島・ルーマニア地震災害調査報告』，p. 110，日本建築学会(1979)]

図4 津波による被害，コタバト
[出典：日本建築学会 編，『グァテマラ・北イタリア・ミンダナオ島・ルーマニア地震災害調査報告』，p. 106，日本建築学会(1979)]

近い低地は津波や高潮・洪水の危険度が高い。また，地方からの貧困層が住み着き人口が稠密になり災害に対する危険性が増し，被害者になる事例が多い。

参考文献

1) 日本建築学会 編，『グァテマラ・北イタリア・ミンダナオ島・ルーマニア地震災害調査報告』，日本建築学会（1979）．
2) B. A. ボルト 著，金沢敏彦 訳，『SAライブラリー 19 地震』，東京化学同人（1997）．
3) 吉田正夫，『自然力を知る―ピナツボ火山災害地域の環境再生』，古今書院（2002）．
4) 金子史朗，『火山大災害』，古今書院（2000）．

ミンダナオ島地震 277

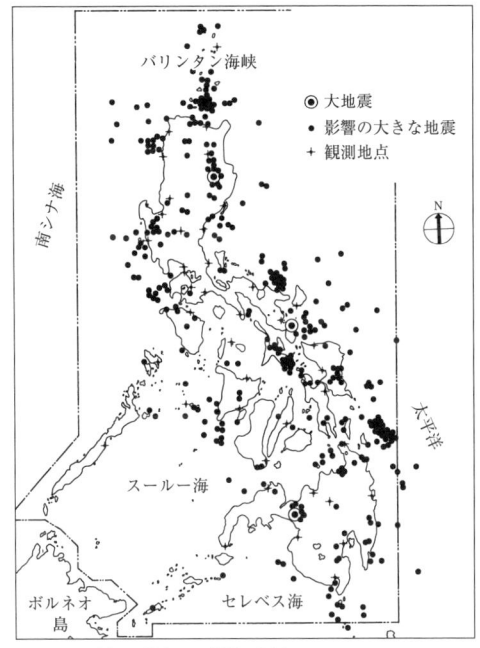

図5 過去の〜地震の震央, 1949〜1959
［出典：日本建築学会 編,『グァテマラ・北イタリア・ミンダナオ島・ルーマニア地震災害調査報告』,
p. 100, 日本建築学会(1979)］

図6 倒壊した大学棟, 東側
［出典：日本建築学会 編,『グァテマラ・北イタリア・ミンダナオ島・ルーマニア地震災害調査報告』, p. 127, 日本建築学会(1979)］

図7 倒壊した大学棟, 西側
［出典：日本建築学会 編,『グァテマラ・北イタリア・ミンダナオ島・ルーマニア地震災害調査報告』, p. 127, 日本建築学会(1979)］

チャルドラン地震

地上に現われる断層

発生地域：トルコ，東部山岳地帯

チャルドラン
[© muhdat(2012), Google マップ]

国民1人あたりの GNI（世界銀行 2013）上位中所得国グループ
発生年月日：1976 年 11 月 24 日
発生時間：午後 2 時 22 分（現地時間）
震央：北緯 39.1°，東経 44.2°
震央深さ：40～60 km
マグニチュード：7.6（M_s = 7.1）
人口（2010）：72,138,000 人
国土の総面積（2012）：783,562 km^2
死亡者数：3,840 人
全壊・大破家屋：9,232 棟
チャルドランの位置はリジェ地震（➡ p. 258）参照。

【地震】

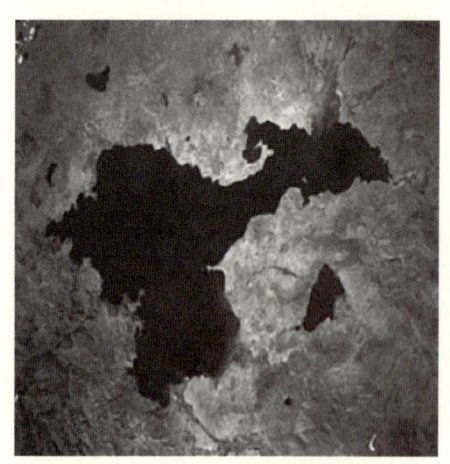

スペースシャトル・アトランティスが撮影したヴァン湖
（1996 年 9 月）
[© Wikipedia]

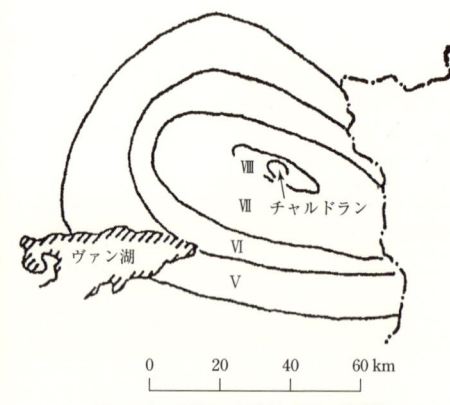

図1　チャルドラン周辺の今回の震度階
［出典：大橋ひとみ，太田　裕，「トルコにおける地震被害の発生と減災に関する研究 1. 震度分布と被害の解析，最近の4地震について」日本建築学会論文報告集，第 314 号，p. 61(1982)］

被災地の状況

1920～1970年代のトルコでは，M7級の地震が2～3年に1度の割合で発生している。その多くが内陸の浅発地震のため，地上に現れた断層調査が十分に可能な点が特徴的である。したがって，地震断層周辺の震源域と地震被害の関連を明らかにする研究の場として注目されている。トルコの地震被害の特徴は，地震の規模に対して，とくに人的被害が非常に大きい点があげられる（表1）。東部でのおもな原因は，被災地域の家屋の構造が著しく耐震性の欠如した日干しレンガや切石・自然石を用いた組積造にあることは明らかである。

トルコはアルプスとヒマラヤの造山地帯のほぼ中央に位置しているため，高い地震活動度で知られている。地理的には東西1,450 km，南北550 kmの矩形に近い形をしており，東西に北アナトリアと東アナトリアの2大断層が走っている。国土の北部の黒海に沿って走るポンチック山脈と南部の地中海沿いのタウロス山脈の間にアナトリア高原が広がっている。

人的・建物被害率の分布

20世紀に入ってから今回の地震までに，震度(MSK)Ⅷ以上が63回，死亡者総数58,000人，全壊家屋総数329,000戸に達している。

図2および図3の図中の0～10の数字は，0；0～4％，1；5～14％，…，10；95～100％の被害率を示している。無印はデータのない地域である。

この事例の概要と特徴

北アナトリア断層地帯は西のマルマラ海から

表1　1920～1970年代に発生した地震，北・西・東アナトリア・その他の地域

地域	年	場所	M	I₀	長さ	縦ずれ	横ずれ	崩壊建物	死亡者
北アナトリア	1939	Erzincan	8.1	XI	350km	3.7m	2.0m	116,720	32,372
	1942	Erbad-Niksar	7.3	X	70	1.8	1.0	32,000	3,000
	1943	Havzd-Lâdik	7.6	X	270	1.0	1.5	40,000	4,000
	1944	Bolu-Gerede	7.4	X	190	3.5	1.0	17,628	2,552
	1951	Kurşunlu	6.7	VIII	40	-	-	3,354	50
	1957	Abant-Bolu	7.1	X	40	1.6	0.4	5,200	52
	1966	Varto	6.9	IX	30	0.3	small	20,007	2,394
	1967	Mudurnu-Adap	7.1	X	80	1.9	1.3	7,116	89
	1976	Çaldıran	7.0	IX	55	3.7	0.8	9,232	3,840
西アナトリア	1928	Izmir-Torbalı	7.0	IX				2,560	50
	1939	Izmir-Dikili	7.1	IX				1,235	60
	1949	Izmir-Çeşme	7.0	IX				866	7
	1953	Yenice-Gönen	7.4	IX	58	4.3	small	6,750	265
	1955	Söke-Aydın	7.0	IX				470	23
	1957	Fethiye	7.0	IX				3,100	67
	1964	Manyas	7.0	IX				5,398	23
	1969	Alaşehir	6.9	VIII				3,702	53
	1970	Gediz	7.3	IX	60		2.0	19,291	1,086
東アナトリア	1945	Adana-Ceyhan	6.0	VIII				370	13
	1964	Malatya	7.0	IX				5,523	30
	1971	Bingöl	6.2	VIII		0.2	0.1	5,356	870
	1975	Lice	6.9	VIII		0.3	0.2	8,165	2,385
その他	1938	Kırşehir	6.6	IX				2,500	155
	1940	Kayseri-Dev	6.2	VIII				500	40
	1956	Eskişehir	6.4	VIII				1,440	1
	1970	Burdur	5.9	VIII		0.4	0.2	1,487	57

［出典：大橋ひとみ，太田 裕，「トルコにおける地震被害の発生と減災に関する研究 1. 震度分布と被害の解析，最近の4地震について」日本建築学会論文報告集，第314号，p.60(1982)］

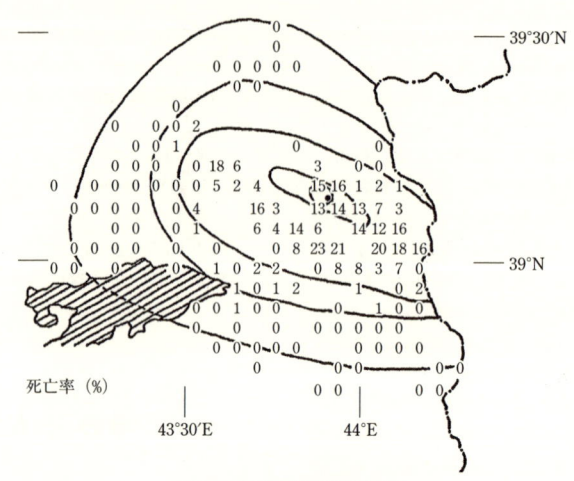

280   5章 地震災害

図2 今回の人的被害率の分布

[出典：大橋ひとみ，太田 裕，「トルコにおける地震被害の発生と減災に関する研究 1. 震度分布と被害の解析，最近の4地震について」日本建築学会論文報告集，第314号，p.62(1982)]

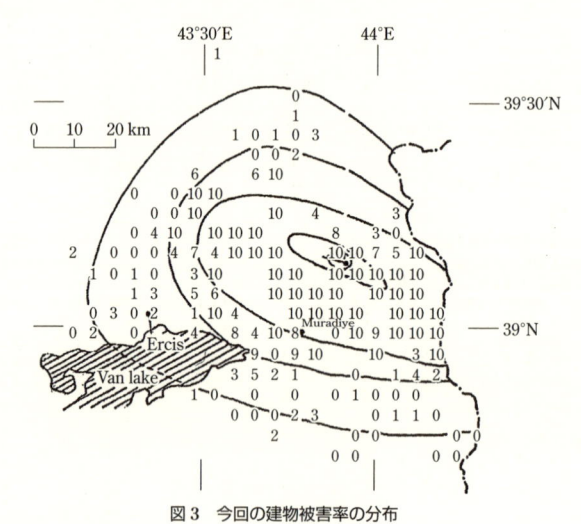

図3 今回の建物被害率の分布

[出典：大橋ひとみ，太田 裕，「トルコにおける地震被害の発生と減災に関する研究 1. 震度分布と被害の解析，最近の4地震について」日本建築学会論文報告集，第314号，p.62(1982)]

東のバン湖近くにまで至る東西約 1,200 km の大断層で，1970 年代以降も活発に活動している。1999 年に西方で発生した M 7.4 のイズミット地震（➡ p. 350）では 17,000 人あまりが犠牲になり，約 20 万戸の住宅が全半壊している。

　表 1 で分類したように，トルコはテクトニクス的に四つの地域に分けることができる。それらは，① 北アナトリア断層地帯，② 西アナトリアおよびマルマラ地域，③ 東アナトリア断層地帯，および④ そのほかに点在する地震の 4 地域である。それぞれの特徴は，① 1900 年以降，M 5.5 以上の地震が 54 回発生しており，最大のものが 1939 年のエルジンジャン地震（➡ p. 224）である。この地域の断層のずれは，ほとんど右横ずれである。② この地域は，地溝の多い NFZ（normal fault zone，正断層域）である。③ 国土の東部に位置し，アミック平原からマラス，マラトヤ，エラーズを経て北アナトリア断層帯の東端に交わる。この地域の断層のずれは，左横ずれが多い。④ 発生地震のマグニチュードはあまり大きくない。

参 考 文 献

1) 大橋ひとみ，太田 裕，「トルコにおける地震被害の発生と減災に関する研究 1. 震度分布と被害の解析，最近の 4 地震について」，日本建築学会論文報告集，第 314 号，pp. 59-70（1982）.
2) 大橋ひとみ，太田 裕，「トルコにおける地震被害の発生と減災に関する研究 2. 震度分布予測・評価式の構成」日本建築学会論文報告集，第 348 号，pp. 19-25（1985）.
3) 大沢 胖，金多 潔，片山正夫，「トルコ派遣地震工学使節団報告：バルト地震による被災町村の再建・移転ならびにトルコにおける地震工学の諸問題」建築雑誌，**82**(982), 395-397（1967）.
4) 金子史朗，『世界災害物語Ⅱ—自然のカタストロフィ』，胡桃書房（1983）.

ルーマニア地震

発生地域：ルーマニア，ヴランチア地方

国民1人あたりのGNI（世界銀行2013）上位中所得国グループ
発生年月日：1977年3月4日
発生時間：午後9時21分（現地時間）
震央：北緯45.77°，東経26.76°
震央深さ：90〜110 km
マグニチュード：7.2
人口（2010）：21,861,000人
国土の総面積（2012）：238,391 km^2
死亡者数：1,570人
負傷者数：11,275人
被害建物：33,900棟

【地震】

ブカレストの教会

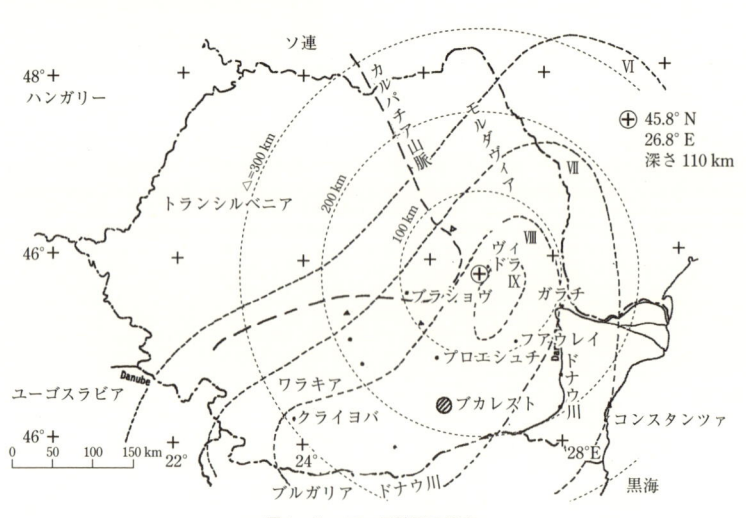

図1　ルーマニア地震の震央

［出典：日本建築学会 編，『グァテマラ・北イタリア・ミンダナオ島・ルーマニア地震災害調査報告』，日本建築学会(1979)］

東欧の地震域の北限の震災

バルカン半島の北辺に位置し東面を黒海に臨むルーマニアは，古代ローマ帝国の北限の地であったと同時に，図2にみるように地中海・黒海地方の"地震域の北限"でもある。同図の連続多発地帯の北東に特異点のように地震活動の活発な地域が局所的に存在する。この域内にあるルーマニアは，ほぼ30年ごとに被害地震が発生する地震国である。歴史的にみると，16世紀以降だけでもマグニチュード7以上の地震が平均して100年に5回の割合で発生している。

とくに20世紀には，M 6.5以上の地震が8回，M 7.5以上の地震が2回発生している。しかし，マグニチュードが大きい地震には，やや震源が深いサブクラスタル地震が多いため被害の規模が比較的小さい。また，人口過密な途上国の事例などに比べ，犠牲者の数が相対的に少ないのも特徴的である。

死亡者が1,500人を超えた1977年の地震はきわめてまれな事例で，その9割が集中したブカレストの当時の都市人口（約159万人）の約1％が失われた。この時代は2年半後の1989年のクリスマスの日に，6万人を超すとされる大量虐殺や不正蓄財などの罪状で処刑されるチャウシェスク大統領の統治下であった。

この独裁政権が，災害に関係する社会的・技術的な問題や救援活動の不備に対して与えた影響は大きい。

歴史的・文化的な背景

ルーマニアには，トラヤヌス帝時代のローマ帝国にドナウ川左岸を征服され3世紀まで属州のダキア州とされた歴史がある。現在の国名のRomaniaは，"ローマ人の国土"を意味する"ロマニア"からきている。

第二次世界大戦後は人民民主主義体制が確立し旧ソビエト連邦圏に属した。1965年にルーマニア社会主義共和国が宣言され，ニコラエ・チャウシェスクが共産党第一書記として登場し主導権を握っていく。1970年以降，権力の再強化と個人集中が進み，独自の共産主義イデオロギーがつくられた。チャウシェスクは，「農民の組織化」の名のもとに伝統的農村を破壊し農民を新しい都市に集中させる試みや，首都のブカレストを近代的大都市にする目的で教会などを含む旧市街を破壊して大通りにする再開発などに邁進した。彼の隆盛は1973年の第一次石油ショックと今回のブカレストの地震という外的障害により挫折する。1976年以降，石油相場の高騰などから貿易収支が赤字に転じ，彼が失墜するまで経済の危機的状況がつづいた。地震のほかにも凶作がつづき，1980年代の世界的不況が追討ちをかけ1987年にはブラショブで労働者の暴動が起きた。

1989年の革命で社会主義政権が崩壊し自由選挙が実施され市場経済へと移行しているが，21世紀に入っても残された課題は多い。

自 然 環 境

ルーマニアの国土は，図3に示すように，ドナウ川を国境として南面をブルガリアに接し，その中央部を大きく弧を描いて曲がるカルパチア山脈に占められている。19世紀中頃まで，この山脈の東側に沿って国境線が形作られ，政治的にも西側のトランシルバニア地方と分けら

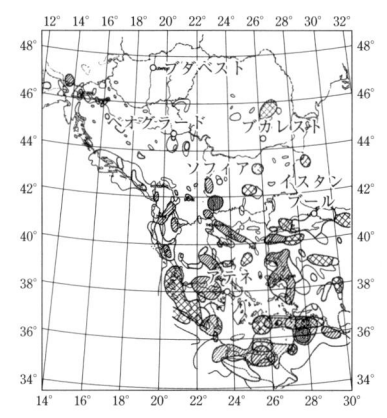

図2 地中海・黒海地方の地震域
[出典：日本建築学会 編，『グァテマラ・北イタリア・ミンダナオ島・ルーマニア地震災害調査報告』，日本建築学会 (1979)]

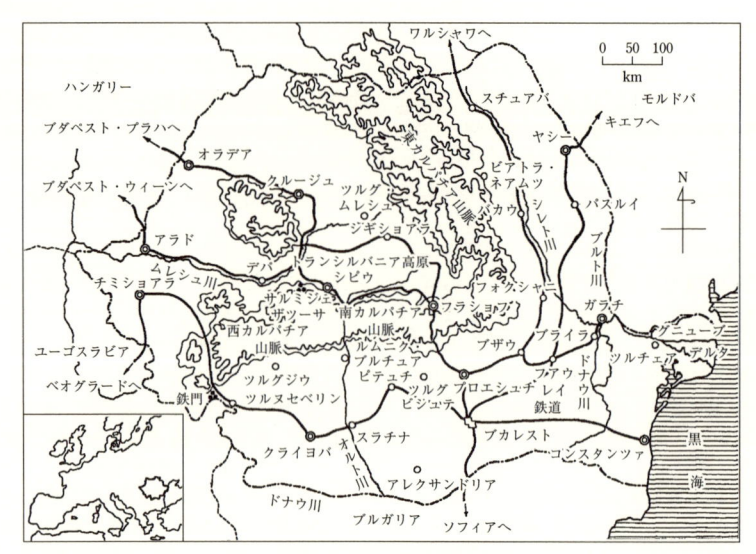

図3 ルーマニアの地形

[出典：鈴木四郎，『ルーマニア』，時事通信社(1973)]

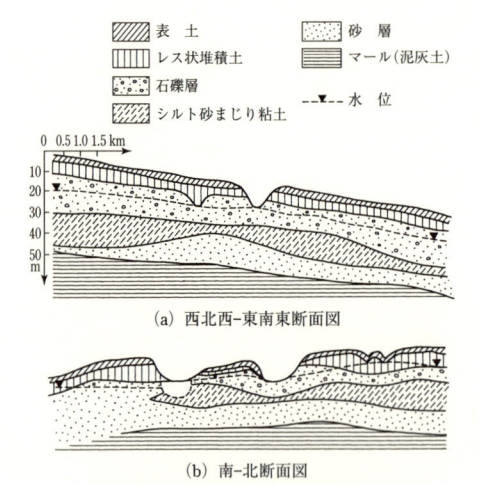

(a) 西北西-東南東断面図

(b) 南-北断面図

図4 ブカレストの地層断面図

[出典：日本建築学会 編，『グァテマラ・北イタリア・ミンダナオ島・ルーマニア地震災害調査報告』，p.160，日本建築学会(1979)]

れていた。第二次世界大戦後になり山脈の東西を含めた現在の国境線となった。

地形の特徴

震源の浅いクラスタル地震は，広く全土で発生しているが被害地震は少ない。一方，比較的震源の深いサブクラスタル地震は，図1に示す山脈の東側のルーマニア平原に位置するヴランチア地方に集中して発生している。

この地方の南南西約150 kmにある首都のブカレストは，ドゥンボビツャ川とコレンティナ川の間の谷に挟まれた地形になっている。

地盤の特性

古代は海の下にあったブカレスト地方は，白亜紀の基盤の上に泥灰土と粘土からなる中新世の堆積層で形成されている。海の消滅で鮮新世に砂と砂礫からなる約700 mの厚さの堆積層がつくられた。第四紀に平原は乾燥し湖の沈殿が進み，沼地や川が位置を変えた。その結果，現在のブカレストの地盤構成はきわめて複雑である（図4）。

震源域の状況

ヴランチア地方の地震の震源域は，およそ幅

30 km 長さ 70 km の範囲内にあり，深さ 70〜200 km にほぼ垂直に分布している。このように非常に限られた範囲内に大地震が繰り返し発生する例はアフガニスタンやコロンビアにみられるだけで世界的にも少ない。

地震発生のメカニズム

発生のメカニズムは，まだ明確には解明されていないが古いプレートの影響と考えられている。かつて黒海方面からのプレートが，カルパチア山脈で遮られ，ほぼ垂直に沈み込んで停止したが，重力による沈下は現在でもつづいている。大きな地震は，深い位置でプレートに働いている圧縮力が起こすせん断破壊により発生している。

過去の大地震の記録

記録されているブカレストの過去の大地震で最初は 1681 年のもので，1738 年の地震では宮殿の塔と壁が破壊された。記録地震のなかで最大といわれるのは 1802 年のもので，モスクワからギリシャまでが揺れた。ブカレストのすべての教会の塔が倒れ，多くの住居が倒壊した。20 世紀に入り 1940 年の地震では新築の鉄筋コンクリート造 17 階建てのホテルなどが崩壊して 267 名の死亡者を出している。

被害地域の状況

夜間に発生した今回の地震では，暗闇の中で多数の住民が街に飛び出し多くのデマが流れて混乱を大きくした。いっせいに逃げ出した車で数多くの交通事故が発生したが，火災はボヤ程度のものが 3 件起きたのみであった。地震発生から約 1 時間後に，電力，ガスなどの公団や保険省では，各大臣などを長とする災害対策本部が設置された。さらに，約 2 時間後には，軍隊が出動し交通規制と自家用車の使用禁止措置がとられた。翌朝には，非常事態宣言と戒厳令が発せられ，共産党本部内に大統領夫人を長とする中央災害対策本部が設置された。

被災区域

被害の多くはブカレスト市に集中しているが，ほかにクライオバ市やジムニッツャ町などでも建物被害が出た。倒壊した建物の瓦礫の中からの死者の搬出や負傷者の救出は困難をきわめ，全行方不明者の捜索が完了するのに 7 日間を要した。建物被害に比べインフラや都市ライフラインの被害が少なかったのも特徴の一つである。

人的・社会的被害

死亡者総数 1,570 名のうち，ほぼ 90% にあたる 1,415 名がブカレスト市の犠牲者である。負傷者数についても総数の約 67%，住宅被害の約 60%，被害総額の約 80% がブカレスト市に集中している。1940 年以前の鉄筋コンクリート造（RC 造）の高層アパートが 32 棟崩壊し，多くの圧死者を出した。

物的・経済的被害

物的な被害総額は約 30 億 US ドルと見積もられており，ブカレスト市内は約 20 億 US ドルである。ブカレスト市内の被害額の約 70% にあたる約 14 億 US ドルが建築物の崩壊によるものである。

図 5 に示すように，被害の多くはブカレストの旧市街地に集中している。道路，鉄道，ダム，橋，パイプライン，ガス施設，送電線などに大きな被害はなかった。政府は，家を失った者に対して 1 世帯あたり 1 戸のアパートや見舞金（約 25,000 円）を与えたが，その財源は国民からの

表 1 過去の大地震のデータ

年	震源深さ km	マグニチュード M	死亡者数（負傷者数）
1681. 8.19	—	7.1	
1738. 6.11	—	7.7	—
1802.10.26	—	7.9	—
1829.11.23	—	7.3	—
静穏期			
1940.11.10	150〜180	7.7	267
1945. 9. 7	—	6.8	—
1977. 3. 4	90〜110	7.5	1,581 (10,500)
1986. 8.30	130〜150	7.2	2 (558)
1990. 5.30	70〜90	6.9	14 (700)

救済金（毎月の賃金の3％を1年間拠出する）に拠るものとした。

インフラ・建築物被害の特徴

ブカレスト市内の建築物は，19世紀以前のレンガ造建物と第一次世界大戦後に大量生産された中高層のRC造のアパートなどが混在している。

古いレンガ造は，壁厚が40 cm前後の建物で地盤の悪い地域での被害が多く，壁厚が50～60 cmの比較的品質のよい建物は，天井崩壊などの被害にとどまっている。

RC造は，耐震設計がされていない1940年以前の中高層の建物で被害が大きかった。これらは，壁と柱が無補強のレンガ造が多く，鉄筋コンクリートは床と開口部の補強に使われているだけで，柱と梁が連続していない建物が多い。現在でもブカレスト市内には，この構法で建てられた10階建て以上の高層アパートが，補強されていないまま数多く残されている。

これらの建物は，耐震設計の問題と経年劣化，耐力劣化あるいはコンクリート強度不足などの材料の問題とともに建物の形状が問題視されている。

図7にみるように，敷地の形状に合わせた不整形な平面をもつ建物が多く，隅角部や突出部が被害を受けやすい。

1940年以降のRC造の建物も数多くの被害を出しており，1977年以前の耐震規定の問題

図5　ブカレスト市内の被害建物
[出典：国際協力機構（JICA），「ルーマニア地震災害軽減計画プロジェクト」（2002.10～2007.9），関連資料]

図6　ブカレスト市内の被害建物
[©USGS]

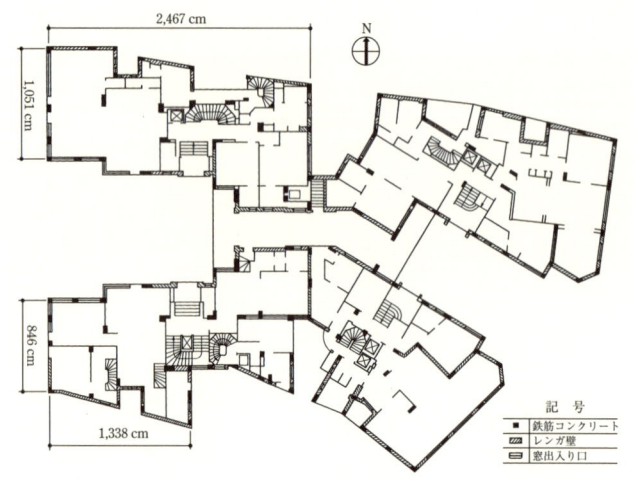

図7　古いアパートの不整形な平面
[出典：日本建築学会 編，『グァテマラ・北イタリア・ミンダナオ島・ルーマニア地震災害調査報告』，p.171，日本建築学会（1979）]

が指摘されている。ラーメン構造では，主として1階の柱のせん断破壊により崩壊した被害例があり，主筋のほか，せん断補強筋の少なさが指摘されている。壁式構造では，11階建てアパートの一部が倒れ90名が死亡している被害例があるが，ラーメン造に比べると少ない。工場生産型の壁式プレキャスト構法によるアパートや工場の建物にはほとんど被害がなかった。

この事例の概要と特徴

ルーマニアの建築分野の研究や技術のレベルは高く，図8にみるような不整形建物の補強などを行った例がある。また，政府は市街地の幹線道路に面しているファサードの変更を許可しないため建物の耐震補強を困難にしている。図9は，日本でも行われている，建て直した建物の外壁に元の建物の外壁を貼る手法（レトロフィット）が用いられた例である。

その後のルーマニア政府は，おもに次のような都市の地震対策に取り組んでいる。
・都市のすべての建物に対して，建設年度や構造から地震危険度の6段階のクラス分けを行った（1997）。
・緊急に耐震補強が必要な建物110棟のリストと補強プランを作成した（1998）。
・崩壊の危険ありとされるクラスⅠの建物を対象に耐震補強事業の費用を予算化した（1999〜2000）。

これらの建物は，補強工事の財政的な援助のないまま，新聞紙上で公開され危険を示す赤いパネルが貼られたが，オーナーにより剥がされている。

参 考 文 献

1) 国際協力機構（JICA），「ルーマニア地震災害軽減計画プロジェクト」（2002.10〜2007.9），関連資料．
2) 北嶋秀明，「ルーマニア地震災害軽減計画短期専門家帰国報告書」（2005）．
3) G. カステラン 著，萩原 直 訳，『ルーマニア史』，文庫クセジュ，白水社（2001）．
4) 伊ân孝之，直野 敦，萩原 直，南塚信吾，柴 宜弘 監修，『東欧を知る事典』，平凡社（2001）．
5) T. Postelnicu, B. Chesca, R. Vacareanu, V. Popa, E. Lozinca, D. Cotofana, B. Stefanescu, "Study on seismic design characteristics of existing buildings in Bucharest, Romania", National Center for Seismic Risk Reduction, Romania (2004).
6) 日本建築学会 編，『グァテマラ・北イタリア・ミンダナオ島・ルーマニア地震災害調査報告』，日本建築学会（1979）．

図8 市内の既存建物の柱補強例

図9 市内のレトロフィット建物の例

エルアスナム地震

発生地域：アルジェリア，エルアスナム

アルジェリア（絵葉書）

国民1人あたりのGNI（世界銀行2013）上位中所得国グループ
発生年月日：1980年10月10日
発生時間：午後12時25分23.7秒（UTC）
震央：北緯36.143°，東経1.413°
震央深さ：10 km
マグニチュード：7.4（Barkeley），7.3（GS），7.2（Pasadena）
人口（2010）：37,063,000人
国土の総面積（2012）：2,381,741 km^2
死亡者数 3,500人
負傷者数 8,252人

【地震】

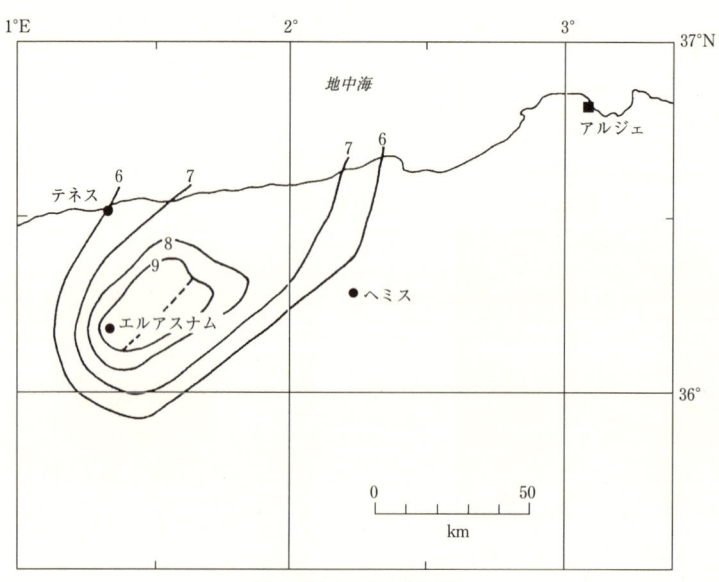

図1　震源とおもな被災地域
（改正メリカリ震度階6～9）
[出典：アルジェリア政府資料]

マグレブの山間都市の大地震

　エルアスナム（アルジェリア）は，首都のアルジェと西方のアルジェリア第2の都市オランを結ぶ国道のほぼ中間に位置している。町は海岸から50kmほど内陸に入った山あいにあり，東西に流れるシェリフ川に沿って市街地が発展している（図2）。

　エルアスナム地震は，1962年の独立から20年足らずの新国家建設の途上に起きた。社会主義体制下の政府の対応は，その4年前の唐山地震（➡ p. 266）における中国政府と同様に非能率的なものだった。さらに，イスラム社会の旧弊，統制経済に基づく物資不足および技術者不足による脆弱な建築物や社会インフラなどが，災害の拡大要因となった。全国的な技術者不足はあらゆる分野に及んでおり，メンテナンス不足による断水や給水制限などは日常化していた。復旧・復興活動以前に，住民の基本的な生活環境の改善に解決すべき問題が多く残されていた。

　地名は，オルレアンビル → エルアスナム → シェリフ（Ech Chelif）と変更されている。

歴史的・文化的背景

　アルジェリアは，北アフリカの地中海に面するマグレブ諸国（チュニジア，アルジェリア，モロッコ，西サハラなど）の一つで，国土はスーダンに次いでアフリカ大陸で第2位の広さである。1930年から130年あまりフランスによる植民地支配を受けた。150万人といわれる犠牲者を出した7年あまりの激しいアルジェリア戦争を経て1962年に独立した。

　独立直後のアルジェリアは，内部闘争が激化して無政府状態がつづき，粛清や誘拐事件が頻発した。社会主義政権の成立後，1970年代には石油，天然ガスの開発と大規模な関連工場などの建設が各地でなされた。1979年に新大統領が選出されたが，急激な人口増加や都市化，アラブ人と先住民族のベルベル人との民族対立などの社会問題が表面化し始めた。人口は，独立時の2倍の約1,600万人に達した。国民の大多数が国土の7%ほどの広さの地中海沿岸部に集中して，都市人口も約2倍になった。今回の

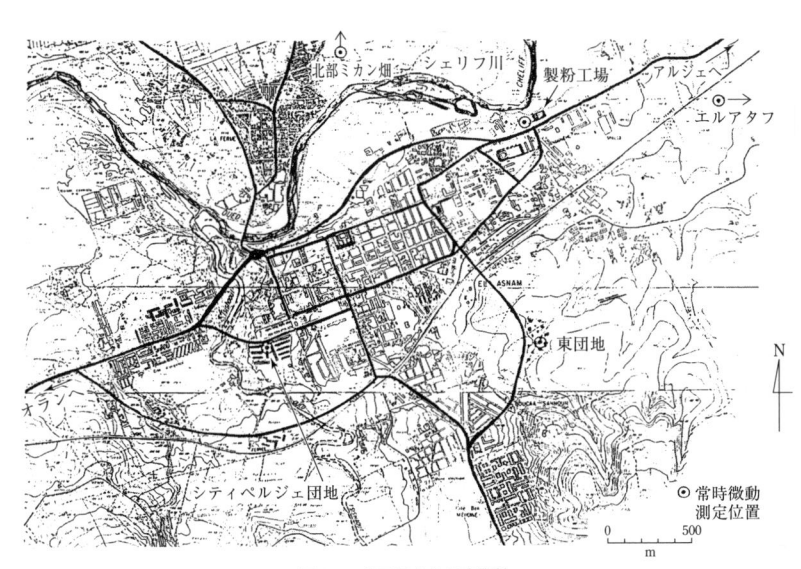

図2　エルアスナムの市街地
［出典：アルジェリア政府資料］

地震が起きる1980年の4月には，ベルベル人による暴力的な抗議活動が起き，北部地中海沿岸都市部と恵まれない南部地域との間で緊張がつづいていた。

自然環境

アルジェリアはアフリカ大陸に属しているが，国土を東西に貫いているサハラアトラス山脈の影響で，北部沿岸地域は自然環境に恵まれている。地中海に面した沿岸地域は北緯35°付近に位置しており，日本の本州中央部の緯度と変わらない。地域の気候は地中海性気候のため温暖で地味も肥えており，耕作に適している。一方，サハラアトラス山脈の南側のほとんどはサハラ砂漠で，降雨に乏しく農耕に適していない。砂漠が国土の全面積の約90％を占めているが，人口の大部分は北部の沿岸地方の都市に集中しており南部に大きな都市はない。

地形の特徴

エルアスナムは南北を山並みに挟まれているため，市街地は市の北側を東から西へ流れるシェリフ川に沿って東西方向に発展している。市の中心街は，雨期に氾濫原となる川岸低地か

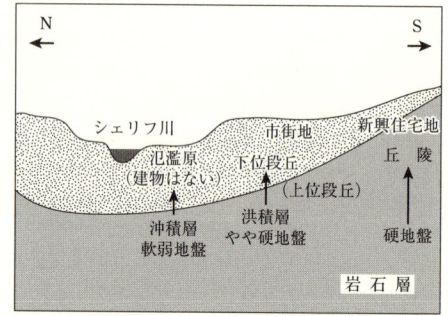

図3　エルアスナムの地形断面
［出典：耐震連絡委員会・構造標準委員会，「1980年エルアスナム（アルジェリア）地震による建築物の被害調査報告」建築雑誌，96(1181)，50(1981)］

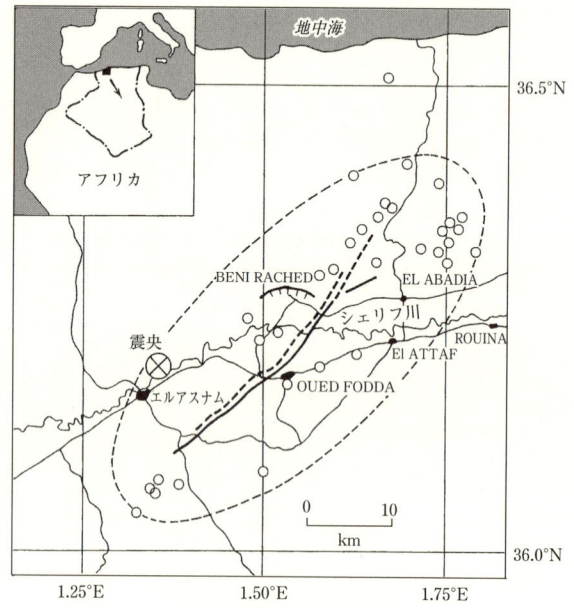

図4　震央⊗と断層，震源域
［出典：アルジェリア政府資料］

ら 10 m 以上高い土地に位置している（図3）。

地盤・地質の特性

エルアスナムは，中新世の海成層の堆積盆であるシェリフ盆地を Lower と Middle に分割する比較的新期の背斜褶曲に出現した地震断層近くに位置している（図4）．

震源域の状況

震央はエルアスナムの東南東 7 km の所で，震源の深さは約 10 km である。マグニチュードは，各所の観測値で M 7.3（USGS：米国地質調査局），M 7.7（バークレー），M 7.2（パサディナ）などである。

図4の○印で示すように，余震は断層を含み北東～南西方向に延びる楕円内に分布している。その長径は約 55 km，短径は約 20 km で，面積はおよそ 86 km^2 と小さめである。この余震域が，ほぼ震源域を表している。震源域の震度は，改正メルカリ震度階で 6～9 である。

地震発生のメカニズム

アルジェリアにおける地震は，アフリカプレートとユーラシアプレートの相対運動によって起きると考えられている。今回の直下型地震の震央において，南西からほぼ北東方面に三十数 km にわたって断層が観測されている。震央から始まった破壊は，北東方向に伝播したと考えられ，図1にみられるように南西側が狭く北東側が異常に広い型の等震溝線をつくっている。

過去の大地震記録

今回の地震は，機器観測が開始されて以来北アフリカでは最大の地震で，アトラス地域では 1790 年以来またシェリフ盆地地域では 1716 年以来の規模である。

被災地域の状況

中緯度の地震帯に属する地中海地方のアルジェリア北部は地震活動の活発な地域で，多くの地震が発生している。しかし，震源域が 100 km を超えるような巨大地震のおそれはないと推測されている。今回程度の M 7 級が最大の地震と考えられており，詳細な観測網の整備などで危険な地域を限定できる可能性が高い，といわれている。

被災区域

地表に現れた断層の枝端が，国道，鉄道，河川，地中管路，地中線などを切断して重大な被害を与えた。橋の被害は軽く，落橋などによる大幅な交通規制を強いられることはなかった。また，近郊のダムにも被害はまったくみられなかった。

人的・社会的被害

建築物の倒壊などによる直接の犠牲者の数は多い。地震発生の 10 月 10 日の金曜日はイスラム教の休日にあたり，発生時の昼過ぎは祈りの時間だったため，倒壊した公共建物にいた人々の数は少なかった。

物的・経済的被害

市内のホテル，学校，市場，裁判所，病院などの規模の大きい公共建物や 3～4 階建てのアパート，2 階建ての住宅などが崩壊した。とくに，組積造の建物の 90％以上が何らかの被害を受け，多くは大破した。市中に多い高さ 10 m 程度の RC（鉄筋コンクリート）造の高架水槽の被害は，1 例以外軽微であった。図5は，倒壊した病院の 1983 年春の時点での状況であ

図 5　倒壊した病院の建物（1983 年撮影）

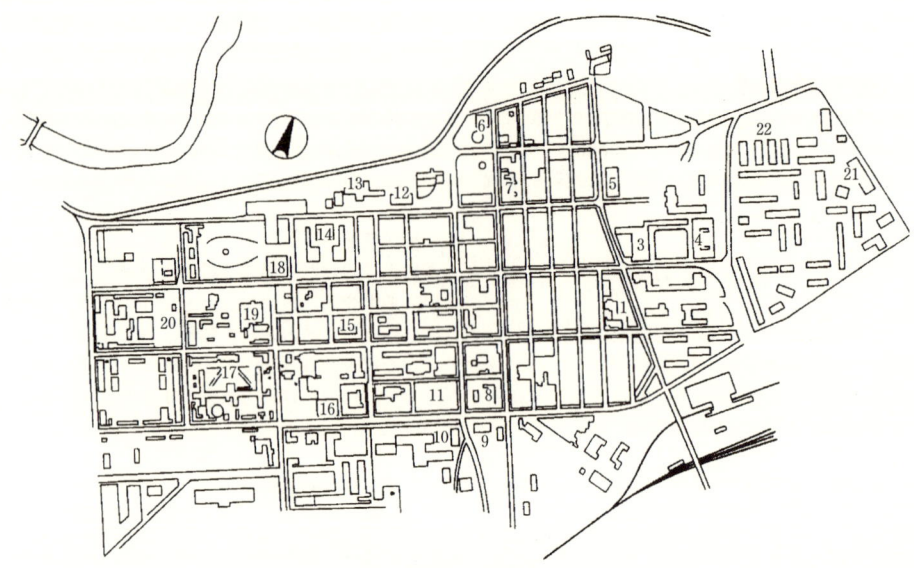

図6 市街地の被害建物分布

1：CTC（建設技術センター）本部，2：橋梁建設事務所，3：シェリフホテル，4：裁判所，5：Sonacome 社，6：FLN（民族解放戦線）党委員会，7：メディカルセンター，8：美術館，9：電話局，10：高校，11：Finances ホテル，12：警察署，13：タウンホール，14：NASR 館，15：郵便局，16：文化センター，17：病院，18，19：モスク，20：軍司令部，21：クリニック，22：団地
[出典：Gruppo di lavoro sismometria terremoto del 23.11.1980：1I terremoto Campano-Lucano del 23.11.1980, Elaborazione preliminare de sismometrici, pp. 1-31(1981)]

図7 1階ピロティーが破壊したRC造
[© Pavel 教授(UTCB：Universitatea Tehnica de Constructii Bucuresti)]

図8 ピロティー形式のRC造建物
[出典：日本建築学会，『1980年アルジェリア地震およびイタリア南部地震災害調査報告』, p. 67, 日本建築学会(1982)]

る（図6のNo.17の建物）。

インフラ・建築物被害の特徴

建物の被害状況と地形・地盤条件の間に明確な関連性はみられなかったと報告されている。数の少ない，鉄骨造あるいは木造の建物には被害はみられなかった。

建築物の被害の特徴として，図7～図9にみるような，人命を奪う可能性が高い柱の"せん断破壊"があげられる。1階がピロティー形式

図9 せん断破壊したRC造の柱
[© Pavel 教授(UTCB：Universitatea Tehnica de Constructii Bucuresti)]

の鉄筋コンクリート造のフレームにレンガ壁の構造の建物が大きな被害を受けている。また、ワッフルスラブの形式の建物も多く、大きな被害がみられる。全壊した中層の建物の梁や柱の"せん断補強"が不十分な例が多くみられた。

地表に現れた断層の経路の近傍では、各種の土木施設が損傷を受けている。

この事例の概要と特徴

エルアスナム市は、前回の地震（1954）でも壊滅的な被害を受けた。その後のアルジェリア独立戦争（1954～1962）の混乱を経て復興を果たしてきたが、今回の27年目の大地震で再び人的・物的に大きな被害を被った。アルジェリアの一般的な建築物は、前回の地震で大きな被害を免れた組積造の古い民家など、その後の独立までに建てられたRC造の公共建築物など、独立後に建設された中層のRC造集合住宅などに分類できるが、いずれも大きな被害を受けている。

アルジェリアでは今回の地震時までに、フランス基準（NF）に基づく耐震基準、建設技術センター（CTC）による建築物の"十年保険制度"や現在の日本の"応急危険度判定"に相当する被災建物の安全性の判定制度などが、すでに整備されていた。しかし、途上国に共通の中級技術者層の不足などにより、耐震技術の普及と諸制度の効果的な実施が十分ではなかった。

一方、発災後の社会的混乱が比較的少なく、その後の救援・復旧活動が短期間のうちに組織的に行われた点は特徴的である。ヨーロッパに近い地の利と社会主義国としての統制力などから、旧宗主国のフランスをはじめ諸外国からの支援が効果的に実施されたといわれる。エルアスナム市における厳しい交通制限、商業活動の完全停止などは軍の特別管理下におかれた結果によるもので、欧米などの民主主義国とは異なる社会環境にある点を考慮に入れなければならない。

参 考 文 献

1) 日本建築学会、『1980年アルジェリア地震およびイタリア南部地震災害調査報告』、日本建築学会（1982）．
2) C. R. アージュロン 著、私市正年、中島節子 訳、『アルジェリア近現代史』、文庫クセジュ、白水社（2002）．
3) 耐震連絡委員会・構造標準委員会、「1980年エルアスナム（アルジェリア）地震による建築物の被害調査報告」建築雑誌，96(1181)，49-54（1981）．
4) 佃 栄吉、「1980年エルアスナム地震の地震断層」構造地質（構造地質研究会誌）．第31号，pp. 45-52（1985）．
5) 国際協力事業団（JICA），「アルジェリア地震日本政府派遣技術協力チーム報告書」（1981）．

イタリア南部地震

発生地域：イタリア，カンパニア州

ロマニャーノ・アル・モンテ（カンパニア州サレルノ県のコムーネの一つ）
［© 2015 Urban Ghosts］

国民1人あたりのGNI（世界銀行2013）高所得国グループ
発生年月日：1980年11月23日
発生時間：午後7時35分（現地時間）
震央：北緯45°5′，東経15°17.8′
震央深さ：18 km
マグニチュード：6.5
人口（2010）：60,509,000人
国土の総面積（2012）：301,339 km^2
死亡者数：3,000人超
負傷者数：10,000人以上
被害建物：約50,000棟

【地震】

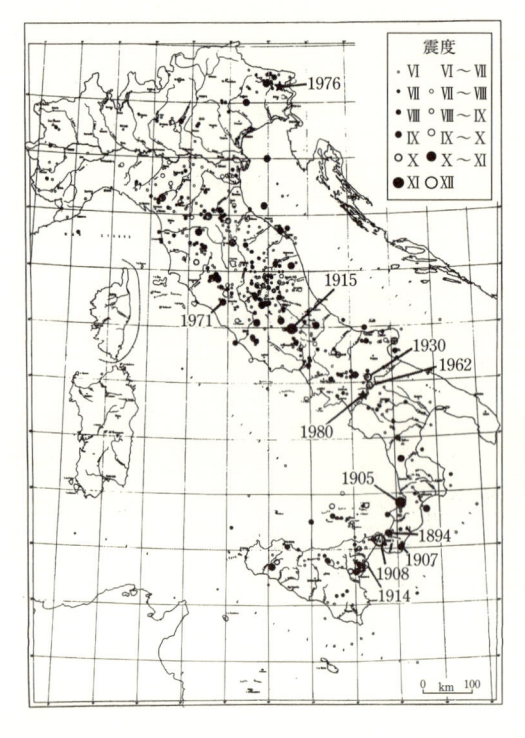

図1　大地震の震央，★今回
（1893〜1972年，1980年）
［出典：Comitato Nazionale Energia Nucleare: Carta degli epcentri dei terremoti dello anno 0 al 1893, Carta degli epcentri dei terremoti dal 1893 al 1972］

地中海をまたぐ山脈連鎖

イタリアはほぼ全土で地震が発生している国である。とくに活発な地域は，イタリア半島中央部のアペニン山脈沿いから南部カラブリア半島を経てシチリア島東部に至る一帯である。表1，図1にみるように，過去の大地震の多くは半島南部で起きている。今回の地震は，いくつかの強震計の記録が得られたことと，同じ地中海沿岸のアルジェリア・エルアスナム地震（➡ p. 288）の直後に発生したことから関心を集めた。

今回の地震の約1ヵ月前，1980年10月10日に対岸のアルジェリアの西部，エルアスナムで大地震が発生している。図2にみるように，イタリア半島を縦断しシチリア島を経たユーラシアプレートとオーストロアルパインアドリアプレートの境界は，アフリカプレートとの連続した境界となって西に延びている。地質学的にアペニン山脈は，北アフリカのアトラス山脈と一連の同系統の山脈と考えられている。

イタリア国内における南北の経済的格差は大きい。北部の先進工業地域に比べ農業が主体の南部地域は，所得，生産性ともに低く個人所得は北部の半分以下，GDPは全体の1/4を占めるにすぎない。甚大な被害を受けた山岳地域に大きな都市はなく，緩やかな丘陵部に貧しい村落が点在しているだけである。歴史的に古いものが多く，ほとんどの建物は古い組積造でできているため震源域近傍では住宅や店舗が壊滅的な被害を受けた。

歴史的・文化的な背景

ヨーロッパ文化・社会の原点であるグレコローマン時代は，"哲学のギリシャ"，"インフラのローマ"と並び称されている。"インフラの父"とよばれたローマ帝国では，街道・橋梁・港湾・公会堂（バジリカ）・広場（フォーラム）・劇場・円形闘技場・競技場・公共浴場・水道などのハードから，安全保障・治安・税制や医療・教育・郵便・通貨のシステムなどの社会的ソフトまでがインフラの概念に入っている。ローマ人は，紀元前にすでに図3にみるような堅固な街道網を強大な帝国内に敷設していた。

南イタリアでは，15世紀以降だけでも死者5

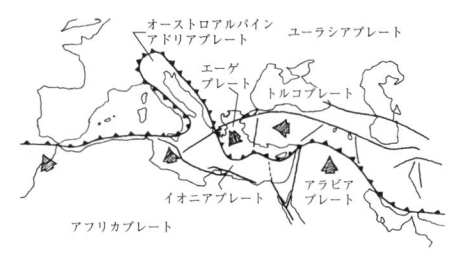

図2 地中海をまたぐプレート境界

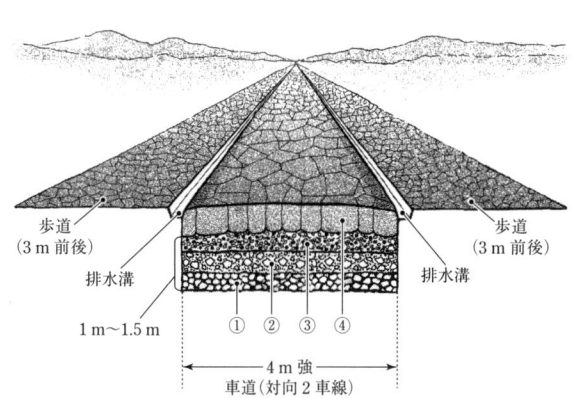

図3 ローマ時代の街道断面
① 最下層：4～4.2 mの幅で1～1.5 m掘り下げ，30 cm以上砂利を敷き詰める。
② 第二層：石，砂利，粘土質の土を混合。
③ 第三層：砕石した石塊を弓形になるよう敷き詰める。
④ 最上層：1辺70 cmの矩形の石を敷き詰める。
[出典：塩野七生，『すべての道はローマに通ず―ローマ人の物語X』，p. 37，訂正後の図，新潮社(2001)]

図4 アッピア街道
[出典:塩野七生,『すべての道はローマに通ず―ローマ人の物語Ⅹ』,p.234〜235,新潮社(2001)]

万人以上の地震災害を数多く経験している。これはイタリア南部の地域は人口稠密で,古い石造建築が多く,保守的な気質が影響しているためといわれる。さらに,山岳地域では,山崩れや地すべりによる被害も多い。

のチレニア海の生成は日本海の生成とよく似ているが,水深3,000m以上の深海盆である。

ヴェスヴィオ火山の大噴火の17年前,西暦62年に大地震が発生しポンペイ,ほかの周辺の町を荒廃させている。ポンペイの町は,完全な復興をまたずに悲劇の日を迎えたことになる。

地形・地質の特徴

図5に年2〜3cm程度で北上しアフリカプレートとユーラシアプレートに沈み込む深発地震面(カラブリア弧)を示す。図中,1.アフリカプレート上のベニオフ帯,2.新第三紀以降のプレート境界の圧縮前線,3.火山地帯,4.浅い地殻内地震の圧縮方位,5.同様地震の伸縮方位,6.アフリカプレートの移動方向,である。左図(北西―南東方向断面)は,チレニア海の下に沈み込むプレート内で発生した地震の震源を示している。

自然環境

長靴にたとえられるイタリアの国土は,地震と火山災害の多さから日本と比較される。西側

震源域の状況

図6に震源地周辺の震度分布をMSK震度階で示す。余震域内では多くが震度8を示してお

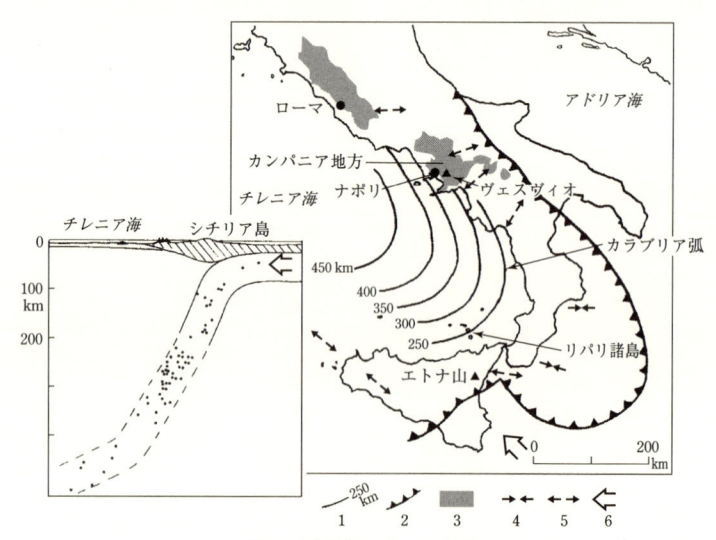

図5 半島南部のプレート境界
[出典:金子史朗,『火山大災害』,p.10,古今書院(2000)]

イタリア南部地震　297

表1　20世紀の大地震のデータ

年月日	北緯	東経	M	死者(人)	地名
1905.09.08	38°50′	16°06′	7.3	2,000	Nicastro
1908.12.28	38°10′	15°35′	7.0	110,000	Messina e Reggio Calabria
1915.01.13	41°59′	13°36′	6.8	35,000	Avezzano
1930.07.23	41°03′	15°25′	6.5	1,883	Irpinia
1968.01.15	37°09′	13°00′	5.8	400	Belice
1976.05.06	46°04′	13°03′	6.5	1,000	Friuli
1980.11.23	40°46′	15°18′	6.9	2,700	Campania e Basilicate

［出典：日本建築学会,『1980年アルジェリア地震およびイタリア南部地震災害調査報告』, p.110から抜粋, 日本建築学会(1982)］

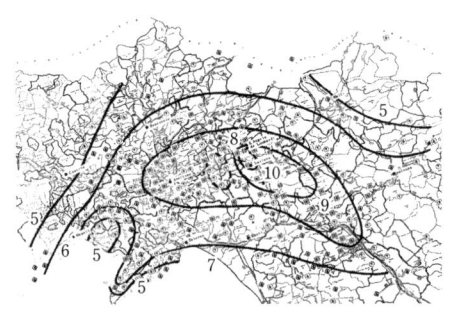

図6　震源地付近の震度分布（MSK震度階）
［出典：日本建築学会,『1980年アルジェリア地震およびイタリア南部地震災害調査報告』, p.105, 日本建築学会(1982)］

り, 余震密集地域に震度9～10の場所がみられる. 域外では, アベリーノ周辺で震度8, ナポリ市内で震度6～7 (気象庁震度階で4～5弱) と考えられる. 余震の深さは, ほとんどが0～20 kmである.

地震発生のメカニズム

イタリアの地震は, 半島の南西部のチレニア海溝で発生する深発地震以外, ほとんどが浅い地殻内で発生している. 今回の被害が甚大な地域は北西-南東方向の断層面に沿った余震域の直上に位置しており, 典型的な直下型地震であったと考えられる (図7).

過去の大地震

表1に1905年から1980年までのイタリアのおもな被害地震のデータを示す.

被災地の状況

今回の被災地域は広大で, 面積は四国地方より大きい約24,000 kmに及び, 大部分はアペニン山脈に沿った山岳・丘陵地帯である. 図7に気象庁震度階で3以上の地域と震央および推定断層の位置を示す.

被災区域

図7にみるように, 被災地域はおもに, カンパニア州 (ナポリ市を含むナポリ県, アベリーノ県, サレルノ県など) およびバジリカータ州 (ポテンツァ県など) である. 甚大被害地域には, 大きな都市はなく人口5,000人以下の古い村落が緩やかな丘陵地に点在している. これは平坦地が少ないことや防御上の理由のほかに, マラリアや防疫上の必要性があげられている.

人的・社会的被害

人的被害が大きかった町村は, 震源に近いラビアーノ (人口：約2,200人, 死亡者：約300人), サンタンジェロ (約4,000人, 約500人), リオニ (約6,000人, 約250人) などである. 比較的離れた市では, アベリーノ (約60,000人, 1,762人), サレルノ (約162,000人, 677人), ポテンツァ (64,000人, 153人) などである. ナポリ市でもRC (鉄筋コンクリート) 造建物の崩壊などで死亡者131人, 負傷者1,454人を出している. 全体の死亡者の多くは, 組積造の建物の倒壊によるものである.

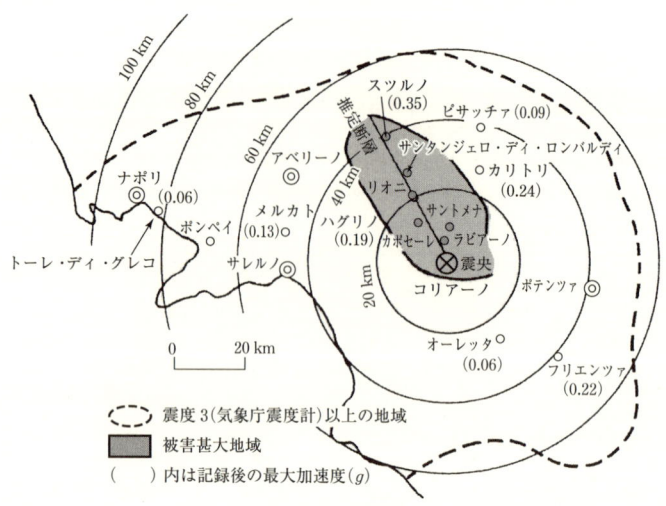

図7 震央と被災地域
[出典：日本建築学会,『1980年アルジェリア地震およびイタリア南部地震災害調査報告』, p.110 から抜粋, 日本建築学会(1982)]

物的・経済的被害

被害総額は約20兆リラ(約5兆円)といわれ,国民所得の10%近くになる。家屋の被害は約5万戸で,住人数は約22万人といわれる。インフラの被害は少なく,高速道路や鉄道は震央から離れていたのでまったく被害がなかった。ライフラインではガスの被害はなく,電気・水道が26市町村で完全に破壊され,ほかの50市町村でも被害を受けた。電気が約175億円,水道が約380億円の被害額が見積もられている。

インフラ・建築物被害の特徴

図8に被害の程度を現地の災害対策本部が区分したゾーンA, B, Cの被災地の概要を示す。ゾーンAは家屋およびインフラの構造物の被害が70%以上の〈壊滅地区,斜線部分〉で3県25市町村,ゾーンBは同被害が30~70%の〈再建可能地域, 部分〉で4県47市町村,ゾーンCは同じく30%以下の〈軽微な被害地域, 部分〉で7県324市町村である。

今回の地震での死亡者の多くが,住宅などの建物の倒壊によるものである。被災地の建築物の構造は,組積造と鉄筋コンクリート(RC)造に大別できる。さらに組積造建物は,寺院などと一般建物に分けられる。前者は壁厚が1m以上で長方形に切り出された石を整然と積み重ねたものが多い。被害が著しかった後者は,壁厚が40~60cm程度のTufo(凝灰岩)やレンガ,丸石を積み重ねただけものが多い。公共建築や集合住宅に多いRC造は,梁,柱がRCで床構造が図9に示す中空レンガを用いたジョイストスラブが多い。日本のRC造建物と比べると柱断面が小さくRC耐震壁がまったくないあるいは梁間方向にRCがない点など,建物の耐震性が不十分にみえる。

イタリアの建築物の耐震規定は,1975年に改定されるまで1937年制定の規定が採用されていた。設計震度は,カテゴリー1で0.10,カテゴリー2で0.05である。今回の被災地域の大部分は,この規定の適用外の地域であったが実務上の運用状況については不明である。

この事例の概要と特徴

今回の被害状況は,日本の1923年の関東大震災とほぼ同数の約12万人の死者を出した

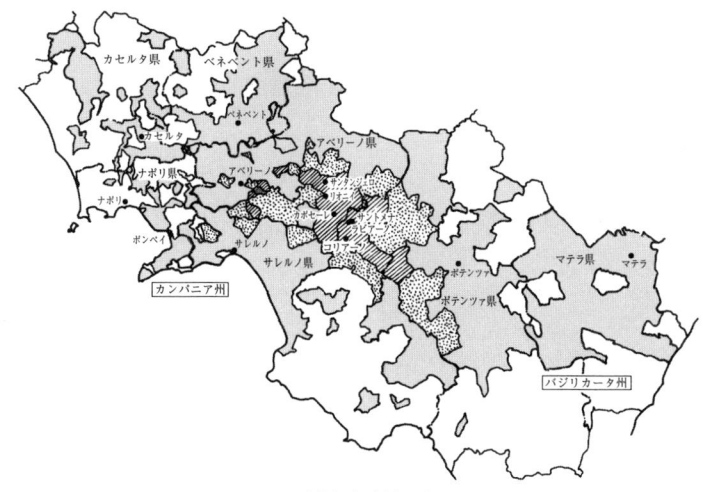

図8 地域別の被害の概要
［出典：日本建築学会，『1980年アルジェリア地震およびイタリア南部地震災害調査報告』，日本建築学会(1982)］

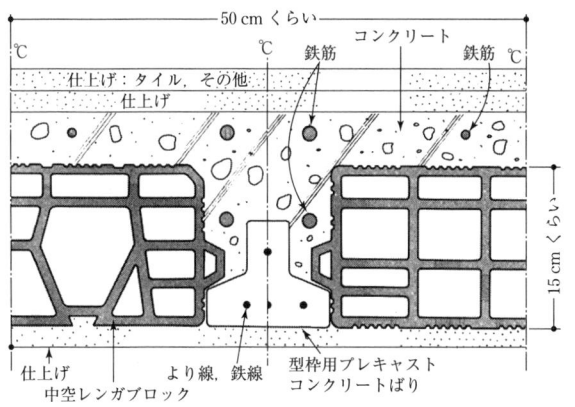

図9 RCジョイストスラブ例
［出典：日本建築学会，『1980年アルジェリア地震およびイタリア南部地震災害調査報告』，p.131，日本建築学会(1982)］

1908年のメッシーナ・レジオ地震に酷似している。これは，過去の大震災の教訓をいかした一般建築物の耐震化や防災教育などの対策が半世紀以上もなかったためだとする指摘がある。日本でも，住宅などに木造が多いため耐震化に加え耐火性の向上が求められていたが，1945年の東京大空襲で同じ災禍が繰り返されている。

文豪ゲーテが『イタリア紀行』の中で，1783年の南イタリア－メッシーナ大地震の様子を描写している。

参 考 文 献

1) 日本建築学会，『1980年アルジェリア地震およびイタリア南部地震災害調査報告』，日本建築学会 (1982).
2) 長尾重武，『ローマ―イメージの中の「永遠の都」』ちくま新書，筑摩書房 (1997).
3) 塩野七生，『すべての道はローマに通ず―ローマ人の物語 X』，新潮社 (2001).
4) 金子史朗，『火山大災害』，古今書院 (2000).
5) ゲーテ，相良守峯 訳，『イタリア紀行』，岩波文庫 (上，中，下)，岩波書店 (1960, 1942).

メキシコ地震

発生地域：メキシコ，メキシコシティ

国民1人あたりの GNI（世界銀行 2013）上位中所得国グループ
発生年月日：1985 年 9 月 19 日
発生時間：午前 7 時 17 分（現地時間）
震央：北緯 18.2°，西経 102.5°
震央深さ：28 km
マグニチュード：8.1
人口（2010）：117,886,000 人
国土の総面積（2012）：1,964,375 km^2
死亡者数：約 9,500 人
負傷者数：10,000〜30,000 人
被害建物：1,200〜5,700 棟
　　　　　（内，倒壊・取壊し：450〜1,000 棟）
【地震】

トルーカの植物園

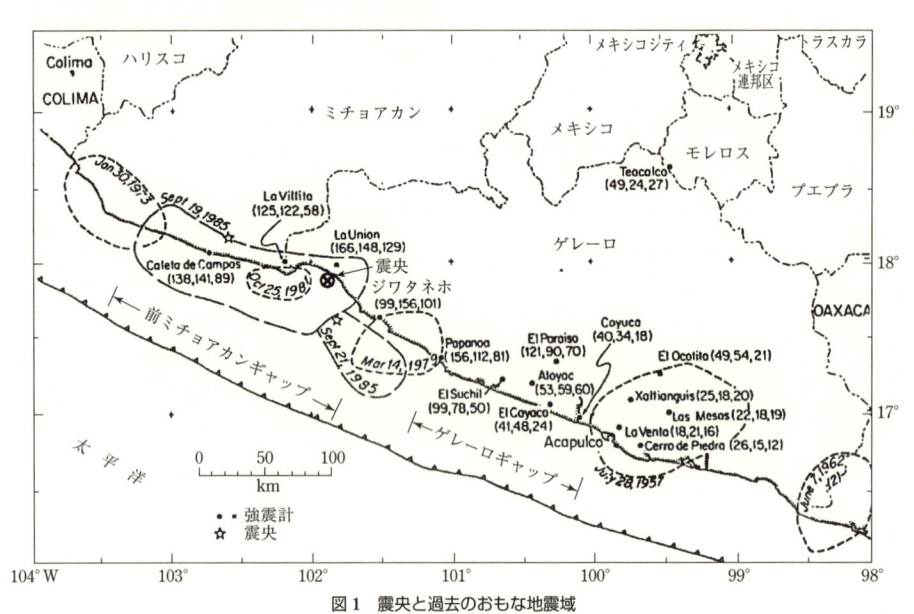

図1　震央と過去のおもな地震域

［出典：国際協力事業団(JICA)，「メキシコ合衆国地震防災計画終了時評価報告書」(1994)］

メガシティを襲った大地震

メキシコ地震（ミチョアカン地震）(1985)の最大の特色は，震源に近い太平洋岸地域の被害が比較的少ないのに対し，全被害のおよそ95％が約400km離れた内陸の首都メキシコシティに集中していることである（図1）。

1985年当時の首都圏は，世界一の都市人口約1,700万人を擁し，建物総数が約150万棟の巨大都市（メガシティ）であった。多くの甚大な被害が，都心部の旧湖上の軟弱地盤地域に集中している（図2）。

メキシコは，日本と同様に震害経験が豊富で耐震工学の研究が進んでいる。日本と類似した国の首都で起きた大震災である点も特色の一つといえる。地震発生後，日本の援助で国立防災センター（CENAPRED）が設立され，1990年代には日墨共同研究の地震防災プロジェクトが実施された。同センターは，中南米地域における地震防災研究の拠点となっている。

歴史的・文化的な背景

メキシコには，紀元前800年頃のオルメカ文化に始まり紀元14世紀からのアステカ文化，1521年からのスペイン統治を経て，1821年の独立へとつづく長い歴史がある。1342年に，テノチティトラン（現在のメキシコシティ）が首都に定められている。

メキシコ人の人種的割合は，ヨーロッパ系（約15％），インディオ系（約25％），その混血（約60％）で，広く混在した状態で居住している。

メキシコシティの人口は，地方からシティへの急激な流入により，1960年代頃から爆発的な増加がみられる。人口増加の状況は，1700年10万人→1800年14万人→1900年54万人→1920年90万人→1940年170万人→1960年520万人→1970年890万人→1980年1,450万人→今回の地震発生時の1985年には1,700万人を超える人々が居住していた。

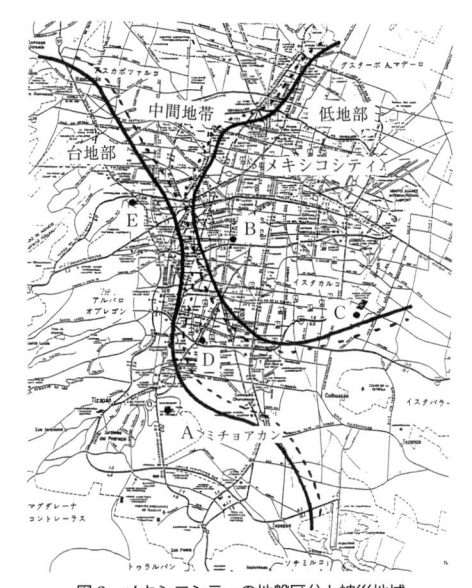

図2　メキシコシティの地盤区分と被災地域
A地点：南方の高台で火成岩が露顕している地盤，B地点：被害が大きかった市中心部にもっとも近い沖積層地帯，C地点：沖積層のより深い地点．
［出典：村上處直，「1985メキシコ地震概報」防災システム，9(2)，18(1986)］

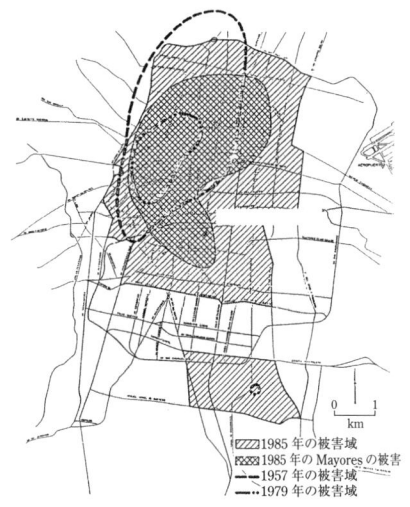

図3　メキシコシティの地震危険度マップ
［出典："El Tember del 19 de Septiembre de 1985y, SusEfectos en Las Construcciones de La Ciudad de Mexico", I de I, UNAM, Sept. 30 de 1985］

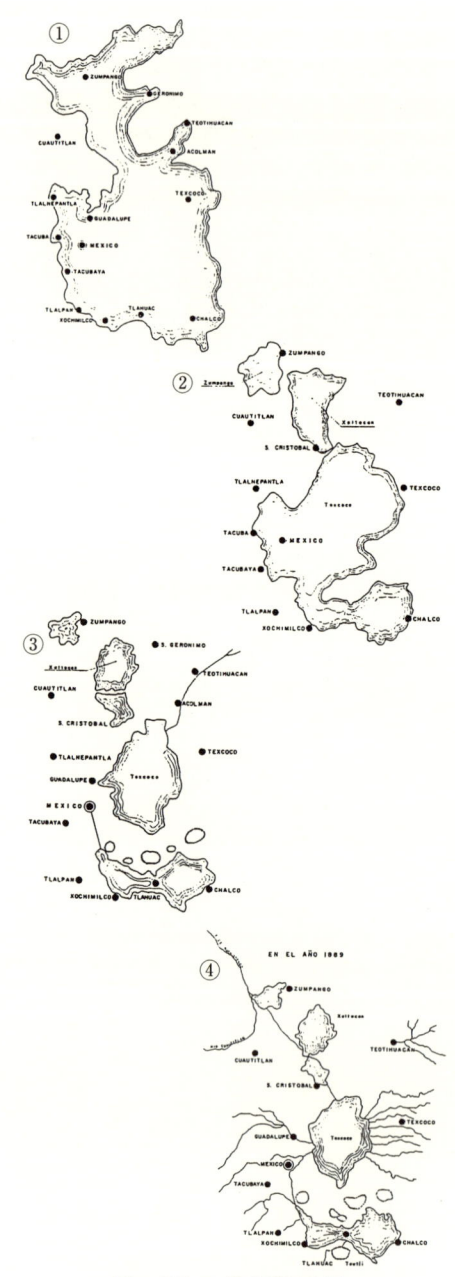

図4 テスココ湖の面積の変遷
[出典：国際協力事業団(JICA)，「メキシコ合衆国地震防災計画終了時評価報告書」(1994)]

自然環境

メキシコシティは，海抜2,240 mの高原にある南北に長いメキシコ谷の南西部に位置している．

地形の特徴

首都圏は，その東部と南西部を4,000 m級の火山性の山々に挟まれた盆地で，東部のポポカテペトル山（Popocatépetl, 5,426 m）とイスタクシトル山（Iztaccihuatl, 5,230 m）の二つの火山は現在も活動をつづけている．

このような地形のため，おもに自動車の排ガスによる大気汚染という深刻な環境問題を抱えた都市でもある．

地盤の特性

メキシコシティは，旧テスココ（Texcoco）湖の火成岩の床上に厚く堆積した湖成粘土層の地盤の上に発展した都市である．

図3に1957年に改訂された地震危険度マップを示した．首都圏のメキシコ連邦区は地盤種別により，非常に圧縮性が高い軟弱層が堆積している旧湖地区，西部の締まった地層と西南部の溶岩からなる丘陵地区，およびこれらの中間地区の三つのゾーンに分類されている．

都心部のソカロを中心とする旧市街地は，軟弱地盤ゾーン上に発展しており，今回を含むたび重なる大地震で大きな被害を受けている（図3, 1957, 1979, 1985の被害域）．

図4にみるように，旧湖の面積は，自然堆積，盆地外への排水，人工的な埋立てなどにより，徐々に小さくなり現在のすがたに至っている．

① 洪積世（1万年〜200万年前）
↓
② 16世紀初頭
↓
③ 19世紀初頭
↓
④ 1889年

震源域の状況

1985年の本震および余震の震央は，首都圏から南西に約400 km離れたミチョアカン州のジワタネホ付近の太平洋岸地域である。この地域と震源地から約200 km南東の観光地アカプルコにかけて海岸地方では，過去にも大きな地震がたびたび起きている。

地震発生メカニズム

この地域の地震の発生は，太平洋プレートにつづくココスプレートが沿岸からおよそ80 km沖の中央アメリカ海溝で北アメリカプレートに潜り込むメカニズムによるもので，日本と同じように海溝に沿ってしばしば浅い震源の大地震が発生している。

1985年の地震に関する以下のデータは，USGS（米国地質調査所）とUNAM（メキシコ国立自治大学）の観測によるものが主である。地震発生時に維持されていた観測点は，国内全土で15ヵ所ほどにすぎず，日本の300ヵ所以上に比べきわめて少ない。震源近傍の強震計では，最大加速度103～277 gal（NS）が記録されている。

表1　その他の地域の人的被害

地域	死亡者数	負傷者数	被災者数
コリマ州	1	0	16
ゲレーロ州	2	20	224
ハリスコ州	38	191	2,830
ミチョアカン州	6	213	348
合計	47	424	3,418

メキシコシティの甚大な人的・物的被害に比べ，表1（単位：人）にみるように震源地近くの各州での被災者数は大きくない。

メキシコシティの被災状況

地震記録

メキシコシティとその周辺では，最新のデジタル強震計により最大加速度28～13 gal（NS），33～168 gal（EW）が記録されている。神戸（1995）での最大加速度818 gal（NS），617gal（EW）と比較してもとくに大きいとはいえない。地震応答スペクトルの特徴は，軟弱地盤，硬質地盤ともに周期2～4秒で最大になり，両者では応答値に数倍から十数倍の差がある。

被災区域

大きな被害は，中高層建物の多い軟弱地盤地

図6　残された旧市街の建物

図5　低層に多い枠組組積造の建物

図7　地盤の不同沈下により波打つ建物

域の都心部のアラメダ公園付近，コロニャ・ローマ地区，三文化広場付近などの旧市街に集中している．図3にみるように，1957年，1979年に発生した大地震でも同じ地域に被害が集中している．これは，旧湖上の軟弱地盤で増幅された地動により設計外力の3倍程度の過大な地震力が作用したためと考えられる．

人的被害

人的な被害の特徴としては，建物の崩壊による直接的な死者がきわめて多かった．集計データは報道や発表機関により異なるが，死亡者数総計は8,000〜10,000人程度，負傷者数はその数倍と推定されている．

物的被害

建物などの物的な被害の総額は30〜100億USドル，被災面積32 km^2，被災建物総数1,200〜5,700棟，このうち倒壊または修復不能450〜1,000棟などと推定されている．

インフラ・建物被害の特徴

メキシコシティの都心部は全体の90％が5階以下という比較的中低層の建築物の多い町並みで，低層建物の構造の多くはレンガ組積造である（図5）．低層の建物に比べ，鉄筋コンクリート造の7階以上の中高層ビルに中破以上の被害が多いのが特徴である．これは，地震動周期と建物の固有周期が合致したことがおもな原因と考えられている．組積造の被害の原因には，構法自体や建材，施工上の問題が多く指摘されている．

事後の対応の特色

・メキシコの高い技術力を駆使して，外付け鉄骨ブレースや部材（梁柱）断面の増大による補強などのレトロフィッティング技術により，被災建物の耐震補強工事が進められた（図9，図10）．
・地震観測ネットワークを構築するために，アカプルコからメキシコシティまでの直線状に配置された5観測点と市内10観測点に地震計が設置された．

・日本では1995年阪神淡路大震災で初めて実施された被災建築物の安全性を判定する応急危険度判定がすでに行われている．
・近年日本でも試行されている，地震波のP波とS波の到達時間差を利用した緊急地震速報が実施された．
・避難のためのオープンスペースが設置された．

図8　震災後の耐震補強例

図9　外付け鉄骨ブレース補強例

図10 部材（梁柱）断面の増打ち補強例

この事例の概要と特徴

メキシコは，日本と同様に世界有数の地震国である。構造工学など関連分野の上級技術者・研究者のレベルは高く，世界的水準にあるといえる。また，耐震設計などの関連法基準も整備されており，大地震ごとに見直しと改訂が行われ現在の高いレベルにある。実務的には，日本の建築確認制度に類する設計図書の審査を行政が行ってから施工が可能になるシステムである。しかし，形式的には十分な制度があるにもかかわらず，行政官の不正や「中級技術者」層の不足などから，現場レベルでの問題が数多く生じている。

今回の地震から20年後の日本で発覚する「耐震偽装事件」でも明らかなように，学術的な調査研究，工学的な技術開発，法基準制度の整備などとともに重要なのは，各段階で実施にあたる人の教育である。メキシコと異なり，日本は数の上では十分な「中級技術者」が存在しており，その教育・技術レベルは高く評価されている。実務に際し，施工期間の短縮やコスト削減などの圧力などに流されない技術者としての倫理観の育成の重要性を再認識することが重要である。

参考文献

1) 日本建築学会，『1985年メキシコ地震災害調査報告』，日本建築学会（1987）．
2) 国際協力事業団（JICA），「メキシコ合衆国地震防災計画終了時評価報告書」（1994）．
3) 北後 寿，『被災から復興へ近代都市の巨大地震災害を追う—神戸・メキシコ大震災を中心に』，イワキプランニングジャパン（2006）．
4) 村上處直，「1985メキシコ地震概報」防災システム，9(2)，15-22（1986）．
5) 日本建築学会，『1985メキシコ地震に学ぶ（スライド，解説書）』，日本建築学会（1990）．

コラム　自画像の画家

　休日のチャプルテペック公園は，いつもたくさんの人たちで賑わっている。国内外からの観光客ばかりでなく，近郊の住民の憩いの場にもなっている。公園には，名前の由来になった城郭をはじめ，遊園地や動物・植物園からパフォーマンスのための広場まである。周辺の広い林の中には，いくつもの美術館や博物館が点在している。

　メキシコ国民の間の貧富の格差は，天文学的な大きさである。しかし，トロツキーの亡命を受け入れた国だけあって，現在でも低所得者層への配慮は手厚い。仕事や生活をするうえで最低限必要な地下鉄などの交通機関，トルティージャなどの食品の値段は，政策的に低く抑えられている。また，芸術の国らしく休日の美術館の入館料は無料だった。

　毎日，車で通う路の途中のコヨヤカン地区に"トロツキーの家"があり，反対のブロックには，女流画家のフリーダ・カーロの"青の家"があった。たまに寄り道をした画家の家は，狭い空間だが彼女の感性を感じさせる瀟洒な造りだった。気紛れに帰路には，壁画で有名な夫の"リベラ美術館"に寄るのも楽しみのひとつだった。

　画家の自画像を見るのは面白い。画家の内面が変化していく様があからさまに現れる。初期の美人風自画像が，身体的変化とともに腹の中に骨や蛇が顕われるに及んでフリーダ・カーロは"自画像の画家"と称された。休日の午後，散歩がてらに公園の国立近代美術館に入ると，隅の方に小品の果物の静物画が目に留まった。彼女の自殺前の最後の作品だった。

ネパール・インド地震

建物被害率と人的被害

発生地域:インド・ネパール東部国境

テライ平原のジャングル

国民1人あたりのGNI(世界銀行2013)低所得国グループ(ネパール)
発生年月日:1988年8月21日
発生時間:午前4時54分(現地時間)
震央:北緯26.755°,東経86.616°
震央深さ:57 km
マグニチュード:6.6
〈インド〉
人口(2010):1,205,625,000人
国土の総面積(2012):3,287,263 km^2
〈ネパール〉
人口(2010):26,846,000人
国土の総面積(2012):147,181 km^2
死亡・行方不明者数:1,003人
(インド:282人,ネパール:721人)
負傷者:約1万人
(インド:3,766人,ネパール:7,329人)
倒壊建物:25万棟
(インド:15万棟,ネパール:10万棟)

【地震】

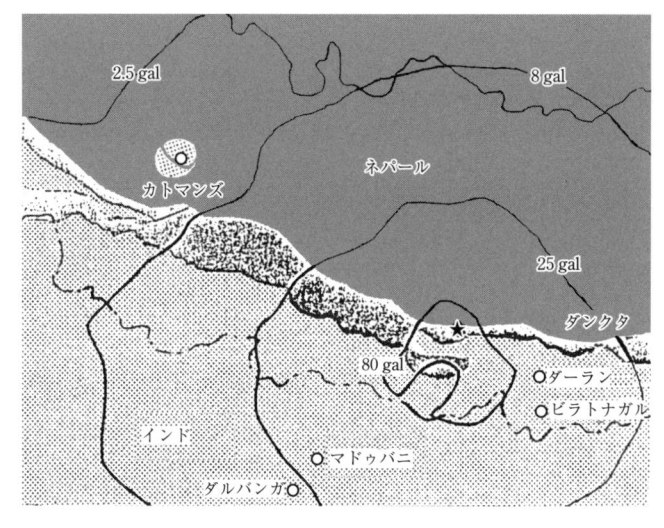

図1 震源域と震央 ★
[出典:村上ひとみ,藤原悌三,久保哲夫,「1988年ネパール・インド地震調査報告 その1 震度分布と人的被害」,日本建築学会大会学術講演梗概集(九州),p. 673 (1989)]

被災地の状況

今回の震源域は，1934年に8,500人の犠牲者を出したインド・ネパール（ビハール）地震（→p.216）と同じ地域である．図1に示すように，震央域での加速度分布は80 gal（JMA震度階5相当），ネパールのダーラン，ダンクタなどで25〜80 gal（JMA4）と推定される．

人的被害は，震源に近いネパール側のウダヤプール，丘陵地と沖積層との境界に位置するスンサリ，ダンクタ，イラム，パンチタールなどで著しい．死者の半数以上は14歳以下の子どもと老人で，男女差は少ない．建物被害数はイ

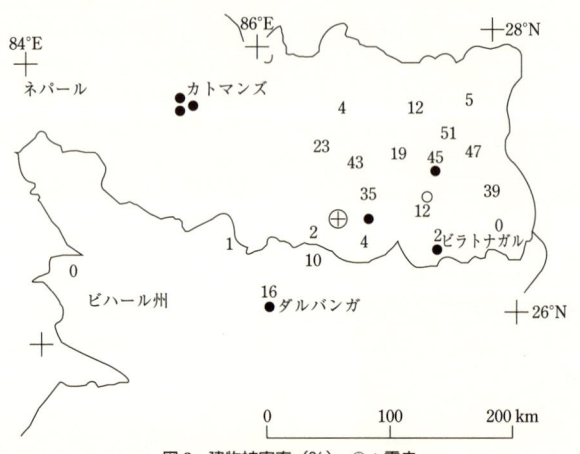

図2 建物被害率（%），⊕：震央

［出典：藤原悌三，久保哲夫，村上ひとみ，「1988年ネパール・インド地震調査報告 その2 建物被害」，日本建築学会大会学術講演梗概集(九州)，p.675(1989)］

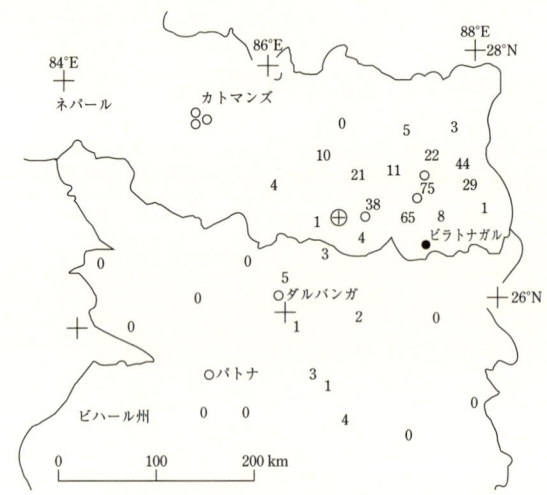

図3 郡別の死傷率（%），人口1万人あたり

［出典：村上ひとみ，藤原悌三，久保哲夫，「1988年ネパール・インド地震調査報告 その1 震度分布と人的被害」，日本建築学会大会学術講演梗概集(九州)，p.674(1989)］

図4 レンガ組積造の建物

図5 全壊した地区病院
[出典:藤原悌三,久保哲夫,村上ひとみ,「1988年ネパール・インド地震調査報告 その2 建物被害」,日本建築学会大会学術講演概集(九州),p.676(1989)]

図6 ネパールのレンガ工場

ンド側に多いが,被害率の大きい地域はネパール東部丘陵地に集中しており,死傷者の分布と符合している(図2,図3)。

この事例の概要と特徴

インド亜大陸とアジア大陸の衝突によるヒマラヤの造山運動は,山脈南北のインダスツァンポ縫合帯とよばれる広範な地域で数多くの巨大地震を発生させている。山脈の生成過程で南面に主中央衝上断層(Main Central Thrust:MCT),主境界衝上断層(Main Boundary Thrust:MBT),ヒマラヤ前縁断層(Himaraya Frontal Thrust:HFT)などの多数の断層が形成されている。

近年の巨大地震は,おもにMCTに沿って発生している。これらは,1905年のカングラ地震(➡ p.194),1934年のビハール-ネパール地震(➡ p.216),1935年のクエッタ地震(➡ p.222),1950年のアッサム地震などである。

被害建物の大部分は石造,レンガ組積造の民家で,木造,RC(鉄筋コンクリート)造の被害は軽微である。建物の被害率のわりに人的な死傷率が大きいスンサリ地区の場合,2,3階建ての組積造が多いことが原因と考えられている。同様にバクタプールの場合は,4,5階建ての被害が顕著で,組積造構造物の地震に対する脆弱性を示す結果になった。

参考文献

1) 村上ひとみ,藤原悌三,久保哲夫,「1988年ネパール・インド地震調査報告 その1 震度分布と人的被害」,日本建築学会大会学術講演梗概集(九州)(1989).
2) 藤原悌三,久保哲夫,村上ひとみ,「1988年ネパール・インド地震調査報告 その2 建物被害」,日本建築学会大会学術講演梗概集(九州)(1989).
3) 藤原悌三,佐藤忠信,久保哲夫,村上ひとみ,「1988年ネパール・インド国境地震の災害調査」京都大学防災研究所年報,32A,pp.71-95(1989).
4) 国際協力機構(JICA),「ネパール国第2次・第3次,小学校建設計画基本設計調査報告書」(1996,1999).

ネパール地震（2015年）

発生地域：ネパール，カトマンズ盆地
発生年月日：2015年4月25日
発生時間：11時56分26秒（ネパール標準時（NST））
持続時間：130秒
震央：カトマンズの北西約77 km
北緯：28°8′49″
東経：84°42′29″
震源の深さ：15 km
マグニチュード：M_w7.8
メルカリ震度階級：IX（カトマンズ）
プレート境界型地震（衝上断層）または大陸プレート内地震
死傷者数（ネパール）
　死亡者数：8,460人以上
　負傷者数：20,000人以上
被害総額：約50億USドル
他の被害地域の死傷者数
　インド：死亡者数78人，負傷者数288人
　バングラデシュ：死亡者数4人，
　　　　　　　　　負傷者数200人
　中国（チベット自治区）：死亡者数25人，
　　　　　　　　　　　　　負傷者数383人

インドとヒマラヤの狭間の災害

表1は，1911年から1999年の間にネパールで発生したマグニチュード5以上の地震について，各国のデータからマグニチュード別の発生回数を整理したものである。

表1　地震発生回数とマグニチュードの関係

マグニチュード	地震の発生回数	地震の平均発生間隔（年）
5～6	43	2
6～7	17	5
7～7.5	10	8
7.5～8	2	40
8以上	1	81

［出典：国際協力事業団(JICA)，「ネパール国カトマンズ盆地地震防災対策計画事前調査報告書」(2000)］

表1によれば，マグニチュード7以上の地震は最近90年間に13回すなわち平均7年に1度起きており，マグニチュード8以上の地震が起きる平均発生間隔は81年である。今回の地震は，前回のインド・ネパール地震（→ p.216）のマグニチュード8.3が発生した1934年1月15日から81年目にあたっていた。さらに，100年前の1833年にはマグニチュード7.8の大地震があり，カトマンズ盆地で震度IX，今回の震源のゴルカは震度VIIIの規模だった。図1に1833年8月26日の地震の震度分布を示す。なお，p.216の図1は1994年3月から1997年12月までに観測された地震の震央を示している。今回の震央となったポカラとカトマンズの間に空白域が存在するとの指摘は，このころすでになされていた。

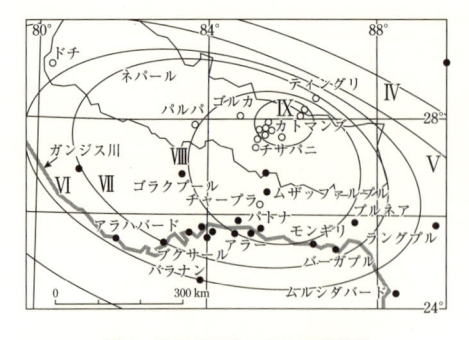

図1　1833年8月26日の震度分布
［出典：国際協力事業団(JICA)，「ネパール国カトマンズ盆地地震防災対策計画事前調査報告書」(2000)］

自 然 環 境

ネパールの地形・地質は，ヒマラヤ山脈の造山運動により，① テライ平原，② シワリク山

地，③ 中央山地，④ 高山地，⑤ ハイヒマラヤに分帯された形をなしている。図2に，このような地形・地質を形作っていったと考えられる発達過程の各段階を示す。

この造山運動は今もつづいており，地震が繰り返される震源となっている。

この事例の特徴と教訓

ネパールでは，フランスの技術援助を受けて1994年から全土を対象とした観測が行われている。地震観測は，カトマンズにある工業省鉱山地質局内の地震観測センターを中心に観測網が敷かれて実施されている。

ヒマラヤ山脈の存在は，ネパール国内の地震災害や土砂災害だけにとどまらず，北インドやバングラデシュの洪水災害などの原因ともなっている。今後とも南アジア全体を視野に入れた広域的，総合的な防災対策を構築する必要がある。

参 考 文 献

1) 国際協力事業団（JICA），「ネパール国カトマンズ盆地地震防災対策計画事前調査報告書」(2000)．
2) 国際協力事業団（JICA），「ネパール国別援助研究会報告書」(1993)．
3) 「2015年4月25日，5月12日ネパールの地震」，気象庁

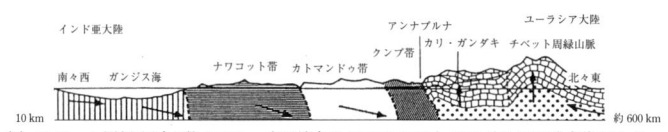

(a) チベット周縁山脈が約2,000mまで隆起してヤルン川とガンジス川の分水嶺になる。

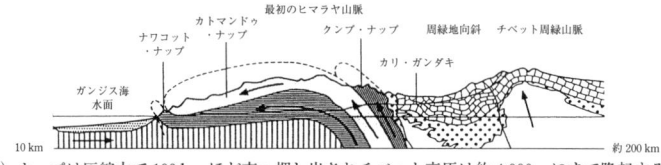

(b) ナップは圧縮力で100kmほど南へ押し出されチベット高原は約4,000mにまで隆起する。

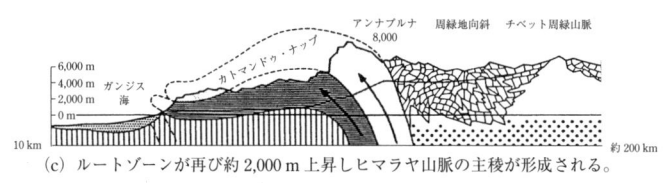

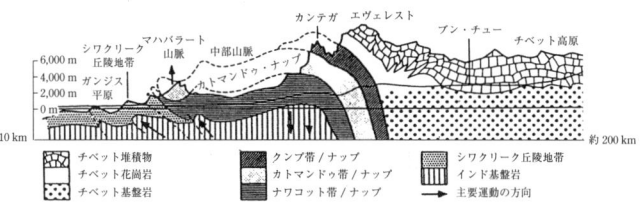

(c) ルートゾーンが再び約2,000m上昇しヒマラヤ山脈の主稜が形成される。

(d) マハバーラート山脈が隆起して中部山地中にカトマンズ湖などが形成された。

図2　ネパールの地質構造の発達過程
［出典：国際協力事業団(JICA)，「ネパール国別援助研究会報告書」(1993)］

スピタク地震

発生地域：アルメニア，ロリ地方

国民1人あたりのGNI（世界銀行2013）低位中所得国グループ
発生年月日：1988年12月7日
発生時間：午前11時41分（現地時間）
震央：北緯40.8°，東経44.3°
震央深さ：約2〜5 km
マグニチュード：7.0
人口（2010）：2,963,000人
国土の総面積（2012）：29,743 km^2
死亡者数：25,000人
負傷者数：31,000〜130,000人

【地震】

スピタク市の慰霊記念碑

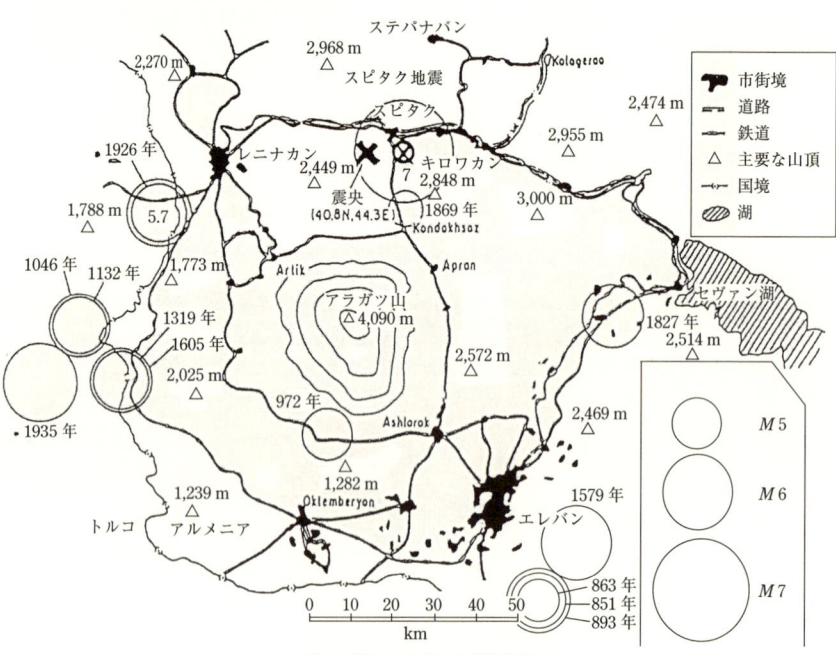

図1　震央×とおもな被害地震
［出典：北嶋秀明，「海外事情報告（アルメニア）」圧接，33(3)，11(1998)］

旧ソ連の広大さが引き起こした震災

1988年12月7日，アルメニア北部のスピタクを震源とするマグニチュード7の大地震が発生し，数万人といわれる死者を出す大惨事となった。

今回の地震で特記されるべき被害の一つは，震源から約35km西に離れた人口約30万人のアルメニア第二の都市の古都レニナカン（現ギュムリ）で約100棟もの9階建てアパート群のほぼすべてが崩壊したことである。原因はいくつかあげられるが，建物の構造が旧ソ連圏に多いプレキャスト（PC）鉄筋コンクリート（RC）造である点が注目されている。この形式の中高層の共同住宅は，アルメニアばかりでなくロシア周辺のCIS（独立国家共同体）や東欧各国に広く普及しており，その多くが現存している（図11，図12）。

問題は，ほとんどの建物の崩壊メカニズムがせん断破壊によりパンケーキクラッシュとよばれる形態であることで，居住する人命を奪う可能性が非常に高いものとして危惧されている。

後述する建築的な課題以外に，レニナカンが第三紀の厚い湖成層の上に，洪積・沖積の砂礫，凝灰岩が堆積した地層構造をもっている点も指摘されている。その湖成層が，近年，地盤と地震動の興味ある課題となっている．地震動の長周期成分を増幅させた可能性があるとして注目されている。

歴史的・文化的な背景

アルメニアは，1991年に旧ソビエト連邦から独立した人口約300万人，国土面積が日本の1/13ほどの小さな国である。主要産業は農業と軽工業が中心で，黒海とカスピ海に挟まれたコーカサス地方の南部に位置している（図2）。

民族的にはアルメニア人が90％以上を占め，周囲をイスラム教の国々に囲まれているが，紀元4世紀初めからのキリスト教国である。

1991年12月，ソ連の崩壊に伴い独立国家となった。現在の共和国としての歴史は短いが，アルメニア人の国としては古く，紀元前のローマ帝国時代からつづいている誇り高い民族である。

図2にみるように，内陸国のアルメニアは国土の東西南北でいくつかの国々と接している。西の大国トルコとは歴史的な経緯から外交関係をもたず，東のアゼルバイジャンとはナゴルノ・カラバフ紛争問題を有している。しかし，ロシアとの関係は経済・エネルギー分野から軍事面まで緊密かつ強固で，南北のグルジアおよびイランとの関係も良好である。

今回の地震による産業施設などへの壊滅的な打撃と，紛争による周辺国からの経済封鎖などから，大きな影響を受けた。21世紀に入り紛争の沈静化などにより，近年，経済成長がつづ

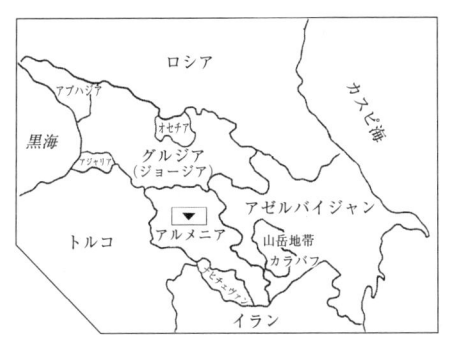

図2　アルメニアの位置▼
［出典：北嶋秀明，「海外事情報告（アルメニア）」，圧接，33(3), 11(1998)］

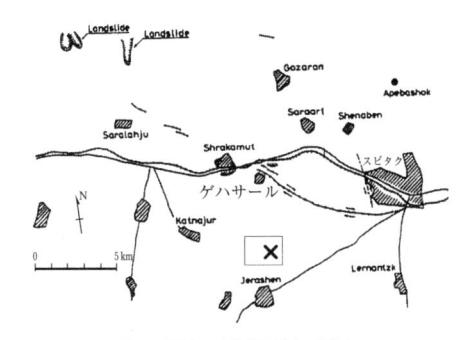

図3　震央×と震源地域の断層
［出典：石原研而，「アルメニア・スピタク地震の概況」，自然災害科学，8-1, p.32(1989)］

自然環境

アルメニアは、ノアの方舟がその頂上に漂着したとされるアララト山でトルコとイランに接し、反対の北と東は同様にソ連から独立したグルジアやアゼルバイジャンに囲まれた内陸国である。国土の9割が標高1,000 mを超える高原と山脈がつづく山国である。首都のエレバンは世界最古の都市の一つで、1998年のスピタク地震10周年の年は、市の第2,780回の記念日にあたるとのことであった。

地形・地質の特徴

スピタク市は、市の中央を西下するパンバック川の周辺の段丘地帯に発達した工業都市である。人口約27,000人が居住する町は、河川敷周辺の低地部と、川を挟んだ南北の丘陵部からなっている。

低地部の地質は玄武岩の風化が卓越しており、地下水位は地表から0.5～1.0 mと高い。高塑性の粘土やシルトが多く、今回の地震で液状化はみられなかった。

丘陵部の地盤は地表から5～15 mの深さに火山性の泥流堆積物がみられ、礫、砂、粘土の混合物からなっている。地下水は深く良質の地盤といえる。

震源域の状況

図1に示したように、震央はスピタクの南西約10 kmの所で、深さは2～5 kmの典型的な浅層直下型地震である。

地震発生とともにスピタク南部から西方にあるゲハサール村に向かって長さ約10 kmの断層が、断続的に地表に現れている（図3）。

断層は、北側が最大で2 m押し上げられた右ずれ型逆断層で、水平方向のずれ量は最大1.8 mといわれている。図4、図5は、スピタクの西方約5 kmにある山の頂上の鞍部に現れた最大鉛直変位2 mの断層である。さらに、断層はシュラカムート村を経て北西約20 kmの山岳部につながっているとみられる。

地震発生のメカニズム

地震の発生メカニズムは、断層線から60～80°の角度で、北北東に向かって地下に潜入する東西方向約40 km、南北方向約15 kmの断層面が、西北西に向かって破断していったと考えら

図4　丘に現れた断層

図5　地表に現れた断層

過去の大地震の記録

図1に示したように，スピタクおよび首都エレバンなどアラガツ山周辺からトルコ国境にかけて，過去にも M 5 以上の地震が数多く発生している．トルコ領内の地震をを含めて 851, 863, 893, 972, 1046, 1132, 1319, 1605, 1679, 1827, 1869, 1926, 1935 年の地震が記録されている．

被災地域の状況

今回の地震では，首都のエレバンの北およそ 80 km に位置するスピタクをはじめ，レニナカン（現ギュムリ），キロワカン（現ヴァナゾール），ステパナバンの 4 都市と周辺の約 20 の集落が壊滅的な被害を被った．

震災からの復旧・復興段階でソ連からの独立後の混乱が加わり，1990 年代末頃まで社会・経済的に不安定な状況がつづいた．

被災区域

最も被害が大きかったのは，断層の上盤で震源の直上に位置しているスピタクと西方のレニナカン，シュラカムート村である．スピタクでは，中層のアパートや一般家屋のほとんどが倒壊または損傷を受け，シュラカート村では，家屋の 100％が崩壊した（図6～図9）．

人的・社会的被害

スピタク地震 10 周年記念国際会議の時点でスピタク市長は，新設された住居に移ることができた市民は全体の 2～3 割程度で，残りはすべて仮設で居住していると報告した．一方では，最先端の免震技術を用いた新築の鉄筋コンクリート造もみられ，アンバランスな復興の状況がみえた．

物的・経済的被害

そのほか，家屋の被害率は，スピタクで100％，レニナカンで 80％，キロワカンで 20％程度とされる．

スピタクの低地部では，2 階建てのレストラン（図6）や石造の平屋の民家はすべて崩壊している．低地よりおよそ 30 m 高い丘陵部では，4～5 階建ての補強石造集合住宅が約 60 棟崩壊

図6 崩壊したレストラン，スピタク
[出典：石原研而，「アルメニア・スピタク地震の概況」，自然災害科学，8-1，p.33(1989)]

図7 半壊した建物，スピタク
[© C. J. Langer(U. S. Geological Survey)]

図8 レニナカンの崩壊した建物
[© Shirak Regional Museum, Armenia]

5章 地震災害

図9　改修中の劇場建物，スピタク

図10　屋根が崩壊した劇場内部

図11　建設途中のPCのRC造建物

している。

インフラ・建築物被害の特徴

旧ソ連では，市民のための共同住宅の構造はプレキャスト（PC）の鉄筋コンクリート（RC）造が一般的である。図11，図12にみるように，工場生産のRC造のPCパネルを組み上げていく乾式の工法で，工期の短さや大量生産が可能なことなどから，旧ソ連圏内の国々や東欧で広く用いられていた。

今回の地震で多くの死傷者を出したPC造アパートのパンケーキクラッシュ型の崩壊は，パネル間のジョイント部のディテールと施工に問題があったとする指摘がある。実験ではパネルの強度に問題はみられなかったが，ジョイントは単純な小片プレートの溶接のみの継手になっていた。

また，広大な国土を有する旧ソ連圏内では，地域や共和国により地震の発生確率や地盤条件が大きく異なっているが，建築関連法規や耐震

図12　建設中のPCのRC造建物

図13　崩壊したままの劇場建物

基準の地域対応が不十分だったといわれている。

この事例の概要と特徴

今回の震災から10周年の記念国際会議の時点でも，多くの人々が図14にみるようなヨーロッパからの支援による"瀟洒な"仮設住宅に居住していた。10年目の建物の内部には隙間が多く，イタリア風の住宅は厳しいアルメニアの冬の寒さに耐えられないと住民が語っていた。また，トルコの地震の復旧支援で日本の応急仮設住宅が送られたことがある。現地では，職人や技術者が規格の違う建物の建設に苦慮していると報道された。

図14 イタリア支援の応急仮設住宅

応急あるいは仮設の名称から，一時しのぎの建築物のイメージが強いが，"先進国"日本の阪神・淡路大震災でも仮設住宅から完全に住人が転居できるのは，5年目以降のことである。

10年単位で人が居住する建築物に対し，建築家や行政には，簡便性の追及のみではなく，地域性や居住性にまで踏み込んだ企画・設計が望まれる。

参 考 文 献

1) 岡田恒夫,『アルメニア・スピタク地震の被害に学ぶ』, 日本建築センター出版部 (1990).
2) 北嶋秀明,「スピタク地震10周年記念国際会議総合報告書」, JICA (1998).
3) "THE 2nd INTERNATIONAL CONFERENCE ON EARTHQUAKE HAZARD AND SEISMIC RISK REDUCTION", Commemorating the 10th Anniversary of the Spitak Earthquake, YEREVAN Proceedings, pp. 15-21 Sep. 1998.
4) 石原研而,「アルメニア・スピタク地震の概況」自然災害科学, 8-1 (1989).
5) 井上隆司, 隈澤文人俊, 中埜良昭, 岡田恒男,「1988年スピタク地震によるプレキャスト鉄筋コンクリートフレーム構造物の地震応答解析：その2 多質点せん断系モデルによる解析多質点せん断系モデルによる解析」日本建築学会大会学術講演梗概集（東北）(1991).
6) 北嶋秀明,「海外事情報告（アルメニア）」圧接, **33**(3), 11 (1998).

ルードバール地震

20世紀イラン最大の震災犠牲者

発生地域：イラン，ギーラーン州

国民1人あたりのGNI（世界銀行2013）上位中所得国グループ

発生年月日：1990年6月20日
発生時間：午後9時00分（GMT）
震央：北緯36°49.00′，東経49°24.51′
震央深さ：10 km
マグニチュード：7.8
人口（2010）：74,462,000人
国土の総面積（2012）：1,628,750 km^2
死亡者数：40,000人
負傷者数：60,000～105,000人
被災者数：105,000～400,000人

【地震】

地表に表れたクラック
[出典：佃 為成，酒井 要，橋本信一，M. R. Gheitanchi, 鈴木 均，S. Soltanian, P. Mozaffari,「1990年イラン北西部ルードバール地震の被害や地変の観察と聞込み調査」東京大学地震研究所彙報，66, 452(1991)]

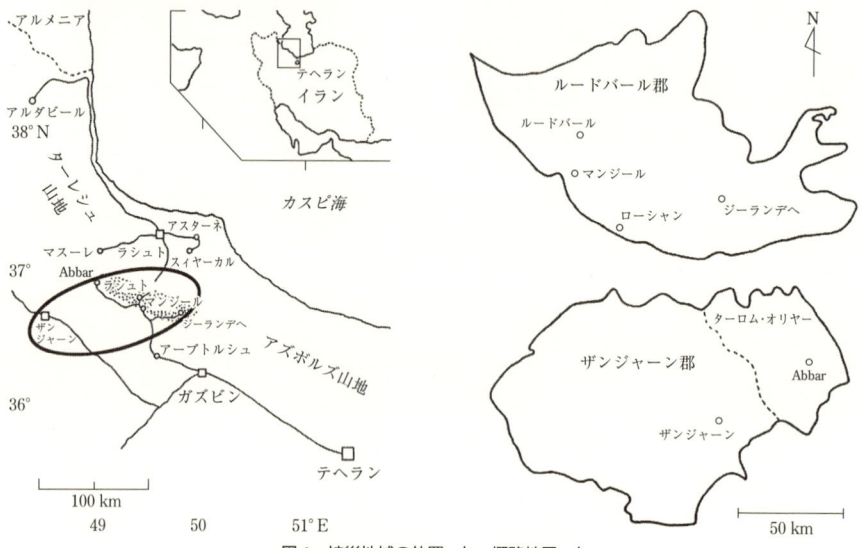

図1 被災地域の位置-左，概略地図-右
[出典：佃 為成，酒井 要，橋本信一，M. R. Gheitanchi, 鈴木 均，S. Soltanian, P. Mozaffari,「1990年イラン北西部ルードバール地震の被害や地変の観察と聞込み調査」東京大学地震研究所彙報，66, 左 p. 420, 右 p. 425(1991)]

図2 被災したマンジールの市街地
[出典：佃 為成，酒井 要，橋本信一，M. R. Gheitanchi, 鈴木 均，S. Soltanian, P. Mozaffari,「1990年イラン北西部ルードバール地震の被害や地変の観察と聞込み調査」，東京大学地震研究所彙報，66, 443 (1991)]

図3 被災したルードバールの病院
[出典：佃 為成，酒井 要，橋本信一，M. R. Gheitanchi, 鈴木 均，S. Soltanian, P. Mozaffari,「1990年イラン北西部ルードバール地震の被害や地変の観察と聞込み調査」，東京大学地震研究所彙報，66, 447 (1991)]

この事例の概要と特徴

震源地は，図1にみるように，首都のテヘランから北西に約250 kmのカスピ海沿岸の山地を切り開いて海に注ぐ，セフィードルード川の谷間のルードバールの町近くである。イランの過去の地震活動は，最近100年間では平均5.6年，最近50年間では平均3.8年に1回の割合でM 6.8～7.4級の地震が発生している。直近では1981年にM 7.3級のケルマーン地震，1978年にはM 7.4のタバス地震が発生している。

今回の地震の人的被害は約4万人と推定されており，イランの震災史上最大の犠牲者数になった。犠牲者数に関しては，報告された統計により大幅な違いがあるが，激震地域の町や村では死亡率が最高47％，ほかにも10～30％程度の地域が多数みられる。

建物被害の統計もまちまちだが，ギーラーン州政府によれば激震地では210の村や町で23,000戸がほぼ全壊しており，州全体では46,000戸がほぼ全壊，10％以上破壊された建物は120,000戸に上るという。地震に脆弱な組積造構造の建築物と人口の急激な増加による建物の安易な高層化などが，最悪な人的被害の要因と考えられる。

参考文献

1) 佃 為成，酒井 要，橋本信一，M. R. Gheitanchi, 鈴木 均，S. Soltanian, P. Mozaffari,「1990年イラン北西部ルードバール地震の被害や地変の観察と聞込み調査」，東京大学地震研究所彙報，66, 419-454 (1991).

2) 石原寛之，村上處直，佐土原 聡，「イランマンジール地震現地調査並びに，被災地に対する国際協力のあり方に関する研究」日本建築学会大会学術講演梗概集（東北）(1991).

3) T. Tsukuda, K. Sakai, S. Hashimoto, M. R. Gheitanchi, S. Soltanian, P. Mozaffari, N. Mozaffari, B. Akashen, A. Javaherian, "Aftershock Distribution of the 1990 Rudbar, Northwest Iran, Earthquake of M 7.3 and Its Tectonic Implications" 東京大学地震研究所彙報，66(2), 351-381 (1991).

フィリピン地震

ピナツボ火山噴火のトリガー？

発生地域：フィリピン，ルソン島

倒壊したバギオ市のホテル
［© The Hawaiian WebMaster］

国民1人あたりの GNI（世界銀行 2013）低位中所得国グループ
発生年月日：1990 年 7 月 16 日
発生時間：午後 4 時 26 分（現地夏時間）
震央：北緯 15.68°，東経 121.25°
震央深さ：36 km
マグニチュード：7.7
人口（2010）：93,444,000 人
国土の総面積（2012）：300,000 km^2
死亡者数：1,700 人以上
負傷者数：3,500 人

【地震】

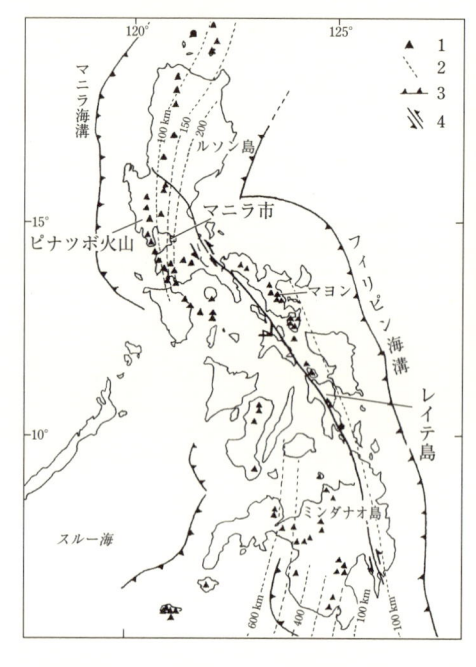

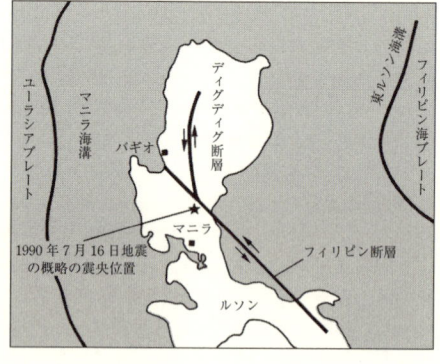

図1 ピナツボ火山の位置（左）と，断層と震央の位置（右）
1：火山，2：ベニオフ帯上面の深さ，3：プレート境界，4：フィリピン断層（左横ずれ）
［出典：（左）金子史朗，『火山大災害』，p. 89, 古今書院(2000)．（右）B. A. ボルト 著，松田時彦，渡邊トキエ 訳，『地震』，p. 95, 古今書院(1995)］

被災地の状況

今回の地震は、震央から西へ100kmほど離れたピナツボ火山の翌年(1991)の噴火(➡ p.454)の一つのきっかけになった、との指摘がある。今回の地震の2～3週間後、ピナツボ火山の山頂付近に割れ目が生じ、煙が立ち上るのが目撃されている。フィリピン火山・地震研究所による8月5日の調査の結果、地震と大雨によるものと判断されたが、その8ヵ月後に噴火した。

被災区域の特徴

フィリピン群島における地震の危険性については、明治時代のイギリス人東大教授のジョン・ミルンが1880年のルソン地震に関連して指摘している。フィリピン群島は、太平洋プレートとフィリピン海プレートという主要なプレートの間に位置している。図1左にみるように、溝状の顕著な断層帯がルソン、レイテ、ミンダナオの各島を横切っている。

今回の本震と余震は、フィリピン断層とディグディグ断層の長さ110km以上にわたるすべりによるものである。ディグディグ断層では、イムガン付近で水平方向に最大6.1m、鉛直方向に2mのずれが観測されている(図1(右)、図2)。

被害の状況

とくに被害の大きかった地域はバギオ市、アゴー市、ダグパン市などで、各地の震度は気象庁震度階でV(強震)程度と考えられている。

図3　橋桁が落下したマグサイサイ橋
[出典:日本建築学会第1次調査隊 江戸宏彰、「フィリピン地震速報」 structure, No.36, p.10(1990)]

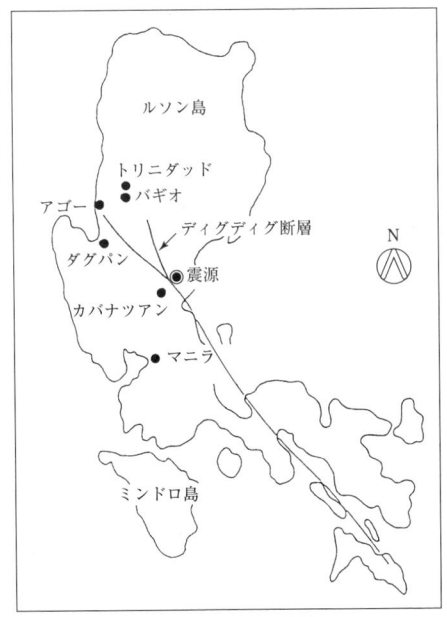

図2　震源地と被災地域
[出典:斎見恭平,楠川邦輔,永田敬雄,梅田幹夫,多賀雅泰、「1990年フィリピン地震調査報告」structure, No.37, p.78(1991)]

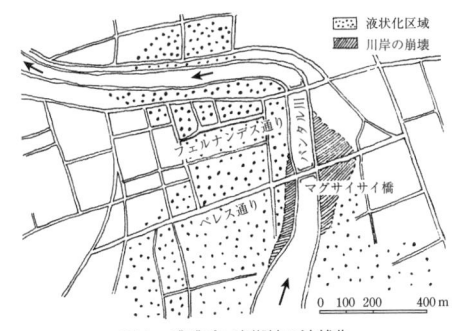

図4　ダグパン市街地の液状化
[出典:斎見恭平,楠川邦輔,永田敬雄,梅田幹夫,多賀雅泰、「1990年フィリピン地震調査報告」structure, No.37, p.82(1991)]

被災地域はルソン島の中心地域一帯で、約240km離れたマニラでも建物に被害が出た。最大の被害が出たバギオ市では、川沿いの軟弱な沖積土の地盤上に建てられた構造物が崩壊し、各所で大規模な地すべりが発生して高速道路を遮断している。

人口約13万人のダグパン市を含むリンガエン湾沿いの都市では、図4に示すように広範囲な地域で液状化による構造物の被害がみられた。町の地盤は、液状化の可能性の高い埋立による緩い砂層(3～5m)、その下にやや締まった沖積砂層(約10m)で粘土層につづいている。

市内を流れるパンタル川流域の川岸の崩壊もみられる。

インフラ・建築物被害の特徴

地震動による建物被害は、バギオ市、アゴー市などで多くみられた。

バギオ市は、標高約1,500mの山岳地にある人口約14万人の避暑地・学園都市である。市内の建物被害は、最大ホテルのタワー棟(RC造11F, B1F)およびテラス棟(RC造7F, 大吹抜)やRC造9階建てのホテルなどのパンケーキクラッシュ、低層部、中層部の途中階が完全に崩壊したものが目立っている(図7～図9)。市の調査では、調査対象1,300棟のうち、18%(約230棟)が取壊し、68%(約880棟)が補修、その他の14%(約180棟)が検討中とされる。

図5 無被害のマルコス大学教育センター(アゴー市)
[出典:斎見恭平,楠川邦輔,永田敬雄,梅田幹夫,多賀雅泰,「1990年フィリピン地震調査報告」structure, No. 37, p. 81(1991)]

図7 パンケーキクラッシュ崩壊(バギオ市ホテル)
[出典:日本建築学会第1次調査隊 江戸宏彰,「フィリピン地震速報」structure, No. 36, p. 10(1990)]

図6 マルコス大学図書館の短柱被害
[出典:斎見恭平,楠川邦輔,永田敬雄,梅田幹夫,多賀雅泰,「1990年フィリピン地震調査報告」structure, No. 37, p. 81(1991)]

図8 テラス棟の傾斜柱の倒壊(バギオ市ホテル)
[出典:斎見恭平,楠川邦輔,永田敬雄,梅田幹夫,多賀雅泰,「1990年フィリピン地震調査報告」structure, No. 37, p. 79(1991)]

図9 不同沈下による建物傾斜（ダグパン市）
[出典：日本建築学会第1次調査隊 江戸宏彰,「フィリピン地震速報」*structure*, No.36, p.10 (1990)]

アゴー市は，バギオ市へ向かう山岳ハイウェイの起点にあり，人口約5万人の平坦な町である。調査対象のマルコス大学は，建物被害は無被害から大破までさまざまで，地震発生後2ヵ月の調査時には授業を再開している（図5，図6）。

この事例の概要と特徴

地球上の火山の分布図と海溝の位置との関係などから，日本やフィリピンなどの弧状列島の火山の成立と海溝が密接に結びついていることが知られている。海溝の位置と海洋プレートの沈み込みによる地震発生メカニズムから，地震と火山噴火の関連性が取り沙汰される。

いまだ学術的な解明はなされていないが，地震と火山噴火の発生メカニズムの関連は，今回と同様に数多く事例で指摘されている。今回の地震直後にその調査を実施したフィリピン火山・地震研究所は，翌年起こるピナツボ火山の大噴火との関連性は指摘しなかった。しかし，その積極的な姿勢が翌年の大噴火に際し，少ない犠牲者数にとどめられたと評価されている。6月のクライマックスを前に，4月末には米国地質調査所（USGS）の応援を求め，共同で緊急時ほかの対応にあたっている。予知のむずかしさを承知のうえ，非難覚悟で噴火予測や災害情報を流し，最終的に避難勧告を実施している。

近年，原子力発電などの分野で進められている学術的な研究者と住民との間を結ぶ"技術コミュニケーション学"は，むしろ途上国などでの積極的な試みから端緒が開かれる可能性が期待できる。

参 考 文 献

1) 斎見恭平，楠川邦輔，永田敬雄，梅田幹夫，多賀雅泰,「1990年フィリピン地震調査報告」*Structure*, No.37, pp.77-82 (1991).
2) 日本建築学会第1次調査隊 江戸宏彰,「フィリピン地震速報」*structure*, No.36, p.10 (1990).
3) B.A.ボルト 著，松田時彦，渡邊トキエ 訳,『地震』, 古今書院（1995）.
4) 金子史朗,『火山大災害』, 古今書院（2000）.
5) B.A.ボルト 著, 金沢敏彦 訳,『SAライブラリー19 地震』, 東京化学同人（1997）.

フローレス島地震

発生地域：インドネシア，小スンダ列島

バリ島の寺院

国民1人あたりのGNI（世界銀行2013）低位中所得国グループ
発生年月日：1992年12月12日
発生時間：午後1時29分（現地時間）
震央：南緯8.482°，東経121.930°
震央深さ：28 km
マグニチュード：7.8
人口（2010）：240,676,000人
国土の総面積（2012）：1,910,931 km^2
死亡者数：2,080人
負傷者数：2,622人
全壊建物：住居 28,118戸
　　　　　学校 785棟
　　　　　モスク（回教寺院）307棟
　　　　　商店・事務所 493棟

【地震】

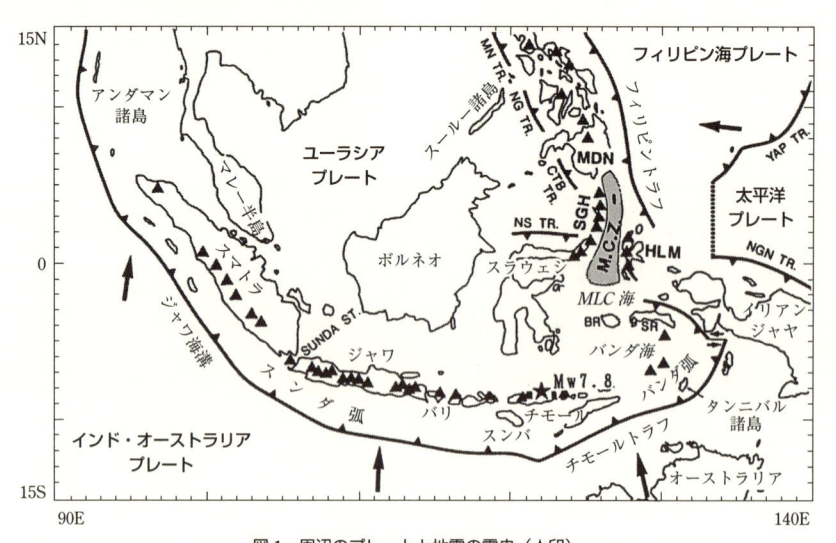

図1　周辺のプレートと地震の震央（★印）

［T. P. Nanang, Y. Miyatake, K. Shimazaki, K. Hirahara, "Three dimensional P-wave velocity structure beneath the Indonesian region", *Techtonophysics*, **220**, 175 (1993)］

17,500の島国の地震と津波

インドネシアの国土は，東西およそ5,000 kmの間に約17,500の島々が散らばる列島で構成されている。このため，大地震の発生直後に大津波が襲い，地震動と津波の両方の被害を受ける事例が多い。同時に，多数の火山島があるため，過去には噴火爆発を伴った地震も少なくない。

今回の犠牲者の数は，州政府，県庁，地方官署などで発表するデータが大きく異なり，全体の正確な統計をとることが困難であった。これは島や地域により状況がまったく異なるため，死傷の原因が地震動か津波かを特定することがむずかしいためとされている。一般的に，津波の被害のない県では建物の崩壊によるものと考え，逆に全壊建物の少ない県では津波による割合が高いと推定される。全体として死者の約半数は，地震直後に来襲した津波によるものとみられる。

被災の状況と死者・行方不明者の扱いは，地震の場合と津波の場合で大きく異なる。現地では"津波の死者数は最終的な統計数字に収束しにくく，地震動による死者数はすぐに収束する"といわれる。津波による死者の数は，海に流されるなどして特定しにくいが，地震による死者は，運び去られることが少ないためとされる。今回の地震・津波の犠牲者数に関する混乱の理由に，"数百人の島民がまとまって本土に脱出した例"や"数 kmの海峡を自力で泳いで渡った人の例"などがあげられている。

津波の被災後は，地震時と異なり住居だけでなく食料，飲料水，家具，寝具などから金銭まで流されるため，衛生上の理由以外にも居住できずに移住せざるを得なくなることが多い。

歴史的・文化的な背景

今回の地震・津波の特徴は，1983年5月26日に日本の秋田沖で発生した日本海中部地震（M 7.7，死者・不明100名）と同年7月12日の北海道南西沖地震（同200名以上）で奥尻島を襲った津波と発生メカニズムが似ている。日本の場合の活動帯は，ユーラシアプレートと北アメリカプレートの境界で，一方，インドネシアの場合は，ユーラシアプレートに南からインド洋プレートが沈み込むジャワ海溝の背後で起きている（図1）。

インドネシアでは，1900年以降，今回まででM 7以上の地震が20回発生している。そのうちの12回が，津波を伴った地震である。地震津波による死者数としては今回が最大である。12月26日の現地の災害対策本部の公表によれば，死者数は2,080人である。

1896年以降にフローレス島周辺で起きた被害地震は，11回の記録がある。20世紀にスマトラ島地域を除くインドネシア主要部で起きた地震は，全体では時期によらずに均等に発生しているが，フローレス島周辺地域に限ってみると1962年以降やや被害地震の発生頻度が高くなっている（図2）。スンバワ島南方の1977年の巨大地震（M 8.2）が"活発時期"の最初である。日本でもみられる，巨大地震が海溝で起きた後に，島弧背後（backarc）で被害の多い時期がくる例と考えられている。

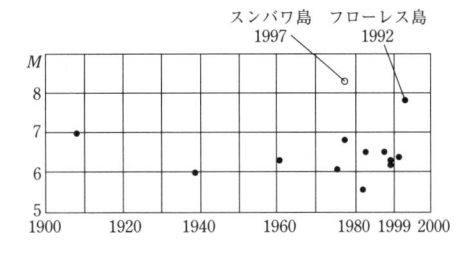

図2 1900年以降の島周辺での大地震
［出典：都司嘉宣，「インドネシアに津波警報システムを構築するには」沿岸海洋研究，35(2)，162(1998)］

自 然 環 境

図3にみるように，フローレス島は首都ジャカルタの東方約2,000 kmに位置している。島の規模は，人口約140万人，東西約360 km，南北12～70 kmの比較的大きな細長い火山島である。島の中央部には，2,000 m級の山脈が

5章 地震災害

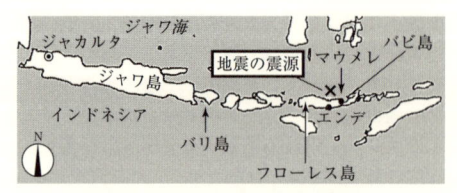

図3 フローレス島の位置と震源
[出典：河田惠昭，都司嘉宣，松富英夫，今村文彦，松山昌史，高橋智幸，「1992年12月12日インドネシア・フローレス島地震による津波災害の特性とその教訓」自然災害科学 J. JSNDS, **12**(1), 64 (1993)]

東西に走っている．山脈の北部は乾燥域，南部は湿潤域で，南北で林相が明確に異なっており，北部山岳部では無木地帯も多くみられる．

地形の特徴

図4にみるように，最大の津波高はクロコ地区の26.2 m で，バビ島の7.3 m，ウリン地区の5.3 m などとなっている．図5にバビ島における津波の波高と流速の時間変化の数値計算の結果を示す．結果は痕跡調査の結果とよく一致しており，5～7 m の波が襲ったことが推測される．これは，津波がバビ島の対岸のフローレス島で反射し回折波が重なった可能性がある．このため，山の畑で農作業中の人を除き住民は高い割合で犠牲になった．

震源域の状況

津波発生のメカニズムが似ている日本とインドネシアの場合，過去の地震発生後，きわめて短時間のうちに津波が海岸を襲っている．フローレス島の場合，北海岸が津波に襲われたのは地震からわずか3分～5分後である（表1）．秋田沖の場合は，最も震源に近い所で7分後に海岸に達している．今回の地震には，地震発生

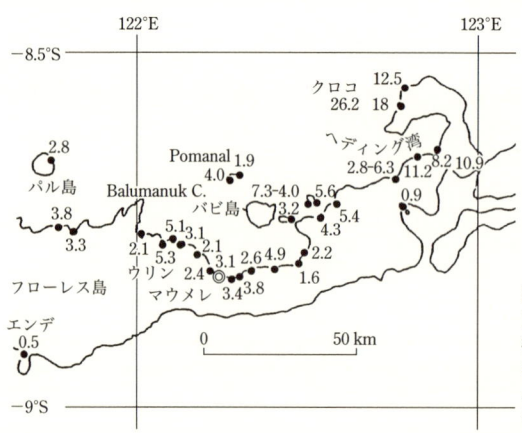

図4 各地の津波高の分布
[出典：河田惠昭，都司嘉宣，松富英夫，今村文彦，松山昌史，高橋智幸，「1992年12月12日インドネシア・フローレス島地震による津波災害の特性とその教訓」自然災害科学 J. JSNDS, **12**(1), 69 (1993)]

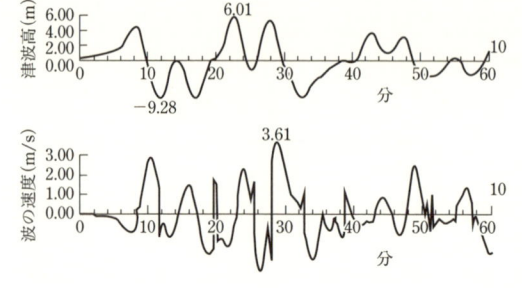

図5 波の速度と津波の高さの時間経過（バビ島）
[出典：河田惠昭，「1992年インドネシア・フローレス島地震津波及び1993年北海道南西沖地震津波の調査」京都大学防災研究所年報，第37号A, p. 151 (1994)]

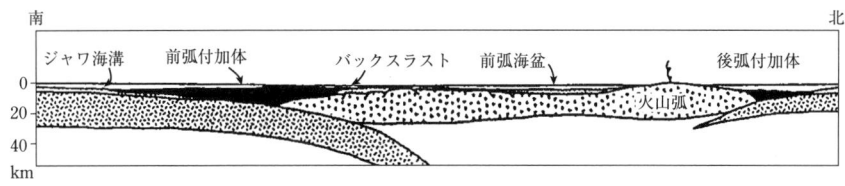

図6 フローレス島付近のプレート構造

後短時間で到達する津波の際に居住者の生死を分ける要因，日常の心構えなど，今後の津波対策への教訓が多く含まれている。日本で発生が憂慮されている東海地震などが起きた場合，今回と同様，駿河湾の西は瞬時に津波に襲われると推測される。

地震発生のメカニズム
震央はフローレス島の北約 10 km の海中で，震源域は沿岸陸上部にまで及んでいる。図6にみるように，東西方向に延びるオーストラリアプレートが島の南部でアジアプレートの下に沈み込んでいる。震源がプレート境界から離れて島の北部で発生していることから，メカニズムと規模が日本海中部地震と似ているとの指摘がある。

過去の大地震
1629年以降，今回のような津波を伴う地震が45回発生しているとの報告がある。

被災地の状況

地震−津波発生のメカニズムはいまだ解明されていない部分が多い。津波の反射や回折あるいは局所的な海底地盤の大きな変動による変形や波高が大きくなるメカニズムなどの解明が求められている。

被災区域
被災地では津波防災に関する対策はまったくなされておらず，地震発生直後に避難した住民は皆無である。彼らは，地震の後に潮が引き始め海底が見え始めたことや海からの異音と高波

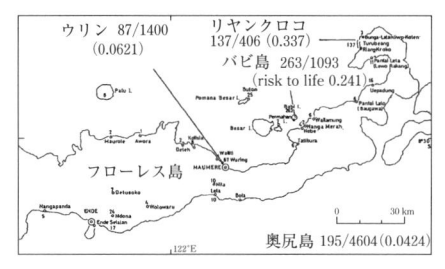

図7 地域別の犠牲者数と死亡率
死亡リスク＝死亡数/住民数
［出典：河田惠昭，「1992年インドネシア・フローレス島地震津波及び1993年北海道南西沖地震津波の調査」，京都大学防災研究所年報，第37号A，p.148(1994)］

が観測されてから急遽避難を始めている。このため，今回の地震や津波の規模の割には大きな人的被害を広範囲に出してしまった。

人的・社会的被害
図7に各地域の死亡者数と死亡率（死者数/住民数）を示す。とくに，ウリン地区，バビ島，リヤンクロコ地区が，死者数および死亡率が高い。フローレス島全体では，地震と津波による犠牲者数はほぼ等しかったと推測されている。

物的・経済的被害
大きな被害を出した沿岸各地では，自然海岸線と背後の地域に多くの集落が形成されている。政府はこれらの地域や島の居住を禁止しようとしている。今後の対策が，100年に1回程度の地震・津波の可能性に住民の日常生活が犠牲にならないかたちで講じられるべきである。

沿岸各地での住民アンケート（約150人）
表1と図8に参考文献2）による，地震発生

表1 津波来襲時間の住民の回答

No.	1	2	3	4	5	6	7	8	9	10
時間	1分	1～2分	1～5分	2分	2～3分	2～5分	3分	4分	5分	10分
人	6	8	1	10	29	6	11	3	24	1

［出典：河田惠昭，都司嘉宣，松富英夫，今村文彦，松山昌史，高橋智幸，「1992年12月12日インドネシア・フローレス島地震による津波災害の特性とその教訓」自然災害科学 *J. JSNDS*, **12**(1), 68(1993)］

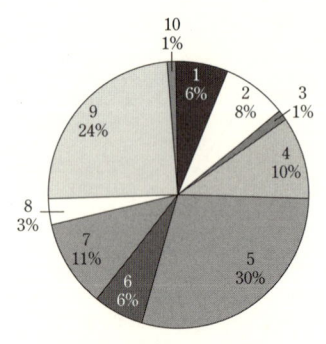

図8 津波来襲時間の住民の認識
表1をグラフ化
［出典：河田惠昭，都司嘉宣，松富英夫，今村文彦，松山昌史，高橋智幸，「1992年12月12日インドネシア・フローレス島地震による津波災害の特性とその教訓」自然災害科学 *J. JSNDS*, **12**(1), 68(1993)］

図9 被災した高床式住居
［出典：河田惠昭，「1992年インドネシア・フローレス島地震津波及び1993年北海道南西沖地震津波の調査」京都大学防災研究所年報，第37号A, p.149(1994)］

図10 最高の津波高25.2 mのリヤンクロコ
［出典：河田惠昭，「1992年インドネシア・フローレス島地震津波及び1993年北海道南西沖地震津波の調査」京都大学防災研究所年報，第37号A, p.151(1994)］

後の津波来襲時間についての住民に対するアンケート結果を示す．住民の多くは腕時計などを所持していないので，回答はおもに住民の主観的なものである．回答者の99人中1人を除いて全員5分以内と答えており，地震直後に津波が来襲したことがわかる．また，同アンケートによれば，事前に津波について知っていたと答えたものは9人で，ほとんどが津波来襲後に避難したとみられる．

インフラ・建築物被害の特徴

地震による死者の大多数はレンガ組積造建物の倒壊によるもので，瞬時に亡くなっている．全壊した学校の建物数は785棟と報告されているが，地震発生日が金曜日でイスラム教の休日のため学童の被害が少なかった．

図9にみるように，ウリン地区の住居はほとんど竹と木材を用いた高床式で，床下は1.2～1.5 mの高さがある．図12では，流失した家屋と残った家屋がみられる．これは，海岸際の建物が津波に破壊され，隣接する家屋を次々に破壊していったものと考えられる．半島状に突き出たこの地区の沖には東西に島があるため，島で回折した津波が東と西から来襲している．

基礎がレンガ組積造のモスクなどの建物は流失しなかったが，津波による浸水と地震による壁の亀裂などの損傷で建てなおす必要がある．

図11 全家屋が流された村
[出典：河田惠昭,「1992年インドネシア・フローレス島地震津波及び1993年北海道南西沖地震津波の調査」京都大学防災研究所年報, 第37号A, p.150(1994)]

図12 津波被害を受けたウリン村
[出典：河田惠昭,「1992年インドネシア・フローレス島地震津波及び1993年北海道南西沖地震津波の調査」京都大学防災研究所年報, 第37号A, p.150(1994)]

この事例の概要と特徴

今回の地震・津波で多数の犠牲者を出した原因は明らかで,津波の警報システムが整備されていなかったことと,住民の津波に対する知識がほぼ皆無であったことである。地震による死者数と津波による死者数が半々と推定されているが,後者の多くは日頃の避難教育で救われた可能性が高い。

今回の地震・津波による死者数は2004年のスマトラ沖地震・津波（➡ p.380）が発生するまでインドネシアでは最大であった。

"地震防災"あるいは"津波防災"などの災害種ごとに異なる対策を講じる現況は,いくつかの災害リスクに同時にさらされている地域には有効的とはいえない。地域に居住する住民の視点からハード面とソフト面の準備がなされるべきである。

参 考 文 献

1) 都司嘉宣, 今村文彦, 河田惠昭, 松富英夫, 武尾 実, 伯野元彦, 渋谷純一, 松山昌史, 高橋智幸,「1992年インドネシア国フローレス島地震」月刊地球, **32**(9), 505-515 (2010).
2) 河田惠昭, 都司嘉宣, 松富英夫, 今村文彦, 松山昌史, 高橋智幸,「1992年12月12日インドネシア・フローレス島地震による津波災害の特性とその教訓」自然災害科学 *J. JSNDS*, **12**(1), 63-71 (1993).
3) 河田惠昭,「1992年インドネシア・フローレス島地震津波及び1993年北海道南西沖地震津波の調査」京都大学防災研究所年報, 第37号A, pp.145-167 (1994).

マハラシュトラ地震

低ハザード地域の多数の犠牲者

発生地域：インド，マハラシュトラ州

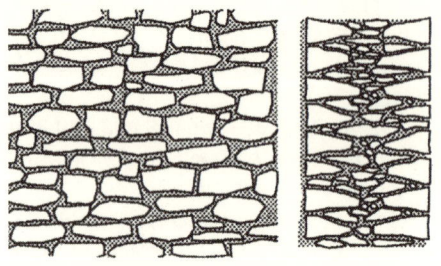

組積造建物の外壁の不整形な石積み
[出典：坂井 忍，鏡味洋史，「1993年インド・マハラシュトラ地震の被害調査報告 (2) 建物被害」日本建築学会大会学術講演梗概集(東海), p.316(1994)]

国民1人あたりのGNI（世界銀行2013）低位中所得国グループ
発生年月日：1993年9月30日
発生時刻：午前3時56分（現地時間）
震央：北緯18°20′，東経76°7′
震央深さ：浅い
マグニチュード：6.0～6.5
人口（2010）：1,205,625,000人
国土の総面積（2012）：3,287,263 km^2
死亡・行方不明者数：9,782人
被災者数：約200万人
被害総額：約13億USドル

【地震】

図1 ラトゥールの被災状況
[© 1999, Bochasanwasi Shree Akshar Purushottam Swaminarayan Sanstha, Swaminarayan Aksharpith]

図2 震央×と地震域
[出典：鏡味洋史，坂井 忍，「1993年インド・マハラシュトラ地震の被害調査報告 (1) 被害の概要」，日本建築学会大会学術講演梗概集(東海), p.313(1994)]

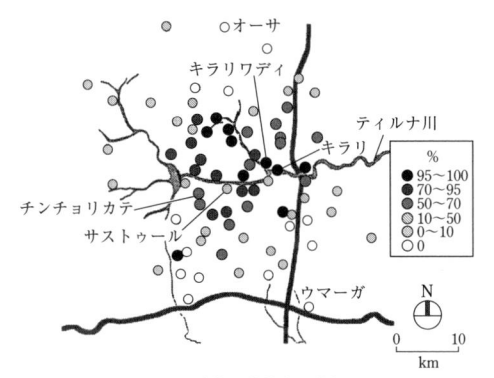

図 3　建物の全壊率の分布
[出典：鏡味洋史，坂井 忍，「1993年インド・マハラシュトラ地震の被害調査報告 (1) 被害の概要」日本建築学会大会学術講演梗概集（東海），p.314(1994)]

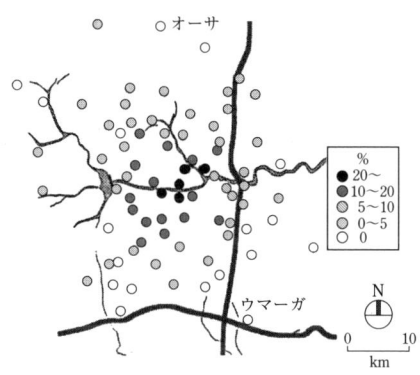

図 4　死亡率の分布
[出典：鏡味洋史，坂井 忍，「1993年インド・マハラシュトラ地震の被害調査報告 (1) 被害の概要」日本建築学会大会学術講演梗概集（東海），p.314(1994)]

この事例の概要と特徴

　被災地のマハラシュトラ州は，地震危険度が低いとされる標高600～700mのデカン高原の中部に位置している．近傍での今回の本震の記録は得られていないが，後にデータが得られた余震域と被害の集中域は一致している．被害の集中域は同州のラトゥール県，オスマナバード県の40の農村部で，死者が発生した地域は，図2の直径40kmの円内に限られている．そのうちの32村の建築物は全壊が100%で，死者数が両県のみでも7,494人となっている．図4のキラリ村の死者率が7.2%，最大のチンチョリカテ村が14.6%である．死者率が20%を越える村が7村もあり，M 6.0～6.5，加速度が0.15galに満たない地震の規模に比して異常に大きな数値を示している．
　特徴的なのは，住家のほとんどが倒壊しているのに対し，道路，橋梁，ダムなどのインフラにはほとんど被害がみられないことである．被害が建物に集中したのは，豊富な石材を用いた組積造構造の非耐震性にあると考えられる．冒頭の断面図にみるように，断熱効果を考えた厚さ60～100cmの壁は不整形で，モルタルとして使われている土には張力が期待できない構造が大部分である．長年，雨風に曝されて空積み状態の組積造も多くみられた．最貧層の住家は，茅葺の掘立小屋のため多くは崩壊を免れている．

参考文献

1) 鏡味洋史，坂井 忍，「1993年インド・マハラシュトラ地震の被害調査報告 (1) 被害の概要」，日本建築学会大会学術講演梗概集（東海）(1994).
2) 坂井 忍，鏡味洋史，「1993年インド・マハラシュトラ地震の被害調査報告 (2) 建物被害」，日本建築学会大会学術講演梗概集（東海）(1994).
3) アジア防災センター，「インド カントリーレポート 1999」，アジア防災センター (1999).

阪神・淡路大震災

発生地域：日本，兵庫県南部

無傷の新耐震基準の建物

国民1人あたりの GNI（世界銀行 2013）高所得国グループ
発生年月日：1995（平成 7）年 1 月 17 日
発生時間：午前 5 時 46 分（現地時間）
震央：北緯 34°36′，東経 135°02′
震央深さ：16 km
マグニチュード：7.3
人口（2014）：127,064,000 人
国土の総面積（2012）：377,960 km^2
死亡者数：6,434 人
負傷者数：43,792 人
被害建物（全半壊合計）：約 25 万棟

【地震】

気象庁による命名：兵庫県南部地震

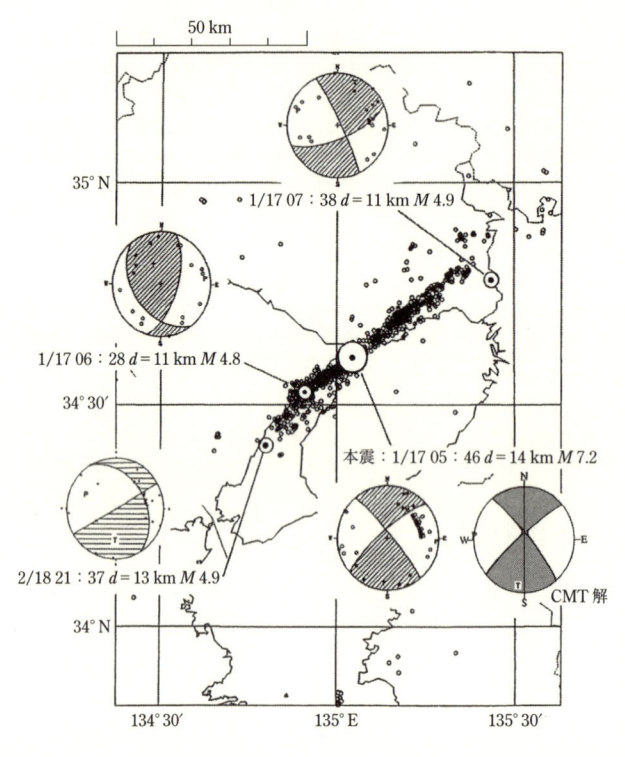

図1 震源とおもな被災地
［出典：吉川澄夫，伊藤秀美，「1995年兵庫県南部地震—近代都市直下に起こった大地震の報告」月刊地球，号外 No. 13, p. 33(1995)］

先進国の大都市直下型地震

"百万ドルの夜景"とうたわれた神戸も1月17日の夜は，日没後も全域でつづく停電の闇の中に各所で延焼する火災現場の明りが見えるだけだった．ネオンが輝く街の写真とともに"光が戻った"と報じられるのは，犠牲者の初七日と同じ1週間後のことである．今回の事例は，現代的な大都市におけるライフラインの重要性が再認識させられた災害でもある．

犠牲者の死因の約90%が家屋の倒壊などによる自宅での圧死であり，約87%が火災による焼死だった関東大震災（→ p. 205）のときと際立った違いをみせている．また，十数兆円といわれる物的被害総額のうち，約70%が建造物に関わるものと推定される"建築・インフラの災害"ともいえる．これは古い木造住宅などが密集する大都市・神戸の直下が襲われ，建造物に過大な地震力が加わったことがおもな理由とされている．

火災に関しては，出火率の高かった長田，中央，灘の3区と芦屋市のうちでも，長田区が延焼速度，大規模火災の比率がともに高かった．同じ火災多発地域でも，水利や建築物，道路などのインフラの整備状況や地域社会の違いが大火になる危険度を左右することを示している．

1995年の日本は，地震以外にも第二次世界大戦後の高度経済成長を経て豊かになった平和な国という自画像の変更を迫られた年でもある．"神戸"以前の"安全神話"や"技術神話"が，一つの災害や事件などのイベントで脆くも崩れ去るのを人々は目の当たりにした．今後の自然災害や人為的災害の対策には，技術的側面にとどまらず，"居住と災害"の視点から対応が求められている．

歴史的・文化的な背景

日本の大都市が被った壊滅的な地震被害という点で，1995年の阪神・淡路大震災と1923年の関東大震災は，多くの共通する側面とまったく異なる側面をもっている．

図2にみるように，日本列島では1800年から1950年までの150年間に，死者数が1,000人以上の大震災が16回起きている．20世紀では，前半の50年間に9回も発生した大震災が，後半の約50年間は1回も起きていなかった．これは，前半の大地震がほぼ内陸あるいは沿岸部で起こっていたのに対し，後半ではほとんどの大地震が海域で起きていたためである．

地震活動と地震被害の相関には，内陸と沿岸あるいは海域，西日本と東日本などの地域性があげられる．近年，マグニチュードが8前後の巨大地震は北日本に多い．20世紀前半が1回だったのに対し，後半だけで10回起きており，北日本の活発化が注目されていた．また，太平洋岸の東海地震，東南海地震，南海地震が近い

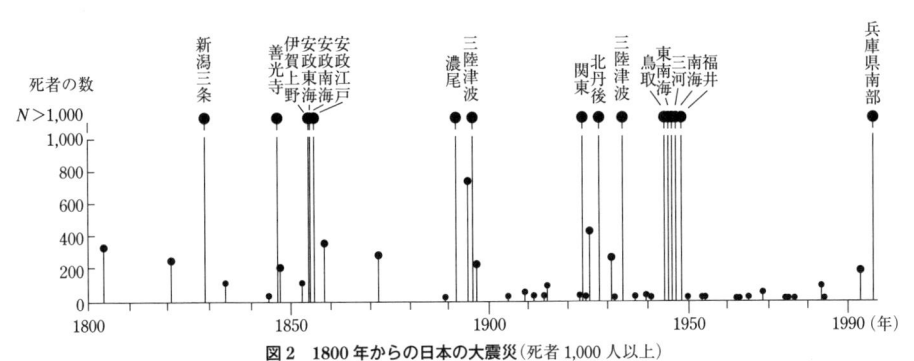

図2 1800年からの日本の大震災(死者1,000人以上)

[出典：茂木清夫，「1995年兵庫県南部地震—近代都市直下に起こった大地震の報告」月刊地球，号外No. 13, p. 6(1995)]

将来に発生することが予想され人々の耳目を集めていた。このために関西地方の観測網，防災対策が十分でなかった，との指摘もある。実際には，関東大震災以降だけをみても北丹後，鳥取，東南海，南海，福井地震など，西日本に大被害地震が多かった。

前述のように人的・物的被害のおもな誘因が，関東大震災では火災だったのに対し，今回の大震災では建物に関するものである。これは被害の規模・種類には，震央からの距離や建物地盤状況などのほか，地震発生時の季節，気象，時間などのさまざまな要因が複雑に影響することを示している。

自然環境

日本は大地震の多発国である。過去，何世紀にもわたり日本列島とその周辺では，東西南北くまなく大地震が発生している。20世紀に日本周辺で発生したM 7.0以上の地震の分布は，1950年以前と以降で大きく異なっている（図3）。

関西地方などの西日本から首都圏に転居した人たちの多くが，関東地方の有感地震の多さと大きさに驚く。図3左図の20世紀前半と右図の後半では，頻度・規模ともに東日本と西日本で大きな違いがある。1950年以降，西日本では大きな地震がほとんど起きていなかったのがわかる。人々の地震に対する皮膚感覚は，地域性などの居住環境に大きな影響を受けている。

地形の特徴

今回の被害建物の調査から，地形・場所によって地震動が大きく増幅されることが指摘されている。神戸の市街地は，傾斜地と平地の境界線に沿って東西に走るJR線沿いに開けている。この境界線の傾斜地側では，木造家屋の被害がほとんどないのに対し平地側で最も大きく，海岸側で再び少なくなっている。

地盤・地質の特性

瀬戸内海は，約120万年前頃から海水の影響を受け内海化した。第四紀中期（50万～60万年前）頃から山地は隆起し，平野は堆積盆を縮小し海成粘土層を累積させて沈降した。粘土層は六甲山地で500 mまで隆起し，大阪平野は-700 mまで沈下した。六甲山地はさらに隆起し，粗粒物質が山麓部に堆積して断層による地

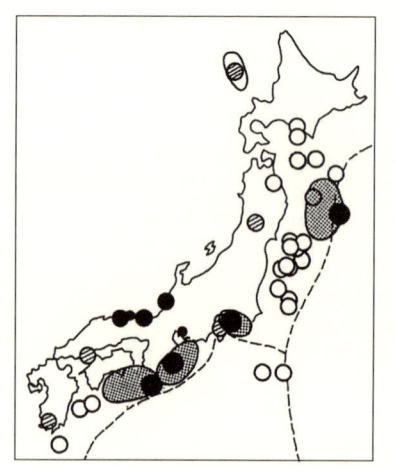

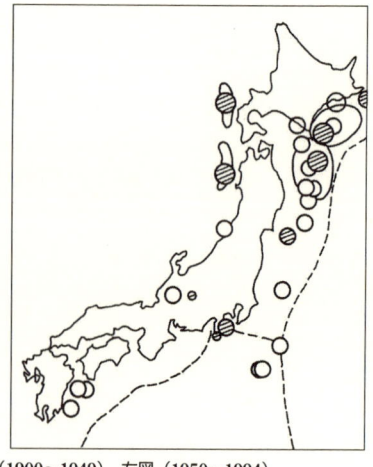

図3　日本列島周辺の20世紀の大地震：左図（1900〜1949），右図（1950〜1994）
丸印：震央，楕円：巨大地震の震源域，黒丸：死者1,000人以上，斜線のある丸印：死者1,000人以下10人以上，白丸：死者10人以下
［出典：茂木清夫，「1995年兵庫県南部地震―近代都市直下に起こった大地震の報告」月刊地球，号外 No. 13, p. 7(1995)］

震源域の状況

1946 年の南海道地震以降，西日本では地震活動が次第に低下した。1965 年頃から，今回の震源域の周辺で明瞭な低下が認められた。これは大地震の前によくある先行的静穏化と考えられ，専門家の間ではある程度その発生が予測されていた。1980 年代の半ば頃から活動がやや活発化していた。

今回の地震は他の内陸地震に比べて余震が少なかった（最大で M 4.9）。余震による大きな被害がほとんどなかったことも特徴の一つといえる。

地震発生のメカニズム

今回の地震は，六甲山東部から淡路島北部に至る六甲-淡路断層帯のうち，おもに南部が動いて発生した。図 5，図 6 に示すように，淡路島北部の野島断層に沿って明確なずれ変異が地表で観測されている。神戸-芦屋-西宮地域では，地表での明確な断層変位は観測されなかった。これは，神戸市以東では震源断層が比較的小さく上端が深く，有馬-高槻断層帯の活断層が未破壊で残されたためと考えられている。

過去の大地震の記録

今回の地震の発生前後には，猪名川地域，山崎断層などで地震活動が活発化していた。鳥取地震(1943)，東南海地震(1944)，南海地震(1946)の前後の 1932〜1949 年には，淡路島北部，大阪湾北部，山崎断層，猪名川地域，生駒断層，花折断層，三峠断層などの周辺で M 4〜6 級の連動性地震活動が発生している。

被災地域の状況

今回の震源は明石海峡直下の深さ約 16 km の地点で，図 6 に示すように震度 7 の地域が淡路島から神戸市の海岸線と JR 線の中間を鷹取から三宮，六甲道，芦屋市，西宮市，宝塚市までつづいている。

被害総額の 7 割にあたる建築物被害の特徴の一つは，地震力が表層の地盤特性に影響され，場所により顕著な増幅がみられることである。東灘区のある区域では，傾斜地（硬い花崗岩）の地動記録に比べ，約 1.5 km 離れた平地（軟らかい堆積層）上の方が 50 % 以上大きい観測結果がある。これは地盤条件に起因する境界域での増幅と考えられている。

被災区域

図 6 に示すように，被災区域には淡路島北淡町と神戸市須磨区から芦屋市，西宮市に至る長さ約 20 km，幅約 1〜2 km の「震災の帯」とよばれる木造家屋の倒壊率約 30 % 以上の地域がで

図 4　畝がずれた畑，野島断層

図 5　塀がずれた家，野島断層

336　5章　地震災害

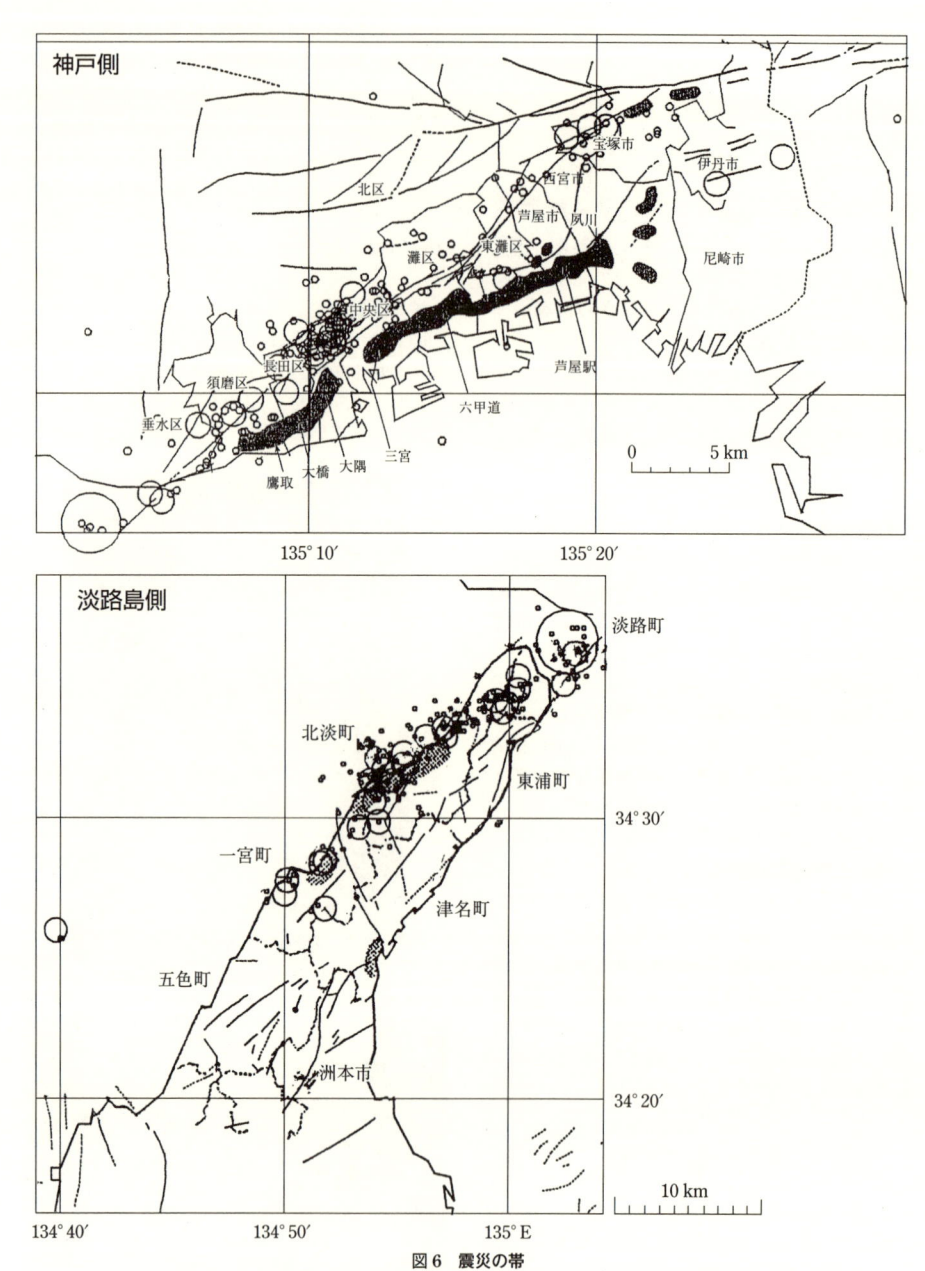

図6　震災の帯
アミ部分：震度7の領域，大きな丸：本震($M7.2$)，中間の丸：$M4〜5$，小さな丸：$M3〜4$
［出典：吉川澄夫，伊藤秀美，「1995年兵庫県南部地震―近代都市直下に起こった大地震の報告」月刊地球，号外 No.13, p.35(1995)］

きた。ある道路では，北側の家屋がほとんど無事なのに南側にガレキの帯がつづいている。この光景への明確な答はいまだない。地震力が増幅された原因として，前述の境界の表層地盤説のほか，直下の伏在断層説，不整形地盤説，古い家屋が多いとする説などが考えられている。

人的・社会的被害

兵庫県警は 1995 年 2 月に，犠牲者の死因のうち，圧死が全体の 89％と発表している。死亡者総数の約 7 割を占める神戸市の死因調査では，窒息死が 53.8％，圧死は 12.4％で，焼死・火傷 12.1％である。倒壊した家屋や家具で死亡した人が圧倒的に多い災害といえる。

同時に，直接的な犠牲者のほかに PTSD（心的外傷後ストレス障害）とよばれる深刻な後遺症が指摘された災害でもある。

物的・経済的被害

被害状況は，道路 9,403 ヵ所，橋梁 321 ヵ所，河川 427 ヵ所，崖崩れ 367 ヵ所で，ライフラインはピーク時で，水道断水 107 万戸，ガス停止 85 万戸，停電 1,112,000 戸，電話不通 285,000 回線である。鉄道は，高架，地価，地上いずれの軌道でも被害が生じた。

インフラ・建築物被害の特徴

今回は，1948 年の福井地震以降，気象庁が制定した震度 7「激震」級の地域が示された初めての大地震となった。おのおのの建築物の設計で準拠した耐震設計基準の 1971 年以前と以降，1981 年以降の違いで明確な被害の違いが出ている。また，木造家屋の全壊率が約 10％に至り釧路沖の 0.27％，三陸はるか沖の 0.13％などに比べ大きいのが特徴である。

この事例の概要と特徴

地震の発生直後の 1 月 18 日から活動し，日本で最初の本格的な建築物の応急危険度判定が実施され，図 7 に示す危険度別に赤・青・黄色の 3 色の調査票を貼り付けた。46,610 棟を判定した結果は，赤色：危険が 13.9％，黄色：要注意が 20.0％，緑色：調査済が 66.1％だった。

ライフラインの復旧状況は，図 8 に示すように電気，通信，水道，ガスの順である。発生時に瞬間的 260 万軒が停電し午前 7 時半までに約 100 万軒に限定され，図 8 に示す停電エリアの回復状況は，1 月 18 日午前 8 時約 40 万軒，20 日午前 6 時約 11 万軒，23 日午前 9 時約 2,000 軒である。

図 7　初の応急危険度判定の実施

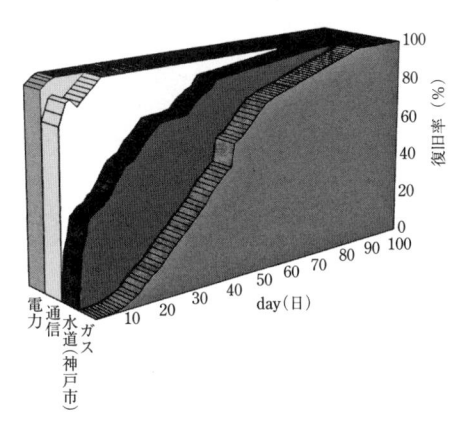

図 8　ライフラインの復旧状況

［出典：高田至郎，上野淳一，朝日新聞大阪本社「阪神・淡路大震災誌」編集委員会 編，『阪神・淡路大震災誌 1995 年兵庫県南部地震』, p.213, 朝日新聞社（1996）］

図9　焼失した長田地区

図12　焼失した長田地区

図10　新幹線橋脚の倒壊現場

図13　新幹線の橋脚倒壊現場

図11　ポートアイランドに向かう道路高梁

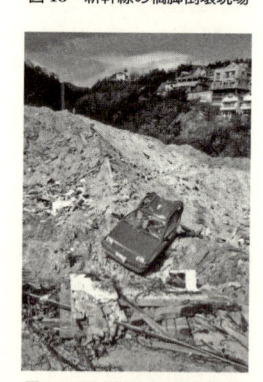

図14　岡本地区の崖崩れ現場

参 考 文 献

1) 日本建築学会阪神・淡路大震災調査報告編集委員会 編,『阪神・淡路大震災調査報告 共通編1：総集編』, 日本建築学会 (2000).
2) 吉川澄夫, 伊藤秀美, 茂木清夫,「1995年兵庫県南部地震―近代都市直下に起こった大地震の報告」月刊地球, 号外 No.13 (1995).
3) 震災復興総括・検証会,「神戸市震災復興総括・検証報告書」, 2000年3月
4) 読売新聞社 編,『大阪読売阪神大震災特別縮刷版, 1995年兵庫県南部地震』, 読売新聞社 (1995).
5) 朝日新聞大阪本社「阪神・淡路大震災誌」編集委員会 編,『阪神・淡路大震災誌1995年兵庫県南部地震』, 朝日新聞社 (1996).

コラム　稲田と原発（2009）

　8月末の厳しい残暑の中，車は福島との県境を越えた。仙台での学会を早めに切り上げ，家族と合流するため"浜通り"の旧道を1人で南下していた。見渡す限りの真っ青な稲田の海は，むせかえるような豊饒の意味を都会の人間に教えているようだ。豊かな実りに囲まれるという新鮮な体験に"すべて世は事もなし"を実感するドライブになった。

　突然，視界のはるか前方に，緑の絨毯が海に向かって切り裂かれたような一画が現れた。白いコンクリートの巨大な塊が，真昼の陽光に照らされ異様な光景を呈している。それまでの気分とは対照的な居心地の悪い違和感が肩から背中を襲った。好奇心に駆られて立寄った。無人の展望台に向かう私の車を監視する小型車がいつまでも尾行していた。

　メキシコシティーの北方には，ピクニック向きの広大な森林地帯がある。休日のドライブで迷込んだ原発マークのあるフェンス沿いで，武装したジープに追われて逃げた。傷心旅行を気取った静岡でのドライブの途中，砂丘地帯に突然現れた原発近くで，監視の車に追われ，施設の子らが運営するコーヒーハウスに逃げ込んだ。

　高校時代の友人が，50代に入って間もなくがんで亡くなった。現役の重職の葬儀は盛大で夥しい数の参列者で溢れていた。友人は原子力工学科を卒業後，大学の助手を経て原発会社に入り長い間，東海や日本海方面にいた。海外出張が多く，帰国後に会って行き先を聞くと，いつも"モスクワの方"と答えるだけだった。

ネフチェゴルスク地震

フルシチョフ時代のPC造建物の被害

発生地域：ロシア，サハリン北東部

スピタク地震の被害PC造建物
[© 南 忠夫 教授(当時)(東京大学)]

国民1人あたりのGNI（世界銀行2013）高所得国グループ（ロシア）
発生年月日：1995年5月28日
発生時間：午前1時4分（現地時間）
震央：北緯53°，東経143°
震央深さ：33 km
マグニチュード：7.6
人口（2010）：143,618,000人
国土の総面積（2012）：17,098,246 km^2
死亡・行方不明者数：1,825人

【地震】

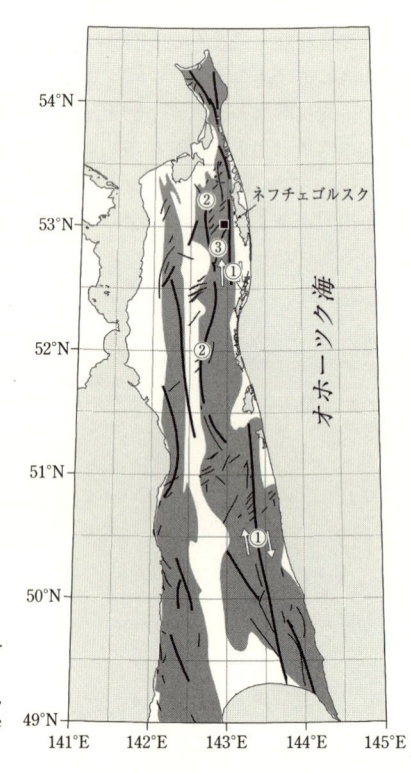

図1 ネフチェゴルスク周辺と断層
① サハリン-北海道断層，② 中央サハリン断層，③ Upper Piltoun断層，矢印：断層のすべり
[A. Arefiev, E. Rogozhi, R. Tatevossian, L. Rivera, A. Cisternas, "The Neftegorsk (Sakhalin Island) 1995 earthquake : a rare interplate event" *Geophys. J. Int.*, **143**, 596 (2000)]

図3 崩壊した PC パネル
[出典：伯野元彦（萩原幸男 監修），『日本の自然災害 1995～2009 年—世界の自然災害も収録』，p. 144，日本専門図書出版(2009)]

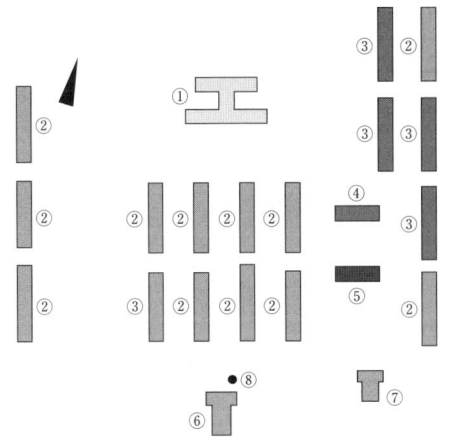

図2 ネフチェゴルスク市のおもな建物
① 小学校，②③ 共同住宅；RC 5F，④⑤ 幼稚園；RC 2F
[© 林 静雄 教授（当時）（東京工業大学）]

この事例の概要と特徴

フルシチョフ時代（1953～1964）の旧ソ連では，アルメニア・スピタク地震（➡ p. 312）でも示したように，プレキャストコンクリート（PC）パネルの壁式 RC 構造の共同住宅（5～8階建）が全土で大量に建設された（冒頭の写真）。当時，最先端の近代建築として知られた工場で製造した PC パネルを現場で組み立てるもので，細かい品質管理と効率的な大量生産が可能な方式として喧伝された。

今回の地震では，この方式の 5 階建共同住宅 17 棟がすべて崩壊して多数の人命が奪われた（図2）。2,231 人が生埋めになったが，406 人が救出され 1,825 人が死亡した。震央から約 5 km 北西に位置する人口 2,977 人のネフチェ（＝石油）・ゴルスク（＝町）の村は，60％を超える異常に高率な死亡率となった。

その原因として，中央集権国家の旧ソ連で規格化された同一設計のプレハブ建築が，地震発生確率や地盤などの物理的な条件が大きく異なる広大な国土で一様に建設された点が指摘される。今回の場合，旧ソ連の 12 震度階の 6 で設計された同建物が震度 9 とみられる地震で倒壊したことになる。

ディテールの問題点では，部材間のジョイントが数本の鉄筋または鉄骨の溶接で結合されている点があげられる。施工時，接合位置にズレが生じると調整が困難で不完全な結合個所ができやすかった。このため，崩壊がパンケーキクラッシュとよばれる状態で，住人が圧死する事例が多かった（図3）。

この構造形式の共同住宅は，現在でも東欧や CIS（独立国家共同体）などの旧ソ連圏の国々に多数存在し，人々が居住している。

参考文献

1) 伯野元彦（萩原幸男 監修），『日本の自然災害 1995～2009 年—世界の自然災害も収録』，日本専門図書出版 (2009)．
2) 北嶋秀明,「海外事情報告（アルメニア）」圧接, 33(3), 11 (1998)．
3) 岡田恒男,『アルメニア・スピタク地震の被害に学ぶ—プレキャスト鉄筋コンクリート造等の建築物を中心に』，日本建築センター出版部 (1990)．

ガエン地震

活かされた 20 年前の教訓
発生地域：イラン・東北部

イスファハン近傍のカナート（地下水路）
[© NAEINSUN, 2012年(Wikipedia)]

国民1人あたりの GNI（世界銀行 2013）上位中所得国グループ
発生年月日：1997 年 5 月 10 日
発生時間：午後 12 時 27 分（現地時間）
震央：北緯 33.7°，東経 59.7°
震央深さ：27 km
モーメントマグニチュード M_w：7.1
人口（2010）：74,462,000 人
国土の総面積（2012）：1,628,750 km^2
死亡者数：1,568 人
負傷者数：2,850 人
倒壊家屋：12,000 棟
半壊家屋：20,000 棟
被災者数：72,000 人

【地震】

図 1 被災地の位置

［出典：M. Hakuno, T. Imaizumi, H. Kagami, J. Kiyono, Y. Ikeda, I. Towhata, H. Sato, M. Hori, K. Meguro, K. T. Shabestari, R. Alaghebandian, H. Taniguchi, H. Tsujibata, "Preliminary Report of the Damage deu to the Qayen Earthquake of 1997, Northeast Iran" *J. Natural Disaster Sci.*, **19**(1), 68(1997)］

被災地の状況

　被災地域のイラン東北部，ガエン（Qayen）地区，ビルジャンド（Birjand）地区は，アフガニスタンとの国境から最短で20 kmほどの山間部の乾燥地帯に位置している（図1）。起震断層は，北北西―南南東方向の右横ずれ（水平変位は1～2.1 m，鉛直変位はほぼゼロ）断層で延長約110 kmにわたり地表に現れている。その北部の約30 kmは1979年の地震の断層と重なっている。

図2　地表に現れた断層
［出典：伯野元彦（萩原幸男 監修），『日本の自然災害1995～2009年―世界の大災害も収録』，p. 116, 日本専門図書出版（2009）］

図3　完全に崩壊したアドベ造
［出典：K. Meguro, "Lessons Learned from Recent Earthquakes and Efficient Countermeasures for Earthquake Disaster Reduction", France- Japan Cooperation on Geological Hazards—GoeHazars2004—Workshop Abstracts, p. 24（2004）］

　この地域一帯は，海抜が平均1,000 m以上あり気温が−40℃～+40℃を超えるなど，寒暖の差が大きい厳しい気候条件下にある。このため，外気を遮断するのに適した安価な建築材料としてアドベ（日干し）レンガが普及している。この地域のほとんどのアドベ造の建物は，完全に崩壊した（図3）。
　被災地域には，アドベ壁の鉄筋コンクリートフレームによる補強や建築場所に地盤のよい土地を選ぶなど，1979年の地震の経験が活かされた集落もある。これらの建物の多くは被害を受けても倒壊を免れており，人的被害の減少に効を奏している（図5）。
　今回の地震では，家屋の損壊の割に人的被害が比較的少ない。これは発生時刻が正午過ぎで，多くの人々が戸外にいたためと考えられる。

図4　圧死の多いアドベ造の倒壊
（2002年イラン西部地震）
［© R. Alaghebanidan, Environmental Engineering Research Center, Dept. of Civil Eng. Univ. Tehran］

図5　倒壊を免れたRC造の枠
［© R. Alaghebanidan, Environmental Engineering Research Center, Dept. of Civil Eng. Univ. Tehran］

加速度と被害率の関係

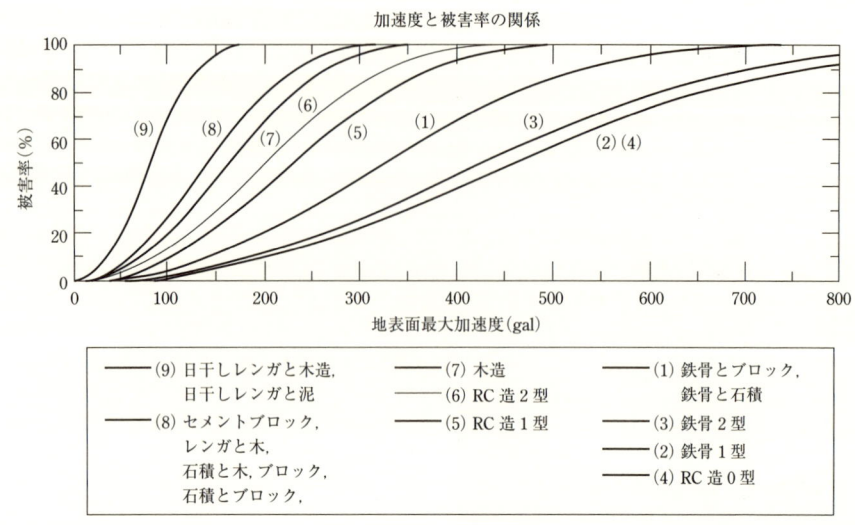

凡例:
- (9) 日干しレンガと木造, 日干しレンガと泥
- (8) セメントブロック, レンガと木, 石積と木, ブロック, 石積とブロック,
- (7) 木造
- (6) RC造2型
- (5) RC造1型
- (1) 鉄骨とブロック, 鉄骨と石積
- (3) 鉄骨2型
- (2) 鉄骨1型
- (4) RC造0型

図6 被害関数, 住宅用建築物
[出典:国際協力機構(JICA),「イラン国大テヘラン圏地震マイクロゾーニング計画調査」, p.31(2000)]

この事例の概要と特徴

この地方には, 数千年前からカナートあるいはカレーズとよばれる地下水網がある. これらの地域は乾燥地帯のため, 水の蒸発を避ける目的で約20m間隔, 深さ約30mの井戸を, 延長100kmもの地下トンネルで結んでいる. 水道は, 飲料水と農業用水の2種類がある.

今回の地震では, 140あるカナートのうち, 飲料水用15, 灌漑用80の計95の地下配管が被害を受け, 約3,000世帯に影響が出た. 復旧は早く, 飲料水用は1日後, 灌漑用は20日で済んでいる. そのほかのインフラの被害は, 電力関係では電線の切断と変圧器の損傷により2,000世帯で停電したが48時間で復旧している. 電話や道路の損傷による影響は少なかった.

建築物の復旧も早く, 震災1ヵ月後にはアドベレンガ造の建物工事が始まっているが, 以前と同様の脆弱な構造のままである. 技術的・経済的な背景が変わらない限り災害が繰り返される状況にある. 図6にみるように, 地震の(地表面)最大加速度と建物の被害率(大破以上)の関係は, (9) アドベレンガと木造, アドベレンガと泥の構造が, (2) 鉄骨造・(4) RC造構造のおよそ4倍との試算結果がある.

参考文献

1) 伯野元彦(萩原幸男 監修),『日本の自然災害 1995〜2009年―世界の大災害も収録』, 日本専門図書出版 (2009).
2) 国際協力機構 (JICA),「イラン国大テヘラン圏地震マイクロゾーニング計画調査」(2000).
3) 伯野元彦,「1997年イラン東北部の地震とその被害に関する調査研究」, 文部省科学研究費補助金研究成果報告書 (1997).
4) 鏡味洋史,「1997年5月10日イラン東北部ガエン地震による建物被害」日本建築学会北海道支部研究報告集, No.71 (1998).

コラム　割礼儀式の前夜祭

　プロジェクトの施主にあたる現地公団の総裁は，かなりの年配のようだが幼い男児がいる。イスラム教徒は複数の妻帯が許されているので，何人目かの夫人の子供らしい。その男の子の割礼儀式の前夜祭に彼の自邸に招かれた。夕方の涼しくなり始めた豪邸の屋上には絨毯が敷かれ，テーブルの上に様々な料理が並び沢山の招待客で賑わっていた。

　イスラム教徒は意外に宴会好きである。飲酒が禁じられているので宴会とは無縁のイメージが強いが，多くのイスラム国で飲酒の習慣がある。禁酒の教えは，本家のサウジアラビアなどでは守られているが，マグレブ諸国やイランなどでは緩やかである。教義に対する厳格さは，聖地メッカからの距離に反比例すると揶揄されている。

　イスラム教徒のライフスタイルは，いろいろと日本人との距離を感じさせられる。身体に関する風習に真逆なものがあるのも不思議ではない。ピアスやタトゥーという名の刺青が普通に流行る昨今では，日本でも死語に近いが，"身体髪膚これを父母に受く，あえて毀傷せざるは孝の始めなり" と祖父母に聞かされた。

　これらの伝統的な男女児の割礼の風習も諸外国から "幼児虐待" にあたると批難され最近では行われなくなる傾向にある。アメリカ化が行くところまで行って，何の通過儀礼もなくなってしまった日本の成人式の様子などを思い返していた。宴もたけなわになり着飾った男の子のはしゃぐ姿を見ながら "明日は地獄なのに" と横の男がつぶやいた。

キンディオ地震

発生地域：コロンビア，アルメニア市

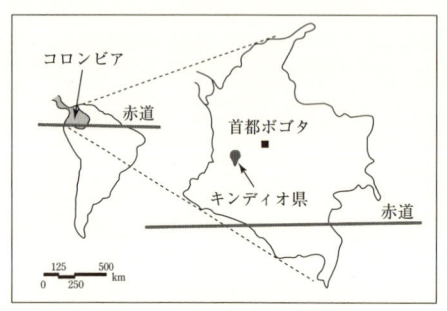

コロンビア・キンディオ県の位置

[出典：宮島昌克，橋本隆雄，「予告された殺人の記録―1999年コロンビア・キンディオ県地震被害調査速報」土木学会誌，**84**(6)，42(1999)］

国民1人あたりのGNI（世界銀行2013）上位中所得国グループ
発生年月日：1999年1月25日
発生時間：午後1時19分（現地時間）
震央：北緯4.41°，西経75.7°
震央深さ：約10 km以内
マグニチュード：6.2
人口（2010）：46,445,000人
国土の総面積（2012）：1,147,748 km^2
死亡者数：1,171人
負傷者数：4,795人
倒壊建物：全壊・大破 45,000棟

【地震】

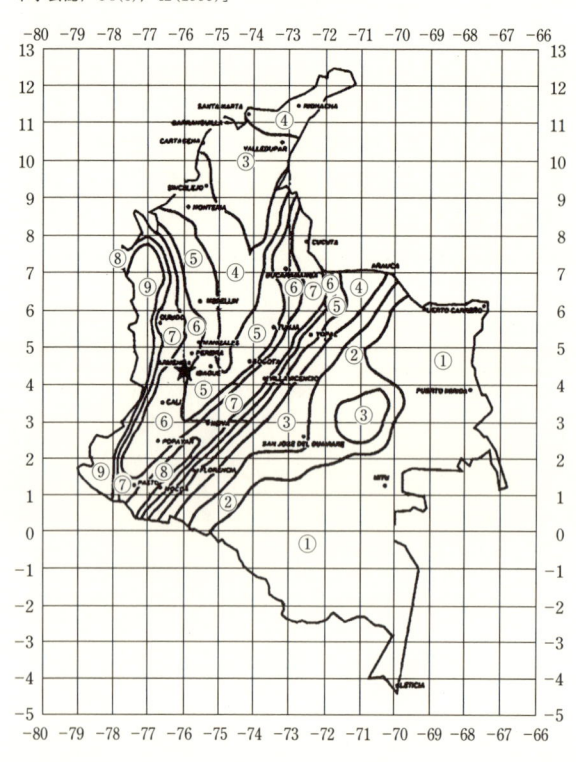

図1 地震地域区分と震央★
[出典：石山祐二，鏡味洋史，吉村浩二，「1999年コロンビア・キンディオ地震現地調査」（その2）建物の被害と耐震規定」日本建築学会大会学術講演梗概集(中国)，p.66(1999)］

浅発の直下型地震

 コロンビアの国土は,西部がアンデス山脈の高地,東部がアマゾン上流部の低地に分かれる。アンデス山脈は,太平洋側のナスカプレートが南アメリカプレートの下に沈み込む過程で形成されたものである。このため,コロンビア西部では地震と火山活動が活発である。人口の大半がアンデスの高地に居住しており,歴史的にみてもたびたび大きな地震被害を被っている。

 今回の地震のマグニチュードは$M6$クラスだったが,震源の深さが10km以内と浅発だったため被害が大きくなった。これは,世界的にみても発生頻度が高いタイプの地震で,地震防災上,明確な発生メカニズムの解明と問題点の抽出が望まれている。

 コロンビア国内には,多様な構造形式の建築物が分布している。構法の種類は,竹筋泥壁工法,焼成レンガによる無補強組積造,レンガ先積による低層枠組組積造,中低層鉄筋コンクリート骨組＋レンガ壁後積建物,その他である。地震による被害は,各工法の建築物で生じている。工法ごとの設計,施工上の課題を詳細に分析し,今後の設計に反映させることが求められている。

歴史的・文化的な背景

 国名の由来となったアメリカ大陸"発見者"コロンブスらのスペインによる1500年頃からの長い植民地時代を経て,19世紀中頃に独立を果たした。国名の"コロンビア共和国"は,南アメリカの解放者シモン・ボリバルによるベネズエラとの連合国家時代に用いられた名称だが,1886年に現在までつづく正式名として定められた。

 歴史的な確執から両隣のベネズエラとエクアドルとの関係は,現在でもゲリラの越境などから緊張がつづいている。

 図1は1998年制定の最新の地震地域区分マップで,これまで指定されていなかった⑧および⑨の区域が太平洋側に加えられた。★印で示す今回の震央と最も被害が大きかったアルメニア市は⑥の区域にある。

 同マップでは,地震災害度が高い:⑨〜⑥,中:⑤,④,低:③〜①の3段階に区分している。設計に用いる水平震度は,高:0.40〜0.25,中:0.20〜0.15,低:0.10〜0.05としており,日本とほぼ同程度である。

自 然 環 境

 コロンビアには全国で22点の高感度地震計が設置され,ネットワークが組まれている。観測点間の距離は100〜200kmもあるため震源決定の精度は高いといえない。観測データは,衛星を通じて首都のINGEOMINAS(コロンビア地質・鉱物研究所)に送られ,自動処理されている。

 今回の地震前の7年間の地震分布の概観から,おもに発生しているのは太平洋沿岸からアンデス山脈直下であり,コロンビアの国土の東半分のアマゾン上流域の平地には地震がないことがわかる。

地形・地質の特徴

 アンデス山脈は,プレート間の相対運動に直交するように北北東—南南西方向に連なる山地と谷地で形成されている。

 図2にみるように,活断層を含む大半の断層の走行は,北北東—南南西である。今回の地震のメカニズム解も既存の断層の走行と調和的で,同様に北北東—南南西の面であると推測される。

 本震とその後の2週間の余震の分布から,地震断層は南北に10kmと考えられている。余震は(破壊の開始点の)震源より北に分布していることから,破壊は南で始まり北へユニラテラル(単一方向)に進んでいったと推定される。地震波の進行方向では,"ドップラー効果"と同様に周期が短く振幅が大きくなる。これが北に位置するアルメニア市の建物被害を大きくした原因の一つと考えられている。

図2 プレートと断層位置

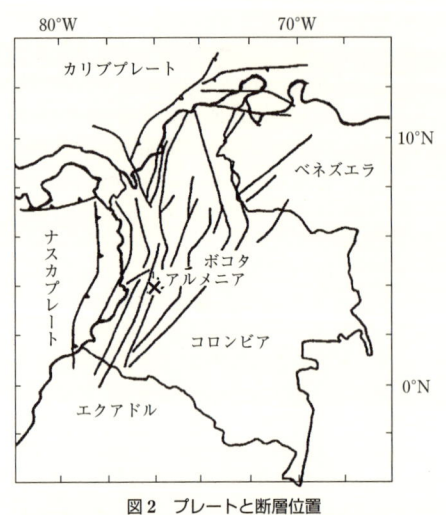

[出典：鏡味洋史，石山祐二，吉村浩二，「1999年コロンビア・キンディオ地震現地調査(その1)地震概要と被害分布」日本建築学会大会学術講演梗概集(中国)，p. 63 (1999)]

震源域の状況

図3にみるように，コロンビアの中西部は，西方の太平洋側からナスカプレートが年間35～70 mmの相対速度で潜り込んで5,000 m級のアンデス山脈と海溝を形成している。このため海溝型の地震が多発している。内陸部では，東西方向の圧縮力を受けて南北方向に数多くの断層が存在しており，浅発地震が数多く発生している。今回の断層の走行は，N23Eで左横ずれである。

地震発生のメカニズム

図3に示すように，南アメリカプレートの下には北西からカリブプレートも年10～15 mmで沈みこんでおり，パナマブロックも考えられている。

過去の大地震

コロンビア地方における過去（1906～1999年）の被害地震は表1のとおりである。

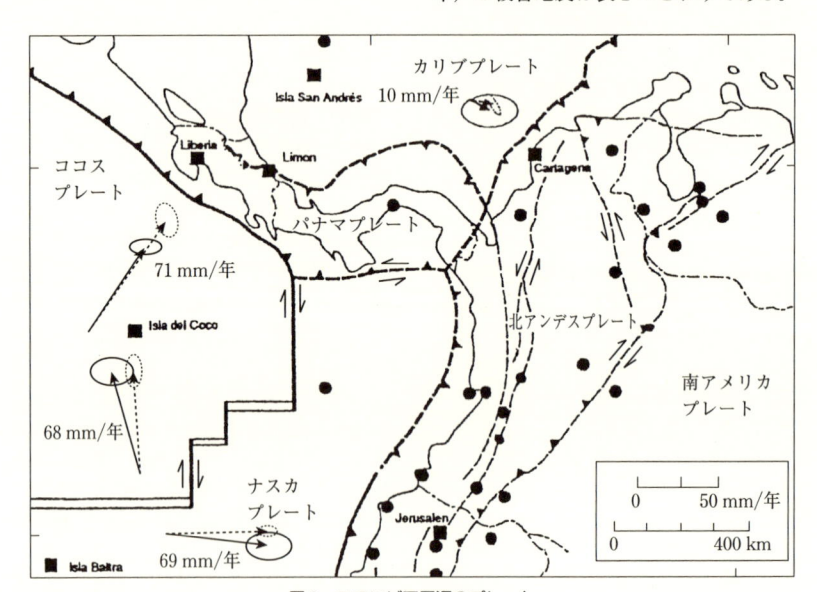

図3 コロンビア周辺のプレート

[出典：梅田康弘，西上欽也，N. Pulido，川上弘則，「1999年コロンビア・キンディオ地震の現地調査報告(2)コロンビアの地震テクトニクスと本震の破壊過程」自然災害科学 J. JSNDS, 18(4), 466(2000)]

表1 20世紀のコロンビアの大地震

発生年	地名	死者数	M_w
1906	Tumaco		8.8
1979.11.23	Manizales	55	7.2
1979.12.12	Tumaco		8.1
1983. 3.31	Popayan	300	—
1992.10.18	Murindo		7.1
1993. 7.22	Puerto Rondon		6
1994. 6. 6	Paez	500	6.4
1995. 1.19	Tauramena		6.4
1995. 2. 9	Calima		6.3

［出典：梅田康弘，西上欽也，N. Pulido，川上弘則，「1999年コロンビア・キンディオ地震の現地調査報告(2)コロンビアの地震テクトニクスと本震の破壊過程」自然災害科学 J. JSNDS, 18(4), 466(2000)］

被災地の状況

今回の被災域は，南北に約80 km，東西に約40 kmの範囲に広がっており，断層の走行方向に沿って南北に長い分布になっている．とくに被害が大きかったのは，コロンビア中西部の標高約1,500 mに位置するキンディオ県の県都アルメニア市の周辺地域である．

強震観測網は整備されており，アルメニア市内のキンディオ大学構内と15 km北のフィランディアで水平最大加速度500 gal超を記録している．ペレイラ市内では5点の観測点の記録が得られており，最大加速度は77〜290 galと幅がある．

被災区域の特徴

図4に示すように，建築物の全壊率が50％前後の地域は，アルメニアをはじめ，東隣のカラルカ，震源に近いバルセロナ，平野部のテバイダなどである．山地のコルドバ，ピハオでは被害はやや少ない．

人的・社会的被害

アルメニア市の人口は約25万人で，その80％にあたる約20万人が都市エリアの2,500 haの市街地に居住している．アルメニア市の都市構造は，おもに低・中所得者層の住宅地の南部，公官庁のビルや銀行などのオフィスが多い中心部，おもに中・高所得者層が居住する中

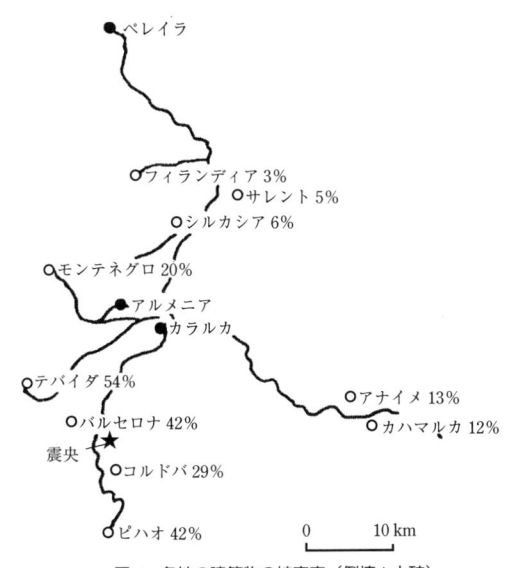

図4 各地の建築物の被害率（倒壊＋大破）

［出典：鏡味洋史，石山祐二，吉村浩二，「1999年コロンビア・キンディオ地震現地調査（その1）地震概要と被害分布」日本建築学会大会学術講演会梗概集(中国)，p.64(1999)］

物的・経済的被害

INGEOMINAS（コロンビア地質高山調査所）の速報によれば，アルメニア市の構造物の被害分布は，設定された4段階のうち，構造物全壊のA地域が全被害地域の19%で中心部と南部に多い。全壊・大破した家屋数は，45,000棟（市内の完全倒壊建物数は1,000棟以上）で，被害総額は20億USドルと見積もられている。

火山灰質の肥沃な土壌と良好な気候に恵まれたキンディオ県は，コロンビアコーヒーの三大産地の一つで経済的に重要なところである。

インフラ・建築物被害の特徴

コロンビアでは，1984年に米国基準のATC-3の影響を受けた耐震規定が策定されたが，強制力がなく守られていなかった。1998年に改訂され関連法規で，耐震規定（NSR-98）が初めて法として制定された。被害が出た建物の多くは古く，新しい建物の被害は比較的軽微だった

図7　山間部の竹と泥壁の家
［© 鏡味洋史（北海道大学名誉教授）］

図5　アルメニア市の被害状況
［© Dr. J. Macdonald (Bristol University, UK)］

図8　レンガ造の3階部分の倒壊
［© 鏡味洋史（北海道大学名誉教授）］

図6　枠組組積造構造の被害
［© 鏡味洋史（北海道大学名誉教授）］

図9　倒壊した組積造
［© 鏡味洋史（北海道大学名誉教授）］

図10 無傷の組積造
[© 鏡味洋史（北海道大学名誉教授）]

ことから，1998年の耐震規定の効果があったと期待されている。

鉄筋コンクリート（RC）造建物は，柱・梁ともに断面，補強鉄筋が十分ではないが，相対的に軽微な被害であった。枠組レンガ造・無補強レンガ造建物は，比較的大規模のものはRC造のスラブだが，小規模のものは木造や太い竹を用いる構造がみられ大きな被害を受けていた。柱や筋違あるいは梁・床に太い竹を用いた構造の古い建物の被害も大きかった。

この事例の概要と特徴

今回の地震が世界的にみても発生頻度が高いタイプであることや，強震観測網が整備されていること，現地の過去の被害調査統計が整えられていることなどから，今後の地震防災上の総合的な研究対象として重要な事例と考えられている。

学術的な意味とは別に，多くの事例と同様に実効的な減災対策を講じることは困難なようである。すでに，最近の知見を取り入れた耐震規定は1998年に制定されている。また，制定された耐震規定に基づいた地震危険度マップも作成されていた。

耐震規定が新築の建造物に反映されるとしても，耐震診断・補強の必要な多くの危険な既存建築物が残されており，街全体の耐震性の向上にはまだ多くの時間が必要なようである。

参 考 文 献

1) 伯野元彦（萩原幸男 監修），『日本の自然災害1995〜2009年—世界の大自然災害も収録』，日本専門図書出版（2009）．
2) 梅田康弘，西上欽也，N. Pulido，川上弘則，「1999年コロンビア・キンディオ地震の現地調査報告（2）コロンビアの地震テクトニクスと本震の破壊過程」自然災害科学 J. JSNDS, 18(4)，465-476（2000）．
3) 鏡味洋史，石山祐二，吉村浩二，「1999年コロンビア・キンディオ地震現地調査（その1）地震概要と被害分布」日本建築学会大会学術講演会梗概集（中国）（1999）．
4) 石山祐二，鏡味洋史，吉村浩二，「1999年コロンビア・キンディオ地震現地調査」（その2）建物の被害と耐震規定」日本建築学会大会学術講演会梗概集（中国）（1999）．
5) 鏡味洋史，梅田康弘，佐藤比呂志，谷口仁士，石山祐二，吉村浩二，西上欽也，林 春男，川上弘則，N. Pulido, Z. Aguilar，橋本隆雄，宮島昌克，「1999年コロンビア・キンディオ地震の現地調査報告（1）調査と被害の概要」自然災害科学 J. JNSD, 18(3)，315-326（1999）．

コジャエリ（イズミット）地震

発生地域：トルコ，コジャエリ県イズミット

アナトリアのモスク
[© Richard Neutra スケッチ]

国民1人あたりのGNI（世界銀行2013）上位中所得国グループ
発生年月日：1999年8月17日
発生時間：午前3時02分（現地時間）
震央：北緯40.77°，東経29.47°
震央深さ：17 km
マグニチュード：M_w 7.4
人口（2010）：72,138,000人
国土の総面積（2012）：783,562 km^2
死亡者数：17,262人
負傷者数：43,953人
全壊戸数：93,152棟
半壊戸数：104,581棟
一部損壊：120,520棟

【地震】

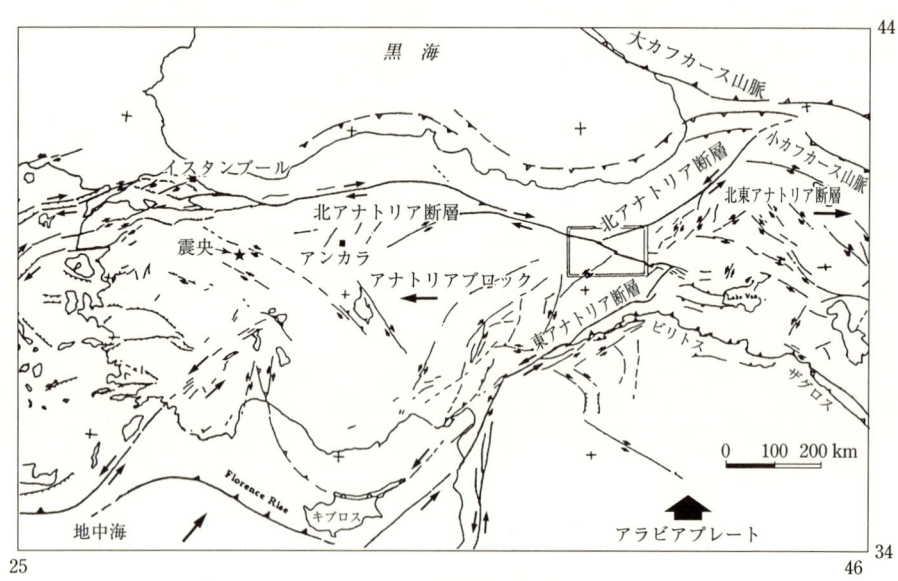

図1　北アナトリア断層と震央の位置（★印）

［出典：A. Barka, R. Reilinger, "Active tectonics of the Eastern Mediterranean region：deduced from GPS, neotectonic and seismicity data", *Annali di Geofisica*, XL, N. 3, 588(1997)］

国際的な地震予知の実験場

21世紀の今日でも"いつ, どこで, どれだけの規模の地震が起きるか"を的確に予知することは不可能とされている。しかし, すでに起きてしまった事例の発生前の状況を, 関連調査資料などから数年前まで遡って探ることは可能で, 今後の予知・予測のために有意義である。

1992年のエルジンジャン地震（➡ p. 224）の関連資料には「1944年, 1957年, 1967年と東側から移動してきた活動が, 東経30°付近で止まっており, さらに西側が空白域となっていると考えられる（図2）」と記述されている。今回の震央は, 北緯40.77°, 東経29.47°で, 正にこの空白域の始まりに位置していた。

このように, 大地震の歴史記録や近現代の記録などから時間的な再来間隔を, また, 空白域などから空間的な発生地域を予測する手法は, 地震予知の一つの有効な可能性を示唆している。さらに, 過去に地震を起こした断層を掘削し穴の壁面から断層運動を調べるトレンチ発掘調査もあわせて効果的である。

今回の震源の北アナトリア断層は, 米国・カリフォルニア州のサンアンドレアス断層とともに, 地表の明瞭な地震の痕跡と多数の記録を残している事例として知られている。これらの地域は, 大地震の発生メカニズムや繰返しのパターン研究の貴重なデータを与える"国際的な地震予知の実験場"となっている。

歴史的・文化的な背景

トルコの国土は, 首都のアンカラがある小アジアとよばれるアナトリア半島と, ヨーロッパ東南端のバルカン半島の先端に位置するイスタンブール地方からなっている。アナトリア地方は, 青銅・スズ・金・銀などの鉱物資源に恵まれ, 先史時代から卓越した文化や技術が育まれており, 東西文明の十字路としての長い歴史をもっている。その後, ペルシャ帝国, ローマ帝国, ビザンツ（東ローマ）帝国などの時代を経て, 13世紀末のトルコ族の結集によるオスマントルコ帝国が成立し600年余りつづいた。第一次世界大戦後の1923年に, ケマル・アタチュルクらによる革命運動でトルコ共和国が誕生し現在に至っている。

北アナトリア断層の活動史は, オスマントルコ帝国時代（1299～1922）の記録からも明らか

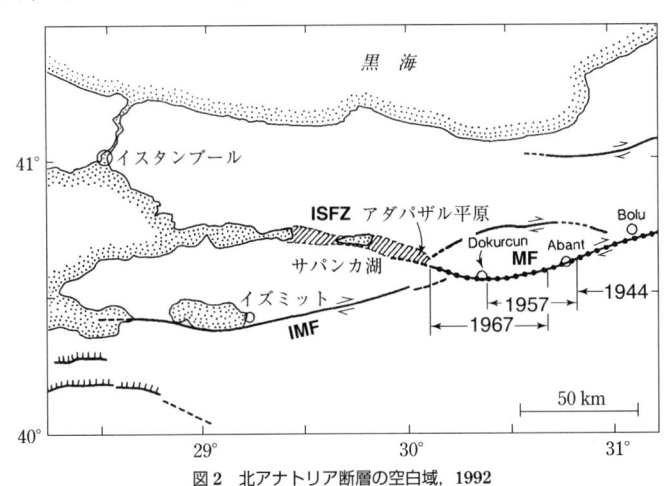

図2 北アナトリア断層の空白域, 1992
ISFZ：Izmit-Sapanca fault zone, IMF：Iznik-Mekece fault, MF：Mudurnu fault
［出典：Y. Honkura, A. M. Isikara, "Multidisciplinary research on fault activity in the western part of the North Anatolian Fault Zone" *Tectonophysics*, **193**, 347-357(1991)］

になっている.過去にイズミット周辺に大きな被害を出した地震は,1509年,1719年,1754年,1766年,1894年および1999年に発生している.このうちイズミット周辺では,1509年,1719年,1999年に起きた地震でとくに大きな被害を被っている.1509年の地震では,イスタンブールでも数千人の犠牲者を出している.1719年の地震の被害域は今回と似ており,6,000人以上が犠牲になった.このほか,1766年,1894年の地震では,イスタンブールで各数千人,数百人規模の犠牲者が報告されている.

自然環境

図3に示すように,アナトリア地方を乗せたマイクロプレートは,北側のユーラシア大陸と北上するアラビアプレートとの衝突で西方へ移動している.このため東方のアルメニアなどの南カフカース地方で南北圧縮が進行しており,大地震が繰り返し起きている.その結果,この圧縮力によりアナトリア地方が西へ押し出されている.アナトリアプレートの北側の縁が北アナトリア断層(NAF)で,南側の縁が東アナトリア断層(EAF)である.

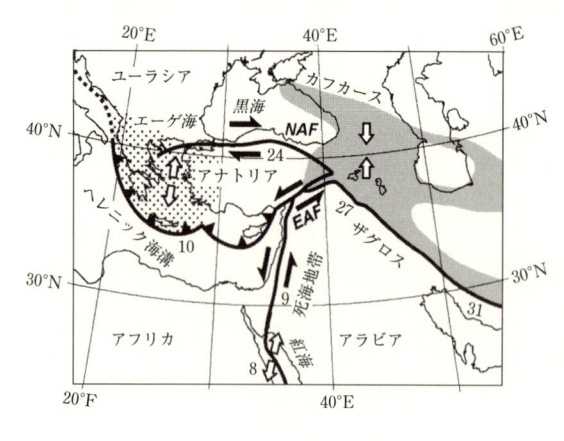

図3 トルコ周辺のプレートテクトニクス
NAF:North Anatolian Fault, EAF:East Anatolian Fault
[出典:奥村晃史,「1999年8月17日トルコ・イズミット地震と北アナトリア断層」サイエンスネット,第7号,p.2(1999)]

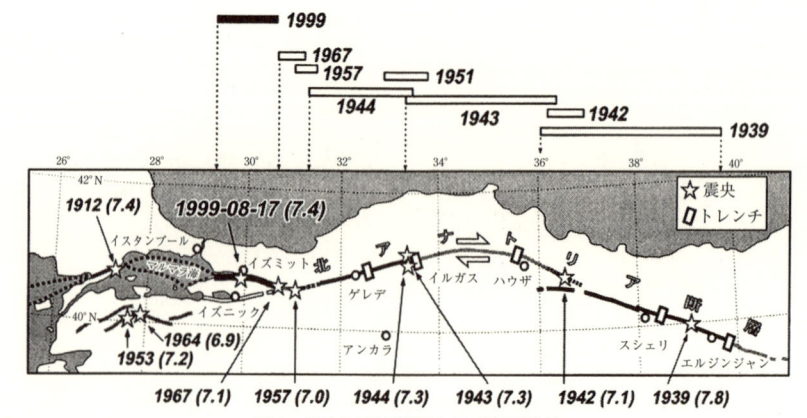

図4 北アナトリア断層と20世紀の地震
[出典:奥村晃史,「1999年8月17日トルコ・イズミット地震と北アナトリア断層」サイエンスネット,第7号,p.3(1999)]

1992年地震の調査時の"予測"報告

1992年エルジンジャン地震の関連資料で，図5に北アナトリア断層東部の活動の変遷a)～d) を示す。1992年の震源域は，地震空白域の西端で起きた。この結果，1939年以降の北アナトリア断層における一連の活動の一部ではないかと危惧された。a), b), c), d) は，1784, 1939, 1946, 1966年の各地震域である。

1949年にa) の東側，1971年はさらに東側での活動がある。1992年の地震は，この空白域の西北端で発生しており，空白を埋める活動の開始の可能性がある」，と今回の地震発生の可能性を示唆している。

過去の大地震

アナトリア地方における過去の被害地震は表1のとおりである。

表1 20世紀の大地震

年	名称	M_w	死者数
1939	エルジンジャン	7.8	32,700
1944	ボルーゲレデ	7.3	4,000
1957	アバント	7.0	500
1966	ヴァルト	6.8	2,517
1967	ムドウルヌ	7.1	173
1992	エルジンジャン	6.9	652

［出典：奥村晃史，「1999年8月17日トルコ・イズミット地震と北アナトリア断層」サイエンスネット，第7号，p.3を抜粋(1999)］

震源域の状況

今回の地震でイズミット湾とサパンカ湖の間に2.6mの右横ずれ変位の地表断層が現れている。

東経30°以西の空白域

図3に示したように，1939年，1942年(M 7.1)，1943年 (M 7.3)，1944年，1957年，1967年とマグニチュード7クラスの大地震による破壊が東から西へと進んでいた。

被災地の状況

図6に示すように，トルコ国内の地震ゾーニングマップは5段階に分類されている。マップは，1969年に設立されたトルコ建設省地震研究所が60～70年再現期間の期待値を基に1972年に定めたものである。図中に黒で示されるゾーン1は，トルコ北部を東西に1,200kmにわたって走る北アナトリア断層地域にほぼ一致している。今回を含め過去の大地震のほとんど

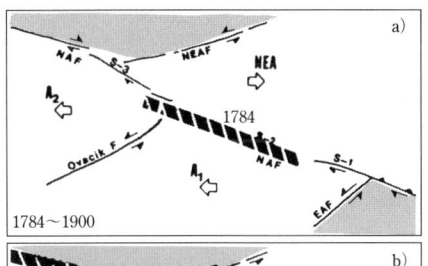

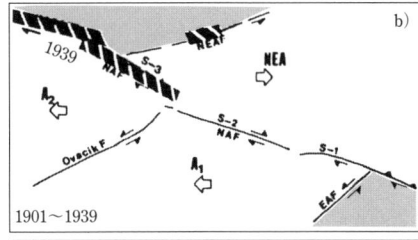

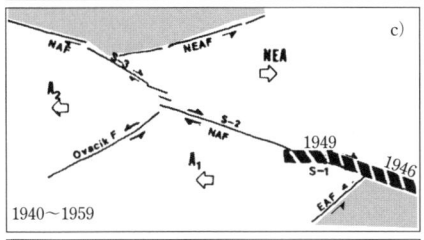

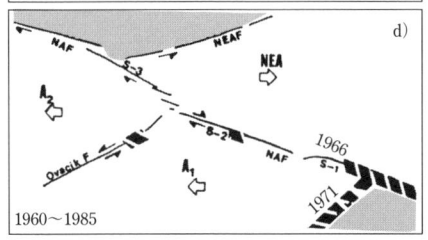

図5 北アナトリア断層東部(太い斜線)の活動史
［出典：A. A.Barka, M. N. Toksoz, L. Gulen, K. Kadinsky-Cade, "Segmentation, seismicity and earthquake potential of the eastern part of the North Anatolian Fault Zone" *Yerbilimleri*, 14, 337-352(1987)］

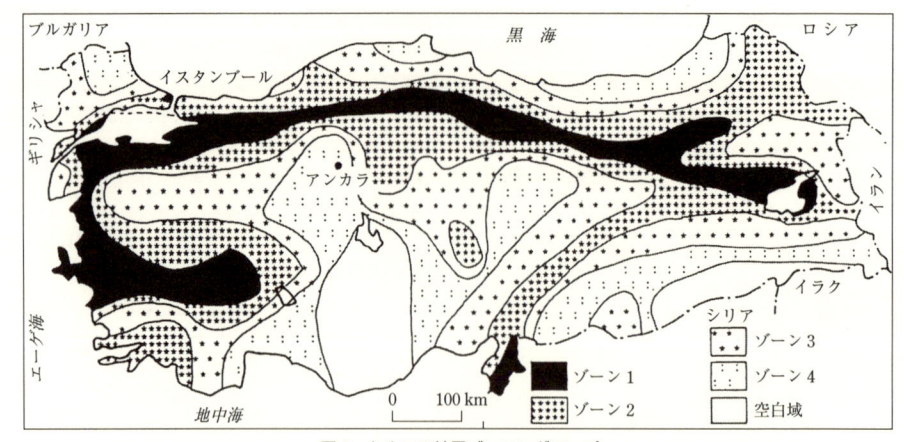

図6　トルコの地震ゾーニングマップ
［出典：日本建築学会，『1992年トルコ地震災害調査報告』，p.10, 日本建築学会(1993)］

がこの地域で起きている。

被災区域

今回の地震では，市内の石油精製所で大火災が起きるなど，おもに工業都市イズミット，アダパザールとその周辺部で大規模な被害が生じた。震源から約100 km離れたヨーロッパ側の観光・商業都市のイスタンブールでも数十棟のビルが崩壊している。

余震域は，本震の震央から東西約150 kmの範囲に広がっている。断層運動は，東西方向に走行し鉛直に傾斜する長さ120 km，幅20 kmの断層面上の右横ずれで，すべり量は4 m前後と推定されている。

人的・社会的被害

発生時間が未明だったために，就寝中の住民の多くが建物の崩壊により死傷した。11月12日に発生したボルー地震の犠牲者と合わせると，死亡者総数は18,243人とされる。

物的・経済的被害

政府主導で整備された復興住宅・事業所は，6県18団地30,987戸（2002年），世界銀行主導で9団地12,068戸が供給された。団地の多くは丘陵地で，開発面積は2,330 haである。

インフラ・建築物被害の特徴

北アナトリア断層と並行して走る高速道路，鉄道，送電線などの重要なインフラには，大きな被害が認められなかった。マルマラ海の東岸の地域の一部に液状化現象がみられた。ギョルジュク市内では，海岸の沖積地域が地盤沈下による浸水で水浸しになった。

建物被害は大きく，全半壊戸数約20万戸のうちの半数の約10万戸は，災害法の住宅再建対策を受ける権利のない民間貸家の居住者である。図7に倒壊したRC造建物の梁・柱および接合部の配筋の状況を示す。19φ程度の主筋および9φ以下のせん断補強筋は，いずれも丸

図7　倒壊した柱接合部の鉄筋量
［© 豊島 豊（株式会社間組）］

図8 壁が落ちた増築用の上部3層
[© 豊島 豊(株式会社間組)]

図9 被害を受けたRC造建物
[© 原田雅男(株式会社間組)]

図10 不同沈下により湾曲した建物
[© 原田雅男(株式会社間組)]

鋼である。帯筋のピッチも粗く端部のフックは90°で，パネルゾーン内は無筋のようである。
被災地近郊に建設された応急仮設住宅は139団地43,000戸である。

この事例の概要と特徴

コジャエリ（Kocaeli）県はマルマラ地方の県で県都はイズミット（Izmit），この地域を総合してイズミットとよぶことも多い．今回の地震はコジャエリあるいはイズミットの名前でよばれる場合がある．また同年11月12日に，被災地の東方で発生したボルー地震（M 7.2）の被害と合わせて「マルマラ地震災害」とされる．

参 考 文 献

1) トルコ・イズミット地震，東京大学地震研究所地震予知情報センター．
   http://wwweic.eri.u-tokyo.ac.jp/topics-j.html
2) 日本建築学会，『1992年トルコ地震災害調査報告』，日本建築学会（1993）．
3) 日本建築構造技術者協会（JSCA），「1999年トルコ・コジャエリ地震 被害速報」structure，第72号（1999）．
4) 金子史朗，『世界災害物語 I ―自然のカタストロフィー』，胡桃書房（1983）．
5) 塩崎賢明，西川榮一，出口俊一，兵庫県震災復興研究センター『災害復興ガイド』編集委員会，『世界と日本の災害復興ガイド』，クリエイツかもがわ（2009）．
6) 奥村晃史，「1999年8月17日トルコ・イズミット地震と北アナトリア断層」サイエンスネット，第7号，pp. 1-4（1999）．
7) 大橋ひとみ，太田 裕，「トルコにおける地震被害の発生と減災に関する研究：1. 震度分布と被害の解析，最近の4地震について」日本建築学会論文報告集，第314号，pp. 59-70（1982）．

集集(チーチー)地震

発生地域：台湾，南投県

1階部分が崩壊した光復中学校
[出典：損害保険料率算出機構，「台湾集集地震調査報告」，p.10(2004)]

国民1人あたりのGNI (IMF 2005) 高所得国グループ
発生年月日：1999年9月21日
発生時間：午前1時47分126秒（現地時間）
震央：北緯23.85°，東経120.78°
震央深さ：約1.0 km
マグニチュード：7.3
人口 (2013)：23,370,000人（日本外務省データ）
国土の総面積：36,000 km^2（日本外務省データ）
死亡者数：2,455人
不明者数：50人
重傷者数：755人
倒壊建物：全壊 50,652棟
　　　　　半壊 53,615棟

【地震】

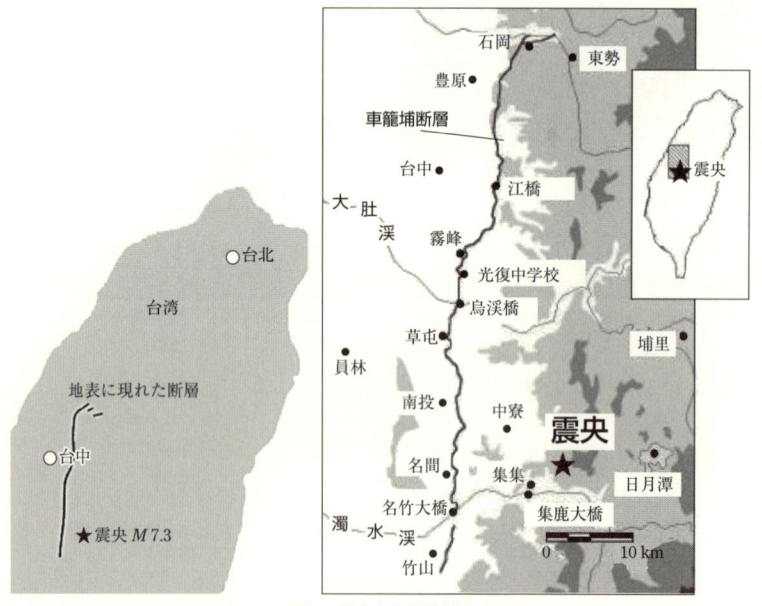

図1　震央と車籠埔断層

[出典：(左図)伯野元彦(萩原幸男 監修)，『日本の自然災害 1995～2009年—世界の大自然災害も収録』，p.152，日本専門図書出版(2009)；(右図)国際航業，「1999年9月21日台湾大地震(集集地震)の記録」(1999)]

地表に現れた 100 km の断層

今回の地震の特徴は，図1に示すように車籠埔（チェルンプ）断層が南北の延長 100 km 以上にわたって地表に露呈したことである。このため，被害が台中市などの大都市部ばかりでなく，周辺の中小都市や農村集落および山岳部の原住民集落までの広範な地域に広がった。

この地震により台湾社会がもっている都市部，農村部および山岳部の各地域の問題も同時に露呈した。震災前から，都市部では人口の急激な流入，農村部では生産基盤の弱体化や高齢化，さらに山岳部の斜面地に生活する先住民集落の安全性の問題などの課題を抱えていた。したがって，復興に際しては住宅などの物的な対策をはじめ，産業の振興や生活再建などが同時に求められている。

台湾における住宅の復興対策の特徴は，自立再建支援を中心とする点にある。震災後，すぐに全壊世帯には 20 万元，半壊世帯には 10 万元が支給された（1 US ドル ≒ 30 元）。さらに，家賃補助や低利融資および各種の規制緩和の方針が打ち出された。行政が設置した"まちづくりセンター"などの仕組みから，農村部を中心に 100 以上の社区で"復興まちづくり"が取り組まれている。

歴史的・文化的な背景

台湾は，倭寇の拠点になるなど歴史的に日本とのつながりが深い。16世紀頃からオランダ，鄭成功，清朝の統治時代を経て 1895 年から太平洋戦争終了時まで，日本の統治時代がつづいた。戦後，蒋介石の時代を経て国民党政権が長くつづいたが，現在では総統選挙により国民党あるいは民進党から総統が選ばれている。近年，中国との経済的関係が強化され，その影響が大きくなっている。

歴史的，地理的な関係から，現在，台湾と日本との間の交流はさまざまな分野で活発に行われている。経済分野をはじめ，建築構造物の耐震分野の技術移転も盛んである。台北から高雄までの建設が計画され一部を残して開通している台湾高速鉄道（台湾新幹線）は，日本の技術が認められ車両が採用されている。当初，欧州グループが優勢であったが，1999 年に発生した今回の地震の影響で耐震技術が優れている日本が勝利した，とされている。

台湾で使われている震度階は，日本の旧 8 階級震度階から震度 7 を除いた 7 階級震度階である。今回の各地の震度は，名間，台中で震度 6，南投，日月潭，嘉義，台南，新竹で震度 5，台北，高雄で震度 4 である（台湾中央気象局）。

自然環境

台湾は九州よりやや小さな島で，中央に 3,000 m 級の山脈が南北に走っている。山脈と平行に何本もの断層帯が確認されている。これらは東西から加えられるプレートの圧縮力により形成されたものと考えられている。表1にみるように，これらの断層帯に沿って過去にも大地震がたびたび発生している。今回の地震は，南投県付近を南北に縦断する車籠埔断層により引き起こされた。

表1　過去の大地震

地名	発生年	死者数	備考
新竹・台中	1935	3,276 人	M 7.1
嘉義付近	1941	—	M 7.1
台南付近	1964	106 人	M 7.0

地形の特徴

断層の破壊メカニズムは鉛直方向に乗り上げる形の逆断層で，南北延長は 100 km 以上，上下方向に最大で 9 m の変位が現れている。東西圧縮の逆断層運動の断層面は東傾斜で傾斜角は 27° と推定される。断層の幅は約 40 km で，平均すべり量は 2.2 m とされる。破壊はおもに北へ進行し，破壊運動は 28 秒間つづいた。断層を境に，東側が西側の上に乗り上げたと考えられる。

台湾島の西端部における断層群の傾斜は東落ちで，マニラ海溝の影響があるとみられる。東海岸に沿う断層群の傾斜は西落ちで，東海岸に

は海岸に沿って8層以上の段丘崖がある。これらは沖積世に形成され，1000年以上の間隔で繰り返し発生した地震によって形成されたと考えられる。

今回の地震による地盤の液状化は，沖積層および海岸や港湾などで認められている。

震源域の状況

断層近傍を含めて400ヵ所以上の観測所で今回の地震記録が得られている。兵庫県南部地震の際の"横"ずれ断層のゆれによる被害とはまったく異なり，建築物やダム・橋梁などが"縦"にせん断されたように壊れている。また，断層から離れると被害は極端に減少している。

図2にみるように，断層上の中学校は2mの地盤の隆起で被害を受けて閉鎖された。しかし，隣接する小学校はほとんど無被害で，平常の授業が行われている。

図2 光復中学校グラウンドの断層
[出典：山口昭一，「台湾集集地震報告—設計者(構造)の視点から」*structure*, No. 74(2000)]

地震発生のメカニズム

図3にみるように，台湾島はユーラシアプレートの東端，南シナ海のマニラ海溝と琉球海溝の端部に位置しており，南東からフィリピン海プレートに押されている。このため，台湾の内陸部は常に圧縮力を受けており，そのひずみで生じたいくつかの大規模な衝上断層が台湾島を南北に走っている。

過去の大地震

今回の地震のマグニチュード7.3は，1935年

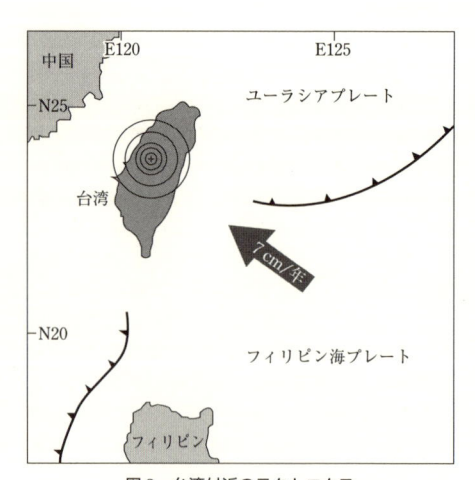

図3 台湾付近のテクトニクス
[出典：中央研究院地球科学研究所, http://earth.sinica.edu.tw/]

図4 豊原市北部の断層
[出典：町田篤彦，「台湾集集地震の概要」日本圧接協会会報, 35(1), 3(2000)]

の最大の死者数を出した新竹・台中地震のM7.1より大きく，台湾では20世紀最大の内陸地震である（表1）。

被災地の状況

震央から約150km離れた台北市でも12階建てのビルなどが倒壊している。倒壊した建物のなかには，設計・施工上の問題がある例もみられる。脆弱な構造のために壊れた教育会館施設では，柱の主筋が接合されていない個所で折

れている（図5）。

被災区域の特徴

図8に各地方の全壊と半壊建物の戸数の概数を示す。被害が全・半壊とも台中県と南投県の両県に集中している。震央付近の記録から算定した応答スペクトルによれば0.4秒以下の成分が大きく，固有周期の近い建築物の被害が多かったと考えられている。一方，橋梁などのインフラの固有周期に近い1秒程度の成分は減少しており，これらの応答振動による直接的な被害は少なかった。断層の北部では，長周期の波形が観測されている。

図5　柱が折れた教育会館
［出典：伯野元彦（萩原幸男 監修），『日本の自然災害 1995〜2009年―世界の大自然災害も収録』，p. 154，日本専門図書出版(2009)］

図6　道路に露呈した断層
［出典：伯野元彦（萩原幸男 監修），『日本の自然災害 1995〜2009年―世界の大自然災害も収録』，p. 152，日本専門図書出版(2009)］

人的・社会的被害

犠牲者の死因は建物倒壊による圧死が主で，土砂による生き埋めなども報告されている。総被害額は92億USドルと見積もられている。

物的・経済的被害

地表の断層変位による建物被害のほか，震央に近い中寮変電所や周辺の送電鉄塔が被害を受けた。震源から離れた台北市や半導体などを生産する新竹科学工業区への電力供給が滞るなどのライフラインの被害も大きかった。

インフラ・建築物被害の特徴

図9〜図13にみるように，ダムや橋梁などのインフラが断層による隆起などの地盤変位で大きな被害を受けている。台中市周辺の猫羅渓橋，名竹大橋，集集大橋，鳥渓橋，日月潭ダム，石岡ダムに被害が出ている。

また，台中市や豊原市などの沖積層の軟弱地盤では建築物に大きな被害が出ている。図13の大理市の14階建てマンションは，左右の一体だった建物が地震動ではがれるように倒壊した。下部の4〜5階分は完全に崩壊している。地域には無筋のレンガ造の住宅なども多く，1階が完全に圧壊している例などがみられる。

このように鉛直方向に動く断層の近傍に平行

図7　台中市の偏心破壊のRC造構造物
［© Prof. Dr. Roger Bilham (University of Colorado)］

362   5章　地震災害

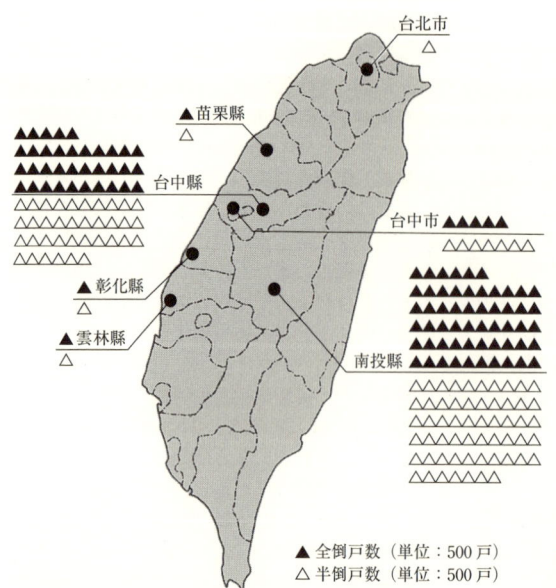

▲ 全倒戸数（単位：500戸）
△ 半倒戸数（単位：500戸）

図8　各地方の全壊・半壊戸数
[出典：行政院九二一震災災後重建推動委員會]

図9　堰堤が破壊された石岡ダム
[Ⓒ河井 正（電力中央研究所）]

図10　烏渓橋の被害状況
[出典：町田篤彦，「台湾集集地震の概要」日本圧接協会会報，**35**(1)，5(2000)]

図11　名竹大橋の被害状況
[出典：町田篤彦，「台湾集集地震の概要」日本圧接協会会報，**35**(1)，4(2000)]

図12 名竹大橋の被害状況
[出典：町田篤彦,「台湾集集地震の概要」日本圧接協会会報, **35**(1), p.4 (2000)]

図13 大理市のRC造マンション
[出典：山口昭一,「台湾集集地震報告―設計者(構造)の視点から」*structure*, No.74, p.11 (2000)]

して，あるいは横切って建築物を建設する場合の耐震設計の課題が提起されている。

この事例の概要と特徴

今回の地震被害の多くは，断層が鉛直方向に数m（最大で9m）動いたことに起因している。現行の構造設計では，地震力は水平方向のみを算定して建築物の安全性を検討している。今後の構造物の耐震設計において，断層を横切るあるいは近傍での鉛直方向の地震力の想定に関する問題が提起された。たとえば，中米ニカラグアのマナグア地震（➡ p.252）の跡地は，公園となって建物などの建設が制限されている。地質学的によく似ている日本でも，同様の内陸直下型地震の発生は避けられない。今回の地震は，予測や対策に関する多くの示唆が含まれている。

日本と比較すると台湾は，行政による復興対策は手薄だが，民間セクターによる参入には学ぶべきものがある。また，強震観測網の配置密度は日本を上回っており，参考となる貴重なデータが記録されている。

参 考 文 献

1) 塩崎賢明，西川榮一，出口俊一，兵庫県震災復興研究センター『災害復興ガイド』編集委員会,『世界と日本の災害復興ガイド』，クリエイツかもがわ (2009).
2) 町田篤彦,「台湾集集地震の概要」日本圧接協会会報, **35**(1), 2-5 (2000).
3) 伯野元彦（萩原幸男 監修）,『日本の自然災害 1995～2009年―世界の大自然災害も収録』, 日本専門図書出版 (2009).
4) 山口昭一,「台湾集集地震報告―設計者（構造）の視点から」*structure*, No.74, p.11 (2000).
5)「特集；台湾集集地震」日本地震学会広報紙「なゐふる」No.18 (2000).

グジャラート地震

発生地域：インド，グジャラート州

インド経営大学のレンガ組積造（ルイス・カーン）
[© 関口太樹＋知子建築設計事務所]

国民1人あたりのGNI（世界銀行2013）低位中所得国グループ
発生年月日：2001年1月26日
発生時間：午前8時46分（現地時間）
震央：北緯23.40°，東経70.32°
震央深さ：23.6 km
マグニチュード：7.7
人口（2010）：1,205,625,000人
国土の総面積（2012）：3,287,263 km^2
死亡者数：20,005人
不明：247人
負傷者数：166,000人
重傷者数：20,717人
倒壊建物：全壊37万棟
　　　　　半壊92万棟

【地震】

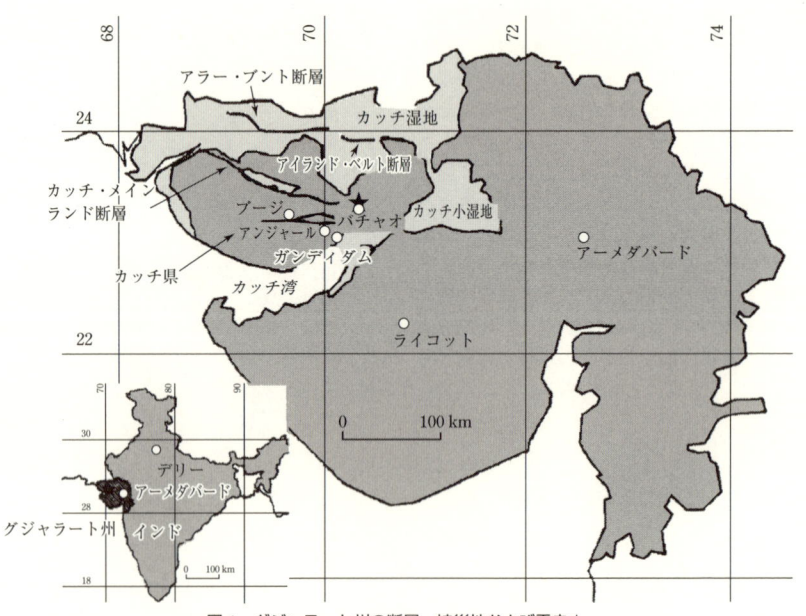

図1　グジャラート州の断層，被災地および震央★

[出典：佐藤魂夫，文部科学省2001年インド・グジャラート地震調査団，「2001年インド・グジャラート地震の総合的調査研究」自然科学災害 *J. JSNDS*, **20**(1), 90(2001)]

歴史的建造物の地震大被害

インド西部グジャラート州最大の都市アーメダバードには，残存する多くのイスラム建築などとともに欧米の著名な建築家の作品も数多く存在する。ル・コルビュジエ設計の邸宅，美術館や繊維業会館（図 2），弟子のバリクリシュナ・ドーシによる学校，博物館や階段井戸など，さらにルイス・カーンが 10 年以上をかけたインド経営大学の建物群などが知られている（冒頭写真）。また，同州のカッチ地方には，現代の建築家をも惹きつけるインダス文明からつづく多様な歴史的建造物と，複雑で成熟した独特の文化が遺されている。

州内には，国の考古学局が指定した国宝クラスの建造物が 350 件，州指定の GSA 文化財クラスが約 550 件ある。そのうち，今回の地震で前者の約 50 件，後者の約 150 件が被害を受けたと報告されている。インド芸術・文化遺産ナショナルトラスト（INTACH）の調査によれば，このほか，州内には約 15,000 件の未指定の歴史的建造物があり，そのうちの約 500 件が被害を受けている。

カッチ地方は，北部ヒマラヤ地帯とともにインド国内で最も地震危険度の高い地域に分類されている。過去にも，死者が 2,000 人近かった 1819 年のカッチ地震以降，M 6.0 以上の大きな地震が計 8 回発生している。今回の地震では，死亡者数の多さや損害額の大きさに，歴史的建造物の甚大な被害が加わった。今後の復旧・復興対策に，多数の文化遺産を保護するという課題が提起されている。

歴史的・文化的な背景

カッチ地方の文化は，紀元前 2000 年頃から 7 世紀頃までのインダス文明と仏教文化，7 世紀頃からのヒンドゥー文化の確立，12 世紀頃からのイスラム文化の受容と折衷，16 世紀頃からのマハラジャの宮殿建築などとつづく。さらに，19 世紀以降は，カッチ地方独特の文化がコロニアルスタイル建築などのヨーロッパの影響を受けた様式などがあげられる。

この地方はインド亜大陸の最も西に位置しており，西方からの文化が最初に入ってくる地域である。建築様式では，近世のイスラム教の渡来とともに独自の文化・様式が早くから取り入れられており，イスラム建築の遺産も多い。社会的には，仏教からヒンドゥー教，ジャイナ教，イスラム教，近代のキリスト教までの宗教が複層的な構造をもって共存しており，複雑なコミュニティーが形成されている。

厳しい自然環境とこのような独特の歴史的風土を有する被災地には，震災以前から貧困問題

図 2 ル・コルビュジエの繊維業会館
［© Sanyam Bahga (2010), Wikipedia］

や部族問題などが存在していた。被災後はとくに，児童福祉や女性差別などの問題が深刻化する懸念が増している。

被災の翌年の 2002 年 2 月末には，ヒンドゥー教徒とイスラム教徒の間で衝突や殺戮が起き，復旧事業に大きな影響を与えた。歴史的にヒンドゥー，ジャイナ，イスラムなどの文化が共存していたコミュニティーが，震災後，新興住宅地におのおのの文化ごとに分離されて居住するなど，民族対立を生む要因が生じている。

自然環境

地質からみると被災地域は，インド・アジア大陸がアフリカ・南極大陸から分離・移動する際に形成された東西方向のリフト系内に位置している。このリフト内には，ジュラ紀・白亜紀に形成された陸成・浅海成の堆積層が分布している。これらの堆積岩は，インド・アジア大陸がユーラシア大陸に衝突するプロセスのなかで，短縮変形により正断層から逆断層への反転運動で隆起し，現在の山地や丘陵を構成している。

地形の特徴

グジャラート地方は大部分が沖積平野であるが，北東の山岳部では石材が入手できる。一般的には，レンガの原料となる沖積土と砂のみの地域がほとんどである。

震源域の状況

巨視的にみると，震央はインドプレート，ユーラシアプレートおよびアラビアプレートの三重会合点近くに位置している。狭義には，プレート内の逆断層型地震といえる。震源域には，被災地に近いカッチ・メインランド断層，その北方のアラー・ブント断層およびアイランド・ベルト断層などの東西に走る活断層がみられる。今回の震源断層は，アイランド・ベルト断層などの地下延長部で発生した可能性が高いと考えられているが，地表断層の出現は確認されていない。

地震発生のメカニズム

地震波データの解析によれば，今回の地震の最大圧縮軸の向きがインド・アジア大陸の北進運動の方向と一致している。これらの結果などから，この地震はインド大陸の北進運動によるインドプレート内の変形に起因している，と考えられている。

過去の大地震

カッチ地震（M 7.8, 1819），アンジャール地震（M 7, 1956）からつづく今回の地震の発生は，上記メカニズムの短縮変形が，現在でも継続していることの証と推測される。

被災地の状況

今回の甚大な被害は震源地のカッチ県ブージ・アンジャール地方に集中しており，主要都市のブージ，アンジャール，バチャオなどが含まれている。このため，今回のグジャラート地震は，カッチ地震あるいはブージ地震ともよばれている。

被災区域の特徴

被災度が最も大きかったのは震央からの距離が 12 km のバチャオ郡で，全死者数の 1/3 以上の 7,424 人が亡くなった。人口に対する死亡率も 6.4% と高率になっている。また，家屋の倒壊率も 95% と最大で，アンジャール，ムンドラの 77% がつづいている。犠牲者の 69% が市部，31% が町村部で発生しており，国勢調査による人口比と割合が逆転している。これは，市部に多階層の住居などが増加し，倒壊により救助が困難だった傾向を示している。

人的・社会的被害

20,000 人を超える人的被害のうち，92% に相当する 18,416 人がカッチ地方で死亡している。そのなかの 18,403 人の死亡者が，カッチャ（アドベ造藁葺）やパッカ（レンガ組積造）とよばれる脆弱な伝統的組積造の家屋の倒壊によるものである。

グジャラートでは，1990～1991 年に作成さ

れた文化財リストをもとに被災の状況が調査された。その結果は，崩壊もしくは大破が約35％，中程度の被害が25％，軽微あるいは無被害が40％であったが，修復可能なものの約7割が取り壊され撤去されてしまっている。

物的・経済的被害

被害総額は，インド政府発表（2001）で2,126億ルピー（約6,000億円），グジャラート州発表で33億USドルとされている。

カッチ地方の町村部の学校は，教室の62％が倒壊し27％が半壊した。医療施設は，566棟のうち，14％が倒壊し52％が半壊した。

図3　崩壊したアーメダバードの4階建小学校校舎
［出典：秋田県立大学システム環境システム学科, K. Madan, 板垣直行,「インド西部地震 被害調査速報」, p.3(2001)］

図4　ロダイの地割れ個所
［出典：秋田県立大学システム環境システム学科, K. Madan, 板垣直行,「インド西部地震 被害調査速報」, p.9(2001)］

今回の地震でとくに被害が大きかった建物の構造は，ブージやアンジャールなどの城壁に囲まれた旧市街や周辺の村に多い伝統的な組積造である。不整形な自然石や粘土モルタルで積み上げられた壁と木造の床・屋根でつくられたきわめて耐震性の低い建物である。

宮殿や城壁などの歴史的建物は整形の石や石灰モルタル造で比較的被害は少ない（図10）。

倒壊率からみると，伝統的な建物のなかでも農村の伝統様式である屋根が軽いブンガという民家は崩壊していない。その構造は，牛糞と漆喰を混ぜて固めた壁と茅葺屋根の円形の建物である（図11）。

インフラ・建築物被害の特徴

今回の地震による建物被害は，全壊家屋37万棟，半壊家屋92万棟に達している。とくに

図5　アーメダバードの被災複合ビル
［出典：秋田県立大学システム環境システム学科, K. Madan, 板垣直行,「インド西部地震 被害調査速報」, p.4(2001)］

図6　バチャウの倒壊した無筋の住宅
［出典：板垣直行, K. Madan,「インド西部地震 被害調査速報」structure, No.78, p.5(2001)］

368　5章　地震災害

図7　チョバリの崩壊したRC造建物
[出典：板垣直行，K. Madan，「インド西部地震 被害調査速報」structure，No. 78，p. 10(2001)]

図9　ブージの甚大な被害を受けた都市
[出典：板垣直行，K. Madan，「インド西部地震 被害調査速報」structure，No. 78，p. 6(2001)]

図8　ガンディダンの崩壊した建物
[出典：板垣直行，K. Madan，「インド西部地震 被害調査速報」structure，No. 78，p. 8(2001)]

図10　ジャンナガーの植民地時代のホテル
[出典：秋田県立大学システム環境システム学科，K. Madan，板垣直行，「インド西部地震 被害調査速報」，p. 4(2001)]

図11　伝統的な民家のブンガ
[© Kaushik Patel]

初等教育施設の被害が大きく，2002年のデータでは，カッチ県内の1,234校，7,424教室が被災したが，州政府が復旧にあたっているのは104校，707教室にすぎない。また地域医療施設の被害も大きく，四つの総合病院はすべて倒壊し，7ヵ所のコミュニティーヘルスセンター (CHC)，11ヵ所のプライマリーヘルスセンター (PHC) も倒壊した。251のサブセンターのうち95が倒壊し，損壊が119である。

インドの建築関連法規および建築計画の申請制度は整備されているが，必ずしもすべての建物が建築許可を受けているとは限らない。

この事例の概要と特徴

被災地域は，インドでも地震危険度が最も高い地方と考えられていながら，建築物の耐震規定が実施されていなかった。とくに，人的被害の大きかった耐震性のほとんどない伝統的組積造構法の建物が数多く倒壊している。

参 考 文 献

1) 佐藤魂夫，文部科学省2001年インド・グジャラート地震調査団，「2001年インド・グジャラート地震の総合的調査研究」，自然科学災害 J. JSNDS, **20**(1), 89-102(2001).
2) 山下設計，日本設計，「インド国地震災害復興支援緊急開発調査，ファイナルレポート」(2002).
3) 花里利一，「インド・グジャラート地震による歴史的建造物の被害と復旧・復興」第2回文化財の防災計画に関する研究会―震災から文化財をまもる，(独)文化財研究所東京文化財研究所 (2007).
4) 板垣直行，K. Madan,「インド西部地震 被害調査速報」*structure*, No.78 (2001).
5) 秋田県立大学システム環境システム学科，K. Madan, 板垣直行,「インド西部地震 被害調査速報」(2001).

ブーメルデス地震（ゼンムリ地震）

発生地域：アルジェリア，ブーメルデス県

アルジェ港からカスバを望む

国民1人あたりのGNI（世界銀行2013）上位中所得国グループ
発生年月日：2003年5月21日
発生時間：午後6時44分（GMT）
震央：北緯36.90°，東経3.71°
震央深さ：10 km
マグニチュード：6.8〜7.0
人口（2010）：37,063,000人
国土の総面積（2012）：2,381,741 km^2
死亡者数：2,278人
負傷者数：11,450人
倒壊建物：17,000棟

【地震】

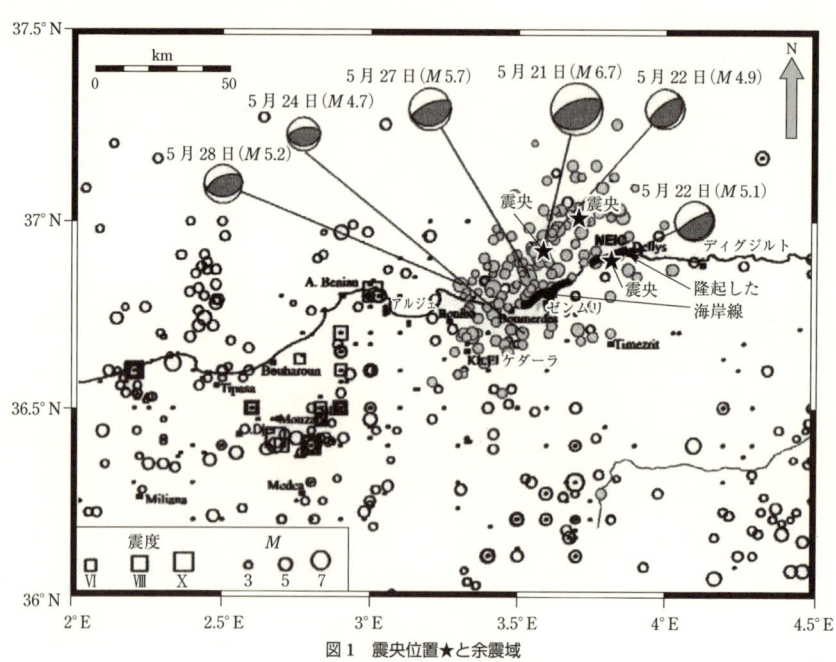

図1　震央位置★と余震域

［出典：M. Melazougui, *et al*, CGS, Le Seisme de Zemmouri-Boumerdes du 21 Mai 2003 Evaluation et causes des dommages"］

紛争国の首都圏を襲った震災

今回のブーメルデス地震は，1990年代初頭からアルジェリアでつづいていた，死者10万人といわれるイスラム原理主義運動による内戦状態が終焉に向かう時期に起きた。

現代イスラム原理主義運動は，コーランとスンナ（ムハンマドの慣行）に基づくイスラム法によって，政治・経済・社会を再構築しようとする運動である。1960年代末にイデオロギーが確立され，1970年代には宣教活動などのさまざまな形態をとってイスラム諸国の社会に浸透していった。この運動は1980年代に最高潮に達し，貧困青年層からブルジョワまであらゆる社会層の支持を得た。アルジェリアでは，1990年代になると政治的進出と同時に残虐なテロ活動などにより急速に衰退していく。

この間，日本をはじめ諸外国からの技術協力や援助が途絶えていたので，今回の地震では十分な社会的・技術的な災害対策が実施されなかった。また，急激な人口増加に伴う都市環境の悪化により，地震や洪水に対する都市，住宅などの脆弱性が増していた。

地震は，アルジェ湾に面したアルジェ県と東側のブーメルデス県を含む人口約300万人の北アフリカ有数の大都市首都圏を襲った。図1にみるように大きな被害は東部のブーメルデス県に集中しているが，この地区への外国人の立入りは現在でも制限されている。

歴史的・文化的な背景

1962年にフランスから独立した後のアルジェリアの政治は，民族解放戦線（FLN）を軸とする体制が支配してきた。1988年10月には，イスラム原理主義運動を中心とする独立以来最大の暴動（死者500人以上）が起きたが鎮圧された。1989年に国民投票で新憲法が承認され，翌年の地方選挙でイスラム救国戦線（FIS）が圧勝した。1991年の国政選挙の第1回投票でFISが第1党になったが，体制側の軍事クーデターにより翌年には非合法化の処分を受けた。FISは，軍の解散命令，活動家の逮捕・収容による組織の解体などから地下活動に入り，その後，10年にわたるアルジェリア内戦が始まった。多くの武装イスラム集団（GIA）などが武装闘争を始め，国家の安全を脅かすほどに拡大した。1990年代中頃にはGIA内部での粛清や市民へのテロ活動による無差別大量虐殺を始めた。1990年代後半には大衆の支持をまったく失い，アルジェリアのイスラム原理主義運動は挫折する（表1）。

1990年代のアルジェリアを混乱に陥れた政治・経済などの諸問題は，21世紀に入っても未解決のままで，体制側の不正や抑圧がつづいている。これらの諸問題が根本的に解決しない限り，一般大衆が再びイスラム原理主義運動に熱狂する可能性は残されている。2006年のテロによる被害者数は，いまだに243人にのぼる。また，2013年1月，イナメナスの石油天然ガスプラントがテロリストの襲撃を受け，邦人10名を含む多数の犠牲者を出している。

自 然 環 境

フランス映画「望郷」（ペペ・ル・モコ）のラストシーンで世界的に知られたアルジェ港から見上げる丘陵部に，カスバをはじめとするアルジェの旧市街地がある。旧市街地は，岩盤からなる丘の上から北側に位置しているため地震被害は少ない。

新市街地は，海岸に沿って南部あるいは東南部に広がっている。住宅地，工業地，リゾート地などの新市街地は，アルジェ湾に沿ってさらに東に発展をつづけている。間にいくつかの古い町を挟んで，東部のブーメルデス県にまで市街地はつながっている。新市街地の地震被害は

表1 内戦中の年ごとの死亡者数（人）

年	1994	1995	1996	1997	1998	1999	2000	2001	2002	2003
死亡者数	6,388	8,086	5,121	5,878	3,058	1,273	1,573	1,130	910	480

地形の特徴

ブーメルデス県は，北側が地中海に面した東西に長い形状をしている．アルジェリアの地震で共通して，全体的に地震波のEW成分が強く観測される．これは，断層が東西に走っていることに起因している．震源近くの記録では，上下動成分が強く，震源の浅い直下型地震の特徴を示している．(図2)

地盤・地質の特性

ブーメルデス大学の北キャンパスの講義棟はほとんど無被害だが，高台の南キャンパスの講義棟2棟が完全に崩壊した．地盤や地形の影響で地震波が増幅された可能性が考えられる．

震源域の状況

図3にアルジェ県，ブーメルデス県周辺の断層分布を示す．今回の震央は，図中の●印で，★が過去の中小の地震の震源を示している．

今回の震央を通り右上に延びる実線で示した断層は，これまで知られていなかったもので地震後，ゼンムリ断層と名づけられた．図6に，地表に現れた断層を示したが，海底にある部分はいまだ確認されていない．図3左上のアルジェ方向に延びる実線は既知のテニア断層で，研究者によりその動きが警戒されていた．

地震発生のメカニズム

アルジェリア北部は，アフリカプレートとユーラシアプレートの境界の地震多発地帯に位置している．今回は，震源が約10 kmと浅い逆断層タイプの直下型地震である．

過去の大地震

アルジェリアにおける過去の被害地震は表2

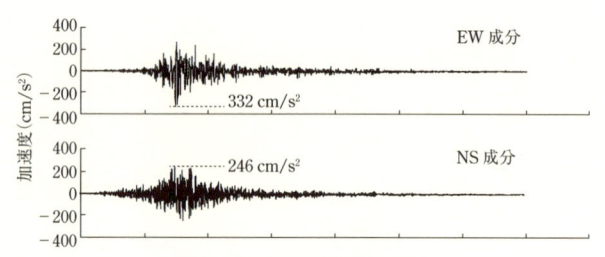

図2 ケダーラの記録地震動加速度
[出典：斉藤大樹(建築研究所)，犬飼瑞郎，A. Bourzam(CGS)，「2003年5月21日アルジェリア地震の被害概要」，p.3，国土技術政策総合研究所]]

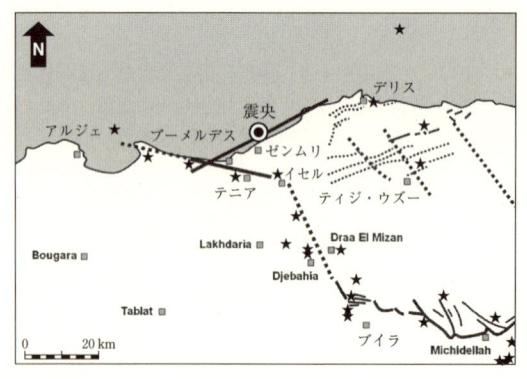

図3 今回と過去の震源と断層
[出典：斉藤大樹(建築研究所)，犬飼瑞郎，A. Bourzam(CGS)，「2003年5月21日アルジェリア地震の被害概要」，p.3，国土技術政策総合研究所]

表2 過去の被害地震

発生年	地名	犠牲者数
1716	アルジェ	多数
1790	オラン	3,000人
1825	ブリダ	7,000人
1954	シェレフ	1,243人
1980	エルアスナム, M 7.3	2,633人
1985	コンスタンチン	10人
1989	Chenoua	35人
1994	Beni Chograne	171人

のとおりである。

被災地の状況

被災地の状況は，ブーメルデス県の沿岸部が最も激しく，次いでアルジェ県の東部，中央部，西部と広範囲にわたっている。ブーメルデス県の山間部は，内戦の影響でいまだ危険区域のため詳細はわかっていない。

図4の楕円内に示す被災地の地震係数は，今回の地震発生前は最大から2番目のゾーンⅡだったが，地震後，見直され最大のゾーンⅢに引き上げられた。

被災区域

アルジェリアでは，国立地震工学研究所（CGS）により強震観測が実施されている。全国で約40カ所の観測点がある。そのうち15台がデジタル地震計で，25台がアナログ地震計である。図2に今回の地震の記録のうち，震源に近いケダーラの最大加速度の値を示した。少し離れた別の地震計では580 galが観測されている。

これらの地震動の波形から日本の計測震度に換算すると，ケダーラで4.7（震度5弱），エル・アフロンで4.2（震度4）に相当する。気象庁の解説では，震度5弱は「耐震性の低い建物では壁などに亀裂が生じるものがある」である。

今回の地震での建築物の被害は，地震力の大きさに比べ大きかったといえる。アルジェリアの建物の耐震性の低さの証ともいえる。

人的・社会的被害

死亡者数は最低でも2,278人で，負傷者数は11,450人，家屋を失った人々は182,000人に上る。

物的・経済的被害

家屋の深刻なダメージは19,000棟，経済的損失はおよそ50億USドル（約6,000億円）と見積もられている。200カ所の学校建築が崩壊している。

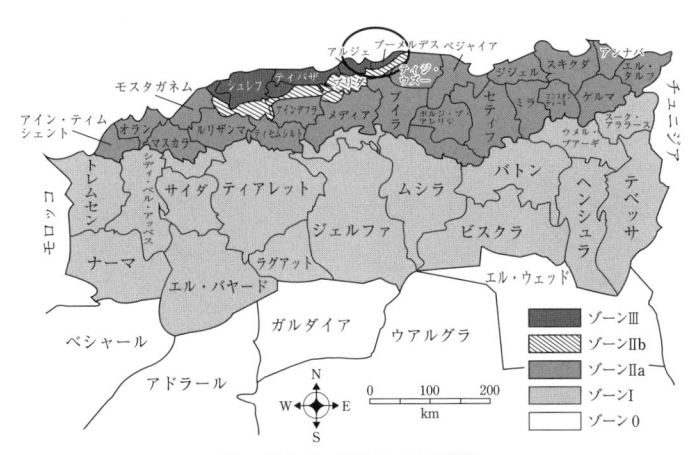

図4 アルジェリア全土の地震係数

[出典：斉藤大樹（建築研究所），犬飼瑞郎，A. Bourzam（CGS），「2003年5月21日アルジェリア地震の被害概要」，p.3，国土技術政策総合研究所]

374   5章 地震災害

図5 被災後，未補強で使用中の映画館

図8 Tidjelabine市の集合住宅

図6 アルジェ県東部の地表の断層

図9 被害のなかったアルジェ県西部

図7 ゼンムリ市内の倒壊建物

図10 ピロティーが崩壊した建物

ブーメルデス地震(ゼンムリ地震) 375

教訓が生かされたものとして評価されている。アルジェ県（ブーメルデス県）の調査結果は，調査建物数97,778棟（34,671棟），緑（安全）55.12％（56.5％），オレンジ（注意）33.91％（30.6％），赤（危険）10.97％（12.9％）であった。

一方，1995年の阪神・淡路大震災の際の同様調査では，一次：約1,400名で4階建て以上，二次：延べ約5,000名の応急危険度判定士で47,000棟の共同住宅を調査している。今回の判定に携わった技術者の数は400名程度で迅速に対応するには十分ではなく，人材育成の課題が残された。

建築物の被害の特徴は1980年当時とほとんど同じで，前回の教訓が生かされていなかった。既存建築物の補強などに加え，耐震性の高い建物に必要な設計，施工，関連法基準の整備，行政による安全確認制度やマイクロゾーニングの完備などの提言がなされている。

世界中で繰り返し起きている"地震災害"に対し，調査の結論として繰り返し指摘される重要事項は変わっていない。途上国固有の経済的，社会的要因のなかに，これらの技術的要因の改善を阻害する様々な要因が含まれていることを指摘し改善することが先決である。

図11 崩壊した建物と残った建物

関連法基準の整備状況

1954年のシェレフの大地震でフランス基準（AFNOR）に基づく耐震設計が実施された。1978年に米国のスタンフォード大学の協力で新しい耐震基準（案）がつくられ，1980年のエルアスナム地震で使われるようになった。法律となったのは1999年で，2000年から耐震設計法（RPA99）として施行された。

インフラ・建築物被害の特徴

今回の地震における建築物の被害は甚大で被災地域も広大である。壁式RC造建物には古いものでも被害はほとんどみられず，耐震性の高さが証明されている。鉄道や道路などのインフラの被害は比較的軽微で，3ヵ所の橋で被害が出たが落橋はなかった。

この事例の概要と特徴

今回の震災で特筆されるのは，建築物の応急危険度判定が実施されたことである。これは，1980年のエルアスナム地震（→ p.288）の

参 考 文 献

1) M. Belazougui, et al, CGS, Le Seisme de Zemmouri-Boumerdes du 21 Mai 2003 Evaluation et causes des dommages"
2) 斉藤大樹（建築研究所），犬飼瑞郎，A. Bourzam (CGS),「2003年5月21日アルジェリア地震の被害概要」，国土技術政策総合研究所
3) 日本地震工学会，土木学会，地盤工学会，建築学会合同調査団先遣隊，「2003年5月21日アルジェリアブーメルデス地震 先遣隊調査報告」
4) C-R. アージュロン 著，私市正年，中島節子 訳，『アルジェリア近現代史』，文庫クセジュ，白水社（2002）．
5) 私市正年，『北アフリカ・イスラーム主義運動の歴史』，白水社（2005）．

バム地震

アドベレンガ造の城塞遺跡の崩壊

発生地域：イラン，ケルマーン州

地震で破壊されたアルゲ・バム城塞遺跡
[出典：鈴木貞臣，奥村晃史「死者4万人のイラン・バム地震から，大阪上町断層を想う」なゐふる，日本地震学会広報紙，No. 43, p. 1(2004)]

国民1人あたりのGNI（世界銀行 2013）上位中所得国グループ
発生年月日：2003年12月26日
発生時間：午前5時26分（現地時間）
震央：北緯29.01°，東経58.26°
震央深さ：8〜10 km
マグニチュード：6.6
人口（2010）：74,462,000人
国土の総面積（2012）：1,628,750 km^2
死亡者数：43,200人
負傷者数：15,000人
被災者数：75,600人

【地震】

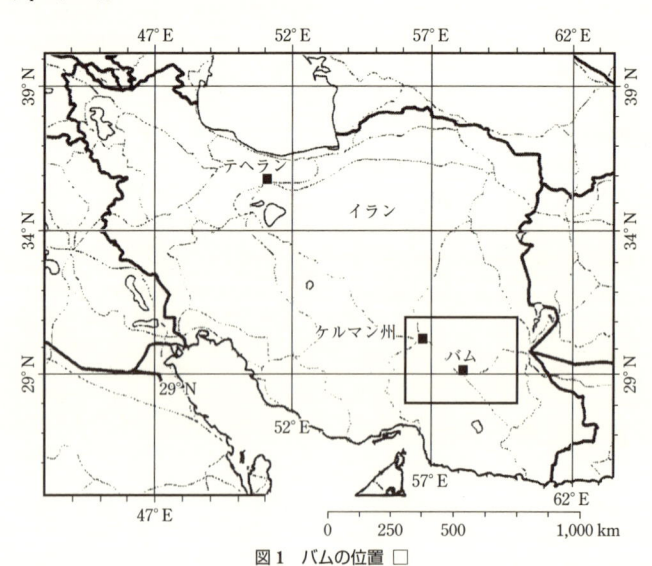

図1　バムの位置
[出典：宮島昌克，目黒公郎，伯野元彦，幸左賢二，飛田哲男，吉村美保，高島正典，P. Mayorca, A. Fallahi, 鍬田泰子，林 亜紀子「2003年12月26日イラン・バム地震被害調査速報」自然災害科学 J. JSNDS, 23(1), 118(2004)]

被災地の状況

今回の地震では,翌年,世界遺産に登録されるオアシス都市バムとその周辺で12万人の住民のうちの4万人あまりが犠牲になった。同市の北部に位置する世界最大のアドベレンガ(日干しレンガ)造の歴史的建造物であるアルゲ・バム城は,過去2,000年間地震で破壊されることはなかったといわれる。今回遭遇した大地震

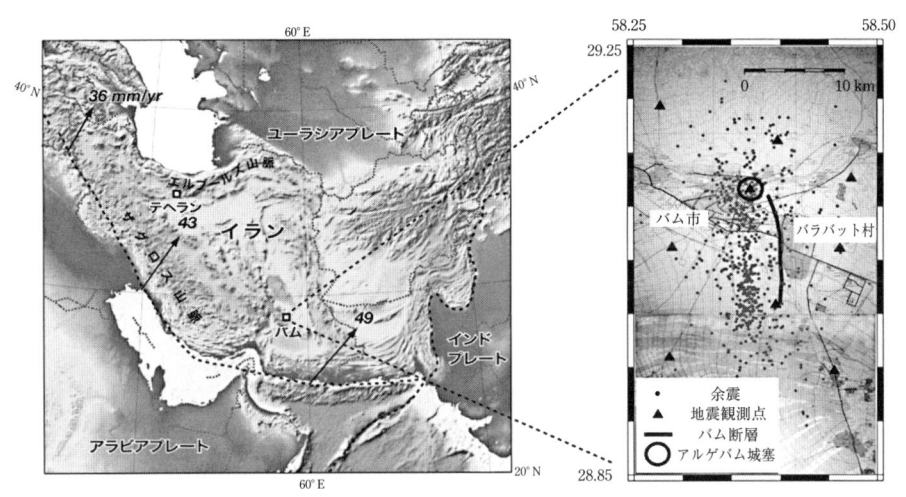

図2 イランの地形とプレート境界:破線

[出典:鈴木貞臣,奥村晃史「死者4万人のイラン・バム地震から,大阪上町断層を想う」なゐふる,日本地震学会広報誌,No. 43, p. 3 (2004)]

余震域とバム断層

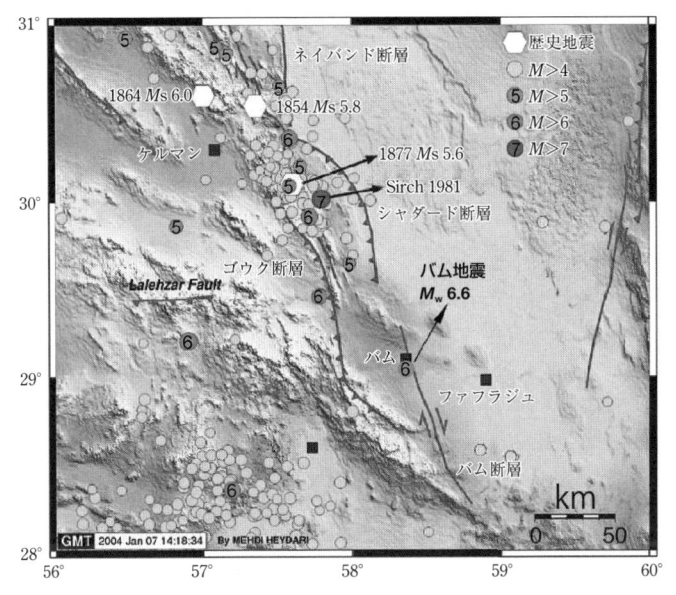

図3 今回と過去の震央と断層
[出典:宮島昌克,目黒公郎,伯野元彦,幸左賢二,飛田哲男,吉村美保,高島正典,P. Mayorca, A. Fallahi, 鍬田泰子,林 亜紀夫「2003年12月26日イラン・バム地震被害調査速報」自然災害科学 J. JSNDS, 23(1), 118(2004)]

では、要塞の上部が完全に崩壊し下部がわずかに原型をとどめているにすぎない（冒頭の写真）。

バム市は、首都テヘランの南東900km余、ルート砂漠の南端、標高1,050mに位置している。バム市の周辺には、市から南方へバム断層が100kmあまり連続し、東側の明瞭な断層崖の存在も知られている。市から北方に向かってゴウク断層、ネイバンド断層が500kmもつづき1981年、1998年には、M 7級の地震が発生して死傷者を出している（図3）。

今回の災害の特色の一つは、地震の規模に比べて人的被害がきわめて大きかった点である。今回の震源が人口密集地の直下で、かつ浅かったことと、アドベ造の建物が多かったことが原因と考えられている。

バム市の建築物の倒壊率は、北東部の旧市街がほぼ100％に近く、大通りの裏手はアドベレンガの瓦礫の山になっている（図6）。

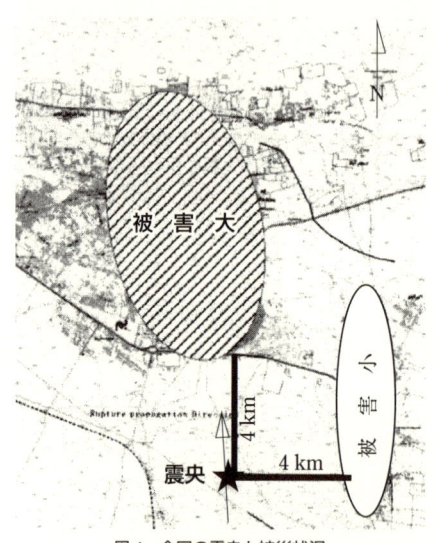

図4　今回の震央と被災状況
[出典：A. Jafargandomi, S. M. Fatemi Aghda, S. Suzuki, T. Nakamura, "Strong ground motion of the 2003 Bam Earthquake, Southeast of Iran(Mw = 65)" 東京大学地震研究所彙報, **79**, 55(2004)(東京大学地震研究所所蔵)]

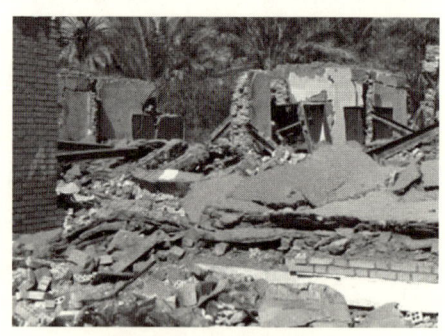

図6　旧市街住宅地の瓦礫の山
[ⓒ吉村美保（東京大学生産技術研究所）（当時）]

図5　旧市街のアドベ造の被害
[出典：H. Mostafaei, T. Kabeyasawa, "Investigation and Analysis of Damage to Buildings during the 2003 Bam Earthquake" 東京大学地震研究所彙報, **79**, 107(2004)(東京大学地震研究所所蔵)]

この事例の概要と特徴

今回の地震で大破したアルゲ・バム城は、世界最大のアドベレンガ造の建築物として知られている。被災後の2004年7月に、城塞、バム市街地および文化的背景を含めて世界遺産への登録が認められた。これは建築構造の視点からみると、バムの街全体が地震に脆弱な都市であることを意味している。

今回の地震の規模はM 6級と中規模だが、住民の致死率は30％を超えているとみられ、1995年の阪神・淡路大震災時（➡ p.332）の神戸市の致死率約0.3％に比べてもきわめて高い。

これは地震の発生時間が早朝で，ほとんどの死傷者が就寝中にレンガ造建物の倒壊で圧死したか，レンガの破片で傷ついたものと考えられる。本震の約1時間前に発生した前震で建物の外に出た住民も，冬の寒さに耐え切れずに屋内に戻ってしまい，多くの女性や老人，子どもが被災したといわれる。

ほかの多くの地震でも，アドベレンガ造の建物が普及している地域では，比較的規模の小さい地震でも多くの人的被害を出している事例がみられる。

参 考 文 献

1) 宮島昌克，目黒公郎，伯野元彦，幸左賢二，飛田哲男，吉村美保，高島正典，P. Mayorca, A. Fallahi, 鍬田泰子，林 亜紀夫，「2003年12月26日イラン・バム地震被害調査速報」自然災害科学 *J. JSNDS*, **23**(1), 117-126 (2004).

2) 源栄正人，大野 晋，M. R. Ghayamghamian,「2003年イラン・バム地震の被害調査報告：その1：調査概要および被害状況からみた地震動特性」日本建築学会大会学術講演梗概集（北海道）(2004).

3) 鈴木貞臣，奥村晃史，「死者4万人のイラン・バム地震から，大阪上町断層を想う」なゐふる，日本地震学会広報紙，No. 43, pp. 1-3 (2004)

4) A. Jafargandomi, S. M. Fatemi Aghda, S. Suzuki, T. Nakamura, "Strong ground motion of the 2003 Bam Earthquake, Southeast of Iran (Mw=65)" 東京大学地震研究所彙報，**79**, 47-57 (2004). （東京大学地震研究所所蔵）

5) H. Mostafaei, T. Kabeyasawa, "Investigation and Analysis of Damage to Buildings during the 2003 Bam Earthquake" 東京大学地震研究所彙報，**79**, 107-132 (2004).（東京大学地震研究所所蔵）

スマトラ島沖地震・インド洋津波

発生地域：インドネシア，スマトラ島沖

インドネシアの漁村（絵葉書）

国民1人あたりのGNI（世界銀行2013）低位中所得国グループ
発生年月日：2004年12月26日
発生時間：午前7時58分50秒（現地時間）
震央：北緯3°17′53″，東経95°46′44″
震央深さ：30 km
マグニチュード：M_w 9.1〜9.3
（M_w：モーメントマグニチュード）
人口（2010）：240,676,000人
国土の総面積（2012）：1,919,931 km^2
死亡者数：223,492人
行方不明：43,320人
負傷者数：13万人以上

【地震】

図1　被災地の位置（インド洋沿岸）
[© USGS（米国地質調査所）]

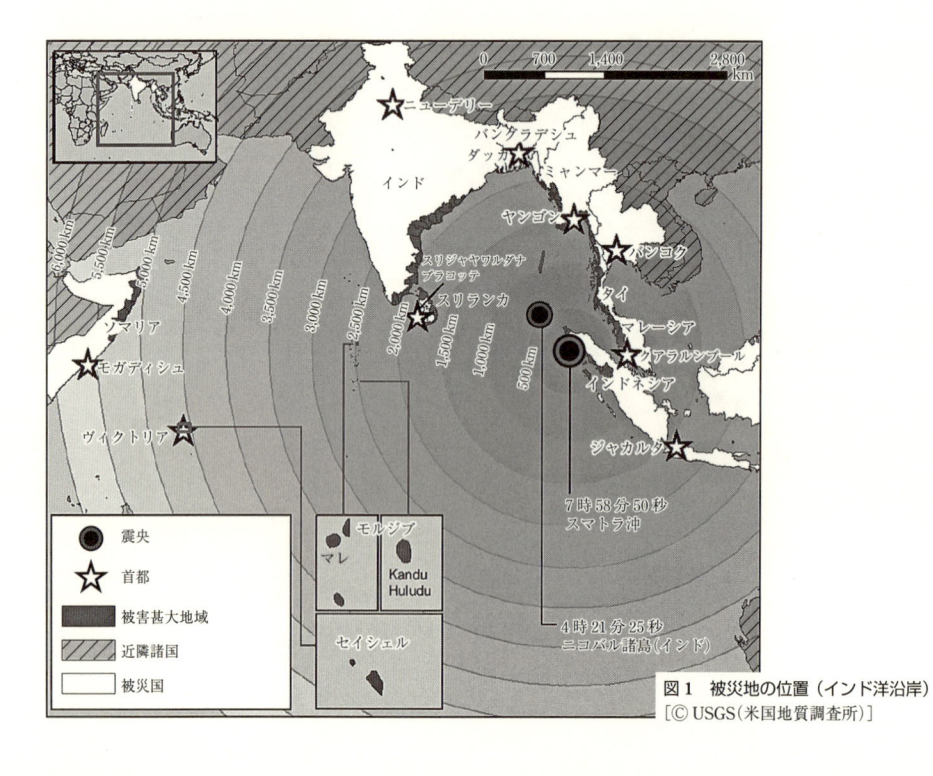

インド洋沿岸13ヵ国の広域災害

今回の地震は，年末の12月26日，クリスマス休暇中の日曜日の朝に発生した。このため，多くの被災国の海岸地域では休暇中の外国人観光客も数多く犠牲になっている。

今回の災害の特徴は，M9クラスの巨大地震・津波が発生した点や今世紀最大の犠牲者を出したことに加えて，被災した国の数がインド洋沿岸に接するタイ，インド，スリランカからアフリカ東岸のソマリア，ケニア，タンザニア，マダガスカルなど13ヵ国に及んでいる点があげられる。

図1にみるように，津波はインド洋中心部ではジェット旅客機なみの速さで伝わり，地震発生後，わずか2時間でタイやスリランカ，約3時間でインド東岸，さらに，約8時間後にはアフリカ東岸に達している。このため，巨大津波による犠牲者が22万人を超える大災害になってしまった。最大の被害を受けたのは震央に近いインドネシアのスマトラ島で，とくに北端のアチェ州の州都バンダアチェはじめ北西岸の沿岸地域一帯が壊滅的な打撃を被った。

今回の災害は，フローレス島地震（➡ p.324）で示したように，海溝，プレート，火山など，地形的に類似している日本への警鐘といえる。

歴史的・文化的な背景

今回のようなM9クラスの巨大地震は，20世紀中に世界でも4回発生したのみである。図2に示すように，チリ（1960, M_w 9.5），アラスカ（1964, M_w 9.2），アリューシャン（1957, M_w 8.4〜8.6），カムチャッカ（1952, M_w 9.0）で，いずれも太平洋周辺のプレートの沈み込み帯で発生している。

世界では，災害と同様に多くの国や地域で暴力紛争が頻繁に起きている。そのような地域で大規模な自然災害が発生すると，国連や支援活動で多くの外国人が被災地に入り，メディアが世界へ報道する。それまで関心をもたれなかった紛争地の状況が明るみに出て，解決の糸口になる可能性がある。しかし，全般的に紛争地域と被災地が重なることは少ない。

今回，最大の被害を出したインドネシアのアチェでは，約30年に及ぶ紛争がつづき広範囲な地域で暴力や難民問題が発生していた。1949年にジャカルタ政府に併合されたアチェ人は，1953年の反乱を経て1976年に分離を唱える自由アチェ運動（GAM）を結成した。津波発生時，戒厳令下にあったアチェ人は，再建を求めて2005年に和平合意に調印した。

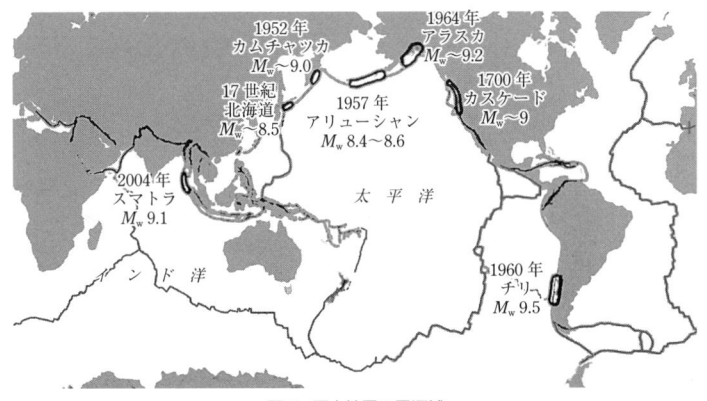

図2 巨大地震の震源域

自然環境

今回のスマトラ沖地震が発生した地域では、一応の地球規模の地震観測網が整備・運用されている。明らかになった概要によれば、発生した地震波動は地球を7周も回り、津波はアフリカの東海岸にまで達し、地殻変動はマレー半島で最大20cm真西に、6,000km離れたアフリカ大陸を数cm動かしている。

津波の波高は、バンダアチェの海岸で最高30mにも達している。津波の到達速度は海底の深さにより変化し、水深10mでは時速36km、200mでは時速160km、400mでは時速720kmにも達した。

地形・地質の特徴

バンダアチェの大部分の地域は標高10m未満の平坦な低地で、避難できるような高台はなかった。市街地の西側は、集落と水田、エビの養殖場などがあり、北側には少しの砂丘と低地にマングローブの林があった。津波は、北側のこれらの障害物を回り込んで市域に流れ込んでいる（図3）。

津波の破壊力は、海岸から内陸に向かって弱まっていくと考えられる。被害の大きさも、図4にみるように、海岸地帯が最大で市街地から内陸に向かって小さくなっている。

震源域の状況

今回の地震の震源域は、長さ1,000km以上に達している。スマトラ島の北西沖の震源から断層のすべりが始まり、秒速2km程度の速さで北へ向かって進み約8分間つづいた。今回の地殻変動は、スマトラ島、ニコバル諸島、アンダマン諸島までの約1,300kmに及んだ。

地震発生のメカニズム

スマトラ島の西側のスンダ（ジャワ）海溝では、インド・オーストラリアプレートがアンダマン（ビルマ）プレートの下へ年に4〜6cm程度沈み込んでいる（図5）。今回動いた断層の長さはおよそ1,000km、すべり量は平均10m、最大20〜30mと推定される。

過去の大地震

アチェ・アンダマン域における歴史地震は、

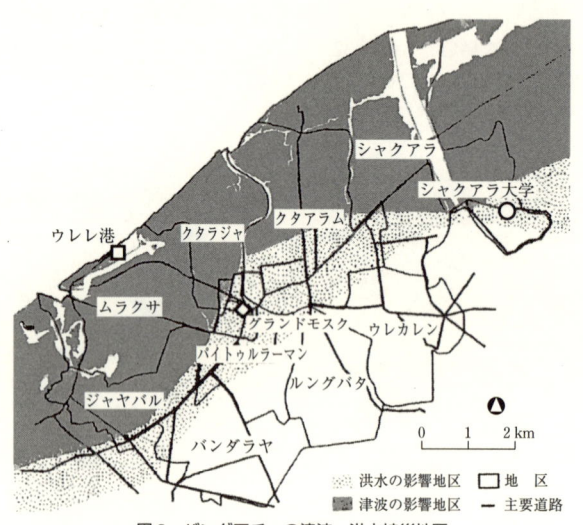

図3 バンダアチェの津波・洪水被災地区
［出典：木股文昭，田中重好，木村玲欧 編著，『超巨大地震がやってきた—スマトラ沖地震津波に学べ』，p.95，時事通信社(2006)．］

今回の震源の南方で1797年（M 8.4），1833年（M 8.9），1861年（M 8.5），ニコバル諸島では1847年（M 7.5），1881年（M 7.9），アンダマン諸島では1941年（M 7.7）に発生している。

被災地の状況

今回の津波による犠牲者数は，インドネシア

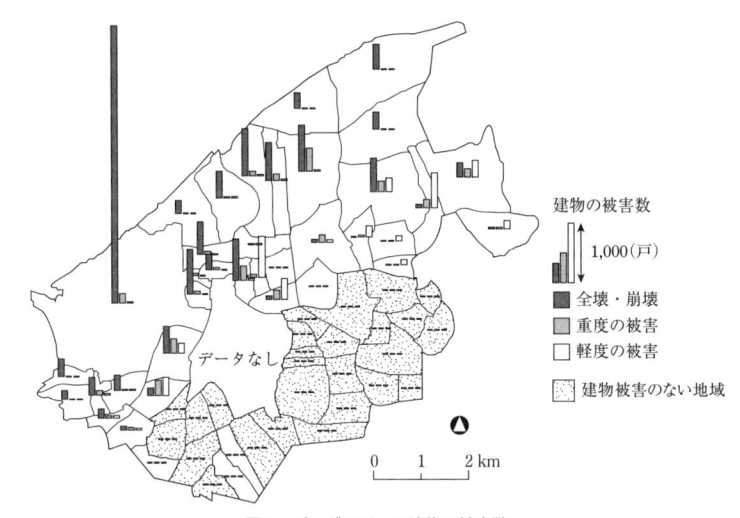

図4　バンダアチェの建物の被害数
[出典：木股文昭，田中重好，木村玲欧 編著，『超巨大地震がやってきた―スマトラ沖地震津波に学べ』，p. 96，時事通信社(2006)．]

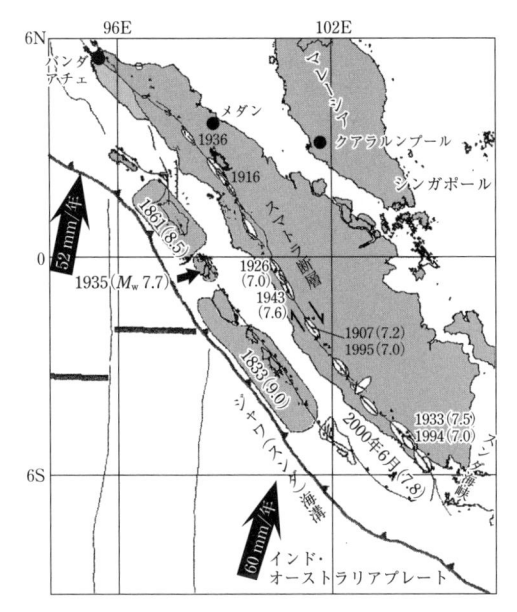

図5　スマトラ島沖の地震
[出典：木股文昭，田中重好，木村玲欧 編著，『超巨大地震がやってきた―スマトラ沖地震津波に学べ』，p. 80，時事通信社(2006)．]

で約16万人,スリランカで35,000人,インドで16,000人,タイで8,000人などの合計22万人以上で,史上最悪の津波被害となった。

破壊力のある"津波"襲撃の後に,多くの犠牲者を出した"津波洪水"にも注視する必要がある。図3に示したように,海岸から内陸に2km程度の地域が津波の影響を受け,さらに数km奥までが洪水の影響地域といえる。

被災区域

バンダアチェの津波による被害には,土地条件による明らかな地域差がある。

図3に示したように,バンダアチェ付近では,津波は3回にわたって来襲したが第1波が最大規模だった。津波は海岸線から約4kmにまで達し,東部のジュリュー川,中央部のアチェ川や放水路沿いに約8km以上も遡上している。

人的・社会的被害

被災地では,19世紀中頃に同様の地震・津波に襲われたと考えられているが,津波伝承や津波を指す言葉も忘れられ無防備だった。

死亡者の多くが海岸地帯の村で,半数以上の村民が犠牲になっている。とくに市街地の西に位置するムラクサ,クタラジャ,ジャヤバルなどの住民の90%近くが死亡している。

波高5mを超える津波は,人や木造家屋はもちろん,鉄筋コンクリートの建物を破壊する力がある。津波洪水による被害は,津波が運んできた瓦礫や車,泥などによるものが多い。

物的・経済的被害

バンダアチェ市で水没した地域は,市域の約2/3にあたる40 km²あまりで,東京の都心3区と同じくらいの面積である。

アチェ州の被害は,州内の総生産(GDP)の5%にあたる約1,400億円と見積もられ,半分以上は漁業,残りが農・工業などである。

インフラ・建築物被害の特徴

バンダアチェの建物の被害も,犠牲者の多かった地域と重なっている。これらの地域の建物は土台のみを残して全壊しており,なかには

土地がえぐられてなくなっている所もある。1年後でも海岸のウレレ港から市の中心地に建つグランドモスクが見える状況がつづいている(図6)。

図6 バンダアチェのグランドモスク
[© Teddy Boen, GUPI(非特定営利活動法人地質情報整備・活用機構)2014]

図7 バンダアチェの津波被害状況
[© Teddy Boen, GUPI(非特定営利活動法人地質情報整備・活用機構)2014]

図8 バンガー県クラブリ郡ナムケン村の被害
[© 特定非営利活動法人日本国際ボランティアセンター(JVC)]

震源域東側のタイのプーケットやカオラクでは津波の高さは5〜15mで、プーケットの北約100kmのバンガー県ナムケン村では船が陸上に残されている（図8）。さらに、北のミャンマーでは3m以下、アンダマン諸島でも5m以下だった。

島国のスリランカでは、全土の海岸線約800kmのうち、およそ3/4が津波に襲われ多数の犠牲者を出した。津波は大きく2回来襲し、脆弱な構造の組積造の多い建築物が大きな被害を受けた。港湾を除いて堤防はなく、内陸数百mまで大波に襲われた（図9）。

この事例の概要と特徴

今回の地震発生時に、日本とのプロジェクトでアチェ空港内に設置されていた地震計は故障していて波動は観測されていない。日本でも新潟県中越地震の発生直後の停電で、震度計による自動観測システムからの送信が一部止まってしまった。先進国か途上国によらず、いずれの場合もすべてを機器に任せることの問題点を提起している。

過去に日本で行われていた人体による震度階観測の結果を観測所から気象庁に報告するシステムの効用と、国際的な技術協力への適用などを再考するよい機会である。

バンダアチェ市内でほとんど被害を受けなかったウレカレンやルングバタなどの地区は、公務員などの特権階層が住む地域である。災害が既存の社会構造を反映し、格差を拡大する構図が、ここにも顕著に表れている。

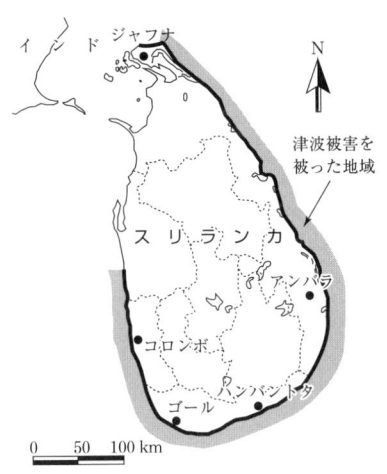

図9 スリランカの津波被害地域
［出典：塩崎賢明，西川榮一，出口俊一，兵庫県震災復興研究センター『災害復興ガイド』編集委員会，『世界と日本の災害復興ガイド』，p.76，クリエイツかもがわ(2009)］

図10 スリランカのIOM建設の仮設住宅
［出典：塩崎賢明，西川榮一，出口俊一，兵庫県震災復興研究センター『災害復興ガイド』編集委員会，『世界と日本の災害復興ガイド』，p.77，クリエイツかもがわ(2009)］

参 考 文 献

1) 木股文昭，田中重好，木村玲欧 編著，『超巨大地震がやってきた―スマトラ沖地震津波に学べ』，時事通信社（2006）．
2) 塩崎賢明，西川榮一，出口俊一，兵庫県震災復興研究センター『災害復興ガイド』編集委員会，『世界と日本の災害復興ガイド』，クリエイツかもがわ（2009）．

パキスタン・カシミール地震

巨大地震多発のチベット地域

発生地域：パキスタン，カシミール地方

ヒマラヤ山脈の遠景

国民1人あたりのGNI（世界銀行2013）低位中所得国グループ
発生年月日：2005年10月8日
発生時間：午前8時50分（現地時間）
震央：北緯34°25′55″，東経：73°32′13″
震央深さ：10 km
マグニチュード：M_w 7.6
人口（2010）：173,149,000人
国土の総面積（2012）：796,095 km^2
死亡・行方不明者数：約75,000人
被災者数：約300万人

【地震】

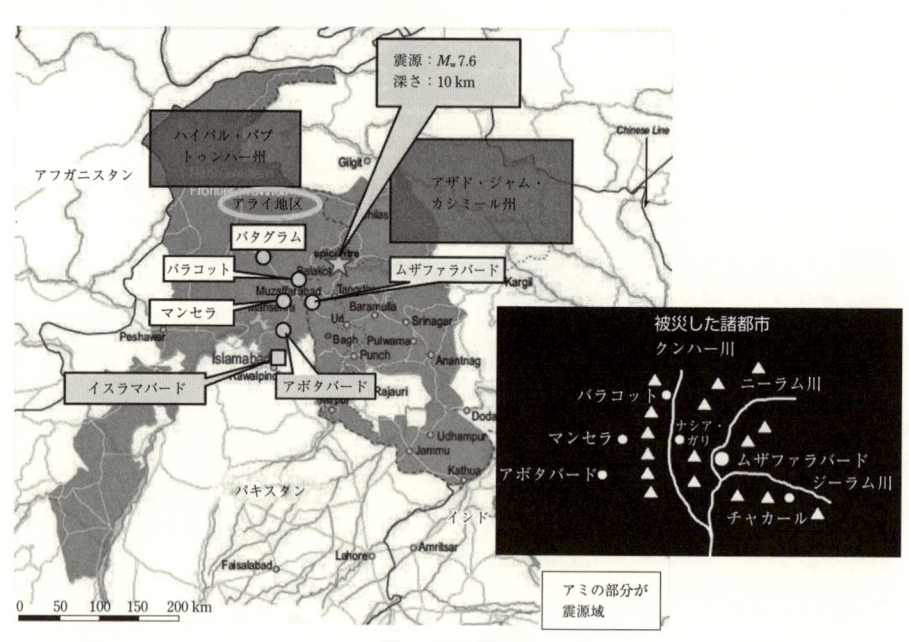

図1 今回の震源域

[出典：（左図）目黒公郎，「2005年パキスタン北部地震による一般住宅の被害と簡便で低価格な耐震補強法の提案」自然災害科学 J. JSNDS, **25**(3), 382(2006)；（右図）東畑郁生，「2005年のパキスタン北部の地震に関連して」地盤工学会関東支部ニューズレター, No.8, p.1(2006)]

被災地の状況

今回の地震による7万人を超える犠牲者の大半は家屋の倒壊によるものである。また、大規模なものは数少なかったが、斜面の崩落による犠牲者の数も多いとみられる。

図1にみるように、震央は首都のイスラマバードの北東約150 kmで、被災地域はバラコット、ムザファラバード、バタグラム、マンセラ、アボタバードなどである。イスラマバードでは鉄筋コンクリート (RC) 造11階建てのマンションが倒壊し死者を出しているが、市内の被害は限られている (図3)。

ムザファラバードの市街地の背後で斜面が崩落したが、谷底の民家は被害を免れている (図5)。

今回も多くの犠牲者を出したのは、途上国に数多く普及しているアドベ (日干し) レンガなどの組積造建物で、被災地域では15万棟以上が

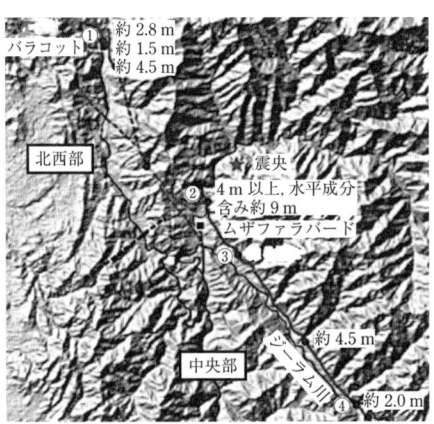

図2 震央、断層とムザファラバード
[出典：小長井一男,「パキスタンにおける災害復興事業について」NPO国境なき技師団第5回定例セミナー資料, p. 2 に加筆 (2010)]

図4 建設中のRC造建物 (ダッカ)
細い柱と薄い床版からなり、床版には横梁すらなく、さらに上階が補強なく建て増し中である。
[出典：東畑郁生,「2005年のパキスタン北部の地震に関連して」地盤工学会関東支部ニューズレター, No. 8, p. 2 (2006)]

図3 イスラマバードの倒壊マンション
[出典：東畑郁生,「2005年のパキスタン北部の地震に関連して」地盤工学会関東支部ニューズレター, No. 8, p. 2 (2006)]

図5 ムザファラバード市街と斜面崩壊
[出典：小長井一男,「パキスタンにおける災害復興事業について」NPO国境なき技師団第5回定例セミナー資料, p. 5 (2010)]

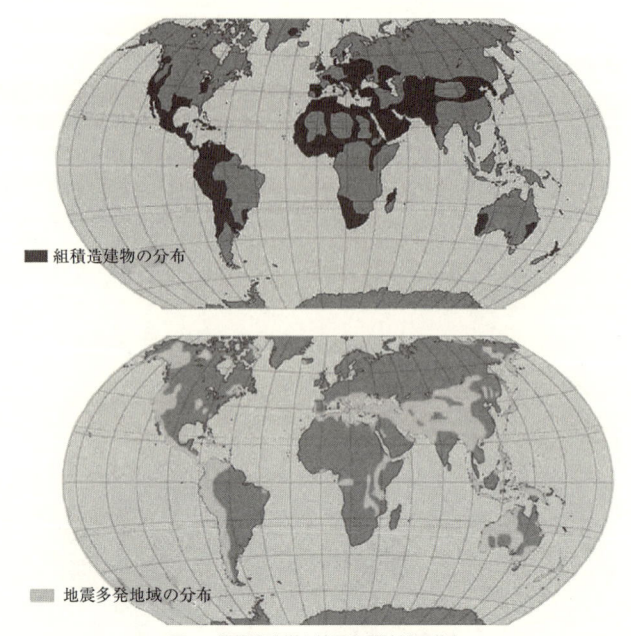

388　5章　地震災害

図6　組積造建物と地震多発地域の分布
［目黒公郎，「2005年パキスタン北部地震による一般住宅の被害と簡便で低価格な耐震補強法の提案」自然災害科学 J. JSNDS, **25**(3), 382(2006)］

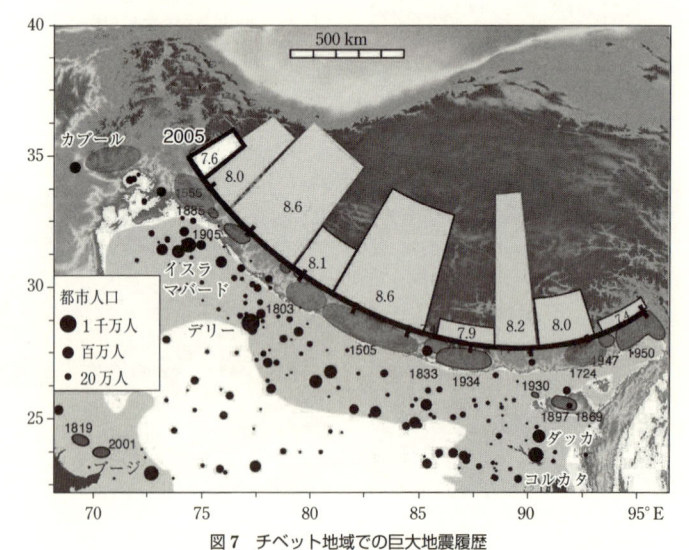

図7　チベット地域での巨大地震履歴
［目黒公郎，「2005年パキスタン北部地震による一般住宅の被害と簡便で低価格な耐震補強法の提案」自然災害科学 J. JSNDS, **25**(3), 382(2006)］

崩壊している。世界の人口の約6割が，この種の構造の建物に居住しており，その多くが地震多発地域の分布と重なっている（図6）。

インド亜大陸とユーラシア大陸が衝突するこの地域では，過去にも巨大地震が絶えない。図7にチベット地域の地震履歴と今回の地震の関係を示す。今回解放されたエネルギーは前回の1/4にすぎず，将来の巨大地震の発生は必至である。

この事例の概要と特徴

今回の地震はインドプレートとユーラシアプレートの境界で繰り返し発生しているM7～8クラスの地震の一つである。カシミール地方は，パキスタンとインドが帰属をめぐり長年にわたって紛争がつづいている地域である。今回の地震で7～8万人といわれる甚大な人的被害を出した背景には，建物の耐震性の問題のほかに，上記の政治的な原因が指摘されている。

参 考 文 献

1) 目黒公郎，「2005年パキスタン北部地震による一般住宅の被害と簡便で低価格な耐震補強法の提案」自然災害科学 *J. JSNDS*, **25**(3), 381-392（2006）.
2) 東畑郁生，「2005年のパキスタン北部の地震に関連して」地盤工学会関東支部ニューズレター，No. 8, pp. 1-5（2006）.
3) 小長井一男，「パキスタンにおける災害復興事業について」NPO国境なき技師団第5回定例セミナー資料（2010）.
4) 伯野元彦（萩原幸男 監修），『日本の自然災害 1995～2009年—世界の大自然災害も収録』，日本専門図書出版（2009）.

ジャワ島中部地震

発生地域：インドネシア，ジョグジャカルタ

国民1人あたりのGNI（世界銀行2013）低位中所得国グループ
発生年月日：2006年5月27日
発生時間：午前5時54分（現地時間）
震央：南緯7.962°，東経110.458°
震央深さ：10 km
マグニチュード：6.2
人口（2010）：240,676,000人
国土の総面積（2012）：1,919,931 km^2
死亡者数：5,716人
負傷者数：37,927人
全壊建物：75,315棟
半壊建物：116,211棟
一部損壊建物：167,168棟

【地震】

ボロブドゥル遺跡の釈迦如来像
[© Jan-Pieter Nap, Wikipedia]

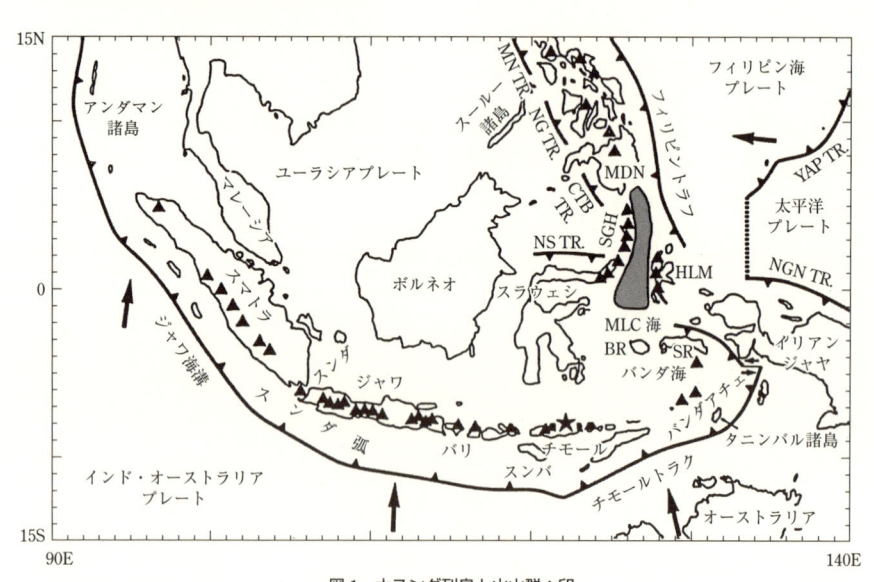

図1　大スンダ列島と火山群▲印

［出典：T. P. Nanang, Y. Miyatake, K. Shimazaki, K. Hirahara, "Three dimensional P-wave velocity structure beneath the Indonesian region", *Techtonophysics*, 220, 175（1993）］

コミュニティーが支えた住宅復興

今回の地震は，2004年のスマトラ島沖地震・インド洋津波（➡ p. 380）に引きつづいてインドネシアに大きな震災をもたらした。前回の地震が津波を伴う巨大なプレート境界型地震だったのに対し，今回の地震は内陸の活断層（オパック断層）が起こしたもので，津波の発生しにくい横ずれ断層型地震である（図2）。

震源地はジョグジャカルタ市の南東約20 kmで，市の北東約30 kmには活火山のメラピ火山がある。同火山は，国際火山学会で重点監視されている16火山の一つである。近年，活動が活発化していて噴火のおそれがあると注意を喚起されていた。人々の関心が北の火山に向けられていたときに，逆の南方に震源をもつ大地震が起きてしまった（図3）。

今回の震災後1年間で20万戸が建設された住宅復興の成功について，UNDP（国連開発計画）は報告書で下記の①〜⑥のような要因をあげている。

① 社会基盤システムが大きな打撃を受けなかったのでコミュニティー，人材が保たれた。
② 建設のための労働力が十分に残り，伝統的な相互扶助の習慣があった。
③ 建設に必要な建材が十分にあった。
④ 建築物の大規模な面的な被害がなかった。
⑤ 政府資金援助に加え技術的支援があった。
⑥ 支援が現金支給方式だった。

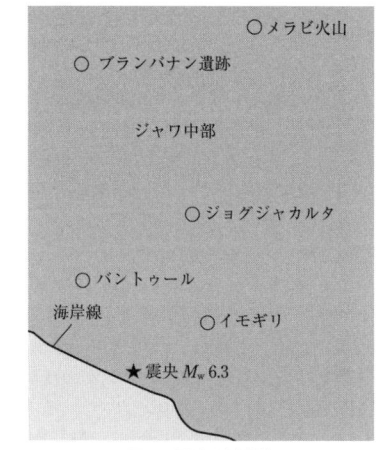

図3 震央と被災地

［出典：伯野元彦，萩原幸男 監修，『1995〜2009年 日本の自然災害—世界の大自然災害も収録』，p. 138，日本専門図書出版（2009）］

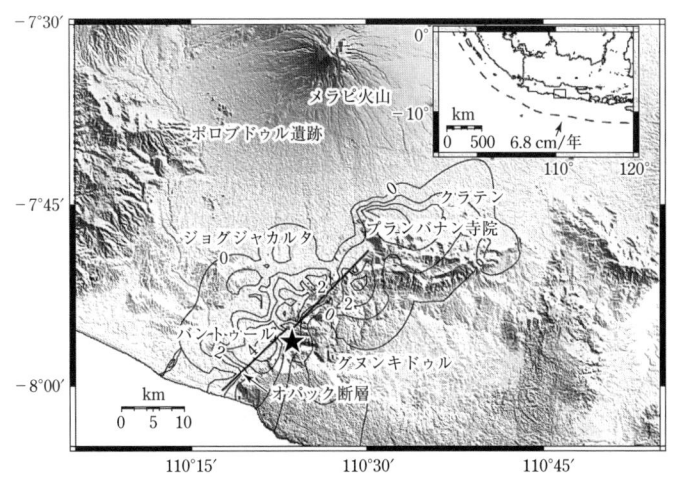

図2 震央★印とオパック断層

［出典：安藤雅孝, I. Melano, 木股文昭, 奥田 隆, 田所敬一, 中道治久, 武藤大介，「2006年インドネシア・ジョグジャカルタ地震のメカニズムと被害」歴史地震，第22号，pp. 187-193（2007）］

スマトラ島沖地震・インド洋津波と比較しても，災害に対し伝統的なコミュニティーを保全することの重要さが明確に示された事例である。

歴史的・文化的な背景

中部ジャワのジョグジャカルタ地域では，いくつかの王朝を経て8世紀頃，ヒンドゥー系古マタラム王国が起きた。16世紀後半にイスラム系マタラム王国が再興され，17世紀前半にほぼジャワ島全島を支配した。17世紀後半になってオランダ東インド会社に覇権を奪われた。

18世紀のジャワ継承戦争でマタラム王国はオランダの保護下に入り，1755年に分割されてジョグジャカルタ王国が成立した。1800年から，現在のインドネシアに相当する全域がオランダ領東インドとなった。オランダの支配は，17世紀初頭から約300年間つづいた。その後，イギリス，日本の占領時代を経て，第二次世界大戦後の1950年にインドネシア共和国として独立した。

ジョグジャカルタ特別州は，スレマン県，バントゥール県，クロンプロゴ県，グヌンキドゥル県に分かれ，州都のジョグジャカルタ市は人口約50万人で，インドネシアの古都として観光地になっている。今でも独自の文化をもっており，王宮にはスルタンがいる。市の近郊には，中心部から北西へ40 kmに中部ジャワ州ボロブドゥル仏教寺院遺跡群，中心部から東へ18 kmにプランバナン・ヒンドゥー教寺院群の二つの世界遺産がある。

相互扶助の例として，世帯数2,900戸のうち全壊と半壊がほぼ半数だった陶芸の村のバントゥール県カソンガン村では，スマトラ島のベングール県からの支援金で住宅建設が進んだ。

自然環境

図1にみるように，インドネシアの「大スンダ列島」は，日本列島を横にした地形とよく似ている。列島周辺の状況も，プレートの境界付近の海溝と並行に島弧があり，さらに，火山や地震が多い点なども類似している。

地形の特徴

図1にみるように，インドネシアはインド・オーストラリアプレートがユーラシアプレートの下に沈み込む収束境界に位置している。その走向は，北のアンダマン諸島付近では南北，スマトラ島西方では北西—南東である。スマトラ島とジャワ島の境界であるスンダ海峡付近で，その走向が大きく変わり，ジャワ島以東ではほぼ東西に走っている。

一方，インド・オーストラリアプレートは，ユーラシアプレートに対して北北東方向に運動している。このため，スマトラ島以北では斜め沈み込み境界となっていて，島弧を右横ずれにずらす力がはたらいている。スマトラ島にはスマトラ断層とよばれる大断層があるが，ジャワ島にはスマトラ断層のような大断層はない

図4中の左側の二つの☆印は，スマトラ島沖地震とニアス地震（2005年3月28日発生），右側の☆印が今回の地震の震央である。

震源域の状況

スマトラ島およびジャワ島には多数の火山が分布しており，それぞれ35と43の火山がある。スンダ海峡には，1883年の大噴火で津波災害を起こしたクラカタウ火山（→ p. 408）がある。その東のジャワ島には，グントゥール，ガルングン，ケルート，メラピ，スメルおよびバリ島のアグンなどの火山がある。地震と火山活動の関連を指摘する考えもある。

地震発生のメカニズム

今回の地震は北北東—南南西圧縮の横ずれ断層型の地震で，震源の深さが約10 kmとの推定から，ジャワ島の地殻内で発生した内陸地震とされる。

過去の大地震

この周辺では内陸地震は最近30年ほど発生していないが，テクトニクス論では，海溝型の

表1 死傷者数

州および県	死亡者数	負傷者数
ジョクジャカルタ特別州	4,659	19,401
バントゥール県	4,121	12,026
スレマン県	240	3,792
ジョクジャカルタ市	195	318
クロンブロゴ県	22	2,179
グヌンクドゥル県	81	1,086
中部ジャワ州	1,057	18,526
クラテン県	1,041	18,127
マゲラン県	10	24
ボヨラリ県	4	300
スコハルジョ県	1	67
ウォノギリ県	—	4
プルウォレジョ県	1	4

［出典：Yogyakarta Media Center, June 7, 2006］

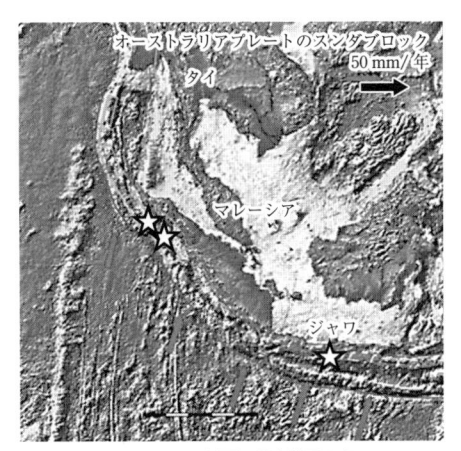

図4 三つの地震の震央位置☆印
［出典：橋本 学,「インドネシアの最近の地震活動：スマトラ地震からジャワ島中部地震まで」京都大学防災研究所ニュースレター, No. 41, p. 1(2006)］

表2 被害家屋と援助住宅数

	ジョグジャカルタ特別州	中部ジャワ州	計
損壊家屋	98,343	101,868	200,211
全壊家屋	88,249	68,414	156,663
居住不能家屋	177,471	104,804	282,275
政府援助住宅	106,393	96,303	202,696
NGO援助住宅	17,111	9,720	26,831
援助住宅合計	123,504	106,023	229,527

［出典：塩崎賢明，西川榮一，出口俊一，兵庫県震災復興研究センター『災害復興ガイド』編集委員会,『世界と日本の災害復興ガイド』, p. 85, クリエイツかもがわ(2009)］

巨大地震の頻繁な発生が考えられる。過去の地震活動の推定では，スマトラ島西方沖では1833年と1861年に$M 8$を超える巨大地震が発生しており，$M 7$級の地震は多発している。ニアス地震（$M 8.7$）は1861年の地震と同じ領域で発生している。

ジャワ島では，1867年に大きなプレート境界型地震が起きたことが推定される。ジャワ島中部では，1840年，1875年と1921年に陸側のプレート内の地震とされる強震の記録がある。1937年の$M 7.2$を最後に$M 7$以上の地震は発生していない。

スマトラ島周辺では$M 8$を超えるプレート境界型地震が発生し，スマトラ断層に沿った$M 7$級の地震活動も発生しているが，ジャワ島周辺では起きていない。

被災地の状況

被害が大きかったのは，震央のあるバントゥール県と約40 km北東のクラテン県である。これらの被災域は，メラピ火山の火山噴出物が地表を厚く覆っており，これによる増幅効果も指摘されている（表1）。

これらの被害が大きかった近郊の農村集落の家屋は，鉄筋コンクリート(RC)造の柱などがないレンガ組積造が多く脆弱な構造であった，との指摘がある。

被災区域

ジョグジャカルタの中心部は，若干のビルなどのほかはおおむね被害を免れている。市南部の歴史的建築物が残るコタクデ地区の密集市街地で，伝統的な家屋が多くの被害を受けた。

震源地から半径50 km以内におよそ500万人が住んでいた。

人的・社会的被害

ジョグジャカルタ市の人口は，およそ45万人（当時）である。3,500人（そのうちの約2/3がバントゥール県）を超える死者数は，神戸市の人口約130万人と比較すると，人的被害密度

で阪神・淡路大震災を大きく上回った震災といえる。

震源地に近い地域の建物はレンガ組積造などの耐震性の低いものが多く，犠牲者のほとんどが建物の倒壊による圧死である。

物的・経済的被害

二つの世界遺産のうち，ボロブドゥル遺跡にはほとんど被害がなかったが，プランバナンに多少の被害が出た。

図5は，修理のために足場が組まれたプランバナンの塔である。前面道路に石材が落ちたり倒れたりしている。

インフラ・建築物被害の特徴

震災で住めなくなった約28万棟の住宅に対し，1年間で20万戸の住宅が建設されたとの報告がある。

インドネシアにはゴトンロヨンとよばれる相互扶助の習慣があり，一般に広く行われている。住宅建設に際しても，本人家族，近隣住民が8〜10人のグループになって一緒に工事を行

図5 修理中のプランバナン寺院
［出典：佐竹健治，藤野滋弘，「2007年6月20日―6月24日，日本・インドネシアの白熱災害に関するワークショップとAPRU/AEARUシンポジウム"環太平洋の地震災害"」活断層研究センターニュース，No. 69，6月号，p. 6(2007)］

図6 残された村の入口の門
［出典：木股文昭，「地震火山・防災研究センターとバンドン工科大学の共同による2006年5月27日ジョグジャ地震の緊急地震調査」名大トピックス，No. 158, p. 14 (2006)］

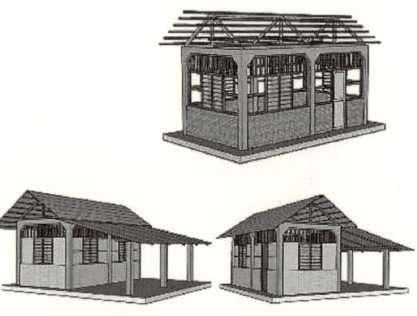

図7 コアハウス（上：基本モデル，下：建増しモデル）
［出典：鳴海邦碩，大野義照，小浦久子，「ジャワ島中部地震 復興状況の報告」2006年度第7回都市環境デザインセミナー記録］

図8 市立大学のRC造の半壊建物
［出典：伯野元彦（萩原幸男 監修），『日本の自然災害1995〜2009年―世界の大自然災害も収録』，p. 139，日本専門図書出版(2009)］

図9 破壊されたレンガ造家屋
[出典：伯野元彦（萩原幸男 監修）,『日本の自然災害 1995〜2009年—世界の大自然災害も収録』, 日本専門図書出版, p.138 (2009)]

う。とくに農村部などでは，このような方式は当然と受け取られている。

　住民の多くは，自力で敷地内に仮設住宅を建てた後，1970年代に低所得者向けに導入されたコアハウス（3×3 mの部屋が二つ 19 m^2 をもつ 30 m^2 程度の枠組組構造）を恒久住宅として建設している（図7）。

　このように，避難→仮設住宅→恒久住宅の流れが，従前のコミュニティーを保全したまま復興していける形式が取られている。

　図8の半壊したジョグジャカルタの市立大学の鉄筋コンクリート造（RC造）建物は，梁・柱・壁の十分な鉄筋補強ができていない構造だった。倒壊した図9の庶民向け家屋は焼きレンガ造で，重い屋根のため多くの死傷者を出している。

この事例の概要と特徴

　インドネシア政府は，当初は被災程度に応じて 3,000万 RP（ルピア），2,000万 RP，1,000万 RPのランク付けを行った。被災程度の評価の問題から一律 1,500万 RP（約15万円）の支援金を，POKMASという組織を通じて配分している。

　支援金を受けられない人々などは，国内外のNGOの支援によって住宅を建設している

参考文献

1) 塩崎賢明，西川榮一，出口俊一，兵庫県震災復興研究センター『災害復興ガイド』編集委員会,『世界と日本の災害復興ガイド』, クリエイツかもがわ (2009).
2) 橋本 学,「インドネシアの最近の地震活動：スマトラ地震からジャワ島中部地震まで」京都大学防災研究所ニュースレター, No.41, pp.1-4 (2006).
3) 伯野元彦（萩原幸男 監修）,『日本の自然災害 1995〜2009年—世界の大自然災害も収録』, 日本専門図書出版 (2009).

汶川（ウェンチュアン）地震

発生地域：中国，四川省

北京：市街地再開発プロジェクト（パンフレット）

国民1人あたりのGNI（世界銀行2013）上位中所得国グループ

発生年月日：2008年5月12日
発生時間：午後2時28分（現地時間）
震央：北緯31°01′，東経103°38′
震央深さ：18 km
マグニチュード：M_w 7.9
人口（2010）：1,359,821,000人
国土の総面積（2012）：9,598,095 km^2（台湾，香港，マカオを含む）
死亡者数：87,476人（UNISDR, 2009）
負傷者数：374,159人
倒壊建物：約5,000,000棟

【地震】
発生当初，四川大地震とよばれたが，震央の汶川という地名から「汶川地震」と命名された。

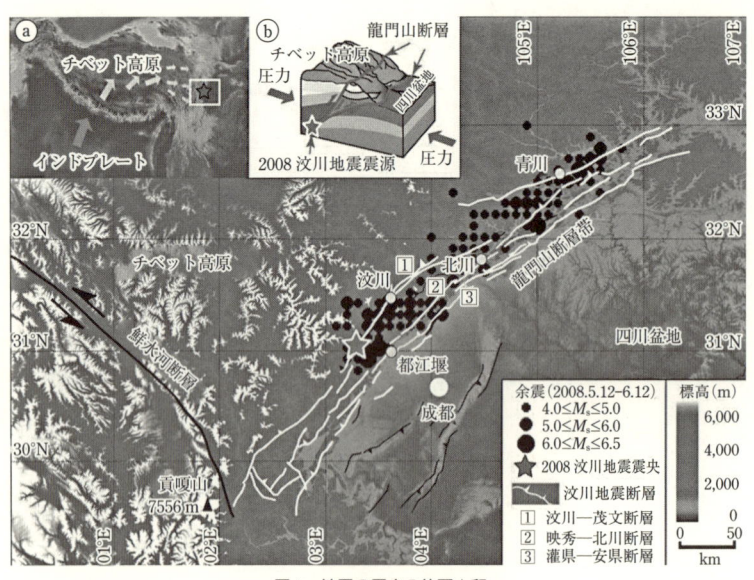

図1 地震の震央の位置★印

[出典：林 愛明，「2008年中国四川大地震の地震断層」日本地震学会広報紙「なゐふる」，No. 69, pp. 2-3 (2008)]

経済成長と地域格差の災害

中国は1976年の改革開放政策の採択以降，急激な経済成長をつづけている。これに伴い国内の建設市場規模も拡大し，過去30年間で約20倍に達している。この間，国内総生産（GDP）の3.8〜7.0％を占める建設業が経済成長の牽引力になっている。現在の中国の建築基準法および建築審査体制は，「中華人民共和国建築法」のもとに整備されて1997年に採択され1998年から実施されている。

しかし，今回の地震では8万人余の死者を出しており，その多くは建物の倒壊によるものとされる。とくに学校建築の被害は甚大で，被害を受けた建物は数千教室に及び，死亡者数も数千人規模であると伝えられる。日本の応急危険度判定法を用いた都江堰市での学校建築の調査では，①無傷10％，②軽微27％，③小破26％，④中破18％，⑤大破13％および⑥倒壊6％の深刻な被害率が報告されている。

原因として過大な外力に加え，建物が比較的古く補強されていない組積造が多かったことなどが指摘されている。しかし，手抜き工事などの人為的な要因も多数報道されている。関連法基準や安全確認体制の整備以上に，実務にあたる建築技術者の教育や施工精度の向上が課題といえる。中国のように広大な国土と膨大な人口を抱える国では，大きく異なる各地域の状況ごとに適合する施策が求められる。

中国やアジアにおける自然災害では，今回の4,700万人もの被災地人口を超える1億人以上の事例も多く，"アジア型巨大災害"としての取組みが求められている。

歴史的・文化的な背景

1990年代以降の中国の急激な経済発展は上海などの「東部」沿岸部が中心で，現在でも「西部」内陸部との格差問題が残されている。計画経済時代には，厳格な戸籍制度により都市への人口流入は制限されていた。このため，内陸部は都市部の発展を支える"出稼ぎ"労働力の供給地に甘んじてきた。近年の戸籍管理の緩和などに伴い，国内および省内の人口移動はさまざまに活発化している。中国「西部」地域でも最内陸部の四川省は，従来から国営企業の割合が大きく，いまだ改革の途上にある。

今回の地震は，このように急激な変貌を遂げつつある地域で発生した。省都の成都市は，同じ省内の重慶市が工業都市であるのに対し，政治，文化，消費都市としての性格が強く，総合的な中心都市といえる。四川省は，岷江などがつくり出す肥沃で広大な土地を擁し，現在でも"天然の倉稟（そうりん）"とよばれている。

自 然 環 境

中国の行政域は，市の下に区（市街地）と県（郊外）が置かれている。県のうちの人口集積地域を市（県級市）としている。

都江堰市は，人口約1,200万人の省都・成都市の下の県級市で，2,300年前に建設された堰や歴史的建築物で世界遺産に指定されている。図1にみるように，この地域はチベット高原と四川盆地の境界部に位置している。

地形の特徴

都江堰市は，チベット高原につづく4,000〜5,000m級の山地と，成都盆地の平原の間にある人口およそ60万人の都市である。同市は西側の山地と東側の扇状地で構成され，その突端に市街地が展開している。

図1にみるように，震源の断層帯は270kmにわたって動いたと報告されている。清平の鎮棋盤石で地表に現れた断層帯は，縦ずれが4.5m（左端），右横ずれが0.5mと報告されている（図2）。

日本の震度階と中国の地震烈度および加速度の関係を表1に示す。中国では，MSK震度階に準拠して最大烈度は"Ⅻ"まで独自に決めら

表1 地震烈度・加速度（gal）の比較

烈　度	Ⅰ-Ⅳ	Ⅴ	Ⅵ	Ⅶ	Ⅷ	Ⅸ	Ⅹ
加速度	体感	31	63	125	250	500	1,000
日本	震度	Ⅳ	Ⅴ弱	Ⅴ強	Ⅵ弱	Ⅵ強	Ⅶ

図2 清平に現れた地表断層（矢印）
［出典：「5·12中国四川·汶川地震被災現場視察・検討会」参加報告会，日中建築構造技術交流会，日本建築構造技術者協会(JSCA)，p.3(2008)］

図3 虹口の縦ずれ断層
［出典：郝 憲生，「中国汶川地震における断層と近傍の構造物被害」防災科学技術研究所第6回成果発表会，p.4(2009)］

れているが，発表された記録はほとんどが"X"までである。今回は，最大"XI"の地域が報告されている。

震源域の状況

今回の地震を起こした断層は，全長500 km，幅40～50 kmの南西―北東走行の龍門山断層帯で三つの断層帯を含んでいる(図1)。今回は，このうちの半分以上の長さが動いたと考えられている。確認された地表に現れた断層は，北川県擂鼓鎮，漢旺鎮北部，蓑華鎮西，白鹿鎮，小魚洞鎮および映秀近くの断層などである。

地震発生のメカニズム

インド側からのプレートがぶつかり5,000 m以上のチベット高原が形成された。中国側のプレートに南からプレートがぶつかり「へ」の字形のプレート境界が形成されている。このような状況のもとで，チベット高原の東縁と四川盆地の境界で今回の地震が発生したと考えられている。

過去の大地震

図4に紀元後の死者1万人以上の大被害地震の分布を示す。

汶川（ウェンチュアン）地震 399

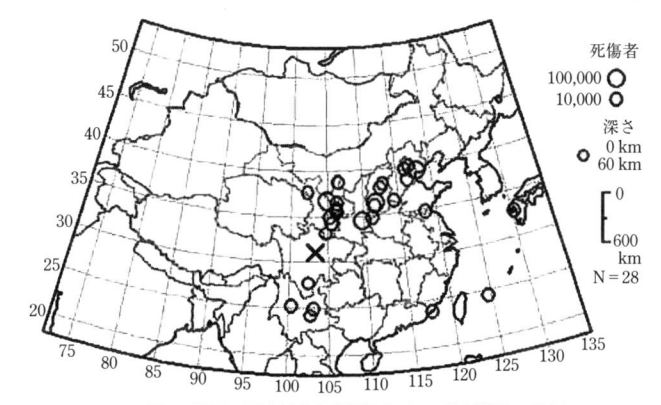

図4 死者1万人以上の震源分布（×：汶川地震の震央）
［出典：石川有三，「中国の地震と地震予知」日本地震学会広報紙「なゐふる」, No. 69, p.7(2008)］

被災地の状況

今回の地震は震央の地名の汶川から汶川地震とよばれる。全般的に断層近傍の地震被害が大きいが，大きな河川の流域で被災した町も多く，地盤条件の悪さが被害を拡大させたと考えられる。

被災区域

図5に龍門山断層沿いに延びる被災地域の震度階を示す。震源断層の近傍では，中国の震度階で2番目に大きい"XI"（家屋の被災程度が壊滅とされる）が示されている。"XI"の地域は，日本の震度階で6強から7に相当する。高震度の地域は，震源断層を中心に楕円形に分布している。

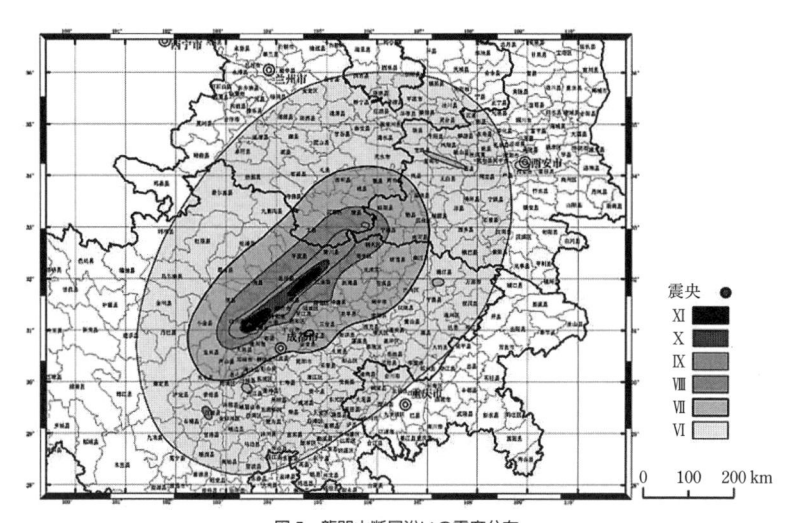

図5 龍門山断層沿いの震度分布
［© 中華人民共和国中央人民政府地震局］

表2 四川省各行政区別の死者数と比率

四川省行政区	死者(人)	比率(%)
成都市	4,276	0.51 0.12
瀘州市	2	—
自貢市	1	—
徳陽市	17,117	0 1.38 2.18
綿陽市	21,963	5.43 0.05 0.81 1.88
広元市	4,821	
遂寧市	27	—
内江市	7	—
楽山市	8	—
南充市	30	—
広安市	1	—
達州市	4	—
巴中市	10	—
雅安市	28	—
眉山市	10	—
資陽市	20	—
アバ・チベット族チャン族自治州	20,255	14.49 0.26 4.02
カンゼ・チベット族自治州	9	—
リャンシャン・イ族自治州	3	—

人的・社会的被害

死者のうちの99%以上は四川省の各市県で占めている。表2に四川省内で死者が出ている行政区および人口あたりの死者比率を示す。最も死者数が多かった県市区は汶川県で，以下，綿竹市，北川チャン族自治県などがつづいている。一方，死者比率が高かったのは，汶川県，北川チャン族自治県，茂県となっている。

物的・経済的被害

日本列島で比較すると，東京から仙台にまで達する広大な地域で大きな被害が出ている。

インフラ・建築物被害の特徴

図7に被災地域で最大都市の成都市の年代別の市街地が拡大する状況を示す。市街地は，第一環状道路，第二環状道路と周辺の第三環状道路および繞城高速環状道路に囲まれている。1950年代までの一環路内が市の中心部で，1990年代になって一〜二環路間および二環路外へと発展した。1960年代に多くの国有企業が設立された。1990年代以降の住宅などの建物はエレベーター未設置の7階建て以下のものが多い。成都の震度は"Ⅶ"である。

図8に示す四川省漢旺鎮の震度は"Ⅹ"度で，地表断層が左下側を通過したため，手前の山に

図6 地表地震断層，北川県北川町
[出典：林 愛明，「2008年中国四川大地震の地震断層」，日本地震学会広報紙「なゐふる」，No. 69，p.3(2008)]

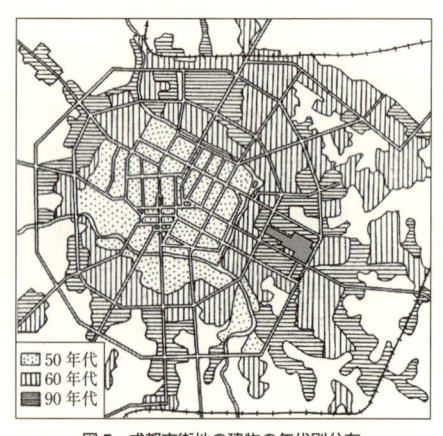

図7 成都市街地の建物の年代別分布
[出典：石原 潤 編，『変わり行く四川』，p. 60，ナカニシヤ出版(2010)]

汶川（ウェンチュアン）地震　401

図8　四川省漢旺鎮
［出典：郝　憲生，「中国汶川地震における断層と近傍の構造物被害」防災科学技術研究所第6回成果発表会（2009）］

図9　中国の地震観測点の分布
［出典：石川有三，「中国の地震と地震予知」日本地震学会広報紙「なゐふる」，No. 69，p. 7（2008）］

近い部分が壊滅的な被害を受けている。

　一方，上方の比較的新しい建物は被害が軽いように見える。これは，町の北部の山側に古い耐震性の低い建物が多く，小さな河川が数本あるために軟弱な地盤であったことが指摘されている。

独自の地表活断層を挟んだ短距離の繰返し水準測量などの各種観測網も拡充されてきている。広大な国土を抱える中国では，日本のように全国均一に高密度の観測点を配置するのではなく，人口稠密な地域を重点に配置している。これらの手法も，注視する必要がある。

この事例の概要と特徴

　中国では国をあげて地震予知に取り組んでいる。1966年の河北省の大震災（➡ p. 240）の際に，政府が当時の経済力では一般住宅の全面耐震化は困難と考え，地震予知研究を始めたといわれる。その成果として，いくつかの「成功例（海城地震 1975）」（➡ p. 254）や「失敗例（唐山地震 1976）」（➡ p. 266）が報告されている。このような手法は，途上国などの経済的・技術的にハード面での対応がむずかしい社会的状況下で，人命救済を目指す一つの取組みとして注目に値する。

　図9に示すように，地震観測，GPS観測，伸縮計，傾斜計，地電流，地磁気などと，中国

参 考 文 献

1) 郝　憲生，「中国汶川地震における断層と近傍の構造物被害」防災科学技術研究所第6回成果発表会（2009）．
2) 「5・12中国四川・汶川地震被災現場視察・検討会」参加報告会，日中建築構造技術交流会，日本建築構造技術者協会（JSCA）（2008）．
3) 「四川大地震復旧技術支援連絡会議」報告会，7学会合同支援会議，2008. 7. 15
4) 「2008年中国四川省地震，岩手・宮城内陸地震被害調査報告」日本建築学会災害委員会（2008）．
5) 林　愛明，「2008年中国四川大地震の地震断層」日本地震学会広報紙「なゐふる」，No. 69，pp. 2-3（2008）．
6) 石原　潤　編，『変わり行く四川』，ナカニシヤ出版（2010）．
7) 石川有三，「中国の地震と地震予知」日本地震学会広報紙「なゐふる」，No. 69，pp. 6-7（2008）．

ハイチ地震

未曾有の人的被害と対策の不手際
発生地域：ハイチ，ポルトープランス

テントのコンテナー病院
[出典："Emergency Response After the Haiti Earthquake: Choices, Obstacles, Activities and Finance" Doctors Without Borders/Médcines Sans Frontières, July 8. 2010]

国民1人あたりのGNI（世界銀行 2013）低所得国グループ
発生年月日：2010年1月12日
発生時間：午後9時53分（UTC）
震央：北緯 18.451°，西経 72.445°
震央深さ：10 km
マグニチュード：7.0
人口（2010）：9,896,000 人
国土の総面積（2012）：27,750 km^2
死亡者数：222,570 人
　（316,000 人というハイチ政府の発表もある）
行方不明者数：869 人
負傷者数：310,928 人
被害総額：約 77 億 5,000 万 US ドル

【地震】

マグニチュード
- ○ 4.0〜4.9
- ○ 5.0〜5.9
- ○ 6.0〜6.9
- ○ 7.0〜7.9
- ○ 8.0〜8.9
- ○ 9.0 以上

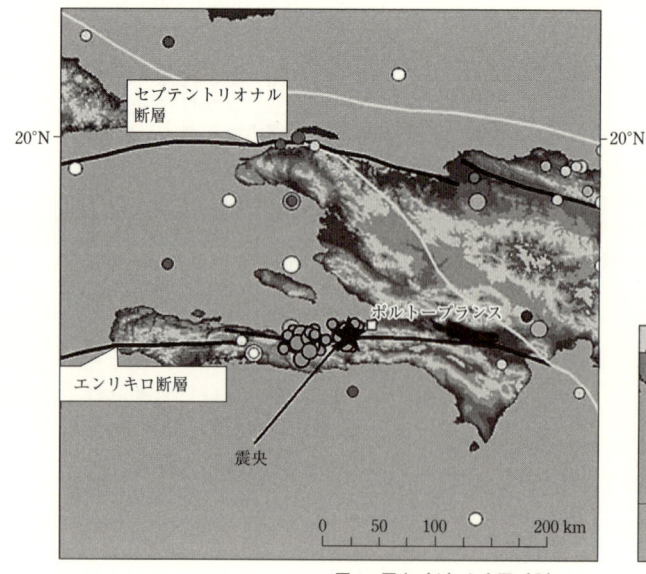

図1　震央（★）と余震（○）
[© British Geological Survey]

この事例の概要と特徴

図2にみるように，この地域は北アメリカプレートとカリブプレートが衝突する境界の近傍に位置している。中央アメリカのグアテマラから延びてくる境界は，ハイチを抜けて西インド諸島から南アメリカ大陸の北端のベネズエラやコロンビアへとつながっている。したがって，カリブ海周辺の諸国には，常に大地震が発生する可能性があることになる。

今回の地震は，首都ポルトープランスの西南西約15 kmのエンリキロ断層が横ずれを起こしたもので，最大すべり量は3.8 mと推定されている。ポルトープランスなどでは改正メルカリ震度階でⅦ～Ⅹ相当の揺れがあったものと思われる。図3にみるように，今回の地震域では，1751年と1770年にも大地震が発生している。

今回の地震の規模が大きかったことと浅い直下型だったことが大きな被害をもたらす直接の要因であるが，未曾有の人的被害を被ったのは対策の不手際によるものだ，とする指摘がある。ハイチは1804年の独立以来政治的な混乱がつづいてきた。さらに，今回の地震で大統領府をはじめ官庁の建物の多くが倒壊したため，政府のマヒ状態がつづいていた。

2010年10月下旬にハイチでコレラの発生が確認された。11月下旬の保健省の発表では，死亡者数が1,648人で約31,000人が入院している。さらに死亡者の数は，1日50～60人のペースで増えつづけている，と報じられている。元々，劣悪だった衛生環境と貧弱な医療体制に1月の大地震による混乱が，その原因とみられる。

避難所の中の環境の方が被災者が居住するスラムより勝っている現況では，援助の効果が期待できないと指摘されている。

参 考 文 献

1) "Emergency Response After the Haiti Earthquake：Choices, Obstacles, Activities and Finance" Doctors Without Borders/Médcines Sans Frontières, July 8. 2010.
2) 山中佳子，「1月12日ハイチの地震（M 7.0）」NGY地震学ノート，No. 24（2010）．

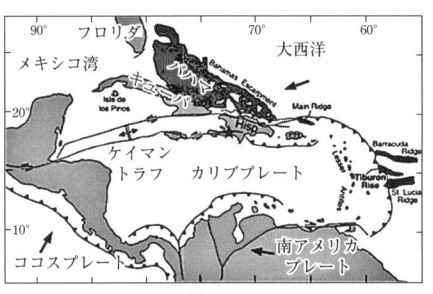

図2　カリブ海周辺のプレート
［出典：J. F. Dolan, D. J. Wald, "The 1943―1953 north-central Caribbean earthquakes：Active tectonic setting, seismic hazards and implications for Caribbean-North America plate motions, in Active Strike-Slip and Collisional Tectonics of the Northern Caribbean Plate Boundary Zone" *Geol. Soc. Am.*, **326**, 143-169（1998）］

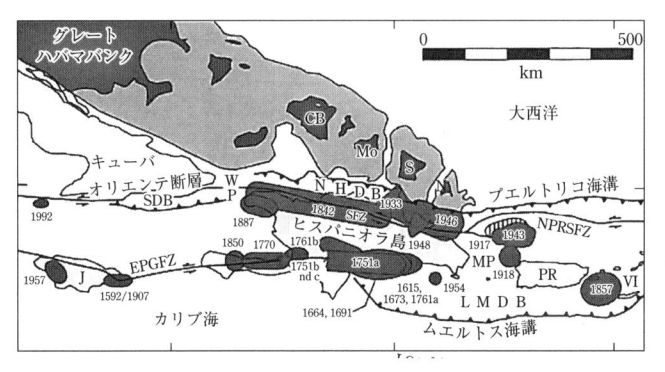

図3　過去の地震域と空白域
［出典：J. F. Dolan, D. J. Wald, "The 1943―1953 north-central Caribbean earthquakes：Active tectonic setting, seismic hazards and implications for Caribbean-North America plate motions, in Active Strike-Slip and Collisional Tectonics of the Northern Caribbean Plate Boundary Zone" *Geol. Soc. Am.*, **326**, 143-169（1998）］

コラム　滑走路に響くガムラン音楽

　滑走路の中程近くのエプロンでは，祭壇が祀られ民族衣装に身を包んだ何人もの楽士が独特の楽器で音楽を奏でている。赤道直下の国の夏の陽が，舗装面に反射して体感温度は50℃を超えていそうだ。観光地の国際空港ターミナルと滑走路を整備するODAプロジェクトの中盤，滑走路工事の竣工時にエキゾチックなセレモニーが始まった。

　古代から建築・土木工事と神事とは密接な関係がある。日本でも，キリスト教系団体の施設工事の鍬入れ式では，敷地に聖書を埋める穴を掘り全員で賛美歌を歌った。穴を埋戻す砂入れは，施主ではなく設計者が一番によばれた。キリストの父親が大工だったといわれているから，建築関係者が大事にされるのだろう，と理解した。

　知人の住宅の地鎮祭でも，仏教徒のはずの私が，竹と注連縄に囲まれた砂山に鍬を入れ，神主から受けた榊を躊躇せずに恭しく奉げた。一般的に日本人は，これらの行為を単なる習俗であって宗教心とは無縁である，考えがちである。普段の私を知る欧米人が見たら，同じような異国趣味とショックを受けるのだろうか，と考えた。

　最新鋭のジャンボジェットが発着するなか，ガムラン音楽と民族衣装の式典が無事終わった。まだ異国情緒に浸っている私に，頭に布を巻いた民族衣装の男が近づいて親しげに笑い掛けてきた。この見知らぬ男が，いつも技術的な議論を交わしているカウンターパートのエンジニアだ，と気付くまでにしばらく時間が掛かった。

6章　火山災害

　図 6.1 にみるように，火山の噴火様式は多様である。マグマが噴泉のように割目から噴出する"ハワイ式"，マグマの粘り気が少なく火山弾として噴出する"ストロンボリ式"，爆発とともに多量の噴石や火山灰を出す"ブルカノ式"，成層圏にまで達する噴煙と火砕流の発生をともなう"プリニー式"，大規模火砕流噴火のクレーターレーク型などがある。

　多様な噴火様式と噴出物に伴い発生する火山現象もまた，表 6.1 に示すように多様である。これらの異なる移動量，移動速度，温度などにより居住環境への影響も噴火ごとに異なる。

表 6.1　火山現象の種類と物理量

火山現象	到達距離 (km) 平均	到達距離 (km) 最大	分布(影響)面積 (km^2) 平均	分布(影響)面積 (km^2) 最大	速度 (m/s) 平均	速度 (m/s) 最大	温度 (℃)
溶岩流	3～4	>100	<2	<1,000	<5	<30	750～1,150
噴石	～2	>5	～10	～80	50～100	>100	<1,000
降下火砕流	20～30	<800	>100	>10万	<15	～30	常温
火砕流・岩屑なだれ	<10	>100	5～20	>1万	20～30	<100	<600～700
火山泥流	～10	>300	5～20	200～300	3～10	>30	<100
火山性地震	<20	>50	>1,000	>7,000	<5,500	<5,500	
地殻変動	<10	>20	～10	100	$<10^{-5}$	$<10^{-5}$	
津波	<50	>500～600	<1万	>100万	200	>200	
空振	10～15	>800	<1,000	>10万	>300	>300	
火山雷	<10	>100	<300	3,000	12×10^5	12×10^5	
火山ガス・酸性雨	20～30	>2,000	<100	>20万	<15	～30	

［出典：宇井忠英 編著，『火山噴火と災害』，p.50 (表 2.3)，東京大学出版会 (1997)］

　世界の火山分布は，地震の分布とほぼ一致しており，図 6.2 にみるように大部分の火山はプレート境界沿いに位置している。地球上の火山性噴出物のおよそ 3 分の 2 は中央海嶺から排出されている。海溝近くでは熱水の噴出が見られるが，水圧のため沸騰しない。

　図 6.3 にみるように，火山災害は火山灰の降下・堆積，噴石，溶岩流，火砕流，爆風，地震，山体崩壊，火山泥流などの直接的現象によるもののほか，土石流，地すべり，地盤変動，津波，火山ガス，洪水などの二次的現象によるものがある。火山灰やガスが成層圏にまで吹き上げられることによって世界的な気候に影響を与えることもある。

第Ⅱ編　火害各論

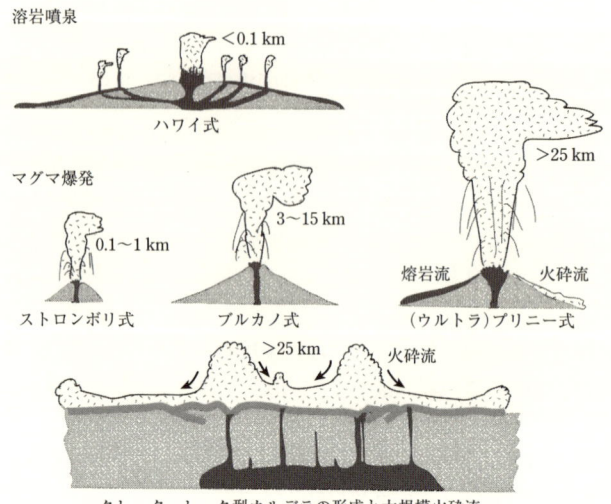

図 6.1　火山の噴火様式
[出典：木庭元晴 編，『宇宙 地球 地震と火山(増補版)』，p. 159，古今書院(2007)]

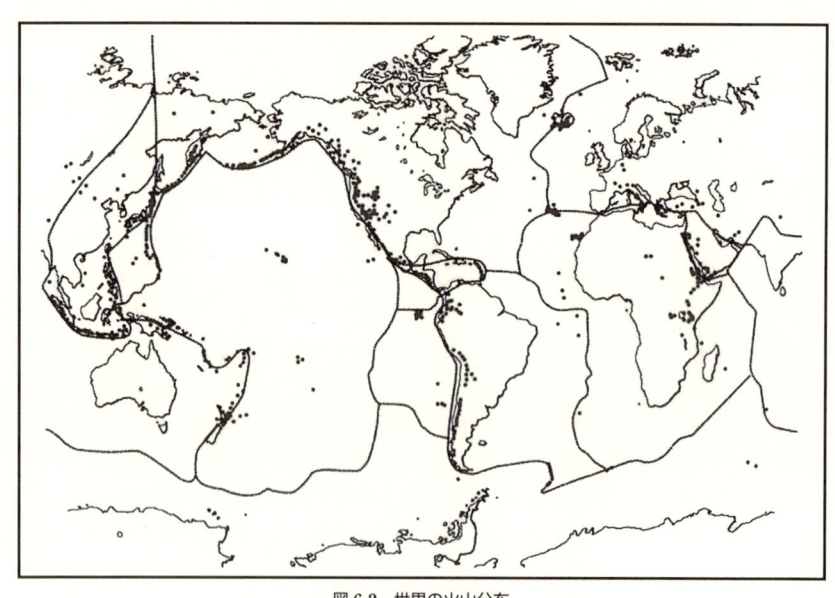

図 6.2　世界の火山分布
・は火山，地形以外の曲線はプレートの境界を示す．
[© 株式会社日立システムアンドサービス(『世界大百科事典』)]

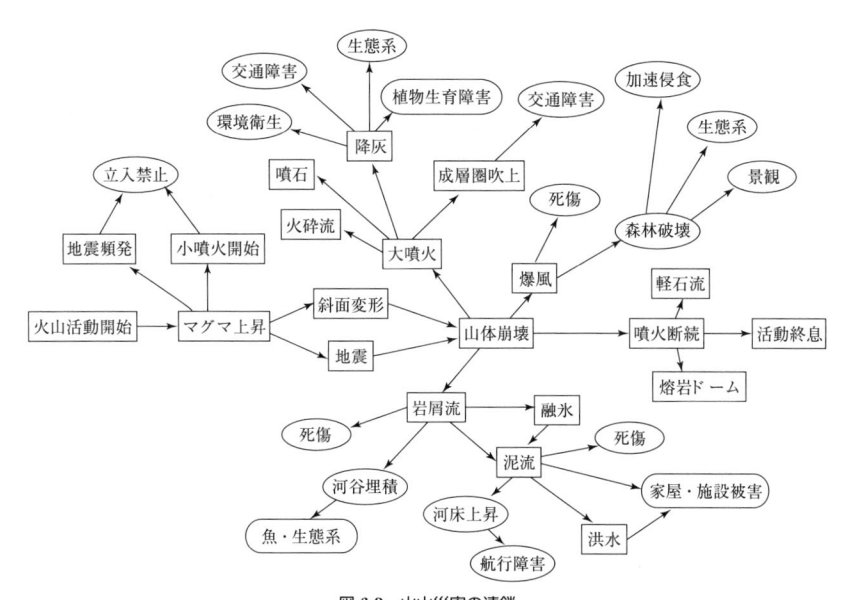

図 6.3 火山災害の連鎖
［出典：水谷武司,『自然災害調査の基礎』, p. 109, 古今書院(1993)］

参 考 文 献

1) 国立天文台 編,『理科年表 平成 27 年』, 丸善出版 (2014).
2) 池谷 浩,『火山災害―人と火山の共存をめざして』, 中公新書 (2003).
3) 宇井忠英 編著,『火山噴火と災害』, 東京大学出版会 (1997).
4) 木庭元晴 編,『宇宙 地球 地震と火山(増補版)』, 古今書院 (2007).

クラカタウ火山

噴火で生じた史上最大級の津波

発生地域：インドネシア，スンダ海峡

国民1人あたりのGNI（世界銀行2013）低位中所得国グループ
活動期間：1883年，1927年，1929年
最大噴火：1883年8月26日午後1時
　　　　　　8月27日午前9時38分
　　　　　　（現地時間）
標高：813 m
位置：南緯 6°6′27″，東経 105°25′3″
人口（2010）：240,676,000 人
国土の総面積（2012）：1,910,931 km^2
死亡者数：36,417 人

【噴火・津波】

1883年の大噴火（リトグラフ）
[© Parker & Coward, Wikipedia]

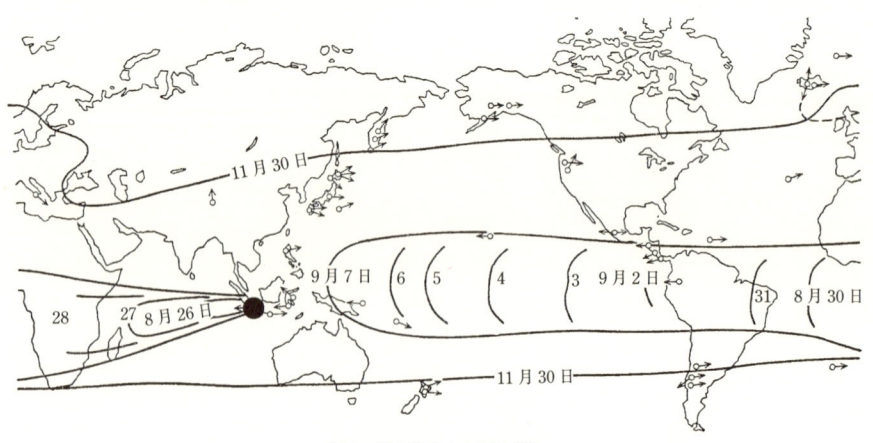

図1　噴火後の火山灰の移動
[出典：木庭元晴 編，『宇宙 地球 地震と火山(増補版)』, p.172, 古今書院(2007)]

図2　噴火前のクラカタウ島
［出典：P. W. Francis, "Volcanoes", Penguin Books（1976）］

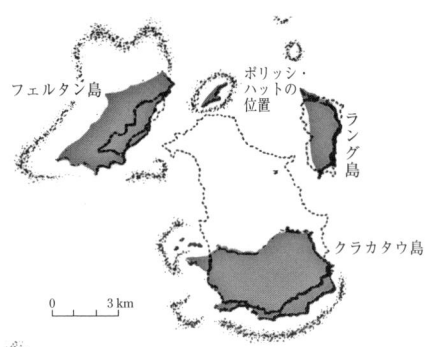

図3　噴火後のクラカタウ島
［出典：P. W. Francis, "Volcanoes", Penguin Books（1976）］

この事例の概要と特徴

1883年，クラカタウ（クラカトア）火山は噴火による津波で最大の犠牲者を出している。その後，1927年および1929年にも陥没した海底から大噴火を起こしている（図3）。

年初から頻発した火山性地震につづいて，5月20日には島の北部のペルブアタンで噴火が始まった。8月26日に大噴火が起こり噴煙は高度30 kmにまで昇り，半径百数十 kmの範囲に軽石や火山灰を降らせた。

図1にみるように噴煙は高度30～50 kmに達し，細塵は成層圏を東風に乗って平均32.6 km/秒の速さで，約2週間で地球を1周している。11月末には日本やヨーロッパでも昼間から薄暗く，異常に濃い朝焼けや夕焼けが観測されている。これらの火砕物は数ヵ月後に対流圏に落ちるが，二酸化硫黄はエアロゾル状の硫酸になって長期間とどまり，明治時代の日本の凶作など，世界の気候に影響を与えている。

避難手段のない多くの島民は，落石などで死亡した。翌27日に噴火史上無二の大爆発が起き，山体が地下に生じた空隙に向かって崩落した。この2日間の大噴火でクラカタウ島の三分の二が水深200～270 mに沈み，海面上から姿を消した（図2，図3）。このときに生じたと思われる史上最大級の津波は，ジャワ島西部とスマトラ島東部の沿岸を襲い，およそ36,000人の住民が死亡した。

1927年の噴火で島の北側に新たにアナク・クラカタウ火山が誕生し，現在も噴火活動をつづけている。

参 考 文 献

1) 村山磐，『世界の火山災害』，古今書院（1982）.
2) 木庭元晴 編，『宇宙 地球 地震と火山（増補版）』，古今書院（2007）.
3) 荒牧重雄，白尾元理，長岡正利 編，『空からみる世界の火山』，丸善（1995）.

410　6章　火山災害

サンタマリア火山

1902年の三火山の大噴火

発生地域：グアテマラ，ケツァルテナンゴ州

国民1人あたりのGNI（世界銀行2013）上位中所得国グループ
活動期間：1902年1月〜1年弱
噴火期間：1902年10月24日から19日間
最大噴火：10月25日
位置：北緯14°45′21″，西経91°33′6″
標高：3,772 m
人口（2010）：14,342,000人
国土の総面積（2012）：108,889 km^2
死亡者数：約6,000人

【噴火】

グアテマラ・メキシコのマヤ遺跡（●印）
アミ：高度200 m以上，実線：水系
［出典：金子史朗，『火山大災害』, p. 217, 古今書院(2000)］

図1　サンタマリア火山
［©USGS］

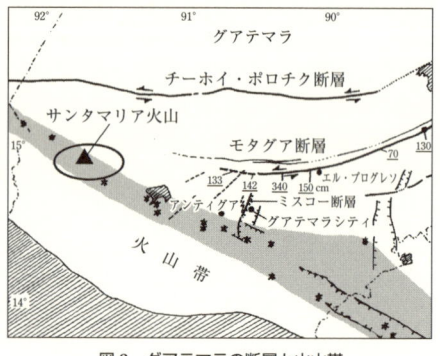

図2　グアテマラの断層と火山帯
［出典：金子史朗，『火山大災害』, p. 227, 古今書院(2000)］

図3 現在でも噴煙をあげているサンタマリア火山
[© USGS]

図4 シンメトリーの山体
[© USGS]

この事例の概要と特徴

明治30年代（1898〜1907）の日本では，冷害や鹿児島県で年降水量第2位（1905）の3,550.6 mm，1905〜1906年（明治38〜39年）に東北地方で大凶作などが記録されている。

これは1902年にスフリエール火山（DVI300），モンプレー火山（DVI100），サンタマリア火山（DVI600）と連続して三火山が大噴火した影響が考えられている。これらの三火山の火山噴煙指数（DVI）の合計が1,000に達していることと，エルニーニョ年との符合から注目された。

サンタマリア火山は，グアテマラの首都のグアテマラシティーの西約110 kmに位置している。今回の噴火が史上初と考えられており，火山爆発指数（VEI）は6である。その後，1922年に小規模な噴火が起き，山腹に寄生火山のサンチャギトが形成された。1990年代には，世界火山学会の"特定16火山"の一つに指定されるなど活動がつづいている。グアテマラは，図2にみるような断層帯が国土を横断しており，地震も多発している国である。（➡ p.260）

今回の噴火では大量の火山灰が噴出され，150 km^{2}以上の地域を荒廃させて一部は米国のサンフランシスコにまで到達している。建物に降下した火砕物の厚さは約20 cmで，ケツァルテナンゴ周辺では住宅と農場の建物がつぶれ何戸かは完全に破壊され約5,000人が死亡している。

今回のおもな死亡原因となった火山泥流の発生は，火山活動に直接伴うものでなはなく，火砕物堆積後の大量の降雨によるものとみられている。

参 考 文 献

1) 村山 磐,『世界の火山災害』,古今書院（1982）.
2) 宇井忠英 編著,『火山噴火と災害』,東京大学出版会（1997）.
3) 金子史朗,『火山大災害』,古今書院（2000）.

スフリエール火山

世界初の"熱雲"の目撃

発生地域：セントビンセント・グレナディーン，西インド諸島，セントビンセント島

1902年の噴火後の東側の様子
爆風でなぎ倒された木がみえる
[© British Geological Survey]

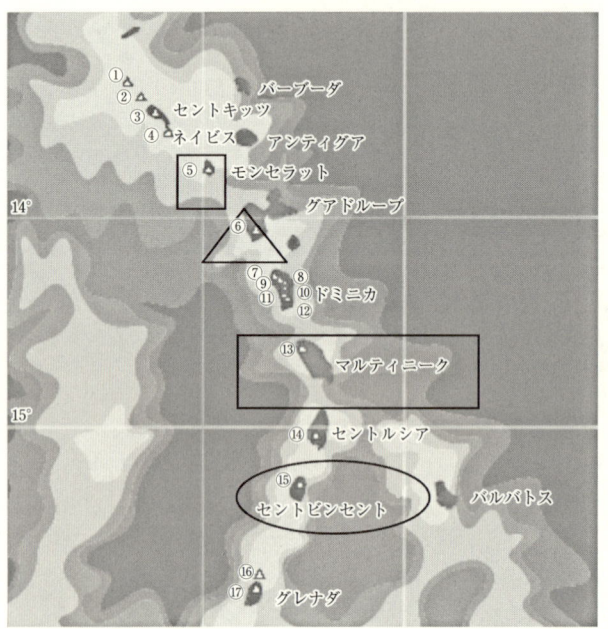

国民1人あたりのGNI（世界銀行2013）上位中所得国グループ
活動期間：1902年2月中旬〜1年弱
最大噴火：5月6日：朝の大地震と降雨
　　　　　5月7日：午後2時（現地時間）
位置：北緯13°15′，西経61°10′
標高：1,178 m
人口（2010）：109,000人
国土の総面積（2012）：339 km^2
死亡者数：1,600〜2,000人

【噴火】

□印内がモンセラー島のスフリエール・ヒル火山
△印内がグアドループ島のスフリエール火山
□印内がマルティニーク島プレー火山（→ p. 414）
○印内が今回のセントビンセント島スフリエール火山

図1　東カリブ地域のおもな火山
[出典：英国国際開発省，「火山災害時の情報伝達—カリブ地域における災害対応の手引き（日本語版3版）」，防災科学技術研究所(2009)]

図2 スフリエール火山の爆発の絵
［出典：村山 磐，『世界の火山災害』，p. 174，古今書院 (1982)］

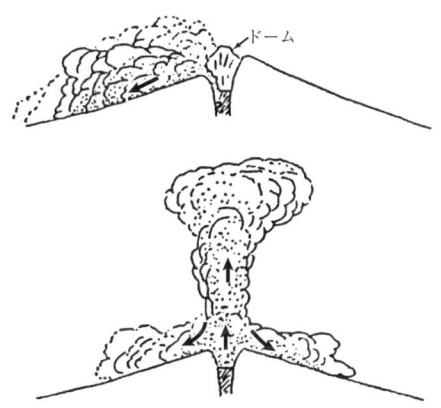

図3 上：プレー型 "熱雲"，下：スフリエール型 "熱雲"
［出典：村山 磐，『世界の火山災害』，p. 173，古今書院 (1982)］

この事例の概要と特徴

20世紀のカリブ海地域の火山は，平均して12年に1度の割合で噴火活動を起こしている。近くの島のプレー火山（➡ p.414）がサンピエールを全滅させる1日前の5月7日午後2時，スフリエール火山が大噴火を起こし "熱雲" を発生させた。二つの活動の過程に関連はあるが，図3に示すように噴火形式が異なっている。この爆発で1,600～2,000人が死亡し，数千人が海に逃れて夜間まで海中にとどまった。被害の大きかったのは人口密集地のジョージタウンと風下側の集落で，泥流が到達するまで大噴火の進行に気がつかず，避難しなかったためである。今回の噴火による犠牲者数は，火山災害史上第3位である。

今回の噴火では，世界で初めて "熱雲" と表現される小規模火砕流の発生が目撃された。しかし，1990年代の雲仙普賢岳などの噴火の報道では，ほとんど "熱雲" とは表現されず単に火砕流とよばれている。

小規模な火砕流の発生タイプは，熱雲や火山泥流の状況からメラピ型（➡ p.425），プレー型，スフリエール型に分類される。図3に示すように，スフリエール型の火砕流の特徴は，火砕物が火口から上空に噴き上げられてから崩落するか，火口から直接火砕流が噴きこぼれるようにして発生することである。熱雲とよばれる小規模な火砕流の速度は，20～100m/秒が観測されている。

参 考 文 献

1) 村山 磐，『世界の火山災害』，古今書院 (1982)．
2) 宇井忠英 編著，『火山噴火と災害』，東京大学出版会 (1997)．
3) 金子史朗，『火山大災害』，古今書院 (2000)．
4) 宇井忠英，「西インド諸島のプレー火山とスフリエール火山」火山，第2集，35(4)，425-426 (1990)．
5) 英国国際開発省，「火山災害時の情報伝達―カリブ地域における災害対応の手引き（日本語版 3版）」，防災科学技術研究所 (2009)．

414   6章 火山災害

プレー火山(モンプレー)

発生地域:マルティニーク(フランス海外県),西インド諸島

大噴火後のプレーの岩塔(スパイン)
[© Wikipedia]

図1 北東から見たプレーの溶岩円頂丘(2005年)
[© Stromboli online, J. Alean, R. Carniel, M. Fulle]

国民1人あたりのGNI(世界銀行2013)高所得国グループ(フランス)
噴火開始:1902年4月2日
極盛期(クライマックス):同年5月8日
発生時間:午前7時50分(現地時間)
位置:北緯140°40′,西経61°10′
標高:1,397 ← (1,745) m
人口(2010):401,000人(マルティニーク)
国土の総面積(2012):1,128 km^2(マルティニーク)
死亡者数(不明):330 (39) 人(1991)
　　　　　　　　1,100人以上(1995)
　　　　　　　　28,000人(1902)
負傷者数:279人

【噴火・熱雲】

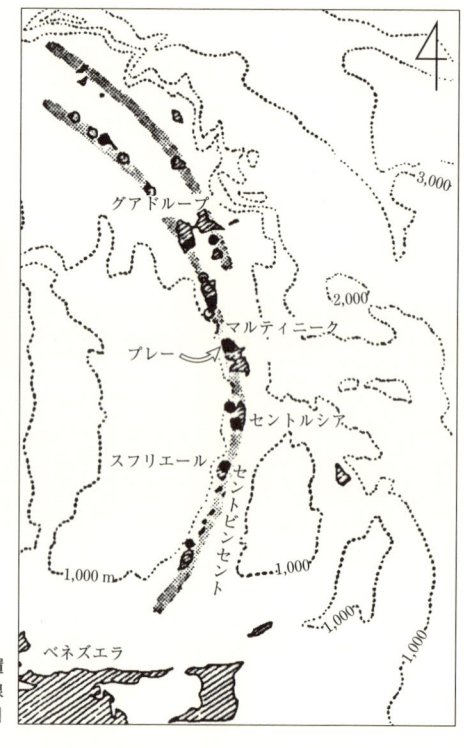

図2 プレーとスフリエールの位置
●:噴火記録のある火山,破線:等深線
[出典:村山 磐,『世界の火山災害』, p.125, 古今書院(1982)]

20世紀最大の死亡者数の噴火

図2にみるように，プレー火山のあるマルティニーク島は西インド諸島の中の小アンティル諸島に属している。西インド諸島には，このほかバハマ諸島，大アンティル諸島があり，米国のフロリダからベネズエラにかけてカリブ海に弧状に並んでいる。小アンティル諸島は海底火山が発達したもので，1902年に大噴火したスフリエール火山のあるセントビンセント島は列島の南端に位置している（→ p.412）。

今回のプレー火山の噴火は，28,000人という20世紀最大の噴火による死亡者数を出したほか，初めて火砕流の発生現象が観測され，熱雲と命名されたことでも記憶されている。

噴火は，その後何年もつづき図1にみるように，650年前のP1軽石噴出活動でできたと思われるEtang Secカルデラを，手前の1902～1905年と奥の1929～1932年の溶岩円頂丘で埋めている。

図3は火山災害分帯図で，ZONE I：将来の噴火の影響を受ける近接地域，ZONE II：拡大域，ZONE III：影響を受けない地域である。

歴史的・文化的な背景

15世紀末にコロンブスによってヨーロッパに知られた西インド諸島のほとんどの島々は，その後，イギリス領かフランス領あるいはオランダ領になった。島ではヨーロッパ向けのサトウキビやタバコなどの農作物が大規模に生産されていた。マルティニーク島のある小アンティル諸島は，北端のソンブレロ島から南端のグレナダまでちょうど800 kmの長さで東に向かって弧を描いている。

小アンティル諸島は北緯10～20°に位置しているので，北東貿易風下にある。毎年10～12月の雨季には，熱帯性低気圧のハリケーンの襲来を受ける地域でもある。

マルティニーク島では，将来の火山活動で被災する可能性がある火山の麓に22,000人が居住している。その外側の大規模な噴火で被災する可能性がある地域には42,000人が住み，影響を受けないであろう地域には30万人の住民が生活している。

自 然 環 境

プレー火山は小アンティル弧の9個の活火山の一つで，その下では北アメリカプレートがカリブプレートにもぐり込んでいる。その位置はマルティニーク島の東約150 kmで，深さは約150 kmである。その速度は遅く年に2.2 cm程度である。

マルティニーク島の面積はおよそ1,080 km^{2}で，複合成層火山のプレー火山は標高1,397 m，面積は約120 km^{2}である。

島の年間降水量は，海岸付近で1,000 mm，山頂付近で7,000 mmである。降水の一部は山頂のカルデラ湖に浸透している。

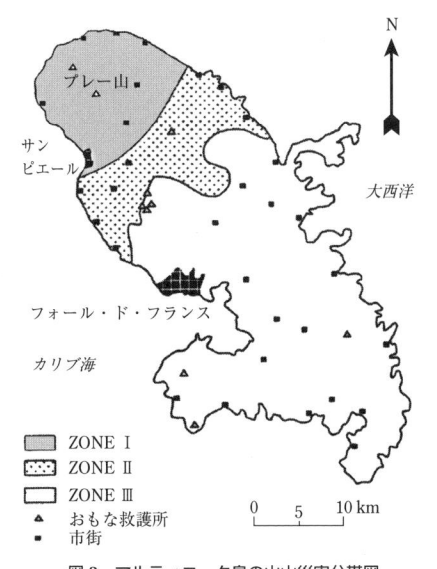

図3 マルティニーク島の火山災害分帯図
[出典：H. Traineau, G. Boudon, J.-L. Bourdier,「マルチニーク島のプレー火山―その発達史と活動史」地質ニュース，483号, p.16(1994)]

地形の特徴

プレー火山の基盤は火山岩および火山砕屑岩

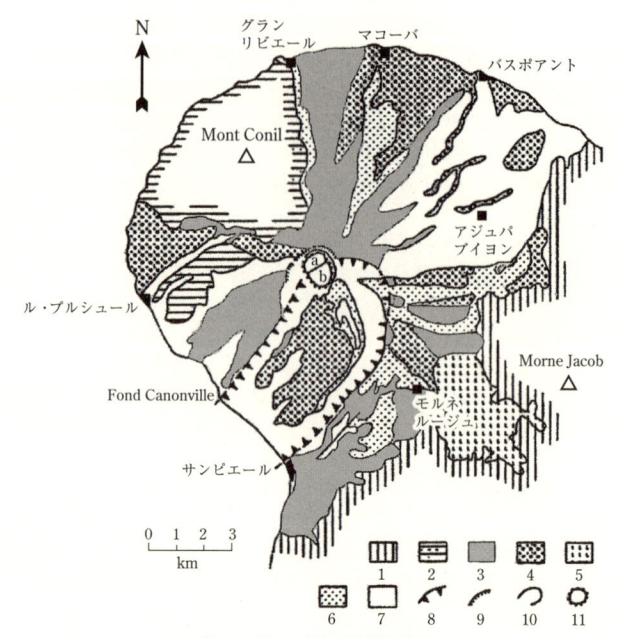

図4 プレー火山の地質概略図
[出典：H. Traineau, G. Boudon, J.-L. Bourdier,「マルチニーク島のプレー火山―その発達史と活動史」地質ニュース，483号, p.16(1994)]

からなり，北から東は Mont Conil 火山噴出物，南から東にかけては Morne Jacob と Piton des Carbets 火山噴出物が分布している．

図4にプレー火山の地質概略図を示す．図中の番号は，1：Piton des Carbets と Monrne Jacob 火山岩類，2：Mont Conil 火山岩類，3：第1期層，4：第2期層，5：湖成層，6：新期層（13,500〜5,000年前）7：新期層（5,000年前以降），8：山腹崩壊壁，9：カルデラ，10：Etang Sec カルデラ，11：溶岩円頂丘（a：1902〜1905, b：1929〜1932）である．

図5に岩塔の成長のスケッチを示す．7月頃から火口内部に現れ始めた溶岩ドームは，まったく流動しないで塔状に競り上がるスパインとして10月頃から成長し始めた．噴火により一部が崩れ，また成長するという状況を繰り返し，翌年の5月には340mの高さになった．1905年11月に成長は停止した．

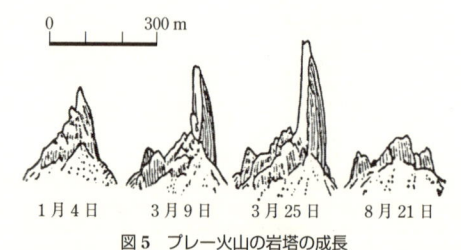

図5 プレー火山の岩塔の成長
[出典：村山 磐，『世界の火山災害』, p.144, 古今書院(1982)]

火山域の状況

1902〜1905年と1929〜1932年の噴火の状況はよく記録されている．記録では，熱雲は溶岩円頂丘の縁辺部での重力による崩壊か爆発，あるいは成長する溶岩円頂丘の基盤付近からの水平方向への爆発により発生するとしている．

火山噴火のメカニズム

噴火の形式は，溶岩円頂丘形成と熱雲で特徴づけられるプレー式と，粗粒で淘汰がよく発泡した軽石片を多く含むブリニー式の降下堆積物で特徴づけられる軽石噴火のタイプがある。

プレー火山の噴火の特徴は，プレー式と軽石噴火の両方が起こることである。最近の6,000年間では，プレー式が13回，軽石噴火は6回にすぎない。両者の噴出物の組成はほとんど同じである。

過去の大噴火

プレー火山の噴火の頻度はそれほど高くない。マグマ噴火は平均1,000年に2回の割合である。最近の活動には周期的な型があることが明らかになっている。過去700年間は活動期にあたり，4回のマグマ噴火が認められている。それらは，650年前，320年前，1902～1905年，1929～1932年の4回である。

被災地の状況

今回の噴火で噴気活動の異常が最初に確認されたのは4月2日である。次いで4月22日には降灰と有感地震があった。25日に噴煙柱が立ち上がり，27日には山頂部に火口湖と火砕丘ができていることが確認された。降灰が激しくなり，5月5日に火山泥流が発生した。7日には降雨による火山泥流が発生している。

クライマックスを迎える5月8日の朝は快晴で，港からも噴煙を上げる山体がよく見えた。午前7時50分，突然，爆発が起こり噴煙を上げた。つづいて起きた水平方向の爆発で火砕流が発生した。

被災区域

図6にみるように，火砕流（熱雲）はブランシュ川の谷に沿って山腹を流下して海岸にまで達した。火砕サージは海岸沿いに広がり，人口29,000人のサンピエール市街を襲った。市街地にいて助かった人は少なく，入港していた観光船でも多くの犠牲者を出している。

この日の火砕サージ堆積物の厚さは1m未満だったが，火砕流の発生は年末までつづいた。さらに，8月30日に大きな火砕流が発生し，山麓のモルネルージュで2,000人の犠牲者が出ている。

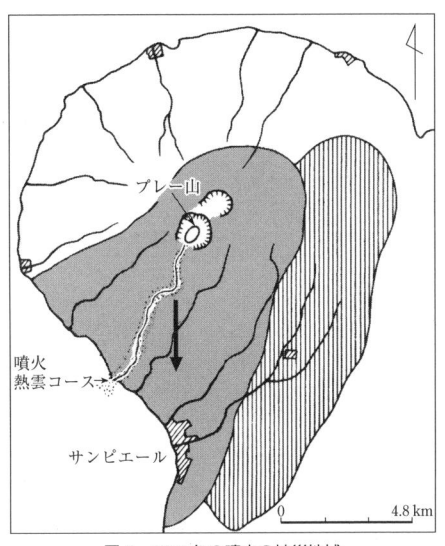

図6　1902年の噴火の被災地域
［出典：村山 磐，『世界の火山災害』，p.137，古今書院 (1982)］

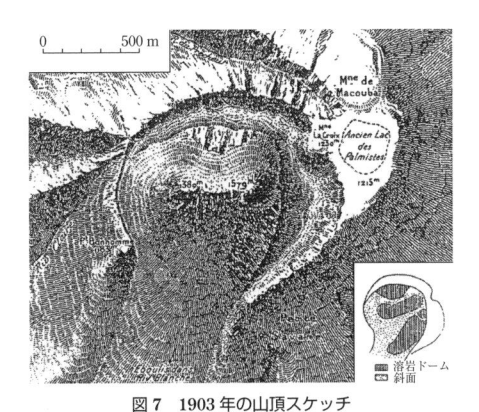

図7　1903年の山頂スケッチ
［出典：H. Traineau, G. Boudon, J.-L. Bourdier,「マルチニーク島のプレー火山─その発達史と活動史」地質ニュース，483号，p.23 (1994)］

418   6章 火山災害

図8 命名された熱雲
アルフレッド・ラクロワの調査隊が撮影
[© Angelo Heilprin (1902), Wikipedia]

人的・社会的被害

噴火現象の進行が噴火様式の違いからわかるように有史および有史以前の活動史を基にシナリオを作成して予測する試みがある．将来の噴火を予測したり，最も危険な段階を判断するのに有用な手法である．

物的・経済的被害

過去6,000年にもわたる火山体の構造には大きな変化はみられないので，将来の火山活動の様式や規模は過去の活動の調査研究から導き出せるはずである．
将来起こり得る噴火様式は，水蒸気噴火，プレー型噴火，軽石噴火，火山体斜面の部分的崩壊の4パターンと予想される．

インフラ・建築物被害の特徴

漆喰壁の石造建築物には，火砕サージの襲来方向に大規模な破壊がみられた．5月8日のように指向性をもった爆発が頻繁に起こると，軽石噴火が災害要因になる．
図9にプレー式噴火の熱雲のハザードマップ，図10にブリュー式噴火の降下堆積物のハザードマップを示す．ハザードマップは25,000

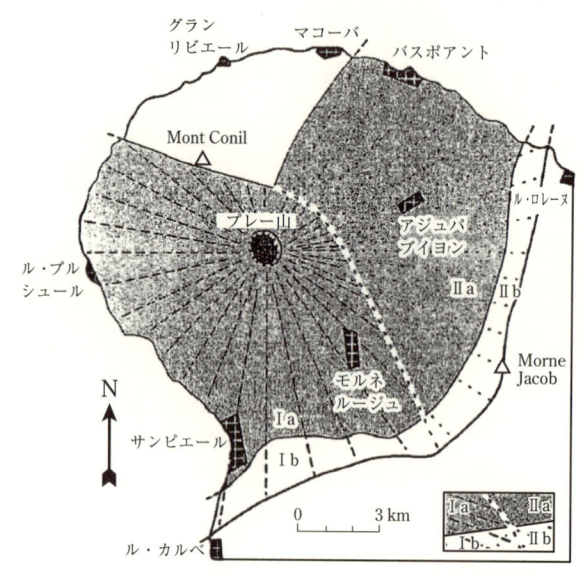

図9 熱雲のハザードマップ
I：新たなマグマの貫入が，1902〜1929年溶岩円頂丘の北西-南西で起きたときに水平方向に指向性を持った爆発で影響を受ける地域（Ia：完全に破壊される，Ib：部分的に破壊される）．II：新たなマグマのの貫入が1902〜1929年溶岩円頂丘の南-東で起きたときに影響を受ける地域（IIa：完全に破壊，IIb：部分的に破壊）．
[出典：H. Traineau, G. Boudon, J.-L. Bourdier,「マルチニーク島のプレー火山—その発達史と活動史」地質ニュース, 483号, p.25 (1994)]

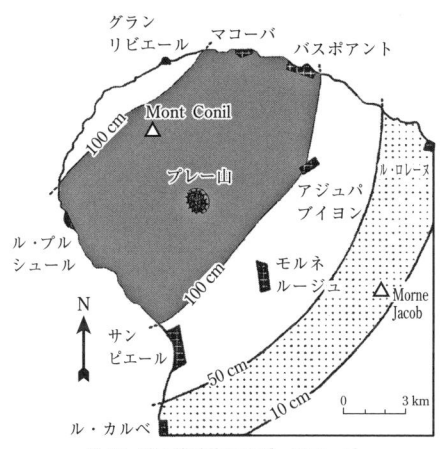

図10 降下堆積物のハザードマップ
[出典：H. Traineau, G. Boudon, J.-L. Bourdier,「マルチニーク島のプレー火山―その発達史と活動史」地質ニュース，483号，p.25(1994)]

分の1の縮尺で作成されている．火山活動の危険な状態は，何カ月あるいは何年間もつづくことが多いので，期間に応じ前兆期，直前期，最高潮期，終息期などの区分が重要である．

図11 壊滅したサンピエール市
[© Wikipedia]

この事例の概要と特徴

今回の噴火の後，1980年代に行われた調査や研究の結果，予想される噴火様式や被災範囲に関する多くの情報が得られている．しかし，住民の安全と災害の軽減の視点から考えると，将来の噴火による影響は深刻なものがある．問題として火山活動が爆発的であること，長期間にわたって継続する可能性があること，島であるという地理的条件，火山帯およびその周辺に居住する人々が多いことなどがあげられている．

マグマの監視強化や避難体制の整備など，条件が類似する日本の雲仙火山の噴火の例などから有益な示唆と教訓が得られると思われる．

図12 2008年のサンピエール（後ろがプレー山）
[© Zinneke (2008), Wikipedia]

参 考 文 献

1) 村山 磐,『世界の火山災害』, 古今書院 (1982).
2) 池谷 浩,『火山災害―人と火山の共存をめざして』, 中公新書 (2003).
3) 荒牧重雄, 白尾元理, 長岡正利 編,『空から見る世界の火山』, 丸善 (1995).
4) H. Traineau, G. Boudon, J.-L. Bourdier,「マルチニーク島のプレー火山―その発達史と活動史」地質ニュース, 483号, pp.15-25 (1994).
5) 金子史朗,『火山大災害』, 古今書院 (2000).
6) 宇井忠英 編著,『火山噴火と災害』, 東京大学出版会 (1997).

クルー(ケルート)火山

発生地域：インドネシア，ジャワ島

国民1人あたりのGNI（世界銀行2013）低位中所得国グループ
活動期間：1919年5月19～20日
位置：南緯 7° 56′ 0″，東経 112° 18′ 30″
標高：1,731 m
人口（2010）：240,676,000 人
国土の総面積（2012）：1,910,931 km^2
死亡者数：5,100 人
被害家畜数：1,571 頭
崩壊建物：90,000 棟

【噴火・泥流】

レゴンの踊り子（絵葉書）

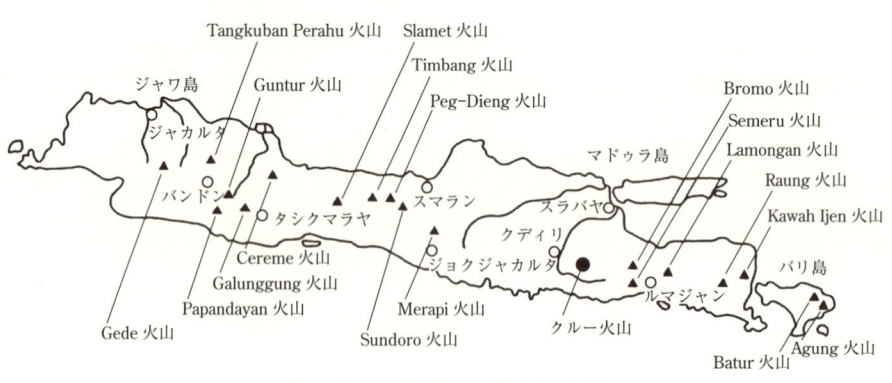

図1　インドネシアの火山（●クルー火山）
［出典：砂防学会 監修，『砂防学講座 10 世界の砂防』，p. 122, 山海堂(1992)］

インドネシアで最大の火山災害

インドネシアに多い緩い裾野をもつ成層火山とラハールは，切り離すことができない。一般的に泥流を指す"ラハール"とはインドネシア語（Lahar）で，土石を混じえた泥水の流れを意味している。厳密には，含まれる土石の多い順に土石流，泥流，洪水と分けられている。さらに，ラハールには高温ラハールと低温ラハールがある。前者は，火口湖の水に高熱の噴出物が混合した場合に発生する。後者は，斜面に堆積していた火山灰などが大雨などで流出する場合に多い。

図3　埋没したプナタラン遺跡
[ⓒ 高島 清]

図2　クルー火山山頂の火口湖
[ⓒ 2015 Tropenmuseum, Amsterdam]

多種多様な火山災害の中でも被害が最も大きな災害がラハールによるものである。インドネシアで用いられていた呼び名がついたほど，この国の火山災害にはラハール被害が多い。

火山噴火のタイプは"クルー火山型"と"メラピ火山型"（➡ p. 437）に分けられるが，どちらもインドネシアの火山である。

歴史的・文化的な背景

図1にみるように，ジャワ島はインドネシアの弧状列島のなかでも活火山の密集地として名高い。東部ジャワに多い赤く厚い火山灰起源の土は，過去の活発な噴火活動を物語っている。図3は，発掘されたブリタール市の火山灰降下で埋没していたプナタラン遺跡である。赤道直下での植物の成長は著しく，現在の山麓からブリタールの町や遺跡は緑に覆われている。

自 然 環 境

今回の災害の後，火口湖の水を湖底から抜き取る排水トンネルが1923年に計画された。図4に示すように，火口壁の最低鞍部の湖面の直上に水平にトンネルを建設した。次いで，その下方に第2，第3のトンネルをつくって水を抜くことに成功し，湖面を55m低下させた。1951年の噴火では大災害が免れたがトンネルは破壊され，火口湖はまた貯水を始めた。トンネルは再建されたが，1966年に再度泥流に襲われ282人の犠牲者を出した。翌年にはまた新たな水抜きトンネルを設置している。

地形の特徴

ラハールは，地形や土壌，植生などに支配されやすい。図5に示すように，火山の上部は，頂上の一部に溶岩が露出しているが噴出岩塊や火山礫などからなる30度以上の急斜面である。その下方には，泥流の堆積でつくられた10〜12度くらいの中部斜面がつづいている。下部の緩い斜面は1〜2度以下である。

被災域の状況

今回の噴火では，ラハールが火口壁を破って斜面を下り，山麓の村を襲い多数の死者を出す

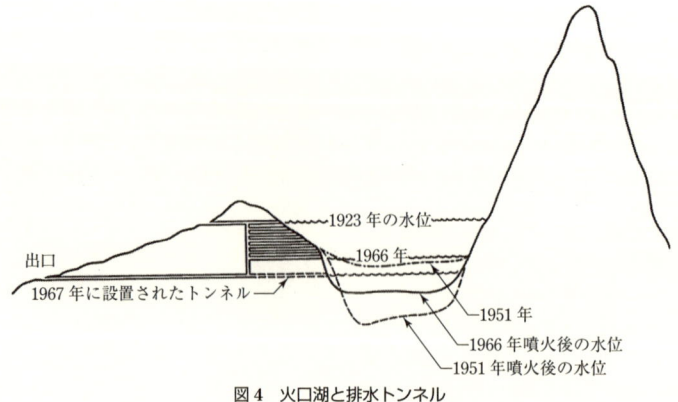

図4 火口湖と排水トンネル
[© Université Libre de Bruxelles]

災害形態となった．遺体の多くは水ぶくれとなり，椰子の林や農作物も完全に枯死した．

噴火のメカニズム

山頂には美しい火口湖がある．噴火のたびに決壊した火口から，沸騰した水が火山灰や溶岩の混じった状態で短時間に放出され，ラハールとなって山麓を襲い大きな損害を与えている．

過去の大噴火

今回までのクルー火山の噴火の総数は30回ほどで，最古の記録では西暦1000年頃のものがあり，平均して16年に1度の割合である．1376年にも噴火を起こした可能性がみられる．1586年の噴火では，約1万人の死亡者が出たといわれている．1901年の噴火による降灰は，火口から650 kmの範囲にまでみられた．

被害の状況

今回の大噴火では，火山灰の降灰範囲は東方300 kmのバリ島，西は450 kmまで及び，泥流の流下範囲は山麓にかけての131.2 km^2 に及んでいる．さらに，巨大な岩石を加えたラハールは，104の小さな村落を襲いインドネシアで20世紀最大の火山災害の死亡者数を出してしまった．

クルー火山は標高1,731 mで，メラピ火山などに比べると小型の火山といえる．この火山が危険なのは，頂上に位置する火口湖の存在である．図6にみるように，泥流の流れは1951年に比べても広範囲に及んでいる．

図5 クルー火山型の災害形態
[出典：砂防学会 監修，『砂防学講座 10 世界の砂防』，p.124, 山海堂(1992)を抜粋]

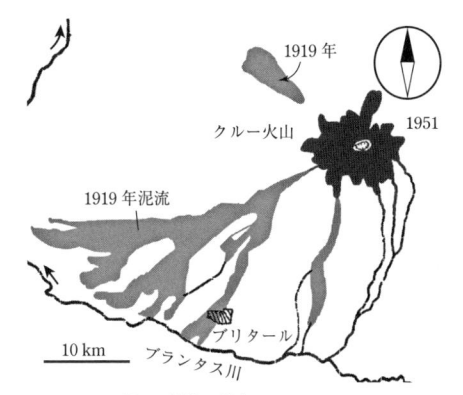

図6 泥流の分布；1919・1951

［出典：金子史朗，『世界災害物語Ⅰ 自然のカタストロフィ』，p.55，胡桃書房(1983)］

人的・社会的被害

東部ジャワの諸州の人口は稠密で，火山の山腹の開墾と定住は避けられない。気候的にも赤道直下の海岸沿いの土地に比べると高所が快適な自然環境といえる。赤道近くの高温多湿な熱帯性気候下では，斜面の溶岩破片や火山礫は短期間に化学的に風化して土壌化する。このためインドネシアの火山山麓は相対的に豊饒な土地で人々を惹きつけている。

物的・経済的被害

泥流の後遺症として深刻なのは，谷川に堆積した土砂が雨季とともに何ヵ月も下流に運ばれることである。土砂は裾野の水路を埋めて灌漑施設の機能を奪ってしまう。

インフラ・建築物被害の特徴

1969年には，南麓のブリタール市を泥流から守るためのバダク・ダムが完成している。

この事例の概要と特徴

今回の噴火では，インドネシアの火山災害で最大の5,000人以上の死亡者を出した。火山の西南に位置するブリタールの町では，ラハールを防ぐための頑丈なダムを谷川の上流の分岐点に設置していたが，流下してきた大量の泥流には無力だった。火山砕屑物を運ぶ泥流は谷川を埋めてしまい，比較的側方へ転移しやすい。頻繁に泥流に見舞われる土地では，人々がラハールの既知の通り道などに居住しないというソフト的な対策が最も効果的である。それでも村人は，繰り返し同じ土地を選んで生活している。

メラピ火山のように，①常時立入禁止区，②第1危険区，③第2危険区という〈火山危険度区分〉を作成して対策を立てるべきである。しかし，メラピ火山でもすでに①区域に約3万人が居住しており，①～③の3区域では20万人が暮らしている。

当面の効果的な対策は，火山観測の強化と避難情報の伝達ルートの確立，実施の徹底以外考えられない。

参 考 文 献

1) 村山 磐，『世界の火山災害』，古今書院(1982).
2) 砂防学会 監修，『砂防学講座 10 世界の砂防』，山海堂(1992).
3) 金子史朗，『世界災害物語Ⅰ 自然のカタストロフィ』，胡桃書房(1983).

メラピ(ムラピ)火山

発生地域：インドネシア，ジャワ島

国民1人あたりのGNI（世界銀行2013）低位中所得国グループ
活動期間：1930年2月19日〜5月16日
最大噴火：3月17日
位置：南緯 7°32′30″，東経 110°26′30″
標高：2,968 m
人口（2010）：240,676,000 人
国土の総面積（2012）：1,910,931 km^2
死亡者数：1,400 人

【噴火】

レゴンの踊り子（絵葉書）

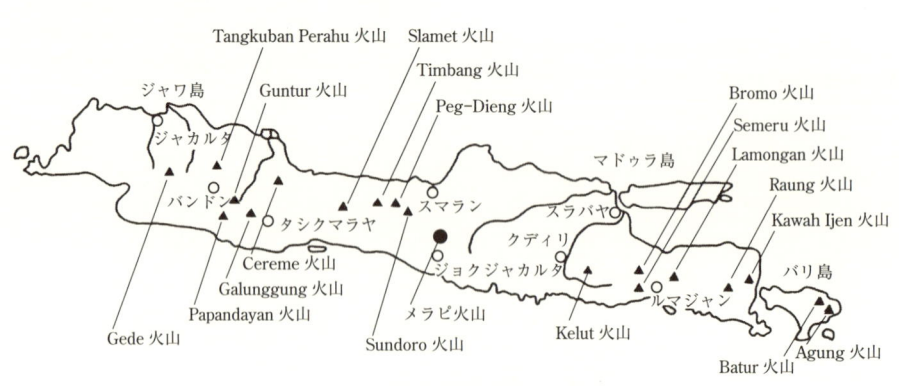

図1　インドネシアの火山（●メラピ火山）
[出典：砂防学会 監修，『砂防学講座 10 世界の砂防』, p.122, 山海堂(1992)]

遺跡寺院群を襲う噴火

図1にみるように，ジャワ島の中部に位置するメラピ(ムラピ)火山の南約30 kmには，古都ジョグジャカルタ市がある．市の近隣には，ボロブドゥル寺院やプランバナン寺院の遺跡群がある．

今回の噴火が起きた1930年代のインドネシアはスカルノやハッタが主導する独立戦争の最中で，ジョグジャカルタには臨時首都がおかれていた．行政はスルタンによるもので，1945年の共和国の建国後もスルタン領の存続が認められ，21世紀になってもスルタンが知事を世襲している．

歴史的・文化的な背景

メラピ火山は，今回の1930年以降，図2の1984年までの間，1961年と1969年にも噴火が記録されている．いずれの噴火でも，"熱雲"の発生，流下が認められている．その結果，火山周辺の河川の上流部では多くの河谷の埋塞，下流部では灌漑施設へ大量の土砂の流入を招いている．さらに，蓄積された多量の堆積物が，降雨により土石流，土砂流および洪水流を発生させる危険度を増すことになる．

2006年5月には，ジョグジャカルタの南南東約20 kmを震源とする"ジャワ島中部地震"(→p. 390)が発生している．この地域の地質構造はメラピ火山起源の堆積物からなっているため，地盤は脆弱で大きな地震被害が出ている．

自然環境

火山の噴火様式は，噴出物の種類や構成からさまざまなタイプに分けられる．マグマの粘性が低く流動性に富む溶岩流の"ハワイ式"やマグマの粘性が高く火砕流，溶岩円頂丘(溶岩ドーム)を伴う"プレー式"など，10あまりのタイプに分類される．

火山噴出物のうち火砕流は小規模・中規模・大規模火砕流の3種類に分類される．小規模火砕流はさらに，発生機構の違いにより"メラピ型"，"プレー型"，"スフリエール型"の3通りに分けられる．図3に示すように，メラピ型は成長中の溶岩ドームの一部が重力的に不安定になり，崩れるときに破砕して火砕流を発生する．日本の雲仙普賢岳で1991年に発生した火砕流がこの型である．成長中の溶岩ドームが爆発して火砕流を発生するのがプレー型である．スフリエール型は，火砕物が一度上空に噴き上げられて崩落するか，火口から吹きこぼれて火砕流となる型である．

(a) メラピ型 ← 溶岩円頂丘

(b) プレー型 ← 溶岩円頂丘

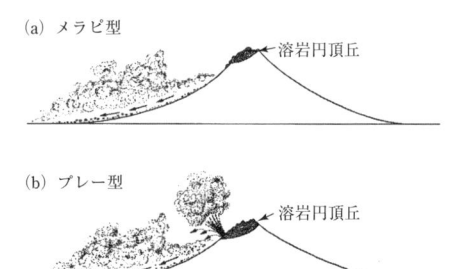

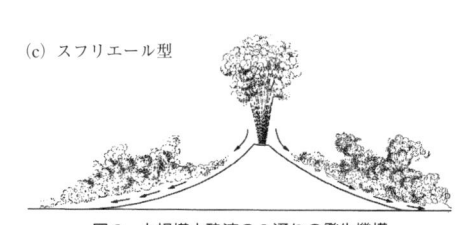

(c) スフリエール型

図3 小規模火砕流の3通りの発生機構
[出典：P. W. Francis, "Volcanoes : a Planetary perspective", Oxford Univ. Press(1993)]

図2 メラピ火山 1984.6.15の火砕流
[© UN Department of Humanitarian Affairs]

地形の特徴

メラピ火山のおもな構成岩石は玄武岩質安山岩で，1872年以降の噴出物は普通輝石紫蘇輝石安山岩（含む角閃石）に変わっている。山頂内にドームを形成したり破壊したりを繰り返している。その形態は，富士山のような均整のとれた円錐火山である。国際火山学会が重点監視している16火山の一つである。

被災域の状況

インドネシアで頻繁に発生する火山噴火に伴う土砂災害の形態からメラピ火山型とクルー火山型に分類される（➡ p. 437）。

図4の地層分布図にみるように，バントゥール県は，岩石地帯のジョグジャカルタ市に近いa地区，海側のb地区，周辺に近いc地区に分けられる。a地区は第四紀/凝固粘土層，b地区は第四紀/砂・砂粒堆積層，c地区は第三紀/凝灰岩・粘土層・泥灰岩・安山岩で形成されている。

噴火のメカニズム

噴火により熱した雲が流下するようにみえる

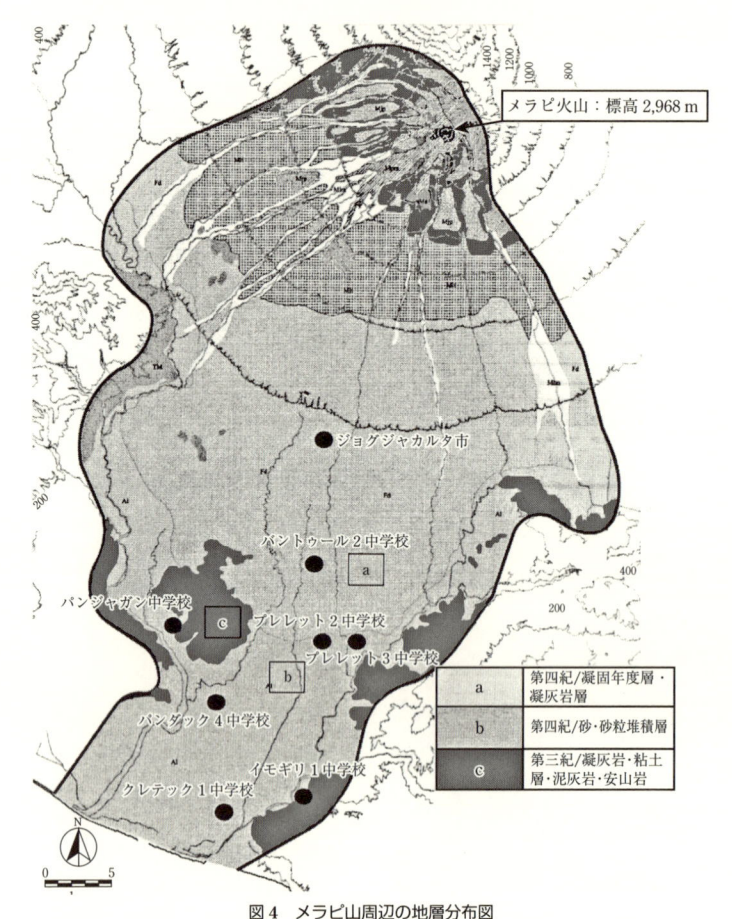

図4　メラピ山周辺の地層分布図
［出典：竹谷公男，「インドネシア災害復興支援の教訓」，国際協力機構(JICA)(2007)］

"熱雲"の発生がメラピ火山型災害の特徴である。"熱雲"には，溶岩塊が細片化されながら火山砕屑物を巻き込んで流下する岩屑なだれ型と火山灰を主体とする爆発型がある。

過去の大噴火

メラピ火山はインドネシアで最も活発な活動をしている火山で，1548年以降68回噴火している。1006年には数千人，1672年の噴火では山麓の住民約3,000人，1966年には64人，1994年には60人が死亡している。

人的・社会的被害

インドネシアでは火山は古くから信仰の対象で，多くの人々がその周辺に暮らしている。火山周辺の山腹の土地は肥沃で，山頂から数kmの所にまで集落がある。メラピ火山では標高500m以上に32の村があり，26万人近くの人が住んでいる。近年，標高の高い村の人口が増えている。

21世紀に入っても噴火を鎮める儀式を執り行う古老が存在し，火山を敬う土着の民間信仰が根強く残っていて（図5），政府機関などの避難勧告に従わない例などがみられる。

物的・経済的被害

災害の復興支援には，政府主導再建あるいは住民自主再建を支援する形態がある。一般的に住宅などの個人財産を直接支援する形態は，援助形態としては困難と認識されている。

インドネシアでは，ジャワ島中部地震（→p.390）での復興にみるように，伝統的な相互扶助の習慣（ゴトンロヨン）が機能して直接支援の形態が奏功している。

図5 土着の火山信仰

この事例の概要と特徴

メラピ火山の近傍にはジョグジャカルタをはじめいくつもの貴重な遺跡寺院群があるため，周辺の6ヵ所に観測所が設置されている。その結果，この火山はインドネシアで最も詳しく観測されている火山になっている。最古の噴火記録は1006年当時，山麓で栄えていたヒンドゥー王国が災害の影響のため，バリ島に移った。これに伴ってジャワ島ではイスラム教文化が繁栄する。文化遺産を地震や火山災害から守る実験場として注目される。

参考文献

1) 村山磐,『世界の火山災害』, 古今書院 (1982).
2) 砂防学会 監修,『砂防学講座 10 世界の砂防』, 山海堂 (1992).
3) 宇井忠英 編著,『火山噴火と災害』, 東京大学出版会 (1997).
4) 竹谷公男,『インドネシア災害復興支援の教訓』, 国際協力機構 (JICA) (2007).

ラミントン火山

発生地域：パプアニューギニア，北部海岸

2005年の首都ポートモレスビー
[© Wikipedia]

国民1人あたりの GNI（世界銀行 2013）低位中所得国グループ
活動期間：1951年1月15日～1月22日
最大噴火：1月21日午前10時40分（現地時間）
位置：南緯 9.0°，東経 148.2°
標高：1,780 m
人口（2012）：6,859,000 人
国土の総面積（2012）：462,840 km^2
死亡者数：2,900 人

【火山噴火・熱雲】

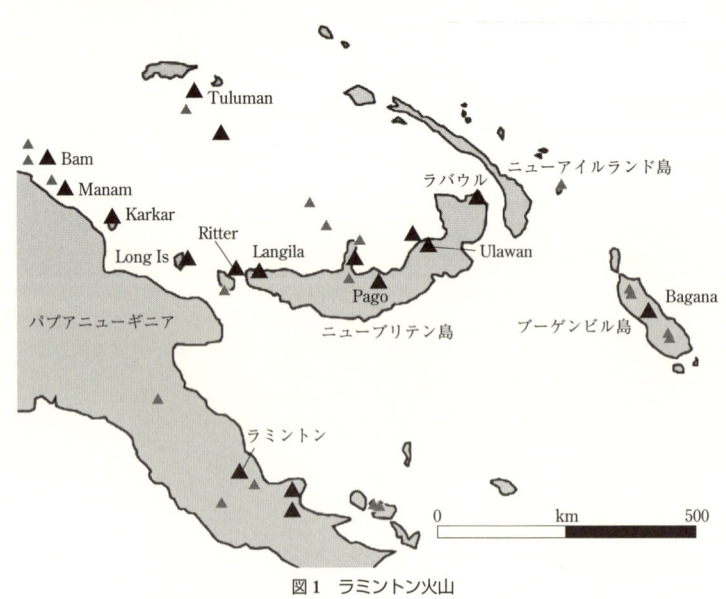

図1　ラミントン火山

[出典：N. H. Fisher, "Catalogue of the Active Volcanoes of the World：Melanesia", p. 105, International Volcanological Association of Volcanology, Rome (1957)]

ラミントン火山　429

死火山と信じられていた山

図1の▲で示された火山は1900〜1994年，▲は過去1万年以内に噴火を起こした火山である。

ラミントン火山は，人々が記憶する限り噴火をしたことがないとされていた。周辺地域の住民の間にも噴火に関する伝説や記録などはまったく残っていなかった。したがって，この山は今回の噴火が発生するまでまったくの死火山と信じられてきた。

歴史的・文化的な背景

ニューギニアの呼称は，気候や人種がアフリカのギニアに似ていると思われたところからイギリス人が名付けた。

1526年のポルトガル人の来航以降，20世紀までヨーロッパ人による支配を受けつづける。19世紀の植民地時代，ニューギニア島は東西に分割され，西半分がオランダ領，東半分のうち，山脈を挟んだ北半分とニューブリテン島などがドイツ領，南半分がイギリス領とされた。イギリス領は，1901年に独立したオーストラリアに引き継がれた。

その後，太平洋戦争中の1942年1月にニューブリテン島のラバウルに上陸した日本軍による島嶼部とニューギニア島北部の占領がつづいた。戦後，オーストラリアの統治の後，1975年に独立した。現在はイギリス連邦加盟国の一員で，政治的・経済的に旧宗主国のオーストラリアとの関係が最重要視されている。

自然環境

ニューギニア島はグリーンランドに次いで世界第2位の広さ（約77万 km^2）で，東経141°を境に西半分はインドネシア領で，東半分がパプアニューギニア領である。パプアニューギニア独立国は，これにビスマーク諸島，ルイジアード諸島，アドミラルティ諸島，ダントロカスト一諸島などを加えた1万近くの島々からなる島嶼国家である。

パプアニューギニアは国土が起伏に富んだ地形と熱帯地方に属するため，畑作などには適していないが，ヤシの栽培が盛んで世界第6位の規模のパームオイルの生産などを中心に工業が形成されている。

伝統的に言語と民族の数は多く，700万人近くの人口に対し800以上の言語がある。近年では，公的には英語と三つの共通語が使用されておりそれぞれに同時通訳される。住民の多くは先住民のパプア系の民族で，海岸部には近代以前からメラネシア系の民族が入植している。

地形の特徴

ニューギニア島の中央部には，最高峰のウィルヘルム山（4,509m）をはじめビスマーク山脈やオーエンスタンレー山脈の3,000〜4,000m級の険しい高山が東西に走っている。図1にみるように島内，珊瑚礁部には火山も多く，赤道

図2　ラミントン火山1951の噴火
[© USGS]

図3　ラミントン火山の頂上
[© USGS]

近くに位置しているが降雪がある。

被災域の状況

今回の噴火は，1月15日に山頂近くの崖崩れで始まり，翌日，山頂にかすかな細い噴気が現れた。周辺地域一帯は2日間にわたって火山性の地震で揺れた。18日になり，煙の雲はだんだんと厚くなり黒ずんだ色になった。5～6日目には爆発が激しくなり，地震回数も増えてきた。噴煙は高さを増し，7日目には巨大な雲が火口から噴出され，熱雲となって斜面を下り近隣の集落を襲った。

噴火のメカニズム

噴火の状況は，噴火直後の調査からプレー型の火砕流による熱雲（→ p.415）とみられる。

熱雲の流れはプレー火山で発生した"灰嵐"に似ており，地表の堆積物は礫と砂の薄い層でヒガツル地域での厚さは15 cmだった。谷部では厚さが10 mにも達するおもに岩塊の堆積物がみられたが，大きな被害をもたらしたのは薄い堆積物を残した"灰嵐"だったと報告されている。

被害の状況

クライマックスは，1月21日午前10時40分に起きた。山頂から立ち上った黒煙は，2分以内に高さ12 kmに達した。噴煙柱の基部は水平方向に広がり，周辺に火山灰を噴出し始めた。山頂から放射状に広がった"熱雲"は，地形に沿って北側の山麓の12 km，南側の山麓の8 kmにまで達し，周辺の約230 km^{2}の地域を破壊した（図4）。

クライマックスの直後，火口に安山岩マグマが現れ溶岩ドームが形成された。ドームは2ヵ月後に高さ450 mに達したが，3月初旬の爆発で吹き飛ばされた。その後，再び新たな溶岩ドームが急速に形成され，翌1952年1月には高さ570 mに達した。現在まで残っているドームの体積は1 km^{3}とみられる。

図4　熱雲が通過した後の様子
植物が破壊されジープが木に引っかけられている。
［出典：R. W. Johnson, "Fire Mountains of the Islands — A History of Volcanic Eruptions and Disaster Management in Papua New Guinea and the Solomon Islands", Fig. 59, The Australian National University Press(2013)］

人的・社会的被害

とくに北側山麓のヒガツルやサンガリなどの集落を熱雲が襲い約3,000人の犠牲者を出した。おもな死因は，熱雲の灰まじりの熱い空気を吸い込んだことによるとみられる（図5）。

図5　今回の熱雲による死者
［出典：R. W. Johnson, "Fire Mountains of the Islands — A History of Volcanic Eruptions and Disaster Management in Papua New Guinea and the Solomon Islands", Fig. 58, The Australian National University Press(2013)］

物的・経済的被害

熱雲が通過した地域では，樹木や家屋のほとんどすべては，基部を残してなぎ倒されていた。

この事例の概要と特徴

ラミントン火山はパプアニューギニアの南東部に位置している。このことは，この火山がオーストラリア植民地内にあることを意味している。20世紀中ばのニューギニア島は，島の西半分はオランダ領，東半分の北側をドイツが，南半分をオーストラリア（イギリス）が支配してきた。この地にいたのは，20世紀初めのゴールドラッシュで入り込んだ白人を除き大部分は現地人だった。彼らの多くは，今回の噴火に際して必要な情報をまったく与えられなかったとする報道が残っている。今回の噴火がラミントン山では歴史上初めての出来事で火山としての認識がなかった悲劇と合わせ，植民地の悲劇ともいえる。その旧宗主国はおもにヨーロッパ列強の国々だが，一時期日本もこの争いに加わっていた。インドネシアに併合された西半分と同様に，この地への開発支援も忘れてはならない。

参 考 文 献

1) 村山 磐，『世界の火山災害』，古今書院（1982）．
2) 砂防学会 監修，『砂防学講座 10 世界の砂防』，山海堂（1992）．
3) 早川由紀夫，「ラミントン火山の熱雲災害」群馬大学教育学部
http://www.edu.gunma-u.ac.jp/~hayakawa/volcanology/c3.html

432　6章　火山災害

タール火山

世界最小の火山

発生地域：フィリピン，バタンガス州

国民1人あたりのGNI（世界銀行2013）低位中所得国グループ
活動期間：1965年9月28日〜9月30日
最大噴火：9月28日，午前中の8時間
位置：北緯 14°0′6″，東経 128°59′36″
標高：311 m
人口（2010）：93,444,000 人
国土の総面積（2012）：300,000 km^2
死亡者数：2,000 人

【噴火・ベースサージ】

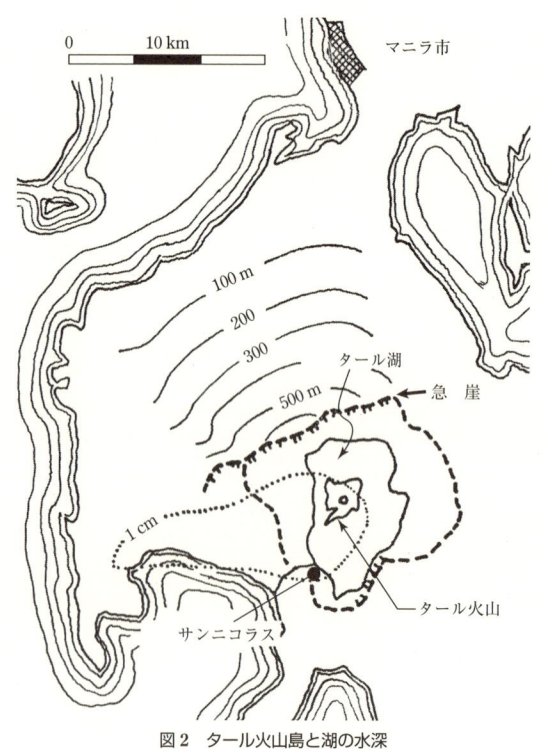

バナロディから見る噴煙（1911年1月30日）
［ⓒ 2000－2015, vBulletin Solutions, Inc.］

図1　タール火山の噴煙（1965年9月30日）
［ⓒ 2000, 2002, 2005, 2007 phpBB Group］

図2　タール火山島と湖の水深
点線：火山灰の分布（厚さ1cmの等厚線）
［出典：金子史朗，『世界災害物語Ⅲ　自然のカタストロフィ』，p. 10，胡桃書房（1983）］

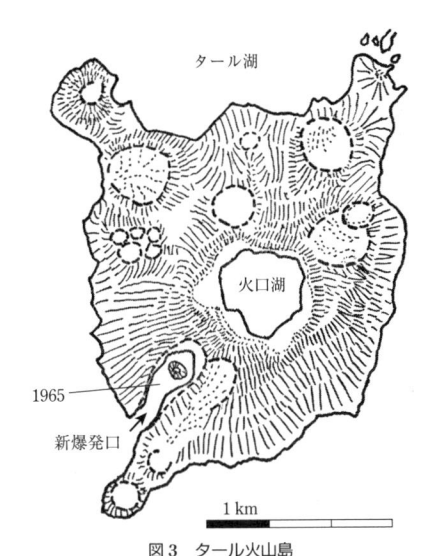

図3 タール火山島
[出典：金子史朗，『世界災害物語Ⅲ 自然のカタストロフィ』，p. 12，胡桃書房(1983)]

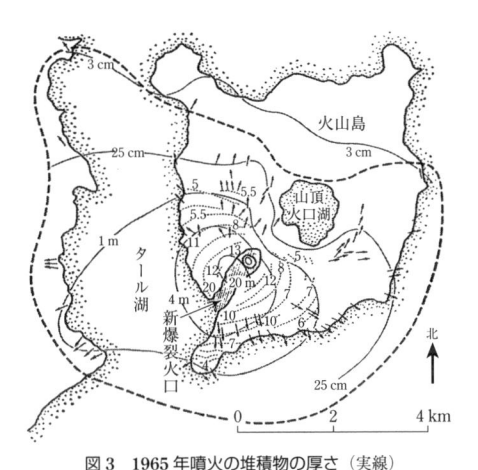

図3 1965年噴火の堆積物の厚さ（実線）
矢印：ベースサージの流走方向，破線：ベースサージの到達限界
[出典：中村一明，「低温・横なぐりの噴煙—フィリピン，タール火山の水蒸気爆発」科学，36，85(1966)]

この事例の概要と特徴

タール火山は，首都マニラの南約70 kmに位置する長径27 km，短径18 km，水深200 mほどのカルデラ湖のタール湖（ボンボン湖）に浮かぶ面積約25 km^{2}の島である（図2）。火山体は玄武岩質火砕物質からなる標高300 mの成層火山で，頂上の中心に直径約2 kmの火口湖，山腹には16個以上の側火口がある（図3）。過去にも1572年以降，頻繁に噴火を起こし30回の記録があるが溶岩の噴出は少ない。とくに1754年には最大の噴火を起こし，19世紀にも小規模な噴火を繰り返している。

1911年1月27日午前10時20分，マニラで最初の地震波が観測され，30日午前1時頃にクライマックスを迎えた。周辺の13の小村で約1,400人の犠牲者を出したが，被災地は島の西岸に限られている（巻頭写真）。

1965年9月28日午前2時過ぎ，島の南西麓で割れ目噴火が始まった。最初の1～1.5時間のストロンボリ式噴火の後，新爆裂火口が湖とつながってマグマ水蒸気爆発に移行し，噴煙が2万m上空まで立ち上り80 km先まで火山灰が降った。クライマックスは，この間の約8時間であった。今回の噴火で初めて水蒸気爆発に伴って高温の砂礫混じりの湿った強風が地表を吹き流れる現象であるベースサージ現象が認識された（図3）。

参考文献

1) 村山磐，『世界の火山災害』，古今書院（1982）．
2) 宇井忠英 編著，『火山噴火と災害』，東京大学出版会（1997）．
3) 金子史朗，『世界災害物語Ⅲ 自然のカタストロフィ』，胡桃書房（1983）．

434　6章　火山災害

アグン火山

発生地域：インドネシア，バリ島

国民1人あたりのGNI（世界銀行2013）低位中所得国グループ
活動期間：1963年2月19日～5月16日
最大噴火：3月17日
位置：南緯8°20′31.2″，東経115°30′28.8″
標高：3,142 m
人口（2010）：240,676,000人
国土の総面積（2012）：1,910,931 km^2
死亡者数：2,000人
被災者数：約85,000人

【熱雲・泥流】

レゴンの踊り子（絵葉書）

ケチャック・ダンス（絵葉書）

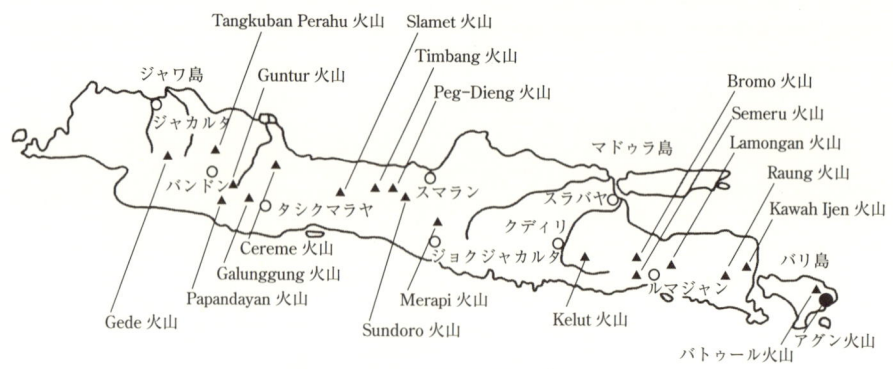

図1　インドネシアの火山（●アグン火山）
［出典：砂防学会 監修，『砂防学講座 10 世界の砂防』，p. 122, 山海堂(1992)］

祈禱師が祈る島の噴火

インドネシアは，13,667の島々が北アメリカ大陸の幅とほぼ同じ東西方向5,100 kmに点在する世界最大の群島国家である。そのうちのジャワ，スマトラ，カリマンタン（ボルネオ），スラウェシ（セレベス），イリアンジャヤ（ニューギニア）が5大島である。

現在，世界で活動中の火山約750余のうち，129の活火山がインドネシアにある。過去1,000年余の間，世界の歴史に記録された20件の火山の大爆発のうち，12件がインドネシア国内で起きている。また，犠牲者数からみた20世紀の主要な火山災害29件のうち，12件がジャワ島とバリ島にある火山で発生している。

表1に示すように，これらの大噴火はクルー，メラピ，アグン，スメル，ガルングンなどの火山で繰り返し起きている。火山泥流を表す言葉のラハール（Lahar）は，1919年にクルー火山の噴火で最初に確認され，インドネシア語で命名されている。

図1に示すように，現在，ジャワ，バリ両島の主要な活火山だけでも19火山があげられ，国際機関の重点監視の対象に指定されている火山も多い。

インドネシアは，上記にみるような火山大国であるとともに地震の多い国でもある。したがって，国土の多くはこれらの自然活動に伴う土砂災害を受けやすい条件をもっている。同時に，近年の森林の伐採や山地の開墾など，人間の活動が表土の流出に拍車をかけている。

歴史的・文化的な背景

インドネシアの歴史は古くジャワ原人にまで遡れるが，王国形成以後ではヒンドゥー教・仏教文明，イスラム教文明時代，オランダ統治時代，独立以降の4期に大別できる。

紀元前後からインド南部の商人が渡来し，ヒンドゥー教と仏教を伝えた。7世紀後半，スマトラ南部にスリウィジャヤ仏教王国が興りスマトラ，マレー，ジャワを支配して14世紀までつづいた。同じ頃，中部ジャワにマタラムなどの王国が興り，ボロブドゥル寺院などの遺跡を残した。14世紀後半には，東部ジャワを中心にマジャパイト王朝が栄えた。

15世紀後半にイスラム教が伝えられ，16世紀にはマジャパイト王朝が滅び，イスラム教が全国に広がった。

1598年の初めてのオランダ船来航以降，20世紀初頭までオランダ支配がつづいた。

日本の軍政下の時代を経て1945年8月に独立宣言をして今日に至っている。

インドネシアは広範囲の領土に多数の民族が分散しており，言語，習慣などが異なる19の文化圏に分かれているといわれる。独立以降，"多様性の中の統一"が国是となっている。

イスラム教が全国民の大半を占めているが，ほかにキリスト教が約1割，残りがヒンドゥー教，仏教，原始宗教である。バリ島には，ヒンドゥー教，仏教の信者が多い。

自然環境

3,000 m超級のアグン火山と2,000 mに近いバトゥール火山は，バトゥール湖を間に挟んでバリ島の東部にそびえる活火山である（図2，図3）。アグン火山の山体は円錐形で，その北東部と南西部の裾野は海面にまで達している。表面を覆う溶岩は普通輝石紫蘇輝石安山岩質で，山頂には直径500 mの火口がある。1843年に噴火があったが，その後は噴火活動がなく長い間，死火山とみられていた。今回の噴出物は約3億m^{3}とみられている。

図2 バトゥール湖の遠景

地形・地質の特徴

インドネシアは，地理的，地形・地質的に土砂災害にきわめて弱い条件をもっている。

地理的に東西約 5,100 km に散らばる多数の島々からなる群島国家が，人口の分布が著しく不均衡である。国土の総面積の 7% のジャワ島に総人口の半数以上が住んでいるため，世界的にみても稠密な地域になっている。

地形・地質的には，半円状の弧状を描くスマトラ，ジャワ，バリ島などと，その内側のカリマンタン，スラウェシ島および東側のイリアンジャヤで大きく異なる。火山の多くがスマトラ，ジャワ島に分布しており，スラウェシ島にはきわめて少ない。

被災域の状況

インドネシアは，インド洋，南シナ海，太平洋およびアラフラ海に囲まれた熱帯の海域に位置しており，水文気象と土砂災害との関係も重要である。

このため海洋性の熱帯気候で，降雨形態は多くの場合，時間雨量は大きいが継続時間・降雨範囲が小さいきわめて局地的な雷雨である。

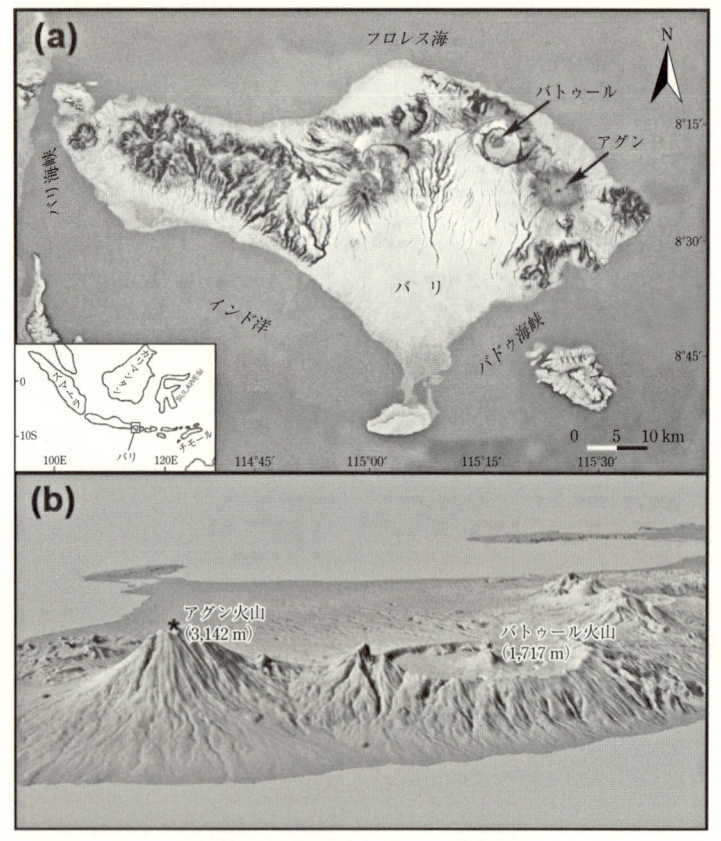

図3 アグン火山とバトゥール火山

[出典：H. Geiger, "Characterising the magma supply system of Agung and Batur Volcanoes on Bali, Indonesia", p. 2, Department of Earth Sciences, Geotryckeriet Uppsala University (2014)]

噴火のメカニズム

図4に示すように，火山噴火による災害の典型的な形態は"メラピ火山型"(左側)と"クルー火山型"(右側)に分けられる。

過去の大噴火

過去の大噴火を表1に示す。

被災地の状況

就労人口の半数以上の人々が農業に従事しており，総人口の7割以上が農村地域に居住している。このため，土砂災害の発生と犠牲者数の間には地域的な相関が考えられる。

アグン火山は，火の神が住む山として古くから信仰の対象となっている。山麓にはヒンドゥー教のブサキ寺院があり，当時は図6のように，村長と祈祷師が"聖霊と悪魔の住家"の噴火を鎮める祈りをする光景がみられた。

被災区域

1963年1月に始まった今回の活動は，2月になって熱雲や火山泥流が発生し，バリ島の農地の1/3が壊滅した。このような噴火は5月まで

表1 過去の大噴火

火山名	1回目	2回目	3回目	4回目
クルー	1919 (5,100)	1966 (210)	1990 (21)	—
メラピ	1930 (1,400)	1969 (3)	1976 (29)	1994 (78)
アグン	1963 (2,000)	(1843)		
スメル	1976	1978 (14)	1981 (369)	
ガルングン	1982 (27)	—	—	—

表中( )内は死亡者・行方不明者

図5 アグン火山ウンダ川の砂防工事
[出典：砂防学会 監修，『砂防学講座 10 世界の砂防』，p.141，山海堂(1992)]

図4 火山噴火のタイプ
[出典：砂防学会 監修，『砂防学講座 10 世界の砂防』，p.124，山海堂(1992)を抜粋]

図6 噴火を鎮める祈り；村長と祈禱師
[© D. Mathews]

つづいた。

人的・社会的被害

今回の噴火で被災地の受けたさまざまな種類の災害が記録されている。

熱雲では54集落，1,963戸が壊滅し，死亡者数は820人，負傷者数は59人で2,777 haの田畑が被害を受けた。また，火山礫，火山弾，火山灰により1,560戸が破壊され，死亡者数は163人，負傷者数は201人で54,000 haの田畑が被害を受けた。

さらに，図7にみるように，ラハール（火山泥流）により21集落，4,200戸が襲われ，死亡者数は165人，負傷者数は36人で2,200 haの田畑が被害を受けた。

物的・経済的被害

3月17日早朝の熱雲で，約1,500人，引きつづく降雨によるラハールで200人以上が犠牲になった。

噴火は2月18日に始まっていたが，多数の村人が集まった宗教上の儀式が山腹の社で行われておりなかなか下山しなかった。さらに，誰も120年前の大噴火を知らなかったため，数km以上離れた海岸まで泥流が襲うとは予想できなかった。このため，5月16日の第2の噴火で死亡者200人以上を出すことになった。

地質調査所は第1回目の噴火に際し，山頂から10 km圏内とラハールの到達が予想される地域からの住民の退避を要請していたが，行政の適当な処置は講じられなかった。今日では3ヵ所に火山観測所が置かれ常時監視している。

インフラ・建築物被害の特徴

インドネシアの土砂災害に対する脆弱性には，前述したような地理的あるいは地形・地質的な自然的要因と，近年の森林伐採，山地の開墾などの人為的・社会的要因が含まれている。

土砂災害の自然的要因には，火山活動によるものと地震活動によるものがある。火山活動によるおもな直接的被害は，ラハールとよばれる土石流や火山泥流による人命，財産，建造物などである。二次的な被害として，ラハールの堆積や豪雨による堆積物の下流での氾濫，土壌の保全の問題があげられる。地震活動によるものでは，地すべり，斜面崩壊や土石流の発生により直接人命が奪われる災害が多い。

人為的要因では，森林伐採や山地の開墾による肥沃な土壌の流失が深刻である。流失土砂がダム機能を阻害し，河床上昇を引き起こして洪水被害を招いている。

インドネシアは，自然的要因にも人為的要因に対して砂防対策が必要な国といえる。対策では，農業・灌漑インフラの整備に重点がおかれているが，人命・財産の保護が優先されるべきである。

図7 火山泥流から逃げる人々
[© D. Mathews]

この事例の概要と特徴

　今回の噴火では，3月17日に活動期間中最大の噴火があった。噴火により大量に放出された火山灰は，ジェット気流に乗り世界中に浮遊した。翌年の北海道の冷害や米国でみられた真赤な日の出や夕日は，アグン火山の火山灰による影響と推測されている。

　1992～1993年世界的な異常気象は，1991年6月のフィリピンルソン島のピナツボ火山の20世紀最大の噴火の影響と考えられている。1～2年後の夏に気温偏差で−0.6℃と大きく低下した，と報告されている。

　このように火山噴火の大気，異常気象への影響は大きい。SO_2ガスのつくる小滴は長い間成層圏にとどまり，太陽光を散乱させて地球の気温を0.5℃前後低下させる。さらにオゾン層の破壊も確認されている。

参 考 文 献

1) 村山 磐，『世界の火山災害』，古今書院（1982）.
2) 砂防学会 監修，『砂防学講座 10 世界の砂防』，山海堂（1992）.
3) 金子史朗，『火山大災害』，古今書院（2000）.
4) 金子史朗，『世界災害物語 I 自然のカタストロフィ』，胡桃書房（1983）.

セントヘレンズ火山

ハザードマップと噴火予知の成功

発生地域：米国，ワシントン州

国民1人あたりの GNI（世界銀行 2013）高所得国グループ
活動期間：1980 年 3 月 20 日～6 月 15 日
最大噴火：5 月 18 日午前 8 時 32 分（現地時間）
位置：北緯 46°11′28″，西経 122°11′39″
標高：2,550 m
人口（2010）：312,247,000 人
国土の総面積（2012）：9,629,091 km^2
死亡者数：57 人

【噴火】

セントヘレンズ火山の噴火（1980 年 5 月 18 日）
[Ⓒ USGS]

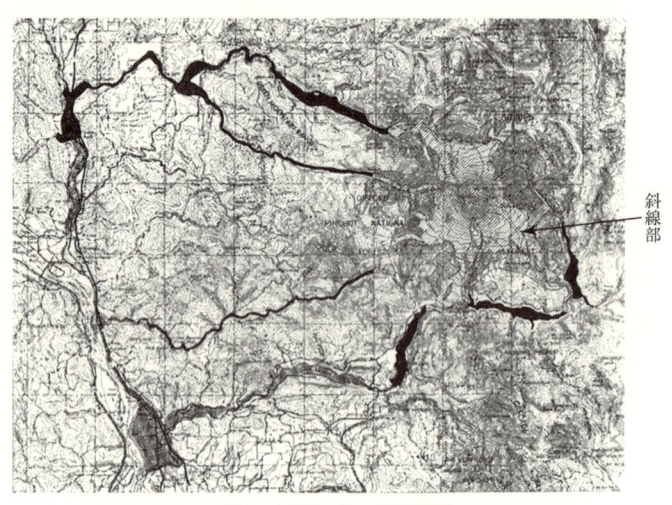

図 1　火砕流などの災害予測図

斜線部

[出典：D. R. Crandell, D. R. Mullineaux, "Potential hazards from future eruptions of Mount St. Helens Volcano, Washington" *U. S. Geol. Survey Bull.*, **1383-C**, 26(1978)]

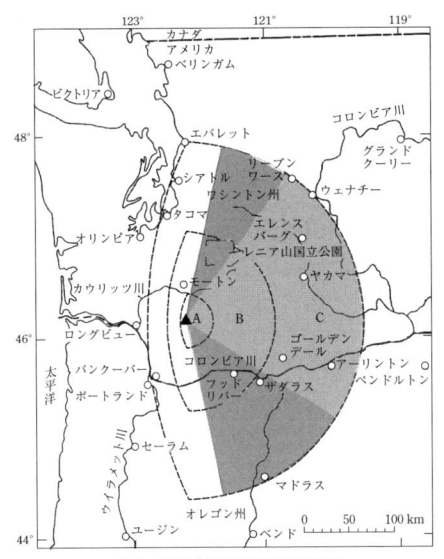

図2 降下火砕物の範囲予測図
(▲セントヘレンズ火山)
A～C：火砕物堆積のハザード (A→C：高→低)
[出典：D. R. Crandell, D. R. Mullineaux, "Potential hazards from future eruptions of Mount St. Helens Volcano, Washington" U. S. Geol. Survey Bull., 1383-C, 18(1978)]

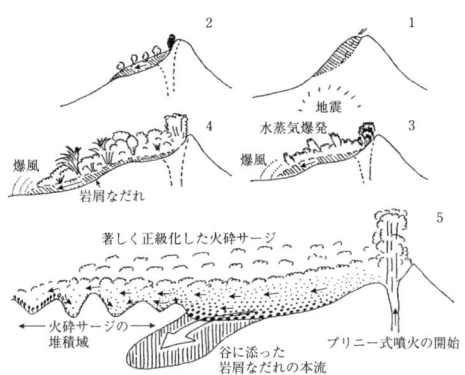

図3 岩屑なだれの発生メカニズム
[出典：宇井忠英，荒巻重雄，「1980年セントヘレンズ火山のドライアバランシュ堆積物」火山, 28, 289-299(1983)]

この事例の概要と特徴

今回の噴火と減災対策の特徴としては，以下の①～④が特筆される．
① 事前の長期予報が効を奏した．
② 予想以上の大規模な噴火だった(VEI = 5)．
③ 前兆現象から経過まで，過去の噴火と強い類似性があった．
④ 大噴火後の中小噴火の直前予知の実用化が実現した．

図1は今回の噴火の2年前の1978年に作成されていた災害予測図で，黒色；火山泥流・洪水の可能性，灰色；洪水の可能性，斜線；火砕流・溶岩流の可能性のある地域を示している．刊行した米国地質調査所は，噴火の2年前に詳細な地質調査結果に基づいて作成し，説明書とともに市民が自由に購入できる状態にしていた．災害予測図には，火砕流，火砕サージ，火山泥流などの危険地域が3通りに分けて示されていた．

今回の123年ぶりの噴火は，3月27日の水蒸気爆発に始まり，直径2kmの範囲が1日1.5mほど北に向かってせり出してきた．行政当局は，危険区域内の住民に避難を勧告し立ち入りを規制した．5月18日の大爆発で山頂部の3km^{3}が崩れ落ち，秒速150mの速度で10分以内に28km離れた山麓に達している．図3は岩屑なだれの発生機構を示している．

春の観光シーズン中の日曜日に，予想以上の大噴火による火山体の崩壊と火砕流にもかかわらず犠牲者が57人にとどまったことは，災害予測図の効用として高く評価されている．

参 考 文 献

1) 村山 磐，『世界の火山災害』，古今書院 (1982).
2) 宇井忠英 編著，『火山噴火と災害』，東京大学出版会 (1997).
3) 池谷 浩，『火山災害—人と火山の共存をめざして』，中公新書 (2003).

エルチチョン火山

発生地域：メキシコ，チアパス州

火山灰の降下する道路(コルツァコアルコスとヴィラヘルモサの間，1982年3月29日)
[出典：S. De la Cruz-Reyna, A. L. Martin Del Pozzo, "The 1982 eruption of El Chichón volcano, Mexico: Eyewitness of the disaster" *Geofisica Int.*, 48(1), 21-31 (2009)]

国民1人あたりのGNI（世界銀行2013）上位中所得国グループ
活動期間：1982年3月28日～4月4日
大噴火（全3回）：3月28日①
　　　　　　　　4月3日②
　　　　（最大）：4月4日③
位置：北緯17°20′，西経93°12′
標高：1,350 m（噴火前）
人口（2010）：117,886,000人
国土の総面積（2012）：1,964,375 km^2
死亡者数：1,700人
被災者数：約95万人

【噴火】

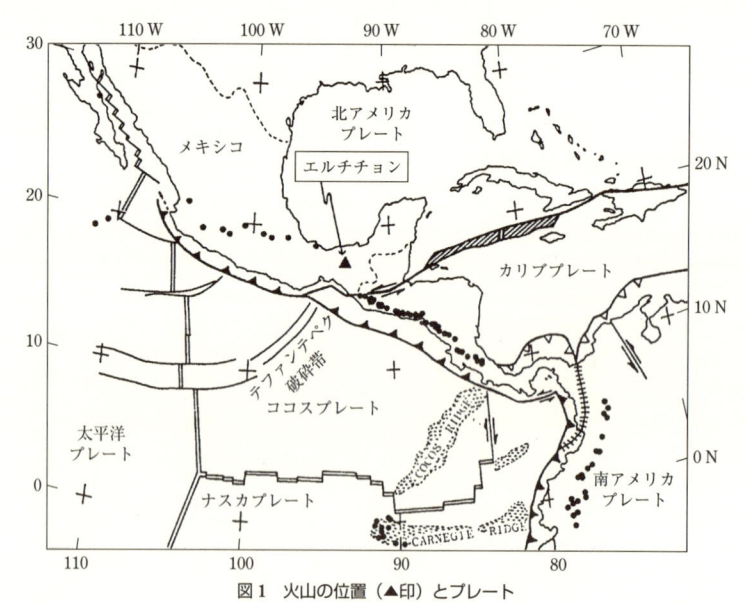

図1　火山の位置（▲印）とプレート

[出典：G. Wadge, K. Burke, "Neogene Caribbean plate rotation and associated Central American tectonic evolution", *Tectonics*, 2, 633-643 (1983) を一部改変]

成層圏へ昇った噴煙

1982年のエルチチョン火山の噴火では，大規模な噴火に伴う火山ガスが高度30 km以上の成層圏にまで達し，全地球的な規模の異常気象をもたらした。

ラテンアメリカでは，先住民族のインディオ，征服者のスペイン人，アフリカから連れてこられた黒人などによるさまざまな混血が進んでおり，メキシコは一般的にメスティソ（混血）の国とよばれている。しかし，メキシコには，公用語のスペイン語集団のほかに，相互に意思疎通が不可能な言語集団が56，エスニック集団とよばれる部族の数は，その数倍に達するといわれる。今日彼らは，政治的・経済的に中央の支配的社会に組み込まれつつあるが，現在でもメキシコの総人口の1/5～1/4といわれる規模を維持している。

今回の被災地のチアパス州は，メキシコの中でもとくにインディオ集団の多い地域である。このため災害に対する反応も，支配階級，インディオ，ラディーノ（非インディオ系混血住民）など，集団により様々である。

歴史的・文化的な背景

エルチチョン火山は，図1にみるように，メキシコ南東部のチアパス州の北端に位置している。同州は南東部をグアテマラと国境を接し，北東方向にはユカタン半島がつづいている。

歴史的に，先スペイン時代はオルメカ，マヤ文明の地域で，15世紀頃からはアステカ文明へと変わっていく。

メキシコは1821年にスペインによる征服支配から独立したが，1848年には米墨戦争の敗北で領土は半減した。1854年を境にレフォルマ（改革）の時代に入り，1857年には自由主義的な憲法が発布され近代化が進んだ。近代国家の建設が始まると，旧体制の保守派やカトリック教会の抵抗に加え，地方のインディオたちの存在が顕在化した。

今回の被災地となったチアパス州サンクリストバルは植民地時代の初めからこの地域の行政，経済の中心地で，19世紀末まで州都だった。今でもチアパス高原の40以上のインディオ集団の重要な交流地になっている。

自 然 環 境

図4にみるように，噴火の際の粗いダストは比較的早い時期に落下するが，SO_2ガスは大気中の水と結びつき硫酸の小滴をつくる。直径1 μm以下のエアロゾル状の硫酸滴は，成層圏に拡散して長い間とどまって太陽光エネルギーを吸収する。これにより対流圏や地表の温度低下を招き，エルニーニョなどの海水循環の異常や降雨の異常を引き起こす。

異常気象の発生は噴火の規模とともにSO_2の放出量に依存する。今回の噴火で地球の平均気温は，数年にわたり0.2～0.3℃ほど低下した。このほか，1963年のアグン火山，1991年のピナツボ火山の噴火では0.36～0.39℃低下してい

図2　エルチチョン火山の火口湖
[© 2015 Oregon State University]

図3　エルチチョン火山の遠景
[© 2015 Oregon State University]

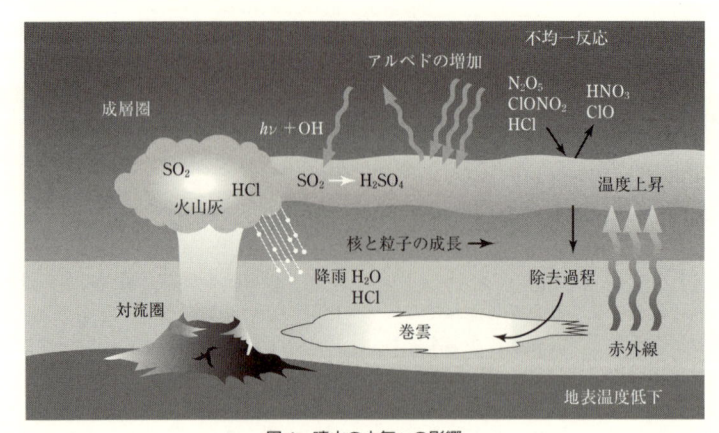

図4　噴火の大気への影響
[© Mike Bettwy, Goodard Space Flight Center, NASA]

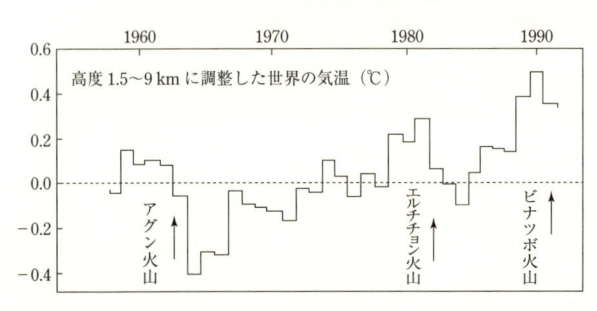

図5　1960～1990の気温変動
[出典：金子史朗,『火山大災害』, p.123, 古今書院(2000)]

る（図5）。

地形の特徴

図1にみるように，北アメリカプレート，ココスプレート，カリブプレートがメキシコ南部で接している．エルチチョン火山は，中央アメリカの太平洋岸沖の海溝で沈み込むココスプレートのテファンテペク破砕帯の延長線上にある．同時に，メキシコを横断する火山帯とグアテマラから連なる火山帯との間に位置している．

火山域の状況

今回の大きな噴火は3回で，1回目は3月28日に発生し噴煙が高度17 kmにまで達した．この間，3月30～31日，4月2日に小規模な噴火が発生している．2回目は4月3日で，噴煙は高度18 km以上まで上昇した．4月4日の3回目の噴火が最大規模で，噴煙の主要部が高度28 km以上に達した．この噴火で火山上空には噴煙塊が停滞し，周辺では44時間以上，噴出物の降下がつづいた．

その後，4月5～11日まで小規模な噴火が断続し，間欠的な火山灰噴出があった．9月11日に小規模な火山灰噴出が発生した後，今回の噴火活動は停止した．

火山噴火のメカニズム

最大の規模となった3回目の噴火は，大量の火山灰，岩塊を噴出するプリニー型噴火であった．2回目，3回目の噴火では，火砕流が周辺数kmにわたって流れ出した．

過去の大噴火

今回の噴火は，エルチチョン火山の有史以来初めての噴火である．

被災地の状況

今回の噴火以前のエルチチョン火山は、標高 1,350 m で山頂火口内に 0.9 km×9 km のドームを有する形状をしていた（図6）。

3〜4月の激しい噴火で山頂ドームの約 200 m の部分が吹き飛ばされ、その後に直径約 600 m、深さ約 290 m の新火口が形成された（図7）。

火口湖には強酸性の熱湯がたまり、周辺か

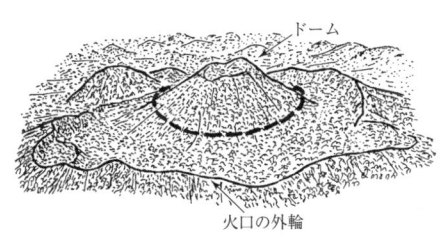

図6　旧山頂ドーム火口の外輪
[出典：澤田可洋,「1982年エルチチョン火山の噴火」火山, 第2集, **29**(1), 巻頭(1984)]

図7　1982年の噴火後の新火口
[ⓒ NASA(1982年11月4日), Wikipedia]

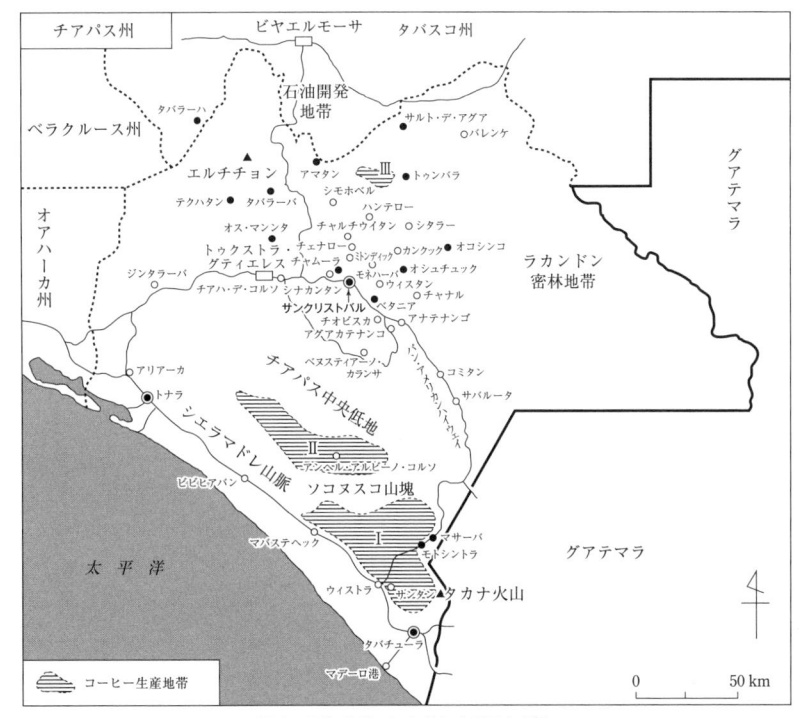

図8　エルチチョンとサンクリストバル
[出典：清水 透,『エル・チチョンの怒り―メキシコにおける近代とアイデンティティ』, 裏見返し, 東京大学出版会(1988)]

ら噴気が上がっている．1983年1月の時点で，その水温52℃，pH 0.56，噴気温度は最高446℃である．

被災区域

2回目と3回目の大規模な噴火で火砕流が流れ出し，周辺の村落を破壊した．火砕流は山腹の谷にいくつものせき止めダムを形成し，熱湯をためた．このうちの最大のダムが決壊して洪水を起こし麓の集落に災害をもたらしている．

図10にみるように，チアパス州の元州都のサンクリストバルは，人口約5万人ほどの町である．緯度は低いが海抜2,100 mの高原盆地で，乾期が終わる4月中頃でもまだ寒い．エルチチョン火山の南に広がるチアパス盆地には，チャムーラ族をはじめ40以上のインディオ集団が点在している．その南部にはコーヒー生産地帯が広がっている（図8）．

人的・社会的被害

被災地のチアパス高原には，今日でもインディオ集団が多く居住している．マヤ系の彼らは，宗教，祭り，村役制度などを守って独自の社会を営んでいた．村人は，ツォツィル語を話し，守護神サンファンを崇め，雨乞いの儀式をし，カーニバルなどの祭りを軸とする年間の生活サイクルを守っていた．

今回の噴火では，降灰と火山泥流によりソケ族をはじめ周辺のいくつもの部族の村々が破壊された．家畜は全滅し，多数の犠牲者と100万人近い被災者を出した．

物的・経済的被害

図9にみるように，朝市にはキャベツ，炭，花，七面鳥，鶏，卵，バナナ，松葉など，それぞれの村の特産物を持ち寄ってくる．アイデンティティの異なる個々のインディオ集団が交流できる数少ない場になっている．

降灰はつづいたが，チアパス州政府はラジオで80 kmも離れた火山の降灰だから心配ない

図9 サンクリストバルの朝市
[© David M. Gitlitz & Linda Kay Davidson (2012)]

図10 サンクリストバルの市街地
[© Tjeerd Wiersma, Amsterdam (2003), Wikipedia]

図11 チャムーラ村の中心
[© SanSan photo]

と繰り返していた。

インフラ・建築物被害の特徴

サンクリストバル市周辺の村のほとんどの家屋は，アドベ（日干し）レンガの壁に草葺の屋根あるいはブロックの壁に瓦屋根の構造である。

図11にみるように，チャムーラの村は広場を挟んで東側に教会，南側に小学校と村役場があり，周辺に住居が建ち並んでいる。現在では瓦葺の屋根の建物が増えている。

この事例の概要と特徴

メキシコは，日本と同様に地震災害の多い国であり，同時に火山国でもあるため，いくつかの大きな火山災害も被っている。日本の支援で1990年に設立されたメキシコ国立防災センター（CENAPRED）には，地震セクションなどのほか，火山セクションも活動している。火山のおもなターゲットは，首都圏に近いポポカテペトル火山（5,426 m）（図12）で，次いで今回のエルチチョン火山とグアテマラ国境のタカナ火山（図8）を注視している。

今回の地上の噴出物総量は $0.5\ km^3$ ほどで1980年5月のセントヘレンズ火山の約 $3\ km^3$ の1/6だが，成層圏に注入された細粒噴出物は数千トンに上ると推定されている。エアロゾルの濃度は，セントヘレンズ火山の約100倍も濃

図12 ポポカテペトル火山
［CENAPREDのパンフレット］

く，約20メガトンと推定されている。

参 考 文 献

1) 宇井忠英 編著，『火山噴火と災害』，東京大学出版会（1997）．
2) 大貫良夫，落合一泰，国本伊代，恒川恵市，福嶋正徳，松下 洋 編『新版 ラテン・アメリカを知る事典』，平凡社（2013）．
3) 澤田可洋，「1982年エルチチョン火山の噴火」火山, 第2集, **29**(1), 写真1, 2, pp. 72-74 (1984).
4) 清水 透，『エル・チチョンの怒り―メキシコにおける近代とアイデンティティ』，東京大学出版会（1988）．

ネバド・デル・ルイス火山

発生地域：コロンビア，アンデス山脈

ネバド・デル・ルイス火山
[© Edgar Jiménez(2007), Wikipedia]

国民1人あたりの GNI（世界銀行 2013）上位中所得国グループ
発生年月日：1985 年 11 月 13 日
発生時間：午後 3 時 02 分（現地時間）
位置：北緯 4°53′，西経 75°22′
標高：5,400 m
人口（2010）：45,445,000 人
国土の総面積（2012）：1,141,748 km^2
死亡者数：24,740 人
負傷者数：5,485 人
崩壊建物：5,680 棟
被災者数：約 17 万人

【噴火・泥流】

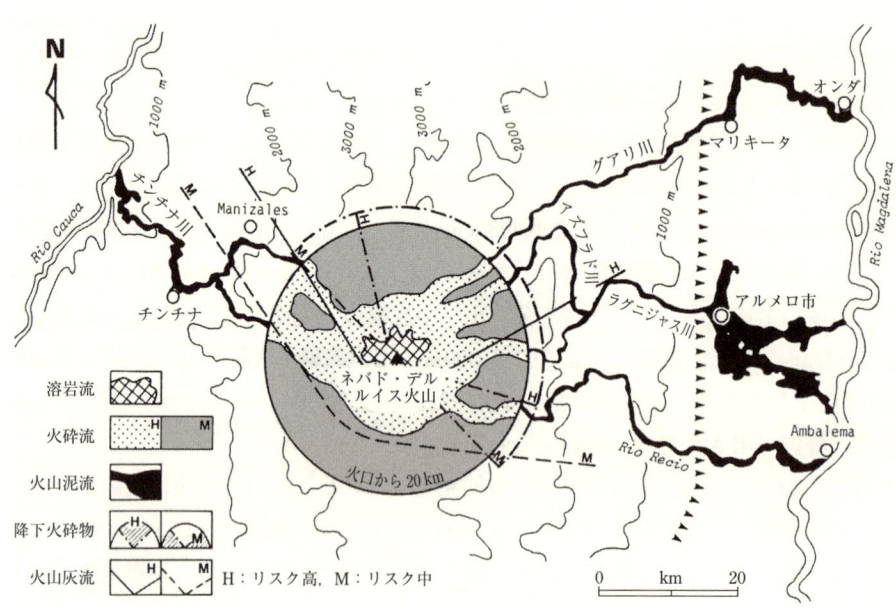

図1 ハザードマップ：火山の位置と泥流帯（黒色）
[出典：INGEOMINAS，1985 年 11 月 14 日改訂]

活かされなかった火山ハザードマップ

　火山災害の大きな特徴の一つは，その発生頻度の低さである。台風や地震の場合と異なり，火山による大災害の多くは数百年あるいは数千年に1度の割合で起きている。したがって，災害時に得られた生の教訓を長く子々孫々に伝えることはむずかしい。世界的にみても，火山災害を防ぐ効果的な予防措置がとられていないのが実状である。したがって，新たに被災する住民は，ある日突然，激烈な非日常的体験を強いられることになる。

　防災・減災が困難な火山災害を被らないためには，その勢力圏から絶縁して居住することが最も望ましい対応である。しかし，国土の広さや現代の文明社会の活動範囲の拡大などを考えると現実的な対策とはいえない。日本をはじめ火山国といわれる国々は，過去に起きた大災害の記録が数多く残っている。これらの記録・記憶などをもとに火山災害に備えるハザードマップを作成しておくことが，現時点では最も有用な対策の一つといえる。

　1980年の米国セントヘレンズ火山（➡ p.440）の大噴火では，ハザードマップなどの活用により住民が避難できたため死亡者は数十人であった。この教訓から，コロンビア国立地質鉱山研究所（INGEOMINAS）は事前に自国のネバド・デル・ルイス火山に関するハザードマップ（図1）を作成していた。アルメロ市など東側山麓の20の町で，所員が火山災害の恐ろしさとマップの危険区域の意味や避難の必要性を説明して回った。それにもかかわらず，米国の事例と異なり約25,000人もの死亡者を出す結果となった。周辺住民の災害に対する意識の差がハザードマップの効用を左右した事例となった。

歴史的・文化的な背景

　火山はもともと，噴火時に発生する現象や規模が多種多様で予知・予測と対応がむずかしい自然災害の一つである。考えられるすべての火口の位置と過去に発生したすべての現象から，最大規模の量を考慮して災害予想を立てる必要がある。ハザードマップはこれらの条件や地形データを与えて，シミュレーションした結果を地図上に示したものである。

　一般的に，ハザードマップが整備されていれば危険は回避できるといわれているが，最も重要なのは住民の災害に対する意識である。米国（1980）では避難に活用された火山ハザードマップが，コロンビア（1985）では活かされなかった要因はいくつか指摘されている。

　今回のネバド・デル・ルイス火山の噴火は，前回の1845年から約140年ぶりの大噴火であった。今回の大噴火で発生した火山泥流は，INGEOMINASが作成していたハザードマップとほぼ同じ範囲に広がった。標高5,400mの山頂付近の雪や氷が火砕流や火山噴出物の熱で溶かされ，火山堆積物とともに火山泥流となって山麓に流れ出した。とくに東方のアルメロ市では，当時，祭りの最中で周辺部から多数の人々が集まっていたため，政府も犠牲者の数を十分把握できなかった。

　1902年のプレー火山（➡ p.417）に次ぐ犠牲者数となった火山災害で，アルメロ市は同じ場所への町の復興を断念している。この二つの火山大災害は，20世紀以降の噴火予知科学が着実な発展をする転機になったといわれている。

自然環境

　今回の災害の特徴の一つは，噴火により高山の大量の雪や氷が溶かされ火山を水源とするいくつかの河川に火山泥流（ラハール）が流下したため，大規模な火山泥流災害が発生した点にある。

　ネバド・デル・ルイス火山は，アンデス山脈のほぼ北端，3列に平行して走るコルディレラ山脈の中央山脈の尾根上に位置し，山頂が氷河に覆われた小型の成層火山である。

地形・地質の特徴

　ネバド・デル・ルイス火山は第四紀火山群の一つで，珪長質火成貫入岩類からなる基盤上に約100万年前からの溶岩流の流出がある。

450   6章　火山災害

　アルメロ市は，山頂を水源とするアズフラド川とラグニジャス川が合流してアンデス中央山脈から出た所にある平野部の扇状地上に位置している．その市街地は，過去の火山泥流の堆積物の上に建設されている（図3）．

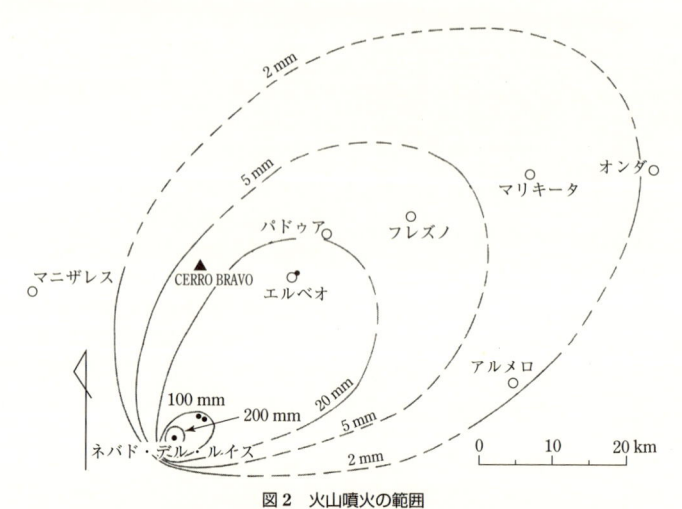

　地形や流下した痕跡などの火山泥流に関する調査結果では，アルメロ市直上流での流速は毎秒14〜16 m，最大流量は毎秒約1万 m^3，波高は10〜12 mと推定される．

図2　火山噴火の範囲
図中数字：降下軽石・火山灰の層厚
［出典：文部省科学研究費自然災害特別研究突発災害研究成果 No. B-60-7(代表 勝井義雄)，「南米コロンビア国ネバド・デル・ルイス火山の1985年噴火と災害に関する調査研究」，p.37(1986)］

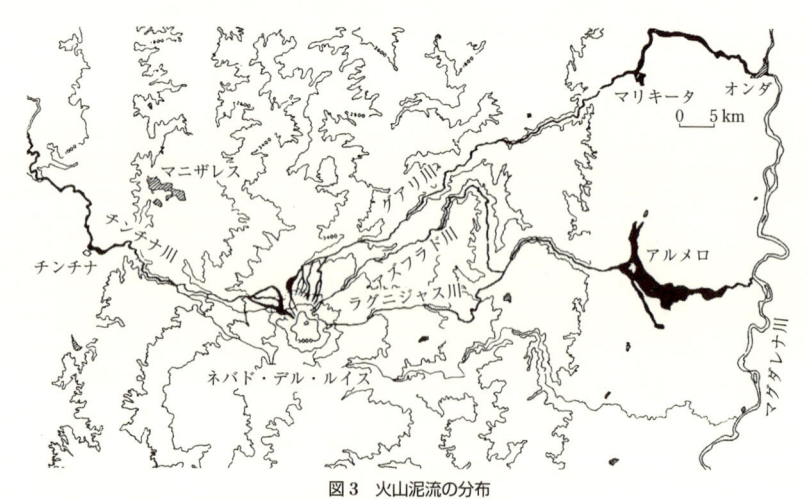

図3　火山泥流の分布
［出典：H. Sigurdsson, S. Carey, "Volcanic disasters in Latin America and the 13 th November 1985 eruption of Nevado del Ruiz volcano in Colombia" *Disasters*, **10**, 205-216(1986)］

図4 泥流で崩壊したインフラ
[出典：文部省科学研究費自然災害特別研究突発災害研究成果 No. B-60-7(代表 勝井義雄)「南米コロンビア国ネバド・デル・ルイス火山の1985年噴火と災害に関する調査研究」，p.70(1986)]

図5 泥流による崩壊建物
[出典：文部省科学研究費自然災害特別研究突発災害研究成果 No. B-60-7(代表 勝井義雄)「南米コロンビア国ネバド・デル・ルイス火山の1985年噴火と災害に関する調査研究」，p.70(1986)]

火山域の状況

ネバド・デル・ルイス火山には七つの火口があり，噴火時の現象を予想して特定することがむずかしい。火山災害の軽減には，噴火前兆現象を捉えて対応することが重要である。

火山噴火のメカニズム

最近の2世紀でみると，噴火の大きさを示す尺度の火山爆発指数（VEI：0〜8）が5以上の大噴火の8割が史上初の噴火である。ほとんどの大噴火は，かなり明瞭な噴火前兆現象を伴っている。訓練された観測者が地震活動の推移や短い噴火前兆などの急変を見逃さなければ対応は可能である。

今回のように噴火前兆現象の継続期間が数週間〜数ヵ月と長引く場合では，活動が急変する場合が危険である。

火山活動が通常レベルよりも高いが，継続しているだけで目立った活発化の兆候がない場合，急変に備えて十分な警戒心を維持しなければならない。ネバド・デル・ルイス火山の大災害は，再噴火と火山泥流の発生が観測で捉えられていたにもかかわらず，警戒態勢がとられなかった。このため2時間後の被災を防ぐことができなかった。

過去の大噴火

アルメロ市は約1,000年前にも火山災害により死者1,000人の被害を出したといわれる。火山泥流により1595年と1845年にもそれぞれ約600人，約1,000人の被害が出ており，今回は140年ぶりの大噴火であった。

被災地の状況

1984年11月から火山性地震が発生し，翌年1月から噴気活動が活発になった。同年9月11日に水蒸気爆発が起こり，11月13日午後3時頃に噴火が再開した。山麓で降灰が始まり，アルメロ市には赤十字の避難勧告が出た。しかし，住民には十分な情報が伝わらず，ほとんどの人が避難しなかった。

午後9時過ぎ，噴火が最盛期に入り噴煙柱が立ち上がり火砕流と火砕サージが発生した。午後11時30分に火山泥流がアルメロ市に達し，市街地の9割以上が押し流され人口29,000人のうちの21,000人が犠牲になっている。

被災区域

図3にみるように，アルメロ市以外でもグアリ川下流のマリキータおよびオンダ，山頂から西に流下するチンチナ川沿いのチンチナの三つの都市で，火山泥流により2,000人あまりの犠牲者が出ている．

人的・社会的被害

今回の火山泥流（ラハール）による死亡者数は史上第4位である．第1位は1615年のタンボラで死亡者の概数92,000人，次いで1883年のクラカタウで同36,400人（➡ p. 408），第3位は1902年のプレー山で同28,000人である（➡ p. 414）．

原因として，高温の火砕流が冠雪を溶かし大量の泥流となって夜中の町を襲ったことと，火山は大噴火前に一時期静穏化しており，危険がない旨のラジオ放送があるなど人々が警戒心を解いていたことがあげられる．

物的・経済的被害

山頂付近の山小屋はほぼ倒壊しており，火砕サージの発生によるものと考えられている．

図6に示すように，今回の火山泥流災害の後，災害予想図は修正・刊行された．この予想図では，降下火砕物，溶岩流，火砕流および火山泥流の4種類の災害の可能性について，それぞれ高レベルと中レベルの危険区域を示している．

インフラ・建築物被害の特徴

1984年11月末からM3〜4クラスを含む前兆地震活動がみられた．同年9月11日の水蒸気爆発の前には地震と間欠性の火山微動が発生している．同年11月の軽石噴火直前の地震活動は活発でなかった．震源の大部分は，山頂北の深さ0〜6 kmに分布している．軽石噴火後の震源は，山体南部のほぼ東西の深さ2〜6 kmに帯状に分布している．その後のマグニチュードは最大でM3，ほとんどがM1.5以下で，12月以降，さらに活動レベルは低下している（図7）．

火口から47 km離れたアルメロの町は，噴火から2時間後には最大7 mの礫混じりの泥土に埋まった．

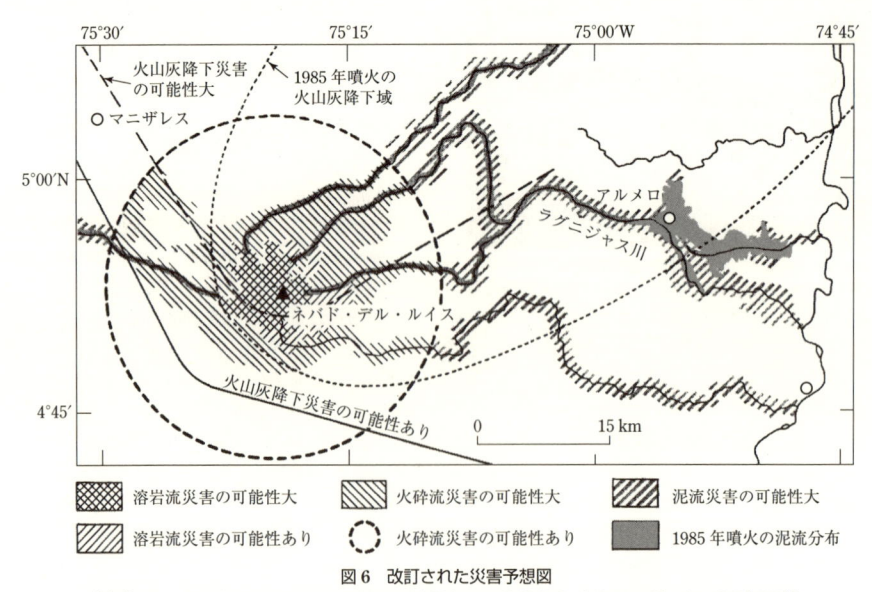

図6 改訂された災害予想図

[出典：T. L. Wright, T. C. Pierson, "Living with Volcanoes" *U. S. Geol. Survey Circular* 1073 (1992)]

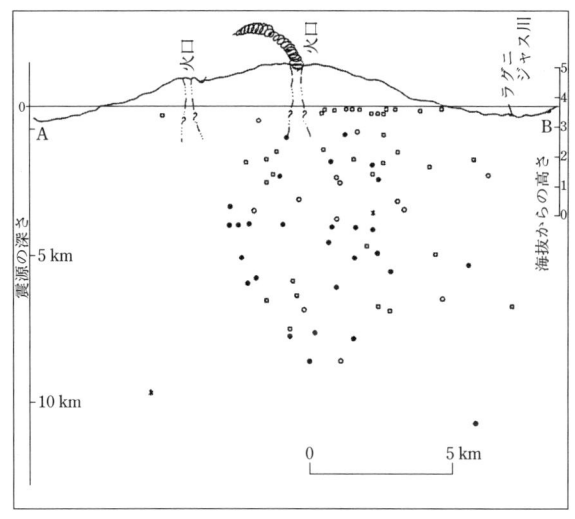

図7 地震の震源
[出典：INGEOMINAS]

この事例の概要と特徴

　火山災害予想図（ハザードマップ）の活用のためには，作成過程での学術的な視点と，実際の災害時の行政面での応用，および事前の市民への啓発といった多様な活動側面が必要ある．前述のように，米国のセントヘレンズ火山では1980年に予想以上の噴火に見舞われたにもかかわらず，犠牲者は57人にとどまった．1991年6月に43人の犠牲者を出した日本の雲仙普賢岳（➡ p.460）でも，ハザードマップが警戒区域の設定の根拠になるなどして作成・改訂され，その後も火砕流や土石流が頻発したが，犠牲者は1人にとどまっている．
　ネバド・デル・ルイス火山でも，国連の協力で大噴火前にすでにハザードマップが作成されており，実際の泥流の範囲も予測どおりだったにもかかわらず大惨事になった．学術的に軽視されがちな技術移転の"普及"段階が充実しない限りどのような調査・研究も絵に描いた餅にすぎない．(1-08「グローバルな技術とバナキュラーな技術」（➡ p.26）参照）

参 考 文 献

1) 文部省科学研究費自然災害特別研究突発災害研究成果 No. B-60-7（代表 勝井義雄），「南米コロンビア国ネバド・デル・ルイス火山の1985年噴火と災害に関する調査研究」(1986).
2) 国際協力機構（JICA），「コロンビア国ボゴタ首都圏防災基本計画事前調査報告書」(2001).
3) 国立歴史民族博物館「ドキュメント災害史1703-2003 ─ 地震・噴火・津波，そして復興」(2003).
4) 池谷 浩，『火山災害 ─ 人と火山の共存をめざして』，中公新書 (2003).
5) 金子史朗，『火山大災害』，古今書院 (2000).
6) 宇井忠英 編著，『火山噴火と災害』，東京大学出版会 (1997).

ピナツボ火山

発生地域：フィリピン，ルソン島

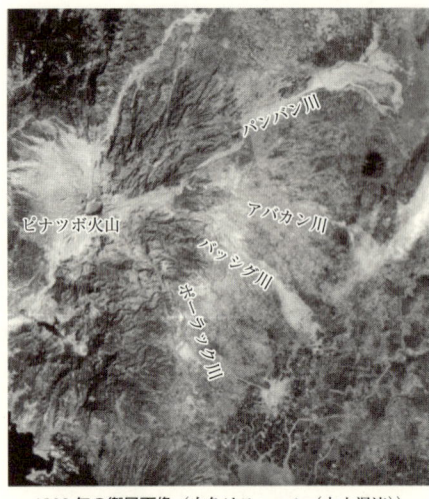

1992年の衛星画像（白色はラハール（火山泥流））
［© ランドサット人工衛星］

国民1人あたりの GNI（世界銀行2013）低位中所得国グループ
噴火開始：1991年4月2日
極盛期（クライマックス）：1991年6月15日
発生時間：15時過ぎ（現地時間）
位置：北緯 15°8′，東経 120°21′
標高：1,486（← 1,745）m
人口（2010）：93,444,000 人
国土の総面積（2012）：300,000 km^2
死亡者数（不明）：　934（23）人（1991）
　　　　　　　　1,034（30）人（1995）
負傷者数：196 人
被災家屋（1991）
　　　全壊：41,979 棟
　　　半壊：70,257 棟
被災者数：約 120 万人（1991）
　　　　　200 万人（1995）

【噴火・泥流】

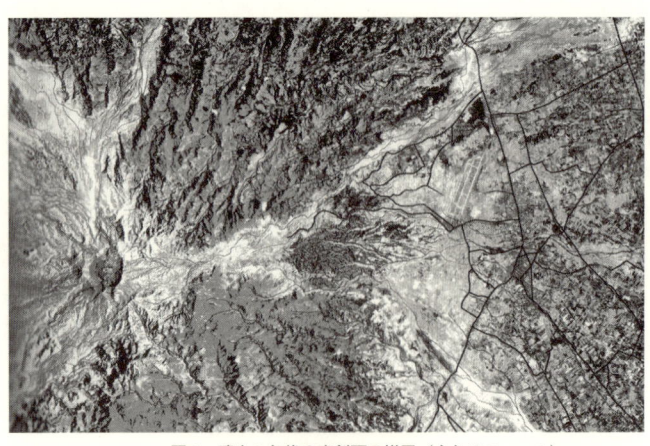

図1　噴火2年後の東斜面の様子（白色はラハール）
［© ランドサット人工衛星］

無名火山の20世紀最大の噴火

　20世紀最大の噴火を起こし，世界的な規模で大気に影響を与えたピナツボ火山は，当時の活火山カタログにも記載のない無警戒の山だった．マニラ市の北西約90 kmに位置するこの火山には，有史以降の噴火の記録や伝承が残っていなかったので，周辺の人々は無害の山と考えていた．したがって，密な熱帯林に覆われた山腹の斜面には採集や焼畑を行う少数民族が住むだけで，監視システムもない状況であった．

　その後の火山噴出物中の木片の^{14}C年代測定によれば，噴火は約2000年の間隔で反復しており，最近の噴火は400〜600年前に数km^{3}に及ぶ火砕流噴火が確認されている．今回の例外的な大噴火では人的被害が少なかった．これには，近くのクラーク米軍基地内の米国地質調査所(USGS)とフィリピンの共同観測チームの活動があげられる．緊急調査を実施した5月の時点で，ハザードマップを行政当局などに配布，警報レベル「2」を発令している．6月5日に「3」，7日の「4」で25,000人が避難，9日に「5」，10日にクラーク米軍基地の14,500人が退去，15日のクライマックスを前にした12日の時点で，半径30 km圏内の58,000人が避難していた．

歴史的・文化的な背景

　1991年4月2日の最初の噴火後，4月22日にはクラーク米軍基地内に，フィリピン・米国共同の火山観測チームが設置されている．チームの研究者は，観測機器の整備と同時に火山自身の緊急調査にもあたっている．1980年の米国，セントヘレンズ火山大噴火（➡ p. 440）の経験から，5月には"火山災害予想図（図2）"をまとめ，シビルディフェンスおよび地方行政当局に配布されている．1985年のネバド・デル・ルイス火山（➡ p. 448）では，住民にハザードマップが配布されていたが，有効に活かされずに大惨事になっている．したがって，配布後の住民への説明と同時に，行政側の運用および避難勧告・退去命令などの警報システムの確立と，実施面での訓練などが重要になる．

　今回の噴火では，1；地震活動などが低く，ほかの兆候もない，2；明白なマグマ活動や地盤変化の検出，3；多数の浅発火山性地震や地盤変動，ガス放出など，4；火山性脈動，各種

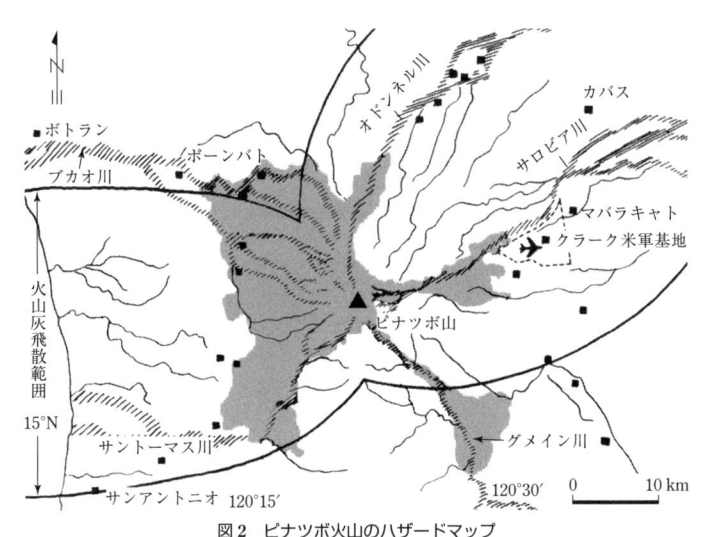

図2　ピナツボ火山のハザードマップ
アミ：火砕流に覆われた地帯，斜線：泥流発生（水系）区間
［出典：金子史朗，『火山大災害』，p. 99，古今書院(2000)］

変動の激化，5；噴火活動の進行の5段階の警告レベルが初めて実施された．

自然環境

日本やインドネシアと同じ弧状列島のフィリピンは，東側のフィリピン海溝と西側のマニラ海溝に挟まれており，中央を南北に走るフィリピン断層に沿って数多くの火山が列をなしている．ピナツボ火山は，ルソン島西方の沖合80 kmを走るマニラ海溝と平行するバタアン火山列の北方に位置している（図3）．

今回の噴火に先立ち，1990年7月16日にフィリピン断層が動いて$M 7.7$の大地震（➡ p.320）が発生している．

地形の特徴

ピナツボ火山の頂上は直径3 kmほどで，角閃石石英安山岩ドームの複合体火山といえる．ドーム状部は，いくつもの谷川で削り込まれた安山岩質の成層火山の上に載っている．山麓には，600～8,000年前の火砕流と泥流堆積物からなる広大な扇状地が広がっている．

火山域の状況

図4にみるように，今回の噴火で山腹は大量の火砕流堆積物で覆われ，山頂から半径50 kmの範囲は大量の火山灰が堆積した．100 m以上の深さの火砕流堆積物の内部の温度が700℃であったため，覆われた山腹の約18,000 haの森林，植樹をしていた20,000 haの森林や生物はすべて壊滅状態であった．火砕流堆積物の内部の温度は噴火後4年を経た1995年の調査時でも高温のままで，泥流などの二次災害がつづき被災者数が増加している．

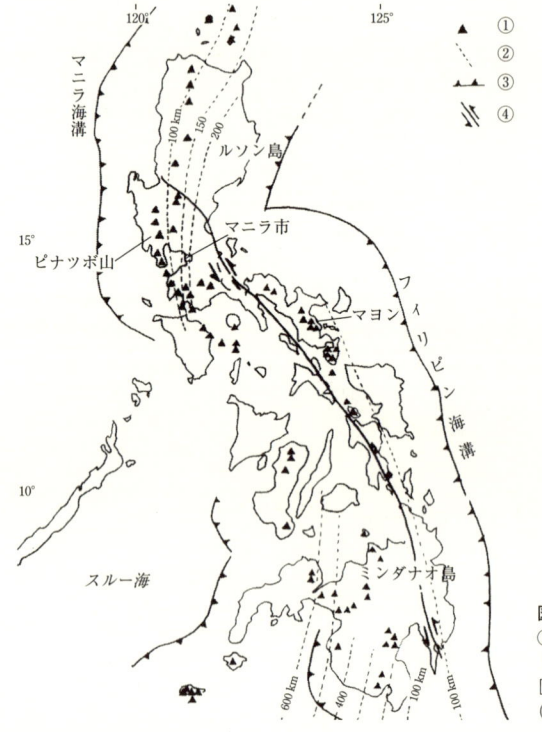

図3 ピナツボ火山の位置
① 火山，② ベニオフ帯上面の深さ，③ プレート境界，④ フィリピン断層（左横ずれ）
［出典：金子史朗，『火山大災害』，p. 89, 古今書院 (2000)］

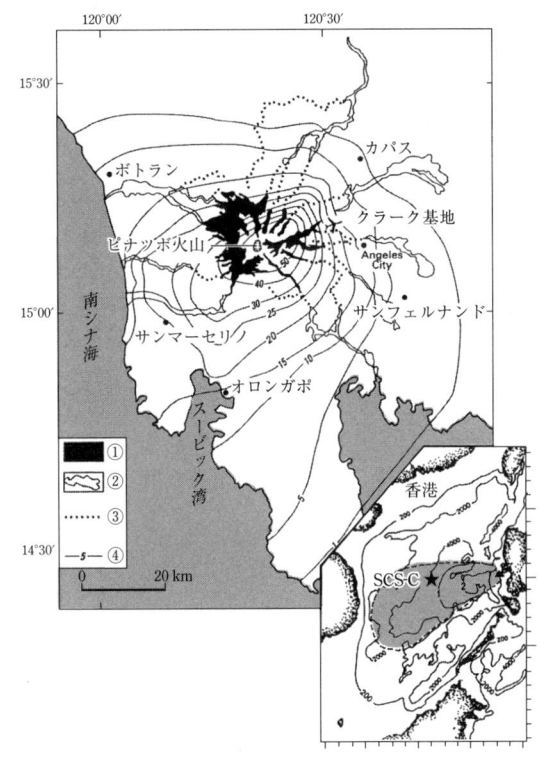

図4 火口・噴出物・火砕流の状況
① 火砕流，② 火山泥流(ラハール)堆積物(1991年9月1日)，③ 泥流発生水路区間，④ 1991年6月の降下火砕物の厚さ(cm)
右下図：高層の東風(1,500 m)で吹送された火山灰．SCS-Cは採取地点(火口から586 km)
[出典：金子史朗，『火山大災害』，p. 113，古今書院(2000)]

火山噴火のメカニズム

ピナツボ火山山頂における水蒸気爆発を村民が知ったのは4月2日午後である。1.5 kmほどの線上で始まった爆発は，数時間後には火口列ができ岩石片が1 m程度堆積していた。西南西方向に火山灰が飛散し，火山から10 km離れた村にも降り，北西山腹の2村の2,000人が避難している。

過去のピナツボ火山の活動は大規模な爆発的噴火が主で，大量の火砕流を発生させるタイプである。火砕流はおもに西側斜面の谷川を通り道に選んで流下している。谷底は村民の居住地になっていた(図2)。

過去の大噴火

ピナツボ火山の最も古い噴出物は110万年前のもので，比較的最近の噴火は5,100～4,400年前，3,000～2,300年前および600～400年前の3回が確認されている。

被災地の状況

被災地域はフィリピンでも人口過密な地方で，裾野から外側の扇状地の町にはおよそ50万人が居住していた。

6月12日朝に始まった短い大噴火の後，2～4時間の長期的な火山性脈動が先行する夜半の噴煙柱高さ24 kmと13日早朝の同24 km以上の大噴火がつづいた。噴煙は17～25 kmにまで達し，大量の降灰と火砕流を伴った。

図4にみるように，火砕流は北，北西および西側では火口から約6 kmにまで達したが，東側と西側では小規模だった。

被災区域

ルソン島中部は，パンパンガ，ザンバレス，

バターン，ターラック，ブラカン，ヌエバエシハヤの6州（現在は7州，アウロラ州が1979年にケソン州から分離，新設された）からなるフィリピンにおける大穀倉地帯である．6州の総面積は187,231 km^{2}で国土の6.1%にあたる．この地域における1980年代の年平均米作付面積は476,000 haで，全国合計の14%にあたる．このうちのターラック，パンパンガ，ザンバレスの3州が大きな被害を受けた（図5）．

噴火後の火山堆積物による洪水および泥流の危険性が，周辺のパシグ川（流域面積280 km^2），アバカン川（同面積77 km^2），バンバン川（同面積207 km^2）などで増している（図6）．

人的・社会的被害

噴火前，山腹に散在する村々の人口は，およそ15,000人程度だった．フィリピン政府集計による人的被害は，表1（1991年6月～1995年10月）のとおりである．ただし，噴火直後の一次被害による死亡者は277人と推定され，多くは7月以降の劣悪な環境の緊急避難所で亡くなった老人や幼児と考えられている．1992年以降の死傷者は，おもに泥流による二次災害と考えられる．

表1 人的被害の集計（人）

人的被害	1991	1992	1993	1994	1995	合計
死亡者	934	18	11	21	50	1,034
行方不明	23	1	4	2	0	30
負傷者	184	7	0	3	2	196

物的・経済的被害

1991年の時点で，被害総額はおよそ4億400万USドル，耕地の再生などには100億USドルが見積もられている．降灰などの火山噴出物で使用できなくなった耕地の面積は，約4万haと報告されている．

インフラ・建築物の被害

噴火後に発生した最初のラハールは降雨により河川に沿って流下し，図7にみるように河川を覆いつくした．さらに，降水量の増加に伴い流速が大きくなったラハールは河床を剝離し橋梁を破壊した．破堤した河川から溢流したラハールは，道路，耕作地や家屋を破壊して埋没させた．その堆積深さは数mに達した（図8）．

被災した約20万人の住民の多くは，周辺地域に設けられた再居住地で避難生活を送ることになったが，首都のメトロマニラに流入した者も多い．

大量に運ばれたラハールにより河床が上昇し，河川水の流れが変化したため川下の流域では，洪水危険地域が拡大している．

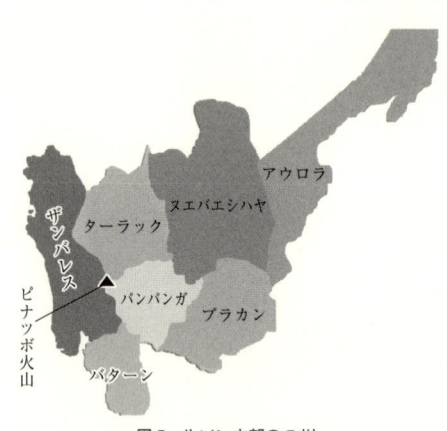

図5 ルソン中部の7州
[© 2013 National Economic and Development Authority-Central Luzon Region]

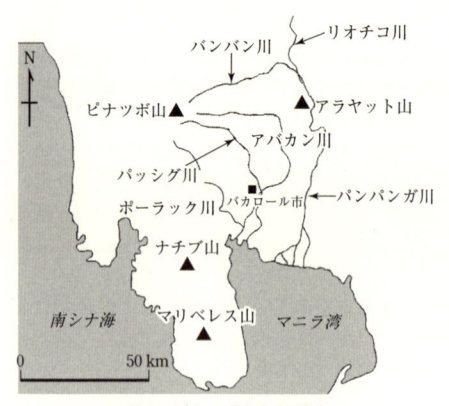

図6 ピナツボ火山の周辺
[出典：吉田正夫 編，『自然力を知る―ピナツボ火山災害地域の環境再生』，p. 15，古今書院 (2002)]

ピナツボ火山　459

図7　河川を覆ったラハール
[© BSWM (Bureau of Soils and Water Management. Department of Agriculture. Republic of the Philippines)]

図8　ラハールで埋没した建物
[© USGS]

この事例の概要と特徴

　4月22日には，米国地質調査所（USGS）の研究者が観測に参加した．彼らは1980年のセントヘレンズ大噴火を経験していた．近くにクラーク米軍基地などがあり，米国人を守る必要からフィリピン側とチームを組んだ．このときの米側研究者は，地質学，地震学，水理学，エレクトロニクス，コンピュータなどのスペシャリスト23人だった．

参 考 文 献

1) 金子史朗，『火山大災害』，古今書院（2000）．
2) 「ピナツボ火山東部河川流域洪水及び泥流制御計画調査要約報告書」，日本工営（1993）．
3) 荒牧重雄，白尾元理，長尾正利 編，『空からみる世界の火山』，丸善（2002）．
4) 村山磐，『世界の火山災害』，古今書院（1982）．
5) 吉田正夫 編，『自然力を知る—ピナツボ火山災害地域の環境再生』，古今書院（2002）．

普 賢 岳

噴火予知の成功例

発生地域：日本，長崎県

1993年5月4日の普賢岳の火砕流
［© 2008　独立行政法人防災科学技術研究所自然災害情報室］

国民1人あたりのGNI（世界銀行2013）高所得国グループ
活動期間：1990年7月4日～1995年5月25日
大噴火：1991年6月30日
　　　　1992年8月8～15日
　　　　1993年4月28日～5月2日
大火砕流：1991年6月3日
位置：北緯32°45′41″，東経130°17′56″
標高：1,483 m
人口（2014）：127,064,000人
国土の総面積（2012）：377,960 km^2
死亡・行方不明者数：43人
被害建物：1,700棟

【噴火】

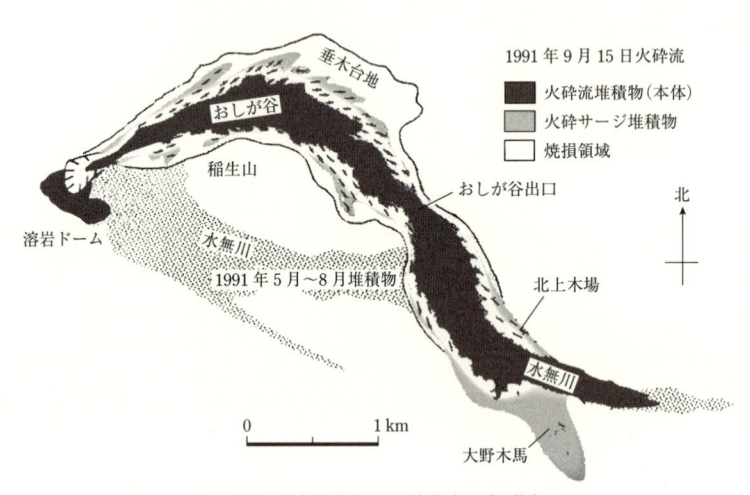

図1　1991年9月15日の火砕流などの分布
［出典：藤井敏嗣，中田節也，「雲仙普賢岳噴火の火砕流―内部構造に関するモデル」月刊地球，15，481-486(1993)］

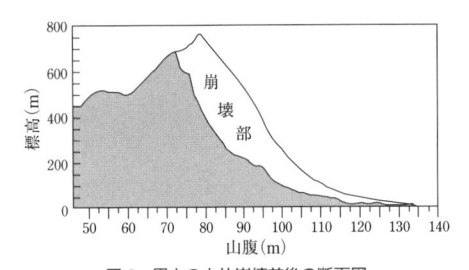

図2 眉山の山体崩壊前後の断面図
[出典：池谷 浩，『火山災害』，p.70，中公新書(2003)]

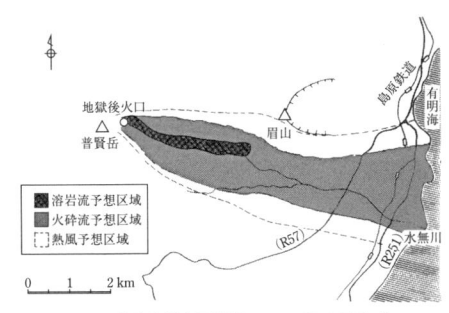

図3 火砕流災害予測図，1991年6月作成
[出典：鈴木 宏，宮本邦明，西山康弘，「雲仙火山災害予測図の作成について」新砂防，44，36-40(1991)]

図4 土石流で埋もれた水無川
[ⓒ国土交通省九州地方整備局雲仙復興事務所]

この事例の概要と特徴

"島原大変，肥後迷惑"とよばれる江戸時代(1792年5月21日)の雲仙普賢岳の大噴火と眉山の山体崩壊(図2)・津波では，日本で最大の火山災害となる死亡者・行方不明者15,000人を出している。それ以前では，約30人の死亡者を出した1663～1664年および1792年の2回の噴火による災害の歴史がある。

今回の198年ぶりの平成噴火は，1990年7月4日に火山性微動が観測され，その後，橘湾や普賢岳西側で群発地震が始まった。11月17日に最初の噴火が起き，1991年2月には火山灰が山腹に堆積し土石流の可能性が出てきた。長崎県は委員会を設置して，溶岩流・土石流などの対策の検討に入った。5月15日初めての土石流が発生した(図4)。5月20日の噴火で溶岩ドームが形成され，火山活動は活発化していく。溶岩ドームは水無川流域方向に流下し，6月3日の火砕サージにより43人の死亡者・行方不明者を出した。8月に第3溶岩ドームができ，9月15日には最大規模の火砕流が発生し第4溶岩ドームが出現した。11月に第5，12月に第6が成長した。1992年3月には第7とつづき1993年，1994年と活動は活発で火砕流が発生している。10月からは沈静化に向かい，1995年5月25日に火山噴火予知連絡会から停止宣言が出された。

1991年6月3日の火砕流発生後，国はカメラなどの監視システムの設置や噴火期間中8回にわたるハザードマップの作成・改訂を行い，県や近隣市町などの関連機関に配布している。過去の教訓を活かした今回の適切な対応が，減災につながったと評価される。

雲仙は，噴火予知と避難の成功例として，翌年1991年6月に20世紀最大の噴火を起こしたフィリピン・ピナツボ火山(➡ p.454)と並び称されている。

参 考 文 献

1) 村山 磐，『世界の火山災害』，古今書院 (1982).
2) 宇井忠英 編著，『火山噴火と災害』，東京大学出版会 (2005).
3) 池谷 浩，『火山災害—人と火山の共存をめざして』，中公新書 (2003).

ニオス湖

発生地域：カメルーン，アダマワ高原

ニオス（Nyos）湖の全景
[© University of Arizona, Arizona Board of Regents]

国民1人あたりのGNI（世界銀行2013）低位中所得国グループ
発生年月日：1986年8月21日
発生時間：午後9時頃（現地時間）
位置：北緯6°26′24″，東経10°18′0″
標高：1,091 m
面積：1.58 km^2
人口（2010）：20,642,000人
国土の総面積（2012）：475,650 km^2
死亡者数：1,746人以上
被害家畜数：8,300頭以上
被災者数（避難キャンプ移動者）：3,460人
【ガス噴出】

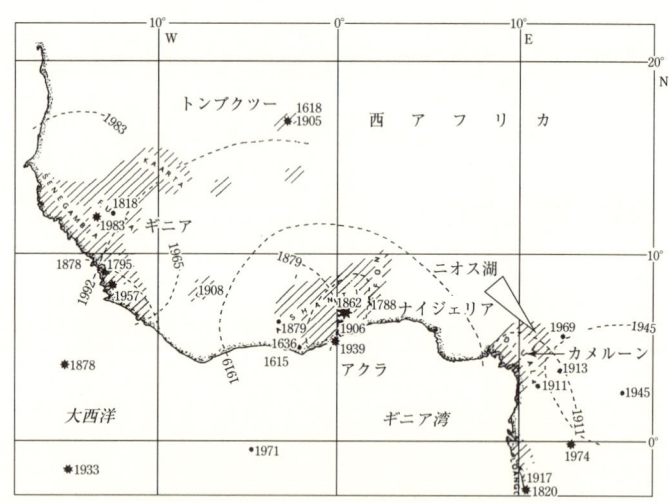

図1　湖の位置（▽印）と過去の地震域（＊震央）
［出典：金子史朗，『火山代災害』, p. 169, 古今書院 (2000)］

湖底に蓄積されるガス

　火山噴火の多様性に伴い，火山災害の種類もまた多様である．犠牲者の死亡原因別に火山災害を分類すると，火砕流・火山泥流が最も多く，次いで降下火砕物・噴石，洪水・津波，溶岩流および火山ガス・酸性雨などで，多種類の要因があげられる．

　そのうち，火山ガス・酸性雨が原因と考えられる死亡者の数は，全体のわずか数パーセントにすぎない．放出されるガスの成分は SO_2，H_2S，CO_2，HCl などで，大気より重いため地形的に低い所に沿って拡散し流下する．その中に入ったものは，多くの場合，無酸素あるいは低酸素濃度の雰囲気の呼吸による酸欠で死に至る．

　今回のガス突出による災害では，湖底から突然多量のガスが噴出し，短時間のうちに湖の周辺の多数の住民と家畜が犠牲になった．ニオス湖の北方約20 kmの集落でも死者が発生しており，自然環境下でのガス災害としては他に類をみない大規模な災害となった．このガス突発のトリガーとメカニズムは地震説など諸説があるが，いまだに解明されていない．

歴史的・文化的な背景

　カメルーンを含む西アフリカ一帯は，いずれのプレート境界からも遠く地殻変動とは無縁の安定陸塊に属していると考えられてきた．しかし，近年の歴史記録や伝承の検証による調査から，西アフリカでも過去に多くの地震があったことが明らかになっている（図1）．

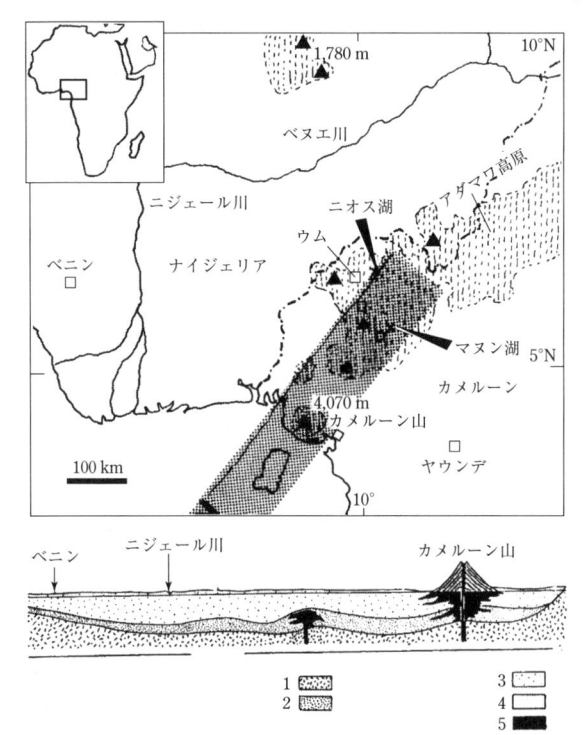

図2　アダマワ高原とニオス湖
先カンブリア紀，2：白亜紀，3：第三紀，4：第四紀，5：白亜紀〜現在の火山岩
［出典：金子史朗，『火山大災害』，p. 148，古今書院(2000)］

この地方一帯がこれまで地震の空白域とされてきたのは，単に近代的な機械式の観測網にかからなかっただけで，伝承などの形では各民族の間に伝わっていた．この調査の対象地域は，カメルーンから西のナイジェリア，ギニアなどの赤道アフリカ諸国の範囲である．伝承によれば，ガーナでは地震（$M \geq 6.0$）の数を5〜10年に1回，赤道ギニアでは少なくとも年に3回，ギニア内陸では $M \geq 6.0$ の地震がしばしばあったと記録されている．

カメルーン一帯では，火山帯（図2）に結びつく規模の小さい地震（$M = 4.0$ 前後）が起きているだけである．1982年に大噴火したギニア湾に近いカメルーン火山（4,070 m）は，紀元前5世紀以降でも13回の噴火の記録がある．

自 然 環 境

ニオス湖は，首都ヤウンデから北西約300 km 離れており，海抜1,000〜1,500 m のアダマワ高原の西側に位置している．冒頭の写真にみるように，緩やかな起伏の準平原には約40個の湖が散在している．

ニオス湖は，長径1.8 km，短径1.2 km，周囲長約8 km，面積1.58 km^2，水深208 m，体積5,500万 km^3 の火口湖である（図3）．

西アフリカには，カメルーン火山列とよばれる第三期初頭から現在まで活発に活動する火山帯（図2のアミ目，全長1,400 km）がある．海岸近くのカメルーン火山およびニオス湖とマヌン湖は，この火山帯に含まれている．

地形の特徴

ニオス湖は約1000年前に成立した新しいもので，図3の断面図に示すように，平底のスムースな湖盆である．今回の災害後の水深調査でも泥土などの大きな変化はみられなかった．地質学的にはきわめて若い高アルミナ玄武岩質で，噴出物にはマントルペリドタイトの捕獲断片を含んでいる．

湖沼学的調査の結果などから，溶存二酸化炭素の供給（毎年約500 m^3）は，地殻深所のマントル起源と考えられている．

火山域の状況

ニオス湖のガス爆発は，周辺の状況から「まず，湖の南端に近い湖面上で約100 m 程度の高さの噴水が生じた」と推測される．反対に，ガス突出位置は湖の北東端とする説が有力である．立ち上ったガス雲は周囲の崖の低い個所から漏れ出し，200 m ほど下のニオス谷に流れ

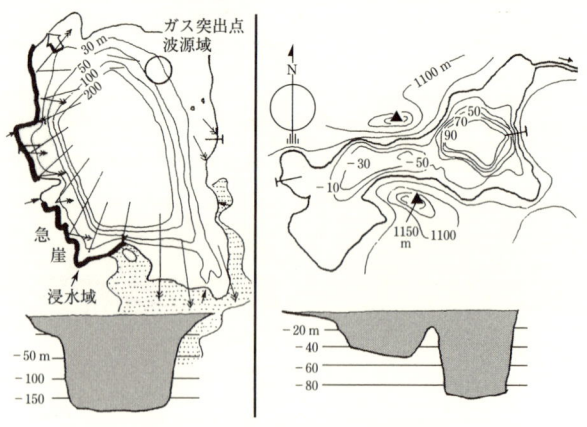

図3　ニオス湖（左）とマヌン湖（右）
○：ガス突出（波源域），二重矢印：波の進行方向
[出典：金子史朗，『火山大災害』，p.149，古今書院(2000)]

下った。噴出したガスはほぼ純粋な二酸化炭素で，温度が気温と大差なかったため，比重が大気の 1.5 倍あり低所へ低所へと流れた（図4）。

ガス噴出のメカニズム

事故前のニオス湖の二酸化炭素が飽和状態であったとすると，放出された二酸化炭素ガスの全量は $0.63 km^3$（湖の体積の約 5 倍）となる。マヌン湖の場合，誘因となったのは地震といわれるが，ニオス湖では地震の発生はなかった。ほかに，火山性の爆発説や単なる化学的な発泡説など諸説が考えられているが，ガスの蓄積と噴出のメカニズムも定まっていない。

過去の記録

近隣の湖の伝説に，漁師や魚を殺す精霊の話あるいは湖水が溢れて村々を破壊する話などがある。人々は火口湖の精霊を恐れて貢物を捧げる習慣があった。ニオス湖でも犠牲者を悼む宗教的な儀式が執り行われてきた。

1984 年 8 月 15 日には，ニオス湖の南南東 120 km のマヌン湖から流出するパンケ川沿いで，有毒ガスにより 37 人が死亡している。

その他の国の火山ガスの災害では，1979 年 2 月 20 日のインドネシのアプラフ火山で 142 人，1976 年 8 月 3 日の日本の白根山で 3 人が死亡した例がある。

被災地の状況

ガスが突出した木曜日はニオス・マーケットの日で，周辺の村々は通常の夜より混んでいた。湖畔のニオス村の生存者は 6 人（1%以下）で，ほぼ全滅であった。

図4にみるように，ガス雲は湖の北方へ向かい，低地の谷に沿って 2 方向に分かれて拡散しつつ流下した。拡散した地域の面積は，およそ $63 km^2$ である。×点で示される死亡者が出た場所は，この範囲の村に入っている。東側に向かったガス雲は谷間で一度拡散するが，約 13 km 先で死亡者が出ている。湖から西側 20 km 以上離れた集落でも，ガスは致死的な濃度だったことを示している。

流域内のチャ，スーブム，ファング，コスギ，マシムボンジなどの村で，合計 1,746 人の死亡と 8,300 頭以上の家畜の犠牲が確認されている。

被災区域

湖面よりおよそ 200 m 低いニオス村では，爆発後すぐに大気より重い無色・無臭の二酸化炭素ガスが充満し，多くの村人が瞬時に窒息死した，と考えられる。逆に，湖面から 150 m ほど高い場所に住んでいた村人は生存しているが，120 m 以下の人たちはみな死亡している。

"卵の腐った臭いがした"などの証言から火山爆発説もあるが，嗅覚上の幻覚説もある。

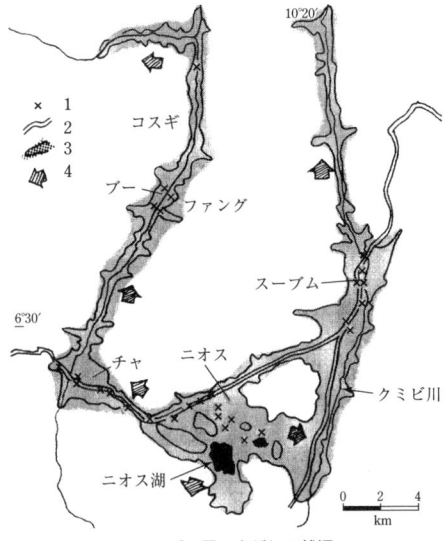

図4 ガス雲の広がりの状況
1：死亡者の出た場所，2：主要道路，3：ガス雲，4：ガス雲の進行方向
［出典：金子史朗，『火山大災害』，p. 157，古今書院（2000）］

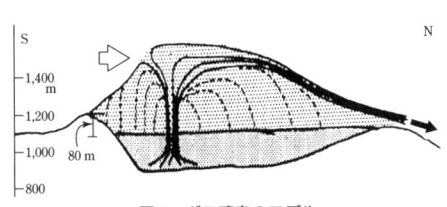

図5 ガス噴泉のモデル
［出典：金子史朗，『火山大災害』，p. 179，古今書院（2000）］

人的・社会的被害

犠牲者の死因は，二酸化炭素の吸入による窒息死が主である。生存者のうち肺浮腫や呼吸器官，皮膚の障害や火傷を負った人々もいる。ただ，ガス雲の温度は気温と変わらないので，着衣や植生に影響を及ぼすほど十分高温だった，という証拠はない。火傷を負った人数は5%程度で，その分布もランダムである。これらのことから，低酸素雰囲気を呼吸したことによる循環系の機能低下によるもので，硫酸などの化学物質による障害ではない，と報告されている。

物的・経済的被害

ガスの濃度が高かったため，トウモロコシ，バナナや他の樹木などの植物がなぎ倒された（図7）。熱帯雨林地帯の高原牧場では，倒れた牛があちこちに散乱していた（図8）。夜中に牛がワーワーと鳴いている声を村人が聞いている。湖の周辺で窒息死していた牛の高度分布の調査から，噴水の高さは約100 m位と推測されている。

インフラ・建築物被害の特徴

2001年からカメルーン，米国，フランス，日本による国際共同プロジェクトが進められている。プロジェクトでは，湖水に挿入したガス抜きパイプで，湖底のガスと湖面を結び，人工的に二酸化炭素を放出させている（図9）。

図6 災害発生後の湖面
[出典：国際協力事業団(JICA)医療協力部，「カメルーン国ニオス湖ガス災害に関する国際緊急援助隊専門家チーム調査報告書」，巻頭写真(1986)]

図6 窒息死した牛
[出典：国際協力事業団(JICA)医療協力部，「カメルーン国ニオス湖ガス災害に関する国際緊急援助隊専門家チーム調査報告書」，巻頭写真(1986)]

図7 倒された植生
[出典：国際協力事業団(JICA)医療協力部，「カメルーン国ニオス湖ガス災害に関する国際緊急援助隊専門家チーム調査報告書」，巻頭写真(1986)]

図9 湖底のガス抜き
[© the team of French scientists degassing Lake Nyos, Wikipedia]

この事例の概要と特徴

今回の火口湖のガス突出事件は，未解決の課題を多く残したままである．明らかなのは，事件の全局面が湖水に溶けている二酸化炭素の溶解の過程と関わっていることである．

火山から放出されたマグマ起源の二酸化炭素が一度湖に溶解し，その濃度が高まると湖底水が上昇して，大量の二酸化炭素を空気中に放出するメカニズムが考えられる．

今後の国内外での同種ガスの噴出災害を予知し減災するには，有毒ガスの湖底での蓄積速度，濃度の変化を定期的に測定して臨界点を科学的に探ることが有用である．さらに，地震などによる地形的変動がガス突出を発生させる危険性を予知する早期警報システムの設置などは技術的に可能である．

そのためには，同装置の適正な保守技術の確保，避難路，避難場所，避難方法などの避難体制の整備と訓練などが必要である．

カメルーン政府は火山湖周辺の谷筋に位置する集落への再定住を推進する政策をもっているが，危険と考えられる．

前述のように，近隣の村落には湖の危険性に関するさまざまな伝説・伝承がある．国際協力による科学・技術的な対応とともに，これら伝統・文化を活用することも重要である．

参 考 文 献

1) 日下部 実, 荒巻重雄, 金成誠一, 大隅多加志,「カメルーン・ニオス湖ガス突出災害」火山，第2集, **32**(4), 347 (1987).
2) 国際協力事業団 (JICA) 医療協力部,「カメルーン国ニオス湖ガス災害に関する国際緊急援助隊専門家チーム調査報告書」(1986).
3) 宇井忠英 編著,『火山噴火と災害』, 東京大学出版会 (1997).
4) 金子史朗,『火山大災害』, 古今書院 (2000).

コラム　マルタ島の白い砂

　水深は10m以上ありそうだが，海水の高い透明度と強烈な太陽の光で，自分の泳いでいる影が，海底の白い砂の上にクッキリと見える．地中海のアフリカ側の地形は起伏に富んでいる．海岸線に沿って走る国道を外れると，崖下の岩の上に水打際を車1台がやっと通れるほどの路が続いていた．その行止まりに無人の小さな浜辺を見つけた．1970年代に流行った"マルタ島の砂"は，イタリア半島の南にある島の浜辺を詠った曲だが，この浜辺でも明るいブラスの音が聞こえるようだった．

　"潜りの講習"を受けたジャカルタのホテルのプールは，高い椰子の木に囲まれた屋外で水深は10m以上にあった．赤道に近い真夏の太陽の光で，白く塗られたコンクリートのプールの底に動く自分の影が映されるのを見て，一昔前の地中海の浜辺を思い出していた．

　その後も世界各地で泳いだ．期待していたカリブ海のカンクーンは観光地化していて汚く，南米のベネズエラは海岸まで山塊が迫っていた．度重なる巨大ハリケーンによる地滑りの影響で海水は沖まで土色に濁っていた．アカプルコのホテルの巨大プールは浅く，ラテンの国らしく真中にカウンターバーの島があった．

　今でも週1回の横浜での講義の帰路，健康維持のために国際プールで1km以上泳いでいる．水深は3mほどだが，時々，照明灯の加減でプールの底に動く自分の影がぼんやりと映る．地中海には及ばないが，ゆっくりと泳いで心地よい感触を楽しむ．突然，狭いレーンの横を猛烈な速さでハイレグの少女が追い抜いていった．

7章　人為災害

　前章までの自然環境の中で発生する災害現象に加え，人々が生活する社会環境の中にも多くの人為的災害リスクが存在する。"ヒロシマから個人的体験まで"が災害であるとすれば，人々の生活には真に安心・安全とされる事柄が見出せなくなってしまう。しかし，別の見方では，災害は自然と社会のインターフェイスで発生するとして，戦争・犯罪や金融・情報関連などの人間同士の出来事あるいは人間のいない時代や地域で発生する地震や津波などの自然現象は，この範疇に入らないとしている。また，日本の「災害対策基本法」（昭和36年，平成26年改正）では，災害は"暴風竜巻，豪雨，豪雪，洪水，崖崩れ，土石流，高潮，地震，津波，噴火，地滑り，その他の異常な自然現象又は大規模な火事若しくは爆発その他その及ぼす被害の程度においてこれらに類する政令で定める原因により生ずる被害をいう"と定義されている。

　本書では，戦争やテロそのものは対象としないが，関連する大量虐殺や破壊行為による激甚災害を含むこととする。地球温暖化などの環境破壊と人々の生活のサイクルが明確になれば，多くの気象災害が人為災害に分類される可能性がある。

産業災害

　一般的に人為災害は，産業災害，産業以外の災害，交通災害などに大別される。産業災害には，爆発，火災，ガス漏れ，毒物，放射能漏れ，化学物質流出，産業建造物の崩壊などが含まれる。産業以外の災害には，家屋・建造物の崩壊，爆発，火災などが含まれている。交通災害には，航空機，鉄道，道路および水運での事故などがある。

　『世界の重大産業災害』（日本損害保険協会，1993）では，1984年のインドの農薬漏えい事故（→ p.504）と1987年のフィリピンの船舶の衝突・沈没事故（死亡者数1,500人以上）の2件以外，死者数1,000人以上の産業災害は見出せない。とくに前者の場合，2年前に同じ会社のアメリカ工場で同様の事故が起きているが死者は出ていない。これは，事故の背景となる社会的素因が被害の拡大要因にも減少要因にもなり得ることを明確に示している。

　図7.1に第二次世界大戦後の日本の高度経済成長期における産業災害の推移を示す。図の横軸は昭和42～55年，縦軸の度数率は100万延労働時間あたりの死傷者数，折線は鉱業・林業・港湾運送業・一般運送業・建設業・製造業の業種別を表している。日本は経済成長が産業災害を減少させた顕著な例とされている。

　図7.2に1992～2001年における世界の災害種別の死亡率を示す。台風などの風水害による災害の死亡率が71%で，人為災害は地震の12%に近い14%にとどまっている。

470　第Ⅱ編　災害各論

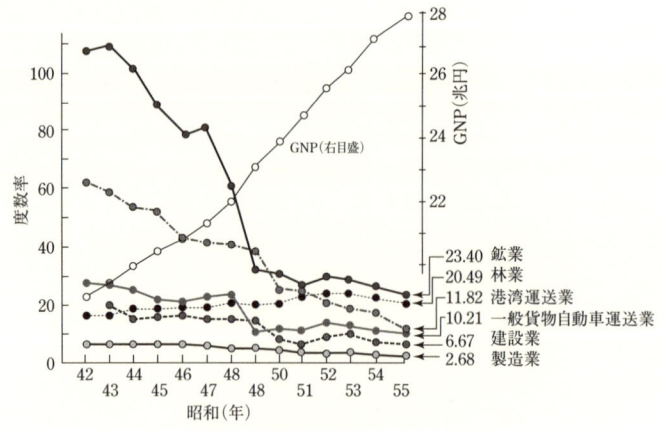

図 7.1　産業別度数率と GDP の成長
［出典：姉崎正治，「産業災害の推移を見て」鉄と鋼，**70**(3)，472(1984)に加筆］

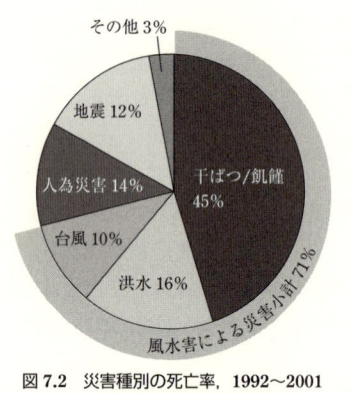

図 7.2　災害種別の死亡率，1992〜2001
［出典：日本赤十字社・赤新月社連盟，『世界災害報告 2002 年版』，p. 178(2003)］

参 考 文 献

1) 国際赤十字・赤新月社連盟，『世界災害報告 2002 年版』(2003)．
2) 日本損害保険協会，『世界の重大産業災害』，日本損害保険協会 (1993)．
3) 姉崎正治，「産業災害の推移を見て」鉄と鋼，**70**(3)，472 (1984)．

コラム　今日ノ仕事ハ辛カッタ

　深夜，テレビの音楽番組で白髭を生やした男が昔の曲をジャズ風にアレンジして歌っている。BGM にでも合いそうな心地好い軽さが，歌詞の内容と不釣合いな感じがする。インタビューする若い司会者が，曲の時代背景を知りたがっているが男は軽く流していた。しばらく観ていて，男があの"フォークの神様"だとに気が付いた。

　高度経済成長時代，高校時代の友人が"底辺の労働者を組織するんだ！"と意気込んで山谷に住み込んだ。防衛大学校を受験したはずの彼は，いつの間にか某大のあるセクトの副委員長になっていた。野球部のキャッチャーだった彼は，そのガタイとは裏腹に優しい男だった。"働ク俺達ノ世ノ中ガ，キット来ルンダ"と色々なバイトで凌いでいた。

　天安門事件直前の中国は，丁度，曲がり角に来ていた。労働者の味方のはずの共産党は，エリート達の立身出世のツールに成り下がっていた。北京の国際建設プロジェクトで一緒になった中国人の若い通訳は，党員になることの有利さを得々と話してくれた。その夏，再開発中の建設現場の地下室で起きた地方出身の労働者の自殺は公にされなかった。

　1月末の寒い朝，その友人が40歳を目前にして急逝した。死因は心臓の病だと聞かされたが違う気がした。30歳になった彼は，短い間に家庭を持ち家を買うなど，明らかに無理をしている感じだった。寒風の屋外で行われた葬儀の間，昔，海外にいる私に"あれは夢のまた夢だった"と書いてきたのを思い出していた。

472　7章　人為災害

感染症

無意識の大殺戮

発生地域：世界各国
活動期間：20世紀〜

【疫病】

ウィーンのアム・グラーベン街に建つ17世紀末に流行したペスト記念柱
［© Briséis（2006），Wikipedia］

□ 感染がないと証明された地域または10年以上流行のない地域
▨ 再対策地域
░ 感染のない地域
▒ 感染地域
■ 要予防対策地域

図1　マラリアの世界的分布（2008年）
［出典：WHO, "World Malaria Report 2009"］

図2 バングラデシュの避難キャンプ
[出典：大橋正明，村山真弓 編，『バングラデシュを知るための60章 第2版』，p.236，明石書店(2009)]

図3 マナウス付近の伐採されたアマゾン熱帯雨林
[© Neil Palmer(CIAT：International Center for Tropical Agriculture)]

この事例の概要と特徴

人（生物）が居住する集団には，初めから感染症疾患が常に存在してきた．最近まで，その多くが不治の病と考えられてきた疾患［結核（白死病），梅毒，肺炎，急性気管支肺炎，脳膜炎など］は，もはや適当な治療で多くは治癒できるものとなっている．歴史的に大災禍をもたらした疫病［ペスト（黒死病），コレラ，天然痘など］も，過去のものになっている．20世紀後半には，人々は科学がすべての問題を解決できると考え始めていた．

しかし，1980年代の初めに新たな古典的疫病のエイズ（HIV）の脅威が世界を襲った．現代の人口の急激な増加とグローバル化は短時間で容易に，限られた地域の風土病を，集団を越えた世界の流行病にしてしまうリスクを抱えている．1999年には，危険性の最も高い新興の感染症として"エボラ出血熱，クリミア・コンゴ出血熱，ペスト，マールブルグ病，ラッサ熱"が指定されている．さらに，感染症疾患の病原微生物の変異・伝播も限られた地域の集団内にとどまらず，人々の移動範囲や速度の変化とともに伝播も速まり世界中に拡大している．対抗性をもつ未知のバクテリアやウイルスは，核兵器に並ぶ強力な武器にもなり得る．

近年の世界的な異常気象は，気象災害を初めとする自然災害の増加ばかりでなく，広く人々の社会・経済分野にまで様々な影響を与える可能性が高い．とくに地球温暖化による人々の健康への影響は，野生生物や植物，サンゴ礁にも顕われている深刻な変化にその兆しがみえている．今後毎年，数百万人の人々がマラリアやデング熱，コレラなどの病気にかかる危険性が高いとの報告がある．

参 考 文 献

1) J. リュフィエ，J. C. スールニア 著，仲澤紀雄 訳，『ペストからエイズまで—人間史における疫病 増補改訂版』，国文社（1996）．
2) B. ウォード，R. ドゥサーレ 監修，唐木利朗 日本語版監修，『感染症—黒死病や天然痘から現代の「スーパー細菌」まで』，同朋舎（2001）．
3) 佐藤 充，他，「グローバリズムにおける感染症伝播に関する研究：SARS伝播を事例として）」日本建築学会関東支部報告集Ⅱ(77)，pp.229-232（2007）．
4) S. アリス，藤田真利子 訳，『壊れゆく地球—気候変動がもたらす崩壊の連鎖』，講談社（2009）．
5) 大橋正明，村山真弓 編，『バングラデシュを知るための60章 第2版』，明石書店（2009）．

東京大空襲

発生地域：日本，関東地方

回向院：万霊供養（東京都墨田区）

国民1人あたりのGNI（世界銀行2013）高所得国グループ
発生年月日：1945年（昭和20年）3月10日
発生時間：午前0時7分（現地時間，爆撃開始）
空襲：1944年11月24日～1945年8月14日
人口（2014）：127,064,000人
国土の総面積（2012）：377,960 km^2
死亡者数：96,318人
行方不明者数：6,022人
負傷者数：148,279人
全壊家屋：5,200棟
全焼失家屋：840,726棟
罹災者：3,099,477人

【空襲・火災】

図1　空襲による火災域　■：区部の戦災焼失地域
[出典：早乙女勝元，『図説 東京大空襲』，裏見返し，河出書房新社(2003)]

空襲による大規模な火災被害

　東京とその周辺に居住する人々が，今日でも語り継いでいる大災害といえば，震災と戦災である。両者とも半世紀以上前の災害だが，「震災」は大正12（1923）年9月1日の関東大震災（➡ p. 205）を，「戦災」は昭和20（1945）年3月10日の東京大空襲を指すのが一般的である。

　二つの災害の間には，20年あまりの時間的な隔たりと誘因の違いはあるが，大規模な市街地火災による歴史的な被害という点で共通している。「震災」では，第一震で発した火災が約42時間燃えつづけ，「戦災」では深夜0時頃から繰り返された空襲による火災が数時間燃えつづけ，未曾有の人的・物的被害を受けた。

　東京大空襲の災害は，ヒロシマ，ナガサキの悲劇にも匹敵する。原爆災害の特殊性を考慮にいれても再評価の必要性は高い。空爆被災者の戦災トラウマは21世紀に入ってもつづいており，援護問題などは残っている。10万人規模の住民の死亡者を出した災害（大量虐殺）は，"戦時"の名のもとに隠されてはならない。

　図1，図2および米軍の破壊報告書（図3，6月7日付）に示す両者の焼失地域は，とくに被害の大きかった墨田，江東，台東を中心とした下町地区で重なっている。表2に示すように，焼失地域の規模や人口密度に比べて，死傷者数も下町地域に集中していることがわかる。

歴史的・文化的な背景

　歴史上，大量虐殺（ジェノサイド）とよばれる悲劇は世界中で数多く発生している。"戦時"に起こった大量虐殺の評価は，通常，攻撃側と被災側で両極端に分かれる。

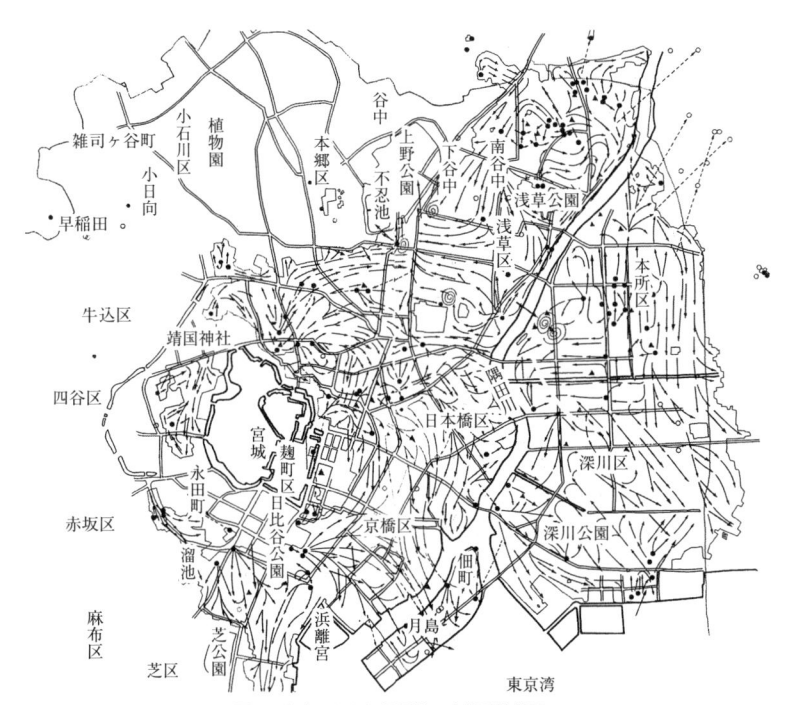

図2　東京のおもな被災地；火災延焼状況
[出典：小川益生 編，『東京消失 関東大震災の秘録』, pp. 146-147, 廣済堂出版(1973)]

米国側は，東京大空襲もヒロシマやナガサキと同様に"工業的および戦略的な目標"を破壊したもので無差別爆撃ではなかった，と報道している。しかし，被災の結果からみると，工業地帯の被害が軽微だったのに対し，下町地域の民家が焼夷弾によって焼かれ，民間人が多数犠牲になっている。実際には，庶民層の「戦意の喪失」を目的に，繰り返し行った無差別絨毯爆撃であった。

日本全国で空襲を受けた市町村数は，横浜，大阪大空襲など400近くあり，沖縄戦を除く民間人の犠牲者数は約56万人と推定されている（沖縄戦における民間人の死亡者は94,000人）。今回の大戦の特徴の一つに，非戦闘員である多くの市民が犠牲になった点があげられる。

民間人は，防空監視所の通報で鳴らされる各所に設けられたサイレンで空襲を知った。各家庭のラジオから流される敵機の数，進入方面，発生した火災などの防空情報を聞いて，「東都防空情報解説図」などに載っていた名称と各自の居住地などを比べて避難の参考にした。

自然環境

3月9日の東京は，昼過ぎから北北西の風が

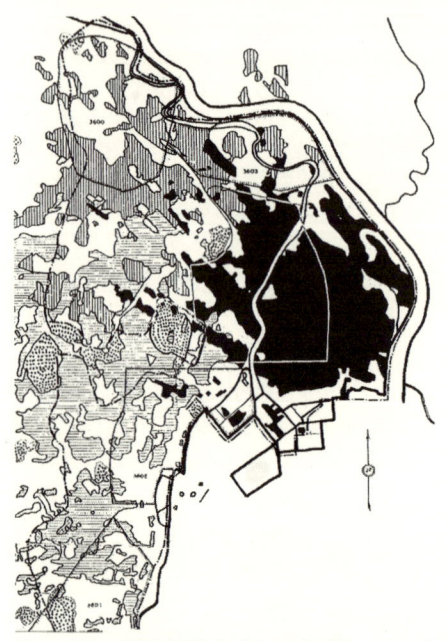

図3 米軍の破壊程度報告書（黒い地域が最大ダメージ）
［出典：早乙女勝元，『図説 東京大空襲』，p. 138，河出書房新社(2003)］

図4 B29爆撃機の航続可能範囲
［出典：早乙女勝元，『図説 東京大空襲』，p. 58，河出書房新社(2003)］

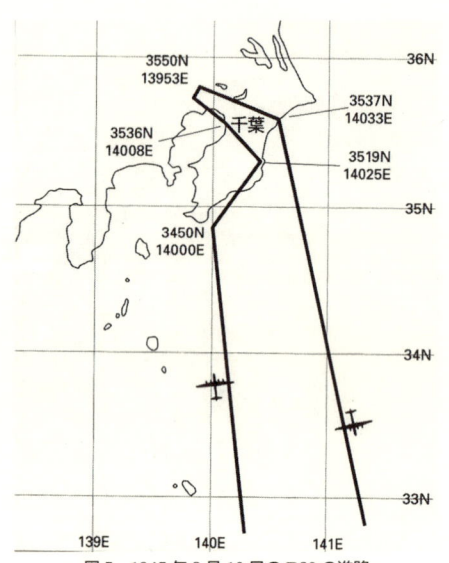

図5 1945年3月10日のB29の進路
［出典：早乙女勝元，『図説 東京大空襲』，p. 140，河出書房新社(2003)］

吹き荒れ，夕方から夜にかけていっそう激しくなった。40年ぶりの異常寒波で数日前に降った雪が残り，防火用水槽には厚い氷が張っていた。日本側のレーダーは，強風で機器を取り外していたところもあった。空襲警報が出たのは，爆撃開始から7～8分遅れた午前0時15分だった。

10日午前0時過ぎから始まった爆撃は約2時間半，繰り返しつづいた。爆撃開始時から北北西の風は勢いを増していた。地上の大火災にあおられて瞬間風速25～30 m，火事場突風は50 m以上のところもあった。

空爆の状況

3月9日午後10時半，B29 2機が房総半島から進入して警戒警報が出たが，旋回しただけで爆撃せずに去った。翌10日午前0時過ぎ，B29約300機が通常より低い高度の平均約2,000 mで東京湾から進入し，下町地域を中心に波状攻撃を行った。

攻撃に用意されたM69などの高性能焼夷弾の合計は1,665トンである。日本側の抵抗は，戦闘機による40回の攻撃があったが，B29が大きな損害を受けることはなかった。対空砲火，事故・故障などによる米側の損害は全体の5％以下だった。

「空の要塞」とよばれた4発の戦略爆撃機B29の性能は，重量54トン，最高速度600 km/h（零戦570 km/h），実用上昇限度12,500 m，航続距離5,200 km，爆弾搭載量5～8トン，機関砲十数門で乗員は10～14人である。

表1　過去の地震の死者数

地震名	年	M	備考（死者数など）
①元禄地震	1703	7.9	～8.2 (10,000人以上)
②安政江戸地震	1855	6.9	(7,000人以上)
③明治東京地震	1894	7	震源が深く被害少
④関東大地震	1923	7.9	(43,000人以上)

［出典：国立歴史民俗博物館，『ドキュメント災害史 1703-2003』，p.54の表を抜粋(2003)］

表2　東京都の人的被害

区域	総計	死亡	重傷	軽傷	行方不明
千代田区	5,298	819	559	3,920	0
中央区	4,908	1,416	1,044	2,445	3
港区	3,073	1,008	427	1,638	0
新宿区	6,355	1,207	2,228	2,918	2
文京区	3,883	586	120	3,108	69
台東区	28,444	11,894	10,699	81	5,770
墨田区	64,227	27,436	34,025	2,766	0
江東区	60,536	39,752	2,153	18,601	30
品川区	3,557	668	1,994	890	5
目黒区	420	153	34	233	0
大田区	2,516	1,284	278	870	84
世田谷区	143	81	27	33	2
渋谷区	5,066	941	4,125		
中野区	407	312	23	67	5
杉並区	825	194	61	570	0
豊島区	3,300	674	443	2,160	23
北区	6,008	1,411	624	3,950	23
荒川区	5,748	772	335	4,641	0
板橋区	1,199	602	274	323	0
練馬区	98	77	16	5	0
足立区	404	167	231		6
葛飾区	269	122	147		0
江戸川区	5,120	3,789	301	1,021	0
区域小計	211,804	95,374	55,812	50,240	6,022
			4,356		
対都総数比	97.6%	98.3%	98.6%	94.9%	99.8%
				100.0%	
八王子市	2,900	398	498	2,004	0
立川市	673	280	98	295	0
三市域小計	3,862	944	603	2,315	0
対都総数比	1.8%	1.0%	1.0%	4.4%	
区市域小計	215,666	96,318	56,415	52,555	6,022
			4,356		
対都総数比	99.4%	99.3%	99.6%	99.3%	99.8%
				100.0%	

［出典：早乙女勝元，『図説 東京大空襲』，裏見返し，河出書房新社(2003)］

図6　最初のB25の東京空襲，1942年

［出典：早乙女勝元，『図説 東京大空襲』，p.6，河出書房新社(2003)］

戦争の状況

最初の東京および本土のほかの都市への空襲は1942年4月18日で，開戦からわずか半年後である．図6に示すように，空母から飛び立った双発の爆撃機B25, 16機のうちの13機が東京を襲った．全国の被害は死者数50人，重軽傷者400人以上だったが，国民生活や戦局への影響は大きかった．防空・防火体制の引締めがはかられ，隣組制度による衣食住の管理・統制や訓練が徹底された．

真珠湾以降の日米両国の力関係は逆転し，6月のミッドウェー海戦，8月のソロモン群島，ガダルカナル島の敗戦へと向かっていった．

過去の災害の記録

自然災害と人為による災害の違いはあるが，表1および表2に示すように，過去の地震災害による死者数と比較しても，今回の災禍の大きさがわかる．

被災地域の状況

B29が最初に東京に現れたのは，1944年11月1日昼過ぎの高度10,000 m以上の偵察飛行である．11月24日には80機が来襲し，最初の空爆を行った．以後，空爆は継続され12月は計15回，延べ136機，1945年1月は200機を超えた．2月には艦載機も含めて751機になり，被害は急激に増していった．

3月に入り米軍は，軍事目標中心の爆撃から都市そのものを攻撃対象とする無差別絨毯爆撃に作戦を変更していった．

軍事目標には破壊力のある爆弾を用いたが，人口密集地の市街地には，おもにM69とよばれる油脂焼夷弾を用いた．M69は落下中に27 kg級の焼夷筒38発に分解する集束弾で，日本の諸都市用に開発された．ナパーム焼夷弾は，グリセリンとガソリンを混合して油脂にしたナパームを，直径約8 cm, 長さ約50 cmの六角形の金属筒に詰めたものである．

被災区域

3月10日，米軍は火災を短時間で効果的に拡大させるために，現在の台東区西浅草，墨田区本所，江東区白河および中央区日本橋の四つの離れた攻撃目標の照準点を設定した．

午前0時8分，第1弾が当時の深川区に投下され，2分後の0時10分に隣接する城東区で火災が発生した．本所区，浅草区とつづいて火の手が上がり，突風にあおられ瞬く間に各所の独立火点が下町全域に波及した．爆撃は2時間あまりで終わり，午前2時37分に空襲警報が解除された．

人的・社会的被害

爆撃終了後も，火の勢いはさらに増して午前8時過まで燃えつづけ，東部一帯を焼き尽くした．とくに江東地区では，至る所に焼死体がうずたかく積まれ，路上には炭化した死体の山ができた．水を求めて隅田川，荒川放水路や運河へ逃げた人々も多かった．溺死や凍死の人に加え，吹きつける熱風と火炎で酸欠状態や一酸化中毒になって死亡する人もいた（表2）．

物的・経済的被害

図7にみるように，東京の区部はほとんど焦土と化した．とくに，現在の墨田，江東，台東区にあたる下町地域の被害が大きかった．

インフラ・建築物被害の特徴

米側が攻撃目標地域とした東京の下町は商

図7 焦土と化した本所区松坂町，元町
（現在の墨田区両国）
［米軍による撮影］

図8 破壊されたドレスデン市街(1945年2月)

業・住宅地域で、建物の9割が長屋あるいは密集した木造家屋だった。"木と紙と土"でできていると称された当時の日本の木造家屋には、延焼に対する抵抗力はまったくなかった。前日からの強い突風にあおられて数時間で下町全域は灰燼に帰した。

図7にみるように、焼失した木造家屋の跡地は完全に更地の状態になっている。

1945年2月13～14日に英米連合軍による同様の都市攻撃が、ドイツ東部のドレスデンに対しても行われた。イギリス空軍の爆撃隊は、第一次244機、第二次529機の4発重爆撃機で夜間波状攻撃を行い約3,000トンの爆弾・焼夷弾を投下した。米空軍は、B17爆撃機314機、P51戦闘機200機で783トンの爆弾投下、機銃掃射をした。この投下弾の量は東京大空襲の約2倍である。

ドレスデンは1週間近く燃えつづけ、市街の75%が廃墟となり、都市人口の約2/3が住居を失い罹災した。焼死、圧死などの死者の総数は35,000人以上とされる。

図8にみるように、東京とは異なる破壊の状況である。破壊された建物群のうち、歴史的建造物は、近年、瓦礫の中から取り出された元の材料などを用いて復元されている。

この事例の概要と特徴

東京大空襲が大惨事となった背景には、さまざまな人為的・自然的要因があげられる。
・米軍の用意周到で合理的な計画と進んだ科学技術力、確実で組織的な実行力。
・40年ぶりの寒波と前日からの強烈な北北西の突風という当日の東京の天候。
・バケツリレー、精神主義、空襲警報の発令の遅れなどの日本側の対策の不備。
・密集した木造住宅、木造のインフラ（橋）などの構造。

第二次世界大戦の後期頃から航空機の発達などで、空爆が軍事的な戦略より政治的な駆け引きに使われ始めている。その結果、空爆が一般市民を対象とする大量虐殺（ジェノサイド）の色合いが強まっていく。同年8月のヒロシマ、ナガサキへとつながっている。

参 考 文 献

1) 東京空襲を記録する会 編、『東京大空襲・戦災誌 第1巻 都民の空襲体験記録集（3月10日編）』、講談社（1975）.
2) 早乙女勝元、『図説 東京大空襲』、河出書房新社（2003）.
3) 森田写真事務所 編、石川光陽、『〈グラフィック・レポート〉東京大空襲の全記録』、岩波書店（1992）.
4) 岡崎 弘、水野正雄、「関東大震災と昭和の大空襲を体験して」月刊フェスク、9(203)、4-16（1998）.
5) 国立歴史民俗博物館、『ドキュメント災害史 1703-2003 —地震・噴火・津波、そして復興』（2003）.

広島原爆災害

発生地域：日本，広島地方

広島平和記念資料館
［© Taisyo（2008），Wikipedia］

国民 1 人あたりの GNI（世界銀行 2013）高所得国グループ
発生年月日：1945 年（昭和 20 年）8 月 6 日 午前 8 時 15 分 17 秒（投下時間）
爆心地位置（推定）：北緯 38°23′29″，東経 132°27′29″
人口（2014）：127,064,000 人
国土の総面積（2012）：377,960 km^2
死亡者・行方不明者数：広島：ほぼ 11 万人
　　　　　　　　　　　　　　　　（14 万人説もある）
負傷者数：約 8 万人
建物被害（木造）全壊 10％，半壊 40％（爆心地から半径 2 km 内）

【空襲・原爆】

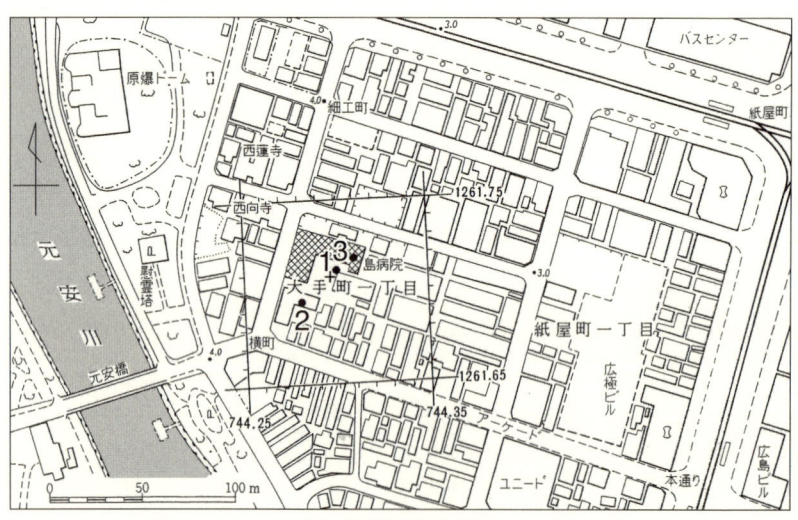

図 1　爆心地の位置（□内）

1：木村，田島による推定位置[1]，2：Arakawa，長岡による推定位置[2]，3：Woodbury，水木による推定位置[3]，Hubbell, Jones, Cheka による推定位置[4]

［出典：広島市・長崎市原爆災害誌編集委員会 編，『広島・長崎の原爆災害』，p. 4, 岩波書店(1979)：1）木村一治，田島英三，「原子爆弾の爆発地点および火球の大きさ」原子爆弾災害調査報告集，第 1 分冊，p. 83(1953)：2）E. T. Arakawa, 長岡省吾，「広島における原子爆弾の炸裂点の決定―線量測定から見た意義」広島医学，**12**，1052(1959)：3）L. A. Woodbury, 水木幹三,「広島における爆心地点と炸裂点の位置」，広島医学，**14**，127(1961)：4）H. H. Hubblle, T. D. Jones, J. S. Cheka,「原子爆弾の炸裂点 2. 入手した全物理学的資料の再評価および提案数値」*ABCC TR* 3-69］

人類が経験した初めての原爆災害

2009年4月，プラハで米国のオバマ大統領が"核兵器のない世界"を希求すると演説した。演説の中で大統領は"核兵器を使用した唯一の国"としての米国の立場を明確にした。原爆投下から64年目のことである。

1999年末に日・米で別個に実施された世論調査で，"20世紀で最重要の出来事"として"第二次世界大戦"と"原爆投下"がそれぞれ，1位と2位にあげられている。しかし，原爆災害を経験した唯一の国である日本人が考えるヒロシマ・ナガサキと米国側の考えとの間には，依然として大きな隔たりがある。米国の歴代政府と世論は，「日本人と50万から100万人の米兵が死傷するのを避けられた」などとして原爆の使用を正当化し，擁護しつづけている。近年，米国でも本来はナチスドイツに対抗して開発された核兵器を，敗北が避けられない状況の日本に使用したことへの疑問が提起されている。

原子爆弾が通常の火薬爆弾と根本的に異なるのは，大量の放射線を放出する点である。被爆者に深刻な放射線傷害を生じさせ，被爆後も長期にわたり白血病などで苦しめつづけている。

歴史的・文化的な背景

現在でも，巨大なエネルギーを表す際の単位として"広島型原子爆弾"何個分と表現することがある。広島に投下された原爆1個分は，推定で高性能の通常爆薬TNTの約12,500トンに相当する。

冷戦時代末期の核兵器の数は，米国・旧ソ連の両国がもつ戦略核弾頭だけでも，米国約9,500個，旧ソ連約8,400個および戦術用核弾頭は米国約20,000個，旧ソ連15,000個と推定された。米ソ両国がもつ核兵器の威力は合わせて約12,000メガトンで，"広島型原爆"に換算するとおよそ100万個分に相当した。

米国における原子爆弾の開発は1941年12月に着手され，3年7ヵ月後の1945年7月16日にニューメキシコ州で史上初の核爆弾"トリニティー"の実験に成功した。この一連の開発は「マンハッタン計画」とよばれた。核爆弾は，ほかに広島に投下された"リトルボーイ"と長崎の"ファットマン"の計3発が製造された。

8月6日午前8時15分17秒にB29爆撃機"エノラ・ゲイ"号から投下された原爆は，計画通りに43秒後の午前8時16分に市の中心部の上空約580mで爆発した。正確に把握するのは困難だが，被爆時の広島市周辺の所在人口は34万～35万人と推定されている。被爆後，急性期の大量の死亡は，直接的影響が最も強かった約2ヵ月間に起きたと考えられる。現在，その総死亡者数は9万～12万人と推定されている。

図2 投下1時間後のキノコ雲
[出典：広島市市民局国際平和推進部平和推進課]

自然環境

8月6日朝の広島地方の天候は晴で，気温26.7℃，湿度80%，気圧1,018hPa，雲量8～9，北北東1m内外の風，視界は良好だった。原爆を投下した"エノラ・ゲイ"の飛行ルートの詳細な記録は，いまだ明らかにされていない。日本の各都市への一般的な爆撃は，マリアナ群島テニアン基地を出発，北上し，硫黄島上空から東西各方向に分かれていった。

図3にみるように，"エノラ・ゲイ"は徳島県牟岐沖，香川県三崎半島上空を通過して，広島県三原上空3万フィートから攻撃態勢に入り，広島市相生橋上空で原爆を投下した。爆発高度は，爆撃の効果が最大でかつ投下機の退避行動

全エネルギーの約35％を占める熱線の種類は，紫外線，近紫外線，可視光線および赤外線であるが，人や物に作用した多くは赤外線である。全エネルギーの約50％が衝撃波・爆風である。爆発点近くでの衝撃波の伝搬速度は，音速以上である。衝撃波の後に爆風が襲い，広範囲で人や動物を殺傷し，建築物などに壊滅的な破壊をもたらす。

全エネルギーの約15％が原爆放射線で，爆発後1分以内に出る初期放射線と一定期間被爆地域に残存する残留放射線に大別される。前者には，アルファ線，ベータ線および人や動植物への影響が大きいガンマ線，中性子線がある。後者には，誘導放射能と放射性降下物（フォールアウト）がある。

原子爆弾（リトルボーイ）

"リトルボーイ"の大きさは，長さ約3 m，直径約70 cm，重さ約4トンである。ウラン235を用いて爆発的な核分裂連鎖反応を起こさせ，TNT約12,500トン相当のエネルギーを発生する，と推定される。

被災地域の状況

被災時の広島市は，明治以降の県庁所在地で中国地方の行政，経済，教育，文化および軍事の中心であった。戦時中は，陸軍諸部隊が集中しており，宇品は大陸への兵站基地になっていた。市の東南約15 kmの呉市には海軍の鎮守府，工廠が置かれている軍事的要衝であった。原子爆弾は，この都市の市街のほぼ中心に投下されている。図4の中心部の半径2 km以内の斜線部分は，建物の全壊全焼地域を示している。

被災区域

原爆災害の特色の一つの放射性降下物（フォールアウト）は，粘り気のある泥雨の"黒い雨"となって図5に示す広範な範囲に飛散した。爆発で生じた巨大なキノコ雲は，上空を吹いていた南東の風に乗って20〜30分後には北北西に移動した。とくに爆心地を含む長径19 km，短

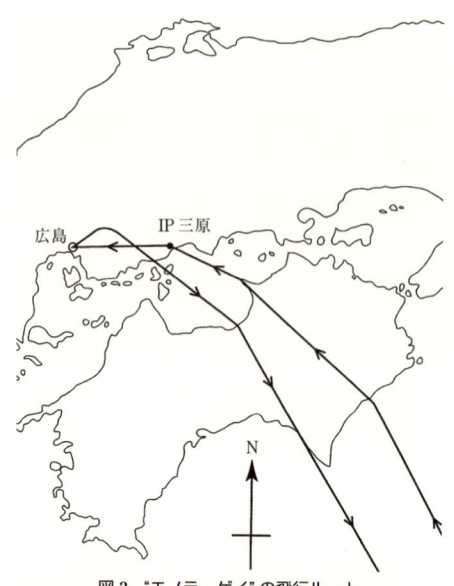

図3 "エノラ・ゲイ"の飛行ルート
［出典：奥住喜重，桂 哲男，工藤洋三 訳，『米軍資料 原爆投下報告書—パンプキンと広島・長崎』，p. 205，東方出版(1993)（図は奥住喜重氏作成）］

が確保できる580 mが決定された。

"エノラ・ゲイ"は投下後直ちに離脱，退避して，爆発時には約13.8 km離れていたが，閃光や爆風で大きな衝撃を受けた。機長のP. W.ティベッツ中佐（当時）はじめ乗員12名は無事帰還している。

地形の特徴

広島は，中国山地から瀬戸内海に注ぐ太田川の河口デルタに発達した町である。東部と西部は標高500 m内外の丘陵に囲まれ，南部は広島湾に面している。

原子爆弾による災害

原子爆弾による災害の特徴は，被害が広範で長期にわたる点にある。爆発後，瞬時に温度約30万℃の火球が形づくられ，徐々に大きさを増し約10秒後に消える。この際に，熱線，衝撃波・爆風，放射線としてエネルギーが放出される。

広島原爆災害   483

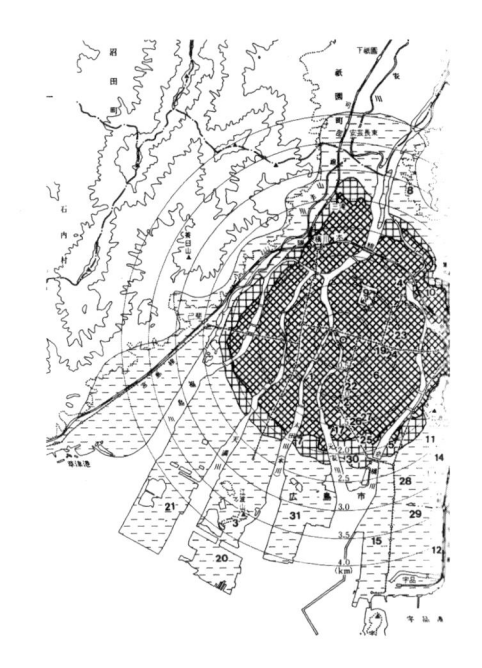

図4 中心は全壊全焼地域(1～31主要建物)
[出典：広島市・長崎市原爆災害誌編集委員会 編,『広島・長崎の原爆被害』, pp. 28-29, 岩波書店(1979)]

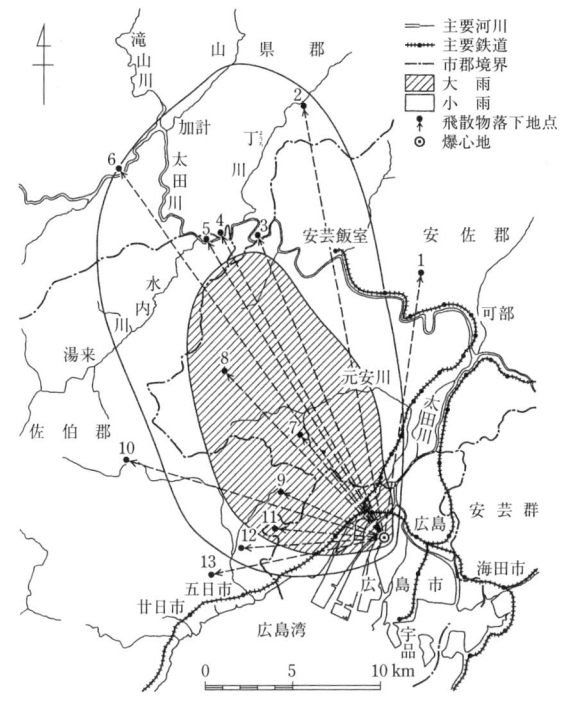

図5 「黒い雨」の進行方向
1：亀山, 2：戸坂, 3：穴, 4：宇佐, 5：久日市, 6：殿賀, 7：伴・大塚, 8：戸山, 9：石内, 10：砂谷, 11：山田, 12：高井, 13：五日市
[出典：宇田道隆, 菅原芳生, 北 勲,「気象関係の広島原子爆弾被害調査報告」原子爆弾災害調査報告集, 第1分冊, p. 98(1953)]

径11 kmの楕円形（斜線部）の区域には1時間以上大雨が降った。大雨の間，気温が急激に低下した。黒い塵灰の降下地域は，雨域の外周数kmの範囲まで広がり，50 km以上離れた島根県側にも降下した。

人的・社会的被害

表1にみるように，ヒロシマでの死者数を正確に特定することは困難である。被爆による死亡は，被爆後長期にわたるため，どの時点での調査によるか，軍人を含めるかなどによっても大きく異なる。ほぼ11万人とされる死亡者総数は，広島市と周辺市町村の人口欠損値の105,000〜108,000人から推測されている。

広島市では，各種の死亡者リストにある名前を照合して死亡者数を把握する作業を現在でも進めている。

表1 行方不明を含めた死亡者数報告

報告例		死亡者総数（人）
広島県知事報告，	1945.8.20	42,550
広島県衛生課発表，	1945.8.25	63,614
広島県警察部発表，	1945.11.30	92,133
広島市事務報告書，	1946.3.8	64,610
広島市調査課，	1946.8.10	122,338
日米合同調査，	1951	64,602
日本原水協の推算，	1961	151,900〜165,900

［出典：広島市・長崎市原爆災害誌編集委員会 編，『広島・長崎の原爆被害』，p. 273，岩波書店(1979)］

物的・経済的被害

被爆直後，広島は放射能の影響で75年間は草木も生えないといわれた。戦後，2年目に米軍が空から撮影した映像には，多数のバラック，商店街や路面電車が記録されている。残留放射能は，爆発後1週間で90％以上が消滅し，1年以内に自然放射線のレベルになった，と考えられる。

インフラ・建築物被害の特徴

被爆時には，全市で約76,000戸の建物があったと推定される。そのうちのおよそ85％が住宅で，爆心地から半径2 km以内に約60％，半径3 km以内に約85％の建物が分布していた。

市の中心部への建物の集中度がきわめて高い都市といえる。衝撃波が建物に到達すると，圧力が2〜5倍となって作用する。

図6 広島県商工経済会の屋上から見た広島県産業奨励館（原爆ドーム）と爆心地付近
［Ⓒ 米軍撮影(広島平和記念資料館所蔵)］

図7 鉄筋コンクリート造建物の破壊例（広島瓦斯本社）
［Ⓒ 林 重男(広島平和記念資料館所蔵)］

図8 鉄骨造建物の破壊例
［Ⓒ 林 重男(1945年10月)］

木造建物の被害は，爆心から半径2kmでは全壊10%，半壊など40%で，倒壊限界は2.5〜3kmである。都心に多く見られた鉄筋コンクリート造建物に対する破壊が及んだ範囲は，爆心地から500m内外である。図7は爆心地から約250mの鉄筋が十分でない建物で，ほぼ完全に崩壊した。図8は爆心から約550mの鉄骨造例で，約1.8kmまで顕著な被害がみられる。水平耐力の弱い鉄骨造建物の被害は，鉄筋コンクリート造よりも大きかった。

この事例の概要と特徴

1994〜1995年にかけて米国内で，「スミソニアン論争」が起きた。論争は，現存するB29爆撃機"エノラ・ゲイ"を首都のワシントンにあるスミソニアン航空宇宙博物館に展示しようとする動きから始まった。ライト兄弟やリンドバーグの飛行機も展示している同博物館では，同時に広島の被災者の遺品も展示しようとしたが，元軍人たちの反対にあった。被災者の遺品などは展示されず，偉大な技術的勝利の象徴として，機体と"最大の破壊効果"が展示されている。攻撃側からの被災状況の展示は，惨事の全体像を伝えていない。

ヒロシマを"核兵器の威力の証拠である"とする米国側と，"核兵器のもたらす人間の悲惨の極地の証拠"とする犠牲者側との認識の乖離はつづいている。ほかの大量虐殺の事例と同様に，再び同様の惨事が発生するリスクはゼロではない。発生確率の低減に向けて，可能な限りの施策に取り組む以外にない。

参 考 文 献

1) 広島市・長崎市原爆災害誌編集委員会 編,『広島・長崎の原爆被害』, 岩波書店 (1979).
2) 広島市・長崎市原爆災害誌編集委員会 編,『原爆被害—ヒロシマ・ナガサキ』, 岩波書店 (2005).
3) 諏訪 澄,『広島原爆—8時15分投下の意味』, 原書房 (2003).
4) 小倉豊文,『ヒロシマ—絶後の記録』, 太平出版社 (1971).
5) 大江健三郎,『ヒロシマ・ノート』, (岩波新書) 岩波書店 (1965).

486　7章　人為災害

長崎原爆災害

発生地域：日本，長崎地方

長崎・平和公園（平和祈念像）（北村西望 作）
［写真提供：アートライツ］

国民1人あたりの GNI（世界銀行 2013）高所得国グループ
発生年月日：1945年（昭和20年）8月9日
　　　　　　午前11時02分（投下時間）
爆心地位置（推定）：北緯 32° 46′ 12.6″，
　　　　　　　　　　東緯 129° 51′ 56.4″
人口（2014）：127,064,000人
国土の総面積（2010）：377,960 km^2
死亡者・行方不明者数：約 7.4 万人
負傷者数：約 7.5 万人
建物被害：全焼 1.2 万戸，全壊 1.3 千戸，
　　　　　半壊 5.5 千戸
罹災者：約 12 万人

【空襲・原爆】

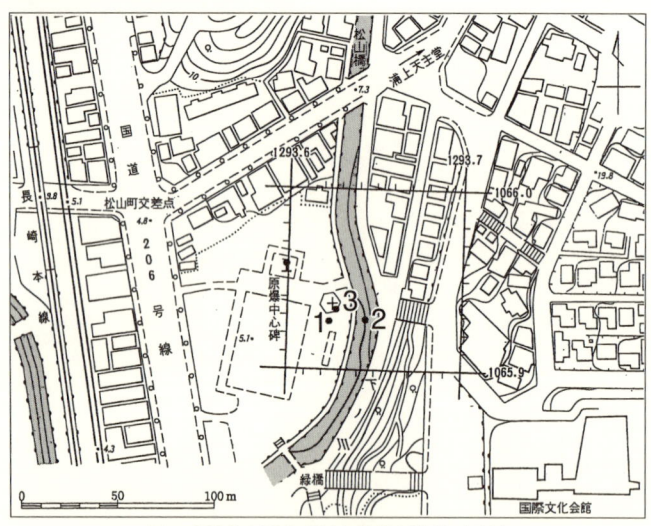

図1　爆心地の位置（松山町交差点付近）（□内）

1：木村，田島による推定位置[1]，2：Hubblle, Arakawa らによる推定位置[2]，3：Hubbell, Jones, Cheka による推定位置[3]，+：Kerr, Solomon による推定位置[4]

［出典：広島市・長崎市原爆災害誌編集委員会 編，『広島・長崎の原爆災害』, p. 6, 岩波書店 (1979)；1) 木村一治，田島英三，「原子爆弾の爆発地点および火球の大きさ」原爆災害調査報告集，第1分冊, p. 83 (1953)；2) H. H. Hubblle, E. T. Arakawa, 長岡省吾, 上回尚一, 田中 直, 「原子爆弾の炸裂点 1. 熱線による残影に基づく推定・長崎」広島医学, **23**, 279 (1970)；3) H. H. Hubblle, T. D. Jones, J. S. Cheka, 「原子爆弾の炸裂点 2. 入手した全物理学的資料の再評価および提案数値」ABCC TR 3-69；4) G. D. Kerr, D. L. Solomon, "The epicenter of the Nagasaki weapon-A reanalysis of available data with recommended values", ORNL-TM-5139 (1976)］

雲の切れ間の悲運

8月9日午前11時の長崎は，気温28.8℃，湿度71%，気圧1,014 hPa，雲量0.1ないし0.2の夏日和だった。早朝から何度も出されていた警戒警報や空襲警報が解除され，市民の日常生活が始まっていた。

この日の明け方，マリアナ群島テニアン基地を発進したB29爆撃機"ボックス・カー"の第1目標は北九州の小倉だった。午前9時50分頃に到着した小倉上空は雲に覆われていて目視攻撃は不可能だった。第2目標の長崎上空も雲に覆われていたが，爆撃寸前の11時頃に雲が切れた。11時02分に原爆が投下された。

爆心地の位置は，当時の松山町交差点の中心から東南東へ約90 m，現在の平和公園原爆中心碑の上空約503 mである。(図1, 図2)

長崎に投下された原爆の"ファットマン"は，広島のウラン型の"リトルボーイ"と異なり，プルトニウム239を用いている。通常火薬TNTに換算すると，22,000トン相当のエネルギーを発生させると推定され，広島型の約1.75倍である。

歴史的・文化的な背景

江戸時代，長崎は日本で唯一，外国に開かれた港町で海外貿易の中心地だった。外国の文物や情報は，この町を通して日本に入ってきた。外国人居留地の"出島"があり，ポルトガル，オランダ，スペイン，イギリス，中国や東南アジアとの交流がなされていた。長崎は16世紀のフランシスコ・ザビエルの伝道以来，キリスト教信仰の根強いところで，1914年には浦上に東洋一の天主堂が完成していた。信徒がレンガを積んで築いた浦上天主堂は，水平方向の力に弱く一瞬にして崩壊した(図3)。

原子爆弾による人体の傷害は，熱線，衝撃波・爆風および放射線の複合作用によるもので「原爆症」とよばれる。急性期の原爆症に加え，ケロイド，原爆白内障，白血病，がん，甲状腺がん，乳がん，肺がん，染色体異常などが残る。

被爆者には，直接被爆者，体内被爆者および間接被爆者が含まれる。このほかにも，被爆関係者とよばれる人々を含めると，被爆者の総数を正確に把握することは不可能といえる。

自然環境

長崎市は，丘陵によって浦上と中島の二つの

図2　爆心地近くの松山町交差点
[© H. J. ピーターソン(長崎原爆資料館所蔵)]

図3　浦上天主堂(東北東 500 m)
[© US Army Corps of Engineers, Wikipedia]

地区に分けられている。爆心地が浦上地区のほぼ中心だったため，市の中心街だった中島地区に直接の被害はほとんど及ばなかった。

地形の特徴

爆心地の浦上地区は，中央を浦上川が南北に貫き，地区の東西を川に沿って南北に走る丘陵に挟まれた，幅1.5 km，奥行4 kmほどの細長い谷地である（図4）。

爆発後の状況

長崎の東方45 kmにある雲仙温泉岳測候所の記録では，キノコ雲は午前11時40分頃に積乱雲と黒煙が認められ，雲底1,200〜1,300 m，

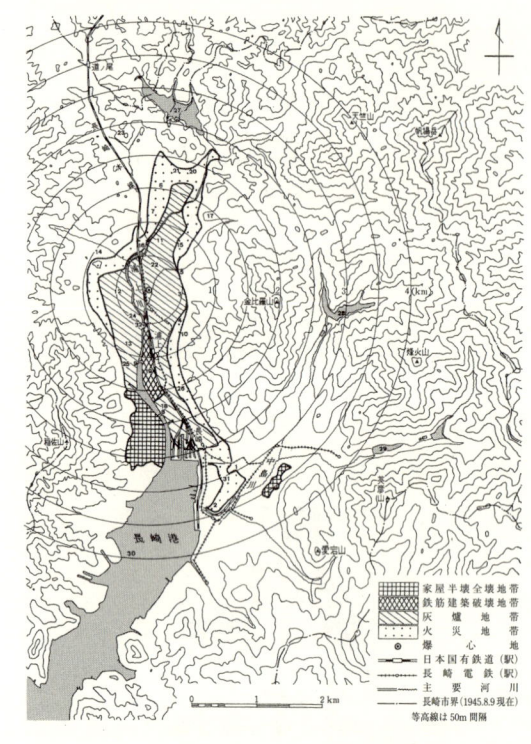

図4　長崎市の建物被害状況
［出典：広島市・長崎市原爆災害誌編集委員会 編，『広島・長崎の原爆災害』，p.32，岩波書店(1979)］

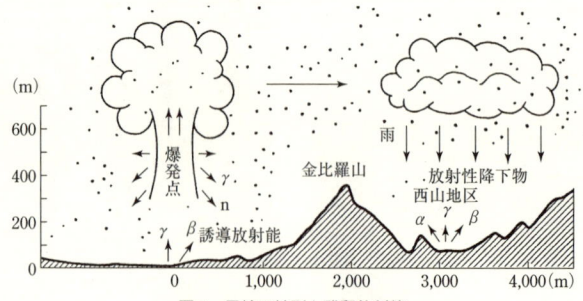

図5　長崎の地形と残留放射能
［NGO被爆問題国際シンポジウム長崎準備委員会・長崎報告作成専門委員会 編，『原爆被害の実相—長崎レポート』，p.24，NGO被爆問題国際シンポジウム長崎準備委員会(1977)］

雲頂4,000〜5,000 m だった．午後0時10分頃，キノコ雲は東北東に崩れ始め真東の方向に移動し，午後2時に雲仙岳付近を通過した．金比羅山付近では，投下40分後頃から雨が降り，山裏の西山地区で投下20分頃からかなりな降雨があった．西山地区の雨は「黒い雨」で，放射性物質がこの地区に集中して降下したと考えられる（図5）．

1969〜1971年までの間に測定された西山地区の住人のセシウム137体内量は，ほかの地域の住民の2倍近い数値であった．

被災地域の状況

明治以降の長崎は，県庁所在地として行政，教育などの中心で，造船所などの工業都市，軍需生産の地でもあった．長崎湾の西岸から河口にかけてはいくつかの大工場が並んでおり，浦上地区の奥地に向かう丘陵の斜面には大学などの教育施設や新興住宅地が造成されていた．

被災区域

長崎の場合，地形の影響などから建物の破壊は強烈で，爆心地近い山里町の目撃談では"一斉に大地が火を噴いた"とされている．

図4に長崎市の建物の破壊状況を示した．全体に被害は北に比べ南に長く延びている．全壊または半壊の地域は，爆心地から約2.5 km南方にまで達している．その面積は広島の約13 km^2 に比べ約6.7 km^2 と狭い．

人的・社会的被害

広島の場合と同様に，被爆人口および死者数の正確な把握は困難である．災害時の人口は一応，26万〜27万とされている．表1に死亡者総数の報告例を示す．調査時にもよるが，2万〜7万人まで大きな違いがある．

物的・経済的被害

爆発後，およそ1時間半後に爆心地から比較的離れた数ヵ所で発火し大火になっている．午後0時半頃，長崎駅，県庁も発火し西風にあおられ付近一帯の広範囲を全焼し，午後8時半頃に鎮火した．

インフラ・建築物被害の特徴

長崎での破壊限界は750 mと考えられている．この範囲内にあったおもな鉄筋コンクリート造（RC造）建築は以下の通りである．鎮西学院中学部（爆心地から約500 m）は，屋根のトラスが崩壊し，2階，3階以上が爆風と反対

図6　RC造の被害（鎮西学院中学校（現活水女子中学・高等学校所在地））
［Ⓒ 長崎原爆資料館］

表1　死亡者総数の報告例

報告例		死亡者総数（人）
長崎県発表，	1945.8.31	21,672
長崎県外務課発表，	1945.12.23	25,677
増山元三郎推計，	1946	29,398〜37,507
イギリス派遣調査団，	1947	39,500
長崎市資料保存調査，	1949	73,854
日米合同調査，	1956	39,000

［出典：広島市・長崎市原爆災害誌編集委員会 編，『広島・長崎の原爆災害』，p.273，岩波書店(1979)］

図7　RC造の被害（城山国民学校，現・城山小学校）
［Ⓒ 林 重男（長崎原爆資料館所蔵）］

方向に変形している（図6）。城山国民学校（約500 m）は，爆風が斜め上空から作用し屋根スラブに亀裂が入り一部が崩壊した（図7）。長崎医科大学附属病院（約750 m）は，パラペット，スラブに一部亀裂が入っている。爆心地から離れると水平方向にはたらく力の割合が大きくなる。その結果，スラブの破壊，柱のせん断破壊，外壁などの破壊が生じている。

長崎には鉄骨造の工場が多く，鉄筋コンクリート造よりも大きな被害を受けた。爆心地から1 km付近では軸組が傾斜し小屋組みが崩壊している。1.8 km付近まで損傷が大である。

この事例の概要と特徴

"ナガサキ"もまた大量虐殺（ジェノサイド）の背景にある政治的な駆け引きに使われたとされる。大戦後に激化する米・ソ間の冷戦はすでに始まっていた。米国は，軍事力での優位を誇示する目的があった。核兵器開発のスピードは速く，長崎型は広島ウラン型より倍近く強力なプルトニウム型に進化している。さらに，1952年には長崎型の450倍以上強力な水爆の最初の実験が行われ，現在にまで至っている。

"核兵器がジェノサイドに通じる"とする世界的な共通認識の構築が重要である。

参 考 文 献

1) 広島市・長崎市原爆災害誌編集委員会 編，『広島・長崎の原爆災害』，岩波書店（1979）．
2) 広島市・長崎市原爆災害誌編集委員会 編，『原爆災害ヒロシマ・ナガサキ』，岩波書店（2005）．

ホロコースト

発生地域：中央ヨーロッパ，旧大ドイツ地方

ユダヤ人移送列車の終着，アウシュビッツ第二強制収容所（ビルケナウ）のメインゲート
［© Yad Vashem, The Auschwitz Album］

国民1人あたりのGNI（世界銀行2012）高所得国グループ
発生年月日：1941年6月～1945年5月
人口（ドイツ）（2010）：83,017,000人
国土の総面積（ドイツ）（2012）：357,137 km^2
犠牲者数（死亡者・行方不明者）：
　　　　　　　　　　　　　500～600万人
ドイツ占領地内のユダヤ人数：
　　　　　　　　　　約900万人（1933年当時）
国別の犠牲者数：表1参照
　　　　　　　　　【大量虐殺（ジェノサイド）】

図1　大ドイツと併合地域（斜線）
太い線は1930年の国境

［出典：W. ラカー 編，井上茂子，木畑和子，芝 健介，長田浩彰，永岑三千輝，原田一美，望田幸男 訳，『ホロコースト大事典』，柏書房，p. 352（2003）］

表1　国別の犠牲者数（人）

ドイツ	144,000
オーストリア	48,767
ルクセンブルク	720
フランス	76,000
ベルギー	28,000
オランダ	102,000
デンマーク	116
ノルウェー	758
イタリア	5,596
アルバニア	591
ギリシャ	58,443
ブルガリア	7,335
ユーゴスラヴィア	51,400
ハンガリー	559,250
チェコスロヴァキア	143,000
ルーマニア	120,919
ポーランド	270万
ソ 連	210万

［出典：W. Benz, "Dimension Des Völkermords: Die Zahl Der Judischen Opfer Des Nationalsozialismus (Quellen Und Darstellungen Zur Zeitgeschichte)", de Gruyter Oldenbourg（1991）］

20世紀最大の惨劇

「ホロコースト」は，元来，旧約聖書にある"焼いて神前に供えられる生贄"を意味する言葉に由来している．近年は"絶滅"を意味する「ショア」が用いられることが多い．

ユダヤ人に対する大量虐殺は，ヒトラーの指示に従いナチが綿密に計画し一気に効率的に実行に移した，とする考えが多い．しかし，何が引き金となったかという根本的な問題については，現時点においてもさまざまな説がある．ナチがヒトラーの対ユダヤ人政策の意図を，一貫して最重要視したとする考え方のほかに，第三帝国内の権力闘争で，一貫しない場当たり的な対ユダヤ人政策の延長線上でおきた，とする説などが対立している．

ユダヤ人に対する絶滅政策は，史上例をみない性格と規模のため，全システムを把握できないままに官僚，技術者など，普通の人々が個々に関わって進行していった，と考えられる．

1933年に政権をとったナチの基本的なユダヤ人政策は，ドイツ領内からの強制出国だった．大量虐殺が始まったのは1941年6月のソ連侵攻直後からである．領内に大量虐殺のための強制収容所が建設され，ホロコーストが可能な段階に入った．1942年1月のヴァンゼー会議で，「ユダヤ人問題の最終解決」が正式に宣言され実行に移された．1945年1月ソ連軍がアウシュビッツに入り，5月に終焉を迎える．

歴史的・文化的な背景

歴史的にみても大量虐殺（ジェノサイド）は，古くから世界中で繰り返し行われている．第二次世界大戦後だけでも，アジア，アフリカ，ヨーロッパなどで，犠牲者数，数万〜数百万人の規模で何度も起こっている．

いずれの場合もさまざまな死因が含まれており，犠牲者の数を正確に特定するのは困難である．現時点で概算が推定されているのは，アジアでは，カンボジアのポル・ポトの率いるクメール・ルージュによる殺戮が120万〜170万人，アフリカでは，ルワンダの1994年の100日間だけで50万〜100万人，ダルフール（スーダン）では，独立からの統計が200万人，ヨーロッパでは，ユーゴスラビアの独立によるさまざまな紛争で数万人が犠牲になっている．

ホロコースト以前，ユダヤ人はヨーロッパで二千年の歴史をもっていた．彼らは，ソ連，ポルトガル，ギリシャ，イタリア，スコットランド，アイルランドなど，ヨーロッパ全域で暮らしていた．ドイツ国内はわずか60万人で，人口の1%未満にすぎなかった．長い間，キリスト教に邪宗とされながら，ユダヤ教徒はおもに各国の科学・芸術・経済分野などで重要な役割を果たしてきた．19世紀末になるとヨーロッパでは，反ユダヤ主義が政治的に利用され，さまざまなユダヤ人排斥事件などが起きていた．

第二次世界大戦中にドイツに占領されたヨーロッパの21ヵ国と大ドイツには，合計900万人以上が住んでいたが，終戦までの12年間に2/3が殺された．

自然環境

第二次世界大戦直前のポーランドには，ヨーロッパ最大のユダヤ人社会（35万人）があった．同じ頃，ソ連ロシア共和国には，ほぼ100万人が住んでいた．19世紀末の東ヨーロッパのユダヤ人の多くは，民族衣装の黒いカフタンを着てユダヤ人村落に住み，イディッシュ語で会話や読み書きをし，ユダヤ教の戒律を厳守して暮らしていた．

ライン川から西のフランス（350,000人），ベルギー（66,000人），ルクセンブルク（4,500人），オランダ（140,000人）およびノルウェー（1,900人）の西ヨーロッパに暮らすユダヤ人の運命は，国によってさまざまである．その地域におけるナチの統制，ユダヤ人の歴史，ほかの住民感情の違いが，その後の運命を決めた．

米国におけるユダヤ人の人口は，1881年の5万人から1919年には400万人に達している．しかし，1933年のナチズムの台頭以降，政策変更し1941年には門戸を閉ざした．

被災域の状況

1881年に皇帝アレクサンドル二世が暗殺されるまでは，帝政ロシアのユダヤ人は平和に暮らしていた。ユダヤ人に暗殺の容疑がかかり迫害が始まったため，西ヨーロッパや米国への移住が活発になった。

19世紀後半からドイツと帝政ロシアの両国で強まったユダヤ人に対する敵意は，彼らに有利にはたらいたナポレオン時代の改革政策の影響とする指摘もある。

20世紀初頭の時点で最もユダヤ人大量虐殺が行われそうな状況は，ドイツではなくむしろ帝政時代のロシアにあった。反ユダヤ的な法律の制定や社会的暴力が行われ，大量のユダヤ人の諸外国への移住がつづいていた。

1933年から1941年にかけて，ナチはユダヤ人をドイツ国内から一掃するために強制移民させようとしていた。しかし，諸外国からは移民受入を拒否された。一方，領土の拡大に伴い管轄下に入るユダヤ人の数は増大した。1941年にナチは，大量虐殺に政策を転換した。

被災地域の状況

ポーランドでは，ドイツ軍の侵攻後まもなく1940年に初めてユダヤ人を隔離するためのゲットー（居住地区）が建設された。ゲットーは「絶滅政策」を実施するための「絶滅収容所」ができるまで存続した。

ゲットーの構造には，閉鎖的なものと比較的開放的なものの二つの形態があった。前者には，ウーチゲットー（図2），ワルシャワゲットー（図3），クラクフゲットーなどがあり，壁，柵や鉄条網で囲まれていた。一方，ピョトルクフ，ト

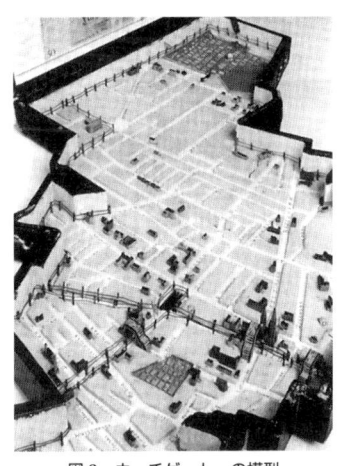

図2　ウーチゲットーの模型
［出典：M. ベーレンバウム 著，芝 健介 監修，石川順子，高橋 宏 訳，『ホロコースト全史』，p. 173，創元社（1996）］

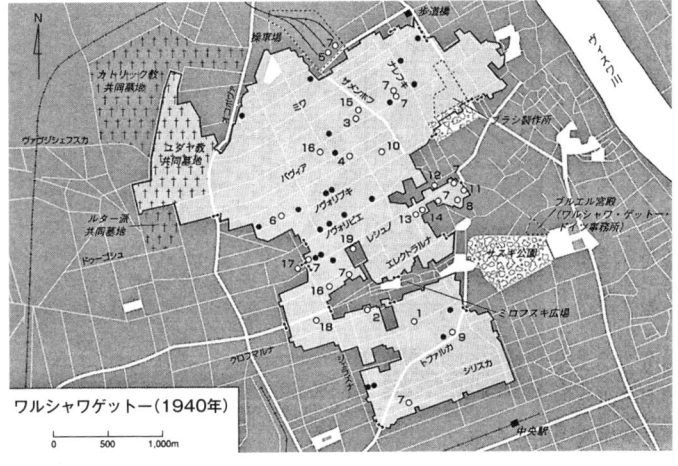

図3　ワルシャワゲットー
［出典：W. ラカー 編，井上茂子，木畑和子，芝 健介，長田浩彰，永岑三千輝，原田一美，望田幸男 訳，『ホロコースト大事典』，p. 352，柏書房（2003）］

494　　7章　人為災害

図4　ポーランドのゲットー　1939〜1941

［出典：W. ラカー 編，井上茂子，木畑和子，芝 健介，長田浩彰，永岑三千輝，原田一美，望田幸男 訳，『ホロコースト大事典』，p. 193，柏書房（2003）］

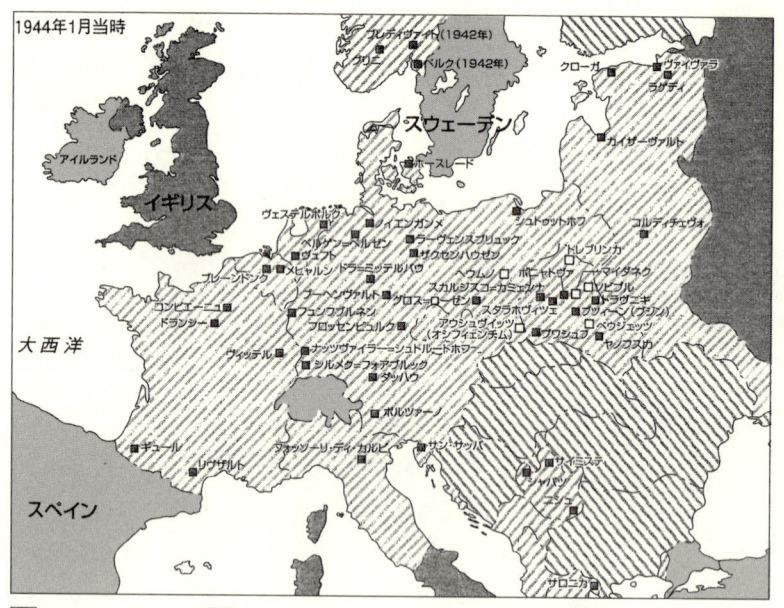

図5　主要な強制収容所の位置（1994年1月）

［出典：W. ラカー 編，井上茂子，木畑和子，芝 健介，長田浩彰，永岑三千輝，原田一美，望田幸男 訳，『ホロコースト大事典』，p. 230，柏書房（2003）］

```
──→ 生きている人びと
……→ 死体
---→ 所持品
```

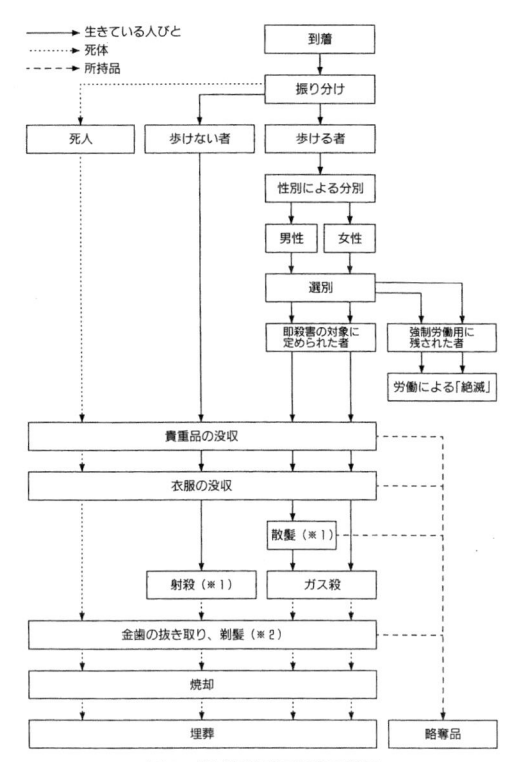

```
到着
 ↓
振り分け
 ↓
┌─────┬─────┐
死人  歩けない者  歩ける者
                ↓
            性別による分別
                ↓
            ┌───┬───┐
            男性    女性
            └───┬───┘
                ↓
              選別
                ↓
        ┌───────┴───────┐
   即殺害の対象に     強制労働用に
     定められた者       残された者
                        ↓
                   労働による「絶滅」
```

```
貴重品の没収
    ↓
衣服の没収
    ↓
           散髪（※1）
    ↓        ↓
  射殺（※1） ガス殺
    ↓        ↓
金歯の抜き取り、剃髪（※2）
    ↓
   焼却
    ↓
   埋葬        略奪品
```

図6 絶滅収容所の殺害工程図

※1 ソビブル、トレブリンカ、ベウジェツの場合
※2 アウシュビッツ、マイダネクの場合（殺害後に髪を剃った）
[出典：M.ベーレンバウム 著、芝 健介 監修、石川順子、高橋 宏、『ホロコースト全史』、p.271、創元社（1996）]

リブナウスキ、ラドム、ヘネムノ、キェルチェは開放的で、ポーランド人は出入り自由で、当初はユダヤ人も可能だった（図4）。

1941年から1942年までに殺害のための「絶滅収容所」がポーランドに6ヵ所（アウシュビッツ（ビルケナウ）、マイダネク（ルブリン）、ヘウムノ、ソビブル、ベウジェツ、トレブリンカ）建設された。収容所での殺害工程は図6に示すとおりである。犠牲者の多くは到着からまもなく殺された。1944年夏までに任務を終了し、解体、閉鎖された。

人的・社会的被害

ナチス・ドイツによる大量虐殺は、ゲットーが建設される以前から任務として実施されていた。リトアニアの"ポナリの森の虐殺"、ウクライナの"バビ・ヤール大虐殺"などで、すでに数十万人が殺されている。

1941年冬から1944年秋までの間に、ポーランドの「絶滅収容所」で300万人以上のユダヤ人が殺害された。殺害方法は、1941年6月からの第1段階では大量射殺、同年12月からの第2段階では移動式のガストラック、1942年3月からの第3段階では固定式のガス室が最後まで使われた。1944年8月には、アウシュビッツ（ビルケナウ）1ヵ所で1日12,000人もが殺されている。

物的・経済的被害

1945年、強制収容所から解放された100万

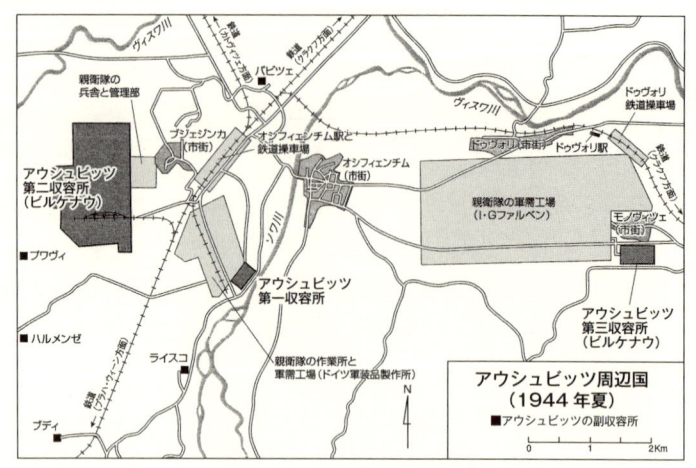

図7 アウシュビッツ周辺図 1944

[出典：W. ラカー 編，井上茂子，木畑和子，芝 健介，長田浩彰，永岑三千輝，原田一美，望田幸男 訳，『ホロコースト大事典』，p.10，柏書房 (2003)]

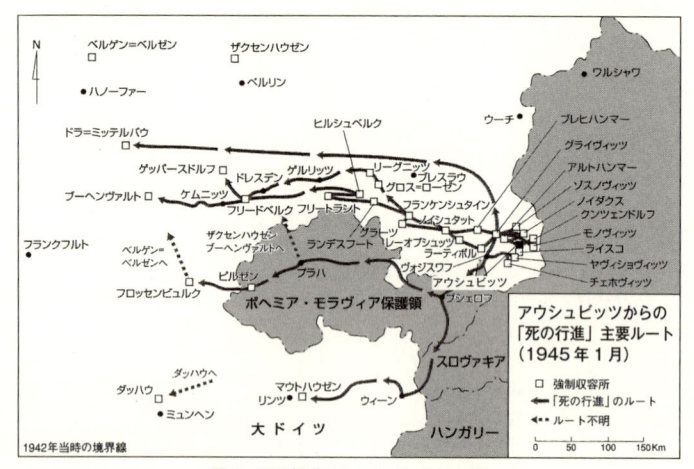

図8 死の行進のルート 1945年1月

[出典：W. ラカー 編，井上茂子，木畑和子，芝 健介，長田浩彰，永岑三千輝，原田一美，望田幸男 訳，『ホロコースト大事典』，p.249，柏書房，(2003)]

人以上のユダヤ人が難民収容所で暮らしていた．帰る国のない彼らの多くは，米国かパレスチナへの移住を望んだが困難だった．

惨劇の終焉と復帰

1945年1月，敗戦真近のナチス・ドイツは大量虐殺を隠蔽するための組織的な行動をとった．図8に示すように 66,000 人の囚人がアウシュビッツから西方の強制収容所へ送られ 1/4 が死亡した．これらの「死の行進」と呼ばれる強制的な収容所からの行進で多数の死者を出した．連合軍が侵攻した時点でヨーロッパには 700万〜900万人の難民がいた．

解放されたユダヤ人は，図9に示すように難民収容所で暮らしていたが，生活環境は劣悪だった．1948年5月のイスラエル建国まで，

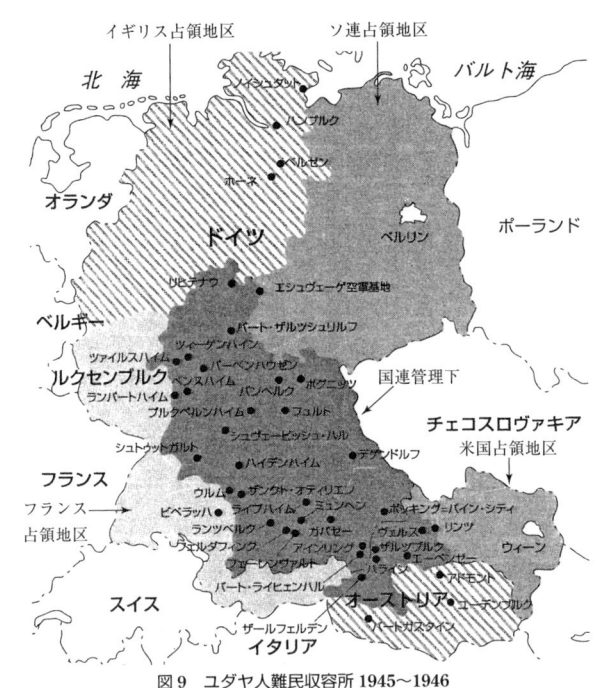

図9 ユダヤ人難民収容所 1945～1946
［出典：W.ラカー 編, 井上茂子, 木畑和子, 芝 健介, 長田浩彰, 永岑三千輝, 原田一美, 望田幸男 訳,『ホロコースト大事典』, p.389, 柏書房(2003)］

彼らに自由な移民を選択する機会はなかった。1957年2月, フェーレンヴァルトの最後の難民キャンプが閉鎖され, 悲劇は終焉した。

この事例の概要と特徴

　キリスト教には, 歴史的に「"彼らがキリストを殺した", 許されない大罪ゆえに, ユダヤ人に対しては何をしても正当化される」とする反ユダヤ人感情が根に流れていた, とする指摘がある。
　米国はワシントンにホロコースト記念博物館を建設し, 犠牲者の資料を展示している。一方, スミソニアン博物館にはB29爆撃機「エノラ・ゲイ」を展示し, ヒロシマ, ナガサキの被爆者の資料の展示を拒否した。
　数百万人の人の死は一つの統計的事実だが, 一人の死は悲劇である, といわれる。
　21世紀の今日でも, ジェノサイドが発生するリスクはゼロにならない。しかし, その拡大要因を抑制する環境づくりは可能である。

参 考 文 献

1) W.ラカー 編, 井上茂子, 木畑和子, 芝 健介, 長田浩彰, 永岑三千輝, 原田一美, 望田幸男 訳,『ホロコースト大事典』, 柏書房 (2003).
2) M.ベーレンバウム 著, 芝 健介 監修, 石川順子, 高橋 宏 訳,『ホロコースト全史』, 創元社 (1996).
3) R.ヒルバーグ 著, 望田幸男, 原田一美, 井上茂子 訳,『ヨーロッパ・ユダヤ人の絶滅』, 柏書房 (上巻1997, 下巻2012).
4) 諏訪 澄,『広島原爆─8時15分投下の意味』, 原書房 (2003).
5) A.ヒトラー 著, 平野一郎 訳,『わが闘争 (全3巻)』, 黎明書房 (1961).

ポル・ポト

発生地域：カンボジア王国

アンコールワット寺院正面

国民1人あたりのGNI（世界銀行2013）低所得国グループ
発生年月日：1970年代
人口（2010）：14,365,000人
国土の総面積（2012）：181,035 km^2
犠牲者数（死亡者・行方不明者）：
100万〜200万人
【大量虐殺（ジェノサイド）】

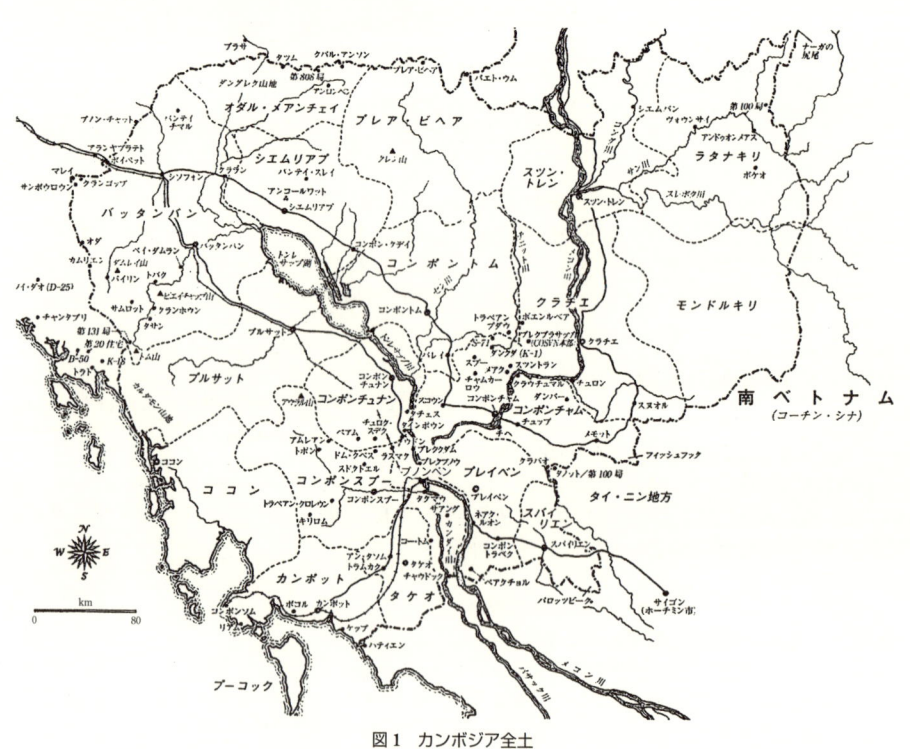

図1 カンボジア全土

[出典：F. ショート 著，山形浩生 訳，『ポル・ポト—ある悪夢の歴史』, pp.6〜7, 白水社 (2008)]

微笑みの国のキリングフィールド

　アンコールワットは，12世紀前半に王位に就き分裂・崩壊していたカンボジアを再建したスールヴァルマン二世の寺院であり墓所である。幅190mの濠と城壁に囲まれた南北1.3 km，東西1.4 km，面積144 haの広大な都城といえる。その後，15世紀のアンコール王都放棄後のカンボジアは，周辺諸国，華僑，欧州勢力の後援・干渉により分裂が進み，1970年代以降の政治的混乱の下地が形成されていく。

　第二次世界大戦後カンボジアは，第一次・第二次インドシナ戦争とベトナム戦争の大きな影響を受けながら，シアヌーク，クメール・ルージュの時代を迎える。無気力に映る20世紀のカンボジア人を評してフランス人支配者が，アンコール朝を築いた同じ国民とは思えないと記している。

　世界最大で豪華といわれるアンコール寺院の偉大さと衰退した現状とのギャップが，インテリ層に屈辱感と不満を生み，暴力的な革命（クメール・ルージュ）にいたる素地になったとする説がある。

歴史的・文化的な背景

　東南アジアの定義が現在の形に収まるまでには長い歴史がある。東南アジア諸国連合（アセアン；ASEAN）は，当初，タイ，マレーシア，フィリピン，インドネシア，シンガポールの5ヵ国で1967年に結成された。その後，ブルネイ，ベトナム，ミャンマー，ラオスが加わり，最後に長い内戦後のカンボジアの参加が1999年に承認され現在に至っている。その多くは第二次世界大戦終了後にさまざまな経緯を経て，植民地からの独立を果たした国々である。カンボジアを含むインドシナ半島の国々には，独立以前に現在の国境を越えた複雑な変遷があり，大陸部全体で考える必要がある。

　"プレアンコール時代"には，"陸のカンボジア"と"海のカンボジア"が対立していた。1431年のアンコール王都放棄から1863年のフランスによる保護国化までの430年あまりは，"ポストアンコール時代"とよばれる。その間の16世紀末～17世紀は"交易の時代"とよばれ，カンボジアの国際経済市場での立場は強まった。18世紀末～19世紀初めにかけてベトナムとタイの東西両勢力の間で分裂が進んだまま植民地化が始まった。

自然環境

　図2の地勢図にみるように，大陸東南アジアは左手の甲を伏せた形に似て5本の山脈が伸び，その間を大河が流れて河口にデルタを形成している。

　これらの5本の山脈により，大陸東南アジアは四つの地域に分けられる。西側からエーヤワディ川沿いのビルマ人を主要民族とする地域，サルウィン川・チャオプラヤー川沿いのタイ人を主要民族とする地域，メコン川沿いの上流のラーオ人，中流のクメール人，下流のベト人の地域，紅河沿いのベト人を主要民族とする地域である。メコンデルタはクメール人とベト人が主体となっている（図3）。

図2　インドシナ半島の地勢図
［出典：石井米雄，桜井由躬雄 編，『新版 世界各国史5 東南アジア史I』，p.8. 山川出版(1999)］

図4 クメール・ルージュの占拠地域(1971～1972)
[出典：F. ショート 著, 山形浩生 訳, 『ポル・ポト―ある悪夢の歴史』, p.323, 白水社(2008)]

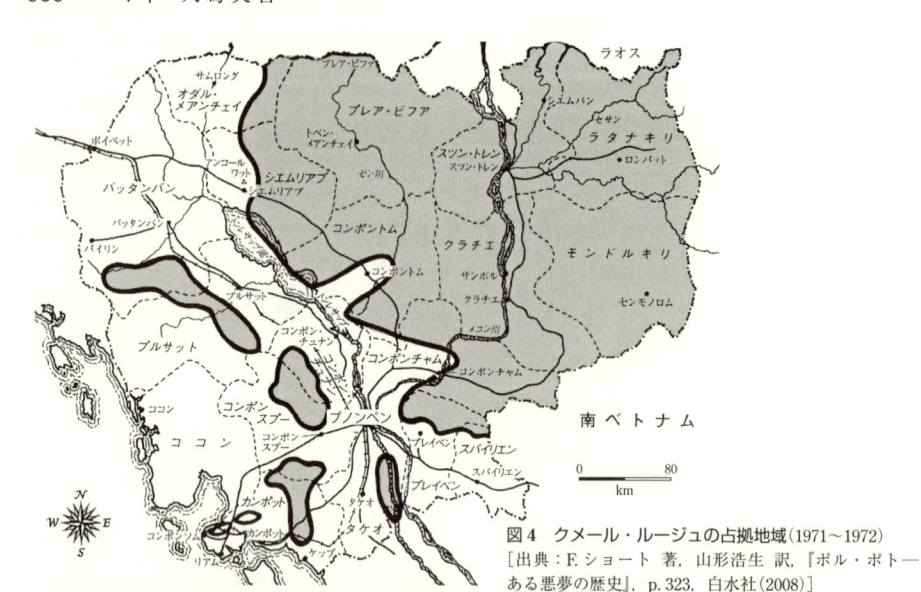

図5 中国・井岡山のポル・ポト
[出典：F. ショート 著, 山形浩生 訳, 『ポル・ポト―ある悪夢の歴史』, p.434, 白水社(2008)]

図6 王宮内の建物, プノンペン

図4にカンボジア全土における1971～1972年当時の共産党占拠地域を示す。1979年1月以降、西部のタイ国境近くの一部地域に追いやられるが、タイ・中国の援助を受け徹底抗戦をつづけた。シアヌークはプノンペンを脱出して北京に亡命して、1981年にはフンシンペック派を組織している。

被災域の状況

クメール・ルージュは、本来、1950年代末にフランス留学から帰国したポル・ポトらのマオイストを中心とするインテリのサークル組織だった。1970年代、ベトナム人民軍の直接介入後、シアヌーク派と統一戦線を組んだことから、組織的に脆弱なまま急速に勢力を拡大した。

1975年の首都プノンペン解放で、旧ロン・ノル政権の関係者の大量処刑が始まった。次いで、200万人といわれるプノンペン市民の強制移住に発展した。さらに、クメール・ルージュ内部でも、ベトナム派や非ポル・ポト派に対する大規模な粛清が行われた。

被災地域の状況

恐怖政治で権力を手中に収めたポル・ポト派は，1976年1月に新憲法を公布して，新しい集団所有を原則とする社会を目指した。3月にはポル・ポトが首相に就任し，シアヌークを王宮に幽閉（3年4ヵ月間）して性急に旧社会の破壊を進めた。

市場経済や中国の一部を除く外国貿易は否定され，貨幣は廃止された。全国に，組織（オンカー）とよばれる絶対権力者の委員のもと，共同生活，共同生産のための集団労働組織単位（サハコー）がつくられ，すべての人民が所属させられた。

サハコーでは，灌漑網の建設と農産物の増産のための過重労働，栄養不足で多くの人々が亡くなった。仏教は事実上禁止され，寺院は破壊され，僧侶は還俗させられ，仏典は焼却された。教育が否定され，知識人は殺害されて，オンカーに忠誠を誓う政治教育だけが残り，全土が強制収容所と化した。

経済政策や農業生産に失敗したポル・ポト政権は，国民の反ベトナム感情を利用し1977年12月，ベトナムとの国交断絶を宣言し国境侵犯を繰り返した。その後，1978年12月にベトナム軍の支援を受けたヘン・サムリン将軍のカンプチア救国民族統一戦線が進攻した（第三次インドシナ戦争）。1979年1月にはプノンペンが攻撃され，ポル・ポト派は西部のわずかな地域に駆逐される。

人的・社会的被害

"カンボジアの悲劇"が狂気化する時期を特定するのは不可能だが，1975年5月に未熟な指導者たちがプノンペンで決断した"完全な共産主義"の妥協なしの導入があげられる。

戦争が終結し平和で日常的な生活に復帰できると考えていた多くの住民は，1975年の夏には都市を放棄して全国に疎開させられた。

その後の3年間で，700万人の人口のうち150万人が犠牲になった。その大多数は病死，過労死，あるいは餓死で，処刑されたのはごく

図7 式典に向かうシアヌーク
［出典：F.ショート 著，山形浩生 訳，『ポル・ポト―ある悪夢の歴史』，p.434，白水社（2008）］

図8 クメール・ルージュの少年兵士
［出典："genocide museum", TUOL SLENG (Former Khmer Rouge S-21 Prison) The Documentation Center of Cambodia (DC-Cam)］

少数である。

カンボジア和平

1982年以降，タイ・中国支援の三派連合政府軍と旧ソ連・ベトナム支援のプノンペン政府軍の間で戦闘がつづいた。1989年9月のパリ会議で第三次インドシナ戦争が終結する。1997年4月15日，ポル・ポトは病死した。

惨劇の終焉と復帰

いまは博物館になっているプノンペン市内にあるツール・スレン（S-21）収容所は，東西約400m，南北約600mの広さで中央に白塗りのコンクリート造3階建ての建物が4棟あり，各階には廊下となるバルコニーが付いていた。ほかに，西向きの木造平屋建ての旧校舎が構内を二分する位置にある。その西側には，処刑兼

502　7章　人為災害

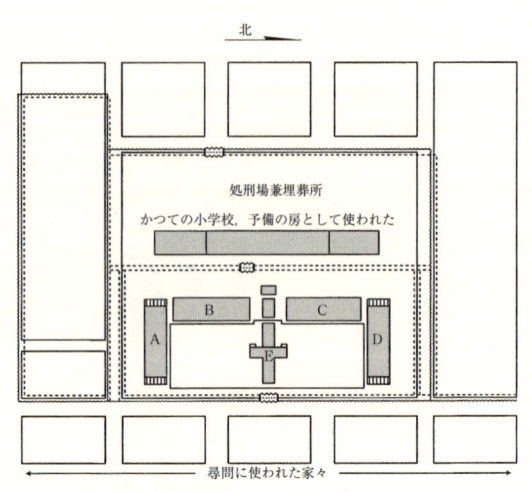

図9　ツール・スレン収容所

（図中ラベル）
北
処刑場兼埋葬所
かつての小学校，予備の房として使われた
A　B　C　D
E
尋問に使われた家々

図10　ツール・スレン収容所
手前がB棟，奥がC棟．B棟の1階では現在，収容者や少年看守の写真が展示されている．2階が独房，3階が雑居房．
［© Adam Carr (2005), Wikipedia］

埋葬所の草はらが広がり背後に尋問・拷問に使われた3階建ての建物が東を向いて建っている．敷地の北側と南側に残りの2棟が建っている（図9，図10）．

1998年初め，ポル・ポト派の勢力の弱体化が進み，フンシンペック党派のラナリット第一首相が屈服し，7月の総選挙で人民党が勝利した時点で，ASEANへの加盟が認められた．国際社会への復帰後，21世紀に入り経済成長への緒に就いている．

この事例の概要と特徴

東南アジアの国々を形容するのに"微笑みの国"という言葉がよく使われる．カンボジアだけでなく，タイやラオスなどを指す際にも頻繁に用いられてきたが，近年，この種の表現も各国の経済発展に反比例して順に消えつつある．アジア好きの欧米人の長期滞在者は，タイからカンボジアへ，カンボジアからラオスへと移動しているといわれる．一方，ベトナム人を評する言葉は，規律正しく精力的で男性的だとされ，歴史的な経緯からカンボジア人たちのベトナム嫌いは根深いとされる．カンボジアのクメール仏教寺院の回廊に描かれている叙事詩ラーマーヤナの各場面は，インドの原作よりも残虐的で暴力的だともいわれる．カンボジアが微笑みだけの国ではない証拠かもしれない．

高等教育を受けたエリート層が，自国の歴史上の栄光と屈辱的な現況のギャップに不満を感じ，かつて中国人，ロシア人，ヒトラー支配下のドイツ人などが犯したのと同様の道を行った

図11 微笑の国の彫像

とする説がある。クメール・ルージュを生んだ背景をこれらに重ねる説と，まったく異質で大量虐殺にはあたらないとする説がある。

参考文献

1) F. ショート 著，山形浩生 訳，『ポル・ポト―ある悪夢の歴史』，白水社 (2008).
2) H. Kitajima, *et al.*, A Study of Participatory School Construction in Cambodia―Final Report, Kampuchea Development Friendship Organization (2001).
3) "genocide museum", TUOL SLENG (For mer Khmer Rouge S-21 Prison) The Documentation Center of Cambodia (DC-Cam).
4) JICA研究所，「カンボディア国別援助研究会報告書」(2001)
5) 石井米雄，桜井由躬雄 編，『新版 世界各国史 5 東南アジア史 I』，山川出版 (1999).

ボパール農薬漏えい事故

発生地域：インド共和国，マッディヤプラデシュ州

ヒンドゥー教の寺院

国民1人あたりのGNI（世界銀行2013）上位中所得国グループ
発生年月日：1984年12月2日
発生時間：午後11時30分頃～
　　　　　翌日午前2時半頃（現地時間）
事故原因：MIC貯蔵タンク
　　　　　（MIC：イソシアン酸メチル）
人口（2010）：1,205,625,000人
国土の総面積（2010）：3,287,263 km^2
死亡者数：3,030人（当初）
　　　　　1.5万～2万人
被災者数：約20万人
　　　　　（内，労働不可数：約2万人，後遺症：75,000人）

【事故】

図1　ボパールの位置

ボパールの駅前通り

世界最大の化学事故

　世界最大とされる化学工場の事故を起こしたのは，米国に本社がある多国籍企業ユニオンカーバイド社のインド子会社である。この事故は，途上国における多国籍企業の経営と安全管理，工場と周辺住民への配慮および事故後の訴訟と賠償など，多くの課題を残した。

　同社ボパール工場では，ホスゲンとメチルアミンとの反応によりイソシアン酸メチル（MIC）が生産されていた。MICをほかの物質と反応させてメチルカルバメート系の殺虫剤がつくられる。MICは第一次世界大戦時に毒ガスとして使用されたホスゲンよりはるかに強い毒性をもっている。このため本来はMICのままで残さずに，ほかの物質と反応させるか小容器に分けておく。同工場では一つのタンクに40tのMICを貯蔵しており，今回，合計で35tが漏れ出して惨事となった。

　ユニオンカーバイド社は，米国にある同社の工場と同等の安全基準が適用されていると主張している。しかし，経営不振による合理化が進められた結果，装置の保守，従業員の訓練はなおざりにされていた。また，MIC漏れは通告されていたが，ユニオンカーバイド社は漏えいしたガスの種類，手当の方法について一切公表しなかったため，救護にあたった医療機関は混乱して犠牲者を増やし，深刻な後遺症を防ぐことができなかった。

　12月2日午後11時30分頃に本格的に漏れ始めた猛毒ガスは，0時45分になって対策が取られ始めたが役にたたず，午前3時半頃まで放出がつづいた

歴史的・文化的な背景

　ボパール工場のあるマッディヤプラデシュ州は，インドのほぼ中央部に位置し，鉄道と水の便のよさからユニオンカーバイド社の誘致がはかられた。州都ボパールの人口は，1969年の創業時は約35万人だったが，事故が発生した

図2　ボパール農薬工場の現況
〔© 2011-2015 廃墟検索地図〕

1984年には80万～90万人に急激に膨れ上がっていた。

　事故当時，工場の周辺はスラム化して人口密集地になっていた。周りの住民は，工場で生産され貯蔵されているものが猛毒の物質であることを知らなかった。工場では1977年にMIC生産装置が建設され，1979年から殺虫剤の生産を拡大していた。しかし，ほかに安全で安価な農薬が出回って1981年には収益がゼロになり，事故の年の1984年には400万ドルの赤字に陥っていた。

　事故から3カ月後には，被害者らから総額1,500億ドル，インド政府から33億ドルの賠償訴訟が米国の本社に起こされ，株価は急落した。1989年に4億7,000万ドル支払うことで和解した。しかし，現在でも周辺住民への健康被害や責任問題は未解決のままある。

自然・社会環境

　今回の事故で提起された問題は，途上国と先進国の多国籍企業の関係，安全管理と経営の合理化，危険な工場と周辺住民の安全などである。

　ユニオンカーバイド社は，ボパール工場には同じMICを扱う米国本土のウェストバージニア州インスティチュート工場と同じ安全基準が適用されている，と主張している。

　同社は，1989年2月のインド最高裁判所の

判決で4億7,000万ドルの賠償金と，患者治療のための病院建設に1,900万ドルをインド政府に支払った。しかし，政府が遺族に渡したのは，受取った賠償金の一部だけだった。2004年に最高裁判所は政府に対し残額の3億3,000万ドルを被害者と遺族に支払うように命じている。

ユニオンカーバイド社は1994年にインド支社を売却し，自らは2001年にダウケミカル社に買収された。現在でもいくつもの裁判が進行中である。ボパール市の中心部にある工場の浄化は停滞したままで環境問題となっており，インド政府への圧力が強まっている。

被災地の状況

図3にみるように，工場内のタンクから本格的に漏れ出した猛毒ガスは，北西の風に吹かれて市街地に流れた。14℃という低い地上温度により地をはうようにして40 km^{2}に広がった。3時間近くも漏えいをつづけたMICは，深夜のため眠りについていた約20万人の住民に危害を与えた。

事故の状況

今回の事故以前にも，明らかなものだけで1981年12月，1982年2月，同年10月の3回，有毒ガスの漏えいによる従業員の死亡を含む事故が起きていた。

今回の事故の前の10月23日から製造装置は停止していたが，その直前の18日〜22日の運転で，高濃度のクロロホルムを含有するMIC不合格製品が流出した。それが発災した貯蔵タンクに保管されていたが，そこに事故当日12月2日の夕方，タンクのガス抜き系配管の水洗浄作業が行われ，その際に大量の水が混入した。

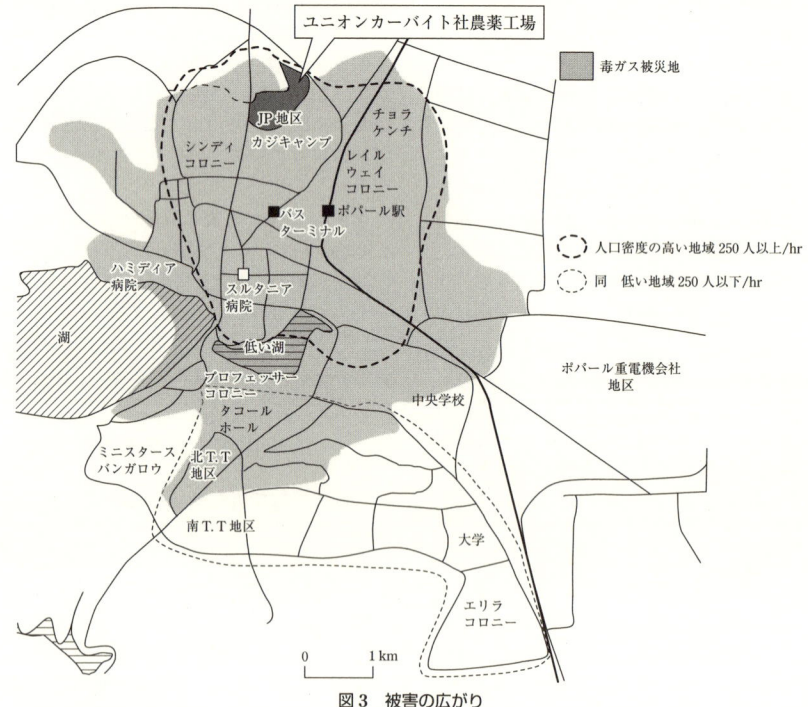

図3 被害の広がり

[出典：小林光夫，田村昌三，「インド ボパールの化学工場の毒ガス漏洩」失敗知識データベース・失敗百選，p.2，科学技術振興財団]

クロロホルムと水の高温での反応により塩酸が発生し，その塩酸がタンク材のステンレス鋼を腐食して鉄を溶出した。その鉄が触媒となって一連の異常反応が起こり，MIC 蒸気の放散に至った。MIC と水が反応すると，発熱を伴って二酸化炭素とメチルアミンが生成する。さらに，それによる温度上昇と鉄触媒により大きな発熱を伴って MIC の三量体が生成する。その反応熱で高温となって暴走反応に至る。生成した二酸化炭素や蒸発した MIC による圧力上昇のため安全弁，圧力逃し弁から MIC 蒸気が放散した。なお，塩酸の発生以下の化学反応は既知であった。

事故当日，夕方のタンクのガス抜き系配管の水洗浄作業においては，仕切り板を挿入するよう安全マニュアルに記されていたが，仕切り板は挿入されなかった。バルブの漏れあるいは事故の少し前に新設された配管経由の漏れの何れかで，洗浄水がタンクに流入した。運転員は同日夜 23 時にタンク圧の上昇を検知し，対応を取ったが効果はなかった。ついで 23 時 30 分に MIC 蒸気の漏えいを感知したが，打つ手はなかった。翌日 0 時 45 分頃 MIC の漏えい量が増加し，一部の設備を破壊して工場内に放散した。2 時 30 分に呼び出しを受けたプラントマネージャーが出社し警察に連絡した。結果的にはこの警察への連絡が唯一の対外的な行動だった。そして，3 時 30 分漏えい蒸気が工場外に拡散していった。

事故の特徴

MIC は猛毒であると同時に，沸点が 39.1℃ と低く気化しやすいので，きわめて取り扱いにくい物質である。

事故の直接的な原因は，MIC タンク内への水の混入である。緊急事態に対応する事前・事後の安全活動が不十分であったことが，被害を拡大させた要因，と指摘されている。

MIC タンクの管理状況

MIC タンクの管理には 3 種類の安全装置が用意されていた。しかし，低沸点の保管対策と

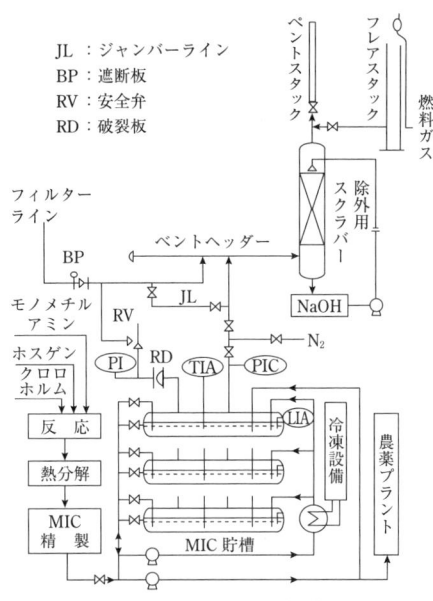

JL：ジャンパーライン
BP：遮断板
RV：安全弁
RD：破裂板

図 4 推定工程図と安全設備

［出典：小林光夫，田村昌三，「インド ボパールの化学工場の毒ガス漏洩」失敗知識データベース・失敗百選, p.6, 科学技術振興財団］

してタンク温度を 0℃ 以下に維持するための冷凍設備は 7 月から停止されていた。さらに，タンクの温度警報はアラームがリセットされていなかったため，5℃ に上昇しても警報を発することはなかった。また，タンクから蒸発する MIC をカセイソーダにより吸収する除害塔は 10 月 22 日から吸収液の循環ポンプが停止し使用不可能だった。漏えいガスを燃焼処理するフレアスタックも配管工事のため停止していた。これらが重なって，発生したガスは系外へ，工場外へと拡散した。

被災の状況

MIC は微量の被ばくで眼や皮膚，呼吸器を刺激し，咳，嘔吐，窒息，一時的な失明を招く。被ばく量が多い場合，永久的な失明や窒息死に至る場合もある。

タンクの MIC を 0℃ に保つための冷却装置は 1984 年 7 月から停止したままで，内部の温

図5 ユニオンカーバイド工場跡地の落書き（1999）
［出典：山下英俊，シリーズ・アジア環境情報ガイド，30(1)，63(2000)］

図6 劣悪な住宅状況

度上昇を知らせる警報装置は外されていた。したがって，従業員は自分の催涙で初めてMIC漏れに気付いたが，日常的なものだったのですぐには対応しなかった。本格的な対策が取られ始めるのは，タンク周辺にガスが充満してからである。

汚染の状況

報道によれば，事故現場には2004年になっても，いまだに数千トンの毒性廃棄物が放置されており，容器は開け放されたままである。調査結果では，流れ出たヘキサクロロベンゼンや水銀で地面が汚染されている。

水質分析では，降雨により付近に流失した有害物質が地域の井戸を汚染しており，その濃度は最大でインド基準値の500倍と報じられている。

現在でも何万人もの周辺住民が健康被害に苦しんでおり，後遺症による死者が毎日出ているという。人数は特定されていないが，被災者約20万人のうち，およそ2万人が働けなくなり，約75,000人が何らかの後遺症の影響を受けている，と推定される。

インフラ・建築物などの特徴

事故が拡大した要因の一つに安全設備の設計上の不備が指摘されている。

洗浄器から流出したMICを燃焼させるための燃焼塔が腐食していた。パイプ交換のため遮断されていた燃焼塔が対処できる量は，事故で流出したガスのわずか1/4にすぎない設計だった。残ったガスを中和するための装置に水を供給するカーテンは，短すぎて燃焼塔に届かない設計だった。また，事故の起きたMICタンク内のMICの保存量が規定の量を超えていた。MICの超過分を保存するタンクの中には，すでにMICが保存されていた。

1982年の操業安全調査によれば，タンクからの漏れ，粉体爆発の可能性，安全弁や計測装置の不良などの10項目の欠陥が指摘されていた。

この事例の概要と特徴

今回の災害が提起した課題は，前述したようにおもに以下の3点である。
・途上国と先進国の多国籍企業の関係
・危険な工場と周辺住民の安全
・安全管理と経営の合理化

大量のMICを貯蔵していた工場は，経営の合理化を優先して，装置の保守などの従業員教育をほとんど実施していなかった。

今回の事故以前にも，従業員が死亡するなどの重大な漏えい事故が繰り返されていたが，効果的な対策が講じられていなかった。海外の子会社で危険物を大量に扱う場合，本社と同様な安全対策と必要な技術の移転がなされなければならない。

今日でも，いずれの課題も解決されておらず，多くの途上国で同様な災害リスクが高まっている．

多くの場合，最大の阻害要因は，途上国の従業員の低い教育・技術レベルにある．本支店間の教育レベルのギャップが，両者間の効果的な技術移転と従業員間の意思の疎通を妨げている．

これらの解決には，技術者の相互交流や現場の状況に即した人事などが有用である．

参 考 文 献

1) 日本損害保険協会（赤木昭夫），「インド・ボパールでのイソシアン酸メチル漏洩事故」『世界の重大産業災害』，日本損害保険協会（1993）．
2) D. ウィヤー 著，鶴見宗之介 訳，『農薬シンドローム―ボパールで何が起こったか』，三一書房（1987）．
3) D. ラピエール，H. モロ 著，長谷 泰 訳，『ボパール午前零時五分（上，下）』，河出書房新社（2002）．
4) R. カーソン 著，青樹簗一 訳，『沈黙の春』（新潮文庫），新潮社（2001）．
5) 小林光夫，田村昌三，「インド ボパールの化学工場の毒ガス漏洩」失敗知識データベース・失敗百選，科学技術振興財団．

チェルノブイリ原発事故

発生地域：旧ソ連，ウクライナ共和国

チェルノブイリ近郊の廃屋

国民1人あたりのGNI（世界銀行2013）低位中所得国グループ（ウクライナ）
発生年月日：1986年4月26日
発生時間：午前1時23分（モスクワ時間）
原子炉番号：4号炉
人口（ウクライナ：2010）：46,050,000人
国土の総面積（ウクライナ：2012）：
603,500 km^2

死亡者数：4,000人（IAEA）
移住者数：約60万人

【事故・火災】

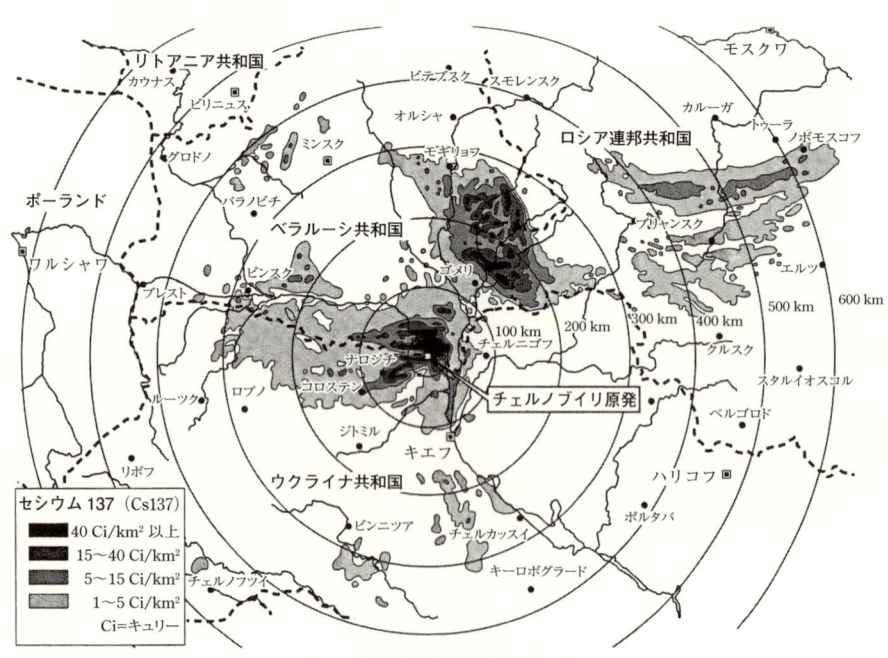

セシウム137（Cs137）
- 40 Ci/km^2 以上
- 15～40 Ci/km^2
- 5～15 Ci/km^2
- 1～5 Ci/km^2
- Ci＝キュリー

図1　被災地の位置と放射能汚染地図
1 Ci/km^2 = 3.7×10^4 Bq/m^2
［出典：木原省治，『ヒロシマ発チェルノブイリ―僕のチェルノブイリ旅行』，p.97，七つ森書館(1997)］

史上最悪の原発事故

　原子力は"両刃の剣"である。原子核の分裂あるいは融合によって膨大なエネルギーが生み出される。この巨大エネルギーは，用いる人間により大量虐殺の兵器にも産業や医療のための有効なエネルギーにもなり得る。

　世界で唯一の原子爆弾の被爆国である日本では，原子力に対するアレルギーが強いといわれてきたが，1986年8月時点では，50基（商業炉48，研究炉2）もの原子炉が稼働中（33），建設中（11），計画中（6）であった。しかし，2011年3月11日の東日本大震災（➡ p.37）に襲われて，1979年の米国スリーマイル島原発事故を上回る過酷事故を起こした東京電力福島第一原子力発電所事故によって，日本の原子力発電を巡る状況は様変わりした。2015年3月現在で，全国16ヵ所の原子力発電所にある48基の商業用発電炉が運転中であるが，稼働しているものはなく，高経年炉5基の廃炉が決まった。また，15基が新規制基準への適合確認を申請している。なお，48基に福島第一原発の6基は含まれず，これらはすでに廃炉が決まっている。

　事故当時，チェルノブイリ原子力発電所では，黒鉛減速軽水冷却沸騰水型炉（電気出力100万kW）4基が運転中，2基が建設中だった。発電量が100万kWの原発では，炉型にかかわらず1日に広島型原爆約3発に相当するウランを燃やしており，相応の死の灰が蓄積されている。

　地震などの自然災害と異なり，事故による全体の被害を的確に評価するのは困難である。直接の死亡者数は，総数33名とされているが，国際原子力機関（IAEA）によれば4,000人と発表されている。しかし，広域的，長期的にみれば，がんや白血病などで死亡する人数は数十万人に及ぶとする見方もある。

歴史的・文化的な背景

　事故の第1報は"鉄のカーテン"の向こうの旧ソ連からではなく，原発から1,000 kmも離れた北欧の放射能監視所から世界に流された。当初，核爆弾が爆発した，などといわれたが，米国の偵察衛星が原子炉の建屋の破損と進行中の火災をつきとめた。

　旧ソ連からは4月30日になって，同発電所の4基の原子炉の中の第4号炉が事故を起こし（図2），死者2名，負傷者197名，ほかの3基の炉は停止，放射性物質が漏えいした模様だが周辺の放射線のレベルは安定してきている，と伝えられた。

　その後，事故を起こした4号炉は，放射能による環境汚染を防止するため，全体を鉄板やコ

図2　4号炉事故時の上部遮へい盤の破損状況
［出典：佐藤一男，安藤正樹，平野雅司，明比道夫，藤井晴雄，石川秀高，長瀧重信，山下俊一，杉浦紳之，松原純子，炉物理部会，原子力発電部会，ヒューマン・マシン・システム研究部会，「チェルノブイリ事故から15年―私たちが学んだこと」日本原子力学会誌，44(2)，154(2002)］

図3　コンクリートの石棺（北西側から撮影）
［© 武田充司（公益財団法人原子力安全研究協会）］

ンクリートなどで覆われた。図3に示すような外観から"石棺"とよばれている。現在でも，石棺の老朽化とその改修，汚染地域の残留放射能と無許可で住む高齢者の問題などが残されている。

自然環境

図1に示したように，チェルノブイリ原子力発電所は，モスクワの南西約600km，ウクライナ共和国の首都で人口200万人のキエフ市から北方約130kmの小村に位置している。

今回の事故で世界中を汚染した"死の灰"は1.4億キュリーといわれ，広島の原爆による死の灰の約1,500発分と推測されている。爆発直後に発生した炉心および建屋の火災は，一度消火されたが，当日の夕方になって再燃した。放射能を帯びた粉塵や死の灰は，およそ7,000～8,000mの上空にまで達し，西あるいは北西の風に乗って地球を回った。

地形の特徴

全住民が避難させられたチェルノブイリ，プリピャチの周辺，半径30km圏内は，100以上の農場や村が点在し，約10万人が住んでいた。酪農製品や農産物が豊富なウクライナ地方の穀倉地帯の一つである。近くのプリピャチ川とドニエプル川が合流してキエフ市の水源である人工湖に流れ込んでいる（図4）。

旧ソ連と地続きのヨーロッパでは，事故により放出された放射能で広い範囲にわたり大きな影響を受けている。旧ソ連国内では，とくにヨーロッパ地域の白ロシア，北ウクライナ地方での降下量が多かった。

被災地の状況

事故で放出されたセシウム137の全量のうち44％が旧ソ連国内，38％が旧ソ連以外のヨーロッパ地域，残りの18％が世界のほかの地域に降下した。図1にみるような数～数十 Ci/km^2 のレベルの地域が，原発を中心に広い範囲に広がっていることがわかる。

事故の状況

放射性物質の放出は，事故発生の4月26日早朝から5月6日までつづいた。爆発的に放出された放射性物質は，1,000m～2,000m上空にまで吹き上げられ当初は放射能雲として移動したが，次第に拡散して地表に降下した。事故当日に吹いていた南東の風に乗り北西方向に進み，ポーランドを経て夜にはバルト海に達し，翌日にはスウェーデンにまで広がった。その後，チェルノブイリでの風向が変わり，東から南方に向かいトルコおよび地中海東部に広がった。北欧に向かった放射能雲は3方向に分かれ，東は日本まで，西は北アメリカ，東南は中央ヨーロッパからイタリアにまで分布した。南半球で検出されたのは，ごく低いレベルの放射能のみだった（図5）。

建物・主要構造部の特徴

旧ソ連の報告書によれば，チェルノブイリ原発は図6に示すような構造である。図の右側が

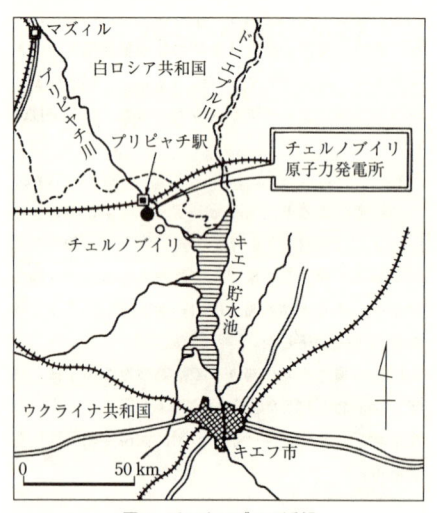

図4 チェルノブイリ近郊

［出典：寺島東洋三，市川龍資 編著，『チェルノブイリの放射能と日本―原子炉事故の教訓と対策』，東海大学出版会(1989)］

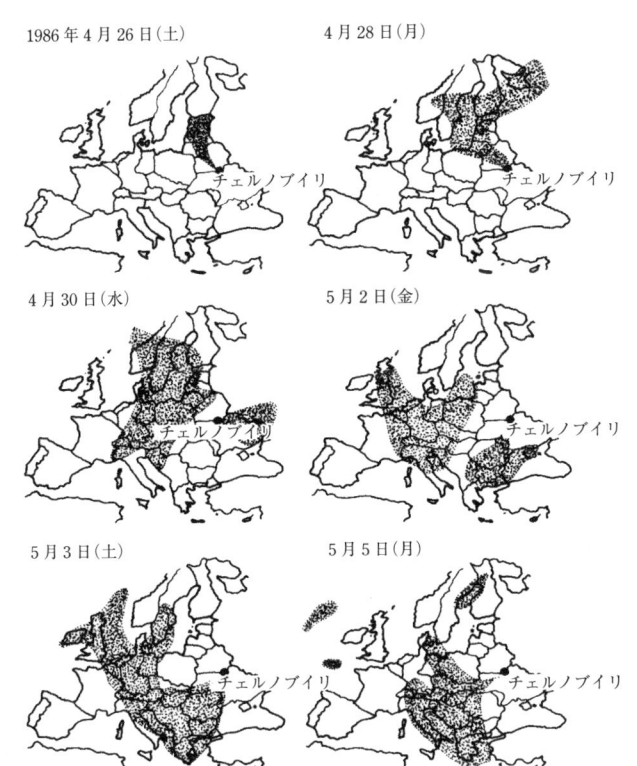

図5 放射能雲の経時変化
[出典:寺島東洋三,市川龍資 編著,『チェルノブイリの放射能と日本—原子炉事故の教訓と対策』,東海大学出版会(1989)]

原子炉本体を収める建屋で,左側が蒸気タービンによる発電機の建屋である。前者が幅およそ90 m,高さが50 m で,後者が幅約50 m,高さが30 m の規模である。

原子力発電所の概要

図6の右側建屋の中央に原子炉⑮が置かれ,その上部に燃料交換機⑭,下部に事故当時,開放状態だったバルブ⑯が設置されている。さらに,その下部に蒸気凝縮プール⑰がある。

左側建屋の中央に蒸気タービン④が置かれ,その下が復水器⑤である。

原子炉の概要

ほとんどの原子力発電所の炉の型は,米国で開発された冷却や減速材に水を使う"軽水炉"である。軽水炉は,冷却の方法により加圧水型軽水炉と沸騰水型軽水炉に分けられる。

チェルノブイリ原発は,旧ソ連独自の技術で開発された減速材に効率のよい黒鉛を使用する"黒鉛炉"である。炉は直径11.8 m,高さ約7 mの巨大な練炭状の黒鉛の中に,燃料集合体のための直径10 cm ほどの穴が1,661個開いている(図7)。

被災の状況

今回の爆発事故は,発電機のタービンの慣性運転を非常用発電に利用できるか否かの実験中に発生した。稼働中の4号機の負荷の少ない隙間を利用するため,ほとんどの安全システムを解除して実験を強行した。実験が予定より遅れ,炉の運転に習熟していない者が操作していた。実験中,出力が急激に上昇したため,運転

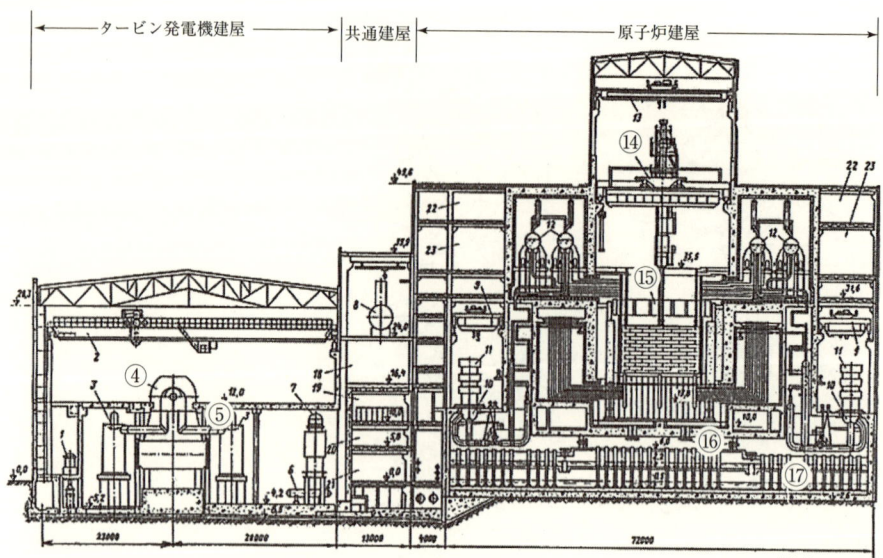

1. 復水ポンプ，2. 橋型クレーン（125/20 t），3. セパレーターオーバーヒーター，4. 蒸気タービン（K500-65/3000），5. 復水器，6. アフタークーラー，7. 低圧加熱器，8. 脱気器，9. 橋型クレーン（50/10 t），10. 主循環ポンプ，11. 主循環ポンプモーター，12. ドラム分離器（気水分離器），13. 遠隔操作橋型クレーン，14. 燃料交換機，15. 原子炉（RBMK-1000），16. 安全弁（緊急保護バルブ），17. 蒸気凝縮プール，18. 配管通路室（回廊），19. 主制御室（地上12 mにある），20. 主制御室の下の部屋，21. PYCH室（ロシア語），22. 吸引ファン，23. 外気取入口室

図6　タービン発電機・原子炉建家の水平断面図

［出典：下川純一，『ロシア型原子炉の特徴とその安全性』，日本原子力情報センター(1986)］

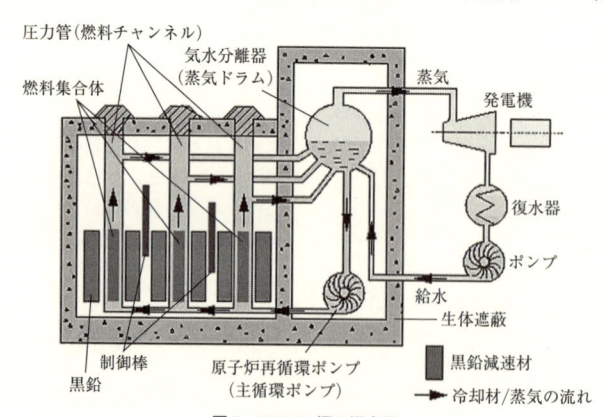

図7　RBMK炉の概念図

［© 原子力百科事典 ATOMICA，「黒鉛減速沸騰軽水圧力管型原子炉(RBMK)」］

員が緊急停止ボタンを押したが間に合わず4号炉は暴走を始め，大爆発を起こした。

原子炉の崩壊メカニズム

異常出力により炉心の燃料棒が破壊され，激しく沸騰した冷却水が多くの圧力管の内部破壊

図8 爆発により破壊された4号炉
[© 2011 日本原子力文化財団]

図9 コウノトリの巣

を起こした．その結果，炉上面の空間圧力が高まり爆発した，と考えられている（図8）．

この事例の概要と特徴

原発事故のポスターやパンフレットによく使われているコウノトリは，チェルノブイリの象徴になっている．ウクライナ地方ではコウノトリは神聖な鳥とされ，その存否で吉凶が語られていた（図9）．

チェルノブイリ発電所は2000年12月まで発電をつづけており，現時点でもまだ数千人が廃棄物施設の建設や石棺の維持，廃炉措置，原子炉の管理などのために働いている．事故を起こした4号炉は160～180トンと推定される核燃料とともに10 m近い厚さの鉛や砂やコンクリートで石棺のように固められている．石棺内には，事故後に溶融した炉心が冷却されてできた球状の塊，通称"象の足"がいくつも転がっている．

参 考 文 献

1) 森本 宏，『チェルノブイリ原発事故20年，日本の消防は何を学んだか？―もし，チェルノブイリ原発消防隊が再燃火災を消火しておれば！』，近代消防社（2007）．
2) 寺島東洋三，市川龍資 編著，『チェルノブイリの放射能と日本―原子炉事故の教訓と対策』，東海大学出版会（1989）．
3) M.マイシオ 著，中尾ゆかり 訳，『チェルノブイリの森―事故後20年の自然誌』，日本放送出版協会（2007）．
4) 木原省治，『ヒロシマ発チェルノブイリ―僕のチェルノブイリ旅行』，七つ森書館（1997）．
5) 原子力・量子・核融合事典編集委員会 編，『原子力・量子・核融合事典』，第II分冊，第V分冊，丸善出版（2014）．

世界貿易センタービル火災

発生地域：米国，ニューヨーク

煙をあげる WTC 1 と WTC 2
[© The Federal Emergency Management Agency, "FEMA's Report", Chap. 1]

国民1人あたりの GNI（世界銀行2013）高所得国グループ
発生年月日：2001 年 9 月 11 日
発生時間：午前 8 時 45 分（WTC 1）（現地時間）
　　　　　午前 9 時 03 分（WTC 2）（現地時間）
ニューヨーク，マンハッタン南部
Church, West, Liberty, Vesey 通
衝突航空機：ボーイング 767 型機
　　　（ノースタワー）：時速約 790 km
　　　（サウスタワー）：時速約 930 km
人口（2010）：312,247,000 人
国土の総面積（2012）：9,629,091 km^2
死亡者数：3,000 余人

【テロ・火災】

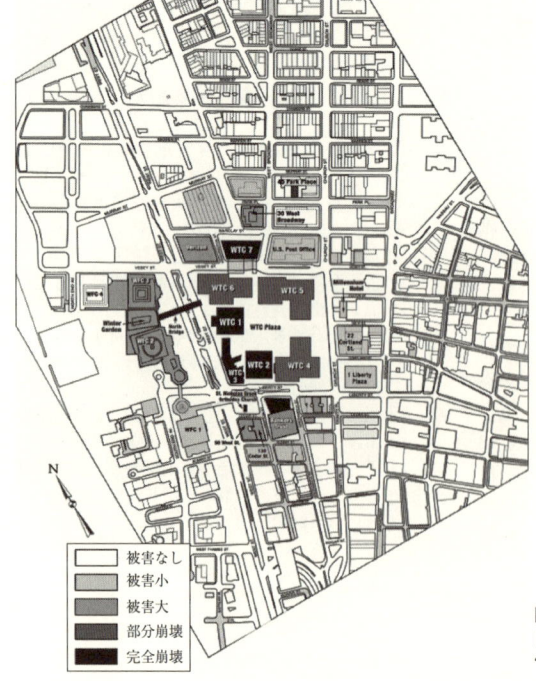

図1　WTC 1～7 およびその周辺の被災の程度
[© The Federal Emergency Management Agency, "FEMA's Report", Chap. 7]

テロによる超高層ビル火災

ニューヨーク世界貿易センター（WTC）の収容人員は，全7棟（WTC 1～WTC 7）の建物のうち，ノースタワー（WTC 1）とサウスタワー（WTC 2）の合計だけでも4万～5万人といわれていた。したがって，両タワーだけで人口数万人規模の小都市を形作っていた。

被災当日の午前9時前後，実際に両ビルにいた人数の確定は困難だが，上記のおよそ40％程度が職場あるいはビル内にいたと推定される。飛行機の突入からビル崩壊までの1時間あまりの間に衝突階以下あるいは図2の縦線で示す階段・エレベーターなどにいた人たちのほとんどが避難できたと考えられている。死亡者の総数は，おもに衝突階以上にいた人々と消防士などで約3,000人程度と推定される。

今回の災害は，起因となったテロ攻撃とは別に，21世紀に入りますます巨大化する大規模な超高層ビルの火災時の避難や消防活動などの対策に多くの貴重な教訓を残している。

歴史的・文化的な背景

WTCの超高層ビル火災は，米国で発生した9・11テロあるいは同時多発テロによる災害の一つである。いずれも航空機を使ったテロで，ニューヨークの2機のB767のほかに，ワシントンの国防総省（ペンタゴン）への突入（9時43分，B757）とピッツバーグ郊外への墜落（10時10分，B757）を合わせた計4機によるものである。

いずれもイスラム原理主義者による犯行とさ

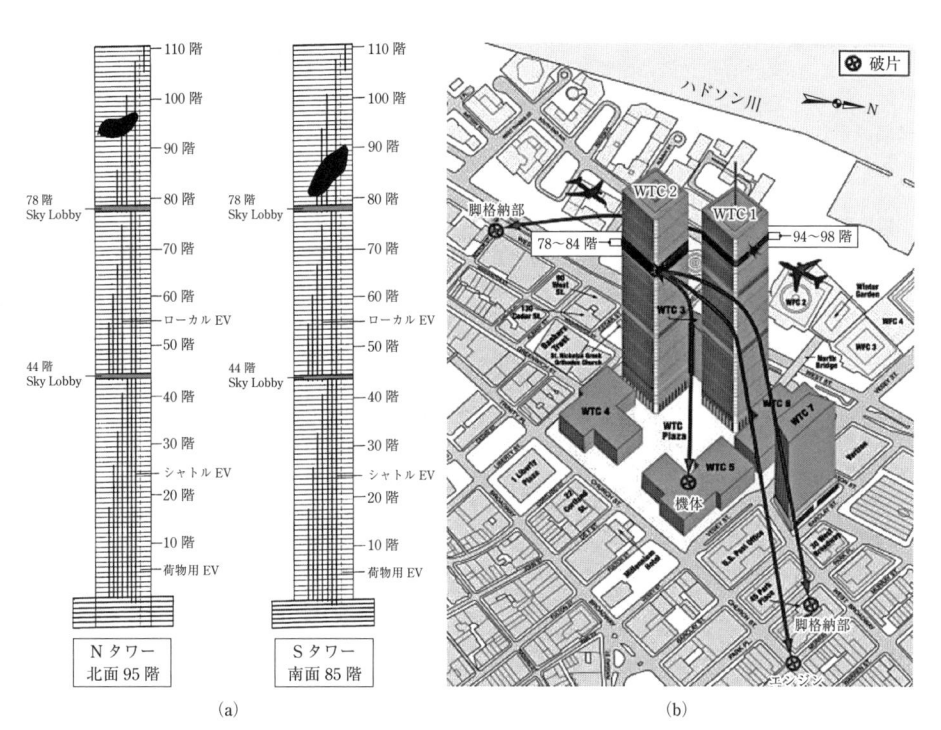

図2 衝突位置と破片の落下地点

[(a) 出典：森田 武，『高層ビル火災対策—2001.9.11 NY・世界貿易センタービルテロ火災から学ぶ』，p. 24, 近代消防社(2002)：(b) © The Federal Emergency Management Agency, "FEMA's Report", Chap. 1]

れ，長年にわたる米国と中東イスラム諸国との間の戦争状態が背景にある．1991年からの湾岸戦争が直接的な誘因としてあげられ，9・11後のアフガニスタン紛争やイラク侵攻などにつながっている．

今回のように大規模な火災で多数の死傷者が出る事例では，火災としての避難・消防活動のほかに，災害に対する国や地方自治体を含めた組織的な危機管理対応が不可欠である．ニューヨーク市は，緊急事態管理室（OEM），危機対応指令センター（ECC）などが対応した．

建物・主要構造部の特徴

WTCビルの設計者は日系二世のミノル・ヤマサキで，ノースタワー（WTC 1）は1972年，サウスタワー（WTC 2）は1973年に完成した．

WTCの概要

WTCは，ニューヨーク港の国際貿易振興を目的に，マンハッタン島南端のウォール街近くに建設された．約65,000 m^{2}の敷地に第1～第7までの7棟の建物で構成されている（図1）．

建物の概要

WTC 1, WTC 2 ビルは，ほぼ同規模のツインタワーで，地下6階，地上110階建て（高さ420 m，PH（ペントハウス）を含めた高さ435 m），延床面積（地上部）418,000 m^{2}である．両ビルにはオフィス，ホテル，レストラン，税関などが入っている．ほかの建物は，同一ブロック内にWTC 3（22階建て），WTC 4（9階建て），WTC 5（9階建て），WTC 6（9階建て）および別ブロックのWTC 7（47階建て）である．

両タワーの基準階平面は図3に示すように63.14 m × 63.14 m（約3,987 m^2）の正方形で，26.5 m × 41.8 m 角の中央の長方形コア部に階段，エレベーターなどが配置されている．外壁は図4に示すようなベアリングウォールとよばれる鋼板の梁・柱の組み合わせで3層3スパンを1ユニットに千鳥配置で建てられている．接合は高力ボルト（HTB）と溶接を併用している．床スラブは，図5示すように周縁部を鉄骨トラスで支持する構造になっている．

被災の状況

図6にWTC 2に航空機が衝突した直後（0.1，

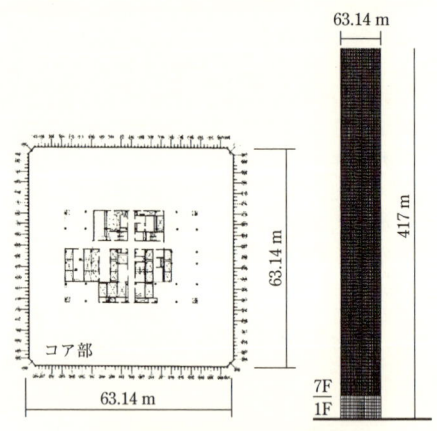

図3 基準階平面図と外周軸組図
[© The Federal Emergency Management Agency, "FEMA's Report", Chap. 2 を加筆]

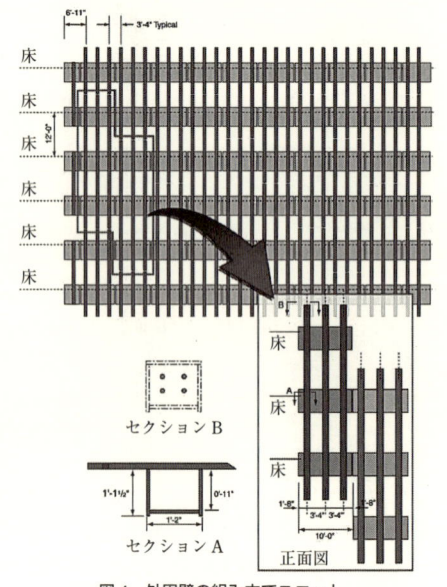

図4 外周壁の組み立てユニット
[© The Federal Emergency Management Agency, "FEMA's Report", Chap. 2]

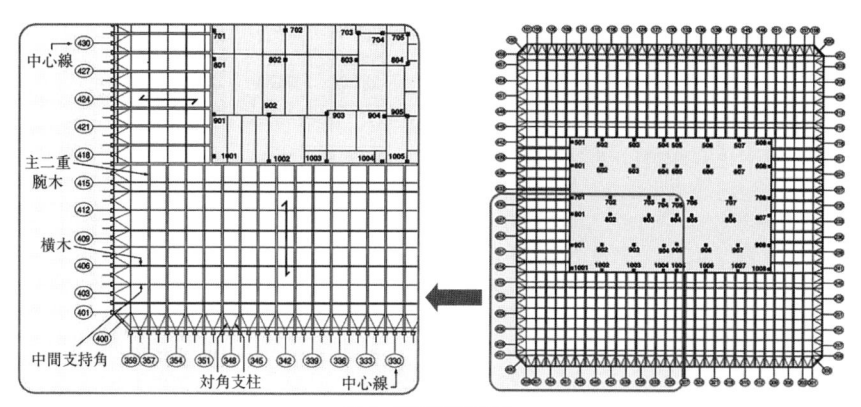

図5 基準階梁伏せ図
[© The Federal Emergency Management Agency, "FEMA's Report", Chap. 2]

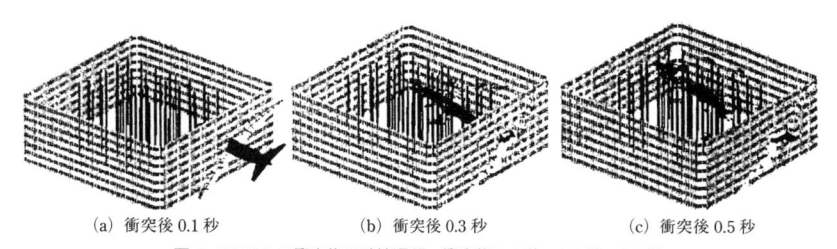

(a) 衝突後 0.1 秒　　(b) 衝突後 0.3 秒　　(c) 衝突後 0.5 秒

図6 WTC 2の衝突後の破壊過程　衝突後 0.1 秒，0.3 秒，0.5 秒
[出典：日本建築学会 WTC 崩壊特別調査委員会，『世界貿易センタービル崩壊特別調査委員会報告書』p. 102，日本建築学会，(2003)]

(a) 解析結果　　(b) 実際の損傷状況

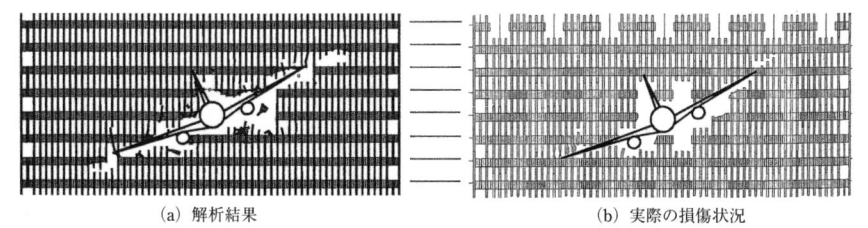

図7 WTC 1の解析結果と損傷状況破壊柱の階：93階〜99階
[出典：FEMA/ASCE 報告書]

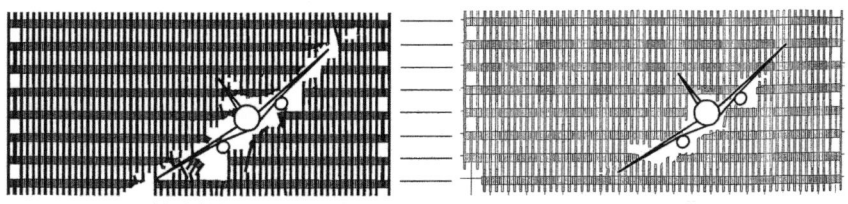

(a) 解析結果　　(b) 実際の損傷状況

図8 WTC 2の解析結果と損傷状況破壊柱の階：78階〜84階
[出典：FEMA/ASCE 報告書]

0.3, 0.5秒後）の破壊過程を示す。局部損傷解析の結果，図7，図8に示すように破壊した柱部材数は，WTC 1（93～99階，計122本），WTC 2（78～84階，計113本）である。解析では破断した柱と相当塑性ひずみが5%を超えた柱を，鉛直力が支持できない破壊柱と判定している。破壊柱は，WTC 1では外周の衝突面と反対面，内部コアの中央列で平面的に偏在している。WTC 2では外周の衝突面と反対面，突入方向の右側面の隅に近い部分および内部コアの右側面に偏在している。

航空機が後に突入したサウスタワーが，9時59分頃先に，ノースタワーはその29分後の10時28分頃に崩壊した。両タワーに隣接しているWTC 3，WTC 4，WTC 5の3棟のビルは，両タワーの崩壊の影響を受けてまもなく崩壊した。

道路を隔てた高層のWTC 7も午後5時半頃に崩壊したが，ノースタワー北側の低層のWTC 6だけが崩壊を免れた（損傷大のため後に撤去）。これらのWTCの建物以外にも多くの周辺のビルが大きな損傷を受けたが，両タワーが南北方向に倒壊した場合などに比べると崩壊の影響は限定されたといえる。

タワーの崩壊メカニズム

ノースタワーは航空機の突入から1時間43分後に，サウスタワーは突入から56分後に崩壊している。WTCのタワーは，全体として大きな航空機による水平衝撃には耐えられる設計になっていた。今回の全体崩壊のおもな原因は，航空機の突入の衝撃で鉄骨の耐火被覆（2時間耐火）が剥がされた点にある。

図9にタワーの崩壊メカニズムを順を追って示す。段階1：航空燃料の燃焼による内部の大火災のため耐火被覆が失われた鉄骨の柱が，800℃を超える温度にさらされ鋼材の降伏点が下がった。段階2：これが柱のクリープ座屈を引き起こし，結果として柱の荷重支持能力を失わせた。段階3：熱せられた被災階の柱の半数以上が座屈すると上部の階の荷重が支えられなくなる。段階4：上部の階が下の階方向へ落ち

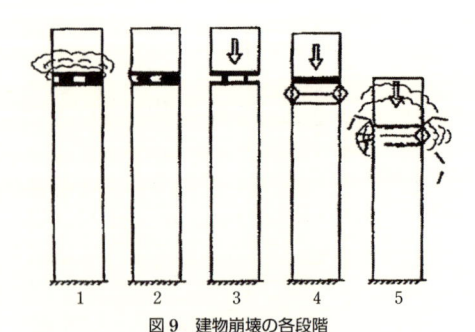

図9 建物崩壊の各段階

［出典：Z. Bažant, Y. Zhou, "Why Did the World Trade Center Collapse ?—Simple Analysis" *J. Eng. Mech.*, 129(7), 839-840(2003)］

始める。上部の質量が鉛直方向に非常に大きなエネルギーで下部に衝突する。段階5：この衝撃に下部構造は耐えられず崩壊した。床のトラスの接合部とコア柱の座屈，周壁チューブの全体座屈で塑性化した部材が破断し，つづいて全体が崩壊した。

この事例の概要と特徴

超高層ビルと航空機の衝突は過去にも何度かある。エンパイアステートビルには1945年にB25爆撃機が79階に衝突し火災が発生している。想定内の事故だったので，建物の躯体の被害は少なかったらしい。

今回の災害の原因は，テロリストのハイジャックによる衝突だが，飛行機燃料による火災が想定外の負荷や高温を引き起こし崩壊に至っている。さらに，その後の報復色の強い中東での戦争につながっている。災害の連鎖を絶ち切らない限り，被害者の数の拡大がつづいていく。

参考文献

1) 日本建築学会WTC崩壊特別調査委員会,「WTCビル崩壊調査中間報告」, 日本建築学会 (2002).
2) 森田 武,『高層ビル火災対策—2001.9.11 NY・世界貿易センタービルテロ火災から学ぶ』, 近代消防社 (2002).

世界貿易センタービル火災　　521

図 10　外周ユニット工事中の WTC 1, WTC 2
[© The Federal Emergency Management Agency, "FEMA's Report", Chap. 2]

3) 日本建築学会 WTC 崩壊特別調査委員会,『世界貿易センタービル崩壊特別調査委員会報告書』, 日本建築学会（2003）.

4) 日本建築学会情報システム技術委員会,『ニューヨーク世界貿易センター爆破（1993 年）被害と復旧』, 日本建築学会（1995）.

コラム　JAZZ-USA

　アメリカで初めて行ったライブハウスは，ニューヨークのダウンタウンにある"ブルーノート"だった。深夜に本場で聞くJAZZは，さすがに雰囲気はあったが期待したほどではなかった。ベテランのJoe Williamsとピアノカルテットのブルースは，うまいけれど適当に流しているプレイだった。中二階のショップで土産のTシャツを何枚も買った。

　午前3時を回ると，さすがのマンハッタンでもタクシーはなかなか止まってくれない。紙袋に所帯道具を詰め込んだ女性が見かねて，私に行先を聞いた。"ヒルトン"と答えるとショッピングバッグレディーはバスの方が安くて確実だ，と親切に教えてくれた。近くの停留所まで行き，すぐに来たバスで無事ホテルに戻った。

　ロサンゼルスでたまたま行ったライブハウスのコンボ演奏は抜群に素晴らしかった。南米からの帰路に1泊したロサンゼルスで，"ここはJAZZの西の本場だ"，と聞かされてハリウッドまで足を伸ばした甲斐があった。飲食もできるその店は何処にでもありそうな小さな建物で，室内は狭かったがリーズナブルなチャージだった。

　アメリカだけあって偶然入った店の演奏でもレベルが高いものだ，と感心した。演奏後，手売をしていたメンバーからCDを1枚買い，彼らのプレイを褒めて励ましてあげた。帰国後，わが家でCDを聴いた知人が"Dennis Chambers"だろう，とこともなげにいった。"デニチェン"は世界的なドラマーで"Baked Potato"という店も老舗だと聞かされた。

災害年表（1900〜2015）

* 解説のある事例

発生年	災害の種類	国名	被災地域	死亡者・行方不明者数（人）
1900年代				
1900	干ばつ	インド	ベンガル地域	1,250,000
1900	ハリケーン	米国	テキサス州	6,000
1902	火山噴火，火山灰（サンタマリア火山）*	グアテマラ	ケツァルテナンゴ州，サンマルコス	2,000
1902	地震 火山噴火，火砕流（スフリエール火山）*	セントビンセント及びグレナディーン諸島	セントビンセント島	1,600〜2,000
1902	火山噴火，火砕流（プレー火山）*	仏海外県マルティニーク	マルティニーク島	28,000
1902	地震	ウズベキスタン	アンディジャン	4,725
1903（4月）	地震	トルコ	マラズギルト	3,560
1903（5月）	地震	トルコ	アルダハン	1,000
1905	地震（カングラ地震）*	インド	ジャンムー・カシミール州	20,000
1906	地震（サンフランシスコ地震・大火）*	米国	カリフォルニア州	500〜3,000
1906	地震	エクアドル・コロンビア		1,000
1906	地震	チリ	中部沿岸，バルパライソ	3,760
1906	台風・高潮	中国	香港	10,000
1906	地震	中国	台湾	7,000
1907	地震	ウズベキスタン，タジキスタン，アフガニスタン	カラタグ	15,000
1908	地震（メッシナ地震）	イタリア	シチリア島	75,000
1908	洪水	中国	珠江，海河	100,000
1909	地震	イラン	中部，シラホール	5,500
1910〜1914	干ばつ	ニジェール	サンデール	85,000
1910年代				
1911	火山噴火，火砕流（タール火山）	フィリピン	バタンガス州	1,332
1911	地震	メキシコ	メキシコシティ	1,300
1911	洪水	中国	淮河（湘江，沅江，洞庭湖）	100,000
1912	地震	トルコ	サロス湾，マルマラ海	2,836
1912	台風	中国	四川省汶川県	50,000
1914	地震	トルコ	ブルドル	4,000
1915	地震（アベツァノ地震）	イタリア	中部	30,000

発生年	災害の種類	国名	被災地域	死亡者・行方不明者数(人)
1916	地すべり	イタリア, オーストリア		10,000
1918	地震	中国	広東省東部	10,000
1919	火山噴火(クルー(ケルート)火山)*	インドネシア	ジャワ島	5,100
1920	地震, 地すべり(海原地震)*	中国	甘粛省寧夏回族自治区	234,117
1920	ハリケーン, 大雨, 強風	ホンジュラス	北部	5,000
1920	干ばつ	中国	北部	500,000
1920年代				
1921	干ばつ	ウクライナ	南部, ボルガ地域	1,200,000
1921	地震	中国	甘粛省寧夏区固原	数万
1922	地震, 津波	チリ	アタカマ	1,000
1922	台風	中国	広東省	100,000
1923	地震	イラン	トルバトヘイダーリエ	2,219
1923	地震, 火災(関東大震災)*	日本	関東南部	143,000
1925	地震(大理地震)	中国	雲南省	5,800
1926	洪水	ルーマニア		1,000
1927	地震(北丹後地震)	日本	京都府北西部, 兵庫県	2,925
1927	地震(古浪地震)*	中国	甘粛省武威	41,000以上
1928	ハリケーン	米国	フロリダ	1,836
1928	干ばつ	中国	北西部	3,000,000以上
1929	地震	イラン	北部、コペトダグ	3,257
1930	地震, 津波, 火災	ミャンマー	ペグ	6,000
1930	火山噴火, 火砕流(メラピ(ムラピ)火山)*	インドネシア	ジャワ島	1,400
1930	地震	イラン	西部, サルマス	2,514
1930	地震	イタリア	イルピナ	1,425
1930年代				
1931	洪水	中国	甘粛省, 華南, 狭西	3,700,000
1931	地震	中国	新疆	10,000
1931	干ばつ	チャド, エチオピア	ジブチ, スーダン	453,000
1932	ハリケーン	キューバ		2,500
1932	地震(昌馬地震)*	中国	甘粛省酒泉	70,000
1932～1934	干ばつ	ウクライナ	クバン, カフカース地域	5,000,000
1933	地すべり	ペルー	リマ	1,000
1933	地震, 地すべり	中国	四川省	6,865
1933	洪水	中国	河南省, 河北省, 山東省	18,000
1933	地震(昭和三陸地震津波)	日本	三陸海岸	3,064
1934	地震(インド・ネパール地震)*	インド, ネパール	東部国境	8,500
1935	ハリケーン	ハイチ		2,000
1935	地震(クエッタ地震)*	パキスタン	バローチスターン州	56,000
1935	洪水	中国	黄河	142,000
1936	干ばつ	中国	四川省	5,000,000

発生年	災害の種類	国名	被災地域	死亡者・行方不明者数(人)
1937	地震(菏沢地震)	中国	山東省	3,833
1937	台風	中国	香港	11,000
1938	洪水	中国	黄河	1,000,000
1939	地震,津波(チラン地震)	チリ	中部	28,000
1939	洪水	中国	河南省	500,000
1939	地震(エルジンジャン地震)*	トルコ	東部,アナトリア	32,968
1940	地震	ルーマニア	ブカレスト	1,000
1940	タコマ橋崩落*	米国	シアトル	0
1940	干ばつ	カーボベルデ		20,000
1940 年代				
1941	地震	イエメン		1,200
1941	地震	インド,スリランカ	インド洋北東部,アンマダン諸島,コロンボ	5,000
1941	干ばつ	中国	四川省	2,500,000
1941	氷河湖決壊,土石流	ペルー	ワラス	4,000
1941〜1945	ホロコースト*	旧大ドイツ	中央ヨーロッパ	5,000,000〜6,000,000
1942	地震	トルコ	ニクサル	3,000
1942	サイクロン(ST-1942-009-IND),高潮*	インド	オリッサ州	40,000
1942	干ばつ	インド	コルカタ,ベンガル地域	1,500,000
1942	干ばつ	中国	河南省	数百万
1943	干ばつ	バングラデシュ		1,500,000
1943	地震(鳥取地震)	日本	鳥取	1,083
1943	地震	トルコ	中部,ラディク	4,020
1944	地震	アルゼンチン	中部,サンファン	8,000
1944	地震	トルコ	ボル	4,000
1944	地震(昭和東南海地震)	日本	東海道沖	1,251
1945	地震(三河地震)	日本	愛知県南部	2,306
1945	空襲(東京大空襲)*	日本	東京	100,000 以上
1945	原子爆弾(広島原爆災害)*	日本	広島	110,000〜140,000
1945	原子爆弾(長崎原爆災害)*	日本	長崎	73,884
1945	台風(枕崎台風)	日本	西日本(広島)	3,756
1945	地震	パキスタン,イラン	マクラン	4,000
1946	地震	トルコ	ウツクラン	1,300
1946	地震(アンカシュ地震)	ペルー	アンカシュ	1,400
1946	地震(南海地震)	日本	南海道沖	1,443
1946	干ばつ	カーボベルデ		30,000
1947	台風(カスリーン台風)	日本	東海以北	1,930
1948	地震(福井地震)	日本	福井平野	3,769
1948	地震(アシハバード地震)*	トルクメニスタン	トルクメニスタン・イラン国境	19,800
1948	大雨,洪水,土石流	ベネズエラ	パラガス州	30,000
1949	洪水	中国	西江	57,000
1949	地震(ハイト地震)	旧ソ連	タジキスタン	20,000

発生年	災害の種類	国名	被災地域	死亡者・行方不明者数(人)
1949	地震(エクアドル地震)	エクアドル		6,000
1949	洪水	グアテマラ		40,000
1950	地震(察隅地震)	中国, インド	中国・インド国境, チベット	3,300
1950年代				
1951	火山噴火, 岩屑なだれ (ラミントン火山噴火)*	パプアニューギニア	北部海岸	2,900
1953	高潮	オランダ		6,000
1953	地震	トルコ	オノン	1,103
1954	地震	アルジェリア	エルアスナム	1,409
1954	洪水(揚子江大洪水)*	中国	揚子江	33,169
1954	洪水	イラン	カビン地域	10,000
1954	台風(洞爺丸台風)	日本	全国(北海道, 四国)	1,761
1957(7月)	地震	イラン	マーザンダラーン	2,000
1957(12月)	地震	イラン	西部	2,000
1958	台風(狩野川台風)	日本	近畿以北(とくに静岡県)	1,296
1959	台風(伊勢湾台風)*	日本	おもに中部地方	5,177
1959〜1961	洪水	中国	甘部地方	2,000,000
1960	地震(アガディル地震)	モロッコ	西部	13,000
1960	地震・津波(チリ沖地震)*	チリ	中南部沖	5,700
1960	サイクロン	バングラデシュ		16,000
1960年代				
1961	サイクロン	バングラデシュ	メグナ川河口地域	11,000
1962	地すべり	ペルー	ワスカラン山	4,000
1962	地震(ガズビン地震)	イラン	西部, ボインザラ	12,225
1963	火山噴火, 火砕流, ラハール (アグン火山)*	インドネシア	バリ島	2,000
1963	洪水(バイオントダム決壊)	イタリア	北東部	2,000
1963	地震(スコピエ地震)*	旧ユーゴスラビア	マケドニア・スコピエ	1,070
1963	サイクロン, 高潮*	バングラデシュ	ベンガル地方	11,500
1963	ハリケーン	ハイチ		5,100
1965〜1967	干ばつ	インド		1,500,000
1965(5月)	サイクロン(ST-1965-0028-BGD), 高潮*	バングラデシュ	バリサル地方	36,000
1965(6月)	サイクロン	バングラデシュ		12,047
1965	サイクロン	パキスタン	カラチ	10,000
1965〜1967	火山噴火(タール火山)*	フィリピン	バタンガス州	2,000
1966	地震(邢台地震)*	中国	河北省	8,064
1966	地震(バルト地震)*	トルコ	東部山岳地帯	2,529
1966	ハリケーン	ドミニカ		3,600
1966	洪水	インド	グジャラート州	4,892
1968	地震(ダシュト・エ・バヤズ地震)	イラン	北東部	12,000
1969	洪水	中国	山東省	数十万
1970	地震	トルコ	西部	1,086
1970	地震(通海地震)*	中国	雲南省	18,320
1970	地震(アンカシュ地震)* 雪崩(ワスカラン雪崩)*	ペルー	北部, チンボテ地方	70,000

発生年	災害の種類	国名	被災地域	死亡者・行方不明者数(人)
1970	サイクロン, 高潮(サイクロン・ボーラ)*	バングラデシュ	沿岸地域	300,000～500,000
1970～1973	干ばつ*	エチオピア, ソマリア	サヘル地域	120,000
1970年代				
1970年代	大量殺戮(ポル・ポト)*	カンボジア		1,000,000～2,000,000
1972	地震(ギール地震)	イラン	南東部, ギール	5,010
1972	地震(マナグア地震)*	ニカラグア	中部, マナグア	6,000
1973	地震	中国	四川省	2,175
1974	大雨, 洪水	ブラジル	ツバラン	1,000
1974	山崩れ, 豪雨, 地震	ペルー	アンデス山地	1,000
1974	洪水	バングラデシュ	ブラマプトラ川	26,000
1974	地震	中国	雲南省	1,400～20,000
1974～1976	干ばつ	ソマリア	北西部から中央部	19,000
1975	地震(海城地震)*	中国	遼寧省海城市	1,328
1975	洪水(板橋ダム決壊)	中国	河南省駐馬店市	26,000
1975	地震(リジェ地震)*	トルコ	東部山岳地帯	2,385
1976	地震(グアテマラ地震)*	グアテマラ	中部, 高地マヤ地方	26,000
1976	地震	インドネシア	イリアンジャヤ	6,000
1976	地震(唐山地震)*	中国	河北省唐山市	250,000
1976	地震, 津波(ミンダナオ島地震)*	フィリピン	ミンダナオ島	8,000
1976	地震(チャルドラン地震)*	トルコ	東部山岳地帯	3,840
1977	地震(ルーマニア地震)*	ルーマニア	ヴランチア地方, ブカレスト	1,570
1977	サイクロン(サイクロン・アンドラプラデシュ)*	インド	アンドラプラデシュ州	20,000
1978	地震(タバス地震)	イラン	北東部	18,000
1979	大雨, 洪水	ブラジル	ミナスジェライス州	1,500
1979	洪水	インド	グジャラート州	1,335
1979	ハリケーン(20世紀最大)	米国, カリブ諸国	ドミニカ	1,000
1980	火山噴火(セントヘレンズ火山)*	米国	ワシントン州	57
1980	地震(エルアスナム地震)*	アルジェリア	エルアスナム	3,500
1980	地震(イタリア南部地震)*	イタリア	カンパニア州	3,000
1980	高温, 熱波	米国	南部, 中西部	1,500
1980年代				
1981～1985	干ばつ	モザンビーク	南部, 中部	100,000
1981(6月)	地震	イラン	ケルマン	3,000
1981(7月)	地震	イラン	ケルマン	1,500
1981	大雨, 洪水(長江氾濫)	中国	四川省	1,300
1981～1984	干ばつ*	チャド, スーダン, エチオピア, ジブチ	サヘル地域	453,000
1982	大雨, 洪水	ペルー	アマゾン川支川流域	2,500
1982	火山噴火, 火砕流, 泥流(エルチチョン火山)*	メキシコ	チアパス州	1,700
1982	大雨, 洪水	インド	オリッサ州	1,000
1982	大雨, 洪水, 土砂崩れ	エルサルバドル, グアテマラ		1,300

発生年	災害の種類	国名	被災地域	死亡者・行方不明者数(人)
1982	火山噴火(エルチチョン火山)＊	メキシコ	ホラサン	1,700
1983	地震	トルコ	ホラサン	1,400
1983～1985	干ばつ	スーダン	北部地域, マバン	150,000
1983～1985	干ばつ	エチオピア	ウォロ・コンダル地域	300,000
1984	産業災害(ボパール農薬漏えい事故)＊	インド	マッディアプラデシュ州	15,000～20,000
1985	サイクロン(ST-1985-0063-BGD), 高潮＊	バングラデシュ	メグナ川河口地域	10,000
1985	地震(メキシコ地震)＊	メキシコ	メキシコシティ	9,500
1985	火山噴火, 泥流(ネバド・デル・ルイス火山)＊	コロンビア	アンデス山脈	24,740
1986	産業災害(チェルノブイリ原発事故)	旧ソ連	ウクライナ	4,000
1986	地震	エルサルバドル	サンサルバドル	1,500
1986	火山ガス(ニオス湖)＊	カメルーン	アマダワ高原	1,746
1987	地震, 地すべり	エクアドル	エクアドル, コロンビア国境	5,000
1987	熱波	ギリシャ		1,000
1987	洪水(FL-1987-0132-BGD)＊	バングラデシュ	ガンジスデルタ	2,005
1988	洪水(FL-1988-0242-BGD)＊	バングラデシュ	ガンジス川河口	2,379
1988	モンスーン, 大雨	タイ	南部	1,000
1988	干害, 熱波	中国	河北省, 山東省, 江蘇省, 他	1,400
1988	地震(ネパール・インド地震)＊	インド, ネパール	東部国境	1,003
1988	大雨, 洪水	バングラデシュ		3,000
1988	大雨, 洪水	インド	カシミール	1,000
1988	地震(スピタク地震)＊	アルメニア	ロリ地方	25,000
1989	竜巻	バングラデシュ	ダッカ	1,000
1989	大雨, 洪水	中国	四川省	1,300
1989	モンスーン, 大雨	中国		1,500
1990	強風, 高波	バングラデシュ		3,000
1990	地震(ルードバール地震)＊	イラン	ギーラーン州	40,000
1990	地震(フィリピン地震)＊	フィリピン	ルソン島	1,700
1990年代				
1991	地震(ウタルカシ地震)	インド	北部	2,000
1991	洪水(淮江氾濫)	中国	長江流域	1,781
1991	大雨, 洪水	中国	四川省	2,295
1991, 1995	火山噴火, 火砕流, ラハール(ピナツボ火山)＊	フィリピン	ルソン島	957(1991) 1,064(1995)
1991	サイクロン(サイクロン・ゴルキー), 高潮＊	バングラデシュ	東部	140,000
1991	台風(セルマ)＊	フィリピン	レイテ島	4,922
1991	火山噴火, 火砕流, 土石流(普賢岳)＊	日本	長崎県	43
1992	大雨, 洪水	中国	浙江省, 福建省	1,060
1992	大雨, 洪水	アフガニスタン		3,000
1992	大雨, 洪水	パキスタン	インダス州	1,600
1992	地震(フローレス島地震)＊	インドネシア	小スンダ列島	2,080

災害年表(1900〜2015)　529

発生年	災害の種類	国名	被災地域	死亡者・行方不明者数(人)
1993	モンスーン，大雨，洪水	インド，ネパール，バングラデシュ		3,000
1993	地すべり，土石流*	ネパール	マクワンプール郡	1,336
1993	地震(北海道南西沖地震)	日本	北海道南西沖(奥尻島大津波)	230
1993	地震(マハラシュトラ地震)*	インド	マハラシュトラ州	10,000
1994	洪水	中国	長江流域	2,000
1994	ハリケーン，洪水	ハイチ，キューバ，ジャマイカ		1,122
1994	地すべり，土石流，地震地滑り	コロンビア	パエズ	1,971
1994	台風，高潮	中国	浙江省	1,500
1995	地震(兵庫県南部地震(阪神・淡路大震災))*	日本	兵庫県	6,436
1995	地震(ネフチェゴルスク地震)*	ロシア	サハリン北東部	1,825
1996	竜巻	バングラデシュ	タンガイル地方	1,500
1997(2月)	地震	イラン	アルデビル	1,000
1997(5月)	地震(ガエン地震)*	イラン，アフガニスタン	イラン東北部	1,568
1998	洪水(長江大洪水)*	中国	長江流域	1,320
1998(2月)	地震	アフガニスタン	北部，ロスターク	2,300
1998(5月)	地震	アフガニスタン	バダフシャーン州，タハール州	4,000
1998	熱波	インド	北部	3,000 以上
1998	地震	パプアニューギニア	シッサノ	2,700
1998	ハリケーン(ハリケーン・ミッチ)*	ホンジュラス	中米カリブ海諸国	20,000 以上
1999	地震(キンディオ地震)*	コロンビア	アルメニア市	1,171
1999	サイクロン(サイクロン・オリッサ)*	インド	オリッサ	10,000
1999	地震(コジャエリ(イズミット)地震)*	トルコ	北西部	17,262
1999	地震(集集地震)*	台湾	南投県	2,455
1999	土石流*	ベネズエラ	バルガス州	30,000〜50,000
2000年代				
2001	地震(グジャラート地震)*	インド	グジャラート州	20,000
2001	地すべり	メキシコ，エルサルバドル，グアテマラ	中央アメリカ，カリブ海地域	3,000
2001	テロ(世界貿易センタービル火災)*	米国	ニューヨーク	3,000
2002	地震	アフガニスタン	バグラーン州	1,800
2003〜2004	寒波	インド，バングラデシュ		2,100
2003	地震(ブーメルデス地震)*	アルジェリア	ブーメルデス県，アルジェ	2,278
2003	豪雨，洪水	ハイチ，ドミニカ	国境近ヒマニ川決壊	2,400
2003	熱波，高温*	フランス，イギリス，スイス	ヨーロッパ各国	71,050

発生年	災害の種類	国名	被災地域	死亡者・行方不明者数(人)
2003	地震(バム地震)*	イラン	ケルマーン州	43,200
2004	熱帯低気圧,豪雨,強風,洪水(2週間)	フィリピン	ルソン島東部	1,619
2004(6月〜10月)	モンスーン,洪水	インド,ネパール,バングラデシュ,ミャンマー,ネパール,ブータン		3,800
2004	ハリケーン(ハリケーン・ジーン),洪水,土砂崩れ	ハイチ,ドミニカ,米国		3,035 (ハイチ 2,826)
2004	地震,津波(スマトラ沖地震・インド洋津波)*	インドネシア	スマトラ島沖	267,000
2005	雪崩*	インド	カシミール地方	475
2005	ハリケーン(ハリケーン・スタン)	エルサルバドル,グアテマラ,ホンジュラス	ニカラグア,メキシコ,ユカタン半島	3,749
2005	モンスーン,大雨,洪水,土砂崩れ	インド	マハーラーシュトラ州	1,023
2005	ハリケーン(ハリケーン・カトリーナ)*	米国	フロリダ,ルイジアナ,ミシシッピ,アラバマ	2,541
2005	サイクロン,大雨,高潮,洪水	バングラデシュ,インド	ベンガル湾沿岸	1,682
2005	地震(パキスタン・カシミール地震)*	パキスタン	北部,カシミール	75,000
2006	地すべり*	フィリピン	南レイテ州	1,126
2006	地震(ジャワ島中部地震)*	インドネシア	ジャワ島,ジョグジャカルタ	5,716
2006	大雨,鉄砲水,山腹崩壊	フィリピン	レイテ島・南レイテ州	1,119
2007	サイクロン(サイクロン・シドル)*	バングラデシュ	東部	4,300
2008	地震(汶川地震(四川地震))*	中国	四川省	87,476
2008	サイクロン(サイクロン・ナルギス)*	ミャンマー	南部	140,000
2010	地震(ハイチ地震)*	ハイチ	ポルトープランス	223,439
2010	地震	中国	青海省チベット自治区玉樹県	2,200
2010	猛暑	ロシア		55,000
2010	洪水	パキスタン	北部	1,600
2010	土石流	中国	甘粛省南チベット族自治区	1,456
2010年代				
2011	東日本大震災*	日本	東北地方,茨城県,千葉県	21,839
2013	台風(ハイエン)*	フィリピン	レイテ島	6,200
2015	ネパール地震*	ネパール	カトマンズ盆地	8,700
2015	熱波	インド	南部,東部	2,100以上

索　引

📖 あ行

アグン火山	434
アシハバード地震	228
アンカシュ地震	246
イズミット地震	352
伊勢湾台風	70
イタリア南部地震	294
インド・ネパール地震	216, 307
インド洋津波	380
エルアスナム地震	288
エルジンジャン地震	224
エルチチョン火山	442
エルニーニョ現象	60

📖 か行

海原地震	202
海城地震	254
ガエン地震	342
火山災害	405
カシミール地震	386
カッチ地震	366
カングラ地震	194
感染症	472
関東大震災	205
干ばつ	
サヘル地域	88
サヘル地域，チャド，スーダン，エチオピア，ジブチ	96
気象災害	59
キンディオ地震	346
グアテマラ地震	260
クエッタ地震	222
グジャラート地震	364
クラカタウ火山	408
クルー火山	420
邢台地震	240
ケルート火山	420
洪　水	
FL-1987-0132-BGD	104
FL-1988-0242-BGD	106
コジャエリ地震	352
古浪地震	212

📖 さ行

サイクロン	60, 76
ST-1942-009-IND	64
ST-1965-0028-BGD	82
ST-1985-0063-BGD	102
アンドラブラデシュ	94
オリッサ	128
ゴルキー	110
シドル	142
ナルギス	146
ボーラ	84
産業災害	469
サンタマリア火山	410
サンフランシスコ地震・大火	196

地震災害	191		ニオス湖火山ガス	462
地すべり			熱帯低気圧	60
ラテンアメリカ	178		熱波	130
レイテ島	180		ネバド・デル・ルイス火山	448
四川地震	396		ネパール地震	216, 310
ジャワ島中部地震	390		インド地震	307
集集地震	358		ネパール中南部地域土砂災害	166
昌馬地震	214		ネフチェゴルスク地震	340
人為災害	469			
震度階	192		## は行	
スコピエ地震	236		ハイチ地震	402
スピタク地震	312		パキスタン・カシミール地震	386
スフリエール火山	412		バム地震	376
スマトラ沖地震・インド洋津波	380		ハリケーン	60
			カトリーナ	136
世界貿易センタービル火災	516		ミッチ	126
雪氷災害	153		バルガス州土砂災害	172
セントヘレンズ火山	440		バルト地震	242
ゼンムリ地震	370		阪神・淡路大震災	332
## た行，な行			東日本大震災	37
			ピナツボ火山	454
台風	60		ビハール地震	216
タコマ橋崩落	188		兵庫県南部地震	332
ダストボウル	62		広島原爆災害	480
竜巻	185			
タール火山	432		フィリピン地震	320
			風害	185
チェルノブイリ原発事故	510		普賢岳	460
チャルドラン地震	278		ブージ地震	366
長江大洪水	122		ブーメルデス地震	370
チリ地震・津波	230		プレー火山	414
			プレートテクトニクス	191
通海地震	244		フローレス島地震	324
			汶川地震	396
東京大空襲	474			
唐山地震	266		ボパール農薬漏えい事故	504
東北地方太平洋沖地震	37		ポル・ポト	498
土砂災害	159		ホロコースト	491
長崎原爆災害	486			
雪崩（インド）	156			

📖 ま〜わ行

マナグア地震	252
マグニチュード	192
マハラシュトラ地震	330
ミチョアカン地震	301
ミンダナオ島地震	274
ムラピ火山	424
メキシコ地震	300
メラピ火山	424
モンプレー	414
揚子江大洪水	66
ヨーロッパ熱波	130
ラテンアメリカ地すべり災害	178
ラニーニャ現象	60
ラミントン火山	428
リジェ地震	258
ルードパール地震	318
ルーマニア地震	282
レイテ島地すべり	180
レイテ島台風	
セルマ	114
ハイエン	120
ワスカラン雪崩	162

略 歴
北嶋秀明（きたじま・ひであき）

昭和20年 東京生まれ
横浜国立大学大学院工学研究科博士課程
（後期）計画建設学専攻単位取得退学
同学で博士号取得（工学）
建築設計事務所で国内外の建設プロジェ
クトに従事
メキシコ国立防災センター（CENAPRED）耐震構造部門から
帰国後，ETRA環境技術研究所を設立・代表
JICA長期・短期派遣専門家，JICA-IFIC客員研究員
一級建築士，JSCA名誉構造士，APECエンジニア
日本建築学会・日本建築構造技術者協会 (JSCA) 会員
日本鉄筋継手協会特別会員

世界と日本の激甚災害事典
―住民から見た100事例と東日本大震災―

平成27年7月30日　発　行

著作者　　北　嶋　秀　明

発行者　　池　田　和　博

発行所　　丸善出版株式会社
　　　　　〒101-0051　東京都千代田区神田神保町二丁目17番
　　　　　編集：電話（03）3512-3266／FAX（03）3512-3272
　　　　　営業：電話（03）3512-3256／FAX（03）3512-3270
　　　　　http://pub.maruzen.co.jp/

Ⓒ Hideaki Kitajima, 2015

組版印刷・有限会社 悠朋舎／製本・株式会社 星共社

ISBN 978-4-621-08329-1 C 3500　　　　　Printed in Japan

JCOPY 〈(社)出版者著作権管理機構委託出版物〉
本書の無断複写は著作権法上での例外を除き禁じられています．複写される
場合は，そのつど事前に，(社)出版者著作権管理機構（電話03-3513-6969,
FAX03-3513-6979, e-mail:info@jcopy.or.jp）の許諾を得てください．